westermann

Volker von der Heide, Nils von der Heide

Steuerungstechnik Metall

Arbeitsbuch

19. Auflage

AF833286

Bestellnummer 51148

Zusatzmaterialien zu Steuerungstechnik Metall

Für Lehrerinnen und Lehrer

Lösungen zum Schulbuch: 978-3-427-51150-2
Lösungen zum Schulbuch Download: 978-3-427-51149-6

Die Seiten dieses Arbeitshefts bestehen zu 100 % aus Altpapier.

Damit tragen wir dazu bei, dass Wald geschützt wird, Ressourcen geschont werden und der Einsatz von Chemikalien reduziert wird. Die Produktion eines Klassensatzes unserer Arbeitshefte aus reinem Altpapier spart durchschnittlich 12 Kilogramm Holz und 178 Liter Wasser, sie vermeidet 7 Kilogramm Abfall und reduziert den Ausstoß von Kohlendioxid im Vergleich zu einem Klassensatz aus Frischfaserpapier. Unser Recyclingpapier ist nach den Richtlinien des Blauen Engels zertifiziert.

Druck und Bindung: Westermann Druck GmbH, Georg-Westermann-Allee 66, 38104 Braunschweig

ISBN 978-3-427-51148-9

Vorwort

Das vorliegende Werk Steuerungstechnik Metall dient der Ausbildung für den Themenbereich Steuerungstechnik in den Metallberufen und beinhaltet die folgenden Themen: Grundlagen der Steuerungstechnik, Systemtechnik, Pneumatik, Elektrotechnik, Elektropneumatik, speicherprogrammierbare Steuerungen (SPS) und Hydraulik.

Inhalt

Der Inhalt ist fachsystematisch strukturiert und in acht Hauptkapitel gegliedert. Die einzelnen Kapitel des Lehrbuches sind zwecks leichteren Aufsuchens farbig gekennzeichnet.

Leitidee

Die in diesem Arbeitsbuch dargestellten praxisnahen Problemstellungen können nur Grundlagen für das Aufgabenfeld von Steuerungsmechanikerinnen und Steuerungsmechanikern vermitteln. Es ist empfehlenswert, mehrere Problemstellungen zu einem Lernfeld zusammenzufassen. Dazu dient auch die Gesamtaufgabe, die den Rahmen der reinen Steuerungstechnik überschreitet.
Die Arbeitsblätter für die praxisnahen Problemstellungen sind systemunabhängig aufgebaut.

Konzeptionselemente

Jedes Kapitel ist fachsystematisch strukturiert und enthält in der Regel die folgenden Konzeptionselemente:

Problemstellungen	**Problemstellung**
Aufgaben, Arbeitsaufträge, Erkenntnisfragen	**Arbeitsauftrag**
Formeln	$W = F \cdot s$
Beispiele	**Beispiel**

Vorwort zur 19. Auflage

Seit Oktober 2020 liegt die neueste Version der DIN EN IEC 81346-2 (Industrielle Systeme, Anlagen und Ausrüstungen und Industrieprodukte – Strukturierungsprinzipien und Referenzkennzeichnungen – Teil 2: Klassifizieren) vor und seit Juli 2024 die Neubearbeitung des Teil 1: Allgemeine Regeln.

Ein und dasselbe Bauteil der Pneumatik oder Hydraulik kann entweder mit dem Bauteilschlüssel der Fluidtechnik nach DIN ISO 1219-1:2019-01 oder durch die Klassifizierung von Objekten und Kennbuchstaben für Klassen nach DIN EN IEC 81346-2:2020-10 bezeichnet werden. Die Referenzkennzeichnung basiert auf einem Klassifizierungsschema für die Anordnung oder Einteilung von Objekten in Gruppen, welche gemeinsame Eigenschaften besitzen.

Die Einteilung basiert auf drei Klassen:
1. Eingangsklasse, 2. Unterklasse, 3. Unter-Unterklasse
Außerdem werden die Objekte durch Vorzeichen mit zusätzlichen Informationen erklärt und können durch Zusätze den Lebenszyklus näher erklären.

In den Arbeitsblättern wurden nur in Ausnahmefällen, um die Bauelemente genauer zu beschreiben, Kennbuchstaben der Unter-Unterklasse angewandt, da die Schaltpläne nicht umfangreich sind und in keinem Plan gleichzeitig hydraulische und pneumatische Bauteile vorhanden sind.

Die Bauteilkennzeichnung der Fluidtechnik kann daher nach einer der beiden Normen oder auch mit einem, zwei oder drei Buchstaben erfolgen. Aus diesem Grunde ist in den Arbeitsblättern der Pneumatik und Hydraulik die Kennzeichnung von Objekten nicht festgelegt worden. Dies wird durch eine hellblaue Hintergrundfarbe kenntlich gemacht. Der Benutzer der Arbeitsblätter kann somit auswählen, welche Kennung er verwenden will und die entsprechende Kennung vornehmen.

Autoren und Verlag freuen sich über Anregungen, Hinweise und Verbesserungsvorschläge.

Kamen, im Frühjahr 2025

Inhaltsverzeichnis

Grundlagen Steuerungstechnik

Auftrag → **Erstellung einer Anlage**

Problemerfassung und Analyse des Auftrags

Technische Anforderungen:

- Stoff, Energie, Information
- Geschwindigkeit
- Arbeit, Leistung, Wirkungsgrad
- Leitungen
- Bauelemente

Anlagenbeschreibung

Pflichtenheft

Bauplan

Ergebnisse – Lösungsstrategien:

- Lastenheft
- Entwicklung von Lösungen
- Vergleich der Arbeitsmedien
- Anforderungsbericht
- Pflichtenheft
- Grobstruktur, Gerätetechnik
- Verteilungs- und Lagepläne

Auftragsplanung

Entscheidungen über:

- Steuerungsprogramm
- Hand-, Automatik- und Einrichtebetrieb
- Visualisierung
- Verriegelung von Abläufen
- Betriebsarten und -mittel
- Arbeitssicherheit
- Sicherheitskategorie bei Not-Aus-Abschaltung

GRAFCET

Weg-Schritt-Diagramm

SPS-Programm

Schaltplan

Ergebnisse:

- Technologieschema
- GRAFCET
- Schaltpläne
- Funktionsdiagramm
- SPS-Programm
- Bauteildimensionierung
- Leitungsdimensionierung
- Leitungsschutz
- Sicherheitseinrichtung
- Bauteil- und Referenzkennzeichnung

Auftragsdurchführung

Technische Realisierung:

- Planung der Durchführung
- Optimierung
- Kalkulation der Kosten
- Montage der Geräte
- Betrachtung der Arbeitssicherheit
- Erstellung einer Abschlussdokumentation

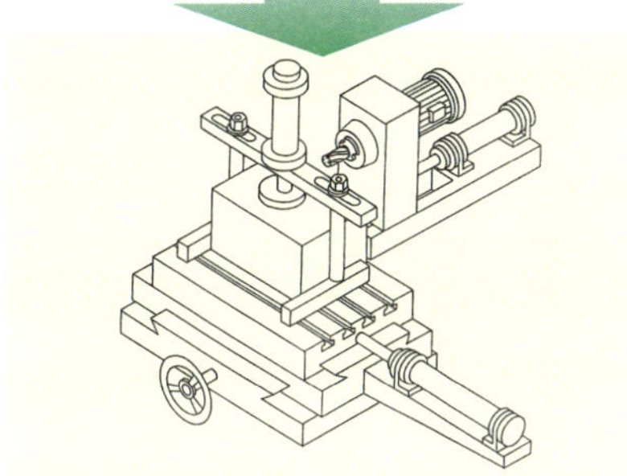

Ergebnisse:

- Auftragsabnahme
- Probelaufdurchführung
- Anlagenabnahme im Betrieb
- Inbetriebnahmeprotokoll
- Unterweisung des Bedienpersonals
- Abschlussgespräch

Beschreibung von steuerungstechnischen Aufgaben

Bei der Problemlösung einer steuerungstechnischen Aufgabe ist eine systematische Vorgehensweise zu empfehlen, um wichtige Detailfragen nicht zu übersehen. Eine Unterteilung der Aufgabe in einzelne Arbeitsschritte ist dabei eine große Hilfestellung. Auch sollte eine bestimmte Reihenfolge in der Bearbeitung der Aufgabe beachtet werden:

1. Problembeschreibung,
2. Analyse der Aufgabe,
3. Planung der Lösungsstrategien und Bewertung,
4. technische Realisierung,
5. Dokumentation.

Problembeschreibung

Ein klare Formulierung der Aufgabenstellung bis in die letzte Einzelheit ist die wichtigste Voraussetzung für die Durchführung der Planung.
Folgende Punkte sollten mit aller Klarheit beschrieben werden, projektbezogene Fragen können hinzugefügt werden:

- Aufgabenstellung der Anlage
- Funktionsablauf
- Bewegungsablauf
- Wege und Geschwindigkeiten, Taktzeiten
- Kräfte und Momente
- Beschleunigung und Zeitverhalten
- Dynamisches Verhalten und Steifigkeit
- Betriebsdruck und Druckmedien
- Betriebsbedingungen
- Mensch-Maschine-Schnittstelle
- Betriebssicherheit
- Stillstand der Anlage
- Normen und Umweltvorschriften
- Sicherheitsvorschriften
- Wartungs- und Ersatzteildienst
- Kostenrahmen

Technologieschema

Zur vollständigen Beschreibung der Steuerung dient auch ein Technologieschema. Dieses zeigt in vereinfachter räumlicher Anordnung die Baugruppen und Bauelemente, die für die Funktion notwendig sind. So werden die wesentlichen Elemente der Aktorik, z. B. Zylinder und Sensorik, z. B. Schalter, Taster, dargestellt. Es dient zur Ergänzung der Problembeschreibung.

Problemanalyse

Funktionsstruktur

Hierbei wird das Gesamtsystem der Anlage in Teilsysteme und Teilfunktionen zerlegt.

- Antriebseinheit (wandeln, leiten, koppeln, unterbrechen)
- Energieübertragungseinheit (leiten, führen, verbinden, koppeln, unterbrechen, speichern)
- Stütz- und Trageinheit (gleiten, führen)
- Arbeitseinheit (wandeln, koppeln, leiten, führen)
- Steuerungs- oder Regelungseinheit (koppeln, unterbrechen, speichern)

Zwischen den einzelnen Funktionseinheiten sind Schnittstellen, die zu ermitteln und darzustellen sind, z. B. zwischen Motor und Transportband die Schnittstelle Welle mit Kupplung. Die zu berücksichtigende physikalische Größe ist das zu übertragende Drehmoment.

Steuerungstruktur

Eine mündliche oder schriftliche Beschreibung führt häufig zu Unübersichtlichkeiten. Dies gilt besonders dann, wenn sich mehrere Bewegungsabläufe überschneiden oder zeitgleich ausgeführt werden. Deshalb sind eindeutige allgemeinverständliche Darstellungen erforderlich.
Bei der Darstellung von Verknüpfungs- und Ablaufsteuerungen sind unterschiedliche Darstellungsmöglichkeiten anzuwenden, deren Eignung das folgende Schaubild zeigt.

Darstellungsmöglichkeiten

Verknüpfungssteuerungen

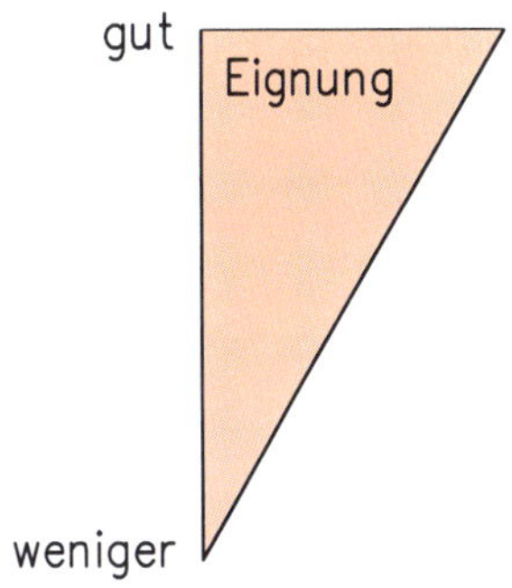

Schalttabelle (Wahrheitstabelle)
Schaltalgebra (boolesche Algebra)
Venn-Diagramm
Karnaugh-Veitch-Diagramm
Logiksymbole (Logikfunktion)
Weg-Diagramm
Funktionsplan mit Logikfunktionen
Funktionsdiagramm
Nassi-Schneidermann-Diagramm
GRAFCET
Datenfluss- und Programmablaufplan

Ablaufsteuerungen

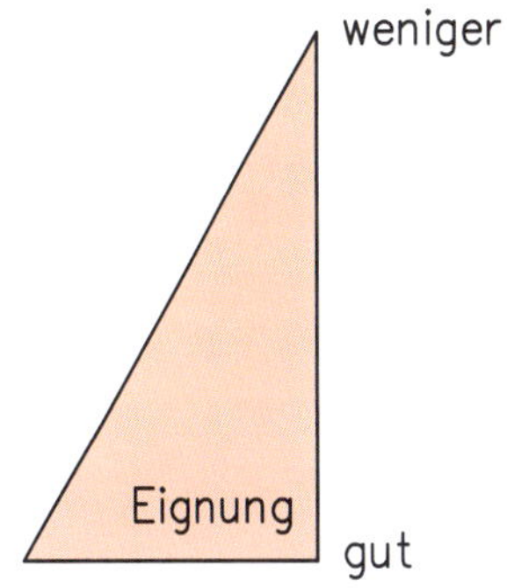

Bei Verknüpfungssteuerungen werden die Eingangssignale nach bestimmten Bedingungen (boolesche) miteinander verknüpft. Sind alle geforderten Bindungen erfüllt, wird als Ergebnis der Verknüpfung ein Ausgangsimpuls geschaltet (freigegeben).

In Ablaufsteuerungen werden einzelne Arbeitsschritte in einer festgelegten Reihenfolge durchlaufen. Der Übergang von einem Schritt in den nachfolgenden Schritt erfolgt erst dann, wenn die zum Weiterschalten erforderlichen Bedingungen (Transitionen) erfüllt sind.

Schalttabelle

Die geforderten Verknüpfungsbedingungen lassen sich in einer Schalttabelle (auch Wertetabelle, Wahrheitstabelle oder Funktionstabelle genannt) übersichtlich darstellen. Die Schalttabelle gibt Aufschluss über logische Beziehungen zwischen allen möglichen Kombinationen der logischen Zustände binärer Eingangsgrößen und der ihnen zugeordneten Werte der Ausgangsgröße.

Für jeden Signaleingang, z. B. Sensor, und den Signalausgang, z. B. Magnetspule eines pneumatischen Ventils, wird in der Tabelle eine Spalte erstellt. In den Zeilen werden alle Kombinationen der Zustände „logisch 0“ und „logisch 1“ der Eingangssignale dargestellt. Die Anzahl der erforderlichen Zeilen *z* lässt sich mit folgender Gleichung berechnen:

$$z = 2^n$$

z = Anzahl der Zeilen
n = Anzahl der Signaleingänge

Grundverknüpfungen

UND-Verknüpfung

Der Schieber einer Siloanlage soll dann einfahren, wenn
1. der Transportwagen an der richtigen Füllposition steht,
2. das Transportband läuft und
3. das Silo gefüllt ist.

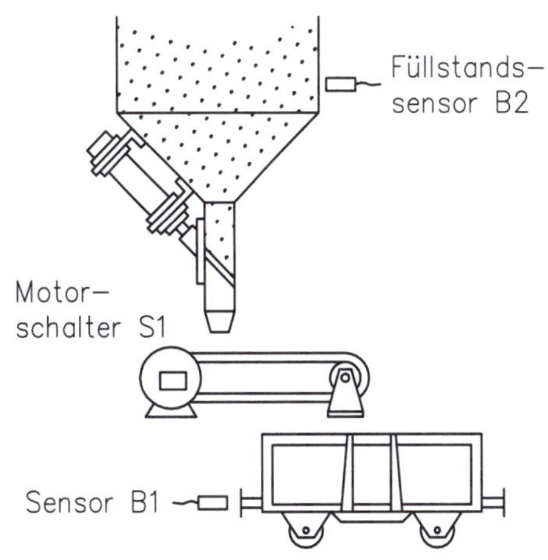

Wird nur ein Teil der geforderten Bedingung erfüllt, bleibt der Schieber geschlossen.
Die eingesetzten Sensoren B1 (Eingangssignal E1), B2 (Eingangssignal E2) und Schalter S1 (Eingangssignal E3) geben bei Erfüllung der Bedingung ein Signal „logisch 1“ (Ausgangssignal A).
Zur Darstellung der Schalttabelle wird die Anzahl der Zeilen berechnet.

Gegeben: $n = 3$ Signaleingänge
Gesucht: z = Anzahl der Zeilen
Lösung: $z = 2^n \quad z = 2^3 \quad z = 8$

	B1 (E1)	B2 (E2)	S1 (E3)	A
1	0	0	0	0
2	0	0	1	0
3	0	1	0	0
4	0	1	1	0
5	1	0	0	0
6	1	0	1	0
7	1	1	0	0
8	1	1	1	1

Nur eine der acht Kombinationsmöglichkeiten erfüllt die geforderte Bedingung und zwar: $B1 \wedge B2 \wedge S1 = A$

ODER-Verknüpfung

Der Vorschubzylinder einer Säge soll durch Betätigung des Tasters S1 (E1) oder S2 (E2) ausfahren. Für die vollständige Darstellung sind bei 2 Signaleingängen $2^2 = 4$ Lösungszeilen erforderlich.

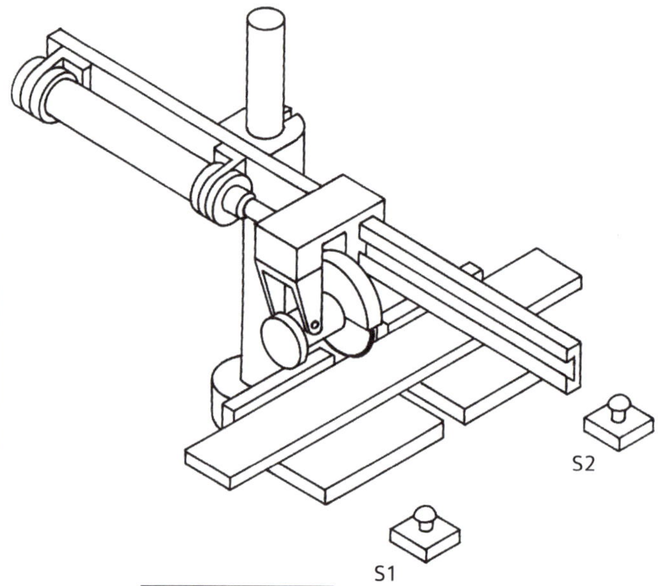

In der Schalttabelle sind bei 3 Zeilen die Ausgänge „logisch 1“.

$S1 \vee S2 = A$

	S1 (E1)	S2 (E2)	A
1	0	0	0
2	0	1	1
3	1	0	1
4	1	1	1

NICHT-Verknüpfung

Wird von einem Sensor B1 ein Gegenstand zwischen einer Tür erkannt, so darf sich diese nicht schließen.

Lösungszeilen der Schalttabelle 2 ($z = 2^n = 2^1 = 2$)

$B1\ (E1) = \overline{A}$

	B1 (E1)	A
1	1	0
2	0	1

Kombination der Grundverknüpfungen

Über einen Rollengang laufen Behälter, die an einer Weiche durch das Bedienungspersonal zu verteilen sind. Das Umschwenken der Weiche zum Rollengang II kann durch den Handtaster S1 oder den Fußtaster S2 erfolgen, wenn der Kolben des Zylinders sich in der hinteren Endlage befindet (Sensor B2). Dabei darf während des Schwenkvorgangs kein Behälter auf dem Schwenkarm sein (Sensor B1).

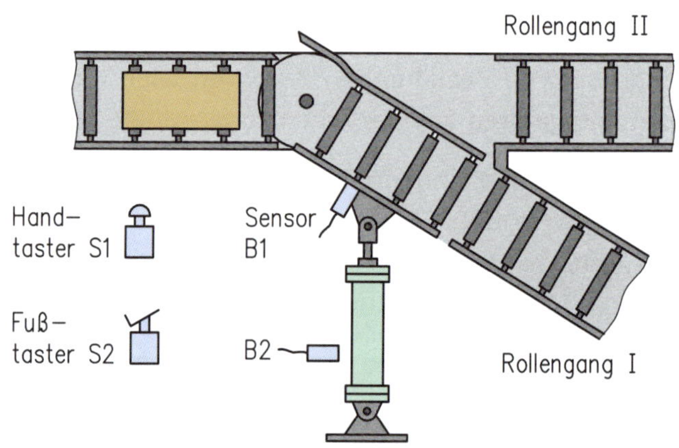

Zur vollständigen Darstellung der Kombinationsmöglichkeiten sind $2^4 = 16$ Lösungszeilen erforderlich.

In der entwickelten Schalttabelle sind für die Schaltplanentwicklung nur die Zeilen 6, 10 und 14 von Bedeutung, da nur dort das Ausgangssignal „logisch 1“ ist.

Man liest jede Zeile mit A = „1“ und verbindet die Eingänge S1, S2, B1 und B2 mit UND.

Hat ein Eingang den Signalzustand „logisch 0“, so wird er negiert, z. B. für Zeile 6 schreibt man $\overline{S1} \wedge S2 \wedge \overline{B1} \wedge B2 = A$.

Das vollständige Steuerprogramm erhält man, indem man alle Zeilen mit A = „1“ untereinander mit ODER-Verknüpfungen verbindet.

	S1 (E1)	S2 (E2)	B1 (E3)	B2 (E4)	A
1	0	0	0	0	0
2	0	0	0	1	0
3	0	0	1	0	0
4	0	0	1	1	0
5	0	1	0	0	0
6	0	1	0	1	1
7	0	1	1	0	0
8	0	1	1	1	0
9	1	0	0	0	0
10	1	0	0	1	1
11	1	0	1	0	0
12	1	0	1	1	0
13	1	1	0	0	0
14	1	1	0	1	1
15	1	1	1	0	0
16	1	1	1	1	0

Zeile 6 ODER Zeile 10 ODER Zeile 14 = A

$(\overline{S1} \wedge S2 \wedge \overline{B1} \wedge B2) \vee (S1 \wedge \overline{S2} \wedge \overline{B1} \wedge B2) \vee (S1 \wedge S2 \wedge \overline{B1} \wedge B2) = A$

Die Gleichung lässt sich nun mithilfe der Regeln der Schaltalgebra vereinfachen.

Logiksymbole für binäre Elemente

Für alle Verknüpfungen binärer Elemente sind grafische Symbole festgelegt (DIN EN 60617-12:1999-04).

Grundstruktur

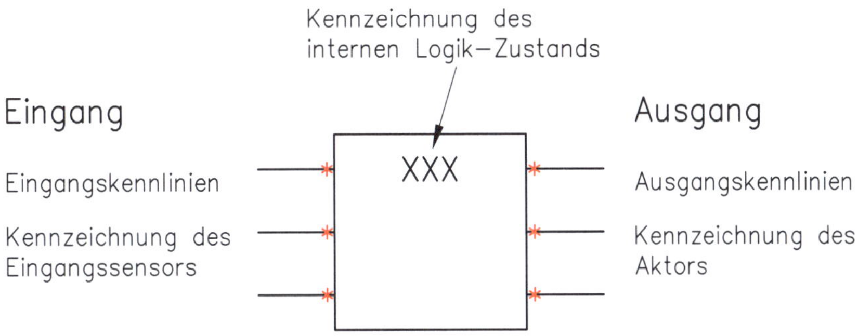

Die einzelnen Sternchen (*) geben mögliche Plätze für Kennzeichen an, die sich auf die Eingänge und die Ausgänge beziehen.
Um eine geforderte Verknüpfung zu erzielen, wird vom Eingangssensor ein 1-Zustand („logisch 1") erwartet. Eine Abfrage auf den 0-Zustand wird durch einen Kreis am Signaleingang gekennzeichnet.

Die Symbole geben keinen Hinweis auf die gerätetechnische Verwirklichung der Verknüpfung.
Die nachfolgende Tabelle gibt eine Übersicht über die Grundfunktionen. Gleichzeitig wird dargestellt, mit welchen Bauelementen in der Pneumatik bzw. Hydraulik und mit welchen Schaltelementen die logischen Grundfunktionen in elektrischen Stromlaufplänen verwirklicht werden.

Logische Funktion	Schaltzeichen Logische Gleichung	Schalttabelle	Technische Realisierung	
			pneumatisch	elektrisch
UND (AND)	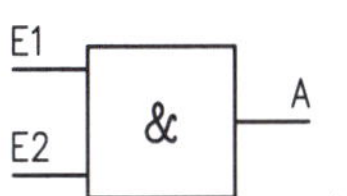 $E1 \wedge E2 = A$ 1) $E1 * E2 = A$	E1 E2 A 0 0 0 0 1 0 1 0 0 1 1 1	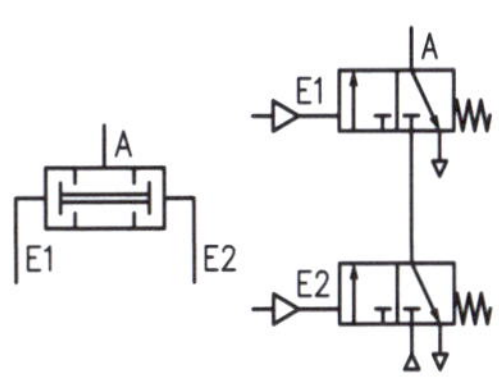	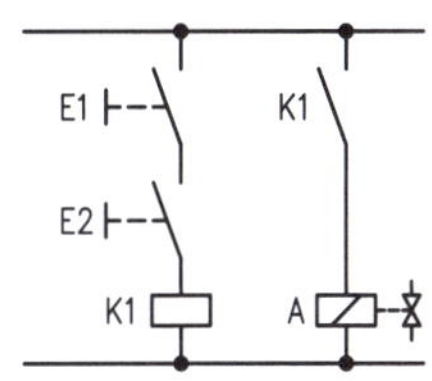
ODER (OR)	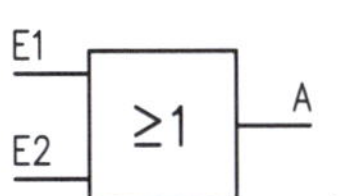 $E1 \vee E2 = A$ 1) $E1 + E2 = A$	E1 E2 A 0 0 0 0 1 1 1 0 1 1 1 1	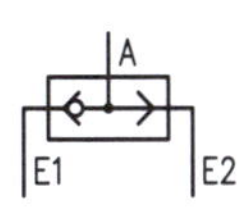	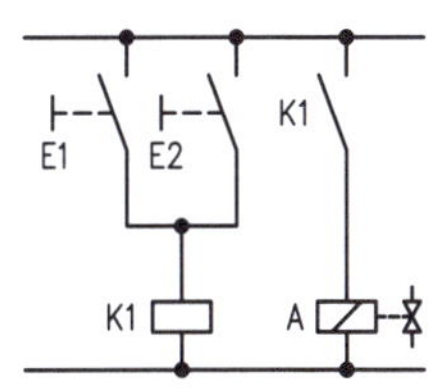
Identität	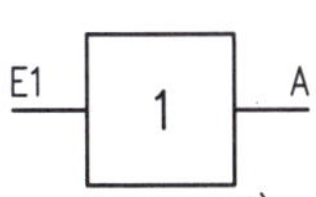 $E1 = A$ 1)	E1 A 0 0 1 1	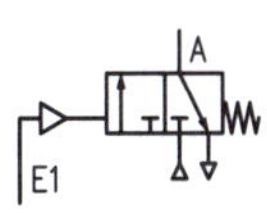	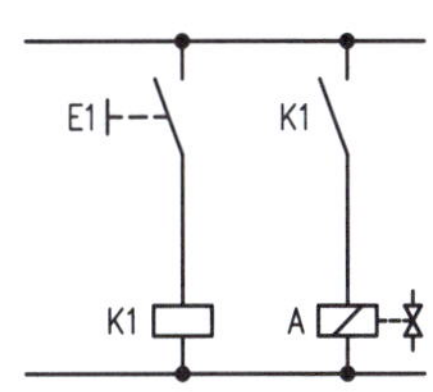
NICHT (NOT)	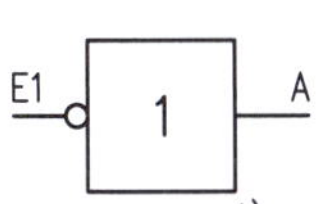 $\overline{E1} = A$ 1)	E1 A 0 1 1 0	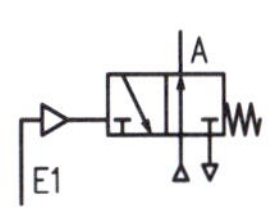	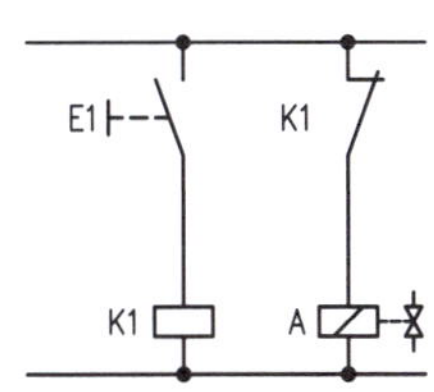

1) Symbol der Schaltalgebra DIN 66000:1985-11

Logikplan

Aus der schaltalgebraischen Gleichung lässt sich die Logik übersichtlich in einem Plan, Funktionsplan oder Logikplan genannt, darstellen. Mithilfe der Logiksymbole kann durch Schachtelung (Aneinanderreihung verschiedener Symbole) ein Logikplan erstellt werden.

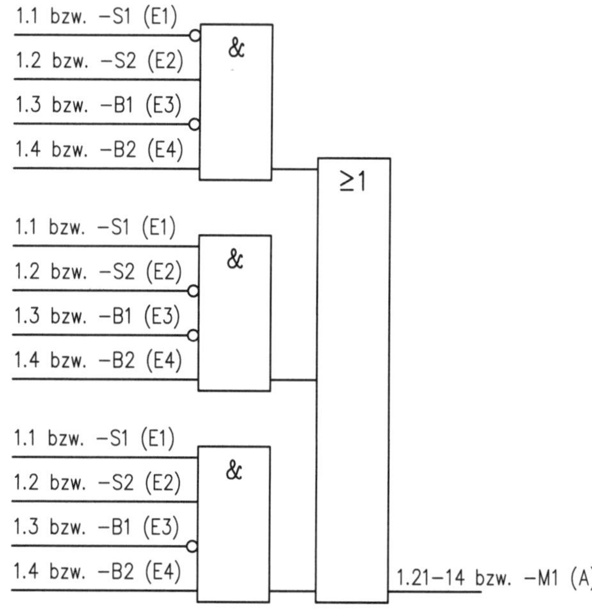

Pneumatische Lösung

Dreht man den Logikplan um 90° im Gegenuhrzeigersinn und ersetzt die Symbole durch Zweidruck- (UND) bzw. Wechselventile (ODER) und die NICHT-Funktion durch druckluftbetätigte 3/2-Wegeventile, in Ruhestellung geöffnet, so erhält man den pneumatischen Schaltplan. Dabei ist zu bedenken, dass Zweidruck- und Wechselventile jeweils nur zwei Eingänge besitzen.

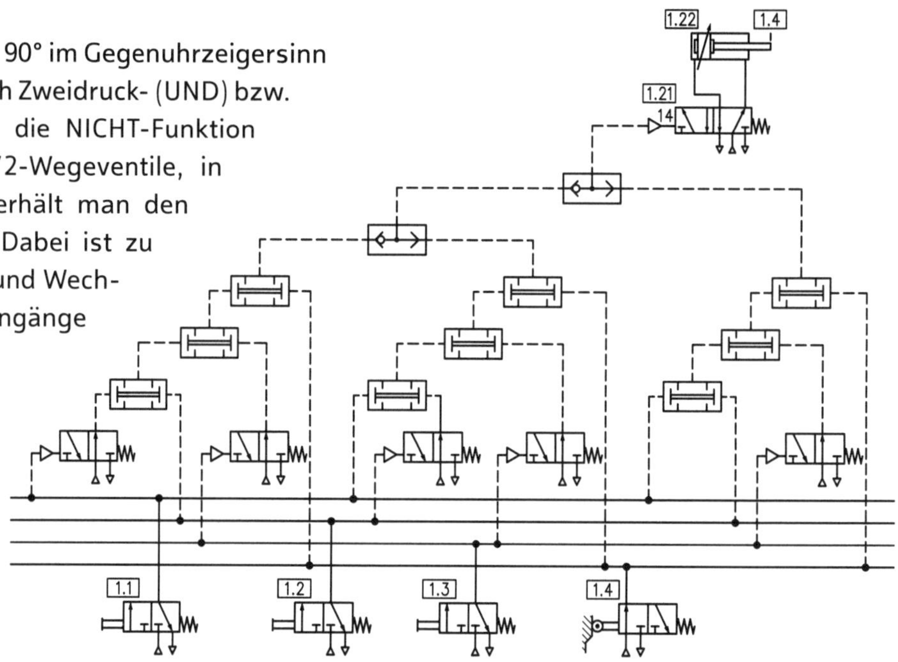

Elektrische Lösung

Dreht man den Logikplan um 90° im Uhrzeigersinn und definiert die Eingangssensoren über Relais, so kann man über die Relaiskontakte, die in Reihe geschaltet sind, die UND-Funktion verwirklichen. Durch eine parallele Anordnung der Kontakte lässt sich eine ODER-Funktion erreichen. Ein Öffnerkontakt erfüllt die NICHT-Funktion.

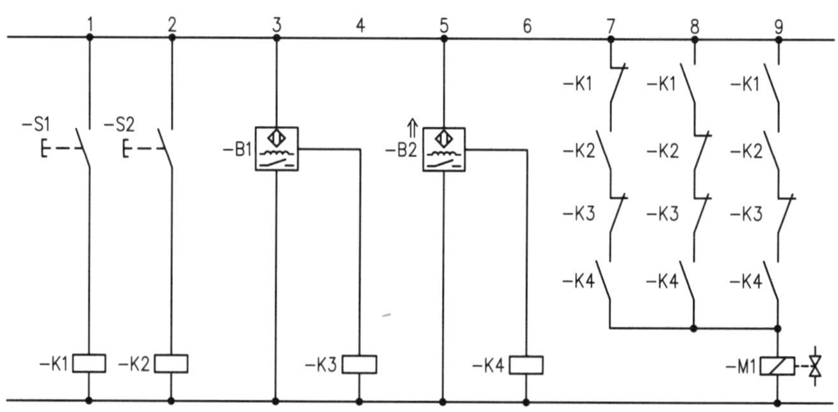

Eine weitere Vereinfachungsmöglichkeit besteht in der Anwendung der Karnaugh-Veitch-Tafeln (KV-Diagramme). Eine Vereinfachung bietet sich in der Pneumatik und vielleicht noch in der Elektropneumatik an, da die Bauelemente Kosten verursachen. Bei der speicherprogrammierbaren Steuerung ist heute der Speicherplatz fast unbegrenzt verfügbar, sodass sich eine Vereinfachung nicht lohnt. Auch ist zu bedenken, dass eine vereinfachte Schaltlogik nicht mehr so leicht zu lesen ist.

Bauteil- bzw. Referenzkennzeichnung DIN ISO 1219 und DIN EN 81346

Aufgaben und Zwecke

- Komplexe Zusammenhänge in einfache, überschaubare Portionen aufteilen
- Klassifizierungsschemata für alle Objekte in allen technischen Fachgebieten
- Eindeutige Klassifizierung und Identifizierung von Objekten: Zweck, Aufgabe und Energie sowie Gültigkeit für Elektrotechnik, Maschinenbau, Bauwesen, Gebäudetechnik, Schiffbau, Meerestechnik und Chemieindustrie
- Technische Anlagen planen, bauen und betreiben
- Objekte nach Formen, Farben oder Materialien usw. klassifizieren
- Vollständige Dokumentation (Produktkennzeichnung, Chargen- und Seriennummern, Katalog- und Bestellnummern, Rohrleitungskennzeichnungen sowie Zuordnung aller Ersatzteile
- Querverweise zwischen Anlage und Dokumentation
- Vereinfachung von Montagetätigkeiten
- Festlegung von Bauteilen, die regelmäßig inspiziert werden müssen, sowie Anlegen von Prüflisten
- Kennzeichnung zum Auffinden ortsbezogener Bauelemente
- Nummerierung und Beschilderungsangaben der Komponenten

Internationale Normen zur Produktdokumentation

Kennzeichnung	DIN EN IEC 81346-1:2024-07 Strukturierungsprinzipien und Referenzkennzeichen	DIN EN 61175-1:2016-05 Kennzeichnung von Signalen	DIN EN 61666:2023-04 Identifizierung von Anschlüssen innerhalb eines Systems
Dokumentationsregeln	DIN EN 61355-1:2009-03 Klassifizierung und Kennzeichnung von Dokumenten für Anlagen, Systeme – Teil 1: Regel- und Klassifizierungstabellen	DIN EN 62023:2012-08 Strukturierung der technischen Information und Dokumentation	DIN EN 62424:2017-12 Darstellung der technischen Anforderungen an die Prozesssteuerung in P&I-Diagrammen
Erstellen von Dokumenten	DIN EN 61082-1:2015-10 Erstellung von Dokumenten zur Verwendung in der Elektrotechnik	DIN EN 62017:2012-08 Erstellung von Stücklisten	DIN EN IEC 82079-1:2021-09 Erstellung von Nutzungsinformationen (Gebrauchsanleitungen) von Produkten – Teil 1: Grundsätze und allgemeine Anforderungen
Beschriftung	DIN EN 62491:2009-05 Beschriftung von Kabeln und Adern		

Die Titel der Veröffentlichungen sind nicht vollständig.

Internationale Normen, die ein einheitliches System für die Kennzeichnung, Dokumentation und Darstellung von Informationen enthalten

Beschreibung von Wegeventilen in Schaltplänen nach DIN ISO 1219

Die Darstellung der grafischen Symbole in Schaltplänen der Fluidtechnik erfolgt nach der Norm DIN 150 1219-1:2019-01.

Beispiel:

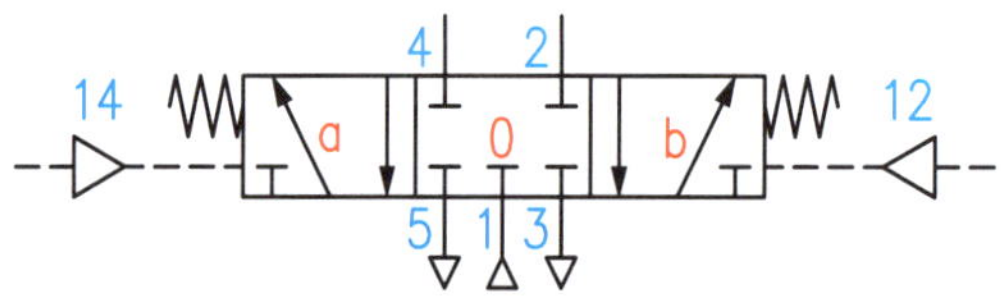

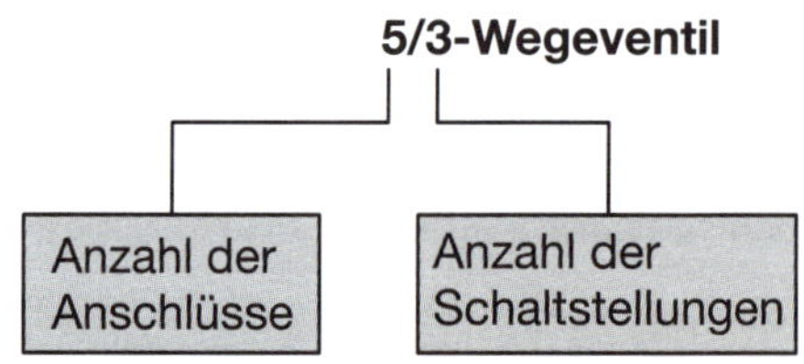

Anschlussbezeichnungen nach DIN ISO 11727: 2003-10

1	Druckanschluss
2, 4	Arbeitsanschlüsse
3, 5	Entlüftung
12, 14	Steueranschlüsse

Schaltstellungen
0 = Mittelstellung mit Federzentrierung
a, b = Schaltstellungen

Bezeichnungsschlüssel für Bauteile nach ISO 1219-2:2019-01

Beispiel:

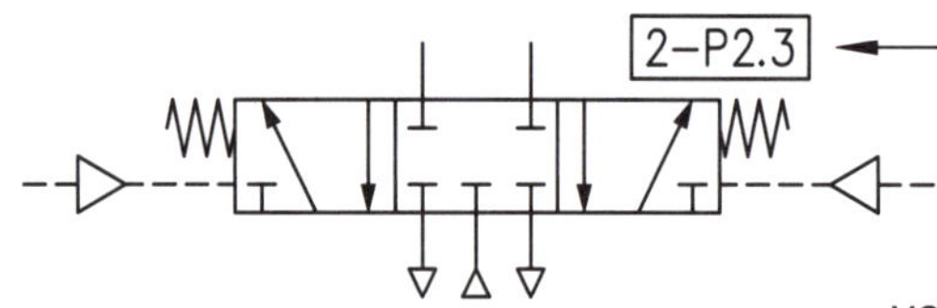

Der Bezeichnungsschlüssel muss mit einem rechteckigen Kästchen umrandet sein.

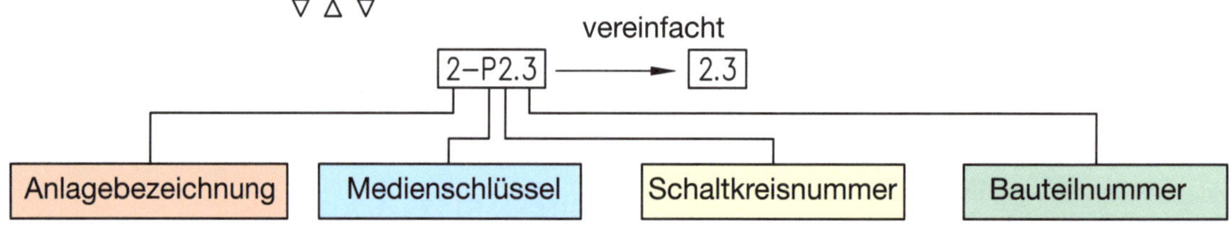

Anlagenbezeichnung
Besteht ein Betrieb aus mehreren Anlagen, so muss die Anlage mit Zahlen oder Buchstaben in den Bezeichnungsschlüssel aufgenommen werden. Besteht der gesamte Schaltkreis nur aus einer Anlage, so kann die Anlagenbezeichnung entfallen.

Medienschlüssel
In einer Anlage bei unterschiedlichen Medien müssen diese durch Buchstaben gekennzeichnet werden. Bei nur einem Medium kann der Medienschlüssel weggelassen werden.

H für Hydraulik	C für Kühlung	L für Schmierung
P für Pneumatik	K für Kühlschmiermittel	G für Gastechnik

Schaltkreisnummer
Sämtliche zur Energieversorgung gehörenden Bauteile sollen mit 0 beginnen. Die weiteren Bauteile werden mit nachfolgenden Nummern gekennzeichnet.

Bauteilnummer
Jedes Bauteil in einem Schaltkreis muss mit einer Bauteilnummer gekennzeichnet werden, beginnend von der Signaleingabe mit 1 von links nach rechts, aufsteigend in Richtung des Signalflusses.

Aufbau eines Schaltplans nach DIN ISO 1219-2:2019-01

- Grafische Symbole der fluidtechnischen Ausrüstung sollen im Schaltplan von unten nach oben und von links nach rechts dargestellt werden.
- Die Energiequelle befindet sich unten links.
- Danach folgen die Steuerungselemente in fortlaufender Reihenfolge aufwärts von links nach rechts.
- Die Antriebe befinden sich oben und werden von links nach rechts durchnummeriert.
- Jedem Schaltkreis innerhalb einer Anlage muss eine Funktion zugeordnet werden, z. B. Klemmen, Heben, Bohren oder Verschieben. Diese Information soll beim entsprechenden Schaltkreis stehen.
- Bauteile der Energieversorgung haben vorzugsweise die Nummer 0.
- In Sonderfällen dürfen Zylinder mit ausgefahrener Kolbenstange (Ausgangsstellung) sowie mechanisch betätigte Wegeventile in ihrer betätigten Stellung abweichend von DIN ISO 1219-1 dargestellt werden.
- Grenzschalter oder Begrenzungsventile, die durch einen Zylinder betätigt werden, sollen durch einen Markierungsstrich und ihren Kennzeichnungsschlüssel dargestellt werden. Ist die Betätigung nur in einer Richtung möglich, muss ein Pfeil (→) an den Markierungsstrich gezeichnet werden.

Alternative A

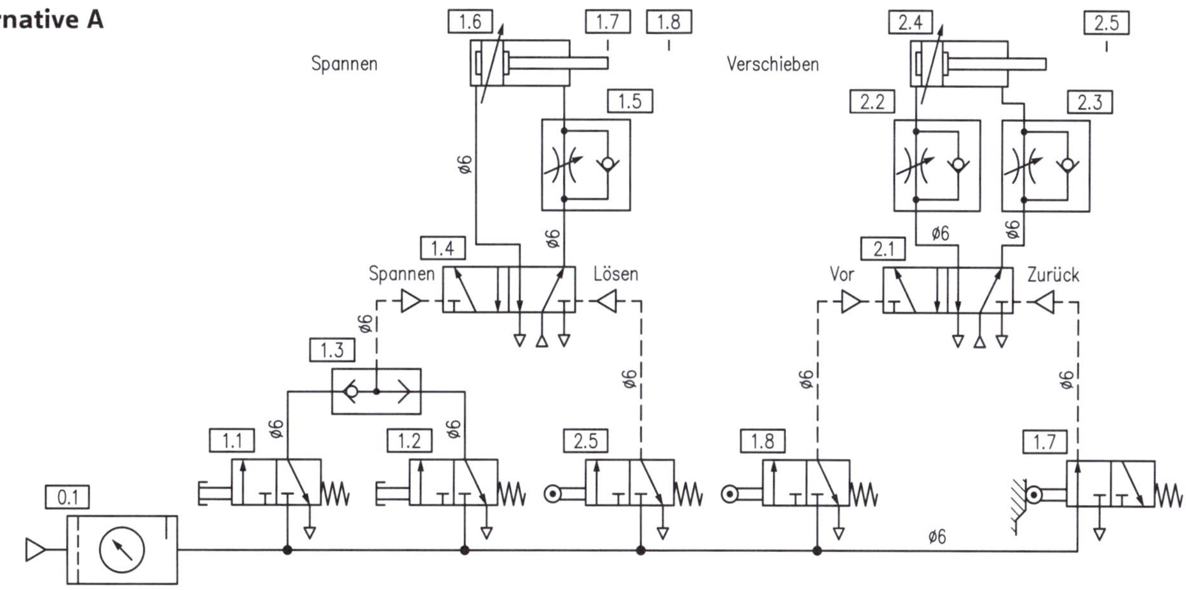

Alternative B

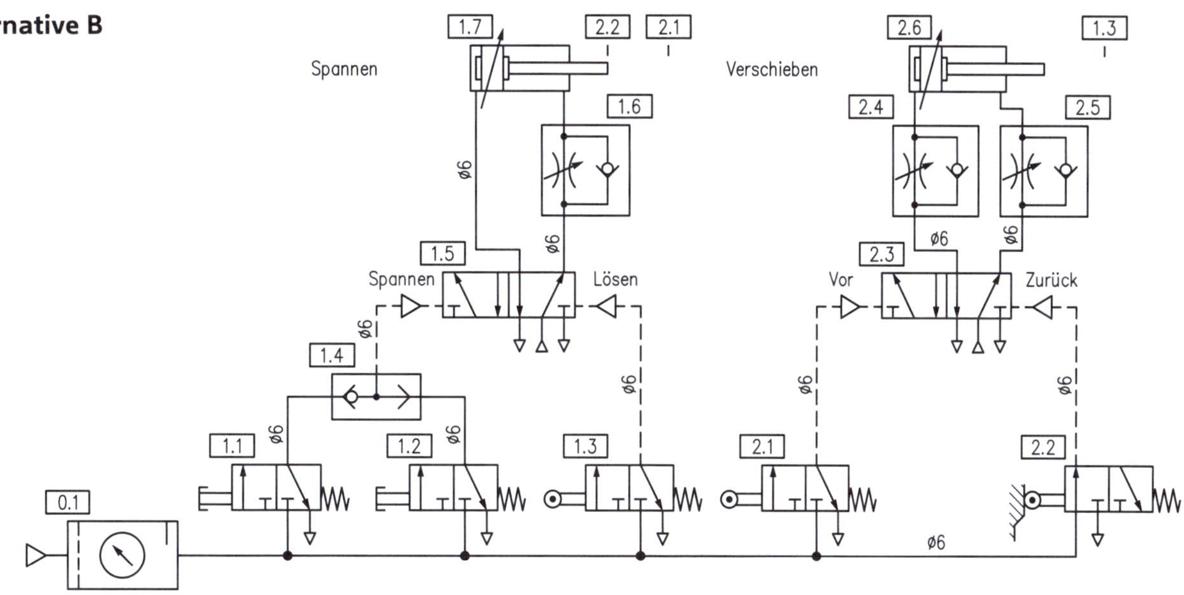

Strukturierungsprinzipien und Referenzkennzeichnungen – Klassifizierung von Objekten und Kennbuchstaben von Klassen nach DIN EN IEC 81346-1:2024-07 und DIN EN IEC 81346-2:2020-10

Ziel dieser Norm ist es, Objekte mit Kennbuchstaben zu versehen, die in der Elektrotechnik, im Maschinenbau, Stahlhochbau, Schiffbau usw., also in allen technischen Fachgebieten Gültigkeit haben.

Referenzkennzeichnung

Die Referenzkennzeichnung dient zur

- Bestimmung des zu behandelnden Objekts,
- Entscheidung bezüglich eines Aspekts,
- Bestimmung von Teilobjekten im gewählten Aspekt,
- Entscheidung, ob die Teilobjekte weiter zu unterteilen sind,
- eindeutigen Bezeichnungen eines Objekts in der Gesamtanlage
- Dokumentation der Struktur.

Objekt

Betrachtungseinheit, die in einem Konstruktions-, Planungs-, Betriebs-, Wartungs- und Demontageprozess behandelt wird. Objekte können auf eine Aufgabe, auf einen Prozess, auf einen Typ oder auf einen bestimmten Raum bezogen sein. Jedes Objekt kann aus Sicht eines oder verschiedener Aspekte von Interesse sein. Planende entscheiden, ob ein Objekt existiert und ordnen bei Bedarf dem Objekt bestimmte Informationen zu. Diese können sich im Laufe des Lebenszyklus des Objektes ändern.

Klassen von Objekten

Die Klassifizierung erfolgt nach dem vorgesehenen Zweck oder der Aufgabe der Objekte. Hat ein Objekt mehr als einen Zweck oder eine Aufgabe, so ist der Kennbuchstabe nach dem Hauptzweck oder der Hauptaufgabe zu wählen.

Aspekt

Objekte können auf eine Aufgabe, auf ein Produkt oder auf einen bestimmten Raum bezogen sein.
Jedes Objekt kann aus Sicht eines oder verschiedener Aspekte von Interesse sein.
Den Kennzeichnungsbuchstaben werden Vorzeichen für die Beschreibung der unterschiedlichen Aspekte vorangestellt.

Aspekt		Kennzeichnung
Funktionsaspekt	(Was tut das Objekt?)	= (gleich)
Produktaspekt	(Wie wird das Objekt zusammengesetzt?)	– (minus)
Ortsaspekt	(Wo befindet sich das Objekt?)	+ (plus)
Typaspekt	(Welche oder wie viele gemeinsame Merkmale hat das Objekt mit anderen?)	% Prozentzeichen

Funktionsaspekt

Dieser beschreibt eine Funktion, z. B. Kolben eines Pneumatikzylinders mit allen dazugehörenden Teilen, unterschiedliche Techniken, wie Pneumatik, Hydraulik oder Elektrotechnik und ihre Kombinationen.

Produktaspekt

Er beschreibt die tatsächlich verwendeten oder geplanten Ausrüstungsteile, Geräte für den kompletten Funktionsumfang. Diese Objekte können weiter unterteilt werden bis zur Baugruppe oder bis zum Einzelteil.

Ortsaspekt

Dieser Aspekt beschreibt die Anordnung der Objekte in Gebäuden, Räumen, Maschinen, Einbauplätzen in Schaltschränken usw.

Typaspekt

Der Typaspekt beschreibt einen Satz von Objekten, die eine festgelegte Reihe von Merkmalen gemeinsam haben, z. B. gleiche Güte, Beschaffenheit, Anzahl oder Menge.

Strukturierungsprinzipien und Referenzkennzeichnung Klassifizierung von Objekten und Kennbuchstaben für Klassen DIN EN IEC 81346-2:2020-10

Eingangsklasse Objektbeschreibung	Unterklasse Klassendefinition		Beispiel für Benennungen
B Erfassung und Darstellung von Informationen	BF	Durchflusserkennung	⟶ Durchflusssensor
	BG	Erkennung Lage, Abstand, Richtung	⟶ Rollenbetätigter Endschalter
	BP	Erkennung von Druck, Vakuum	⟶ Drucksensor, Druckschalter, Manometer
	BT	Erkennung von Temperatur	⟶ Temperatursensor
C Speichern für ein späteres Abrufen	CA	Kapazitive Speicherung	⟶ Kondensator
	CB	Induktive Speicherung elektrischer Energie	⟶ Drosselspule
	CM	Speicherung von Stoffen in geschlossen stationären Orten	⟶ Druckspeicher, Kessel, Tank, Gehäuse
E Aussenden	EA	Lichtobjekte	⟶ Lampe, elektrische Leuchte (LED), Laser
	EP	Wärmeheizobjekte	⟶ Heizkessel, Kondensator, Ofen
	EQ	Thermal-Kühlobjekt	⟶ Kühl-, Gefrierschrank, Kühler, Kältetrockner
F Schutz vor den Auswirkungen gefährlicher Bedingungen	FB	Erdschlussströme	⟶ Fehlerstrom-Schutzschalter (FI-Schalter)
	FC	Schutz gegen Überströme	⟶ Sicherung, Sicherungsautomat
	FL	Schutz bei Drücken	⟶ Sicherheitsventil, Druckbegrenzungs-, Überdruckventil
G Bereitstellen eines steuerbaren Durchflusses	GA	Stromerzeugung durch mechanische Energie	⟶ Dynamo, Generator
	GB	Stromerzeugung durch chemische Energie	⟶ Batterie, Brennstoffzelle
	GP	Förderung von fließfähigen Stoffen	⟶ Hydraulikpumpe, Hydraulikaggregat
	GQ	Förderung von gasförmigen Stoffen	⟶ Druckluftöler, Wartungseinheit, Verdichter
H Behandlung von Stoffen	HQ	Mechanisches Trennen vermischter Substanzen	⟶ Beutelfilter, Filter
K Bearbeitung von Eingangssignalen und Bereitstellung eines Ausgangssignals	KE	Elektrische Signale verarbeitendes Objekt	⟶ Computer, SPS
	KF	Weiterleitung elektrischer Signale	⟶ Relais, Zeitrelais
	KH	Objekt für fluidische Signale	⟶ UND, ODER, Fluidregler, Zeitglied
	KJ	Objekt für mechanische Signale	⟶ Schließzylinder, mechanische Regler
M Ausübung mechanischer Bewegung oder Kraft	MA	Drehmoment durch elektromagnetische Kraft	⟶ Elektromotor (Wechsel-, Gleichstrom), Schrittmotor
	MB	Lineare Kraft, angetrieben durch elektromagnetische Kraft	⟶ Elektromagnet, Linearmotor, Magnetventil, Ventilspule
	MD	Piezoelektrisches Antriebsobjekt	⟶ Piezoelektrischer Stellantrieb
	MM	Antreiben durch fluidtechnische Kraft	⟶ Hydraulik-, Pneumatikzylinder Hydraulik-, Pneumatikmotor

Eingangsklasse Objektbeschreibung	Unterklasse Klassendefinition		Beispiel für Benennungen
P Bereitstellung wahrnehmbarer Informationen	PF	Sichtbare Anzeige von Einzelzuständen	→ Meldelampe, Stellungsanzeige
	PG	Sichtbare Darstellung von Zahlenwerten	→ Amperemeter, Barometer, Taktgeber, Feuchteanzeiger, Füllstandsanzeige, Manometer, Schauglas, Temperaturanzeige, Voltmeter, Wattstundenzähler, Wattmeter, Zählwerk, Uhr
	PH	Anzeige von grafischen Informationen	→ Bildschirm, Drucker, Verkehrszeichen
	PJ	Akustische Informationsgeräte	→ Glocke, Lautsprecher, Hupe
Q Steuerung von Zugang oder Durchfluss	QA	Stromsteuerungsobjekt im elektrischen Schaltkreis	→ Schütz, Leistungsschalter
	QB	Trennen elektrischer Stromkreise	→ Trennschalter, Sicherungstrennschalter, Hauptschalter
	QM	Objekt zum Aktivieren/ Deaktivieren von Flüssigkeiten in verschlossenen Umschließungen	→ Wasserhahn, Gassperrventil, Flüssigkeitssperrventil, Wegeventil, Schnellentlüftungs-ventil, Sperrventil
	QN	Variieren des Flüssigkeitsstroms in verschlossenen Umschließungen	→ Druckregelventil, Druckbegrenzungsventil, Gas- bzw. Flüssigkeitsventil
R Begrenzen und Stabilisieren	RA	Begrenzung des elektrischen Durchflusses	→ Diode, Widerstand
	RM	Begrenzung des Rückflusses von Stoffen	→ Rückschlagventil
	RN	Durchflussbegrenzung	→ einstellbare, feste Düse, Messblende, Regelventil, Drosselrückschlagventil, Drossel
	RQ	Begrenzung für die lokale Umgebung	→ Lärmschutz, Schalldämpfer
S Erkennen einer menschlichen Handlung und Bereitstellung einer entsprechenden Reaktion	SF	Fokussierung mit dem Auge	→ Lesegerät
	SG	Handbetätigung	→ Handgriff, Hebel, Drehschalter, Druckhebel, Zughebel mit 2 oder 3 Stellungen
	SH	Fußbetätigung	→ Pedal
	SJ	Fingerbetätigung	→ Schalter mit 2 Stellungen, Kippschalter, Taster, Druckknopfventil, Touchpad
U Halten und Verorten von Objekten	UB	Halten und Tragen von elektrischen Leitungen	→ Kabelkanal, Kabelgestell
W Leiten von Ort zu Ort	WD	Leiten elektrischer Niederspannungsenergie	→ Niederspannungsdraht, -kabel
	WQ	Leiten mechanischer Energie	→ Achse, Kette, Riemen, Zahnrad, Hydraulik-, Pneumatikrohr, Hydraulik-, Pneumatikschlauch
X Bereitstellung einer Schnittstelle zu einem anderen Ort	XD	Niederspannungsobjekt	→ Niederspannungskabelverbindung, Stecker, Netzsteckdose
	XM	Durchflussverbindungsobjekt	→ Schlauchkupplung, Rohrkupplung, Flansch
	XN	kontinuierliches Übertragungsobjekt mechanischer Kraft	→ Kardangelenk, Universalkupplung
	XP	Nicht fest angeschlossener Koppler	→ Vakuumsauger

Kennzeichnung von Betriebsmitteln (DIN EN IEC 81346-2:2020-10)

Ziel der Kennzeichnung: Einheitlichkeit und eindeutige Identifikation für alle technischen Systeme.

Beispiel in einem Schaltplan: Das grafische Symbol nach DIN ISO 1219-1:2019-01 steht für ein handbetätigtes 3/2-Wegeventil, 3 Anschlüsse und 2 Schaltstellungen mit Federrückstellung der Pneumatik. Dieses ist sichtbar durch ein offenes Dreieck in Wirkrichtung der pneumatischen Energie.

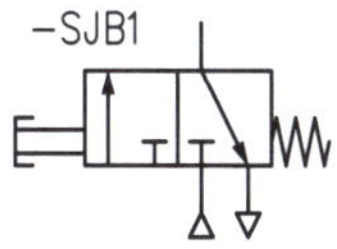

– S J B 1

Aspekt	Eingangsklasse	Unterklasse	Unter-Unterklasse	Zählernummer
Vorzeichen gibt an, entweder: = Funktion – Produkt + Einbauort % Typ	Kennbuchstabe S Erkennen einer menschlichen Handlung und Bereitstellung einer entsprechenden Reaktion	Kennbuchstabe J Objekt zur menschlichen Interaktion zur Fingerbetätigung	Kennbuchstabe B Fingerinteraktionsgerät, z. B. Taster, Druckknopf, Druckschalter	Fortlaufende Nummer für gleichartige Bauteile, z. B. –SJB1, –SJB2, –SJB3

Vereinfachte Benennung: Reicht der erste Buchstabe zur eindeutigen Benennung aus und besteht keine Verwechslungsgefahr, kann der zweite Buchstabe (der Unterklassenbuchstabe) oder der dritte Buchstabe für die Unter-Unterklasse entfallen.

Darstellung einer Klassifizierungshierarchie

Klassenname (bevorzugte Benennung)	Klassendefinition	Ebene
Erkennungsobjekt **B_ _**	Objekt zur Erfassung und Darstellung von Information	Erste Ebene Eingangsebene **Eingangsklasse**
Erkennungsobjekt für Räume und Positionen **BG_**	Erkennungsobjekt für räumliche Dimension und/oder Position Komplette Klassendefinition: Objekt zur Erkennung physikalischer Dimensionen, Distanz-, Positionsschalter	Zweite Ebene **Unterklasse**
Endschalter **BGB**	Objekt zur Erkennung mit Booleschem Ausgang Komplette Klassendefinition: Erkennung physikalischer Dimensionen der Position mit Booleschem Ausgang	Dritte Ebene **Unter-Unterklasse**

In der oben genannten Norm sind Ergänzungen hinzugekommen, um so die Art der Methode, der Energie, der Funktion, der Antriebskraft, der Energiequelle oder des Ausgangssignals usw. näher zu beschreiben. Dies geschieht in den Unter-Unterklassen durch einen dritten Buchstaben.

Beispiele:	*Unter-Unterklasse*	*Kriterium: Art des Ausgangssignals*
	–BGA1	A = Zahlenwert (Skalarausgang)
	–BGB1	B = Boolescher Ausgang (0- oder 1-Ausgang)
	Unter-Unterklasse	*Kriterium: Art der Flüssigkeitsquelle*
	–MMA1	A = Bewegung entspricht flüssigem Volumen
	–MMB1	B = Bewegung zu Endpositionen abhängig vom Gasdruck

Handhabungsgerät
Eingangsklasse

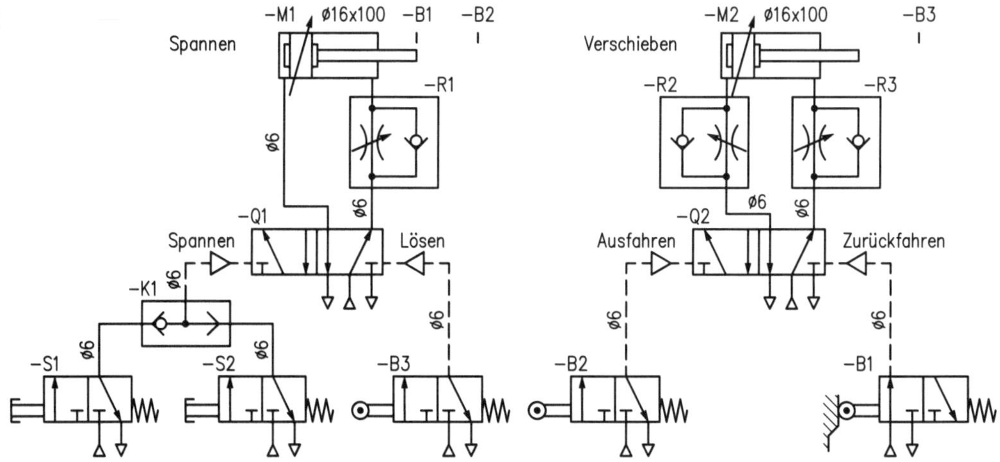

Handhabungsgerät
Eingangs- und Unterklasse

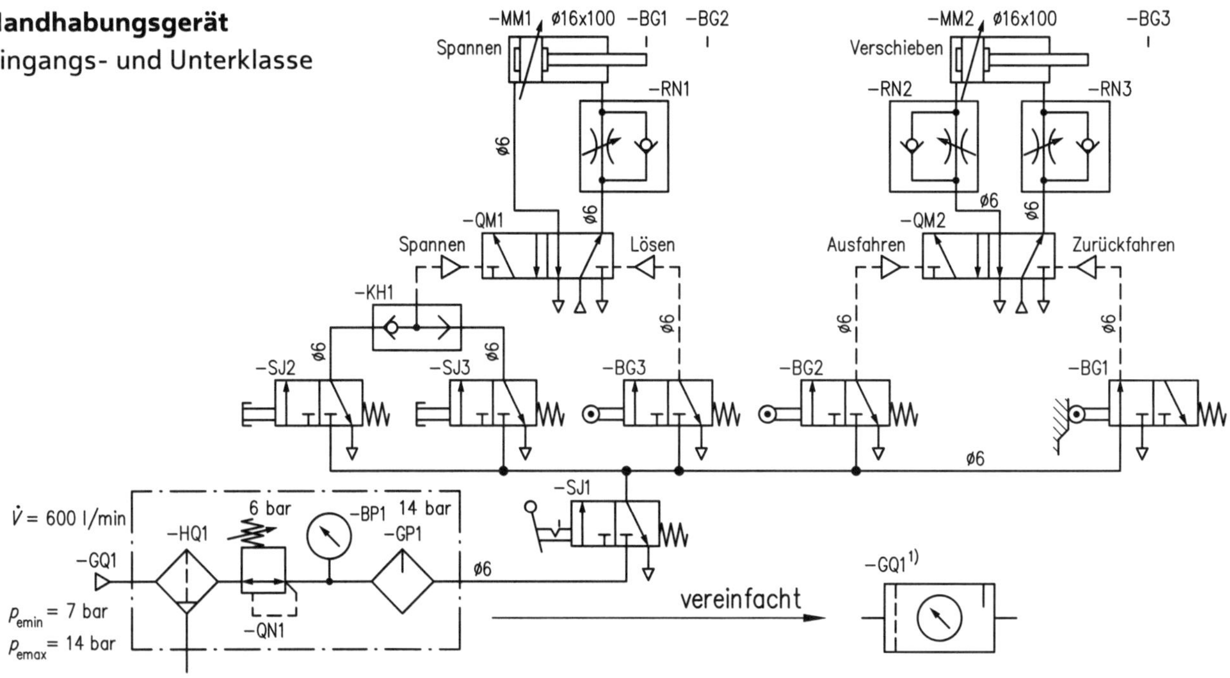

Handhabungsgerät
Eingangs-, Unter- und
Unter-Unterklasse

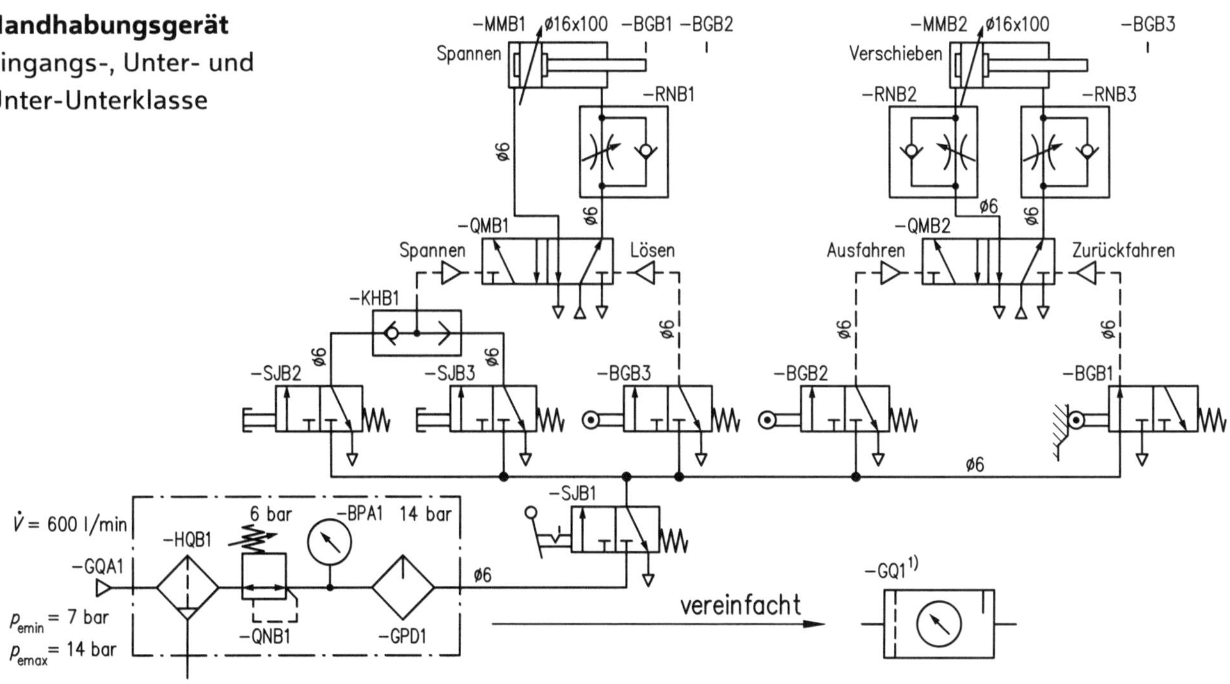

1) Ist ein Objekt nicht einer Unter-Unterklasse zu zuordnen, muss es in der Ebene darüber zugeordnet werden.

Ablaufdarstellung

Funktionsdiagramme sollen die Planung und Erstellung von Steuerungen bei Arbeitsmaschinen und Fertigungsanlagen erleichtern sowie bei der Fehlersuche von Störungen helfen. Sie können auch als Grundlage zur Erstellung von GRAFCET (DIN EN 60848:2002-12) dienen.

Wegdiagramm

Im Wegdiagramm werden die Arbeitswege und Arbeitsbewegungen eines Bauelements, z. B. eines Werkzeugschlittens, durch Bildzeichen dargestellt. Wegdiagramme eignen sich für die Darstellung einfacher Vorgänge.

Beispiel: Schachtmagazin

Eine Zuführstation soll nach Betätigung des START-Tasters -S1 Werkstücke auf ein Förderband schieben. Nach dem Start beginnt der Motor -M1 des Transportbands zu laufen. Der Verschiebezylinder schiebt ein Werkstück auf das Band und fährt nach Betätigung des Sensors -B2 in seine Ruhelage zurück. Durch Betätigung des Sensors -B1 wird nach zehn Sekunden das Transportband gestoppt.

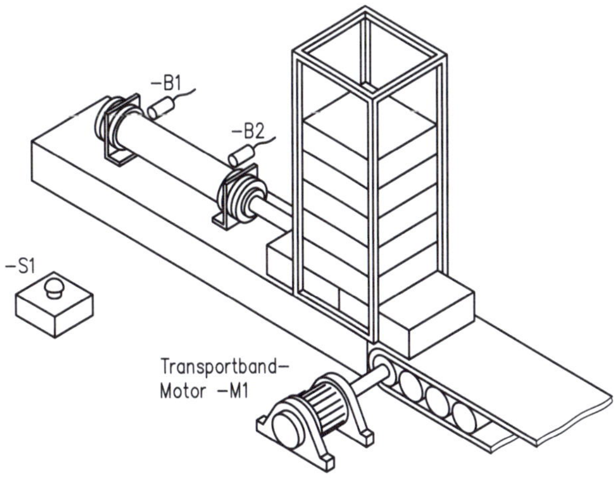

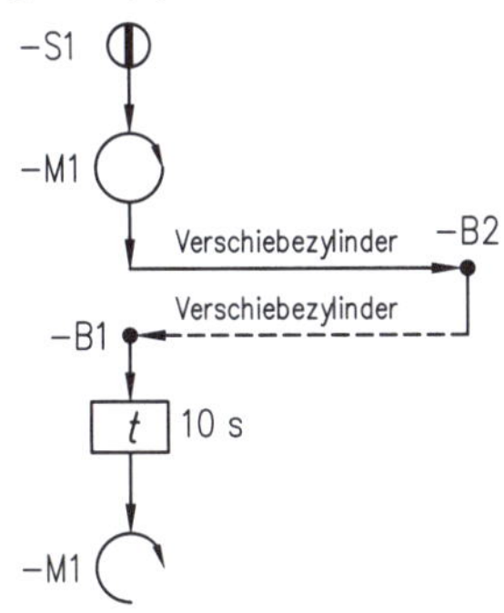

START-Taster(-S1) EIN
Transportband-Motor(-M1) EIN
Verschiebezylinder im Vorschub vor bis -B2
Verschiebezylinder im Eilgang zurück bis -B1
Wartezeit (t) = 10 s
Transportband-Motor(-M1) AUS

Funktionsdiagramm

Die Zustandsänderung der Arbeitselemente wird als zurückgelegter Weg betrachtet und in Abhängigkeit des jeweiligen Schritts dargestellt. Die Eintragung von Zustandsänderungen durch die auslösenden Signale und Signalverknüpfungen sowie die Signalzustände der einzelnen Ventile ist empfehlenswert.

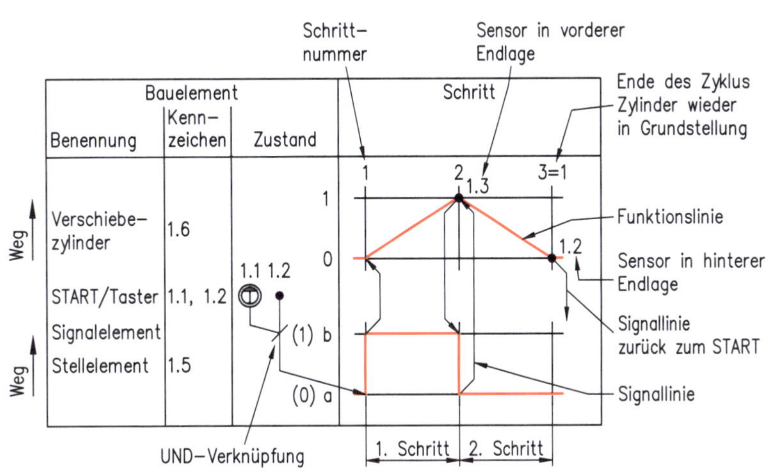

Schritt

Der Arbeitsablauf einer steuerungstechnischen Anlage wird in Schritte aufgeteilt, wobei der Bereich zwischen zwei aufeinanderfolgenden Zustandsänderungen als Schritt bezeichnet wird. Die Nummerierung des Schritts erfolgt durch die Ziffer der einleitenden Zustandsänderung.

Zustandsbeschreibung
Der Zustand kann die Lage oder die Bewegung bzw. die Ruhe der Bauelemente bezeichnen. Er kann auf unterschiedliche Weise beschrieben werden:

0-Zustand bedeutet:	Zylinder ist eingefahren möglich auch: „eingef." oder „1" oder „2" oder „EIN" oder „zu" usw.
1-Zustand bedeutet:	Zylinder ist ausgefahren möglich auch: „ausgef." oder „2" oder „AUS" oder „offen" usw.
a-Zustand bedeutet:	Schaltstellung eines Ventils (Stellelement) möglich auch: „1" oder „EIN" usw.
b-Zustand bedeutet:	Schaltstellung eines Ventils (Stellelement) möglich auch: „0" oder „AUS" usw.
0-Zustand bedeutet:	Mittelstellung, z. B. die eines 5/3-Wegeventils

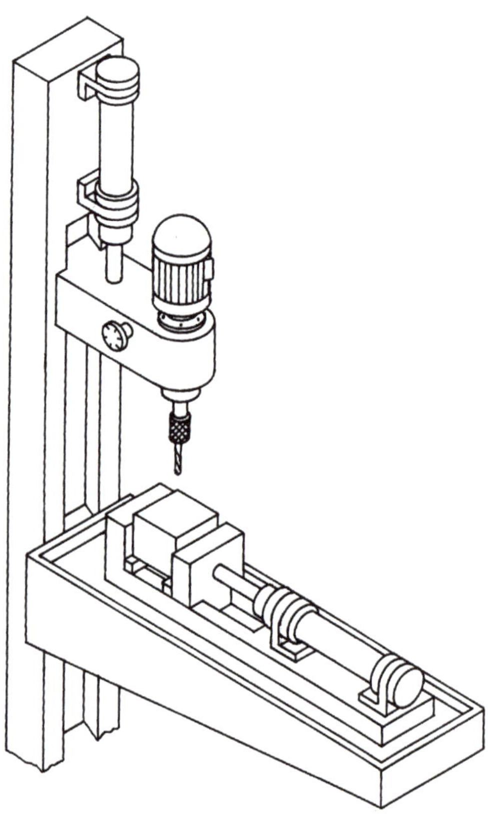

Beispiel: Bohrstation

Weg-Schritt-Diagramm

Im Weg-Schritt-Diagramm wird nur der Ablaufzyklus der Zylinder in Schritte aufgeteilt und auf der waagerechten Achse nacheinander aufgetragen. Auf der senkrechten Achse wird der Kolbenhub im „0"- oder „1"-Zustand dargestellt.

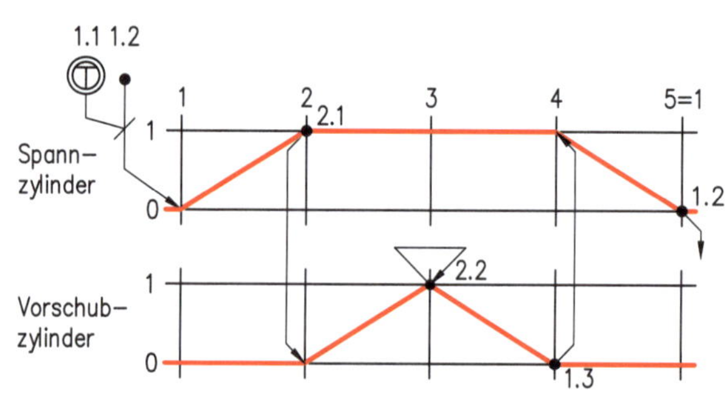

Weg-Zeit-Diagramm

In einem Weg-Zeit-Diagramm werden die Wege in Abhängigkeit von der benötigten Zeit dargestellt. Dadurch werden die unterschiedlichen Arbeitsgeschwindigkeiten der Zylinderschritte ersichtlich.

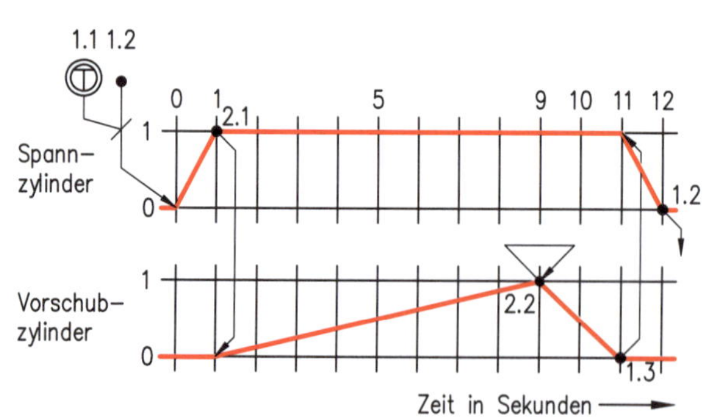

GRAFCET-Ablaufbeschreibung

Spezifikationssprache für Funktionspläne der Ablaufsteuerung (DIN EN 60848:2014-12)

Zur Darstellung von Prozessabläufen ist ein Logikplan sehr umfangreich und unübersichtlich, dies gilt besonders bei großen Anlagen. Die Automatisierungstechnik erfordert daher eine grafische Ablaufbeschreibung. In ihr werden die zur Realisierung verwendeten Betriebsmittel, die erforderlichen Leitungen und der zukünftige Einbauort nicht beschrieben. Kenntnisse über die Bauformen und Bauarten der Steuerungselemente sind nicht erforderlich.

Zur Darstellung des Funktionsplans für Ablaufsteuerungen dient der GRAFCET-Plan oder nur GRAFCET genannt (von fr. **GRA**phe **F**onctionnel de **C**ommande **E**tape **T**ransition). Er ist ein grafisches Hilfsmittel für die symbolische Darstellung.

Die Darstellung unterscheidet:
- die Struktur, in der mögliche Abläufe der Schritte beschrieben werden;
- den Wirkungsteil mit Aktionen, in ihm werden die Beziehungen zwischen den Variablen (Ein- und Ausgängen) und der Struktur aufgezeigt.

GRAFCET (DIN EN 60848:2014-12)

Beispiel: Steuerung eines Handhabungsgeräts

Problemstellung

Nach dem Start durch den Taster –SJ1 soll der Spannzylinder ein Werkstück aufnehmen. Danach bewegt es der Verschiebezylinder über ein Transportband. Das Werkstück wird gelöst, anschließend fährt der Verschiebezylinder in seine Ausgangsstellung zurück. Die Zylinder befinden sich wieder in ihrer Grundstellung.

Technologieschema

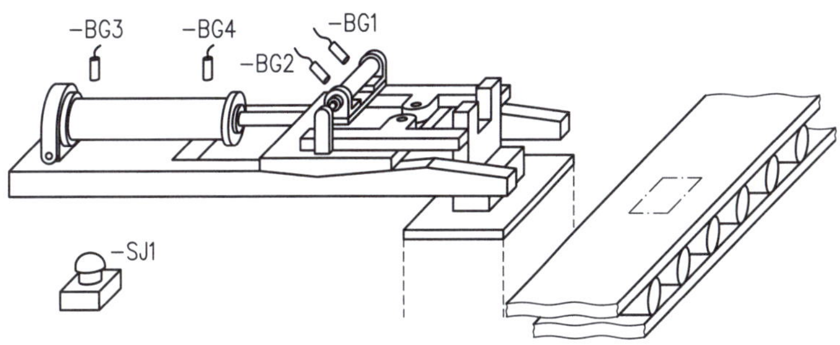

Weg-Schritt-Diagramm

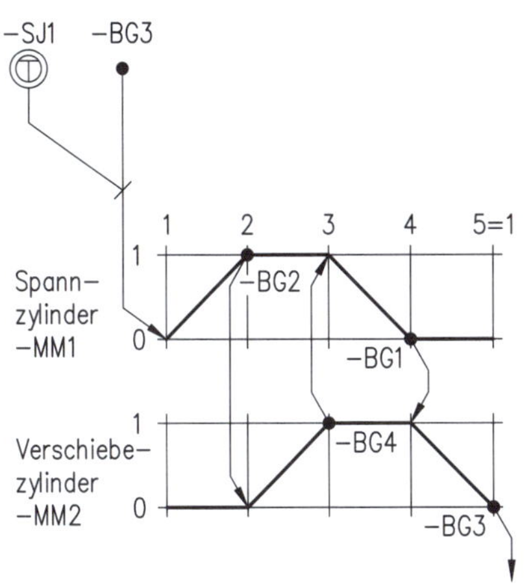

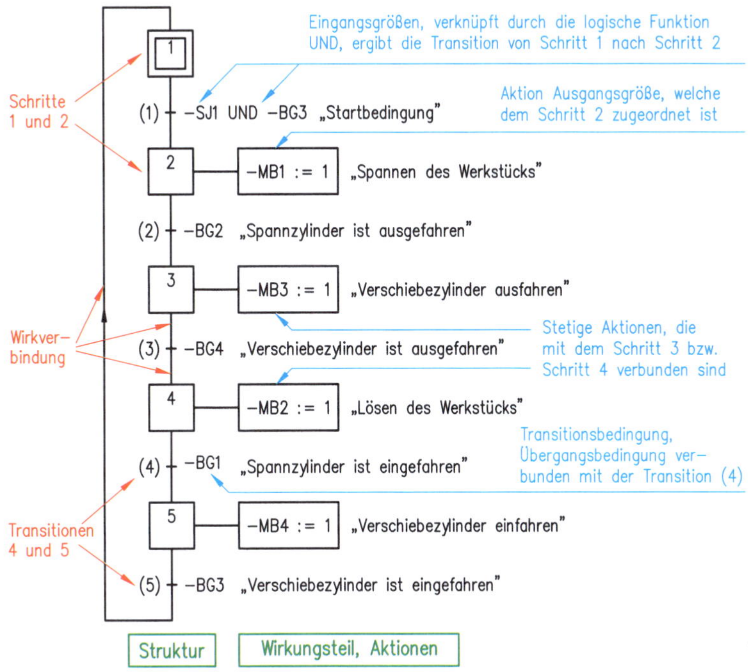

Grundstruktur eines GRAFCET

1. Abläufe werden gegliedert in Schritte und Transitionen (Übergangsbedingungen), die sich abwechseln.
2. Ein Schritt kann aktiv oder inaktiv sein. Es können mehrere Schritte gleichzeitig im betrachteten Augenblick aktiv sein. Dieses ist entsprechend zu kennzeichnen.
3. In einem Schritt können beliebig viele Aktionen ausgeführt werden.
4. Abläufe können verzweigt und wieder zusammengeführt werden.

Grafische Darstellung der GRAFCET-Elemente

Anfangsschritt

Der Anfangsschritt kennzeichnet die Ausgangsstellung der Steuerung. Im Anfangsschritt wird die Ausgangssituation der Steuerung nach dem Einschalten dargestellt. Der Anfangsschritt wird durch einen doppelten Rahmen dargestellt.

Schritt

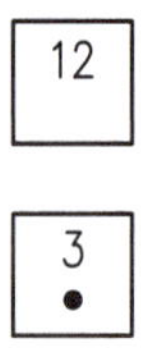

Die Ablaufkette wird in einzelne Schritte unterteilt. Jeder Schritt wird mit einem Rechteck dargestellt, wobei das Quadrat als besonderes Rechteck bevorzugt werden soll. In der oberen Mitte des Quadrats muss eine Zahl für die Schrittnummer stehen. Ein Schritt kann zu einem bestimmten Zeitpunkt aktiv (er wird gerade ausgeführt) oder inaktiv sein.
Es kann zweckmäßig sein, aktive Schritte durch einen Punkt zu kennzeichnen. Dieses dient nur zur Erläuterung.

Transition

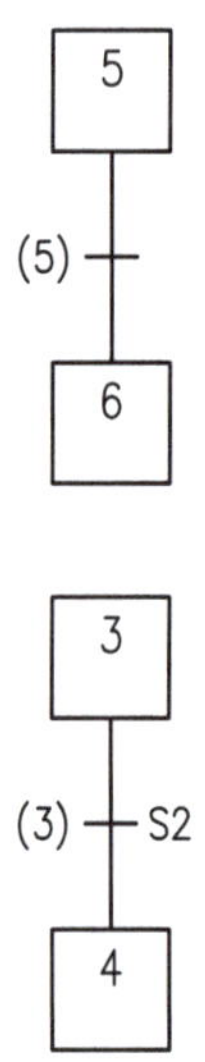

Übergang
Sie ist das Element eines Funktionsplans, das den Übergang von einem Schritt zum nächsten gestaltet. Sie wird als freigegeben bezeichnet, wenn alle unmittelbar vorangegangenen, mit dieser Transition verbundenen Schritte aktiv sind. Um eine fehlerfreie Ablaufkette zu erlangen, soll zwischen zwei Schritten jeweils nur eine Transition stehen.
Eine Transition wird durch eine Linie im rechten Winkel zur Verbindung zwischen den beiden Schritten dargestellt (in Ausnahmefällen auch auf horizontalen Wirkverbindungen).
Die Transition darf einen Namen erhalten. Er ist links anzuordnen und in Klammern zu setzen.
Mit jeder Transition ist ein logischer Ausdruck verknüpft, der Transitionsbedingung genannt wird. Die Bedingung kann den Wert „1" (erfüllt bzw. TRUE) oder den Wert „0" (nicht erfüllt bzw. FALSE) annehmen. Die Transitionsbedingung steht auf der rechten Seite der Transitionslinie.

Die Übergangsbedingung darf in Textform, mit einem Booleschen Ausdruck oder mithilfe grafischer Symbole dargestellt werden. Sie gibt die Menge der Bedingungen an, die erfüllt sein müssen, damit der Übergang zwischen Schritten freigegeben wird

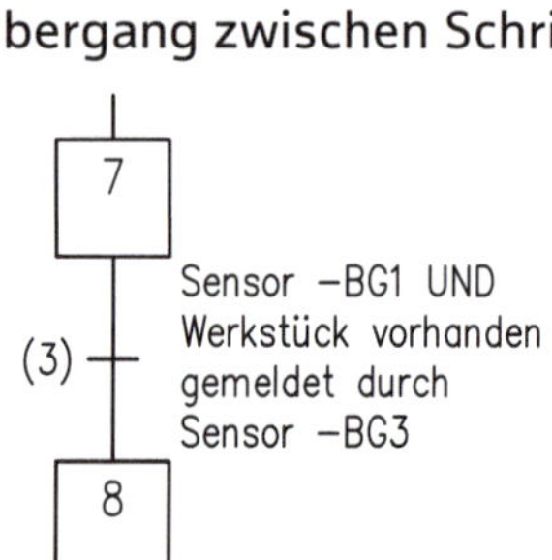

Textdarstellung

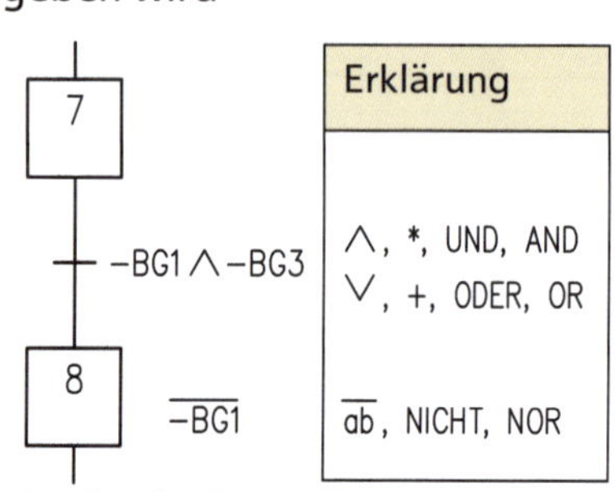

Boolesche Darstellung

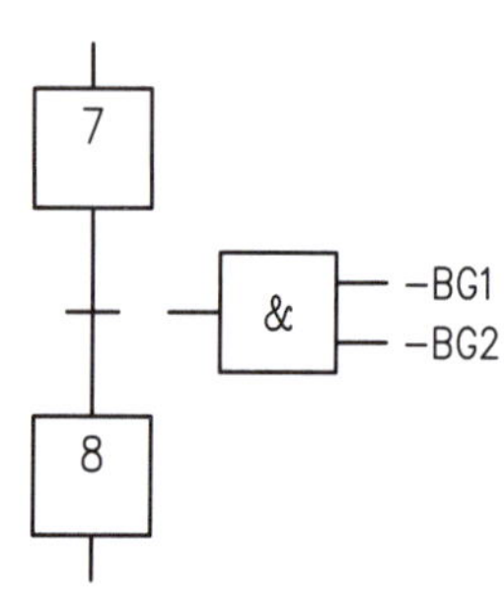

Grafische Darstellung

Zeitabhängige Transitionsbedingung

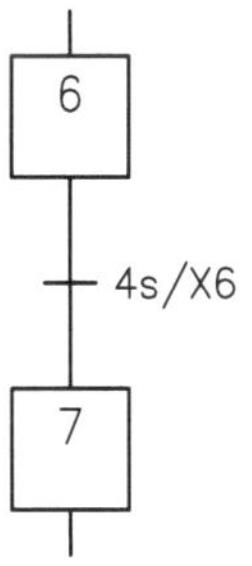

Nach Ablauf einer festgelegten Zeit soll in den nächsten Schritt weitergeschaltet werden.

Beispiel:

Die dargestellte Transitionsbedingung hält den Wert 1 (TRUE) 4 Sekunden nach Aktivierung des Schritts 6. Danach wird Schritt 7 aktiviert und der Schritt 6 deaktiviert (abgeschaltet). Die Transitionsbedingung nimmt den Wert 0 (FALSE) an. Der Schritt 6 dauert somit 4 Sekunden.

Aktionen

Jeder Schritt löst eine oder mehrere Aktionen aus. Sie werden ausgeführt, wenn der Schritt aktiv ist. Die Aktion wird durch einen Rechteckrahmen, bei dem das Höhen-/Breitenverhältnis beliebig ist, dargestellt. (Empfehlung: Höhe des Rahmens gleich Höhe des Schrittquadrats.)

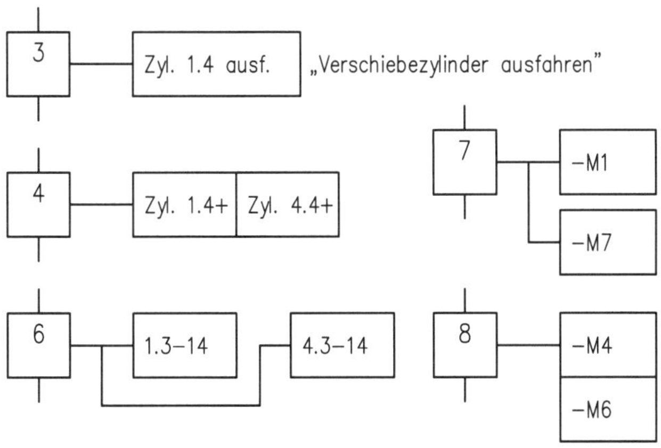

Ein Kommentar, der die Aktion erklärt, wird in Anführungszeichen neben den Aktionsrahmen gesetzt

Sind einem Schritt mehrere Aktionen zugeordnet, so können sie auf unterschiedliche grafische Weise dargestellt werden. Die dargestellte Reihenfolge der Aktionen ist keine zeitliche Reihenfolge.

Aktionsarten

Kontinuierlich wirkende Aktion

Eine kontinuierlich wirkende Aktion muss mit einem Schritt verbunden sein. Solange der Schritt aktiv ist, wird die Aktion ausgeführt (die Variable hat den Wert 1). Ist der Schritt nicht mehr aktiv, wird der Variablen der Wert 0 zugewiesen. Der Text im Aktionsrahmen muss eine hinweisende Form oder eine Befehlsform haben.

Beispiel:

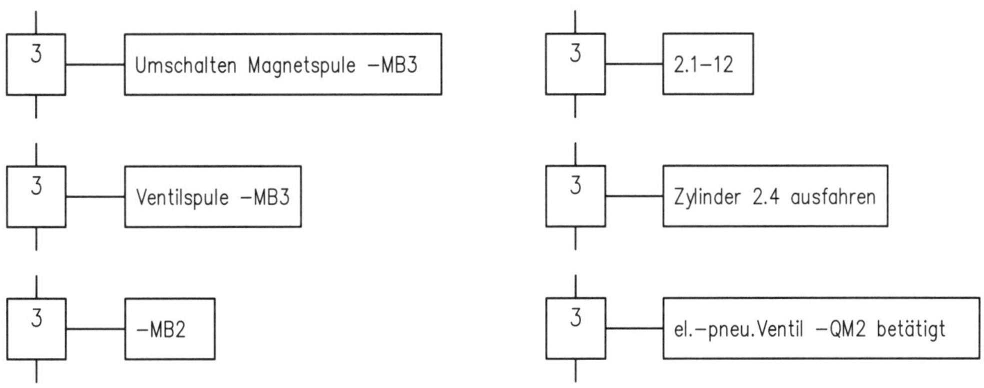

Aktion mit Zuweisungsbedingung

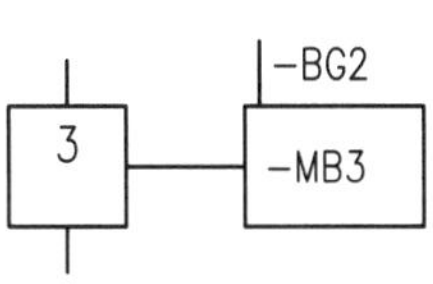

Die Aktion, die im Rechteckrahmen beschrieben ist, wird nur aktiv, wenn der zugehörige Schritt aktiv und die Zuweisungsbedingung erfüllt ist.

Beispiel:

Wenn der Schritt 3 aktiv ist und die Zuweisungsbedingung Sensor –BG2 erfüllt ist, wird dem Ausgang –MB3 der Wert 1 zugewiesen.

Verzögerte kontinuierlich wirkende Aktion

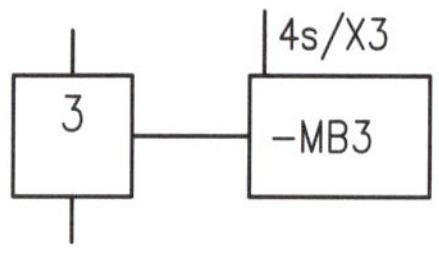

Ist ein Schritt erfüllt und dem zugehörigen Ausgang der Wert 1 zugewiesen, so erfolgt nach einer bestimmten Zeit die Aktivierung der Aktion. Erst nach Ablauf dieser Zeit ist die Zuweisungsbedingung erfüllt (Magnetspule -MB3)

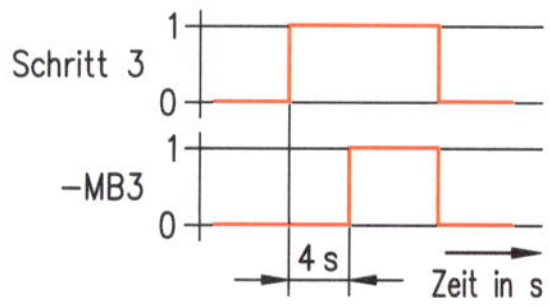

Beispiel:
Ist der Schritt 3 aktiv, so wird nach Ablauf von 4 Sekunden der Variablen –MB3 der Wert 1 zugewiesen. Die Zuweisung wird so lange durchgeführt, solange der Schritt 3 aktiv ist. bzw. endet mit der Deaktivierung.

Zeitbegrenzte kontinuierlich wirkende Aktion

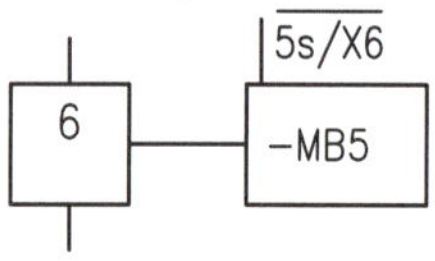

Ist ein Schritt aktiv, so wird die dargestellte Aktion für eine angegebene Dauer durchgeführt.

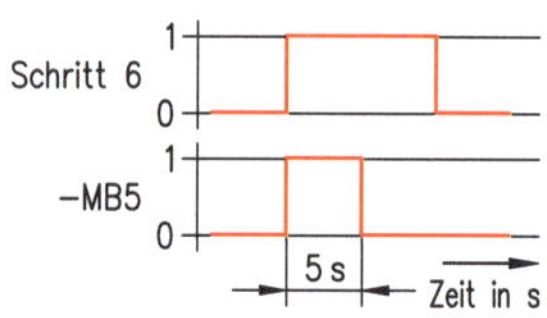

Beispiel: Hat der Schritt 6 den Wert 1, so wird der zugehörige Ausgang Magnetspule –MB5 für eine Zeit von 5 Sekunden geschaltet.

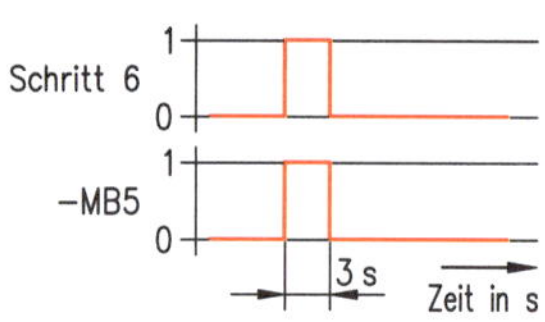

Ist der Schritt 6 kürzer als 5 Sekunden, z. B. nur 3 Sekunden, so wird die Aktion –MB5 entsprechend kürzer durchgeführt.

Gespeichert wirkende Aktion

Aktivierung einer Aktion

In dem Augenblick, in dem der zugehörige Schritt aktiv wird, wird der Ausgangsaktion der angegebene Wert zugewiesen. Der Wert eines Ausgangs, der von einer gespeichert wirkenden Aktion abhängt, bleibt unverändert, bis ein neues hierzu bestimmtes Ereignis diesen Wert ändert.
Die Darstellung einer Aktion bei Aktivierung wird durch einen an der linken Seite des Rechteckrahmens gezeichneten aufwärts gerichteten Pfeil symbolisiert. Setzen eines Werts wird mit := gekennzeichnet.

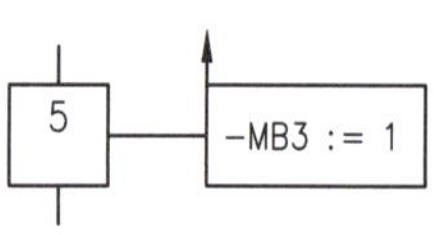

Beispiel:
Ist Schritt 5 aktiv, so wird der Ventilspule –MB3 der Wert 1 zugewiesen. Das bedeutet, sie bekommt Strom. Ist der Schritt 3 nicht mehr aktiv, so bekommt sie weiterhin Strom, sie bleibt aktiv. Erst wenn der Wert durch eine weitere Aktion überschrieben wird, ändert er sich.

Deaktivierung einer Aktion

Erst zum Zeitpunkt der Deaktivierung des zugehörigen Schritts wird der Ausgangsvariablen der Wert zugewiesen, der in der Aktion angegeben ist. Der Wert der Variablen bleibt so lange gespeichert, bis er durch eine andere Aktion überschrieben wird.
Die Darstellung einer Deaktivierung geschieht durch einen nach unten gerichteten Pfeil, der an die linke Seite des Rechteckrahmens der Aktion gezeichnet wird.

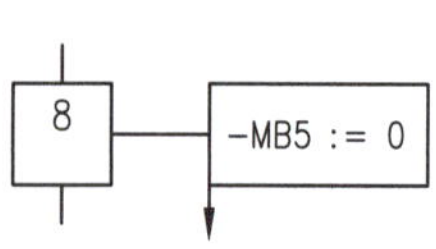

Beispiel:
Wird Schritt 8 aktiv, so bleibt die Magnetspule –MB5 in dem Zustand, den sie vorher hatte. (Es geschieht nichts.)
Wird Schritt 8 inaktiv, so wird der Spule –MB5 der Wert 0 zugewiesen. Dieser Wert 0 wird bis zur Überschreibung gespeichert.
Eine speichernde Aktion durch Deaktivierung des Schritts ist nur mit einer SPS oder mit einem PC durchzuführen.

Grafische Darstellung von Ablaufstrukturen

Ablaufkette (linearer Ablauf)

Eine Ablaufkette ist eine Folge von Schritten (ohne Ablaufverzweigung), in der

- jeder Schritt nur eine nachfolgende Transition hat, mit Ausnahme der letzten,
- jeder Schritt nur eine vorangegangene Transition hat, die durch einen einzigen Schritt der Ablaufkette freigegeben wird.

Hinweis:
Die Ablaufkette gilt als „aktiv", wenn einer ihrer Schritte aktiv ist. Die Ablaufkette gilt als „nicht aktiv", wenn keiner ihrer Schritte aktiv ist. Die Ablaufkette kann eine beliebige Anzahl von Schritten enthalten.

Geschlossene Ablaufkette/Einzelkette

In einer auf sich selbst zurückgeführten Ablaufkette wirkt auf jeden Schritt eine nachfolgende Transition und jeder Schritt hat nur eine vorangegangene Transition, die durch einen einzigen Schritt der Ablaufkette freigegeben wird. Sie muss mindestens einen Anfangsschritt haben.

Beispiel: Bohrstation

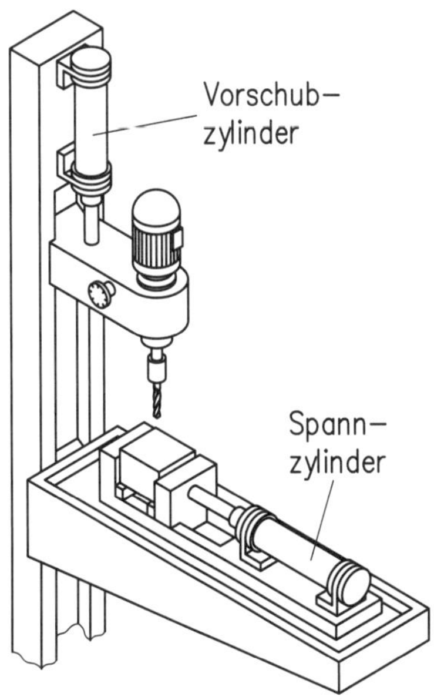

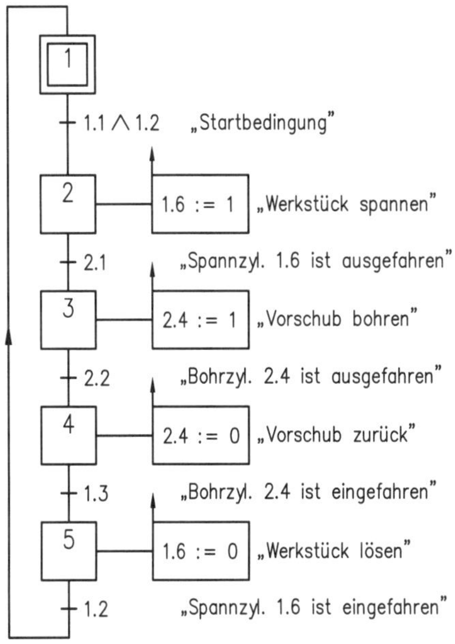

GRAFCET für pneumatische Bauelemente

Ablaufverzweigung (alternative Verzweigung)

Bei der Alternativverzweigung folgen zwei oder mehrere Transitionen auf einen Schritt. Es wird die Ablaufkette aktiviert und bearbeitet, deren Transitionsbedingung als erste erfüllt ist. Da bei der alternativen Verzweigung nur ein Teilablauf ausgewählt werden kann, müssen sich die Transitionsbedingungen gegenseitig ausschließen.

Die Teilabläufe nach der Verzweigung können unterschiedlich lang sein (ein Teilablauf kann aus einer einzigen Transition bestehen). Aus diesem Grund beginnen und enden die alternativ gewählten Ablaufketten immer mit einer Transition.

Ist der letzte Schritt der gewählten Ablaufkette durchlaufen und die zugehörige Transitionsbedingung oberhalb der Zusammenführungslinie erfüllt, wird der nachfolgende Schritt gesetzt.

Die Nummerierung der Schritte ist beliebig.

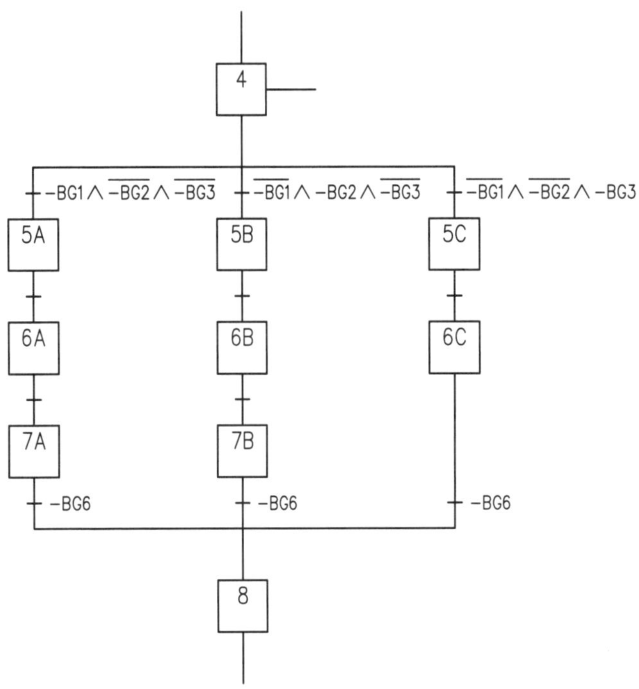

Beispiel: siehe auch Farbmischstation SPS 12

Parallelverzweigung (gleichzeitige Abläufe)
Bei der Parallelverzweigung werden durch das Aktivieren nur einer vorangegangenen Transition mehrere Teilabläufe gleichzeitig gestartet. Sie werden anschließend unabhängig voneinander abgearbeitet.

Die Darstellung der Parallelverzweigung erfolgt durch zwei parallele horizontale Linien. Durch Aktivierung nur einer vorangegangenen Transition, hier im Beispiel „Startbedingung erfüllt“, werden die Teilabläufe „Beladen“, „Bohren“ und „Prüfen“ unabhängig voneinander bearbeitet.

Synchronisierung der Teilketten
Erst wenn alle Teilabschnitte abgearbeitet wurden, d. h. alle vorangegangenen Schritte aktiv sind, erfolgt ein Übergang auf die Schritte unterhalb der horizontalen Doppellinie, hier im Beispiel auf Schritt 12. Dazu muss die Transition (9) erfüllt sein.

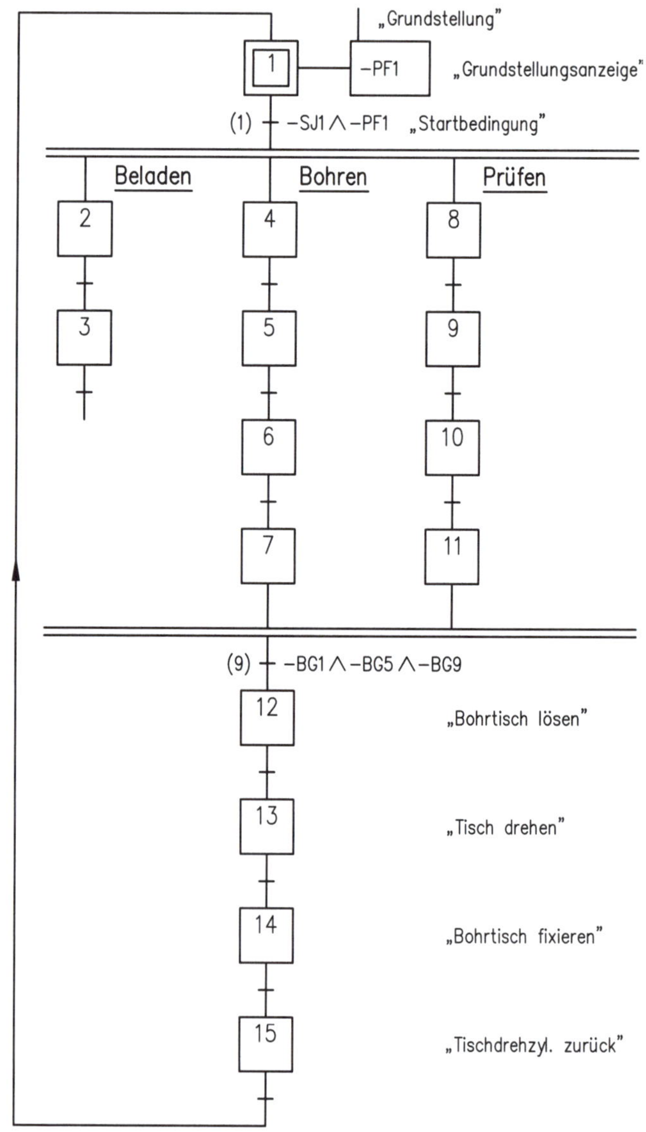

GRAFCET-Struktur

Problemstellung

An einem Rundschalttisch sollen Werkstücke gebohrt werden. In Grundstellung befinden sich alle Kolben der Zylinder in der hinteren Endlage, bis auf den Fixierzylinder, dessen Kolben zwecks Feststellen des Tischs ausgefahren ist. Haben der Verschiebe-, Vorschub-, Auswerf- und Drehzylinder ihre Grundstellung eingenommen und wird der START-Taster betätigt, beginnt das Beladen, Bohren und Prüfen mit Auswerfen des Werkstücks. Anschließend wird der Rundtisch gelöst, gedreht und neu fixiert, sodass der Drehzylinder in seine Ausgangsstellung zurückfahren kann. Wird der Starttaster erneut betätigt, so beginnt ein weiterer Zyklus. Ein- und Ausfahrgeschwindigkeiten sollen einstellbar sein.

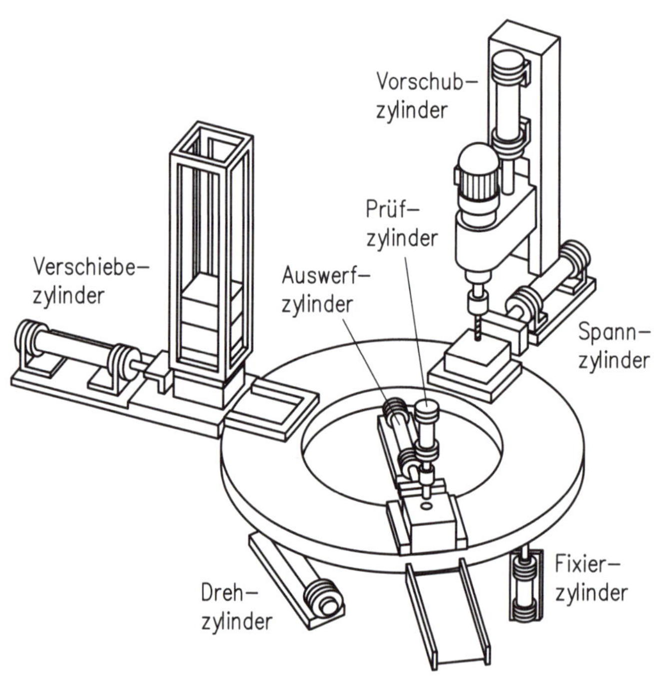

Anwendung von GRAFCET

Soll ein GRAFCET zur Lösung einer steuerungstechnischen Aufgabe erstellt werden, so muss man vorher überlegen, wie die Aktoren angesteuert werden sollen. Sollen sie pneumatisch durch 5/2-Wegeventile angesteuert werden (einseitig oder beidseitig durch Druckluft betätigt) oder elektrisch durch 5/2-Wege-Magnetventile (einseitig oder beidseitig betätigt)? Außerdem ist zu klären, ob die Schritte bei Aktivierung eine speichernd wirkende Aktion oder eine kontinuierlich wirkende Aktion besitzen sollen.

Problemstellung

Pakete rollen über eine Rollenrutsche vor eine Etikettiermaschine, wo sie Aufkleber erhalten. Danach bewegt der Verschiebezylinder nach Druck auf den START-Taster die Pakete auf die Seite. Anschließend werden sie auf dem Versandzylinder auf eine weitere Rollenrutsche, die zum Versand führt, geschoben.

Technologieschema

Etikettiermaschine

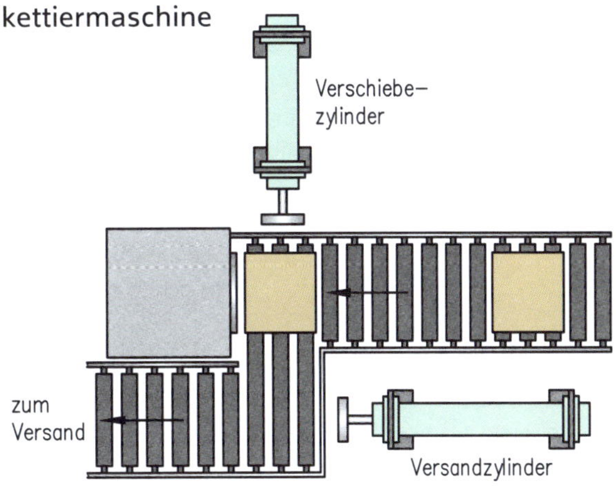

Pneumatischer Schaltplan für Zylinderansteuerung

einer pneumatischen Steuerung

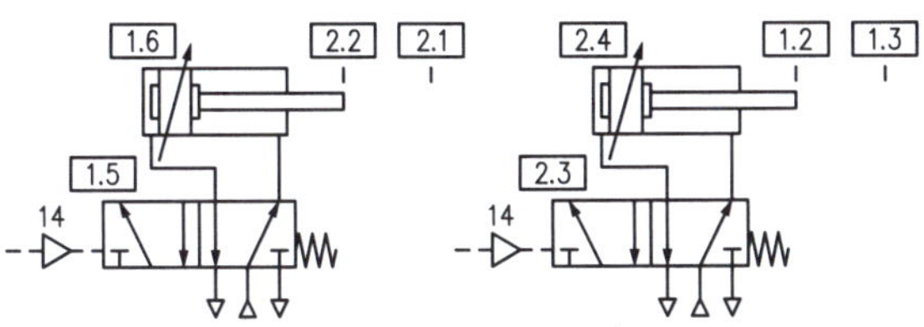

Zylinderansteuerung durch 5/2-Wegeventile, einseitig durch Druckluft betätigt (monostabil)

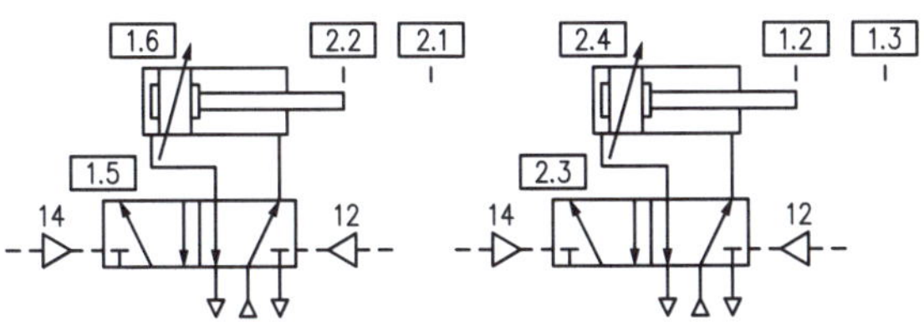

Zylinderansteuerung durch 5/2-Wegeventile, beidseitig durch Druckluft betätigt (bistabil)

einer elektropneumatischen Steuerung

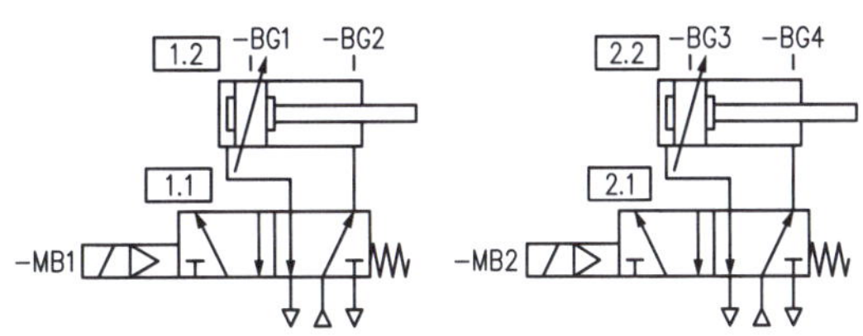

Zylinderansteuerung durch 5/2-Wegeventile, einseitig durch Elektromagneten betätigt (monostabil)

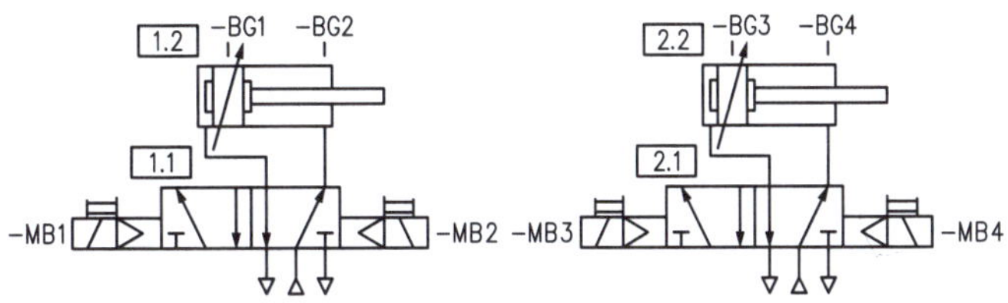

Zylinderansteuerung durch 5/2-Wegeventile, beidseitig durch Elektromagnete betätigt (bistabil)

Funktionsablauf

Weg-Schritt-Diagramm

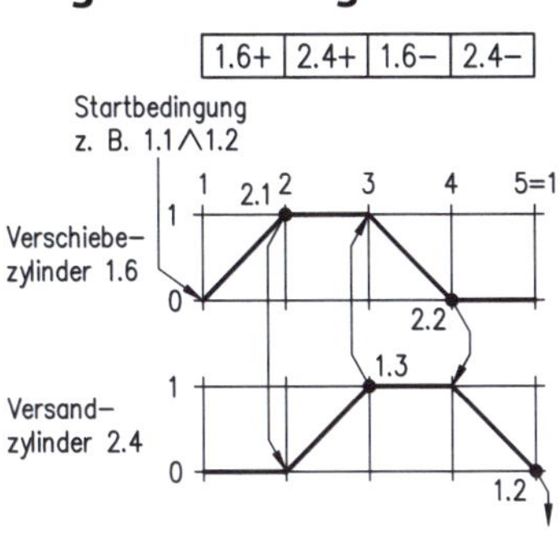

Funktionsablauf

Weg-Schritt-Diagramm

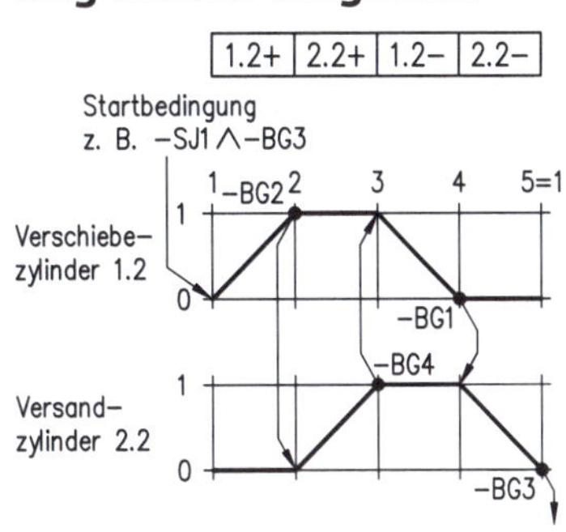

Zylinderansteuerung durch 5/2-Wegeventile, einseitig durch Druckluft betätigt (monostabil)

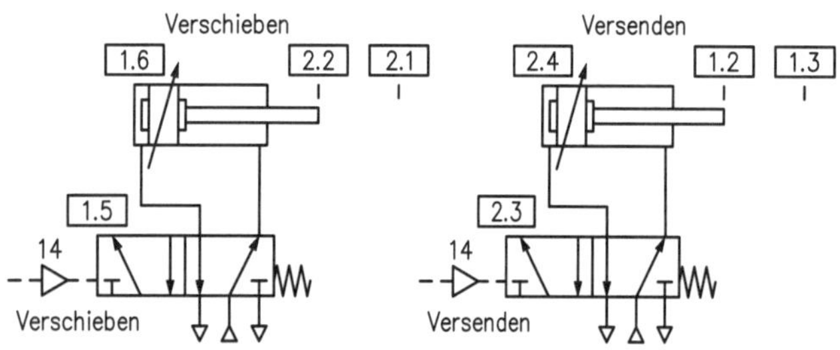

Bauteilkennzeichnung nach DIN ISO 1219-2:2019-01

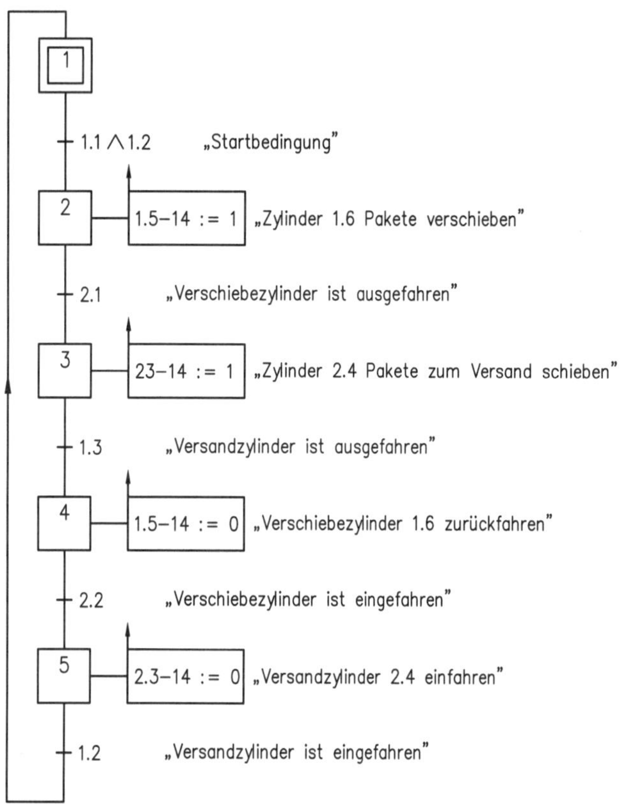

Zylinderansteuerung durch 5/2-Wegeventile, einseitig durch Elektromagneten betätigt (monostabil)

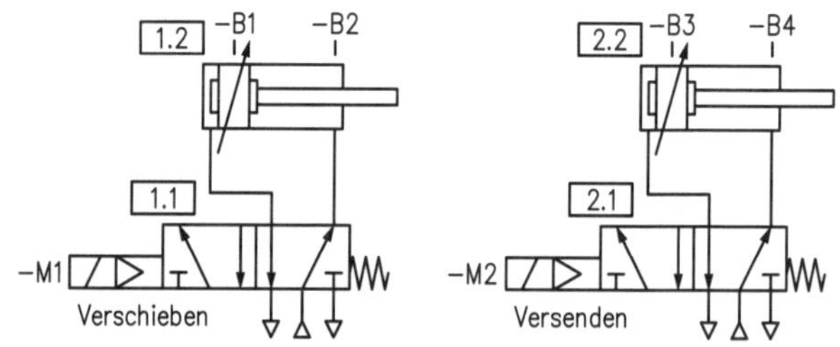

Referenzkennzeichnung nach DIN EN IEC 81346-2:2010-10 Eingangsklasse

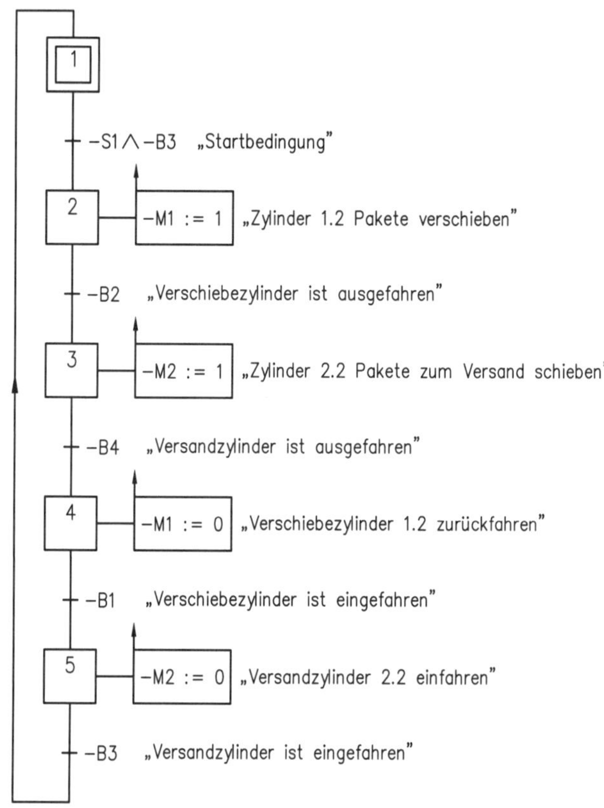

- Im Startschritt (doppelter Rahmen) befindet sich die Steuerung sofort nach dem Einschalten.
- Der Schritt 2 wird ausgeführt, wenn der Versandzylinder sich in seiner Ruhestellung befindet und den Grenztaster 2.1 bzw. Sensor –B3 betätigt hat UND mit 1.1 bzw. S1 von Hand ein Startsignal gegeben worden ist.
- Sobald Schritt 2 aktiv ist, bekommt das Ventil 1.5 am Anschluss 14 Druckluft bzw. –M1 Strom. Auch wenn Schritt 2 nicht mehr aktiv ist, behält der Anschluss 14 bzw. die Spule M1 so lange den Wert 1, bis er durch eine andere Aktion verändert wird.
- Der Verschiebezylinder fährt aus und betätigt 2.1 bzw. –B2. Damit ist die Transitionsbedingung von Schritt 2 nach Schritt 3 erfüllt.
- Es folgt die Ausführung der Schritte und deren Freigabe durch Transitionen.
- Am Ende der Ablaufkette wird durch die Betätigung des Grenztasters 1.2 bzw. Sensors –B3 die Transitionsbedingung von Schritt 5 nach Schritt 1 erfüllt. Die Rückführung zum Startschritt 1 erfolgt durch einen zum Start gerichteten Pfeil.

Zylinderansteuerung durch 5/2-Wegeventile, beidseitig durch Druckluft betätigt (bistabil), mit kontinuierlich wirkenden Aktionen

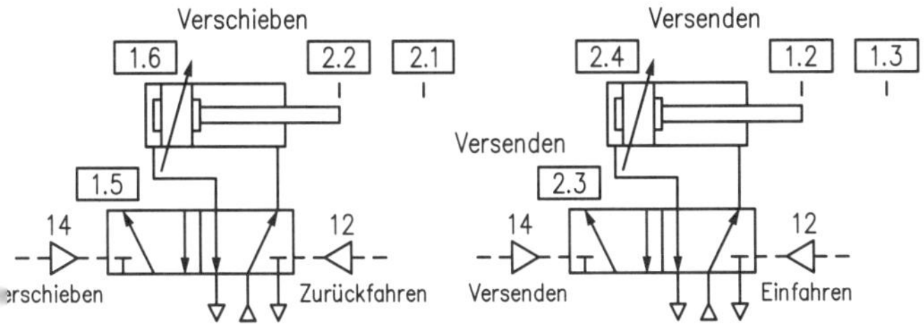

Bauteilkennzeichnung nach DIN ISO 1219-2:2019-01
Anschlusskennzeichnung nach DIN ISO 11727:2003-10

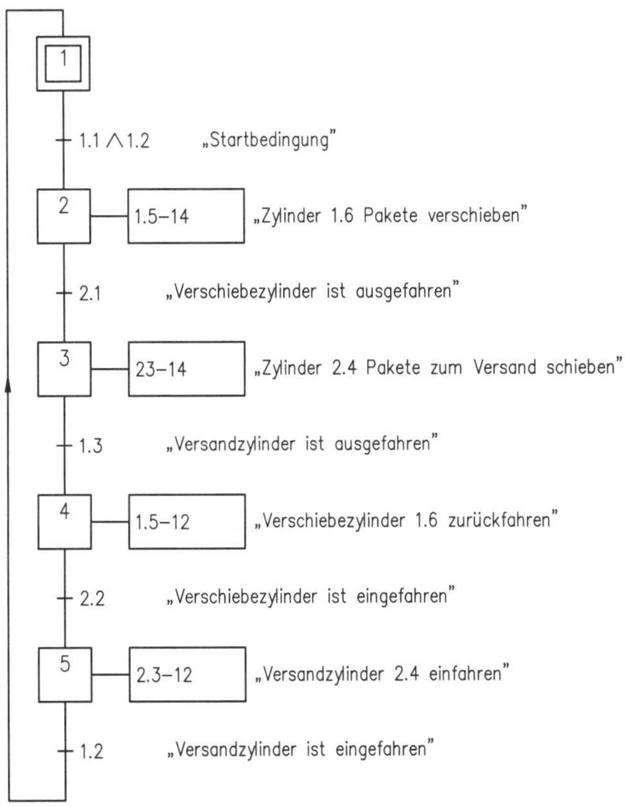

Zylinderansteuerung durch 5/2-Wegeventile, beidseitig durch Elektromagnete betätigt (bistabil), mit kontinuierlich wirkenden Aktionen

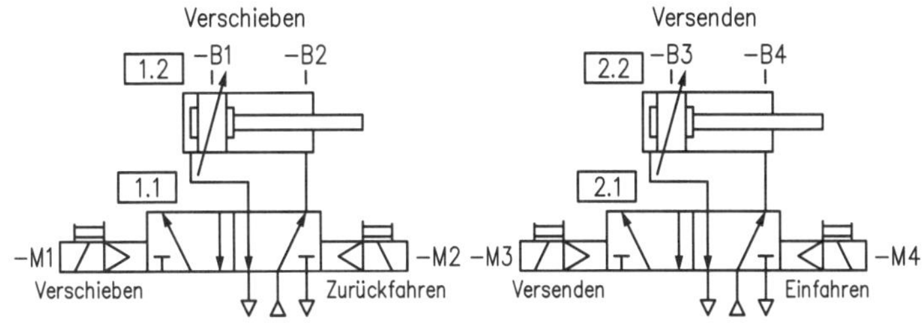

Bauteilkennzeichnung der Fluidelemente nach DIN ISO 1219-2:2019-01
Referenzkennzeichnung – Klassifizierung von Objekten und Kennbuchstaben für Klassen nach DIN EN IEC 81346-2:2020-10 Eingangsklasse

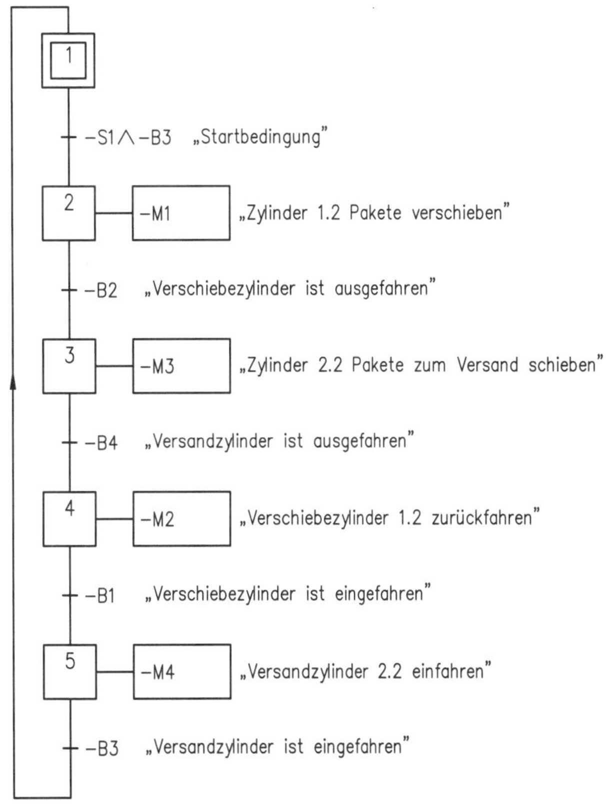

- Ist am Steuerleitungsanschluss 14 der 5/2-Wegeventile (beidseitig durch Druckluft betätigt) Druckluft vorhanden (Steuersignal „logisch 1"), so fahren die Kolben der entsprechenden Zylinder aus. Dies geschieht auch bei 5/2-Wegeventilen (beidseitig durch Elektromagnete betätigt), wenn ein Signal bei den Magneten –M1 oder –M3 vorhanden ist.
- Ist an den Anschlüssen 14 keine Druckluft oder bei den Magnetventilen kein elektrischer Strom vorhanden (14 oder –M1 haben den Wert „logisch 0"), so bleiben die Ventile in ihrer angenommen Schaltstellung stehen.
- Erhalten dann die Anschlüsse 12 oder die Spulen –M2 oder –M4 der 5/2-Wegeventile den Wert „logisch 1" zugewiesen, schalten die 5/2-Wegeventile um und die Kolben der Zylinder fahren ein. Es muss aber gewährleistet sein, dass die Anschlüsse 14 drucklos bzw. die Spulen –M1 oder –M3 stromlos sind, also den Wert „logisch 0" haben.
- Bistabile 5/2-Wegeventile speichern mechanisch Signale.

Zylinderansteuerung durch 5/2-Wegeventile, beidseitig durch Druckluft betätigt (bistabil), mit speichernd wirkenden Aktionen

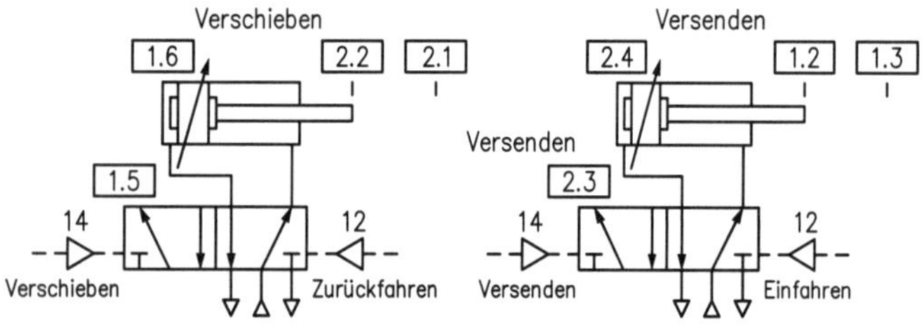

Bauteilkennzeichnung nach DIN ISO 1219-2:2019-01
Anschlusskennzeichnung nach DIN ISO 11727:2003-10

Zylinderansteuerung durch 5/2-Wegeventile, beidseitig durch Elektromagnete betätigt (bistabil), mit speichernd wirkenden Aktionen

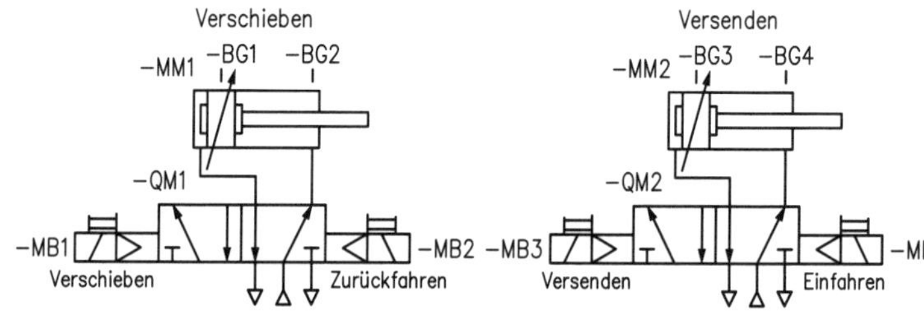

Kennzeichnung der Fluidbauteile sowie der elektrischen Elemente, Strukturierungsprinzipien und Referenzkennzeichnung DIN EN IEC 81346-2:2020-10 Eingangs- und Unterklasse

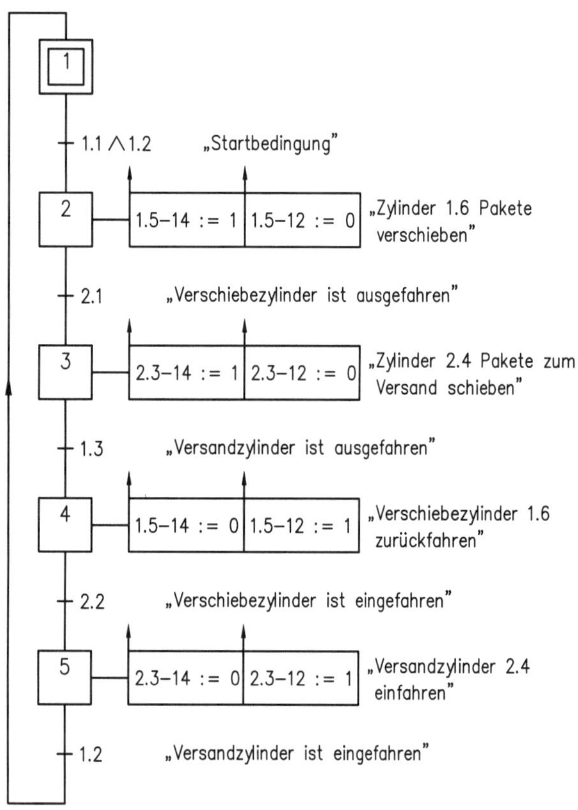

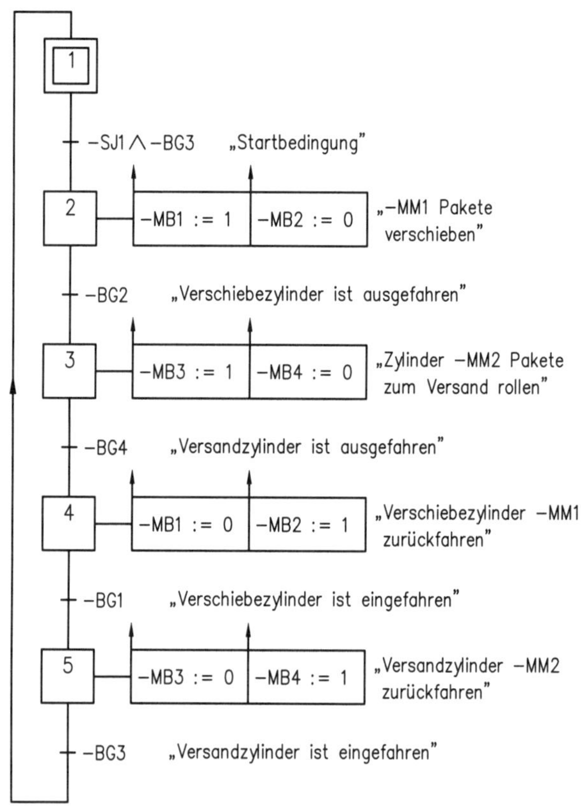

- Sind in einer Steuerung bistabile 5/2-Wegeventile (Impulsventile) eingesetzt, so ist darauf zu achten, dass nicht gleichzeitig den Anschlüssen 14 und 12 bzw. den Magnetspulen –MB1 und –MB2 ein 1-Wert zugewiesen wird. Es kommt sonst zu einer Signalüberschneidung.
- Zu Signalüberschneidungen kommt es immer, wenn auf eine Bewegung des Zylinders sofort seine Gegenbewegung durchgeführt werden soll.
- Deshalb werden in Ablaufketten den Schritten gleichzeitig demselben 5/2-Wege-Impulsventil jeweils zwei Aktionen zugewiesen, diese sind aber immer entgegengesetzt. So wird z. B. im Schritt 2 der Magnetspule –MB1 der Wert „logisch 1" und gleichzeitig der Magnetspule –MB2 der Wert „logisch 0" zugewiesen. Im Schritt 4 wird dasselbe 5/2-Wege-Impulsventil wieder umgesteuert, der Magnetspule –MB1 wird der Wert „logisch 0" und der Magnetspule –MB2 wird der Wert „logisch 1" zugewiesen.

Systemtechnik I

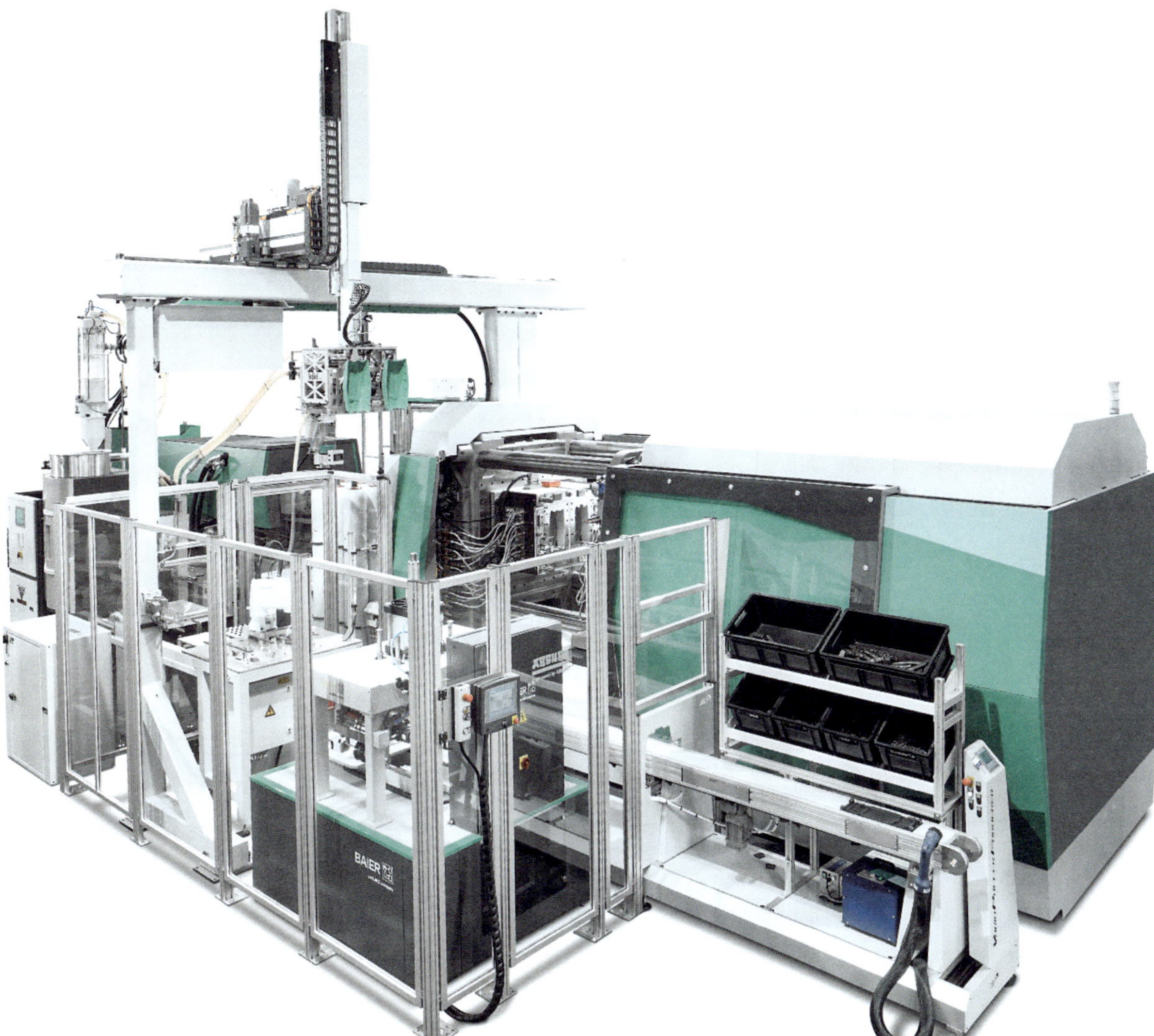

Energiewandlung

Technische Systeme benötigen zur Aufgabenerfüllung Energie. Energie ist das gespeicherte Vermögen, Arbeit zu verrichten. Energie kann weder erzeugt werden noch verloren gehen (Satz von der Erhaltung der Energie). Die in der Natur vorkommenden Primärenergien Wind-, Wasser- oder chemische Energie stehen in gewandelter Form als elektrische Energie zur Verfügung.

Die für eine pneumatische Anlage erforderliche Energie (Druckluft) wird in einer Drucklufterzeugungsanlage bereitgestellt. Die Funktionseinheit lässt sich in einzelne Gruppen unterteilen.

Grundfunktionen einer Drucklufterzeugungsanlage

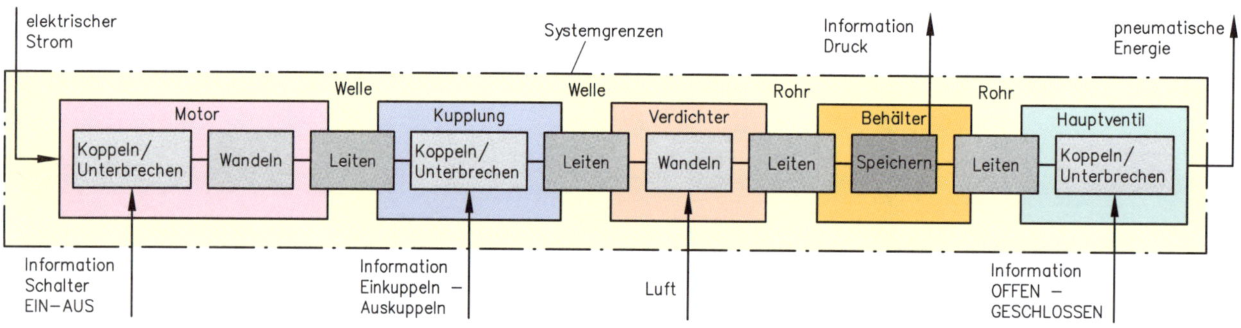

vgl. R. Koller: Konstruktionslehre für den Maschinenbau

Energiewandlung in einer Pneumatikanlage

Die Nutzung eines Pneumatikzylinders erfordert eine geeignete Energieform. Innerhalb einer pneumatischen Steuerung ist die Wandlung der bereitgestellten Energie in weitere Energieformen erforderlich.

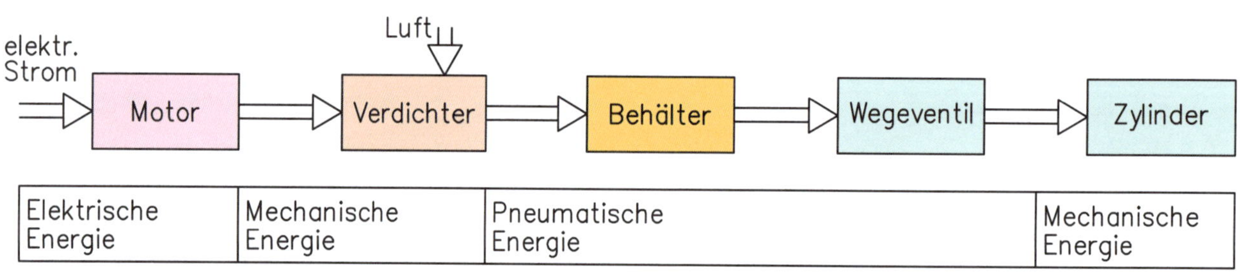

Durch die Energieumwandlung steht Druckluft als Energieträger zur Verfügung. Der nachfolgende Schaltplan nach DIN ISO 1219-1:2019-01 zeigt die an den Energiewandlungen beteiligten Bauelemente.

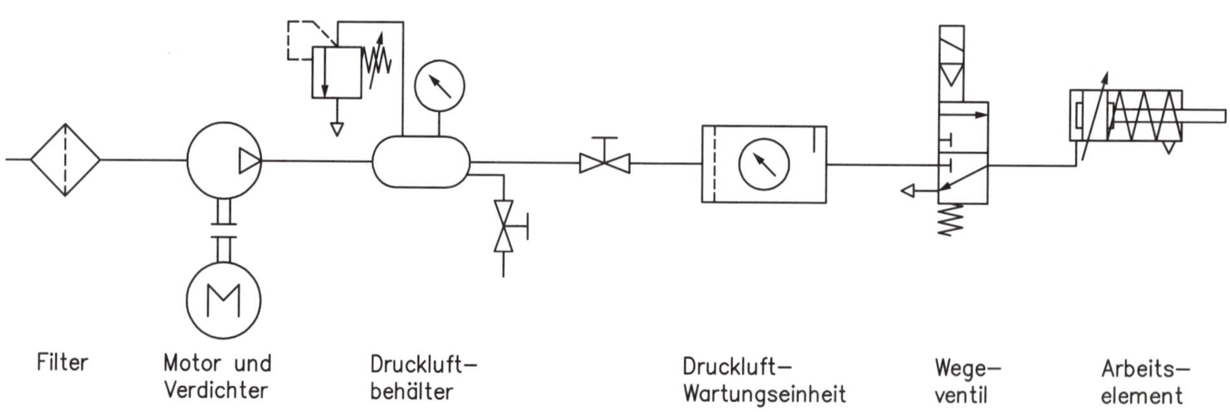

Druck

p_{amb} = Atmosphärischer Druck (Luftdruck) ist der durch den Luftmantel der Erde ausgeübte statische Druck. In Höhe des Meeresspiegels gemessen beträgt er ungefähr 1,013 bar. Der Luftdruck ist abhängig von der Wetterlage und wird in zunehmender Höhe geringer.

p_{abs} = Absoluter (gegenüber dem Vakuum tatsächlich vorhandener) Druck, $p_{abs} = p_{amb} + p_e$

p_e = Der in der Technik interessierende Unterschied zum atmosphärischen Druck, $p_e = p_{abs} - p_{amb}$. Ein positiver Zahlenwert für p_e bedeutet Überdruck (Druck übersteigt den Luftdruck), ein negativer Zahlenwert für p_e Unterdruck (Druck geringer als der Luftdruck).

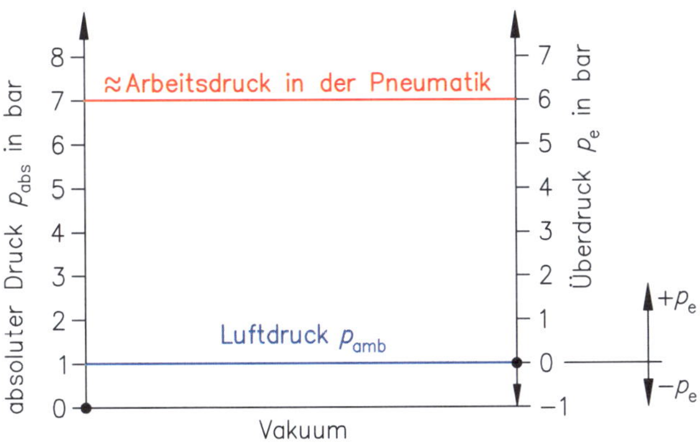

In der Technik werden für den Druck die Einheiten Pascal (Pa) und Bar (bar) verwendet.

$$1\,\text{Pa} = 1\,\frac{\text{N}}{\text{m}^2} = 10^{-5}\,\text{bar}$$
$$1\,\text{MPa} = 1\,\frac{\text{N}}{\text{mm}^2} = 10\,\text{bar}$$
$$1\,\text{bar} = 100\,\text{kPa} = 0{,}1\,\text{MPa}$$
$$1\,\text{bar} = 100\,000\,\text{Pa} = 10^5\,\text{Pa}$$
$$1\,\text{bar} = 10\,\frac{\text{N}}{\text{cm}^2} = 0{,}1\,\frac{\text{N}}{\text{mm}^2}$$
$$1\,\text{mbar} = 100\,\text{Pa} = 1\,\text{hPa}$$

Druck in Gasen (Gesetz von Boyle-Mariotte)

Gase haben kein bestimmtes Volumen. Die Gasmoleküle bewegen sich in einem abgeschlossenen Raum auf nicht festgelegten Bahnen. Zwischen den einzelnen Molekülen bleibt dadurch viel freier Raum. Gase lassen sich deshalb zusammendrücken (komprimieren). Sie üben einen Druck auf die Behälterwandung aus. Zwischen dem Gasdruck und dem Volumen des Behälters besteht folgender Zusammenhang:

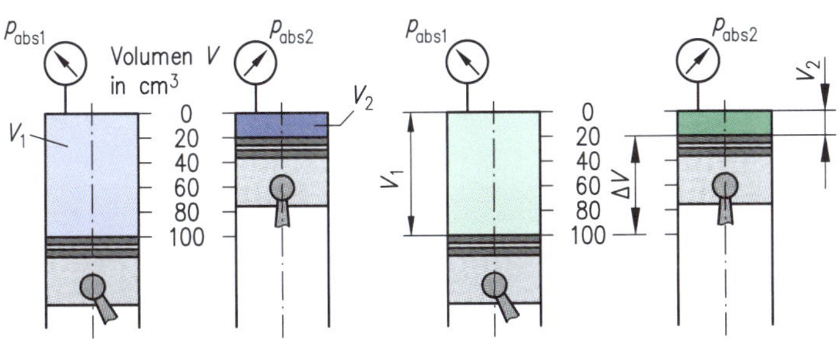

$$\mathbf{p_{abs1} \cdot V_1 = p_{abs2} \cdot V_2}$$

p_{abs1} = Gasdruck vor dem Verdichten in bar
p_{abs2} = Gasdruck nach dem Verdichten in bar
V_1 = Volumen vor dem Verdichten in m^3
V_2 = Volumen nach dem Verdichten in m^3
ΔV = Ansaugvolumen (zu verdichtendes Volumen bei $p_{abs} = 1$ bar) in m^3

Beispiel

Gegeben: Der Druck in einem Druckbehälter mit einem Rauminhalt von 2,5 m^3 beträgt $p_e = 7{,}5$ bar.

Gesucht: Berechnen Sie das durch den Kompressor angesaugte Volumen in m^3.

Lösung:

$$p_{abs1} \cdot V_1 = p_{abs2} \cdot V_2$$
$$V_1 = V_2 + \Delta V$$
$$p_{abs1} \cdot (V_2 + \Delta V) = p_{abs2} \cdot V_2$$
$$V_2 + \Delta V = \frac{p_{abs2} \cdot V_2}{p_{abs1}}$$
$$\Delta V = \frac{p_{abs2} \cdot V_2}{p_{abs1}} - V_2$$
$$\Delta V = \frac{8{,}5\,\text{bar} \cdot 2{,}5\,\text{m}^3}{1\,\text{bar}} - 2{,}5\,\text{m}^3$$
$$\Delta V = \underline{\underline{18{,}75\,\text{m}^3}}$$

$p_{abs1} = p_{amb} = 1$ bar
$p_{abs2} = p_{amb} + p_e$
$p_{abs2} = 1$ bar $+ 7{,}5$ bar
$p_{abs2} = 8{,}5$ bar

Verdichter

Die erforderliche pneumatische Energie wird durch Energiewandlung in Verdichtern bereitgestellt. Verdichter, auch Kompressoren genannt, sind Arbeitsmaschinen zum Verdichten von Gasen und Dämpfen. In der Praxis werden verschiedene Verdichterbauarten eingesetzt.

Kolbenverdichter

Bei einem Kolbenverdichter bewegt sich der Kolben in einem Zylinder linear hin und her. Der Antrieb des Kolbens erfolgt über einen Kurbeltrieb. Über selbstständig öffnende und schließende Ventile erfolgt bei den Kolbenbewegungen die Füllung des Zylinders (Ansaugen) und das Verdrängen (Ausstoßen) der Luft.

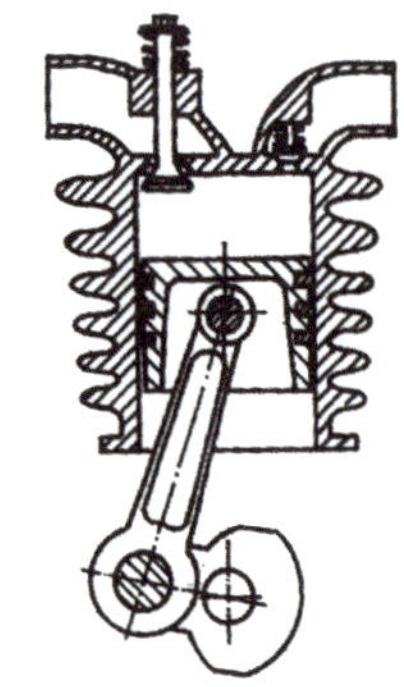

Membranverdichter

Eine Membran dichtet den Ansaugraum vom sich hin- und herbewegenden Kolben ab. Die Luft kommt deshalb nicht mit geschmierten Teilen in Berührung und gelangt ölfrei in den Druckbehälter.

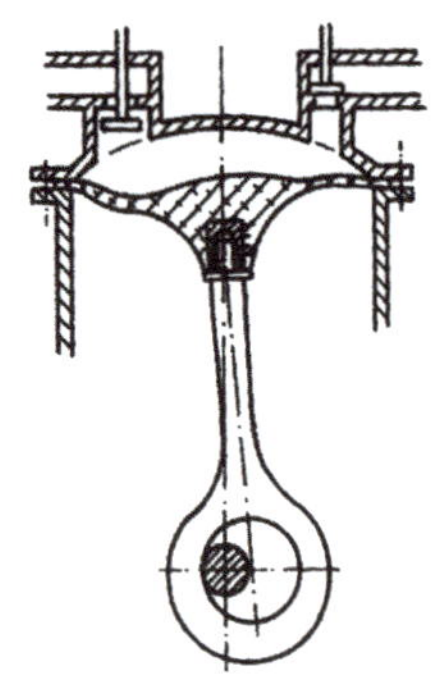

Vielzellenverdichter

In einem zylindrischen Gehäuse dreht sich ein exzentrisch gelagerter Rotor. In der Rotornabe sind in Längsschlitzen Schieber beweglich geführt. Bei drehendem Rotor drückt die Fliehkraft die einzelnen Schieber gegen die Gehäusewandung. Gleiten durch die Drehbewegung die einzelnen Zellen an der Einlassöffnung vorbei, erfolgt eine Füllung mit Luft. Durch die exzentrische Lagerung nimmt bei weiterer Drehung das Volumen innerhalb der Zellen ab, die Luft wird verdichtet. Gleitet die Zelle an der Auslassöffnung vorbei, strömt die verdichtete Luft in die Rohrleitungen.

Schraubenverdichter

In einem Gehäuse wälzen sich zwei mit unterschiedlichen Zahnprofilen ausgestattete Läufer gegeneinander ab. Durch die unterschiedlichen Zahnformen und die gegenläufige Drehbewegung erfolgt ein Abdichten der einzelnen Zahnzwischenräume. Der Verdichtungsvorgang läuft in vier Phasen ab.

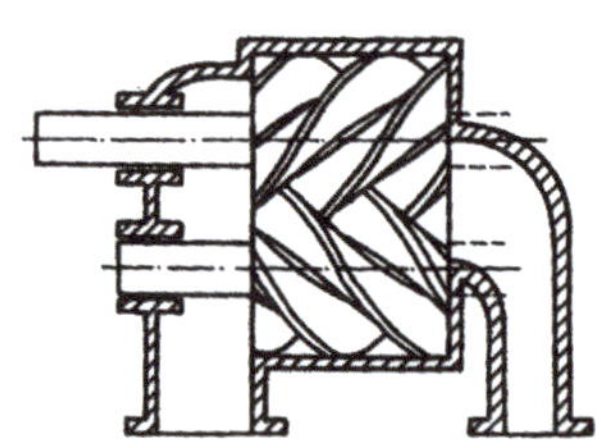

1. Phase:
   Luft gelangt über die Einlassöffnung in das Verdichtergehäuse. Die Zahnlücken füllen sich.
2. Phase:
   Die drehenden Läufer schließen die Eingangsöffnung. Bei weiterer Drehung verringert sich der Raum zwischen den ineinandergreifenden Zähnen. Die Verdichtung beginnt.
3. Phase:
   Die Luft wird durch die Läufer transportiert. Die Zahnlücken werden dabei kleiner. Die Luft wird weiter verdichtet.
4. Phase:
   Die verdichtete Luft erreicht die Auslassöffnung und strömt in die Druckleitung.

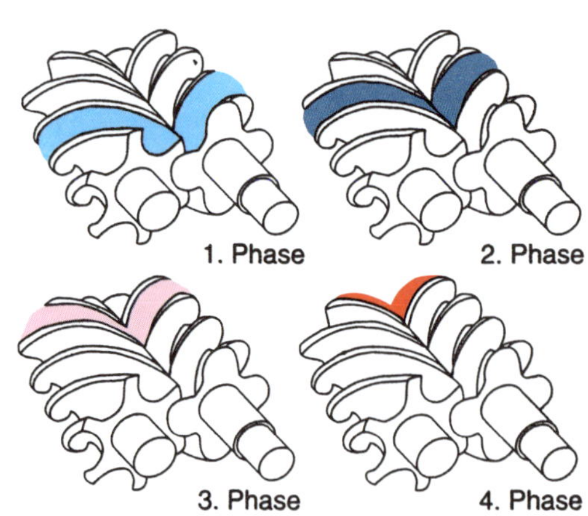

Aufbereitung der Druckluft

Der Energieträger der pneumatischen Energie ist Luft. Luft ist in unserer Umgebung ausreichend vorhanden. Vor ihrem Einsatz in Steuerungen ist eine Aufbereitung erforderlich. Neben den gasförmigen Bestandteilen enthält sie Schmutzpartikel und Wasserdampf. Der Wassergehalt der Luft ist nicht vom Druck, sondern von der Temperatur abhängig. Je höher die Temperatur, desto größer ist die in der Luft gelöste Wassermenge. Durch das Verdichten erwärmt sich die Luft und so können noch größere Wassermengen aufgenommen werden. Sinkt die Temperatur der Druckluft im Druckbehälter oder in der Steuerung, kondensiert Wasser.

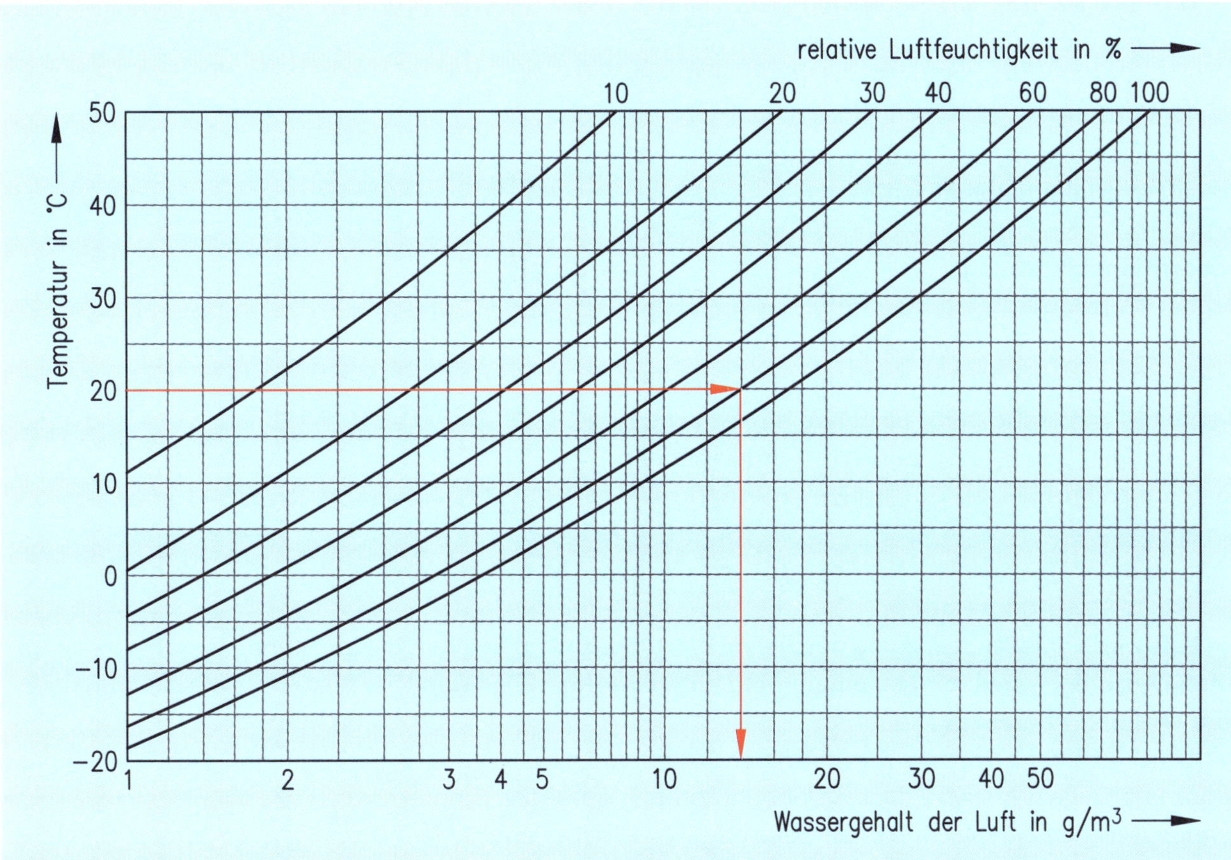

Um der komprimierten Luft das Wasser zu entziehen, eignen sich verschiedene Methoden der Trocknung.

Kältetrocknung

Der Vorgang der Kältetrocknung läuft in zwei Stufen ab. Zuerst wird die einströmende warme Druckluft mithilfe eines Luft-Luft-Wärmetauschers durch die ausströmende getrocknete kalte Druckluft gekühlt. Dabei fallen ca. 70 % des in der warmen Luft enthaltenen Kondenswassers aus.

In der 2. Stufe erfolgt eine weitere Abkühlung der Druckluft durch einen Kältemittel-Luft-Wärmetauscher. Die Druckluft kühlt sich ab, das Wasser kondensiert.

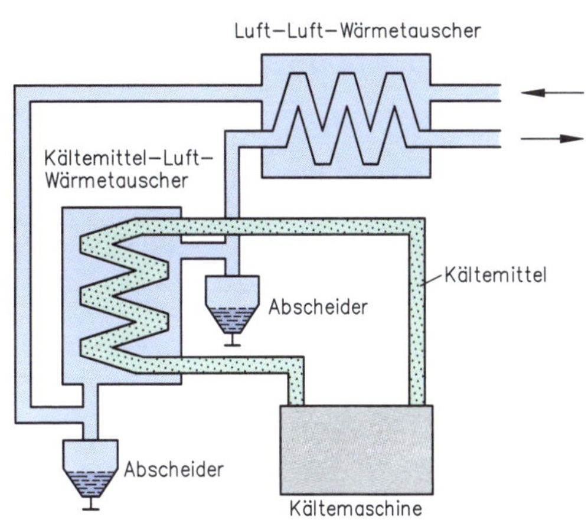

Adsorptionstrocknung

Unter Adsorption versteht man die Anlagerung eines Stoffs, z. B. Wasserdampf, an einen Festkörper. Dabei nutzt man die physikalischen Bindungskräfte der einzelnen Stoffe.

Als Trocknungsmittel wird ein körniges Material aus Kiesel-Gel (Siliziumdioxid SiO_2) oder aktiver Tonerde (Aluminiumoxid Al_2O_3) verwandt.

Die Adsorptionsanlage besteht aus zwei mit Trockenmitteln gefüllten Behältern. Durch den ersten Behälter wird feuchte Druckluft geführt und getrocknet. Gleichzeitig erfolgt eine Regeneration des Trockenmittels im zweiten Behälter durch Heißluft oder elektrischen Strom.

Die Umschaltung der Druckluft zwischen den beiden Behältern erfolgt automatisch.

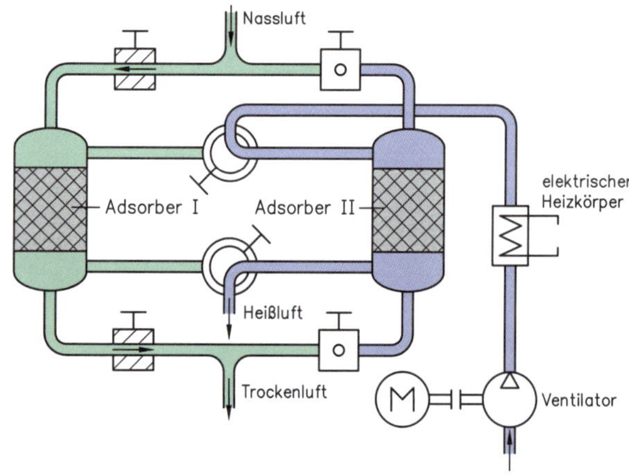

Absorptionstrocknung

Bei der Absorptionsmethode erfolgt die Trocknung der Druckluft durch eine chemische Reaktion des Wasserdampfs mit einem Trockenmittel. Das Trockenmittel wird dabei verbraucht und muss nachgefüllt werden. Durch diese zusätzlich entstehenden Kosten wendet man die Absorptionstrocknung selten an.

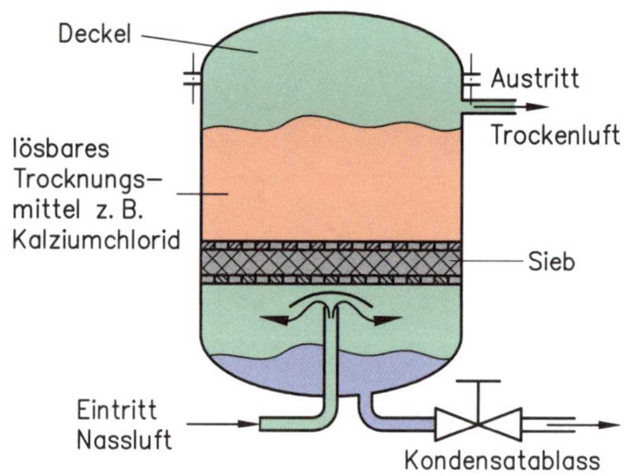

Druckluft – Wartungseinheit

Die Luft wird vor jeder Steuerung durch eine Wartungseinheit geleitet, die aus Kondensatabscheider mit Filter, Druckregelventil mit Manometer und einem nachgeschalteten Öler besteht (siehe Abbildung auf dem Titelblatt **Pneumatik**).

Der Druckluftfilter befreit die durchströmende Luft von sämtlichen Verunreinigungen. Durch schräg angeordnete Leitschlitze wird die Druckluft in Rotation gebracht. Die flüssigen Bestandteile und größeren Schmutzteilchen werden durch die Zentrifugalkraft herausgeschleudert und gleiten an der Gehäusewandung in den Auffangbereich. Kleinere Schmutzteile hält eine Filterpatrone aus Sintermetall zurück.

Aufgaben

1. Ein Barometer zeigt einen Luftdruck von 1015 hPa. Das Druckmessgerät des Druckbehälters zeigt einen Druck p_e = 0,725 MPa (7,25 bar). Berechnen Sie den absoluten Druck p_{abs} in bar.
2. Wie groß ist der Luftdruck p_{amb} in mbar, wenn in einem Druckbehälter ein Betriebsdruck p_e = 9,75 bar angezeigt wird und der Druck p_{abs} mit 107,44 N/cm² gemessen wird?
3. In der Zuleitung zu einem Sauggreifer wird ein Druck von p_e = –330 mbar gemessen. Bestimmen Sie p_{abs} in bar, wenn p_{amb} 1020 hPa beträgt.
4. Das Druckmessgerät eines Druckluftbehälters mit einem Volumen von 4,8 m³ zeigt einen Druckabfall von 9,25 bar auf 5,34 bar an. Wie viel m³ Umgebungsluft müssen angesaugt werden, um den Druckabfall auszugleichen?
5. Ein Zylinder mit 110 mm Innendurchmesser und einem Kolbenhub s = 750 mm steht unter einem Druck von p_e = 0,6 MPa (6 bar). Wie viel m³ Luft werden beim Einfahren des Zylinders an die Umgebung abgegeben?

Druckluftzylinder

In einem pneumatischen Zylinder gleitet der Kolben, an dem die Kolbenstange befestigt ist, in einem Zylinderrohr. Aus dem Zylinder darf keine Druckluft austreten, da die Erzeugung der Druckluft teuer ist. Kolben und Kolbenstange müssen gegen das Zylindergehäuse rundum so abgedichtet werden, dass keine Luft austreten kann, aber der Kolben leicht beweglich bleibt.

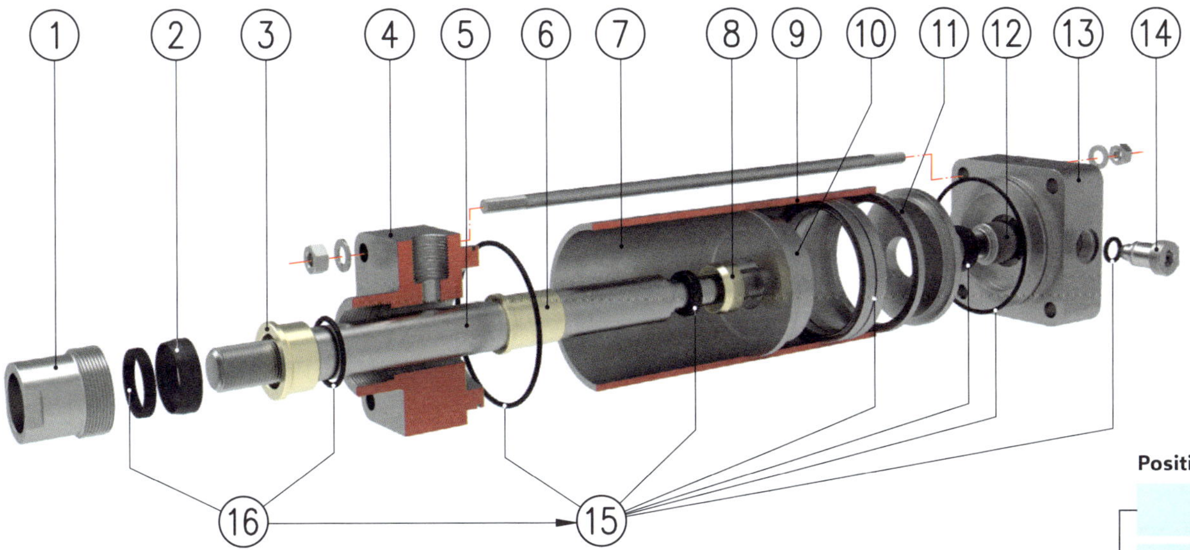

Positions-Nr.

Baugruppe 1: Kolben

Baueinheit Hubzylinder

Baugruppe 2: Zylindergehäuse

Stückliste

Position	Benennung
1	Führung
2	Stützring
3	Buchse
4	Kolbenstange
5	vorderes Endstück
6	Dämpfhals
7	Zylinderrohr
8	Dichtungshalter
9	Zugstange
10	Kolbenhälfte
11	Kolbenstützring
12	Kolbenmutter
13	hinteres Endstück
14	Dämpfungsventil
15	Dichtungssatz
16	Kolbenstangendichtung

Dichtungen

A = Abstreifer
B = Buchse
N = Nutring
D = Dichtring
O = O-Ring
T = Topfmanschette
Doppeltopfmanschette

Arbeitsauftrag

- Betrachtet man einen Zylinder, so lassen sich zwei große Baugruppen, Kolben und Zylindergehäuse, erkennen. Ordnen Sie die Bauelemente der Stückliste den Baugruppen Kolben und Zylindergehäuse zu.
- Tragen Sie in die Abbildung des oben dargestellten Zylinders an den jeweiligen Dichtungen durch die Buchstaben A bis T ein, welche Dichtungsart verwendet wurde.

Zylinderkenngrößen

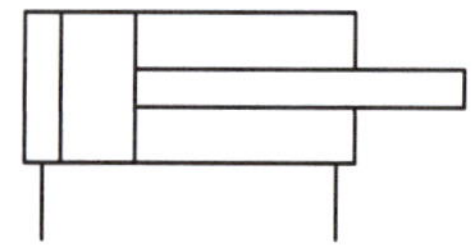

Kolbenfläche
● kolbenseitig
○ stangenseitig

Ø Zylinder	Ø Stange	Kolbenfläche in cm²		p_e in bar / Nutzkraft in N															
				3		4		5		6		7		8		9		10	
		●	○	●	○	●	○	●	○	●	○	●	○	●	○	●	○	●	○
10	4	0.8	0,66	21	17	28	21	35	29	42	35	49	41	56	46	63	52	70	58
12	6	1,1	0,8	29	22	39	30	48	37	58	45	68	52	77	60	87	67	97	75
16	6	2.0	1,73	53	46	70	61	88	76	106	91	123	107	141	122	158	137	176	152
20	8	3.1	2,6	82	69	109	92	136	114	164	137	191	160	218	183	246	206	273	229
25	9	4.9	4,3	129	114	172	152	215	190	258	228	301	266	344	304	387	342	430	380
25	10	4.9	4,1	129	108	172	144	216	180	259	216	302	253	345	289	388	325	431	361
32	12	8.0	6,9	212	182	282	243	352	304	422	364	493	425	563	486	634	546	704	607
40	16	12.6	10,6	333	280	444	373	554	466	665	560	776	653	887	746	998	840	1109	933
40	20	12.6	9,4	333	249	444	332	555	415	666	498	777	581	888	664	999	747	1110	830
50	20	19.6	16,5	517	436	690	581	862	726	1035	871	1207	1016	1380	1162	1552	1307	1725	1452
63	20	31,1	28.0	824	739	1098	986	1373	1232	1647	1478	1923	1725	2196	1971	2471	2218	2746	2464
65	20	33.2	30,0	876	792	1168	1056	1460	1320	1752	1584	2044	1848	2336	2112	2628	2376	2920	2640
80	25	50,3	45,3	1328	1199	1771	1598	2213	1998	2656	2397	3098	2797	3541	3196	3984	3596	4426	3995
95	30	70,9	63,8	1872	1683	2496	2244	3120	2805	3744	3366	4368	3927	4992	4488	5616	5049	6240	5610
100	25	78.5	73,6	2072	1943	2763	2591	3454	3238	4145	3886	4836	4534	5526	5181	6217	5829	6908	6477
120	30	113,1	106,0	2985	2799	3980	3732	4975	4665	5970	5598	6965	6531	7960	7464	8955	8397	9950	9330
125	32	122,7	114,8	3239	3028	4319	4037	5399	5047	6479	6056	7558	7066	8638	8075	9718	9084	10798	10094
160	40	201,0	188,4	5309	4976	7079	6635	8848	8294	10618	9953	12388	11612	14157	13270	15927	14929	17697	16588
200	40	314,1	301,4	8295	7962	11060	10616	13825	13270	16590	15924	19355	18579	22120	21233	24885	23887	27650	26541
250	50	490,6	471,0	12960	12442	17280	16590	21600	20737	25920	24885	30239	29032	34559	33180	38879	37327	43199	41474

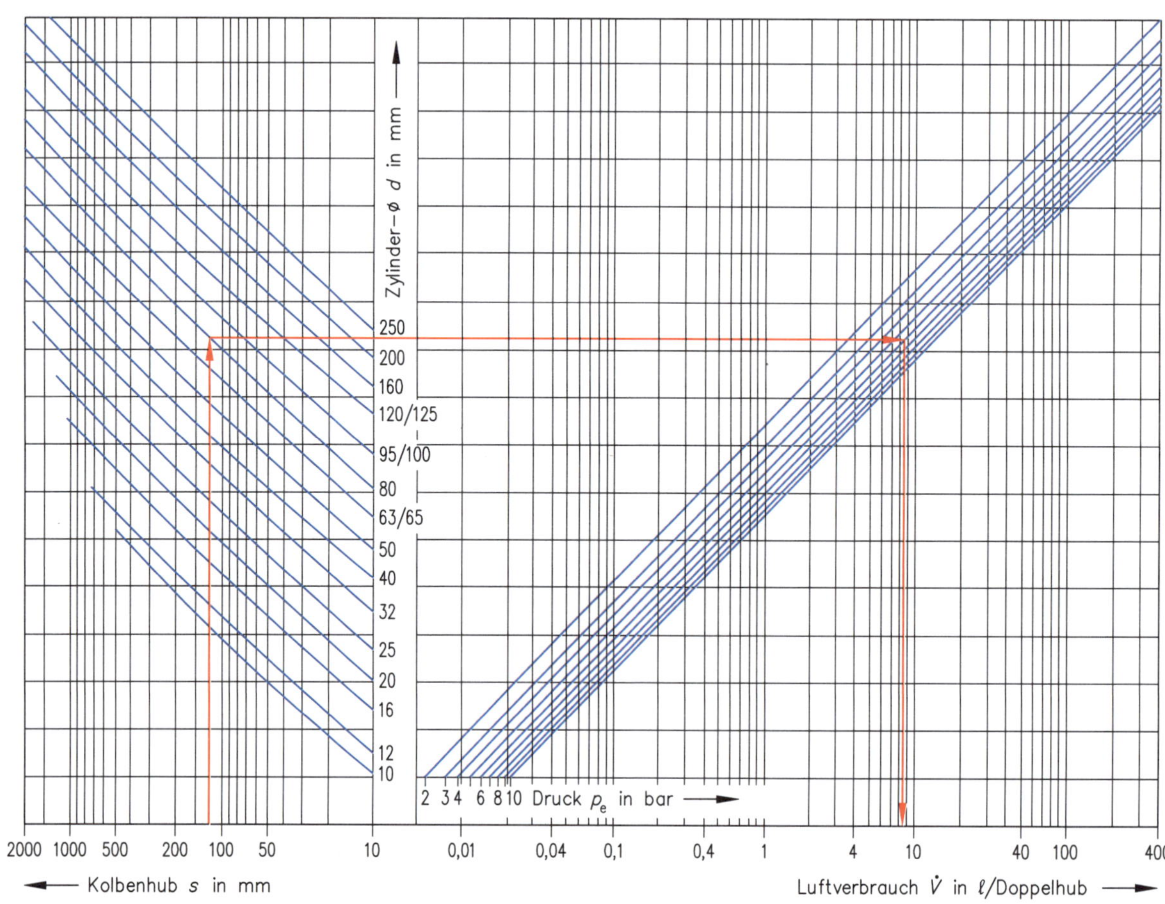

Kolbenkraft

Die Kraft F des ausfahrenden Kolbens ist abhängig vom Druck p_e der gespeicherten Luft und der Größe der beaufschlagten Kolbenfläche A.

Beaufschlagte Kolbenfläche

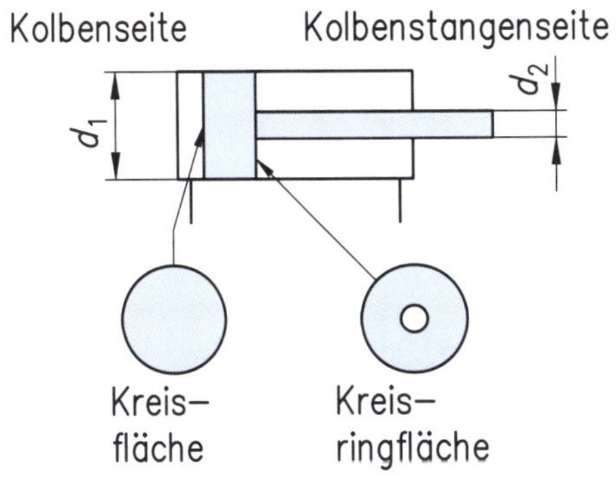

$A_1 = \frac{d_1^2 \cdot \pi}{4}$ $\quad$ $A_2 = \frac{(d_1^2 - d_2^2) \cdot \pi}{4}$

$$\boldsymbol{F = p_e \cdot A \cdot \eta}$$

F = Kolbenkraft in N
p_e = Überdruck in N/cm²
A = beaufschlagte Kolbenfläche in cm²
η = Wirkungsgrad

Wirkungsgrad

Von der berechneten (theoretischen) Kolbenkraft F_{theor} ist in der Praxis nur ein Teil nutzbar. Durch Reibung zwischen den Kolbendichtungen und der Zylinderwandung sowie der Kolbenstange und den Kolbenstangendichtungen (**Systemtechnik I/8**) wird ein Teil der pneumatischen Energie in Wärmeenergie umgewandelt. Das Verhältnis der abgegebenen Kolbenkraft F_2 (F_{ab}) zur zugeführten Kraft F_1 (F_{zu}) wird als Wirkungsgrad bezeichnet. Der Wirkungsgrad η eines neuen Pneumatikzylinders liegt zwischen 0,75 und 0,9.

$$\eta = \frac{F_{ab}}{F_{zu}} = \frac{F_2}{F_1}$$

η = Wirkungsgrad
F_2 = F_{ab} = abgegebene Kolbenkraft (nutzbare Kraft) in N
F_1 = F_{zu} = zugeführte Kolbenkraft (theoretisch zur Verfügung stehende Kraft) in N

Beispiel

Gegeben: Kolbendurchmesser d_1 = 60 mm; Kolbenstangendurchmesser d_2 = 15 mm; Druck p_e = 0,6 MPa; Wirkungsgrad η = 0,75.

Gesucht: Druckkraft F_D des ausfahrenden Kolbens, Zugkraft F_Z des einfahrenden Kolbens

Lösung:

Druckkraft F_D

$F_D = p_e \cdot A_1 \cdot \eta$

$F_D = p_e \cdot \frac{d_1^2 \cdot \pi}{4} \cdot \eta$

$F_D = 0{,}6 \frac{\text{N}}{\text{mm}^2} \cdot \frac{60^2\,\text{mm}^2 \cdot 3{,}14}{4} \cdot 0{,}75$

$F_D = \underline{\underline{1\,271{,}7\ \text{N}}}$

Zugkraft F_Z

$F_Z = p_e \cdot A_2 \cdot \eta$

$F_Z = p_e \cdot \frac{(d_1^2 - d_2^2) \cdot \pi}{4} \cdot \eta$

$F_Z = 0{,}6 \frac{\text{N}}{\text{mm}^2} \cdot \frac{(60^2\,\text{mm}^2 - 15^2\,\text{mm}^2) \cdot 3{,}14}{4} \cdot 0{,}75$

$F_Z = \underline{\underline{1\,192{,}2\ \text{N}}}$

Arbeit

Die in der Druckluft gespeicherte Energie wandelt sich durch die Arbeitselemente in mechanische Arbeit um. Arbeit ist das Produkt aus Kraft und Weg. Die ankommenden Pakete in Aufgabe **Pneumatik 4** werden durch den Hubzylinder mit der erforderlichen Hubkraft F um die festgelegte Wegstrecke s angehoben. Dabei wird Arbeit verrichtet.

Arbeit ist das Produkt aus Kraft und Weg

$$W = F \cdot s$$

W = Arbeit in N · m
F = Kraft in N
s = Weg in m

Beispiel

Gegeben: Die auf der Rollenrutsche zur Hebestation gleitenden Pakete haben eine Masse von $m = 50$ kg. In der Hebestation werden sie um 450 mm angehoben.
Gesucht: Berechnen Sie die verrichtete Arbeit W in N · m.

Lösung:

$$F = m \cdot g$$

$$F = 50\ \text{kg} \cdot 9{,}81\ \frac{\text{m}}{\text{s}^2}$$

$$F = 490{,}5\ \frac{\text{kg} \cdot \text{m}}{\text{s}^2}$$

$$F = \underline{490{,}5\ \text{N}}$$

$$W = F \cdot s$$

$$W = 490{,}5\ \text{N} \cdot 0{,}45\ \text{m}$$

$$W = \underline{\underline{220{,}725\ \text{N} \cdot \text{m}}}$$

Aufgaben

1. Ein Pneumatikzylinder mit einem Innendurchmesser von 100 mm wird mit einem Überdruck $p_e = 0{,}625$ MPa (6,25 bar) beaufschlagt. Berechnen Sie die Kraft des ausfahrenden Kolbens bei einem Wirkungsgrad $\eta = 0{,}82$.
2. Wie groß ist bei einem Druck $p_e = 0{,}6$ MPa (6 bar) und einem Wirkungsgrad $\eta = 0{,}77$ die Druckkraft F_D und die Zugkraft F_Z eines Zylinders mit 40 mm Kolbendurchmesser und 18 mm Kolbenstangendurchmesser?
3. Für eine Spannvorrichtung ist ein einfach wirkender Zylinder geplant. Die Rückstellkraft der Feder beträgt am Hubende 300 N. Die erforderliche Spannkraft ist mit 1 500 N angegeben. Berechnen Sie den erforderlichen Kolbendurchmesser in mm, wenn der Wirkungsgrad η mit 0,85 angegeben ist. Der Betriebsdruck p_e in der Anlage beträgt 0,6 MPa (6 bar).
4. Wie groß ist die verrichtete Arbeit in N · m eines doppelt wirkenden Pneumatikzylinders, der bei einem Kolbendurchmesser von 110 mm eine Last von 750 N um 450 mm anhebt? Der Wirkungsgrad des Zylinders ist mit 0,82 angegeben.
5. Die Hubarbeit zum Anheben der Vorschubeinheit aus Arbeitsblatt **Pneumatik 14** beträgt 425,3 N · m. Berechnen Sie den erforderlichen Kolbendurchmesser des Pneumatikzylinders, wenn aus Gründen der Stabilität ein Durchmesser der Kolbenstange von 25 mm bei einer Hublänge von 250 mm erforderlich ist. Der Wirkungsgrad des Zylinders beträgt $\eta = 0{,}79$, der Betriebsdruck $p_e = 0{,}625$ MPa (6,25 bar).
6. In einer Spannvorrichtung wurde eine Spannkraft von $F = 6\,500$ N gemessen. Der Pneumatikzylinder hat einen Kolbendurchmesser von 125 mm. Der Betriebsdruck p_e in der Anlage ist auf 0,6 MPa (6 bar) eingestellt. Bestimmen Sie den Wirkungsgrad des Zylinders.
7. Eine Förderanlage hebt Pakete von einer Masse $m = 65$ kg um $s = 750$ mm an.
   a) Bestimmen Sie den erforderlichen Zylinderdurchmesser in mm, wenn der Wirkungsgrad $\eta = 0{,}76$ und der Betriebsdruck $p_e = 0{,}65$ MPa (6,5 bar) beträgt.
   b) Wie groß ist die verrichtete Hubarbeit in N · m?

Luftverbrauch

Nachdem die gespeicherte Luft durch das Anheben einer Last in der Hebeeinrichtung Arbeit verrichtet hat, strömt sie über den Geräuschdämpfer in die Atmosphäre. Die Luft muss daher ständig ersetzt, aufbereitet und gespeichert werden. Das erforderliche Volumen des Speichers ist von der Anzahl und Größe der Zylinder, der Anzahl der Bewegungen und dem Leitungsvolumen abhängig. Außerdem müssen Toträume (Räume der Endstellungen der Kolben, Druckluftleitungen, Bauelemente der Wartungseinheit oder Signaleingabe usw. gefüllt werden. Dabei kann der Luftverbrauch bis zu 20 % über dem Arbeitsluftverbrauch liegen.

Der Luftverbrauch $\dot{V}$ eines einfach wirkenden Zylinders beträgt:

$$\dot{V} = A \cdot s \cdot n \cdot \frac{p_e + p_{amb}}{p_{amb}}$$

$\dot{V}$ = Luftverbrauch in $\frac{l}{min}$

A = Kolbenfläche in dm^2

s = Kolbenhub in dm

n = Hubzahl in $\frac{1}{min}$ oder min^{-1}

p_e = Betriebsdruck in MPa oder bar

p_{amb} = Luftdruck in MPa oder bar

Leitungsquerschnitt

Wird durch die Betätigung eines Stellelements ein Steuervorgang eingeleitet, so muss die Druckluft zur Vermeidung des Stick-Slip-Effekts schnell durch die Leitungen an die Verbraucher gelangen. Der benötigte Luftverbrauch lässt sich aus der oben angegebenen Formel errechnen. Bei einer bekannten Leitungslänge zwischen Wartungseinheit und Arbeitselement sind Leitungen mit einer bestimmten lichten Weite LW erforderlich. Für den im Beispiel berechneten Luftverbrauch $\dot{V}$ = 369,6 l/min lässt sich der erforderliche Leitungsdurchmesser aus nebenstehenden Diagramm ablesen.

Im oben berechneten Beispiel kann bis zu einer Leitungslänge von 0,5 m ein Schlauch LW 4 verwendet werden. Bei größeren Leitungslängen ist LW 6 erforderlich. Die Angabe der lichten Weite erfolgt in mm.

Kolbenhub *s*

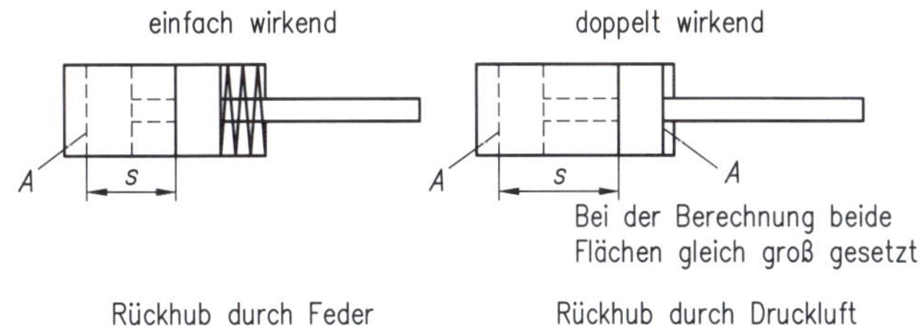

Luftverbrauch doppelt wirkender Zylinder: Die Formel ist mit dem Faktor 2 zu multiplizieren, da für das Einfahren des Kolbens ebenfalls Druckluft erforderlich ist.

Beispiel

Gegeben:
Kolbendurchmesser d_1 = 1,5 dm;
Hubzahl $n = 5\ min^{-1}$; p_e = 0,6 MPa;
p_{amb} = 0,1 MPa; Kolbenhub s = 300 mm

Gesucht:
Luftverbrauch $\dot{V}$ des doppelt wirkenden Zylinders in l/min

Lösung:

$$\dot{V} = A \cdot s \cdot n \cdot \frac{p_e + p_{amb}}{p_{amb}} \cdot 2$$

$$\dot{V} = 1{,}76\ dm^2 \cdot 3\ dm \cdot 5\ \frac{1}{min} \cdot \frac{0{,}6\ MPa + 0{,}1\ MPa}{0{,}1\ MPa} \cdot 2$$

$$\dot{V} = \underline{\underline{369{,}6\ \frac{dm^3}{min}}} = \underline{\underline{369{,}6\ \frac{l}{min}}}$$

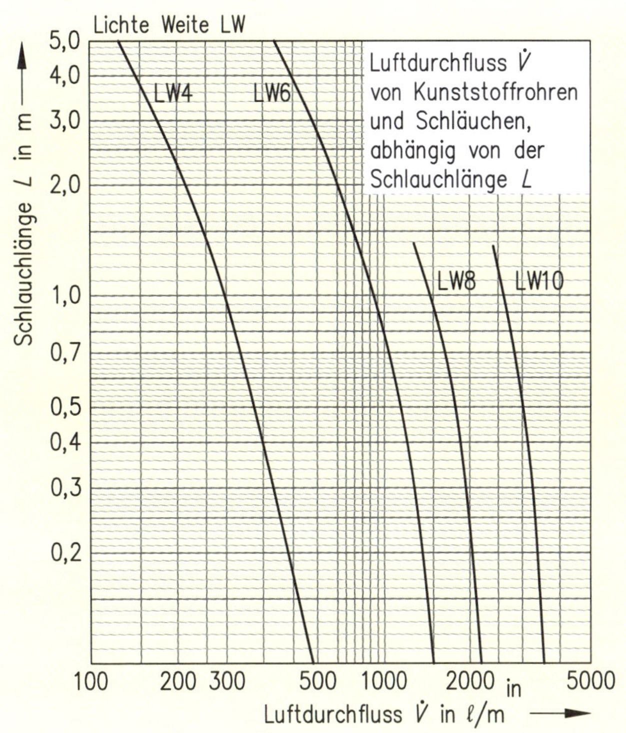

Aufgaben

1. Ermitteln Sie die in der Tabelle fehlenden Werte. Der Wirkungsgrad η bleibt unberücksichtigt.

Aufgabe	a)	b)	c)	d)	e)
Druck p_e in bar	6	6	5	5	
Kolbendurchmesser d_1 in mm	50	64	76	25	16
Kolbenstangendurchmesser d_2 in mm		20	20	10	6
Druckkraft F_1 in N					120,5
Zugkraft F_2 in N	1 057				

2. Für das Vorbiegen eines Blechstreifens (siehe Arbeitsblatt **Pneumatik 13**) wird eine Kraft von 600 N benötigt. Der Wirkungsgrad des Zylinders beträgt 0,85. Berechnen Sie den erforderlichen Kolbendurchmesser bei einem Druck $p_e = 6$ bar. Wählen Sie aus der unten stehenden Tabelle den geeigneten Zylinder aus.

3. In der Hebeeinrichtung aus Arbeitsblatt **Pneumatik 10** sollen durch den Hubzylinder in einer Minute fünf Behälter mit einer Masse von 120 kg um 500 mm angehoben werden. Der Verschiebezylinder muss eine Kraft von 200 N erreichen. Der Verschiebeweg beträgt 300 mm, der Druck in der Anlage beträgt $p_e = 0{,}6$ MPa (6 bar). Der Wirkungsgrad η der Zylinder beträgt jeweils 0,85.
   a) Berechnen Sie die erforderlichen Zylinderdurchmesser in mm. Wählen Sie aus der unten stehenden Tabelle die für die Aufgabe geeigneten Zylinder aus.
   b) Bestimmen Sie den erforderlichen Luftbedarf der Anlage in einer Minute.
   c) Bestimmen Sie die erforderliche lichte Weite der Zuleitung bei einer Leitungslänge von 2 m.
   d) Berechnen Sie die geleistete Hub- und Verschiebearbeit der Zylinder.

4. Die erforderliche Spannkraft des Maschinenschraubstocks aus Arbeitsblatt **Pneumatik 1** beträgt 2000 N. Bei einer Reparatur wurde ein Zylinder mit einem Durchmesser von 60 mm eingebaut. Überprüfen Sie, ob der eingebaute Zylinder den Anforderungen entspricht. Der Druck in der Anlage beträgt $p_e = 0{,}6$ MPa (6 bar), der Wirkungsgrad $\eta = 0{,}8$.

Pneumatikzylinder: Abmessungen doppelt wirkender Zylinder

Zylinderdurchmesser, Kolbenflächen, Dämpfungsstrecken und Gewichte									
Zyl.-Ø mm		Kolbenstange	Kolbenfläche		Dämpf-Strecke	Zyl.-Gew. kg ohne Befestigung		Gewicht kg, Kolben und Kolbenstange	
Nenn-Ø	wirklicher Ø	Ø mm	Druck cm^2	Zug cm^2	mm	0 mm Hublänge	+/100 mm Hublänge	0 mm Hublänge	+/100 mm Hublänge
25	25	13	4,91	3,58	7	0,9	0,36	0,14	0,10
39	39	20	11,9	8,8	10	2,5	0,51	0,42	0,25
50	50	20	19,6	16,5	12	4,0	0,54	0,70	0,25
64	64	25	32,2	27,3	12	5,7	0,80	1,10	0,40
76	76	25	45,4	40,5	12	10,0	0,98	1,80	0,40
100	101	32	80,1	72,1	18	18,0	1,70	3,30	0,65
125	124	40	121	108	18	32,0	2,80	5,60	1,00
150	154	50	186	167	21	57,0	3,90	11,00	1,55
200	203	50	324	304	21	115	5,40	19,00	1,55

Zylinderauswahl

Zu den wichtigsten Kenndaten eines Zylinders zählen die wirksame Kolbenfläche in cm^2 und der Luftverbrauch in l/min. Um die immer wiederkehrende Berechnung dieser Kenndaten zu erleichtern, haben die meisten Hersteller für ihre Zylinder Tabellen erstellt, in denen die Kolbenkräfte bei verschiedenen Betriebsdrücken errechnet sind. Ebenso gibt es für den Luftverbrauch in Abhängigkeit von Hublänge, Zylinderdurchmesser und Betriebsdruck Nomogramme (Schaubilder).

Das Ablesebeispiel in der Tabelle **Zylinderkenngrößen (Systemtechnik I/5)** ermittelt einen Luftverbrauch von 8,5 l/Doppelhub eines Zylinders mit 80 mm Kolbendurchmesser, einem Kolbenhub von 125 mm und einem Betriebsdruck $p_e = 6$ bar (0,6 MPa).

Aufgaben I — Pneumatische Größen

1. Das Werktor aus Aufgabe **Pneumatik 6** hat eine Masse von 400 kg. Der Reibungsfaktor der Rollreibung zwischen Führung und Laufschiene beträgt 0,1. Das Tor mit einer lichten Durchgangsbreite von 1,5 m wird durch einen mit 6 bar arbeitenden Pneumatikzylinder bewegt. Berechnen Sie die erforderliche Schubkraft, um das Tor zu öffnen bzw. zu schließen. Bestimmen Sie den erforderlichen Zylinderdurchmesser und den Luftverbrauch aus der Tabelle **Zylinderkenngrößen Systemtechnik I/5**.

2. Die in Aufgabe **Pneumatik 12** dargestellte Anlage befördert Paletten bis zu einer Masse von 150 kg. Um die Paletten zu verschieben, benötigt der Verschiebezylinder einen Hub von 600 mm bei einem Reibungsfaktor von 0,6. Der Versandzylinder (Reibungsfaktor 0,01) muss 400 mm weit ausfahren, um sie auf den Rollengang zu transportieren. Bestimmen Sie die erforderlichen Abmessungen der Zylinder und den Druckluftbedarf der Anlage bei $p_e = 0,6$ MPa (6 bar), wenn pro Minute vier Paletten beschriftet werden. Bestimmen Sie auch den erforderlichen Leitungsquerschnitt der Zuleitung mithilfe des Arbeitsblatts **Systemtechnik I/7**.

3. Um eine sinnvolle Belastungsprüfung in Aufgabe **Elektropneumatik 12** durchführen zu können, muss das Sitzpolster mit einer Kraft von 900 N und das Rückenpolster mit 700 N belastet werden. Der Betriebsdruck ist an der Aufbereitungseinheit auf $p_e = 0,5$ MPa (5 bar) eingestellt. Die einzelnen Polster sollen fünfmal in der Minute belastet werden. Bestimmen Sie die erforderlichen Zylinder und den Luftverbrauch der Anlage, wenn der Kolbenhub der Testzylinder 400 mm beträgt.

4. In einer Fabrik zur Herstellung von Kunststofffenstern liefert der stationäre Verdichter 10 m^3 Druckluft von $p_e = 0,6$ MPa (6 bar) in einer Stunde. Die vorhandenen pneumatischen Steuerungen benötigen 6 m^3 Druckluft pro Stunde. Es ist geplant, eine CNC-Doppelgehrungssäge einzubauen, in der die erforderlichen Profillängen und die Gehrung in einem Arbeitsgang geschnitten werden.

   Die Profile werden durch vier Zylinder (Kolbenhub $s = 200$ mm) mit einer Kraft von je 400 N gespannt. Zwei Zylinder erzeugen die lineare Vorschubbewegung der von unten hochfahrenden Sägeeinheit. Die Vorschubkraft je Einheit beträgt 200 N bei einer benötigten Vorschublänge von 400 mm. Bestimmen Sie die erforderliche Größe der Zylinder für die Spann- und Sägeeinheit. Ermitteln Sie den Luftverbrauch der Anlage für einen Arbeitszyklus und den Luftverbrauch pro Stunde, wenn in einer Stunde 60 Profile geschnitten werden können. Reicht die Kapazität der vorhandenen Verdichteranlage aus?

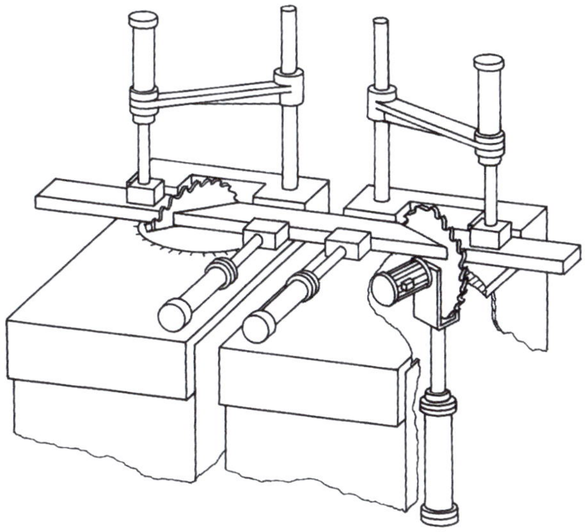

Aufgaben II Pneumatische Größen

1. Der Druckluftbehälter einer Pneumatikanlage hat einen Inhalt von V_2 = 0,8 m^3. Der Druck p_e beträgt 7,2 bar. Berechnen Sie das durch den Kompressor anzusaugende Luftvolumen V_1 bei einem Luftdruck von 1 000 hPa.

2. Von einem Verdichter wurden 8,4 m^3 Umgebungsluft angesaugt und in einem entleerten 1,2 m^3 fassenden Druckluftbehälter gedrückt. Wie hoch steigt der Druck im Behälter?

3. Bestimmen Sie aus dem Diagramm Seite **Systemtechnik I/4** den Wassergehalt der Luft bei einer relativen Luftfeuchtigkeit von 60 % und einer Lufttemperatur von 30 °C.

4. Die relative Luftfeuchtigkeit der Umgebungsluft beträgt 60 %, die Außentemperatur 40 °C. Um einen Druckbehälter von V = 2 m^3 zu füllen, werden vom Kompressor 16 m^3 Umgebungsluft angesaugt. Innerhalb des Druckbehälters kühlt sich die Luft auf 15 °C ab. Wie viel Kondensat fällt in einer Stunde an, wenn der Druckbehälter viermal gefüllt wird?

5. Welche Gründe sprechen für eine Trocknung der Druckluft?

6. Durch welche Arbeitsverfahren lässt sich Druckluft trocknen?

7. Ein Zylinder mit 85 mm Kolbendurchmesser erzeugt eine Druckkraft von 2582 N. Der Druck p_e in der Anlage beträgt 0,6 MPa (6 bar). Berechnen Sie den Wirkungsgrad.

8. Die erforderliche Umformarbeit für das Biegen von Schellen, dargestellt im Arbeitsblatt **Pneumatik 5**, beträgt 2500 N · m. Der Kolben legt dabei einen Hub von 280 mm zurück. Der Druck in der Anlage beträgt p_e = 0,6 MPa (6 bar). Berechnen Sie den erforderlichen Hubdurchmesser bei einem Wirkungsgrad von η = 0,76.

9. Welche Energieformen treten in einer Steuerung auf?

10. Druckluft ist der Energieträger der pneumatischen Energie. Nennen Sie weitere Energieträger.

11. Die Funktionseinheit „Bereitstellen von Antriebsenergie“ ist Teil eines technischen Systems. Untersuchen Sie die Ein- und Ausgangsgrößen.

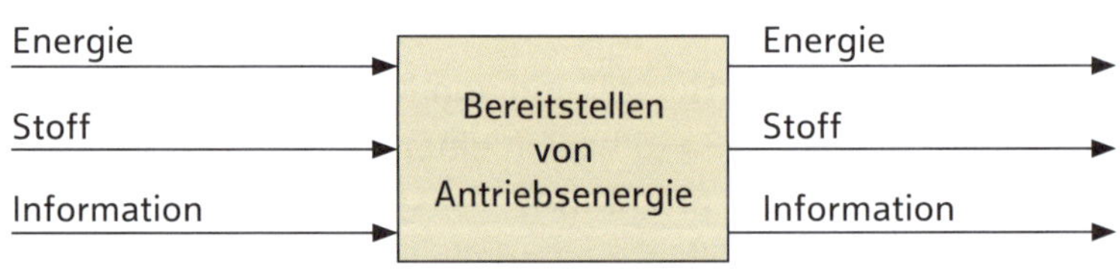

   a) Welche Informationen fließen in das System und welche Informationen verlassen das System?
   b) Als Eingangsgröße Stoff fließt Luft in das System. Welcher Stoff verlässt dafür als Ausgangsgröße das System?
   c) Beschreiben Sie die Energieumwandlung innerhalb des Systems.

12. Energie kann weder erzeugt werden noch verloren gehen. In einem Zylinder wird nur ein Teil der pneumatischen Energie in mechanische Energie umgewandelt. In welcher Energieform tritt die verbleibende Energie auf?

13. Sie haben für Ihre Steuerungsanlage einen pneumatischen Zylinder auszusuchen. Welche Größenangaben müssen sie dem Hersteller mitteilen?

14. Durch welche Faktoren wird der erforderliche Rohrdurchmesser einer Druckluftleitung bestimmt? Nennen Sie fünf Bestimmungsgrößen.

Pneumatik

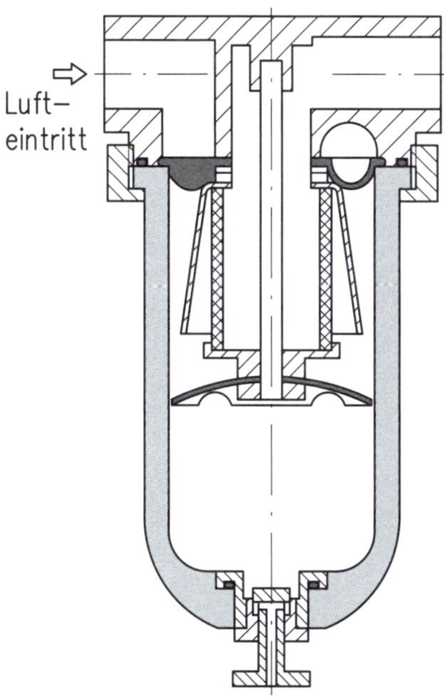

Filter mit Wasserabscheider
manueller Ablass

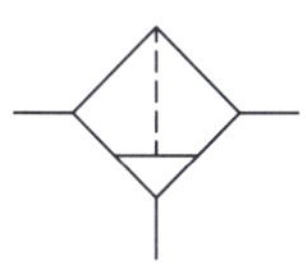

Symbol

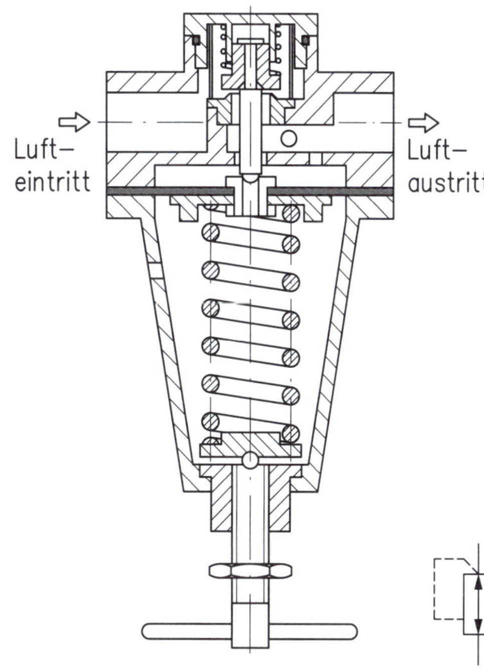

Druckregelventil
mit manueller Einstellung

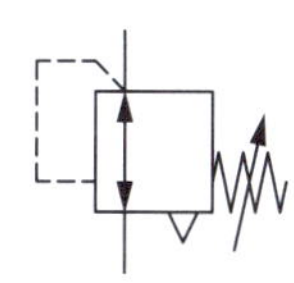

Symbol

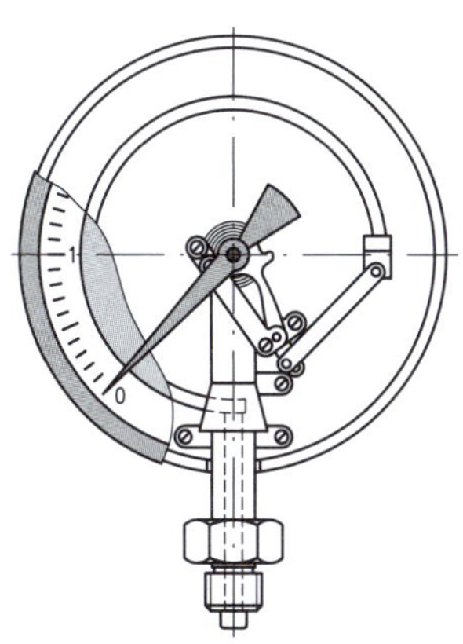

Druckmessgerät
Manometer

Symbol

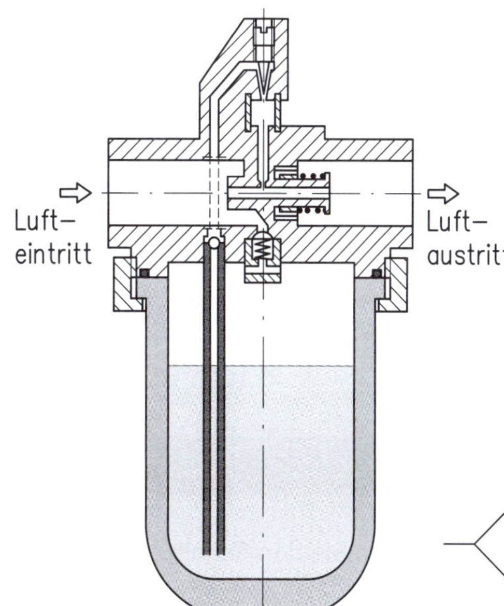

Normalnebelöler

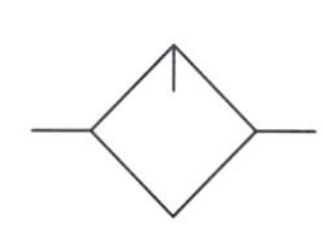

Symbol

Grafische Symbole DIN ISO 1219-1:2019-01

Spanneinheit

Problemstellung

Ein Transfersystem fördert auf Werkstückträgern teilmontierte Werkstücke zu den verschiedenen Montagestationen. An einer Montagestation sollen zwei vormontierte Maschinenelemente durch eine Presse verstiftet werden. Dazu wird die Lage der Werkstücke durch einen einfach wirkenden Zylinder fixiert. Der Spannvorgang wird von Hand durch Betätigung eines Druckknopfs eingeleitet. Der Kolben des Spannzylinders fährt aus. Das Werkstück ist gespannt. Nach dem Einpressen des Stifts wird der Druckknopf losgelassen. Der Kolben des Zylinders fährt zurück und das Werkstück ist gelöst. Der Werkstückträger kann zur nächsten Station fahren.

Technologieschema

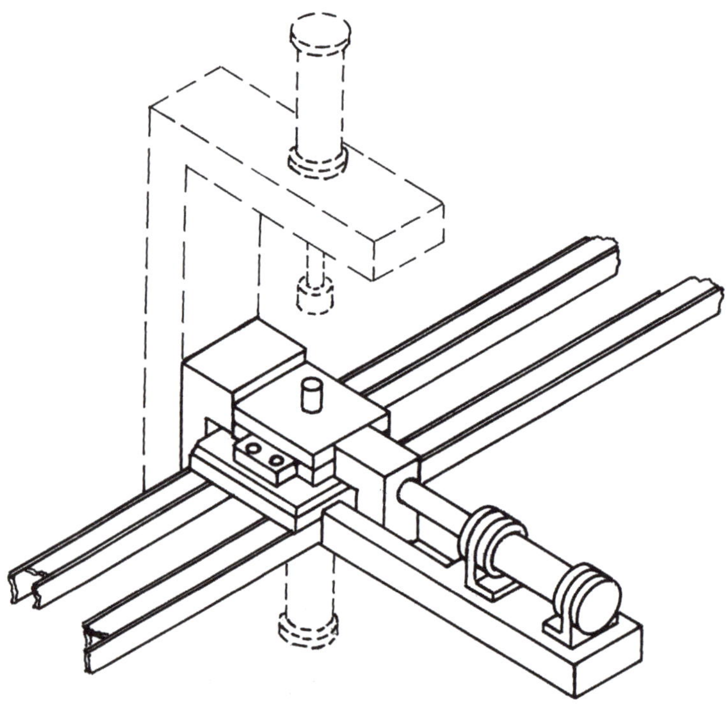

Arbeitsauftrag

- Vervollständigen Sie den Schaltplan für die Ruhestellung und für den Moment des Spannens.
- Erklären Sie den Aufbau der Wegeventile und die entsprechenden grafischen Symbole für die Bauelemente nach DIN ISO 1219-1:2019-01.
- Warum stellt das Ventilsymbol ein 3/2-Wegeventil dar?
- Was geschieht, wenn plötzlich die Druckluftzufuhr unterbrochen wird?

Spanneinheit

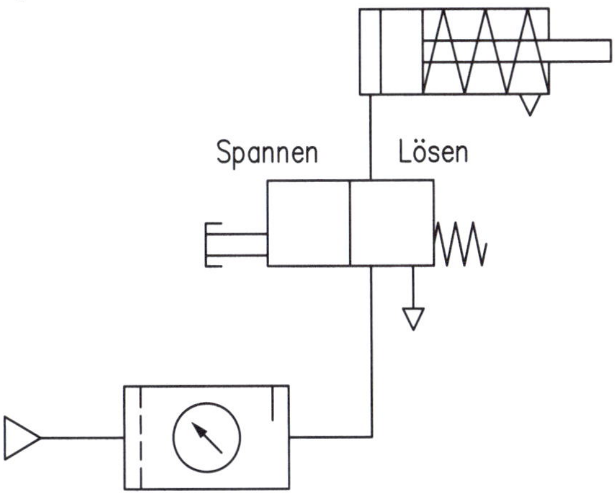

in Ruhestellung

Spanneinheit

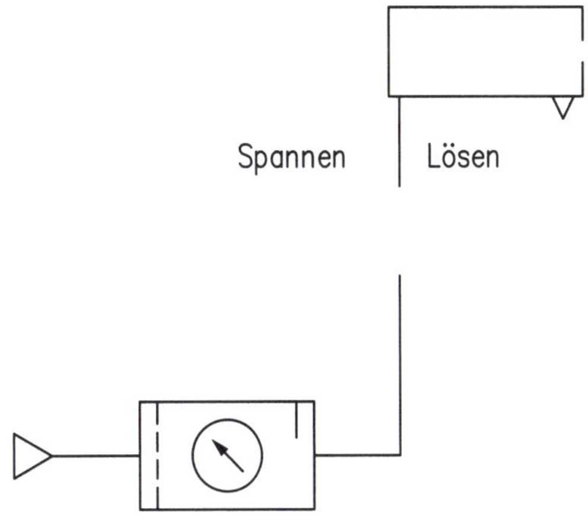

während der Betätigung

Aufbau der Symbole für Wegeventile
nach DIN ISO 1219-1:2019-01

 = ____________________

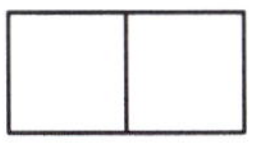 = ____________________

 = ____________________

 = ____________________

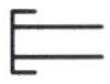 = ____________________

 = ____________________

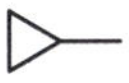 = ____________________

 = ____________________

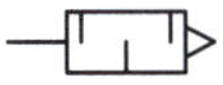 = ____________________

Anschlüsse beim 3/2-Wegeventil
DIN ISO 11727:2003-10

1 = ____________________

2 = ____________________

3 = ____________________

Schalttabelle

Signal-element	Zylinder

Logiksymbol

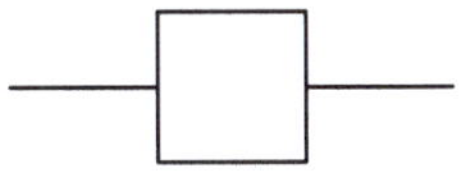

Symbole für Bauelemente
nach DIN ISO 1219-1:2019-01

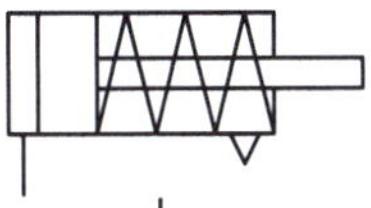 = ____________________

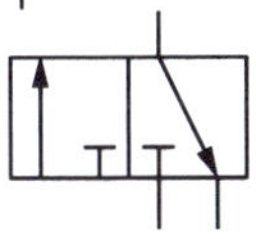 = ____________________

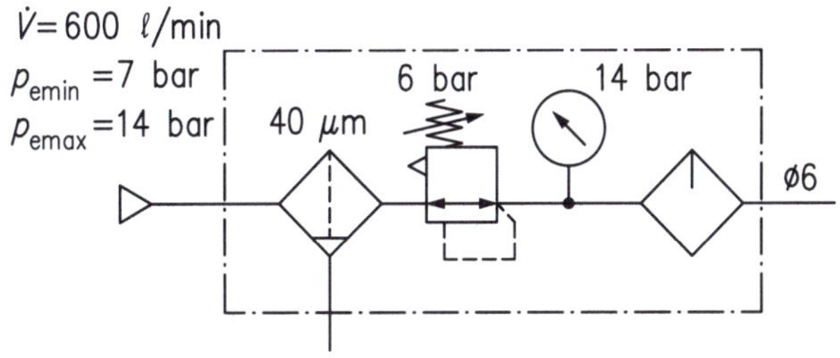

Ausführliches Symbol einer Druckluft-Wartungseinheit auch FRL-Einheit (Filter, Regulator, Lubricator)

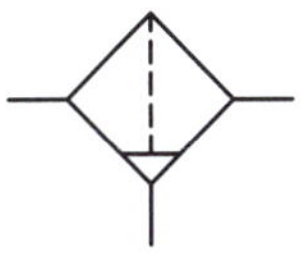 = ____________________

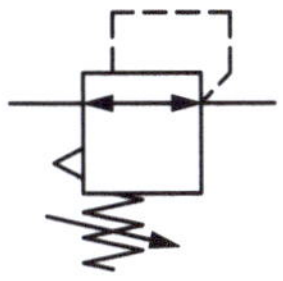 = ____________________

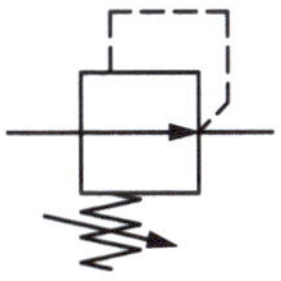 = ____________________

 = ____________________

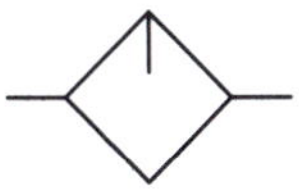 = ____________________

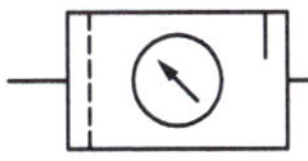 = ____________________

Ständersägemaschine

Problemstellung

Die Vorschubeinheit einer Ständersägemaschine soll auf Knopfdruck ausfahren und nach Loslassen des Knopfs sofort in ihre Ruhestellung zurückkehren.

Technologieschema

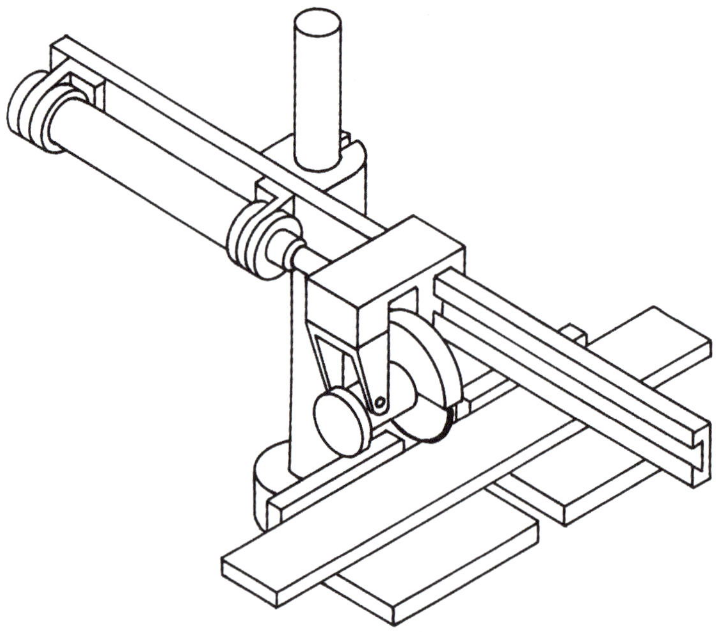

Arbeitsauftrag

- Ergänzen Sie die Symbole für die einzelnen Bauelemente.
- Geben Sie dem doppelt wirkenden Zylinder eine Bauteilkennzeichnung (siehe **Strukturierungsprinzipien und Referenzkennzeichnung G2**).
- Bezeichnen Sie die Anschlüsse der Wegeventile. Vervollständigen Sie den Schaltplan in Ruhestellung und für den Augenblick der Betätigung.
- Vervollständigen Sie die Schalttabelle und das Logiksymbol.
- Was würde geschehen, wenn die Rückstellfeder im Stellelement bricht?

Sägemaschine

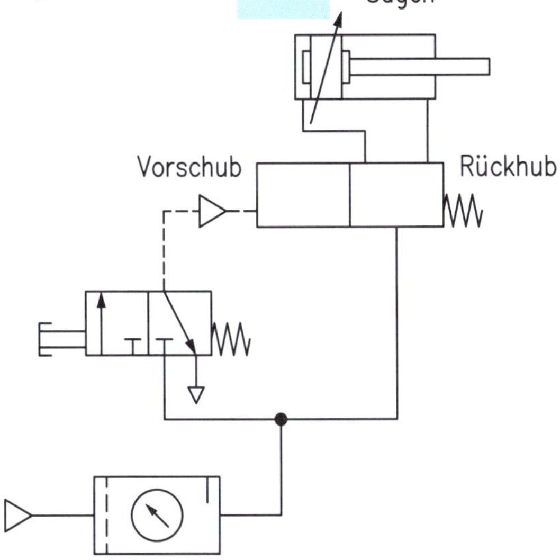

in Ruhestellung

Sägemaschine

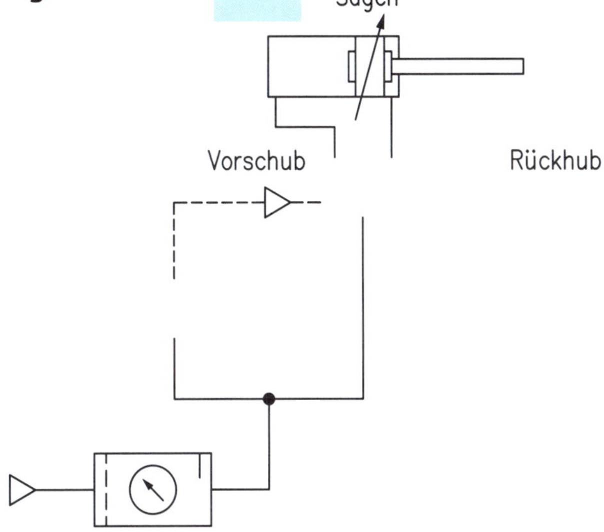

während der Betätigung

Signalzustände

3/2-Wegeventile sind Signalelemente für binäre Signale. Unabhängig von der Bauform (in Ruhestellung geöffnet oder in Ruhestellung geschlossen) gibt es für jedes Ventil zwei Signalzustände.

Signalzustand **„logisch 0"** bedeutet:
Luft strömt nicht – die Signalenergie wird durch das Ventil unterbrochen.
Signalzustand **„logisch 1"** bedeutet:
Luft strömt – die Signalenergie wird durch das Ventil nicht unterbrochen.

Betriebszustände der Arbeitselemente

Der Kolben eines Zylinders kann in einer Steuerung zwei Betriebszustände einnehmen:
Betriebszustand „0" – der Kolben des Zylinders ist eingefahren.
Betriebszustand „1" – der Kolben des Zylinders ist ausgefahren.

Schalttabelle

In einer Schalttabelle (auch Wahrheitstabelle genannt) erfolgt eine Zusammenstellung aller Kombinationen von Signalzuständen der Signaleingabeelemente, die eine Änderung des Betriebszustands eines Zylinders herbeiführen.

Signaleingabe-element	Zylinder

Logiksymbol

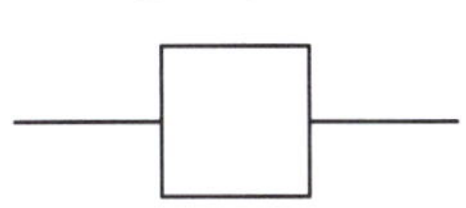

Symbole für Bauelemente DIN ISO 1219-1:2019-01

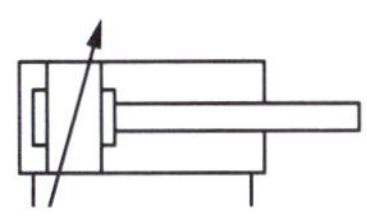 = ______

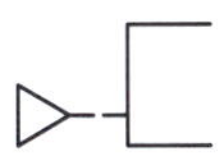 = ______

 = ______

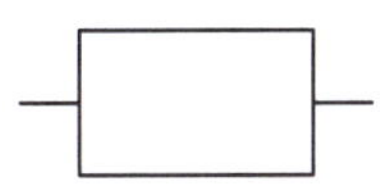 = Druckluft-Wartungseinheit (FRL-Einheit)

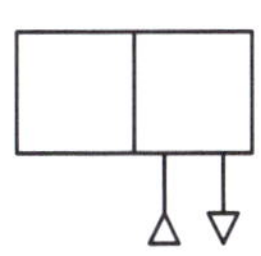 = 3/2-Wegeventil, durch Druckknopf betätigt, mit Federrückstellung, in Ruhestellung gesperrt

 = ______

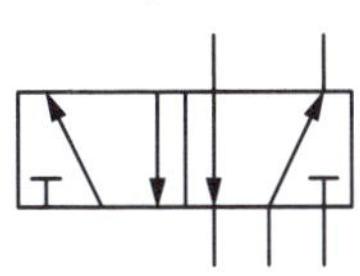 = ______

Anschlussbezeichnungen
DIN ISO 11727:2003-10 und DIN ISO 1219-2:2019-01

1	P	= ______
2, 4	B, A	= ______
5, 3	R, (S)	= ______
12, 14	X, Y	= ______

Schachtmagazin

Problemstellung

Aus einem Magazin werden Werkstücke entnommen. Nach Betätigung des Druckknopfs eines 3/2-Wegeventils fährt der Kolben eines doppelt wirkenden Zylinders aus und schiebt ein Werkstück aus dem Schachtmagazin auf den Rollengang. Sobald das Werkstück sich auf dem Rollengang befindet, soll der Kolben durch Betätigung eines Handtasters wieder einfahren.

Technologieschema

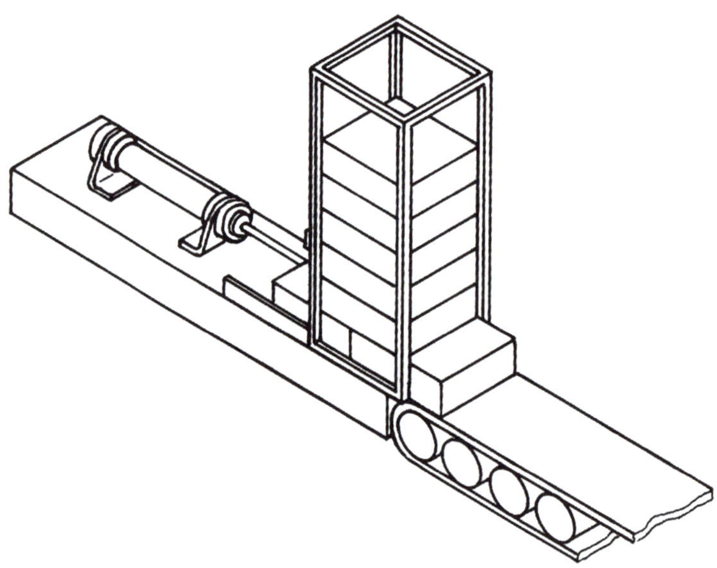

Arbeitsauftrag

- Vervollständigen Sie den Schaltplan.
- Benennen Sie die Bauelemente.
- Ordnen Sie den Bauelementen die entsprechenden Gruppen zu. (Nehmen Sie das Arbeitsblatt **Pneumatik 5** zu Hilfe.)
- Ergänzen Sie das Weg-Schritt-Diagramm für diese Steuerung.
- Bezeichnen Sie die Anschlüsse der Ventile.
- Was geschieht, wenn der Signalgeber zum Ausfahren dauernd betätigt wird?

Gruppenbezeichnung	Benennung
Arbeitselement	

Vereinzeln

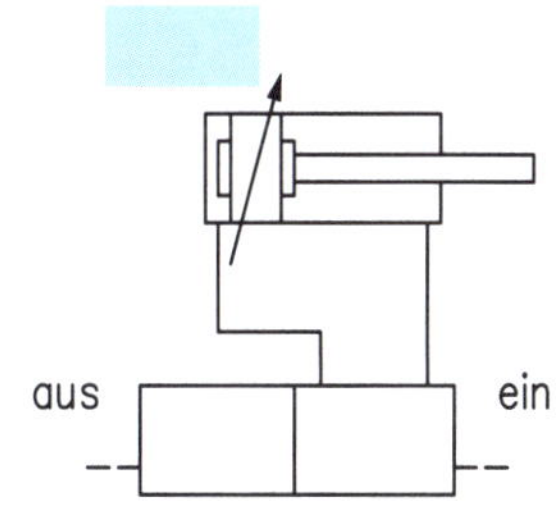

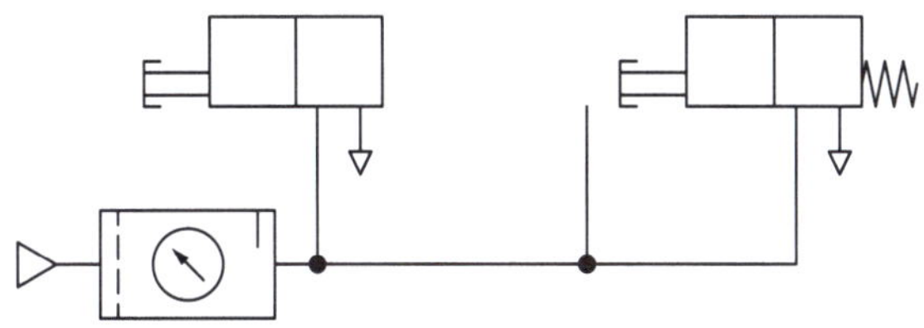

Stellelemente für doppelt wirkende Zylinder

5/2-Wegeventile, beidseitig durch Druckbeaufschlagung betätigt

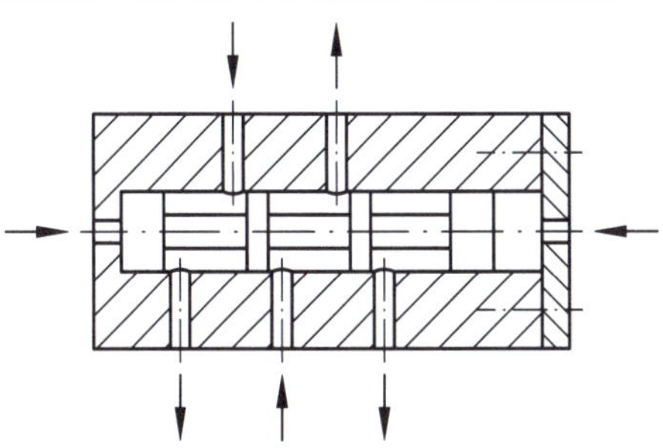

4/2-Wegeventile, beidseitig durch Druckbeaufschlagung betätigt

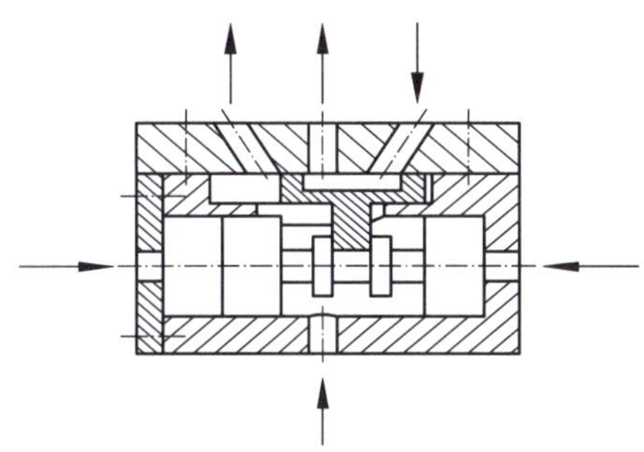

Weg-Schritt-Diagramm

Ein Weg-Schritt-Diagramm stellt die Wege der Arbeitselemente in den einzelnen Arbeitsschritten einer Steuerung durch grafische Mittel dar.

Diagrammaufbau

Die Grundform des Diagramms besteht aus senkrechten und waagerechten Linien. Die waagerechten Linien stellen die beiden Betriebszustände eines Zylinders („0“ = Kolben eingefahren und „1“ = Kolben ausgefahren) dar. Als Arbeitsschritt wird der Bereich zwischen zwei aufeinanderfolgenden Zustandsänderungen bezeichnet. Er wird durch zwei senkrechte Linien dargestellt. Die Nummerierung des Schritts erfolgt durch die Ziffer der einleitenden Zustandsänderung. Die Grundstellung bekommt die Ziffer 1.

z. B. Spannzylinder

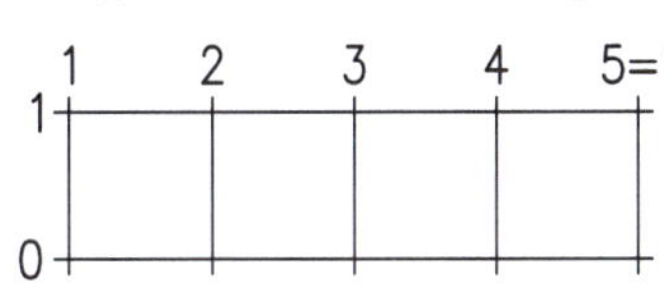

Funktionslinien

Der in einem Arbeitsschritt zurückgelegte Weg wird durch eine Funktionslinie (breite Volllinie, hier rot) dargestellt.

z. B. Spannzylinder

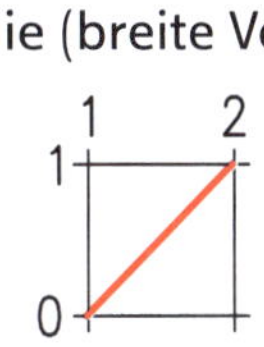

Signallinien

Jede Änderung des Betriebszustands eines Arbeitselements wird durch Signale ausgelöst. Die Darstellung der Signale erfolgt durch Signallinien. Sie beginnen an der sinnbildlichen Darstellung der Signalgeber und enden an der Stelle, an der sie eine Änderung auslösen. Signallinien sind schmale Volllinien mit einem Pfeil in Wirkrichtung der Signale.

z. B. Hubzylinder

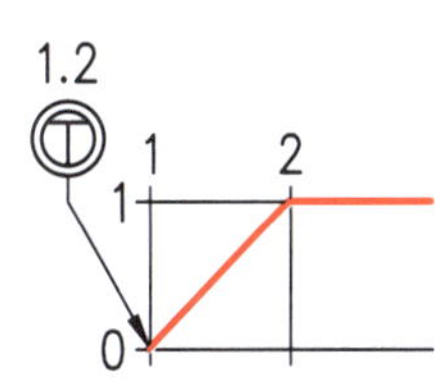

Der Hubzylinder fährt durch ein „logisch 1“-Signal des Signalgebers 1.2 aus.

Weg-Schritt-Diagramm für das Schachtmagazin

Vereinzelungszylinder

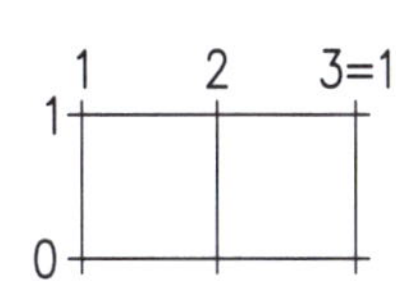

Rollenrutsche

Problemstellung

In einer Verteilstation für Pakete werden die Abstände zwischen den Verteilstationen durch schräge Rollengänge überbrückt. Ein Pneumatikzylinder hebt dazu die Pakete auf die erforderliche Höhe. Damit der zerbrechliche Inhalt der Pakete nicht beschädigt wird, soll die Ausfahrgeschwindigkeit des Kolbens beeinflussbar sein.

Technologieschema

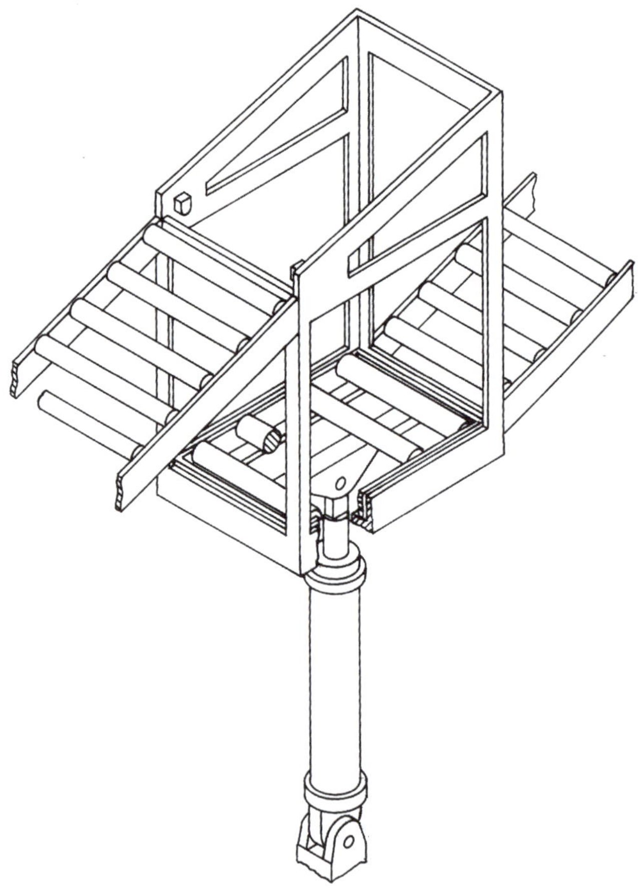

Arbeitsauftrag

- Erstellen Sie das Weg-Schritt-Diagramm der Steuerung. Beachten Sie dabei Arbeitsblatt **Pneumatik 3**.
- Ergänzen Sie den in Teilen vorgegebenen Schaltplan des Hubzylinders und kennzeichnen Sie die Bauteile.
- Vervollständigen und ergänzen Sie die bereits bekannten grafischen Symbole. Es ist zu gewährleisten, dass die Kolbenbewegungen langsam, aber nicht ruckartig erfolgen.
- Geben Sie die Anschlussbezeichnungen an.
- Vervollständigen Sie die Logiksymbole und die Schalttabelle.
- Welche Funktion erfüllt in einem Drosselrückschlagventil das Rückschlagventil?
- Wie muss die Luft durch das Drosselrückschlagventil strömen, damit es seine Funktion erfüllen kann?
- Die Hubgeschwindigkeit wird immer weiter verringert. Ab einer bestimmten Geschwindigkeit fängt die Kolbenstange an, sich ruckartig zu bewegen (Stick-Slip-Effekt). Wie lässt sich dieser Effekt erklären?
- Überlegen Sie, in welche Arbeitsleitung das Drosselrückschlagventil eingebaut werden muss (Zuluft- oder Abluftdrosselung).
- Welchen Einfluss hat eine Verringerung des Drucks auf die Steuerung?

Rollenrutsche

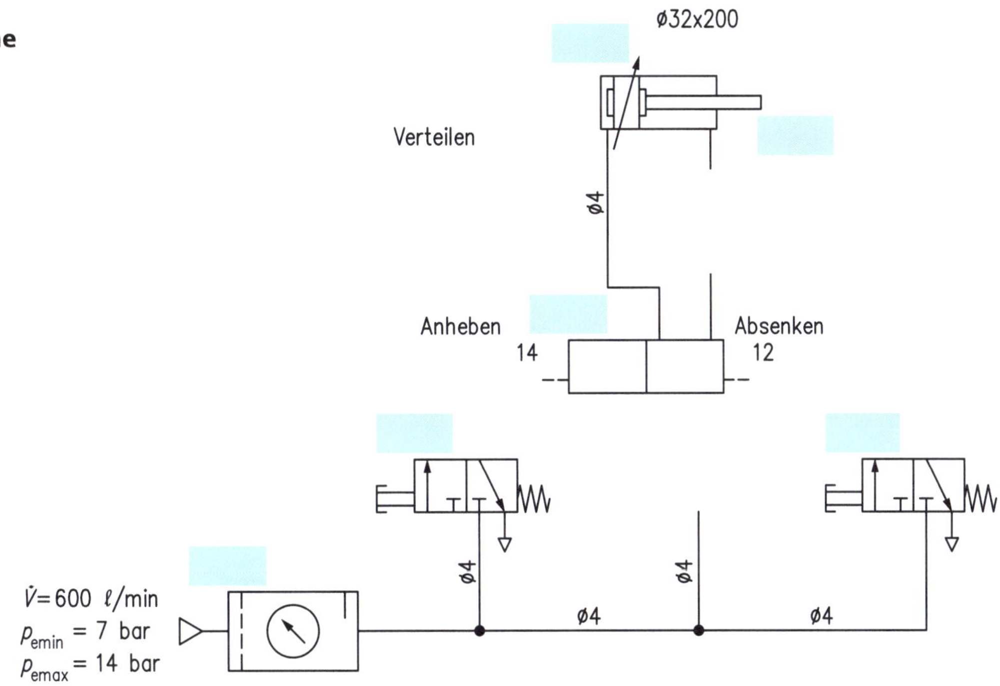

Symbole für Bauelemente nach DIN ISO 1219-1:2019-01

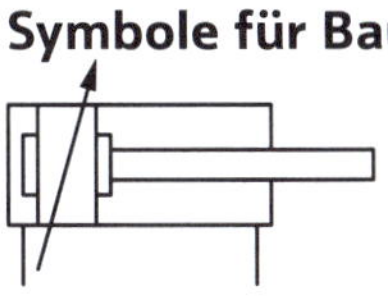 = ______________________

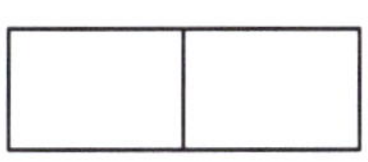 = 5/2-Wegeventil, durch Druckbeaufschlagung direkt betätigt

 = Druckluft-Wartungseinheit (FRL-Einheit)

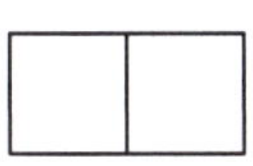 = 3/2-Wegeventil, durch Druckknopf betätigt, mit Federrückstellung, in Ruhestellung gesperrt

 = ______________________

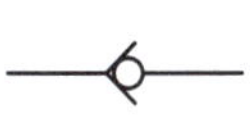 = ______________________

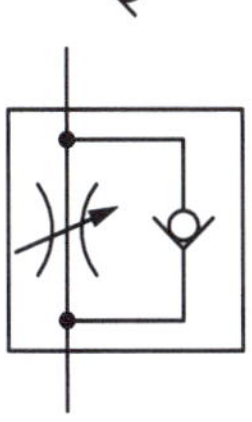 = ______________________

Weg-Schritt-Diagramm

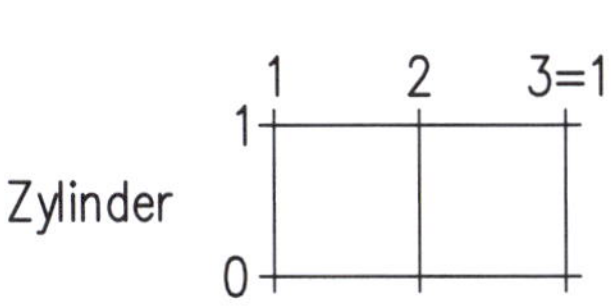

Logiksymbol

Anheben

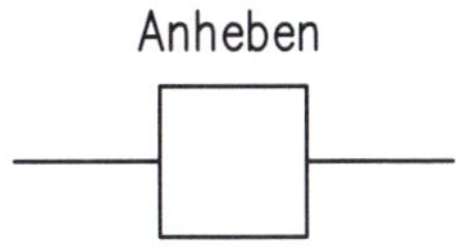

Absenken

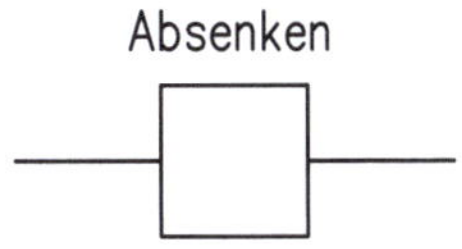

Schalttabellen

Schalttabellen geben an, bei welcher möglichen Signalverknüpfung der beteiligten Signalgeber ein Ausgangssignal freigegeben wird. Die Aussagefähigkeit der Schalttabellen lässt sich bei Impulsventilen wesentlich verbessern, wenn gleichzeitig angezeigt wird, welcher Steuereingang des Stellelements mit dem Signal beaufschlagt werden soll.

Ausfahren

Signalelement: Anschluss Anheben	

Einfahren

Signalelement: Anschluss Absenken	

Biegepresse

Problemstellung

Aus einem Blechstreifen sollen Schellen gebogen werden. Das Startsignal erfolgt durch gleichzeitiges Drücken zweier Taster. Nach Betätigung eines dritten Tasters fährt der Kolben in seine Ausgangsstellung (hintere Endlage) zurück und das fertige Werkstück kann herausgenommen werden. Das Ausfahren soll langsam, das Zurückfahren schnell erfolgen.

Technologieschema

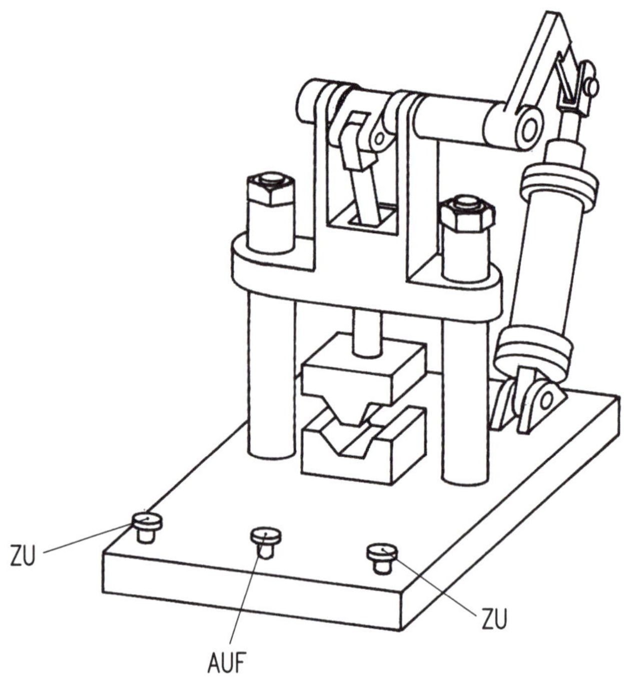

Arbeitsauftrag

- Kennzeichnen Sie die pneumatischen Bauteile nach DIN ISO 1219-2:2019-01 (siehe **Grundlagen der Steuerungstechnik G2**). Bezeichnen Sie die Leitungsanschlüsse nach DIN ISO 11727:2003-10.

- Erklären Sie die Bedeutung des Begriffs „Signalverarbeitung".

- Sie besitzen kein Zweidruckventil. Wie müssen die Signalgeber (3/2-Wegeventile) geschaltet werden, damit der Kolben nur dann ausfährt, wenn beide Ventile gleichzeitig betätigt sind?

- Bei einer Kontrolle stellt der Sicherheitsbeauftragte des Betriebs an der Biegepresse einen Mangel fest. Wenn einer der beiden Taster „ZU" durch eine Dauerbetätigung (z. B. Klebeband oder Gewichtsbelastung) geschaltet ist, kann die Unfallverhütungsvorschrift umgangen werden. Der Umformvorgang kann jetzt mit einer Hand ausgelöst werden. Welche Sicherheitsbedingungen müssen Ihrer Meinung nach noch erfüllt werden?

Steuerkette

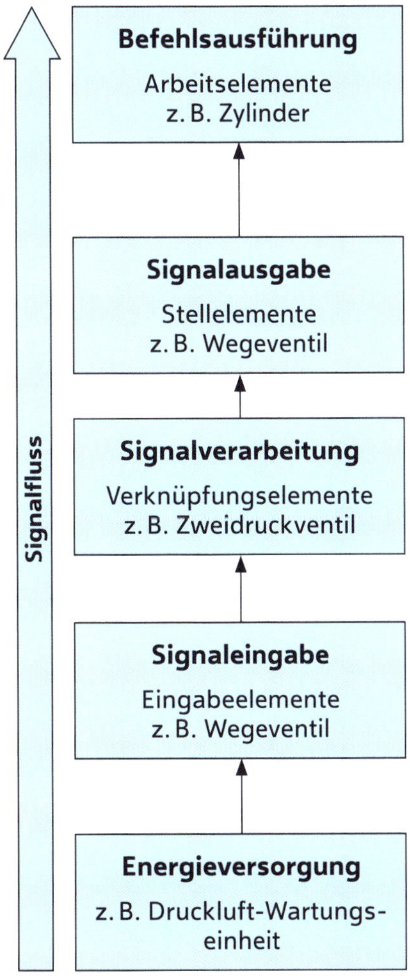

Aufbau eines pneumatischen Schaltplans

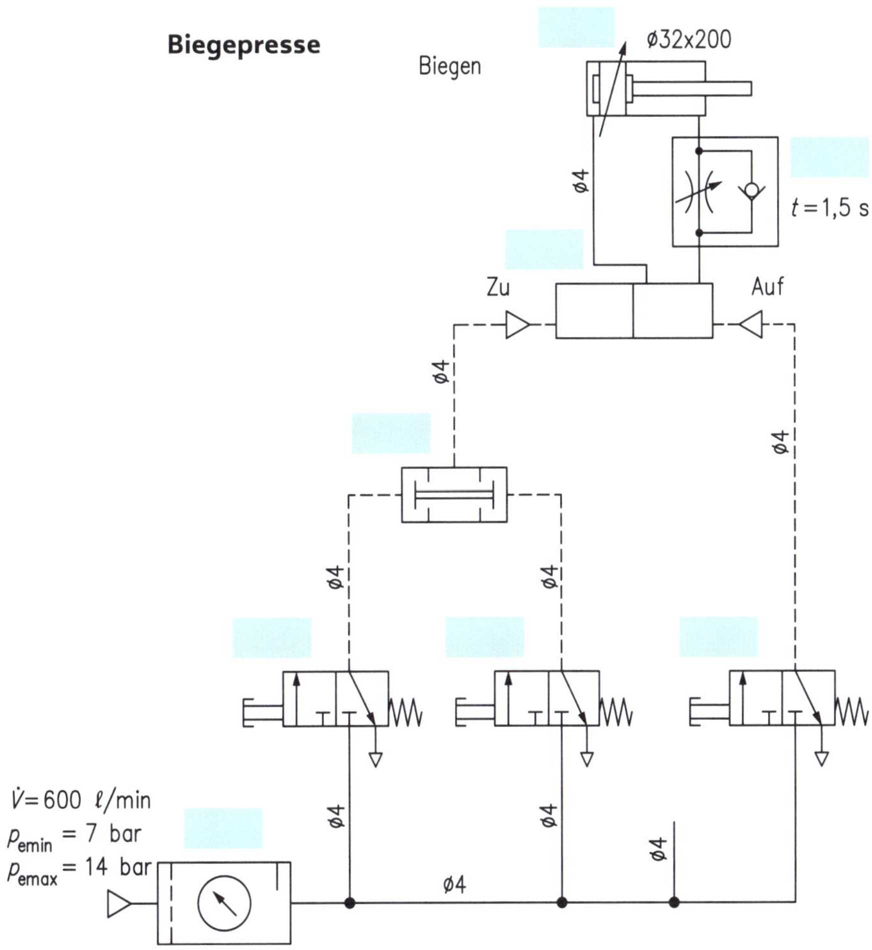

Kennzeichnung der Anschlüsse

Kennzeichnung der Anschlüsse und Betätigungseinrichtungen von Pneumatikventilen nach DIN ISO 11727:2003-10		**Leitungsschlüssel nach DIN ISO 1219-2:2019-01** **Buchstabensymbole**		
1	Druckanschluss, Zufluss		P	Druckversorgungsleitung
2, 4	Arbeitsanschluss (gerade Zahlen)		T	Rücklaufleitung
3, 5	Entlüftung, Abfluss (ungerade Zahlen)		L	Leckölleitung
10, 12, 14	Steueranschlüsse		X, Y	Steuerleitungen
		zusätzlich:	A, B	Arbeitsleitung
			R	Rücklaufleitung

Anschlussbeispiel 3/2-Wegeventil DIN ISO 11727:2003-10

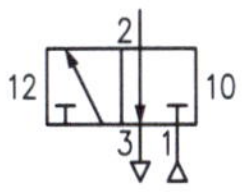

3/2-Wegeventil NC (normal geschlossenes Ventil)

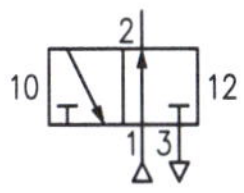

3/2-Wegeventil NO (normal offenes Ventil)

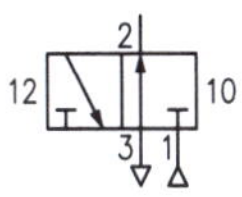

3/2-Wegeventil (Optionalventil) Eingangs- und Ausgangsöffnung können vertauscht werden. Die Auflösung als optionale Variante ist entweder aus dem grafischen Symbol oder in der Beschreibung, die der Ventilverpackung beiliegt, ersichtlich.

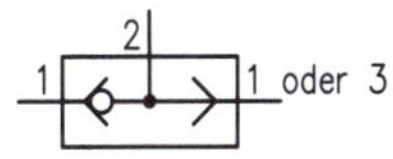

Wechselventil

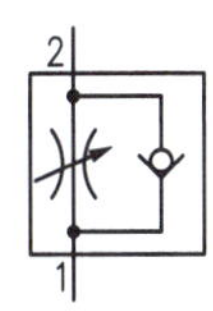

Stromventil
Drossel-Rückschlagventil

Werktor

Problemstellung

Das Tor einer Werkhalle soll pneumatisch betätigt werden. Zwei Drucktaster für „AUF“ und „ZU“ befinden sich auf der Hofseite des Tors und zwei weitere innerhalb der Halle. Es soll möglich sein, das Tor von außen oder von innen zu öffnen und auch wechselseitig wieder zu schließen. Die Geschwindigkeiten für das Öffnen und Schließen des Tors sollen einstellbar sein.

Technologieschema

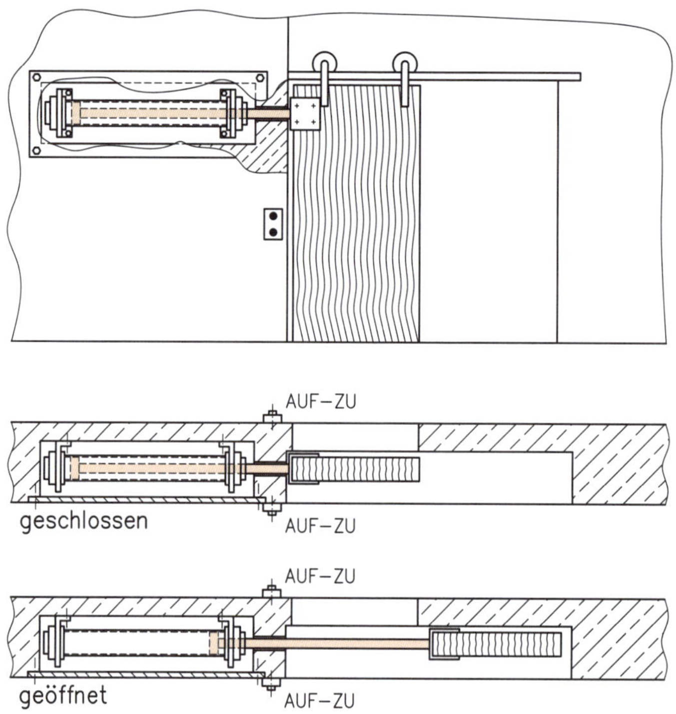

Arbeitsauftrag

- Kennzeichnen Sie die Bauteile.
- Schreiben Sie die Schalttabelle. Ergänzen Sie die Logiksymbole.
- Vervollständigen Sie die Zusammenstellung der Symbole für Bauelemente. Übertragen Sie die Symbole in den vorbereiteten Schaltplan und zeichnen Sie die Druckluftleitungen ein.
- Warum werden zur Lösung der Aufgabe Wechselventile (ODER-Funktion) benötigt? Können zur Lösung auch Zweidruckventile (UND-Funktion) eingesetzt werden?
- Wie lässt sich die Aufgabe lösen, wenn Sie nur ein federrückgestelltes 4/2- bzw. 5/2-Wegeventil als Stellelement zur Verfügung haben?

Werktor

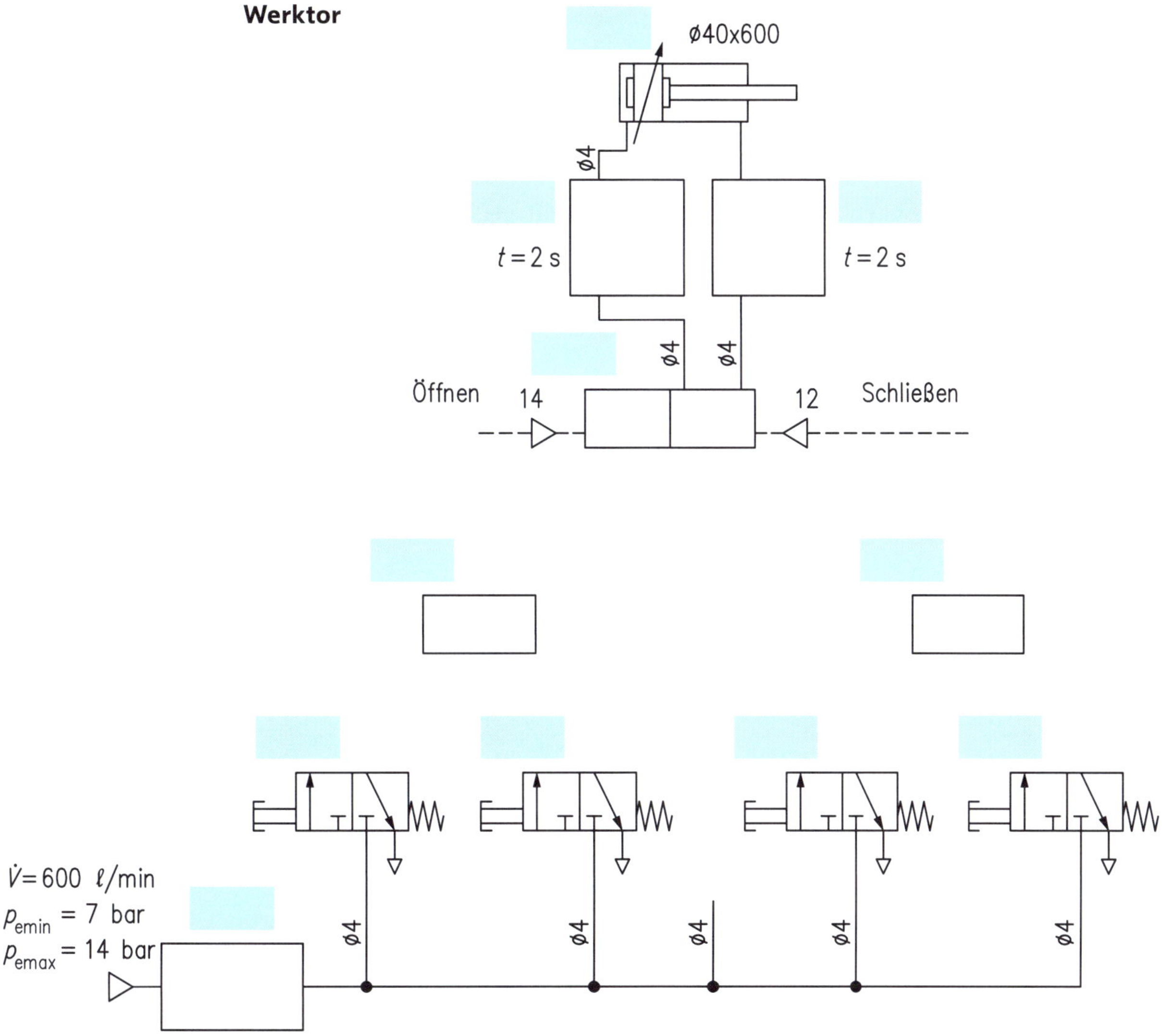

Symbole für Bauelemente nach DIN ISO 1219-1:2019-01

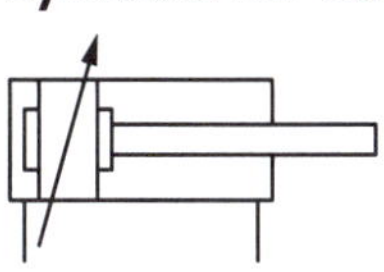 = ____________________

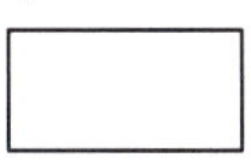 = Wechselventil

 = Drossel-Rückschlagventil

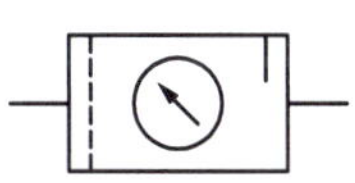 = ____________________

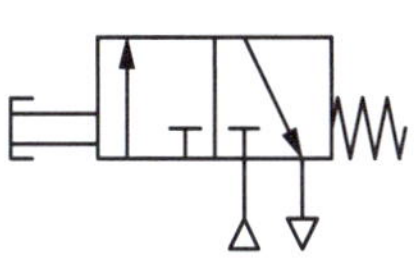 = 3/2-Wegeventil, in Sperr-Null-Stellung, druckknopfbetätigt mit Federrückstellung

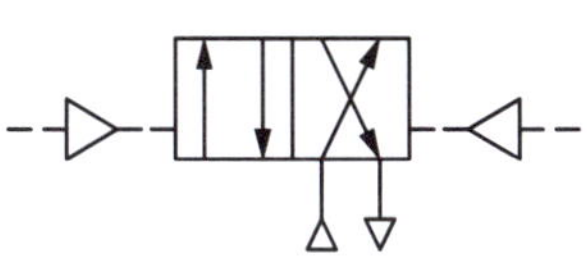 = Als Alternative möglich: 4/2-Wege-Impulsventil beidseitig durch Druckbeaufschlagung zu betätigen

Werktor öffnen

Schalttabelle

		–14

Logiksymbol

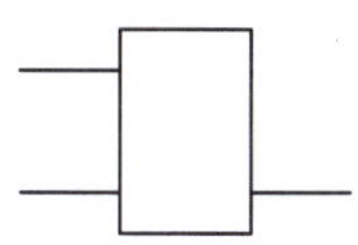

Werktor schließen

Schalttabelle

		–12

Logiksymbol

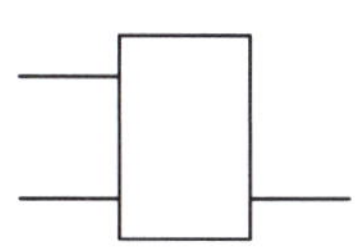

Prägestempel

Problemstellung

Mithilfe einer Presse sollen Werkstücke aus Kunststoff geprägt werden. Aus Sicherheitsgründen darf der Stempel erst ausfahren, wenn zwei Taster gleichzeitig gedrückt sind. Nach Erreichen der vorderen Endlage soll der Prägedruck 20 Sekunden auf die Werkstücke einwirken. Danach fährt der Stempel in die Ausgangslage zurück.

Technologieschema

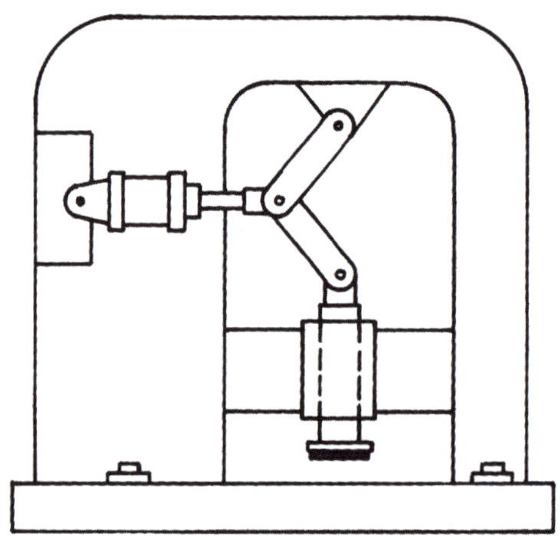

Arbeitsauftrag

- Ergänzen Sie mithilfe Ihres Tabellenbuchs die grafischen Symbole für die Bauelemente nach DIN ISO 1219-1:2019-01 und kennzeichnen Sie die einzelnen Bauelemente.
- Erstellen Sie das Weg-Schritt-Diagramm der Steuerung.
- Erstellen Sie den Schaltplan.
- Welche physikalische Größe (Druck, Drosselquerschnitt oder Luftmenge) beeinflusst die Zeitverzögerung?
- Warum muss ein bestimmter Steuerdruck im Zeitverzögerungsventil aufgebaut werden?

Prägestempel

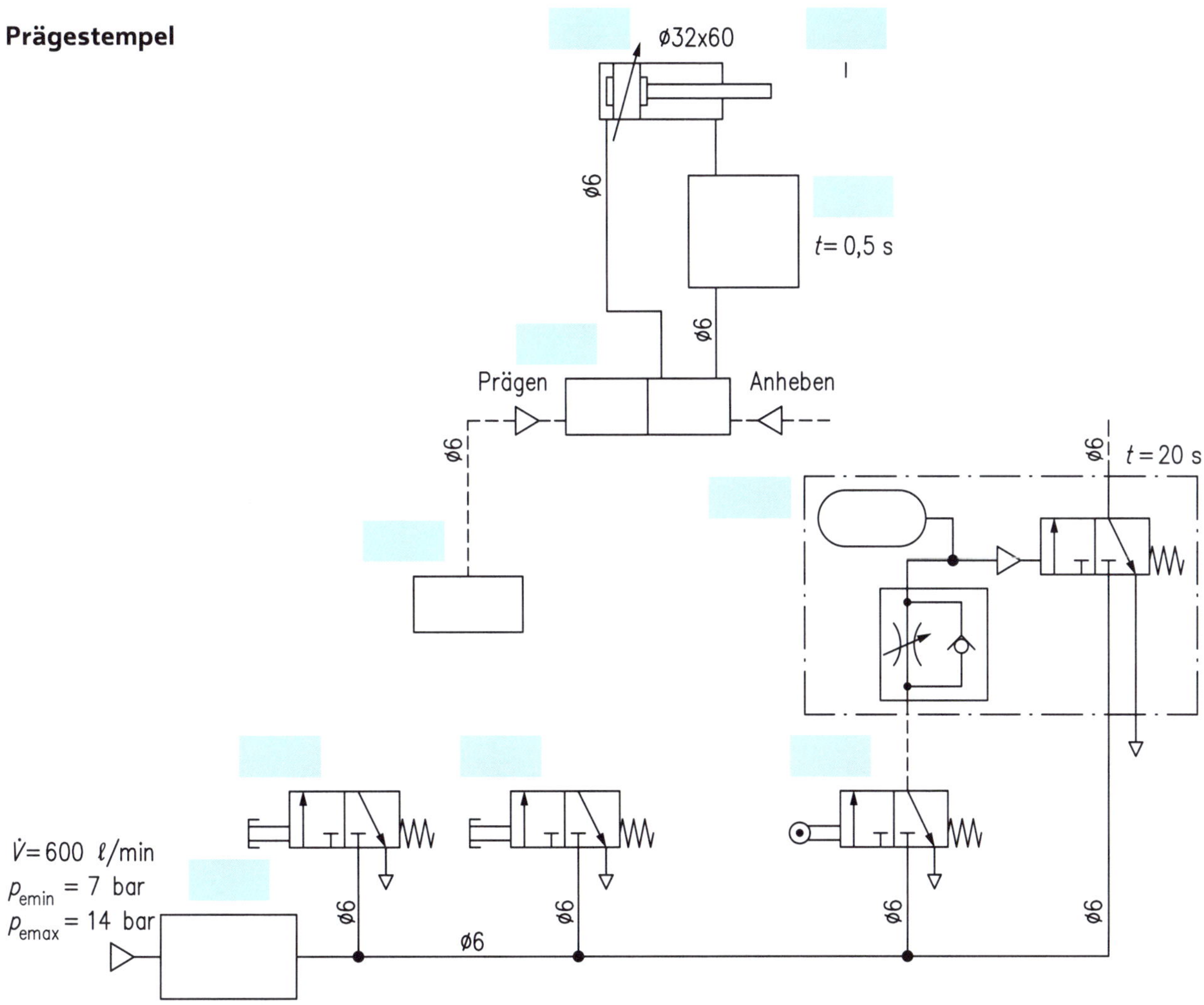

Logikplan

Prägezylinder ausfahren

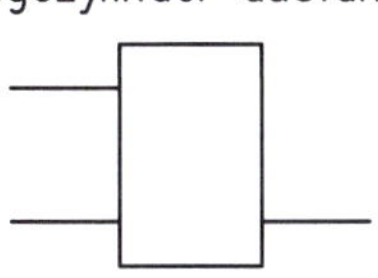

Prägezylinder einfahren

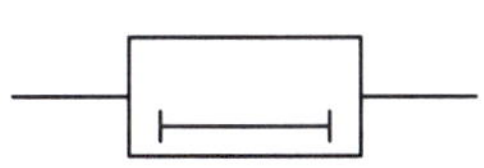

Weg-Schritt-Diagramm

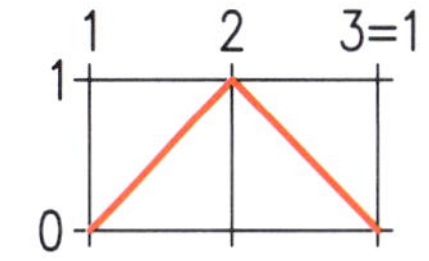

Symbole für Bauelemente DIN ISO 1219-1:2019-01

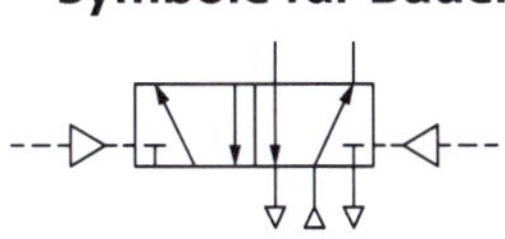 = ______________________

 = ______________________

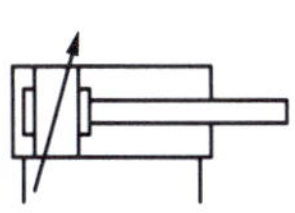 = ______________________

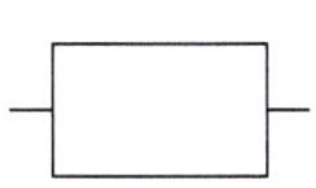 = Druckluft-Wartungseinheit

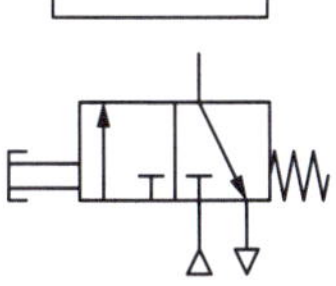 = ______________________

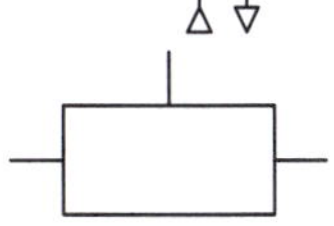 = Zweidruckventil

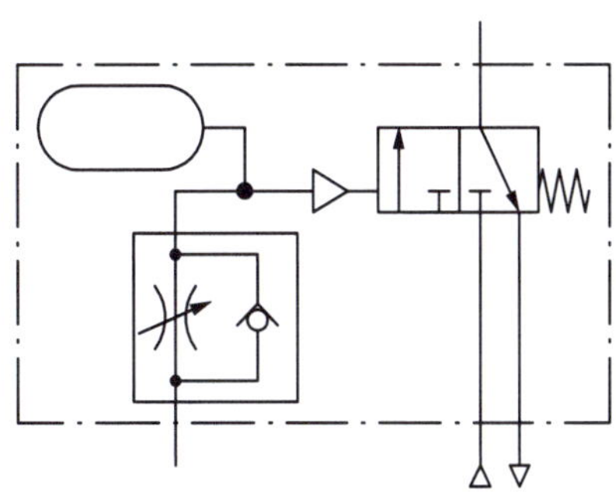

= ______________________

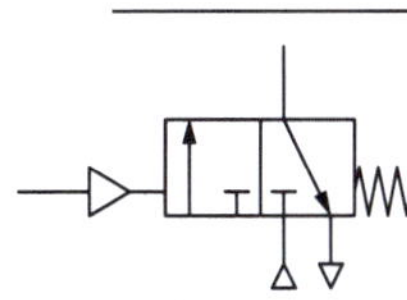 = ______________________

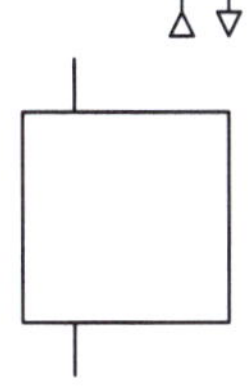 = Drossel-Rückschlagventil

Abkantpresse

Problemstellung

Bei Arbeiten an Stanzen, Scheren oder Pressen besteht erhöhte Unfallgefahr. Beachten Sie den Schaltungsaufbau **Pneumatik 5** und **Pneumatik 7**. Ein Bediener kann durch Festsetzung eines 3/2-Wegeventils die Presse mit einer Hand durch Betätigung des zweiten 3/2-Wegeventils herunterfahren. Dadurch ergeben sich große Unfallgefahren. Um diese Unfallgefahren zu verringern, sind Zweihand-Steuerungen, die mit einem Zeitverhalten ausgestattet sind, als komplette Baugruppen entwickelt worden.
Die Zweihand-Steuerung verlangt, dass innerhalb von 0,5 Sekunden beide Signalgeber gleichzeitig betätigt werden. Sie unterliegen besonderen Sicherheitsvorschriften, z. B. DIN EN ISO 4414:2011-04 sowie DIN EN ISO 13849-1:2023-12 und DIN EN ISO 13851:2019-11.

Technologieschema

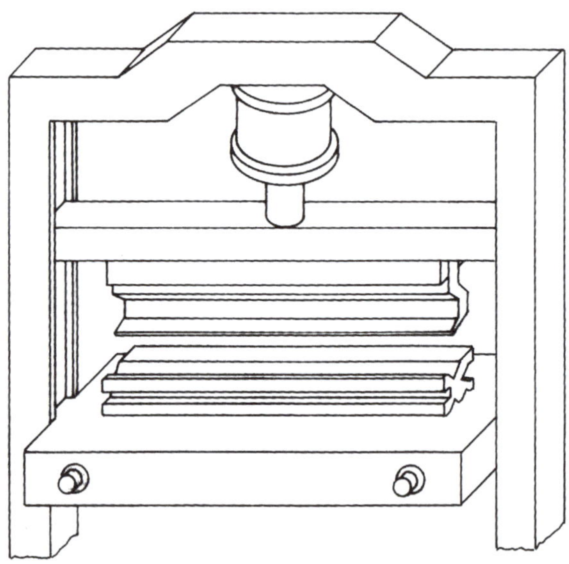

Arbeitsauftrag

- Vervollständigen Sie den Schaltplan durch das Einzeichnen der Verknüpfungselemente (Zweidruck- bzw. Wechselventile).
- Kennzeichnen Sie die Bauelemente. Bezeichnen Sie die Anschlüsse der Ventile.
- Vervollständigen Sie das Weg-Schritt-Diagramm.
- Beschreiben Sie den Signalfluss, wenn:
  a) die beiden Signalglieder START gleichzeitig gedrückt werden,
  b) nur ein Signalglied betätigt wird und
  c) mit der linken Hand zuerst das Signalglied und nach einer Zeit von 2 Sekunden das Signalglied mit der rechten Hand betätigt wird.
- Kann der Speicher in der Schaltung entfallen? Welche Aufgaben erfüllt er?
- Beschreiben Sie, was geschieht, wenn die beiden Signalglieder einzeln nach dem Starten des Pressvorgangs losgelassen werden.

Abkantpresse

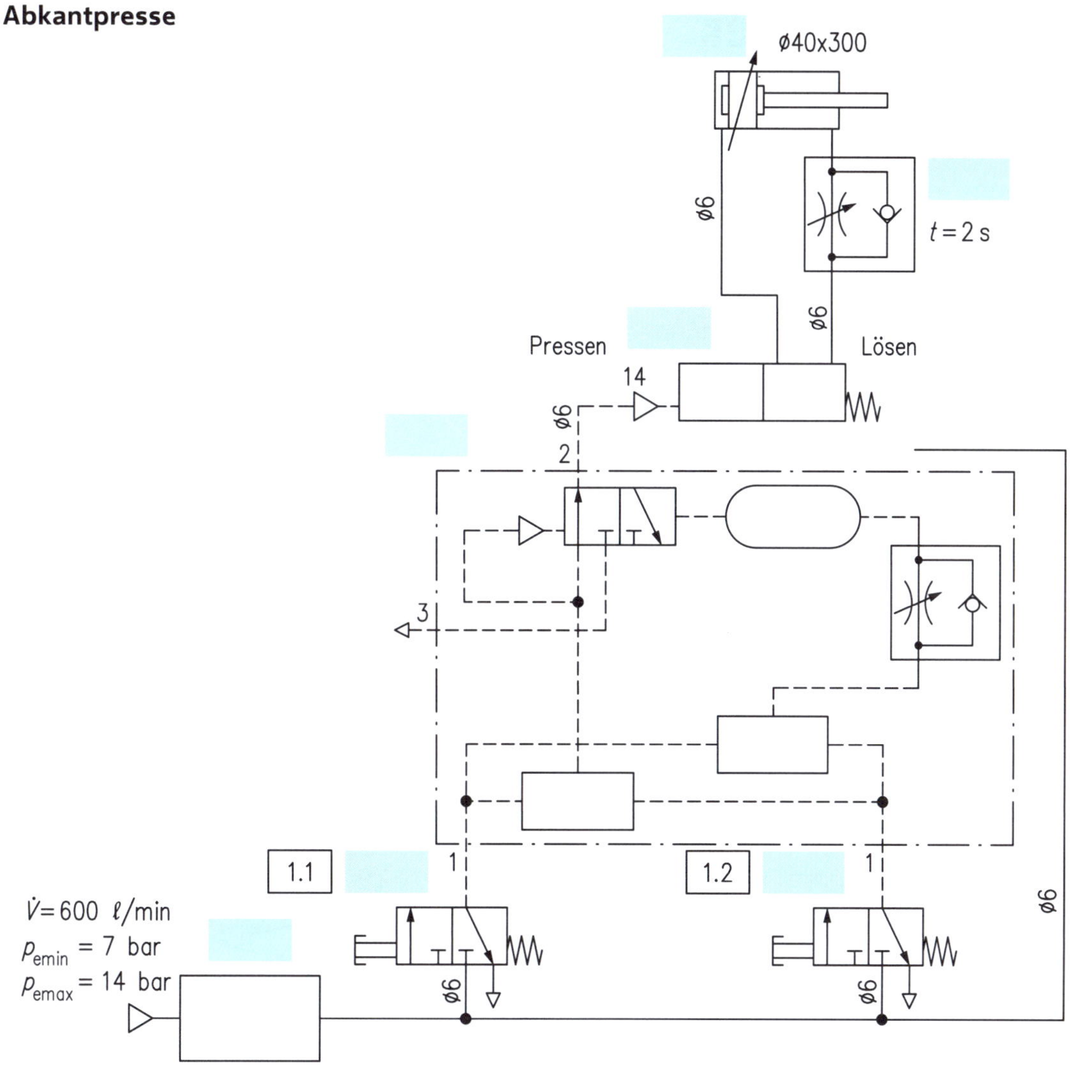

Symbole für Bauelemente nach DIN ISO 1219-1:2019-01

= Drossel-Rückschlagventil

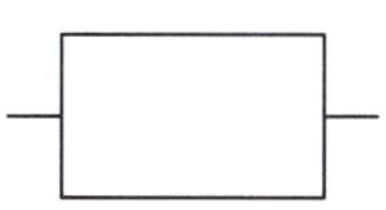
= Druckluft-Wartungseinheit FRL-Einheit

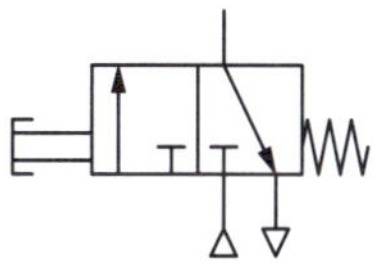
= ______________________

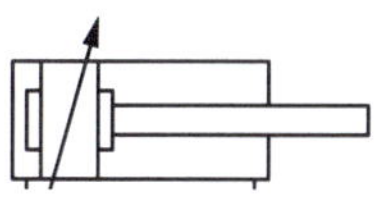
= ______________________

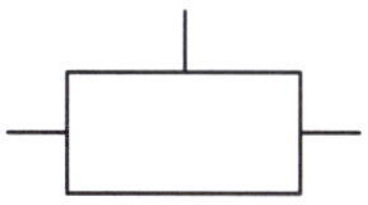
= Wechselventil

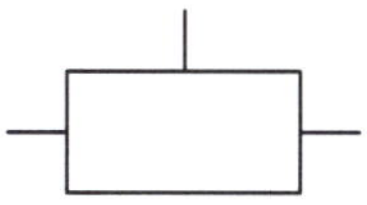
= Zweidruckventil

Zylinder ausfahren (Pressen)

Schalttabelle

		–14
		–14

Logiksymbol

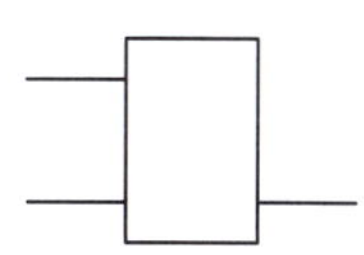

Weg-Schritt-Diagramm

Abkantzylinder

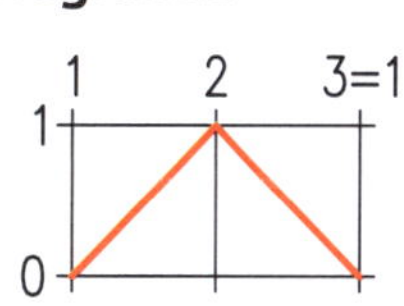

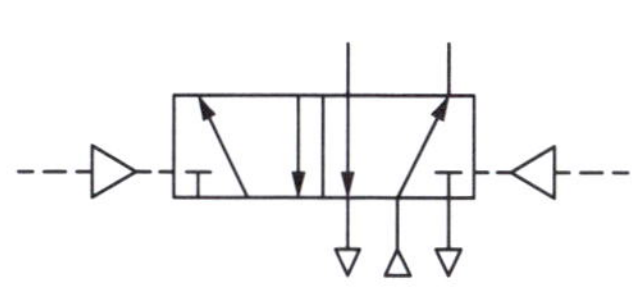
= ______________________
____

Kniehebelspanner

Problemstellung

Mithilfe einer Kniehebelspanneinrichtung wird ein Werkstück auf einem Fräsmaschinentisch gespannt. Der Kniehebel wird durch einen doppelt wirkenden Zylinder gespannt. Als Stellelement ist ein federrückgestelltes 5/2-Wegeventil eingebaut. Der Spannvorgang beginnt durch die Betätigung des Tasters „Spannen“ und darf erst durch die Betätigung des Tasters „Lösen“ beendet werden.

Technologieschema

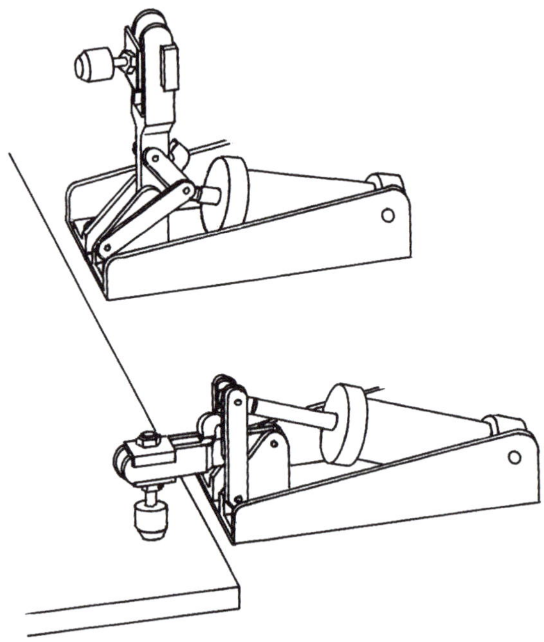

Arbeitsauftrag

Im nebenstehenden Aufgabenblatt sind zwei Schaltpläne als Lösungshilfen teilweise vorgegeben. Bearbeiten Sie die beiden Schaltpläne nacheinander durch die folgenden Arbeitsaufträge:

- Vervollständigen Sie die Zusammenstellung der Bauelemente. Übertragen Sie die Symbole nach DIN ISO 1219-1:2019-01 in den vorbereiteten Schaltplan.
- Kennzeichnen Sie die Bauelemente und schreiben Sie die Schalttabellen. Ergänzen Sie die Logiksymbole.
- Bauen Sie beide Schaltungen auf und überprüfen Sie Ihre Lösungen. Vergleichen Sie die beiden Schaltpläne miteinander. Arbeiten Sie Unterschiede und Gemeinsamkeiten heraus.
- Ist die Funktion der Steuerungen auch dann gegeben, wenn das Wechselventil durch eine Leitungsverbindung (T-Stück) ersetzt wird?
- Bei einer Reparatur wird das obere Ventil durch ein 3/2-Wegeventil in Ruhestellung gesperrt ausgetauscht. Beschreiben Sie die Auswirkungen auf beide Steuerungen.

Schaltplan A

Kniehebelspanner

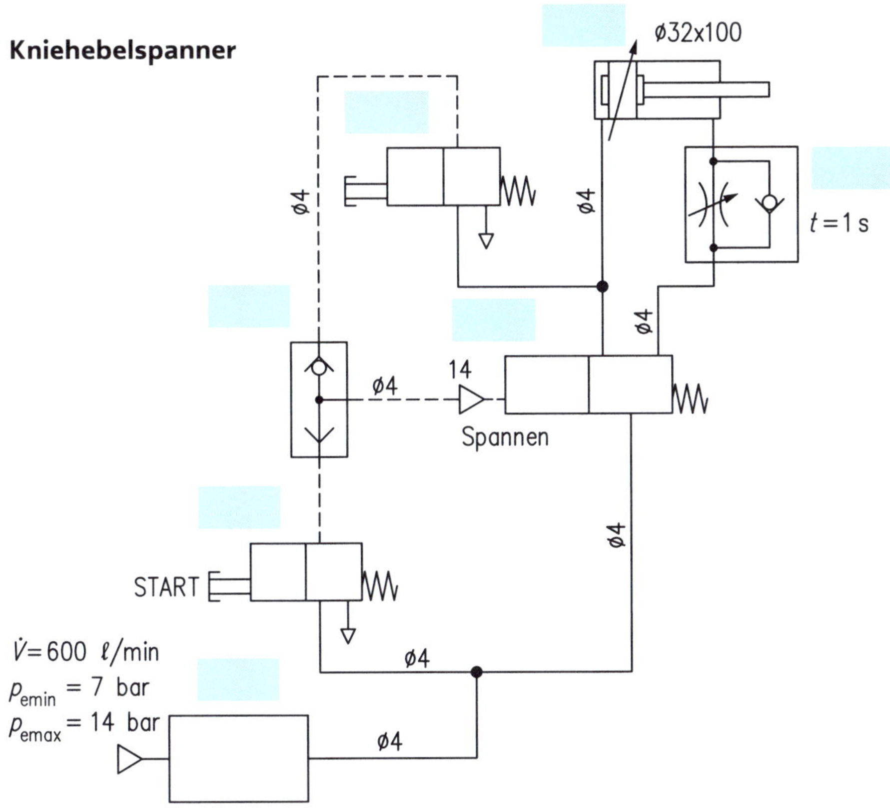

Weg-Schritt-Diagramm

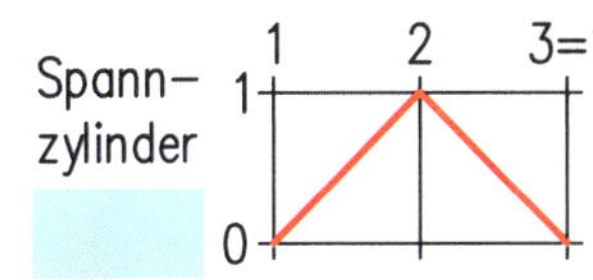

Schalttabelle

		–14

Logiksymbol

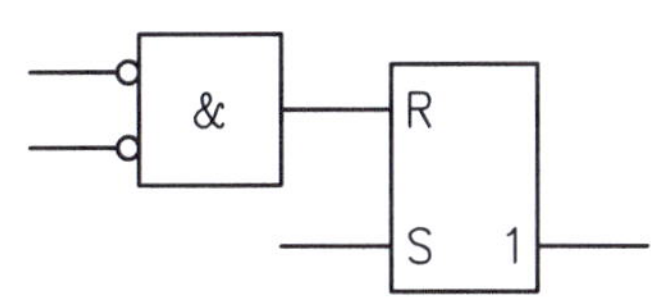

Schaltplan B

Kniehebelspanner

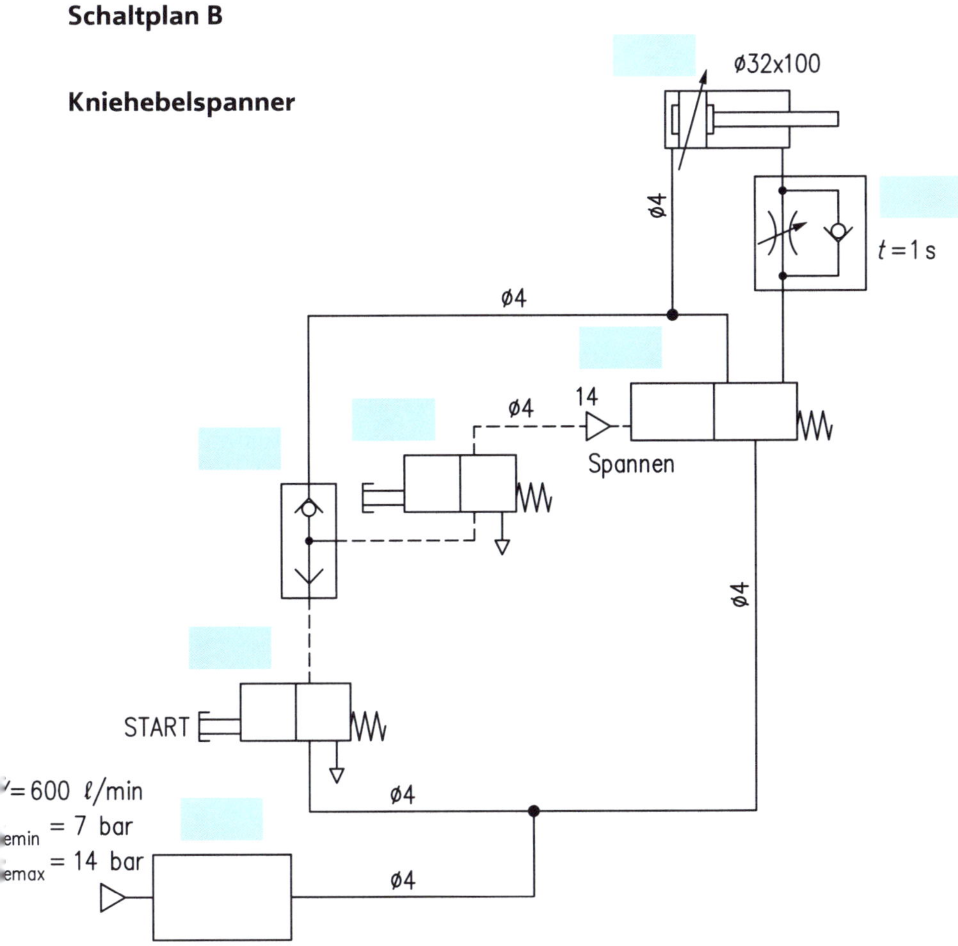

Weg-Schritt-Diagramm

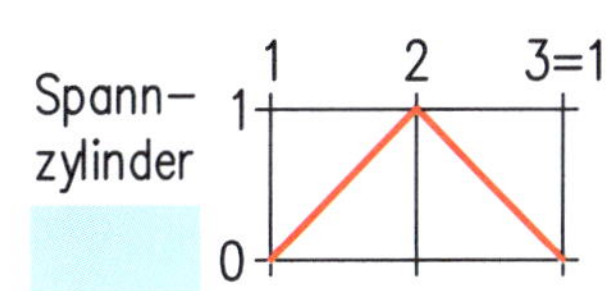

Schalttabelle

		–14

Logiksymbol

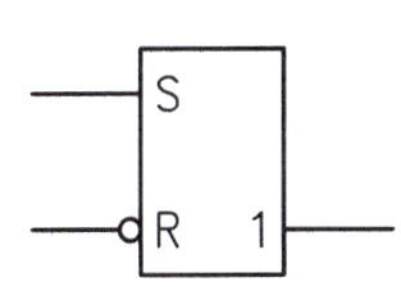

Sortieranlage

Problemstellung

Zum Transport von Behältern in einer Sortieranlage werden zwei pneumatisch betriebene Zylinder eingesetzt. Die Sortieranlage arbeitet nach folgendem Arbeitsablauf: Nach Druck auf den START-Taster hebt der Hubzylinder (1. Zylinder) den Behälter an. Hat er seine Endlage erreicht, fährt der Verschiebezylinder (2. Zylinder) aus und schiebt den Behälter zum Transport auf die Rollenrutsche. Hat der Verschiebezylinder seine Endstellung erreicht, fährt der Hubzylinder ein. Ist dies geschehen, fährt auch der Verschiebezylinder ein. Die Ausfahrgeschwindigkeit der Zylinder soll beeinflussbar sein.

Technologieschema

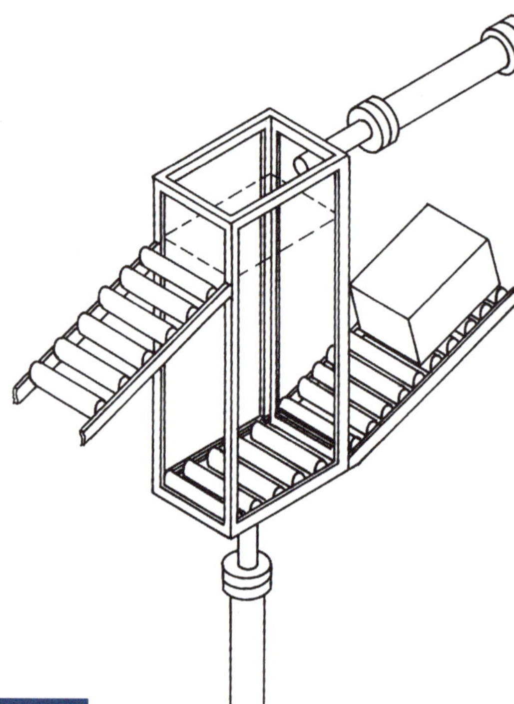

Arbeitsauftrag

- Geben Sie den Funktionsablauf des Hub- und Verschiebezylinders an, wenn das Ausfahren mit „+" und das Einfahren mit „–" bezeichnet wird.
- Tragen Sie die Bewegungen der Zylinder zwischen den Zuständen Eingefahren = Zustand „0" und Ausgefahren = Zustand „1" in den einzelnen Arbeitsschritten und die Signallinien in das Weg-Schritt-Diagramm ein.
- Vervollständigen Sie den pneumatischen Schaltplan für den angegebenen Arbeitsablauf. Kennzeichnen Sie die Bauelemente nach DIN ISO 1219-2:2019-01 oder DIN EN IEC 81346-2:2020-10.
- Die Signalaufnehmer erfassen die Endlagen der Kolbenstangen. Um eine Verwechslung auszuschließen, ist der Einbauort der Signalaufnehmer eindeutig zu kennzeichnen. Überlegen Sie, ob alle vier Signalaufnehmer benötigt werden.
- Zeichnen Sie die Symbole für die Betätigungsart an die Signalgeber.
- Beschreiben Sie den Funktionsablauf, wenn das START-Signal dauerhaft gedrückt wird.

Sortieranlage

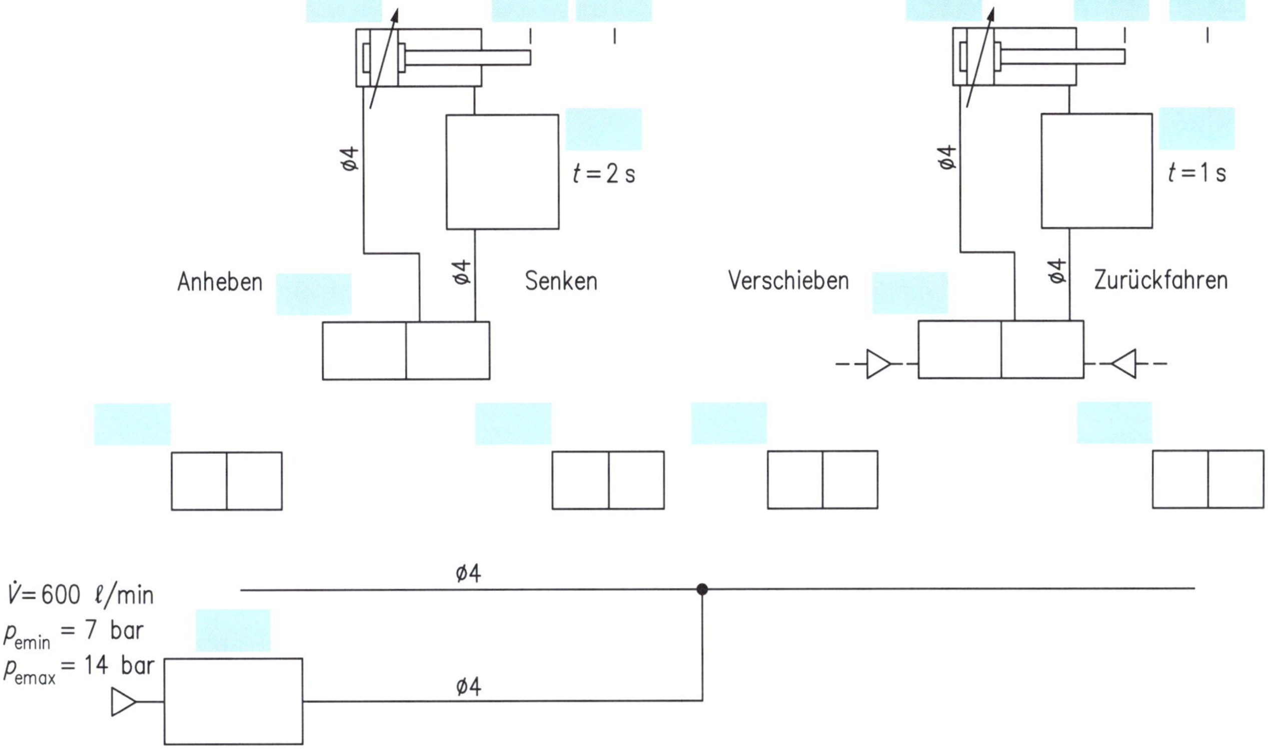

Signalverknüpfungen

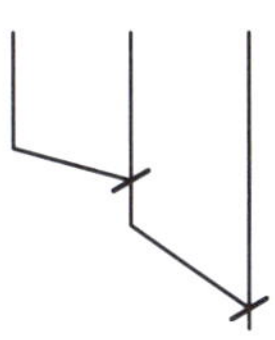

UND-Bedingung

Breite Volllinie als Schrägstrich an der Vereinigungsstelle. Erklärung:

Mehrere Signale bewirken miteinander die Zustandsänderung eines Arbeitselements.

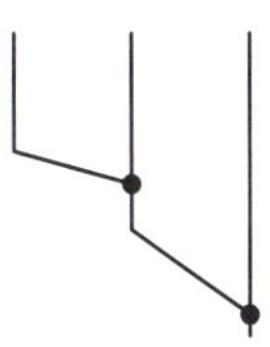

ODER-Bedingung

Punkt an der Vereinigungsstelle. Erklärung:

Mehrere Signale bewirken unabhängig voneinander die gleiche Zustandsänderung eines Arbeitselements.

NICHT-Bedingung

Waagerechter Strich über Bauteilkennzeichnung. Erklärung:

Ein „logisch 0"-Signal bewirkt eine Zustandsänderung eines Arbeitselements.

Signalgeber

= Wahlschalter

= Aus

= Tippen (Signal vorhanden, solange Taster gedrückt ist)

= Automatik EIN

Funktionsablauf:

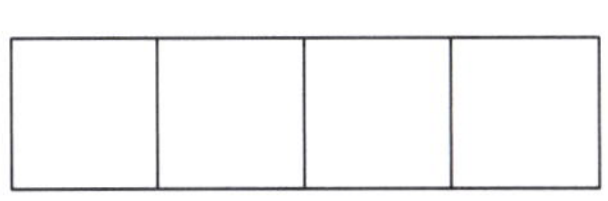

Weg-Schritt-Diagramm

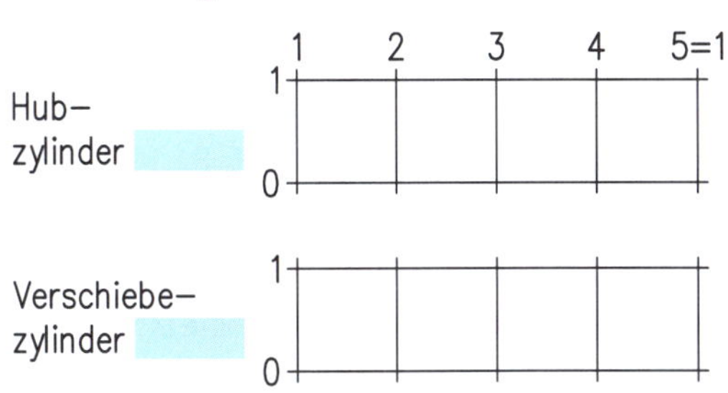

Beispiel

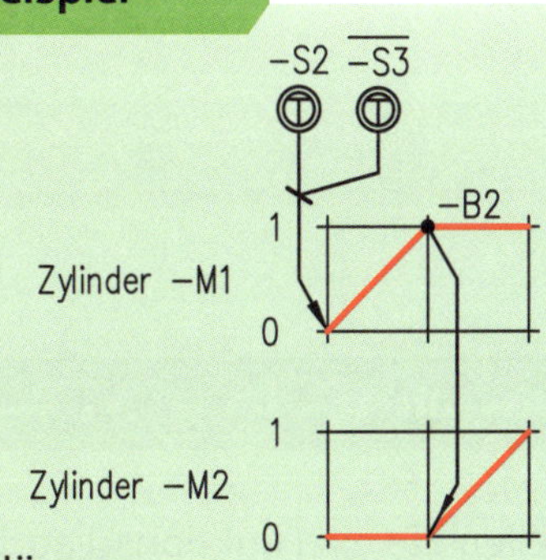

Erklärung:

Der Kolben des Zylinders –M1 fährt durch ein Signal „logisch 1" des Tasters –S2 **und** durch ein „logisch 0"-Signal des Tasters –S3 aus. Ist der Kolben des Zylinders –M1 ausgefahren, betätigt er den Signalgeber –B2. Dieser gibt ein „logisch 1"-Signal in Pfeilrichtung an den Zylinder –M2 weiter, sodass der Kolben ausfährt.

Handhabungsgerät

Problemstellung

Eine Greiferzange nimmt Rohlinge von einer Palette, die von unten zugeführt wird. Der Spannzylinder spannt die Werkstücke. Dann fährt der Verschiebezylinder die Spannzange über das Förderband. Ist er ausgefahren, öffnet sich die Zange durch Einfahren des Spannzylinders und lässt den Rohling los. Anschließend fährt der Verschiebezylinder zurück. Das Handhabungsgerät soll für die Betriebsarten „Einzelbetrieb“ und „Dauerbetrieb“ ausgelegt sein.

Technologieschema

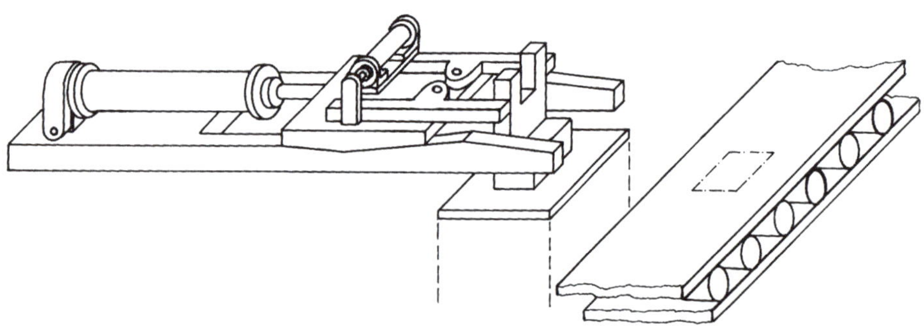

Arbeitsauftrag

- Erstellen Sie ein Funktionsdiagramm.
- Erstellen Sie den GRAFCET (siehe Seiten **Grundlagen Steuerungstechnik G3**).
- Vervollständigen Sie den vorgegebenen Schaltplan.
- Kennzeichnen Sie die Bauelemente nach DIN ISO 1219-2:2019-01 oder DIN EN IEC 81346-2:2020-10. Bezeichnen Sie die Anschlüsse der Ventile.
- Überlegen Sie eine andere Lösung für den Wechsel der Betriebsarten „Einzelbetrieb“ und „Dauerbetrieb“.

Handhabungsgerät

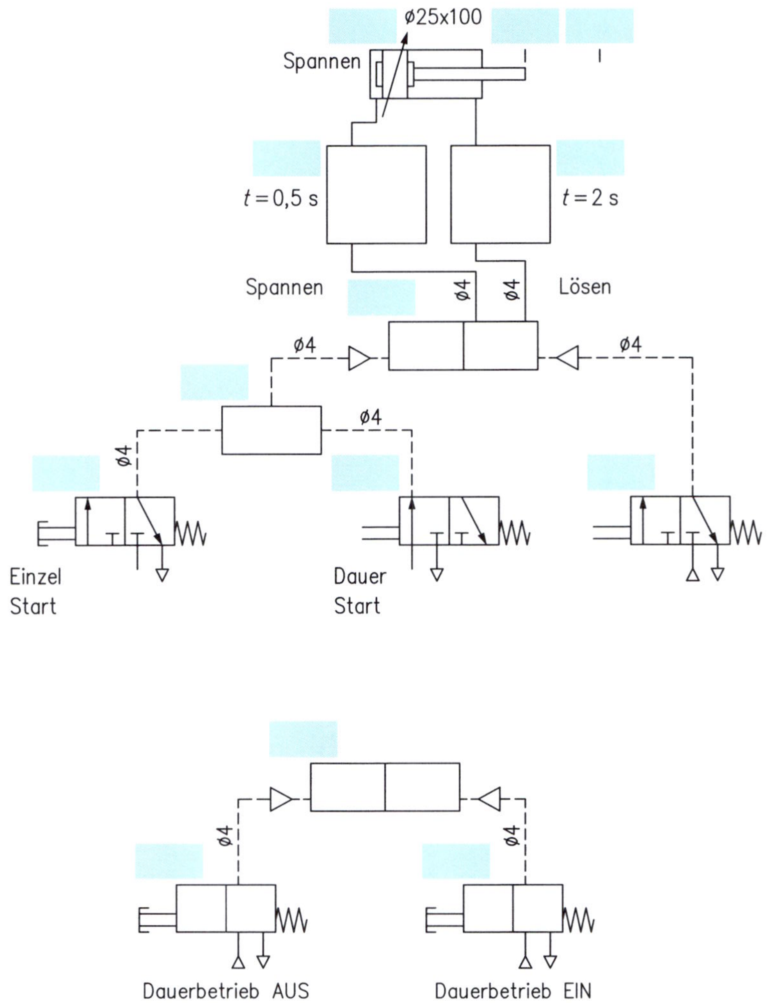

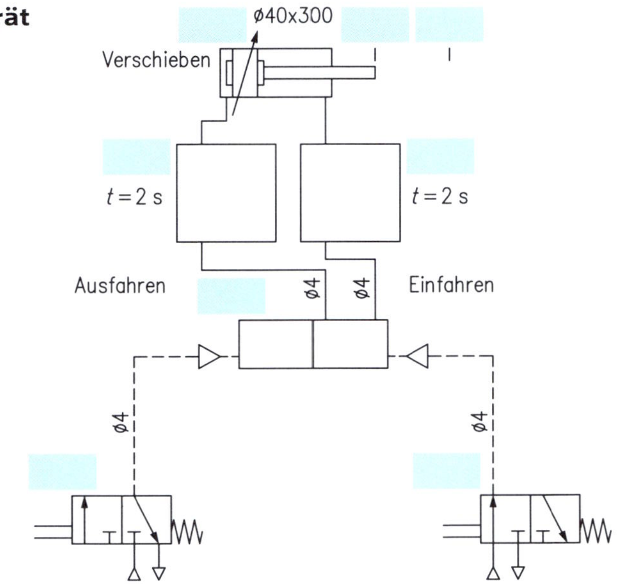

Logikplan

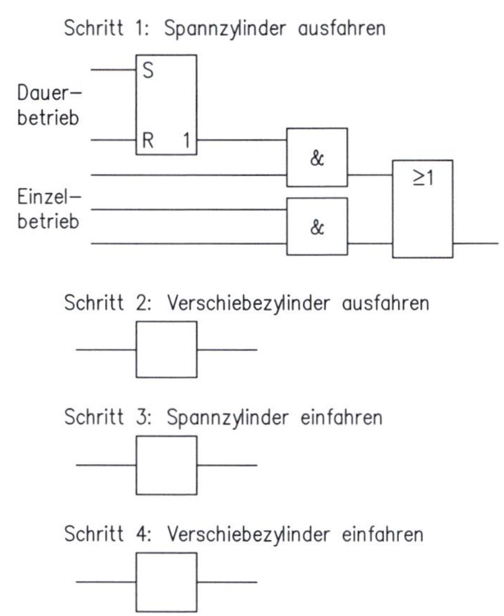

Funktionsdiagramm

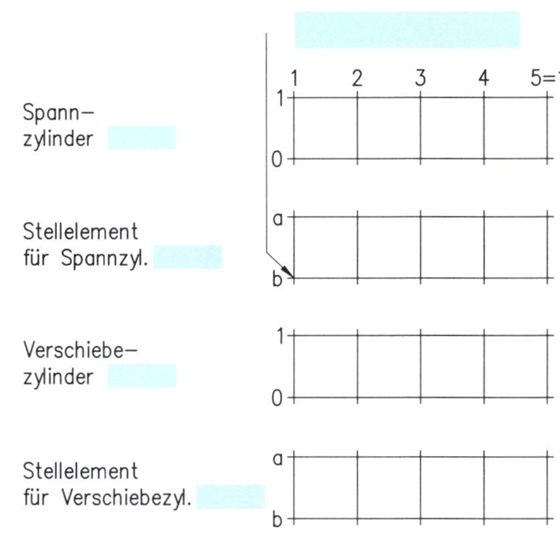

Etikettiermaschine

Problemstellung

Eine Etikettiermaschine bildet den Abschluss einer vollautomatischen Verpackungsstraße. Die Paletten rollen über eine Rollenrutsche vor die Etikettiermaschine und erhalten dort die bedruckten Etiketten. Der Verschiebezylinder schiebt die Paletten nach Druck auf den START-Taster zur Seite. Anschließend verschiebt der Versandzylinder die Paletten auf die Rollenrutsche zum Versand. Der Verschiebezylinder fährt ein, eine neue Palette zum Etikettieren kann heranrollen. Anschließend fährt der Versandzylinder ein. Die Ausfahrgeschwindigkeiten der beiden Zylinder sollen einstellbar sein.

Technologieschema

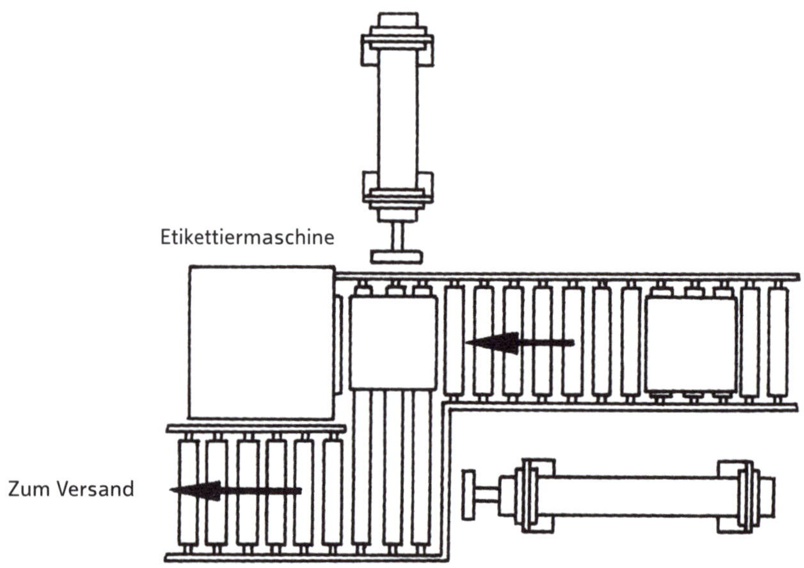

Arbeitsauftrag

- Zeichnen Sie das Funktionsdiagramm der Steuerung.
- Vervollständigen Sie den Schaltplan entsprechend der vorgegebenen Stückliste.
- Kennzeichnen Sie die Bauelemente. Bezeichnen Sie die Anschlüsse der Ventile.
- Ergänzen Sie den Logikplan.
- Schreiben Sie den GRAFCET (vgl. **Grundlagen Steuerungstechnik G3**).

Etikettiermaschine

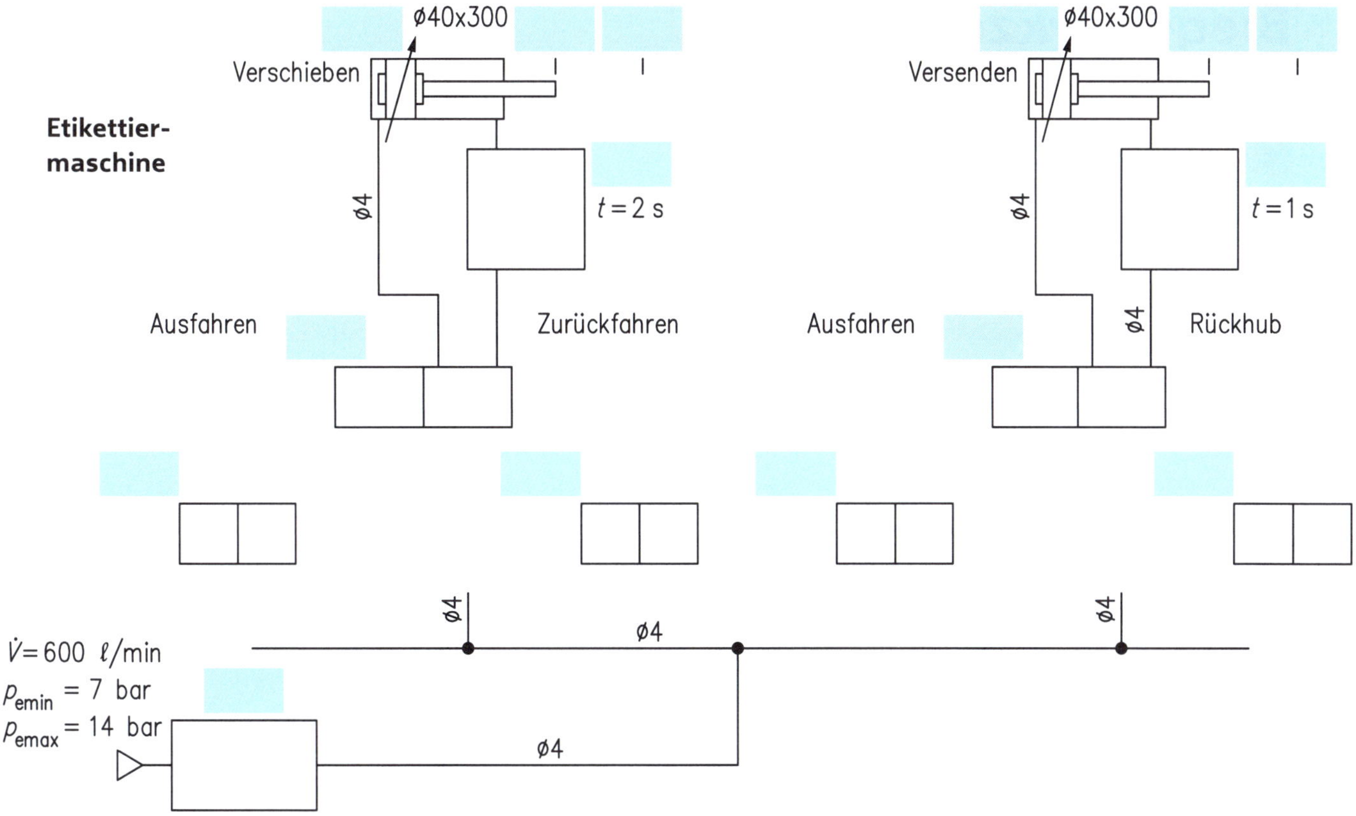

Logikplan

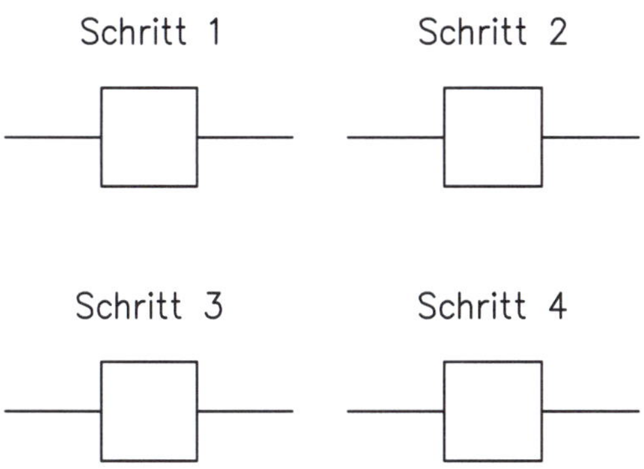

Funktionsablauf

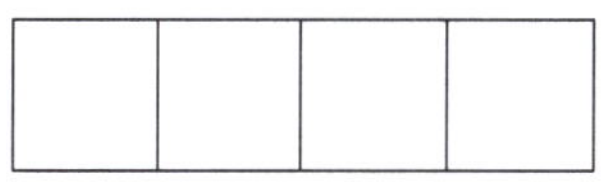

Funktionsdiagramm

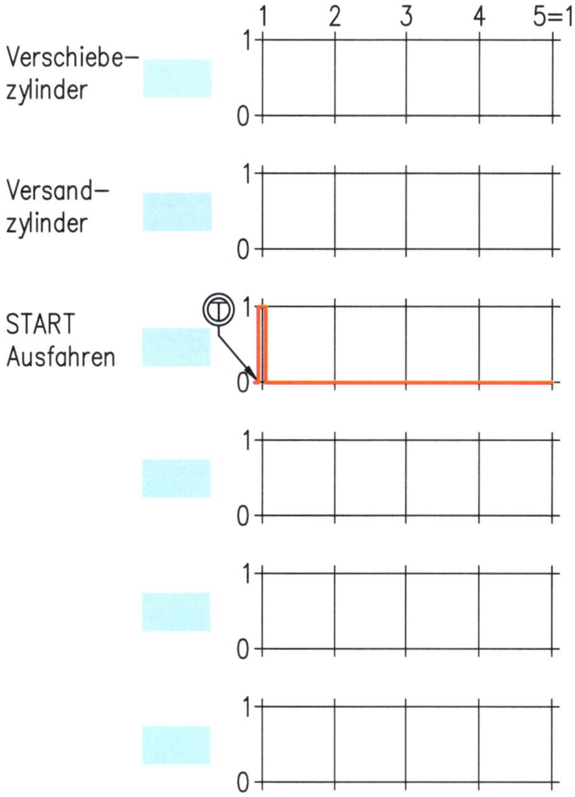

Bauelemente

Stückliste

Benennung	Stück	Bezeichnung	
Doppelt wirkender Zylinder	2	1.5 2.5	-MM1 -MM2
Drossel-Rückschlag-ventil	2	1.4 2.4	-RZ1 -RZ2
5/2-Wegeventil, beidseitig druckluft-betätigt	2	1.3 2.3	-QM1 -QM2
3/2-Wegeventil, durch Druckknopf betätigt	1	1.1	-SJ1
3/2-Wegeventil, durch Rollenstößel betätigt	3	1.2 2.1 2.2	-BG3 -BG2 -BG1
Wartungseinheit	1	0.1	-GQ1

Biegewerkzeug

Problemstellung

Blechstreifen sollen mit einem pneumatisch betätigten Biegewerkzeug in zwei Schritten u-förmig gebogen werden. Das Spannen der Werkstücke erfolgt mechanisch und ist nicht zu berücksichtigen. Zuerst biegt der Vorbiegezylinder den Blechstreifen vor. Danach fährt dieser Zylinder zurück. Durch den Fertigbiegezylinder wird das Werkstück in seine Endform gebogen. Erreicht der Fertigbiegezylinder seine vordere Endlage, so fährt er zurück. Der Arbeitszyklus wird durch den Handtaster „START“ ausgelöst. Die Ausfahrtgeschwindigkeit der beiden Zylinder soll beeinflussbar sein.

Technologieschema

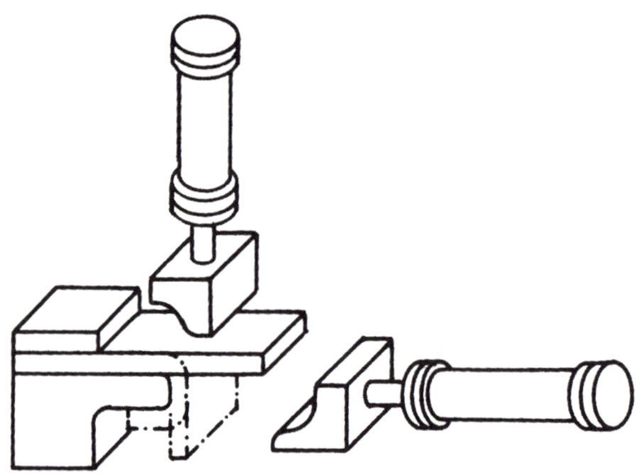

Arbeitsauftrag

- Geben Sie die Funktionsfolge der Zylinder an. Beachten Sie Arbeitsblatt **Pneumatik 10**.
- Erstellen Sie das Funktionsdiagramm und den Logikplan.
- Schreiben Sie den GRAFCET (vgl. Sie die Seiten **Grundlagen Steuerungstechnik 3**).
- Vervollständigen Sie den Schaltplan. Kennzeichnen Sie die Bauteile. Bezeichnen Sie die Anschlüsse der Ventile.
- Ist die Schaltung funktionsfähig, wenn alle Signalaufnehmer durch Rollenhebel betätigt werden?
- Begründen Sie die Notwendigkeit der Rollenhebel. Untersuchen Sie die Störanfälligkeit.
- Was geschieht, wenn das START-Signal dauerhaft vorhanden ist?
- Bauen Sie ein weiteres 3/2-Wegeventil mit Rollenhebel ein, um ein Einfahren des Vorbiegezylinders immer zu ermöglichen.
- Untersuchen Sie, unter welchen Bedingungen es zu Signalüberschneidungen kommt.

**Biege-
werkzeug**

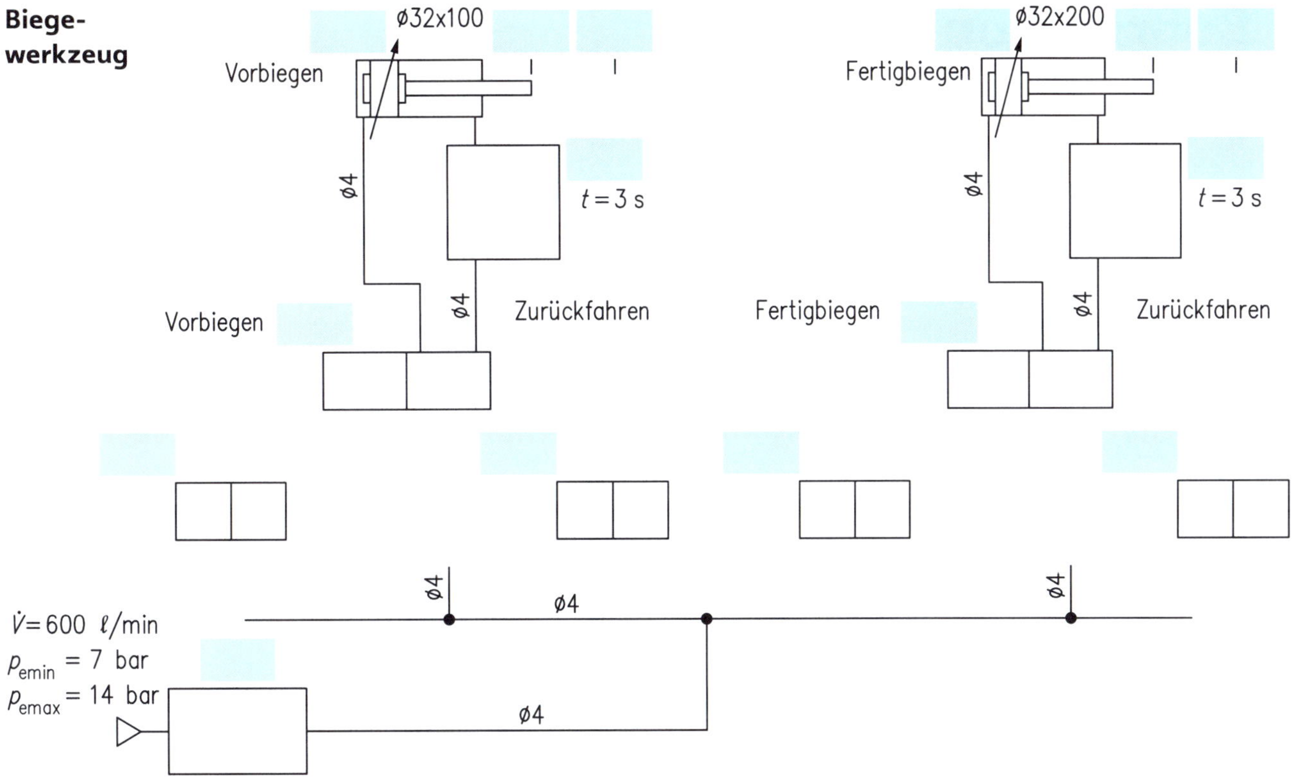

Funktionsablauf

Logikplan

Schritt 1 ( )

Schritt 2 ( )

Schritt 3 ( )

Schritt 4 ( )

Funktionsdiagramm

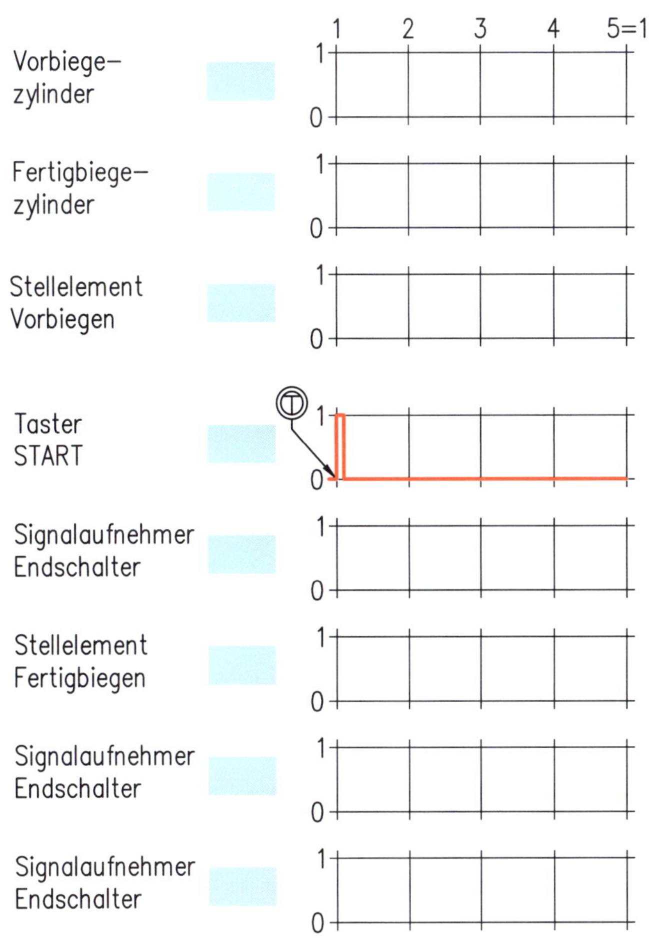

Bohrstation

Problemstellung

Spannen und Bohren eines Werkstücks sollen nach dem Starten automatisch ablaufen. Der Kolben des Maschinenschraubstocks spannt das Werkstück. Nach Beendigung des Spannvorgangs wird der Vorschub betätigt. Sobald das Werkstück durchbohrt ist, fährt der Kolben der Vorschubeinheit zurück. Anschließend wird das Werkstück gelöst.

Technologieschema

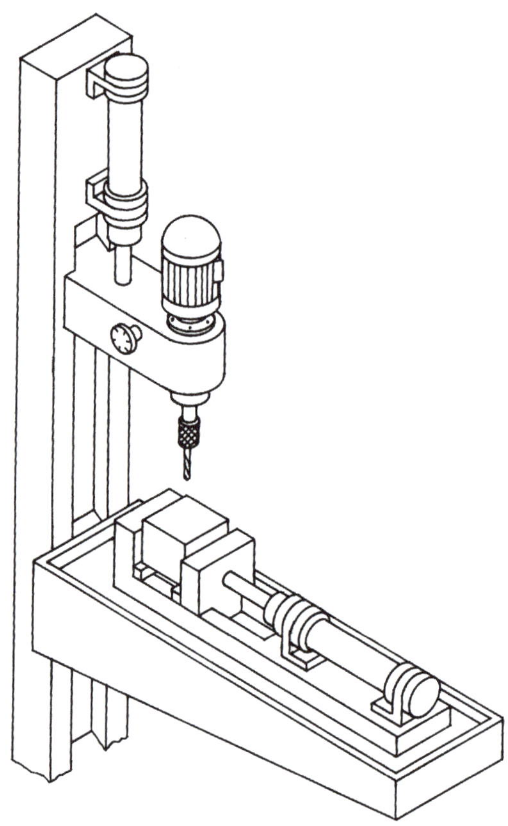

Arbeitsauftrag

- Geben Sie die Funktionsfolge der Zylinder an.
- Erstellen Sie das Funktionsdiagramm und den Logikplan.
- Erstellen Sie den GRAFCET.
- Ergänzen Sie den Schaltplan. Kennzeichnen Sie die Bauelemente. Bezeichnen Sie die Anschlüsse der Ventile.
- Beschreiben Sie die Funktion der Steuerung. Begründen Sie dabei, warum es in diesem Aufbau der Steuerung nicht zu Signalüberschneidungen kommen kann.

Bohrstation

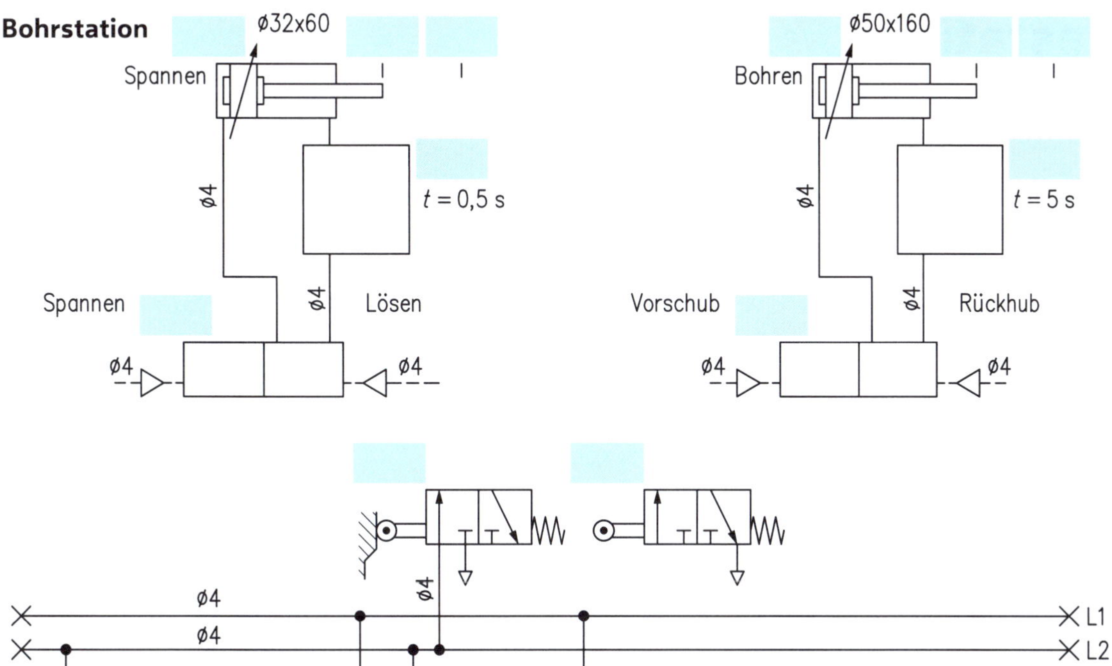
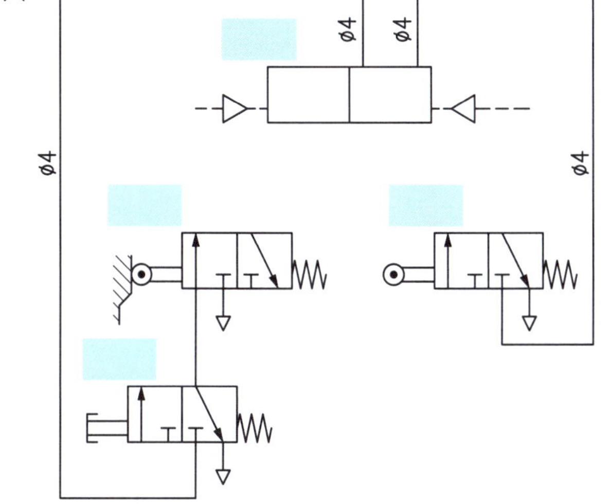

Funktionsablauf

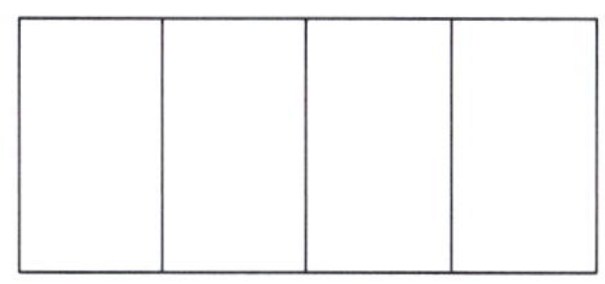

Funktionsdiagramm

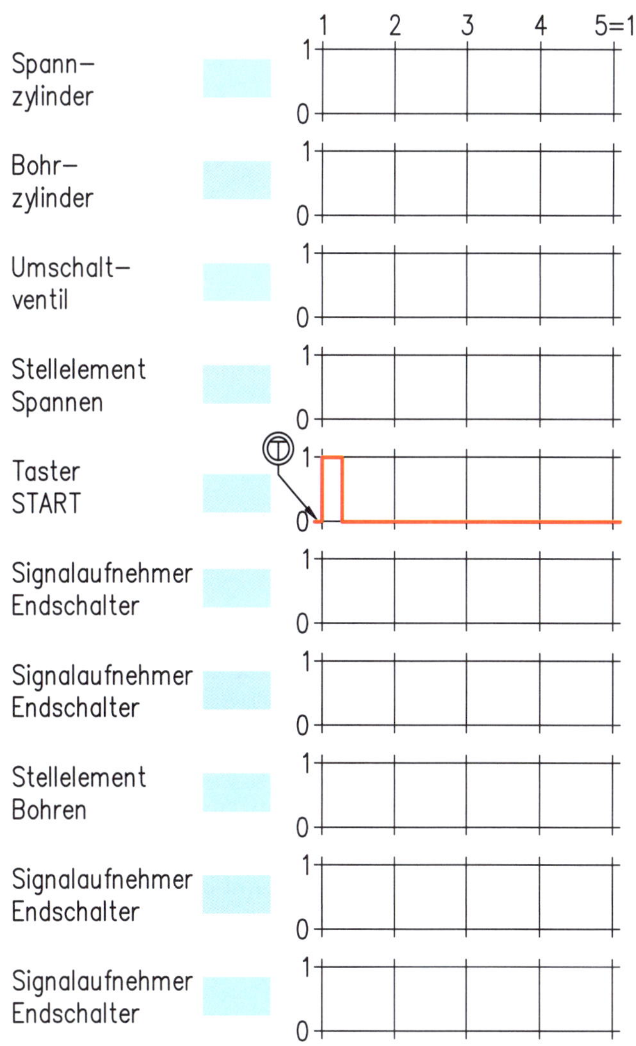

Logikplan

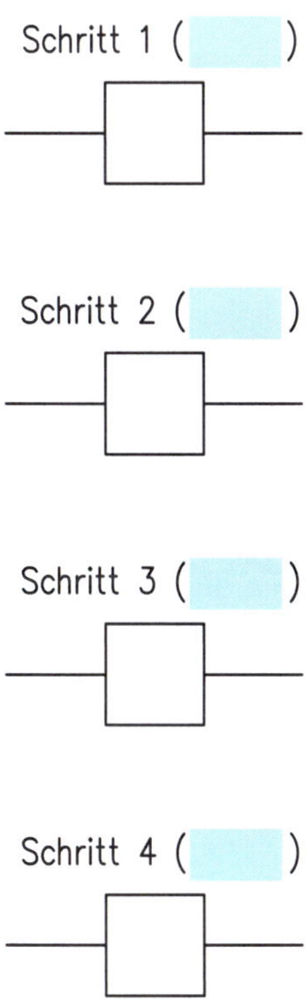

Entladestation

Problemstellung

Werkstücke werden von einer Transporteinrichtung durch ein Tauchbad geführt, um sie von Öl zu reinigen. Am Ende des Bads werden die Teile automatisch der Transporteinrichtung entnommen. Ein senkrecht stehender einfach wirkender Zylinder fährt aus und hebt die Teile aus der Vorrichtung. Danach fährt ein doppelt wirkender Zylinder ein und dreht die Hubvorrichtung um 120°. Nachdem der doppelt wirkende Zylinder seine Endlage erreicht hat, bleibt er eine einstellbare Zeit in seiner Position stehen. Die Werkstücke können von Hand entnommen werden. Danach fahren beide Zylinder gleichzeitig in ihre Ausgangslage zurück.

Technologieschema

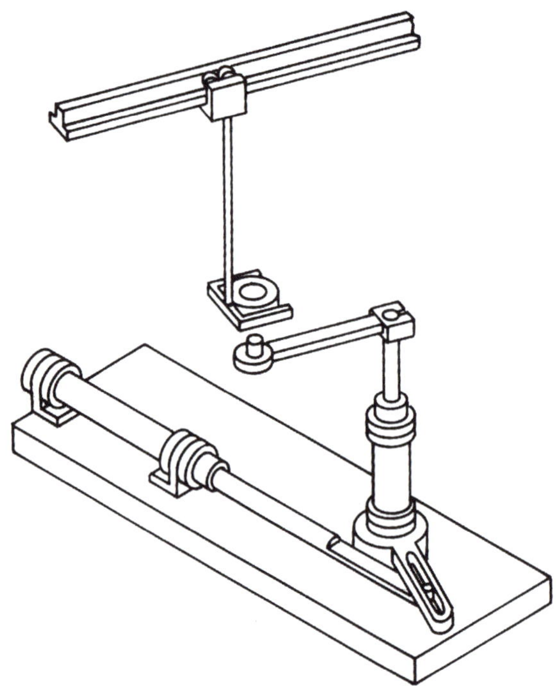

Arbeitsauftrag

- Kennzeichnen Sie die pneumatischen Bauelemente. Bezeichnen Sie die Anschlüsse der Ventile.
- Erstellen Sie das Weg-Schritt-Diagramm und den Logikplan.
- Welche Funktion erfüllt die Kombination des Wechselventils mit den nachfolgenden 3/2-Wegeventilen?
- Schreiben Sie eine Schalttabelle für die Ausfahrbewegung des Hubzylinders.
- Entwerfen Sie einen einfacheren Schaltplan für die Lösung dieser Steuerung.

Entladestation

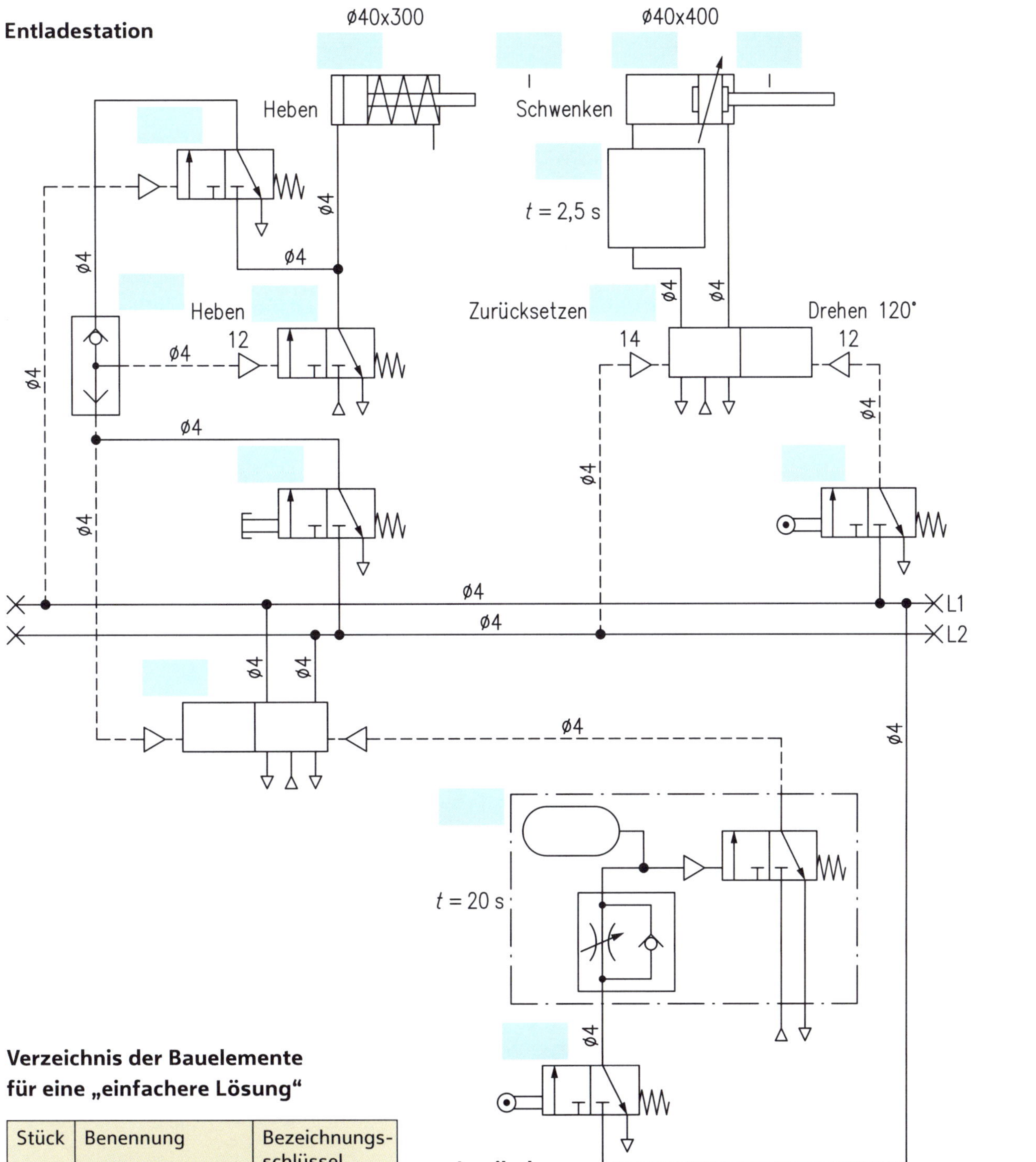

Verzeichnis der Bauelemente für eine „einfachere Lösung“

Stück	Benennung	Bezeichnungs-schlüssel	
1	einfach wirkender Zylinder	1.3	–MM1
1	doppelt wirkender Zylinder	2.6	–MM2
2	5/2-Wegeventil, druckluftbetätigt	1.2 2.4	–QM1 –QM2
2	3/2-Wegeventil, Rollenstößel	2.1 2.3	–BG2 –BG1
1	3/2-Wegeventil, Druckknopf	1.1	–SJ1
1	Verzögerungs-ventil	2.2	–KH1
1	Drossel-Rück-schlagventil	2.5	–RN1

Logikplan

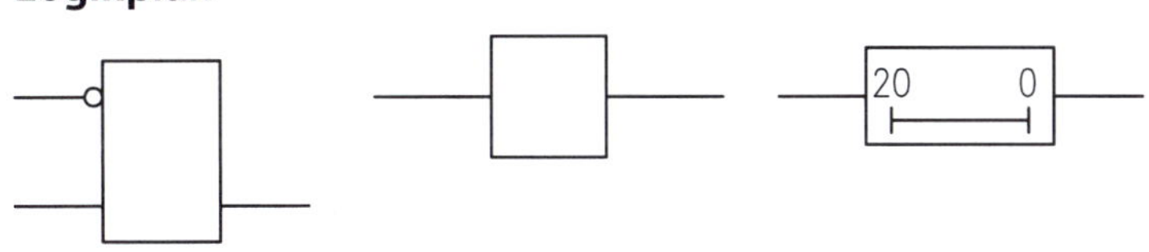

Weg-Schritt-Diagramm

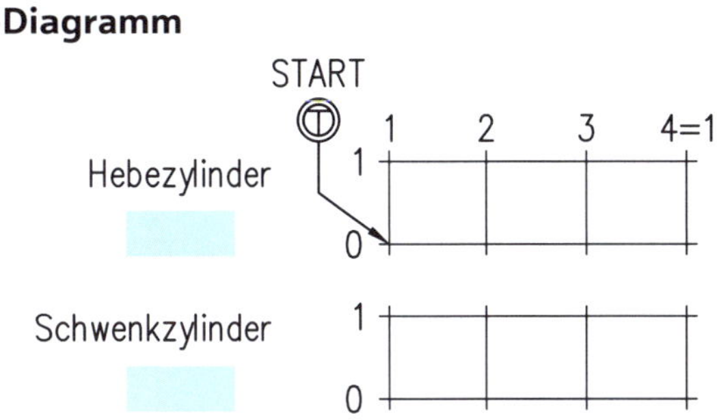

Schüttgutsilo

Problemstellung

Aus einem Schüttgutsilo wird durch Öffnen eines Schiebers ein Transportbehälter gefüllt. Für das Einfüllen von 1 kg Schüttgut werden 4 Sekunden benötigt. Zum Einfüllen fährt der Silozylinder ein und öffnet den Silo. Die erforderliche Zeit zum Öffnen beträgt 1 Sekunde. Wenn nach einer Füllzeit von 8 Sekunden der Schließvorgang beginnt, ist die abzufüllende Menge beim geschlossenen Silo erreicht. Die erforderliche Zeit zum Schließen beträgt 1 Sekunde. Der Transportzylinder schiebt dann mit einer Verzögerung von 5 Sekunden die Transportkiste auf einen Rollengang und fährt in die Ausgangslage zurück. Zum Ausfahren des Transportzylinders wird eine Zeit von 2 Sekunden und zum Einfahren 1 Sekunde benötigt.

Technologieschema

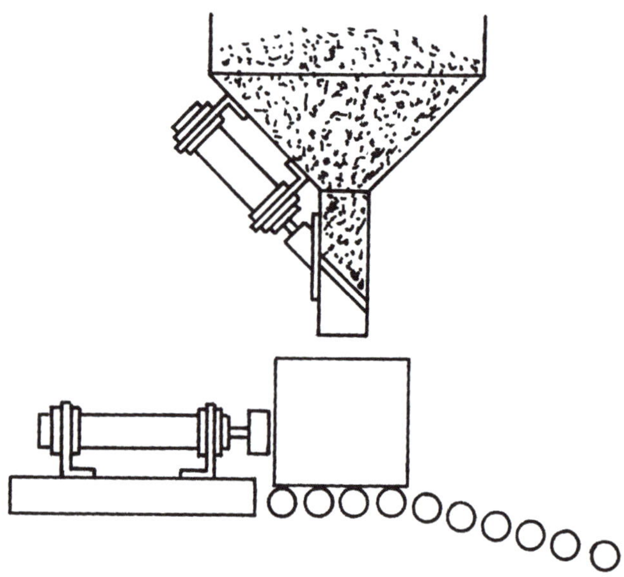

Arbeitsauftrag

- Vervollständigen Sie den Schaltplan.
- Erstellen Sie das Weg-Schritt-Diagramm und den Logikplan.
- Tragen Sie die Bewegungen der Zylinder in den einzelnen Arbeitsschritten in das Weg-Zeit-Diagramm ein.

Schüttgutsilo

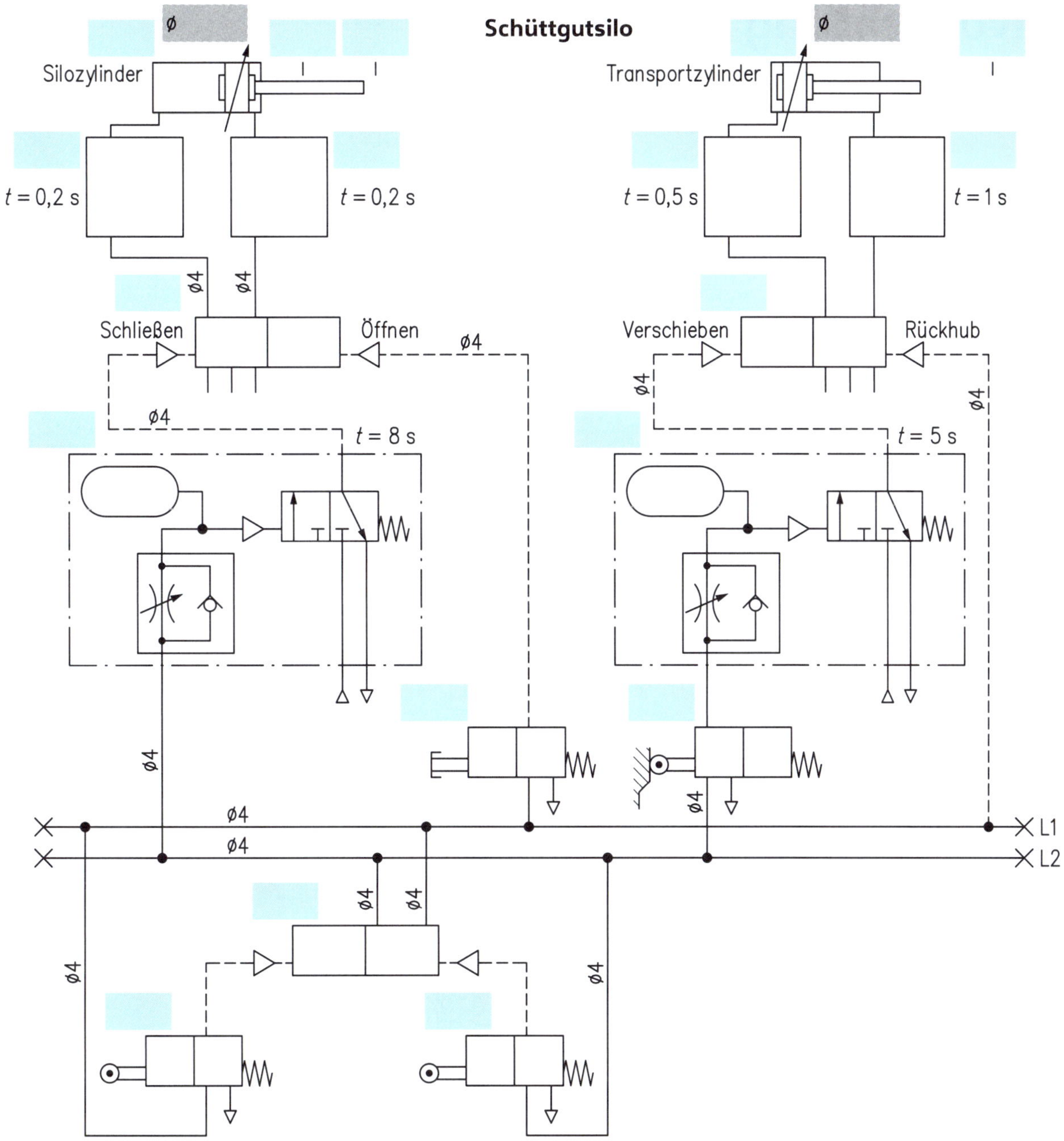

Logikplan

Weg-Zeit-Diagramm

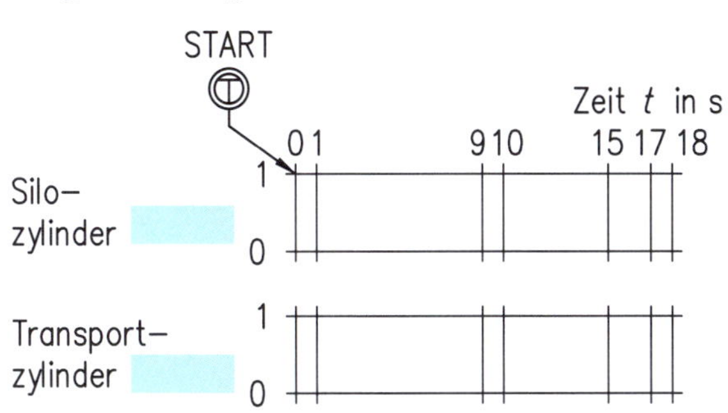

Weg-Schritt-Diagramm

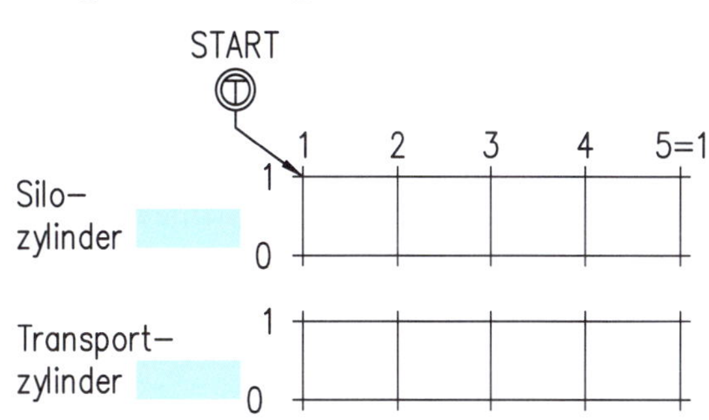

Honvorrichtung

Problemstellung

In einer Honvorrichtung werden Werkstücke durch einen Spannzylinder positioniert. Der Spannvorgang wird von Hand durch den START-Taster 1.1 (–SJ1) eingeleitet und kann durch den Taster 1.2 (–SJ2) gelöst werden. Die für den Vorschub erforderliche geradlinige hin- und hergehende Bewegung wird durch einen zweiten doppelt wirkenden Zylinder erbracht. Der Vorschub startet durch Druck auf den Knopf des Tasters 2.1 (–SJ3) und kann in der hinteren Endlage des Vorschubzylinders durch Druck auf einen weiteren Taster 2.6 (–SJ4) beendet werden. Der Spannvorgang darf während der Honbearbeitung nicht zu lösen sein.
(Bauteilkennzeichnung nach DIN ISO 1219-2:2019-01 und in Klammern nach DIN EN IEC 81346-2: 2020-10)

Technologieschema

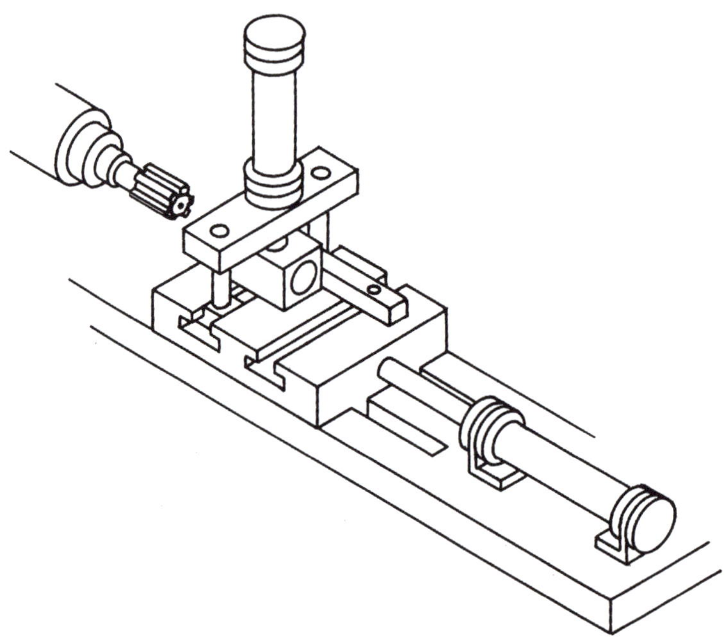

Arbeitsauftrag

- Vervollständigen Sie im vorgegebenen Schaltplan die Ventile 1.3 (–QM3), 2.2 (–KH1) und 2.7 (–QM4). Ergänzen Sie das Umschaltventil 0.1 (–QM1), die Drosselrückschlagventile und Leitungen sowie die grafischen Symbole für eventuell fehlende Einzelteile.

- Erstellen Sie eine Funktionsbeschreibung der Steuerung. Untersuchen Sie dabei:
  a) die Funktion der Ventile 2.2 (–KH1), 2.3 (–QM2), 2.1 (–SJ3) und 2.6 (–SJ4),
  b) die Verriegelung des Spannzylinders nach Beginn des Vorschubs,
  c) die Möglichkeit, weitere Sicherheitsvorkehrungen einzubauen.

- Bezeichnen Sie die Anschlüsse der Ventile.

- Ergänzen Sie das Weg-Schritt-Diagramm.

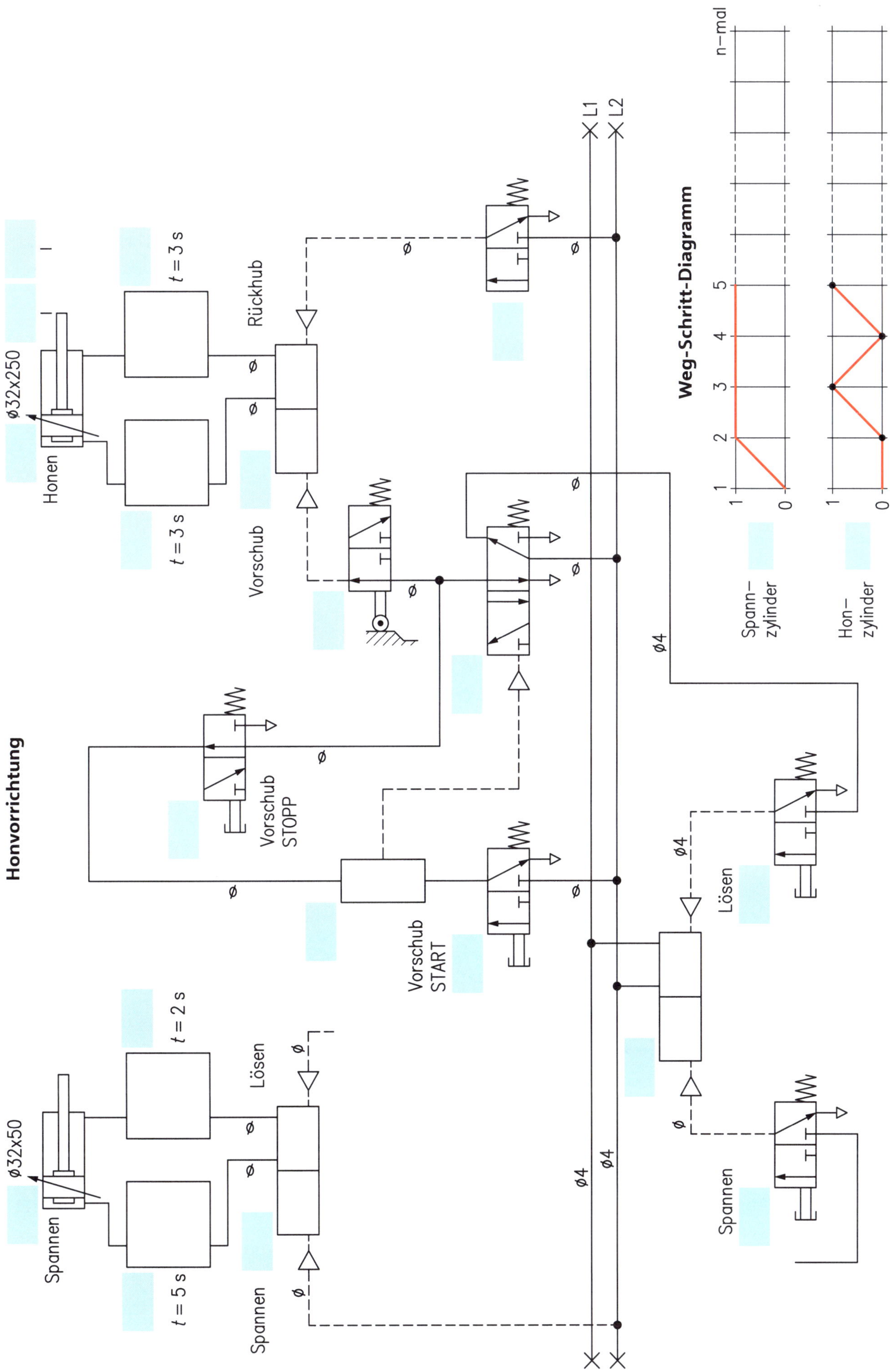
Honvorrichtung
ø32x50
Spannen
t = 5 s
t = 2 s
Spannen
Lösen
ø32x250
Honen
t = 3 s
t = 3 s
Vorschub
Rückhub
Vorschub STOPP
Vorschub START
Lösen
Spannen
ø4
L1
L2
Weg-Schritt-Diagramm
Spann-zylinder
Hon-zylinder
1
0
1 2 3 4 5
n-mal

Fräsmaschine

Problemstellung

Mit einer Fräsmaschine sollen Nuten in ein Werkstück gefräst werden. Der Spannzylinder spannt durch Betätigung des Signalgebers START-Spannen das Werkstück. Ist ein eingestellter Spanndruck von 4 bar erreicht, gibt das Folgeventil die weiteren Arbeitsschritte frei. Durch Betätigung des Handtasters „START-Fräsen" schiebt der Zustellzylinder die Antriebseinheit auf die eingestellte Nuttiefe. Danach beginnt die Fräsarbeit durch das Verschieben des Tischs durch den Fräszylinder. Ist der Fräsvorgang beendet (der Kolben des Fräszylinders befindet sich in seiner vorderen Endlage), zieht der Zustellzylinder die Antriebseinheit zurück. Hat die Antriebseinheit ihre Ausgangslage erreicht, fährt der Fräszylinder die Vorschubeinheit zurück. Der Spannvorgang kann nur beendet werden, wenn die Vorschubeinheit in der hinteren Endlage steht. Sinkt der Spanndruck unter 4 bar, fahren Vorschubeinheit und Spannzylinder in die hinteren Endlagen zurück.

Technologieschema

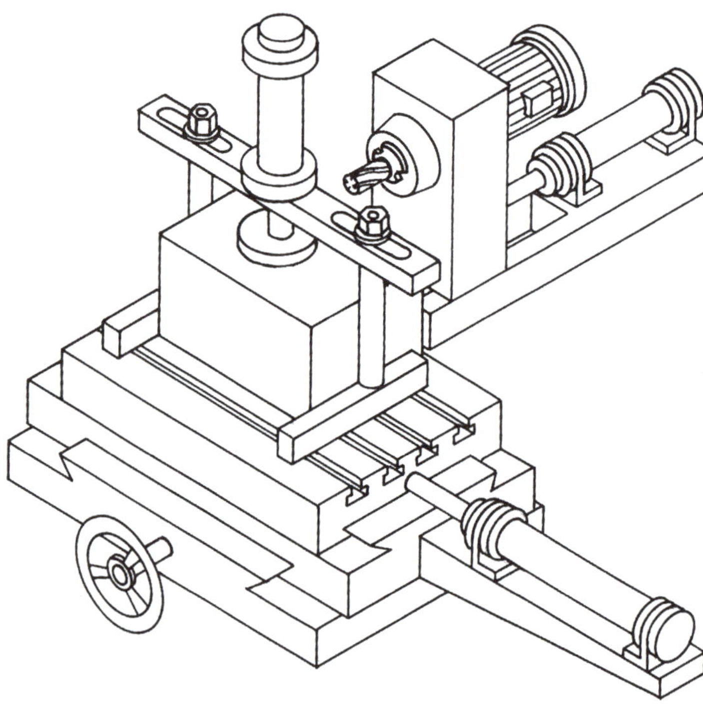

Arbeitsauftrag

- Vervollständigen Sie den Schaltplan. Beachten Sie dabei das vorgegebene Weg-Schritt-Diagramm.
- Kennzeichnen Sie die pneumatischen Bauteile und bezeichnen Sie die Anschlüsse der Ventile.
- Geben Sie Abmessungen für die Zylinder und die Leitungen an. Wählen Sie Zeiten für die Drossel-Rückschlagventile aus.
- Vervollständigen Sie den Logikplan.
- Ergänzen Sie das Weg-Schritt-Diagramm.
- Begründen Sie die Notwendigkeit des Folgeventils.

Fräsmaschine

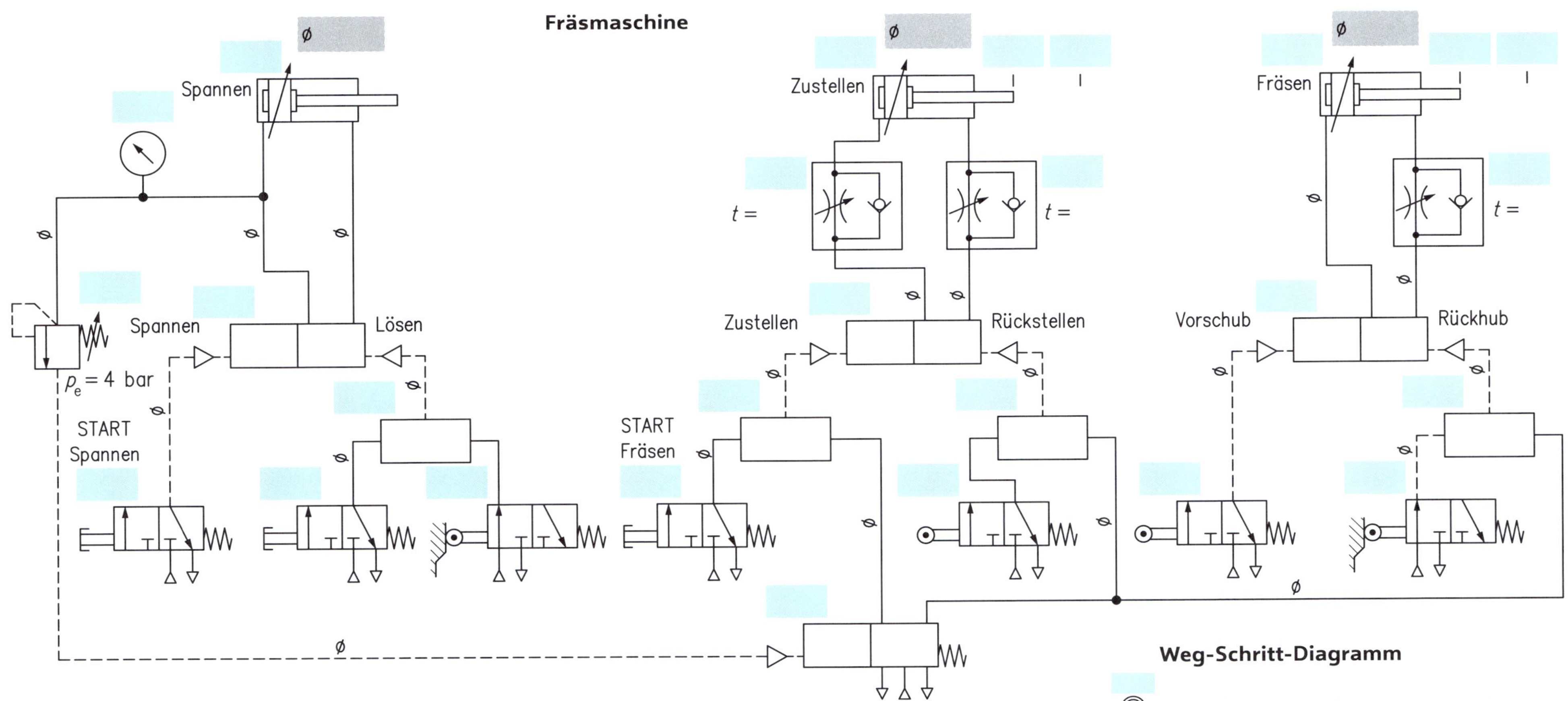

Weg-Schritt-Diagramm

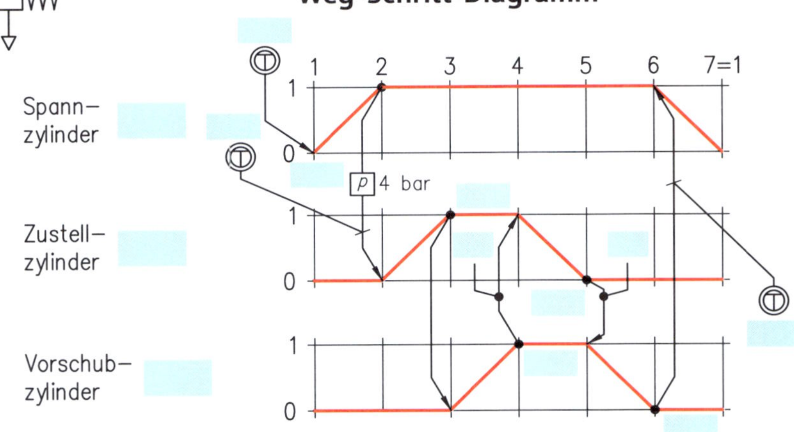

Logikplan

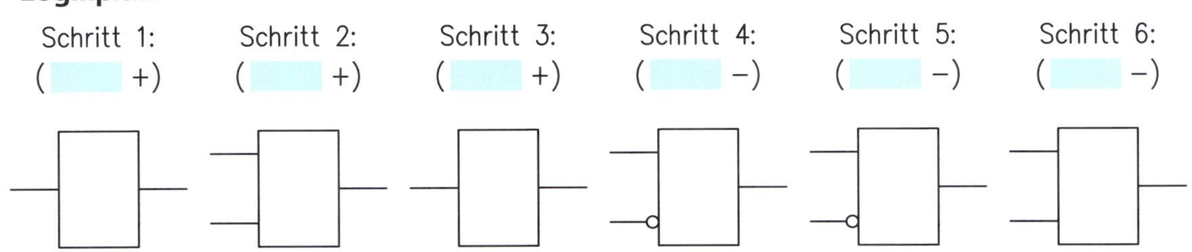

Prägestation für Käselaibe

Problemstellung

In einer Käsefabrik soll in die Wachsschicht der Laibe das Wappen des Herstellers geprägt werden. Dazu werden die Laibe mit dem Verschiebezylinder nach dem Startsignal durch den START-Taster unter den elektrisch beheizten Prägezylinder geschoben. Der Verschiebezylinder fährt wieder ein und ein neuer Käselaib kann aus dem Magazin in die Station geführt werden. Ist der Verschiebezylinder eingefahren, fährt der Prägezylinder aus und prägt die Wachsschicht. Danach fährt dieser wieder zurück.
Die Prägezeit soll zwischen 2 und 20 Sekunden verstellbar sein. Die Aus- und Einfahrgeschwindigkeiten müssen der Aufgabenstellung anpassbar sein.

Technologieschema

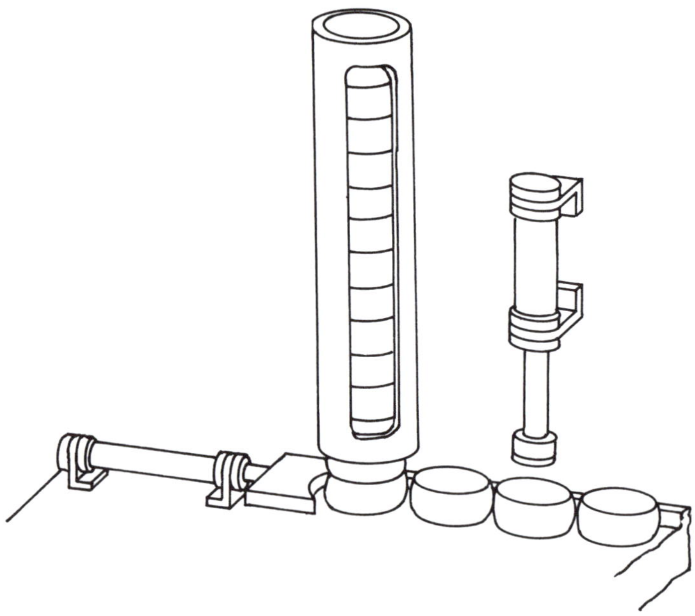

Anmerkung:
Die Aufgabe soll durch Verkettung von Umschaltventilen gelöst werden.
Dazu ist zu ermitteln:

1. Funktionsablauf: Der Bewegungsablauf ist in einer Kurzschreibweise darzustellen (+ bedeutet Ausfahren und – bedeutet Einfahren des Verschiebezylinders).
2. Anzahl der Gruppen: Der Einfahr- bzw. Ausfahrbefehl für den gleichen Zylinder darf in einer Gruppe nur einmal erfolgen, z. B. in der 1. Gruppe Verschiebezylinder +. Wenn darauf sofort die Bewegung Verschiebezylinder – erfolgt, muss diese Bewegung in der zweiten Gruppe stehen.
3. Anzahl der Luftstränge: Die Anzahl der Stränge ist gleich der Anzahl der Gruppen.
4. Anzahl der Umschaltventile: Die Anzahl der Ventile ist gleich der Anzahl der Gruppen minus 1.

Arbeitsauftrag

- Ergänzen Sie das Weg-Schritt-Diagramm, schreiben Sie den Funktionsablauf und bilden Sie Gruppen.
- Erstellen Sie den GRAFCET.
- Ergänzen Sie den pneumatischen Schaltplan.
- Überprüfen Sie Ihre Lösung durch den Aufbau der Steuerung.

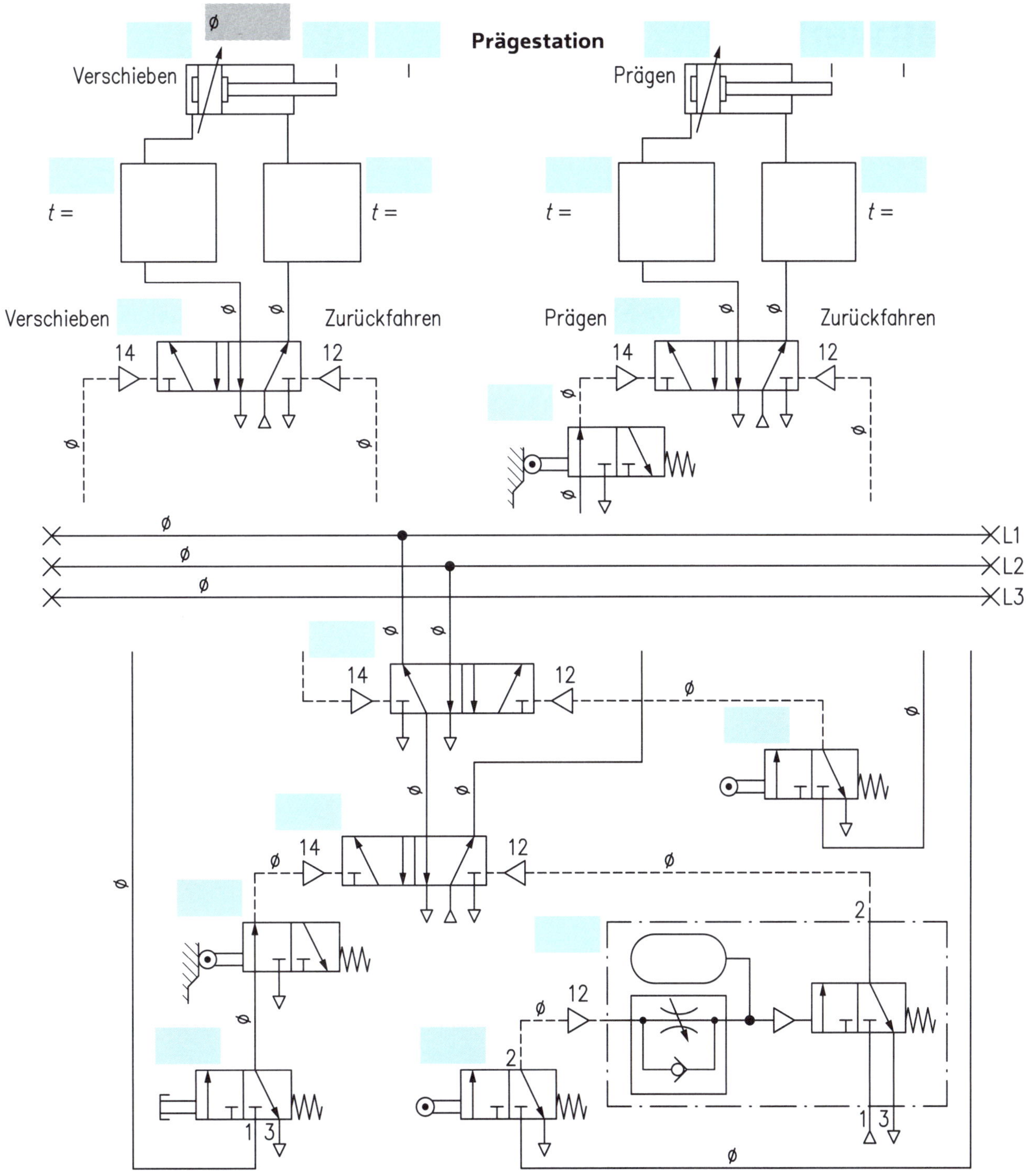

Weg-Schritt-Diagramm

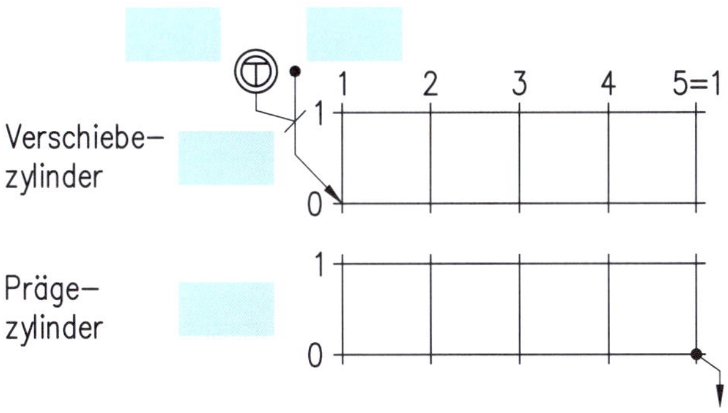

Funktionsablauf

1	2	3	4	5=1
+				

Gruppenbildung

1	2	3	4	5=1
1. Gruppe				

Schaltwerk

Problemstellung

Der Arretierzylinder soll nach einem Startsignal die Bohrvorrichtung lösen, sodass der Schaltzylinder das Werkstück über ein Klinkenschaltwerk um 60° weiterdrehen kann. Danach wird die Vorrichtung wieder arretiert, und der Schaltzylinder fährt in seine Ausgangslage zurück. Der anschließende Bohrvorgang wird durch den Vorschubzylinder ausgeführt. Nach Beendigung des Bohrvorgangs fährt der Vorschubzylinder in seine Endlage zurück. Um das nächste Bohrloch zu fertigen, muss der START-Taster neu betätigt werden.

Technologieschema

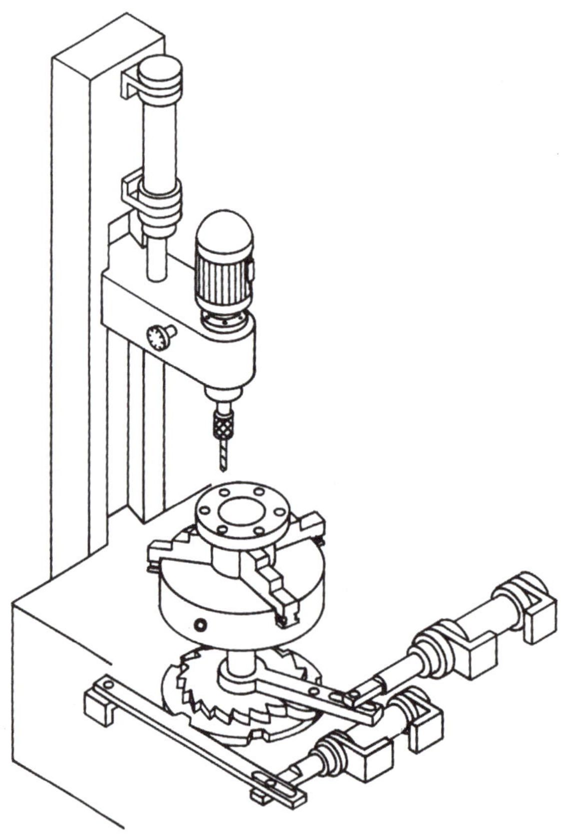

Arbeitsauftrag

- Erstellen Sie den Logikplan.
- Erstellen Sie das Weg-Schritt-Diagramm dieser Steuerung.
- Erstellen Sie den pneumatischen Schaltplan.

Beschickungseinheit

Problemstellung

Die Trommel einer Gleitschleifeinrichtung soll mit gedrehten Stützringen für Dichtungen gleichmäßig gefüllt werden. Aus dem Vorratsbehälter gelangen die Kleinteile durch Einfahren des Verschlusszylinders. Das Öffnen geschieht durch Betätigung des Handtasters oder des Fußtasters, wenn sich der Verschiebezylinder in der hinteren Endlage befindet. Bei geöffnetem Vorratsbehälter fährt der Verschiebezylinder in 5 Sekunden über die offen stehende Trommel. Der Vorratsbehälter wird am Ende der Trommel durch den Verschlusszylinder geschlossen. Der Verschiebezylinder zieht den Vorratsbehälter in 1 Sekunde in die Endlage zurück. Das Öffnen und Schließen des Vorratsbehälters erfolgt ebenfalls in je 1 Sekunde. Während des Schließvorgangs des Vorratsbehälters bleibt dieser für 1 Sekunde in der vorderen Endlage des Verschiebezylinders stehen. Für die Betätigung der Zylinder werden pneumatische Stellelemente (Wegeventile mit beidseitiger Druckbeaufschlagung) eingesetzt.

Technologieschema

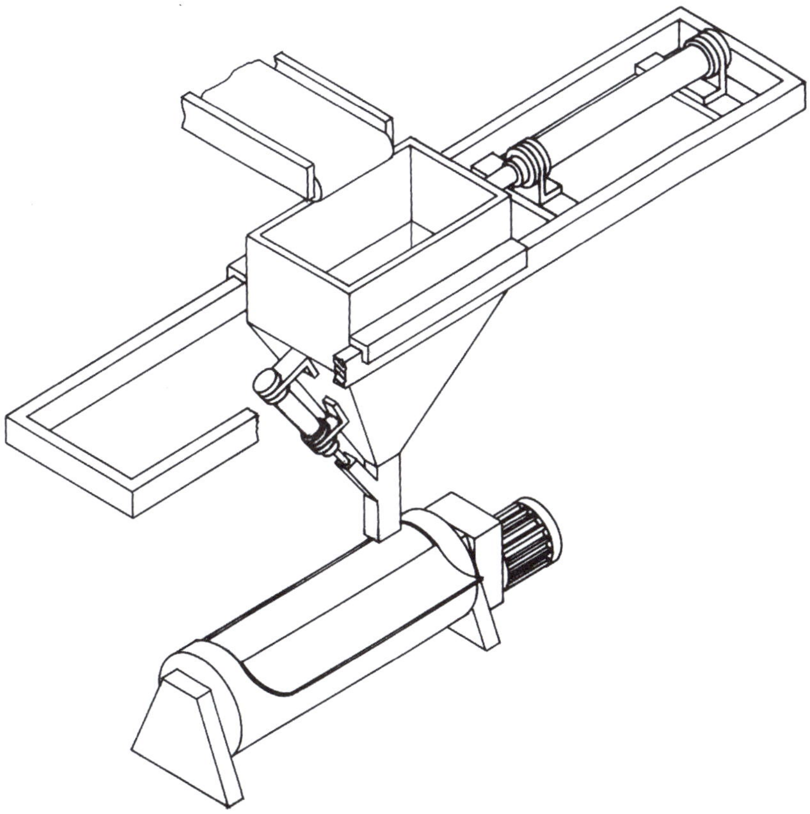

Arbeitsauftrag

- Erstellen Sie das Weg-Schritt-Diagramm und das Weg-Zeit-Diagramm der Steuerung.
- Erstellen Sie einen pneumatischen Schaltplan für die Beschickungseinheit.
- Bezeichnen Sie die Anschlüsse an den Ventilen. Kennzeichnen Sie die Bauelemente.

Übungsaufgaben: Pneumatik

1. Nennen Sie die einzelnen Bauelemente einer Druckluft-Wartungseinheit in der Reihenfolge der Durchströmrichtung der Druckluft. Beschreiben Sie ihre Aufgaben und zeichnen Sie ihre Symbole.

2. Zeichnen Sie die Symbole nach DIN ISO 1219-1:2019-01 für ein 3/2-Wegeventil mit Federrückstellung und Handbetätigung:
   a) in Ruhestellung gesperrt und
   b) in Ruhestellung geöffnet.

3. Zeichnen Sie die Schaltsymbole von Wegeventilen, die
   a) Signale mechanisch speichern und
   b) Signale nicht speichern können.

4. Die Ausfahrgeschwindigkeit eines Zylinders soll beeinflussbar sein.
   a) Welche Ventile eignen sich für diese Aufgabe?
   b) Wo werden diese Ventile eingebaut? Begründen Sie Ihre Antwort.

5. Ein doppelt wirkender Zylinder soll betätigt werden. Für das Ausfahren gilt nebenstehende Schalttabelle. Das Einfahren erfolgt durch das Umschalten des Stellelements mithilfe eines handbetätigten 3/2-Wegeventils.
   a) Erstellen Sie mithilfe der Schalttabelle den Logikplan.
   b) Zeichnen Sie den pneumatischen Schaltplan. Als Stellelement kommt ein beidseitig druckluftbeaufschlagtes 5/2-Wegeventil zum Einsatz.

Schalttabelle: Ausfahren

1.1 -SJ1	1.2 -SJ2	1.3 -SJ3	1.7–14 -QM1–14
0	0	0	0
0	0	1	0
0	1	0	0
0	1	1	1
1	0	0	1
1	0	1	1
1	1	0	1
1	1	1	1

6. In einer Bohrvorrichtung sollen Werkstücke pneumatisch gespannt werden. Der Spannvorgang wird durch gleichzeitige Betätigung zweier Handtaster ausgelöst. Das Lösen der Bohrvorrichtung erfolgt über einen Fußtaster, wenn sich die Bohreinheit in der hinteren Endlage befindet und dort einen Grenztaster betätigt.
   a) Wählen Sie ein geeignetes Stellelement für den doppelt wirkenden Zylinder.
   b) Schreiben Sie je eine Schalttabelle für das Lösen und Spannen der Bohrvorrichtung.
   c) Erstellen Sie ein Weg-Schritt-Diagramm.
   d) Zeichnen Sie die Logikpläne.
   e) Erstellen Sie den pneumatischen Schaltplan für die Steuerung und kennzeichnen Sie die Bauelemente.

7. Ein doppelt wirkender Zylinder soll durch ein 5/2-Wegeventil, einseitig durch Druckluft betätigt mit Federrückstellung ausfahren. Beschreiben Sie mithilfe der von Ihnen gezeichneten Schaltpläne die beiden Möglichkeiten, wie das Ausfahrsignal für den Zylinder pneumatisch gespeichert werden kann.

8. Die Funktionsfolge einer Steuerung mit zwei Zylindern enthält eine Signalüberschneidung. Nennen Sie zwei Möglichkeiten, um eine Signalüberschneidung zu vermeiden.

Gesamtaufgabe: Nieteinrichtung

Problemstellung

In einer Montagefabrik werden Aluminiumbleche zur Verstärkung mit ⊏-Profilen durch Niete verbunden. Die Niete werden von Hand in die Bohrlöcher der zu verbindenden Teile eingelegt und diese unter der Nietpresse (hintere Endlage) gegen einen Anschlag geschoben, wenn der Niederhalter nach oben gefahren worden ist.
Jetzt kann der eigentliche Nietvorgang beginnen. Dazu wird der START-Taster betätigt. Fährt dann der Niederhalterzylinder aus, so drückt er die beiden Teile aufeinander. Ist dies geschehen, veranlasst das 3/2-Wegeventil in der vorderen Endlage des Niederhalterzylinders, dass der Nietzylinder ausfährt und den Halbrundkopf formt. Durch Betätigung des Grenztasters in der vorderen Endlage des Nietzylinders fährt dieser ein und betätigt das 3/2-Wegeventil in der hinteren Endlage. Dadurch löst der Niederhalterzylinder die vernieteten Teile.
Die Ein- und Ausfahrgeschwindigkeiten der Zylinder sollen einstellbar sein.

Technologieschema

Arbeitsauftrag

1. Kennzeichnen Sie die pneumatischen Bauelemente.
   Ergänzen Sie im Funktionsdiagramm das Weg-Schritt-Diagramm. Tragen Sie evtl. auftretende Signalüberschneidungen ein.
2. Vervollständigen Sie den GRAFCET.
3. Bauen Sie gemäß dem Schaltplan die Steuerung für die Nieteinrichtung auf. Überprüfen Sie die Funktion. Sie müssten feststellen, dass in der Steuerung fünf Fehler vorhanden sind. Erstellen Sie ein Fehlerprotokoll, in dem Sie die Fehler beschreiben. Verbessern Sie die Steuerung und notieren Sie die Behebung der Fehler ebenfalls im Protokollblatt.

   Anmerkung:
   Falls Sie keine Möglichkeit zum Aufbau der Steuerung besitzen, können Sie die Fehler auch durch Nachdenken ermitteln und deren Behebung im Protokollblatt notieren.

zu Aufgabe 1 Funktionsdiagramm

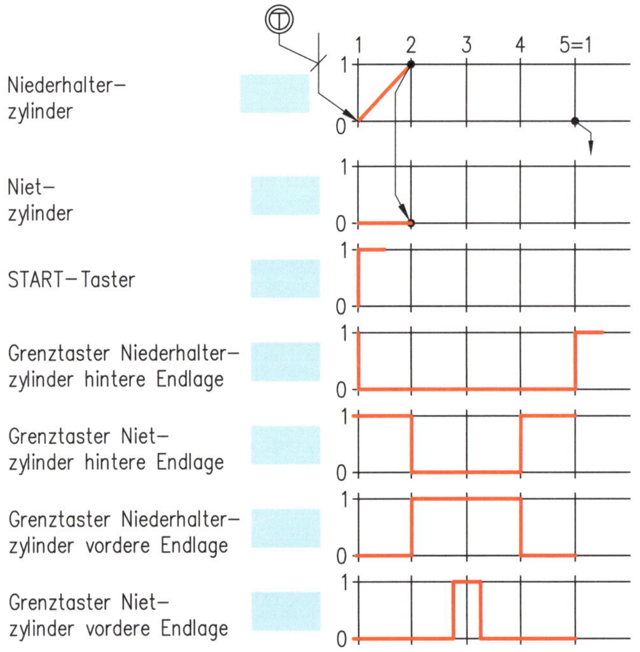

zu Aufgabe 2 GRAFCET

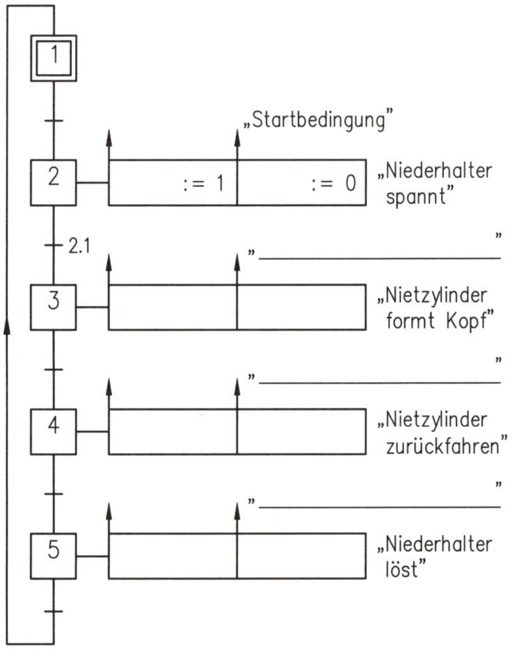

zu Aufgabe 1 und 3 Schaltplan

Nieteinrichtung

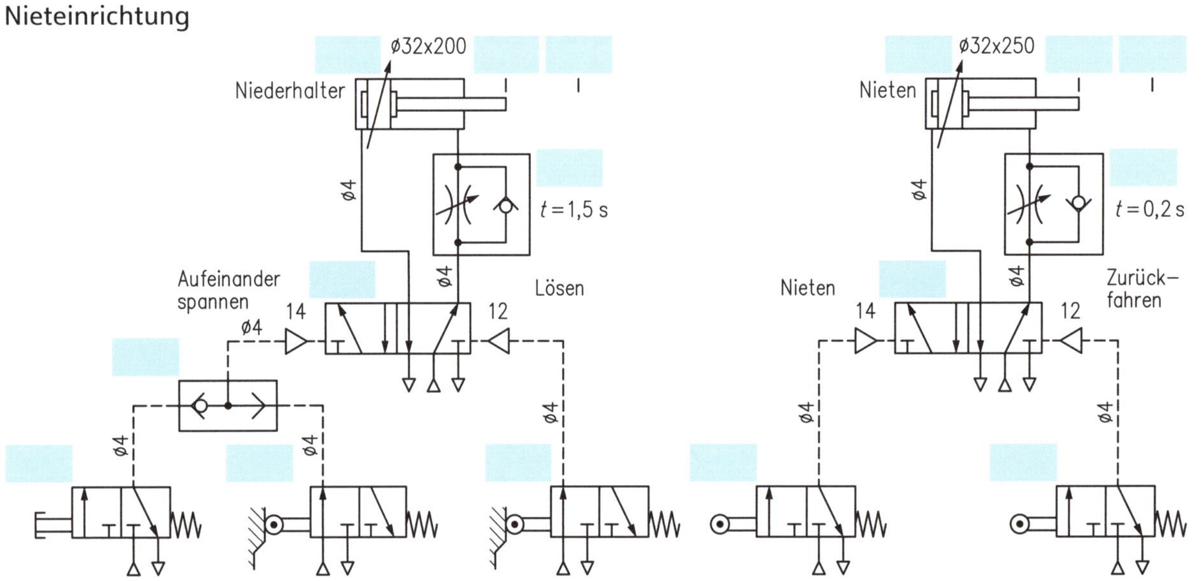

Fehlerprotokoll

Fehler	Beschreibung des Fehlers/Beseitigung der Störung
1	Beschreibung: Beseitigung:
2	Beschreibung: Beseitigung:
3	Beschreibung: Beseitigung:
4	Beschreibung: Beseitigung:
5	Beschreibung: Beseitigung:

4. Da die Federn zum Bewegen des Rollenhebels sehr empfindlich sind, wurde von einem Mitarbeiter eine andere Abschaltung der Dauersignale (Signalüberschneidungen) vorgeschlagen. Er meint, es sei ein weiteres Ventil nötig, und zwar ein Umschaltventil, welches zwei Verteilstränge be- und entlüftet. Beschreiben Sie die Funktionsweise dieser Steuerung. Ergänzen Sie die Bauteilkennzeichnung nach DIN EN IEC 81346-2:2020-10 in den hellblau dargestellten Feldern.

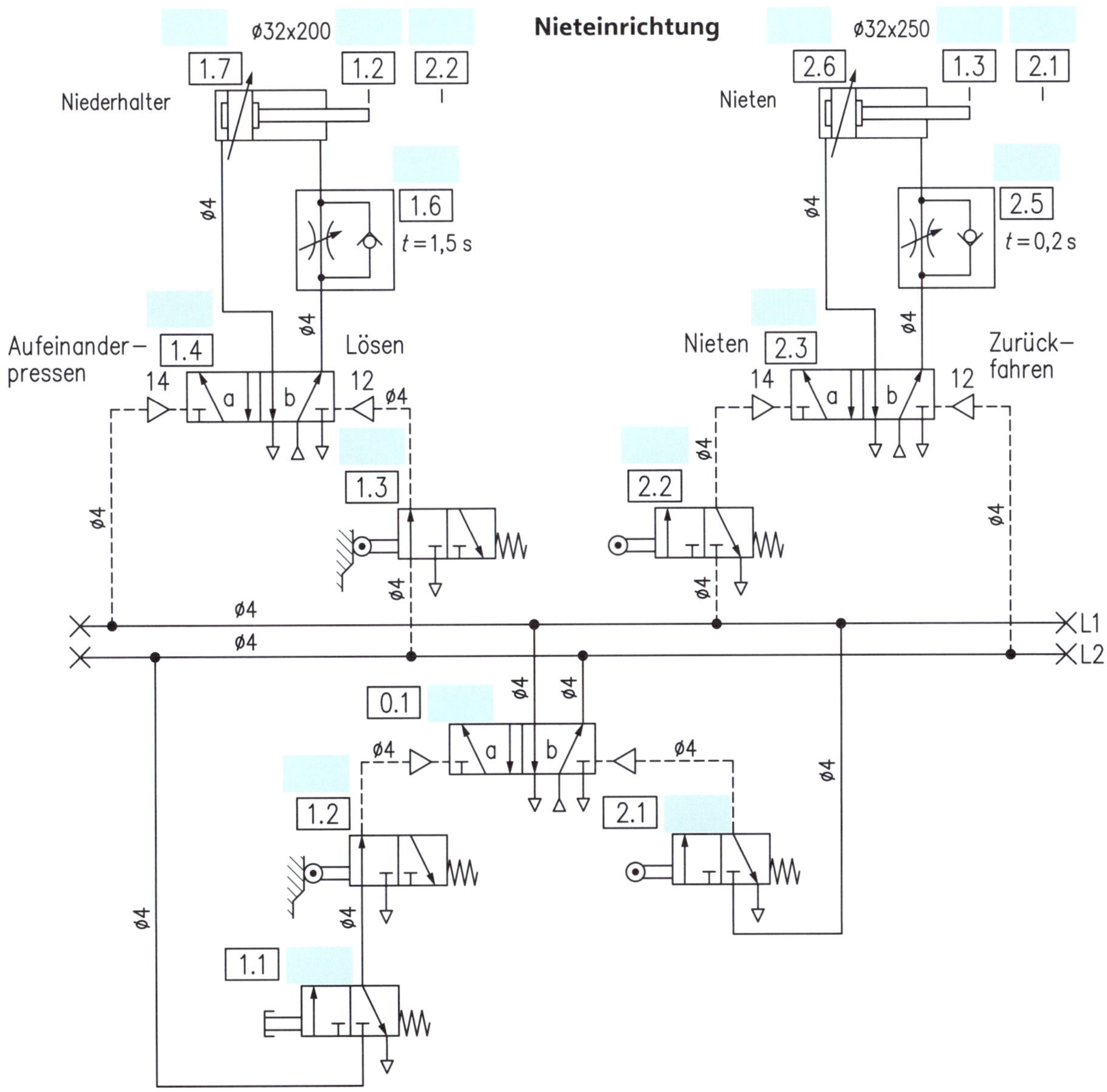

5. Um bei zukünftigen Wartungsarbeiten eine schnelle Reparatur durchführen zu können, ist eine komplette Aufstellung aller für die Nieteinrichtung benötigten pneumatischen Bauelemente erforderlich (siehe obigen Schaltplan zu Aufgabe **4**). Erstellen Sie die erforderliche Bauteilliste.

Bauteil-Nr. DIN ISO 1219-2	Kennzeichen DIN EN IEC 81346-2:2020-10	Anzahl	Bauteilbezeichnung
1.7, 2.6		2	
1.5, 1.6, 2.4, 2.5		4	

6. Die Nieteinrichtung erscheint Ihnen nicht unfallsicher. Es könnten Fehlstarts ausgelöst oder Finger gequetscht werden. Sie sollen die Startbedingung der Nieteinrichtung sicherer gestalten. Welchen Vorschlag können Sie Ihren Mitarbeitern machen?

6.1 Zeichnen Sie dazu den Logikplan.

6.2 Füllen Sie die Schalttabelle (Wahrheitstabelle) für maximal vier Eingangssignale aus.

6.3 Zeichnen Sie für die neue Startbedingung den pneumatischen Schaltplan.

Zylinderbestimmung

7. Die Kolben der doppelt wirkenden Zylinder in der Nieteinrichtung sollen einen Hub von mindestens 120 mm besitzen. Die Spannkraft F_S soll 250 N betragen und die Nietkraft F_N muss 400 N groß sein. Zur Bestellung der Zylinder beim Hersteller sind einige Angaben erforderlich.
Welche Angabe muss bei der Bestellung nicht gemacht werden?

- ☐ A Größe des Kolbendurchmessers
- ☐ B Größe des Arbeitsdrucks
- ☐ C Größe der Montagemaße
- ☐ D Größe der Knickbelastung
- ☐ E Größe der Ausfahrgeschwindigkeit

8. In der Pneumatikanlage für die Nieteinrichtung herrscht ein maximaler Druck von $p_e = 6$ bar. Der Wirkungsgrad η der doppelt wirkenden Zylinder wird mit dem Wert 0,75 angenommen. Außerdem sind gegeben die Spannkraft $F_s = 250$ N und die Nietkraft $F_N = 400$ N.

8.1 Welche Kolbendurchmesser sind rechnerisch
a) für das Spannen und b) für das Nieten erforderlich?

8.2 Welche Kolbendurchmesser sind aus der Tabelle **Systemtechnik I/7 oder I/8** zu wählen
a) für das Spannen und b) für das Nieten?

9. Ermittlung der Knicklänge: Schlanke Bauteile, wie die Kolbenstange, können bei Belastung durch eine Druckkraft ausknicken. Sie müssen daher auf Knickung untersucht werden.

9.1 Ermitteln Sie aus der Tabelle **Systemtechnik I/8** für die beiden in Aufgabe 8 ausgewählten doppelt wirkenden Zylinder die Kolbenstangendurchmesser.
Gewählter Zylinderdurchmesser

Spannzylinderdurchmesser =	mm	Kolbenstangendurchmesser =	mm
Nietzylinderdurchmesser =	mm	Kolbenstangendurchmesser =	mm

9.2 Überprüfen Sie, ob die Kolbenstangen unter Belastung nicht abknicken, d.h., ob die Länge der Kolbenhübe nicht zu groß ist (Kolbenhublänge $s = 120$ mm).
Ermitteln Sie mithilfe des Diagramms den zulässigen Kolbenhub s in mm und die entsprechende theoretische Knicklast F_K in N.

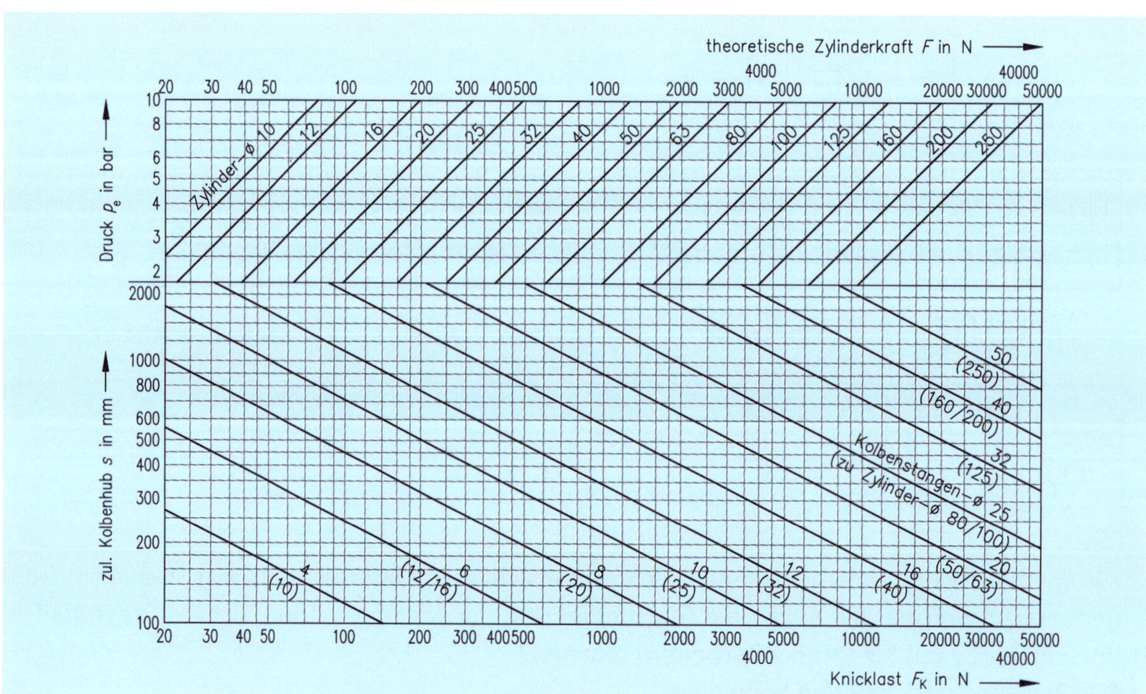

Luftverbrauch

10. Der Luftverbrauch für die Nieteinrichtung soll ermittelt werden.
Gegeben: gewählter Spannzylinderdurchmesser = mm
gewählter Nietzylinderdurchmesser = mm
Kolbenhublänge $s = 120$ mm
Betriebsdruck $p_e = 6$ bar

10.1 Dazu sollen Sie mithilfe der Tabelle **Systemtechnik I/8** den Luftverbrauch $\dot{V}$ der beiden Zylinder je Doppelhub bestimmen.

10.2 Überprüfen Sie die abgelesenen Werte für den Luftverbrauch je einem Doppelhub/Minute durch eine zusätzliche Berechnung (siehe Gleichung Seite **Systemtechnik I/7**).

10.3 Pro Minute sollen sechs Niete geschlagen werden. Wie viel Liter Luft werden verbraucht?

Luftfeuchtigkeit

11. In der Luft befindet sich immer eine gewisse Menge an Wasserdampf. Ein bestimmtes Luftvolumen kann bei einer bestimmten Temperatur nur eine Höchstmenge Wasserdampf aufnehmen.
Ermitteln Sie mithilfe des Diagramms **Systemtechnik I/4** den Wassergehalt der Luft bei einer Temperatur von 35 °C und einer relativen Luftfeuchtigkeit von a) 80 % Luftfeuchtigkeit und b) 100 % Luftfeuchtigkeit.

12. Ermitteln Sie mit folgender Gleichung die Masse des ausfallenden Kondensats m_k in g, wenn folgende Größen gegeben sind:
das zu komprimierende Luftvolumen $V_1 = 6{,}5\ m^3$ (umgebender Luftdruck $p_{abs1} = 1$ bar), die Außentemperatur $T_1 = 35$ °C und die Luftfeuchtigkeit $\varphi_1 = 80$ %.

Die Luft wird auf ein Volumen von $V_2 = 0{,}59\ m^3$ (Druck $p_{abs2} = 11$ bar) zusammengedrückt.
Die Temperatur beträgt $T_2 = 35$ °C, die Luftfeuchtigkeit $\varphi_2 = 100$ % und die maximale Feuchte $f_{max} = 39{,}286\ g/m^3$.

$$m_k = \frac{V_1 \cdot f_{max} \cdot \varphi_1}{100\ \%} - \frac{V_2 \cdot f_{max} \cdot \varphi_2}{100\ \%}$$

m_k = ausgefallenes Kondensat in g
V_1 = Volumen bei Umgebungsdruck in m^3
V_2 = Volumen bei Komprimierungsdruck in m^3
f_{max} = maximale Feuchte bei Ausgangstemperatur in g/m^3
φ_1 = relative Feuchte von V_1 in %
φ_2 = relative Feuchte von V_2 in %

Anmerkung: Da aus der komprimierten Luft nur das Wasser ausfällt, welches nicht gespeichert werden kann, steigt die relative Luftfeuchtigkeit φ der verdichteten Luft auf 100 **%.**

13. In der uns umgebenden Luft ist immer Wasserdampf enthalten. Dieser muss, um die Korrosion in den pneumatischen Ventilen und Zylindern zu verhindern, entfernt werden.
Nennen Sie drei Verfahren, mit deren Hilfe der Luft das Wasser entzogen werden kann.

14. Aus welchen Baugruppen besteht eine Druckluft-Wartungseinheit (FRL-Einheit) und welche Aufgaben erfüllen sie? Nehmen Sie das **Deckblatt Pneumatik** zu Hilfe.

15. In Ihrer Firma muss eine Druckluft-Wartungseinheit (FRL-Einheit) ausgetauscht werden. Dazu müssen Sie eine neue Einheit bestellen.
Welche Kenngrößen müssen Sie bei der Bestellung angeben?

Druckluftverluste

16. Im Rohrleitungsnetz Ihrer Firma kommt es an den Steuerungsbaugruppen und Arbeitselementen zu Leckagen (Verbrauch von Druckluft ohne geleistete Arbeit).
Nennen Sie 4 Ursachen für Druckluftverluste (Leckagen).

16.1 Wie kann man Druckluftverluste feststellen? Nennen Sie zwei Möglichkeiten.

16.2 Aus dem Nietzylinder strömt an der Kolbenstange Druckluft heraus. Der Luftspalt ist 0,06 mm breit und der Kolbenstangendurchmesser beträgt 16 mm.
Welcher vergleichbare Lochdurchmesser d ergibt sich, wenn die Fläche des Ringspaltes A_1 gleich der Fläche einer kreisrunden Ersatzdüse A_2 ist?

$$d_m \cdot \pi \cdot b = d^2 \cdot \frac{\pi}{4}$$

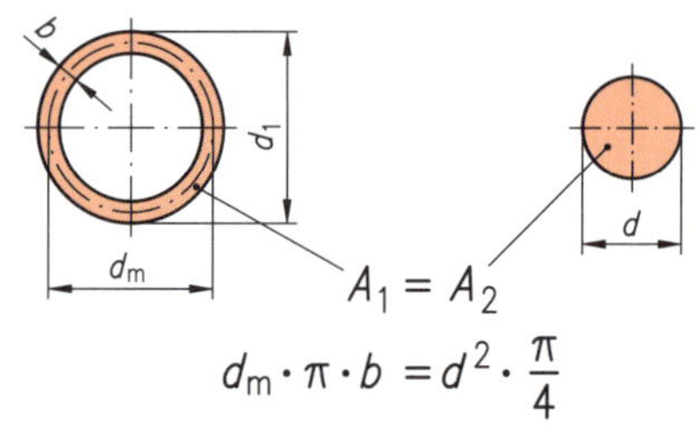

16.3 Kosten durch die Leckage

Leckage-loch-durch-messer in mm	Luftverlust in l/min bei offener Düse Betriebsdruck p_e		Luftverlust in m^3/Jahr bei 7500 Betriebsstunden Betriebsdruck p_e		erforderliche Energie für Ausgleich der Leckage in kWh Betriebsdruck p_e		Kosten in €/Jahr Betriebsdruck p_e	
	6 bar	7 bar	6 bar	7 bar	6 bar	7 bar	6 bar	7 bar
1	60	72	27 000	32 400	0,4	0,5	–	–
2		300		135 000		2,2		–
3	550	672	247 500	302 400	3,5		–	–
4		1 188		534 600		8,5		–
5	1 500		675 000		10		–	
6		2676		1 204 200		17		–
10	6030	7440	2 182 000	3 348 000	40		–	–

Beispiel: der Luftverlust bei 7 500 Betriebsstunden pro Jahr; 7 bar und 2 mm Ersatz-Lochdurchmesser beträgt 135 000 m^3. Die Kosten für die Drucklufterzeugung betrugen im Jahr 2010 ungefähr 2,5 ct/m^3. Daraus folgt: 135 000 m^3 · 0,025 €/m^3 = 3 375 € Kosten pro Jahr.

Berechnen Sie die Kosten für die Leckagen pro Jahr wenn der heutige Erzeugungspreis 5,5 ct/m^3 beträgt. Tragen Sie die Ergebnisse in die oben stehende Tabelle ein.

16.3 Bei einem Systemdruck im Druckluftnetz von p_e = 8 bar entweichen etwa 260 l/min.
Wie viel m^3/h entspricht dieser Volumenstrom?

- ☐ A 1,56 m^3/h
- ☐ C 0,26 m^3/h
- ☐ E 2,6 m^3/h
- ☐ B 4,33 m^3/h
- ☐ D 15,6 m^3/h

16.4 Laut Tabelle betragen die Energieverluste, die durch den Antriebsmotor ersetzt werden müssen, 2 kW. Dadurch entstanden im Jahre 1997 bei 8 000 Betriebsstunden 4 300 DM Kosten. Heute beträgt der Preis für eine gewerblich genutzte Kilowattstunde durchschnittlich 32,16 ct. Wie hoch sind heute die aufzuwendenden Kosten pro Jahr in Euro?

Wirkung des Stroms auf den menschlichen Körper

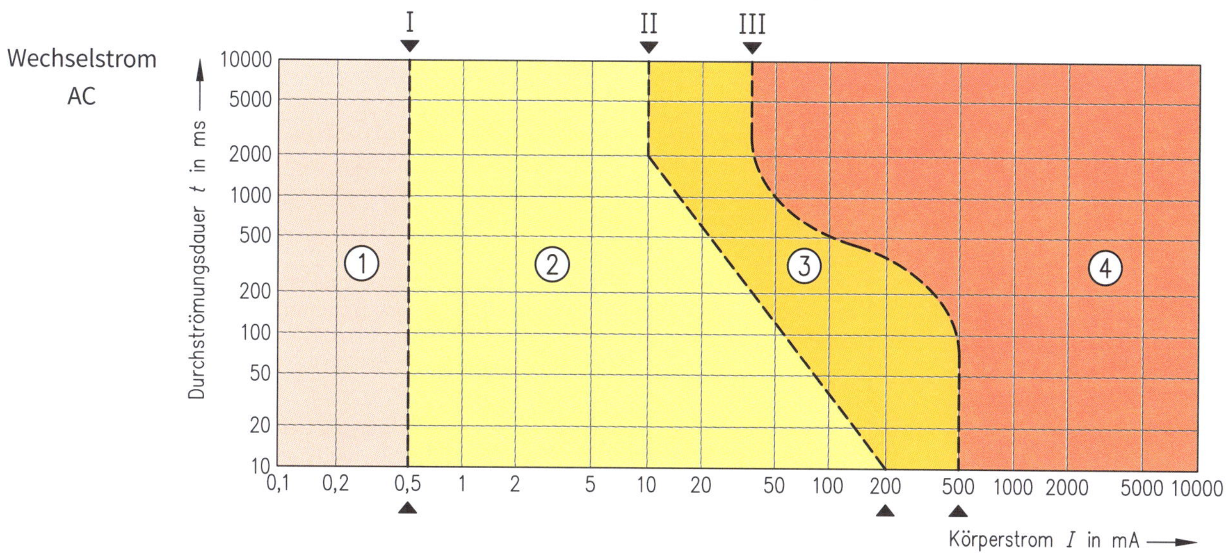

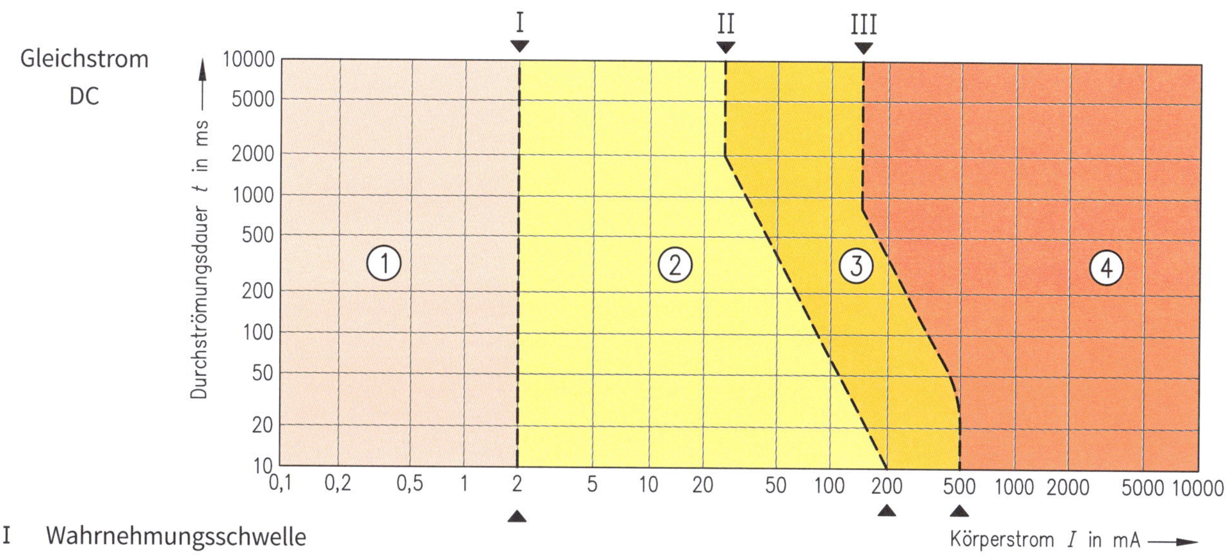

I Wahrnehmungsschwelle
II Loslassschwelle
III Flimmerschwelle

Bereich 1: keine Auswirkungen

Bereich 2: Loslassgrenze ab 10 mA, Schreckreaktionen, theoretisch über längere Zeit ungefährlich

Bereich 3: normalerweise keine organischen Schäden, evtl. Muskelverkrampfung und Atemschwierigkeiten

Bereich 4: Herzkammerflimmern bis Herzstillstand, Atemstillstand und schwere Verbrennungen

Anmerkung:
Gleichstrom aus der Batterie ist ungefährlicher als Gleichstrom aus einem Gleichrichter (überlagerte Wechselspannung).
Stromfluss von linker Hand zu beiden Füßen (erwachsener Mensch)

Messgrößen im Gleichstromkreis

Messung	Messgröße	Erläuterung	Einheit
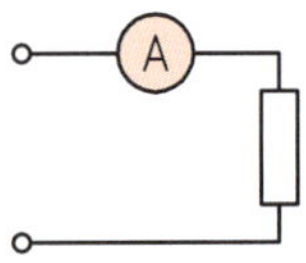	Stromstärke *I*	Die elektrische Stromstärke ist das Verhältnis von durchgeströmter Ladungsmenge zu der dafür benötigten Zeit.	Ampere A
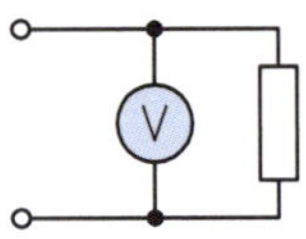	Spannung *U*	Wenn eine Ladung von Pol zu Pol fließt, wird Energie frei. Je größer die Ladung, desto mehr Energie. Das Verhältnis von Energie zur Ladungsmenge heißt Spannung.	Volt V
	Widerstand *R*	Der elektrische Widerstand drückt die Behinderung des freien Elektronenflusses durch einen Stoff aus. Er ist abhängig vom Leiterquerschnitt und der Leiterlänge, dem Leiterwerkstoff und der Temperatur des Leiters.	Ohm Ω
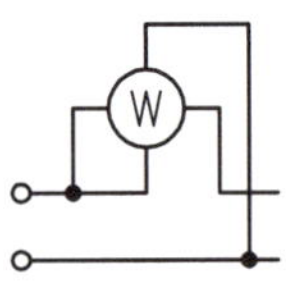	Leistung *P*	Die elektrische Leistung ist das Verhältnis von Arbeit und Zeit. Sie wird von Maschinen und Geräten erbracht, um eine bestimmte Arbeit pro Zeit zu liefern.	Watt W
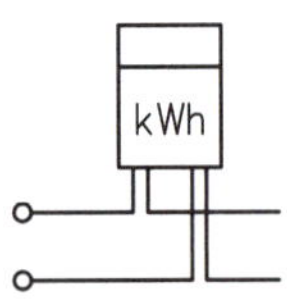	Arbeit *W*	Die elektrische Arbeit gibt an, wie lange eine Leistung erbracht wurde. Sie ist das Produkt aus Leistung und Zeit. Sie wird durch die Zähler für die Stromabrechnung registriert.	Joule J Wattsekunde W · s Kilowattstunde kW · h

Geräteliste für die Versuche im Gleichstromkreis

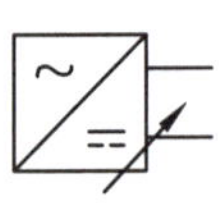 = Wechselrichter, einstellbar

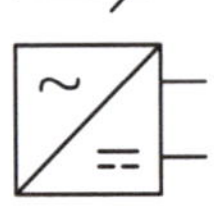 = Netzgerät zur Umwandlung von Netzspannung in Gleichspannung

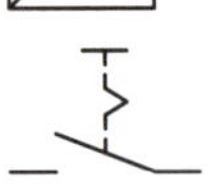 = Schließer mit Raste, nicht selbsttätiger Rückgang

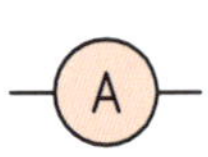 = Strommessgerät (Amperemeter)

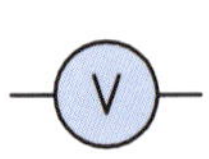 = Spannungsmessgerät (Voltmeter)

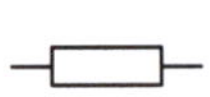 = Festwiderstand

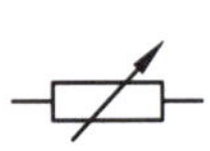 = stufenlos verstellbarer Widerstand

 = Sicherung

Ohmsches Gesetz

Versuch 1

Abhängigkeit der Stromstärke von der Spannung bei gleich bleibendem Widerstand

In diesem Versuch wird die Spannung in Schritten zu jeweils 4 V von 0 V bis 24 V bei konstantem Widerstand R erhöht.

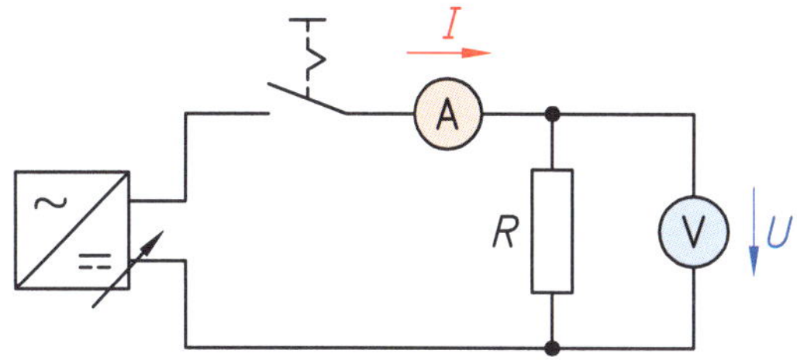

Nr.	U in V	I in A	Verhältnis $\frac{U}{I}$
1			
2			
3			
4			
5			
6			
7			

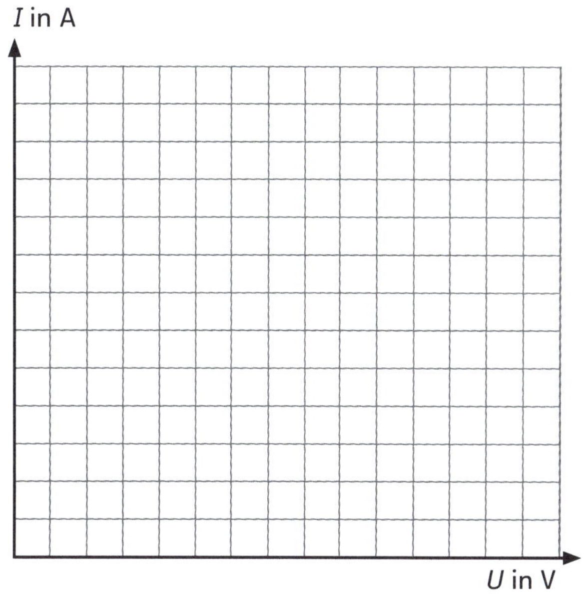

Arbeitsauftrag

- Bauen Sie die Schaltung gemäß oben stehendem Versuchsaufbau im spannungslosen Zustand auf.
- Erhöhen Sie die Spannung in Schritten zu jeweils 4 V von 0 V bis 24 V.
- Messen Sie die jeweilige Stromstärke I und tragen Sie die Werte für Spannung U und Stromstärke I in die Tabelle ein.
- Zeichnen Sie das I-U-Diagramm.
- Berechnen Sie das Verhältnis U zu I und tragen Sie das Ergebnis in die Tabelle ein.

Erkenntnisfragen

- Wovon ist die elektrische Stromstärke I abhängig?
- Beschreiben Sie, in welchem Verhältnis sich bei gleich bleibendem Widerstand R die Stromstärke I zur Spannung U erhöht.

Ohmsches Gesetz

Versuch 2

Abhängigkeit der Stromstärke vom Widerstand bei gleich bleibender Spannung

In diesem Versuch soll bei konstanter Spannung *U* der Widerstand *R* stufenweise erhöht werden.

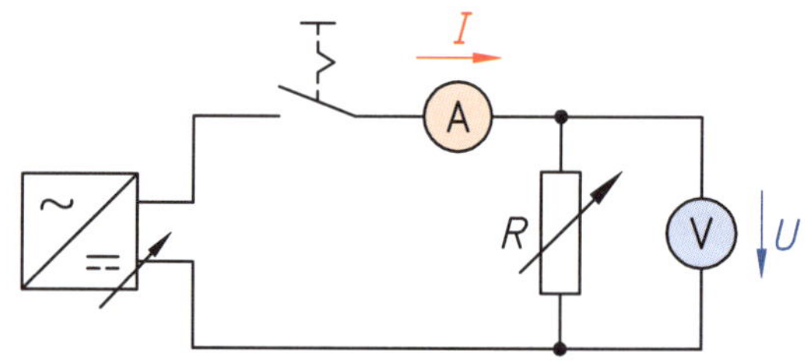

Nr.	*R* in Ω	*I* in A
1		
2		
3		
4		

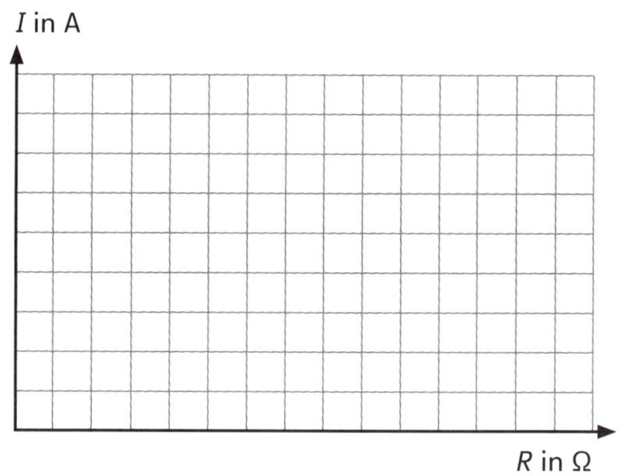

Arbeitsauftrag

- Bauen Sie die Schaltung gemäß oben stehendem Versuchsaufbau im spannungslosen Zustand auf.
- Messen Sie bei einer Quellenspannung von 24 V die jeweilige Stromstärke *I*, wobei Sie den Widerstand viermal um den gleichen Betrag erhöhen.
- Tragen Sie die gemessenen Werte in die Tabelle ein.
- Vervollständigen Sie das *I*-*R*-Diagramm.

Erkenntnisfragen

- Wie verändert sich die Stromstärke *I*, wenn der Widerstand *R* vergrößert wird und die Spannung *U* gleich bleibt?
- Beschreiben Sie, in welchem Verhältnis die Stromstärke *I* zum Widerstand *R* bei gleicher Spannung *U* steht.
- Beschreiben Sie, wovon in einem geschlossenen Stromkreis die Stromstärke *I* abhängt.
- Die gewonnenen Kenntnisse aus den Versuchen 1 und 2 ergeben zusammen das ohmsche Gesetz. Fassen Sie das Gesetz zu einer Gleichung zusammen.

Reihenschaltung

Versuch 1

Stromverhalten bei der Reihenschaltung

In diesem Versuch werden bei konstanter Spannung U drei unterschiedlich große Widerstände R in Reihe geschaltet.

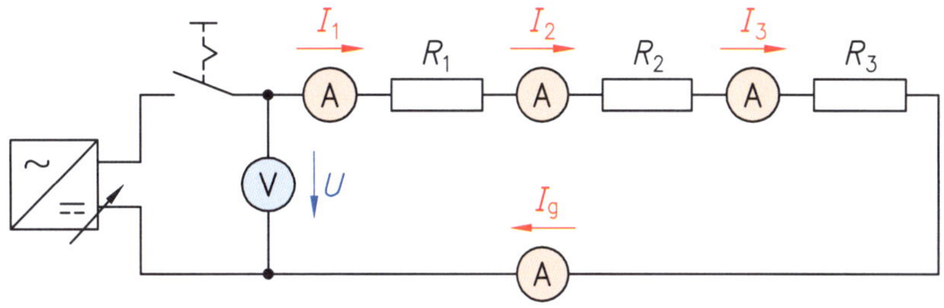

		R_1 = Ω	R_2 = Ω	R_3 = Ω	
Nr.	U in V	I_1 in A	I_2 in A	I_3 in A	I_g in A
1					
2					
3					

Arbeitsauftrag

- Bauen Sie die Schaltung gemäß oben stehendem Versuchsaufbau mit drei Widerständen Ihrer Wahl im spannungslosen Zustand auf.
- Stellen Sie die Quellenspannung auf 10 V ein.
- Messen Sie mithilfe der Strommessgeräte (Amperemeter) die Ströme I_1, I_2, I_3 und I_g. Tragen Sie die Messwerte in die Tabelle ein.
- Verändern Sie in zwei weiteren Schritten die Quellenspannung U auf Spannungswerte Ihrer Wahl bis 24 V. Tragen Sie bei jeder gewählten Spannung U die abgelesenen Messwerte in die Tabelle ein.

Erkenntnisfragen

- Wie groß sind die Teilströme durch die in Reihe geschalteten Widerstände?
- Wie groß ist der Gesamtstrom?
- Fassen Sie die gewonnenen Kenntnisse zu einer Gleichung zusammen.

I_g =

Reihenschaltung

Versuch 2

Spannungsverhalten bei der Reihenschaltung

In diesem Versuch werden bei konstanter Spannung U drei unterschiedlich große Widerstände R_1, R_2 und R_3 in Reihe geschaltet.

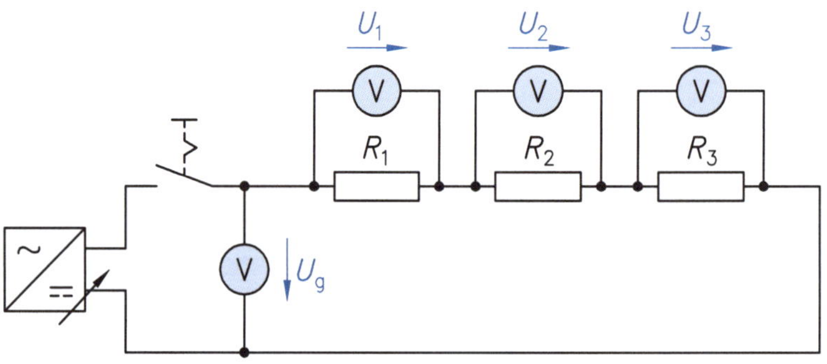

		R_1 = Ω	R_2 = Ω	R_3 = Ω
Nr.	U_g in V	U_1 in V	U_2 in V	U_3 in V
1				
2				
3				

Arbeitsauftrag

- Bauen Sie die Schaltung gemäß oben stehendem Versuchsaufbau mit drei Widerständen Ihrer Wahl im spannungslosen Zustand auf.
- Messen Sie mithilfe der Spannungsmessgeräte (Voltmeter) den Spannungsabfall an den einzelnen Widerständen, wenn das Netzgerät eine konstante Spannung erzeugt.
- Verändern Sie in zwei weiteren Schritten die Quellenspannung U auf Spannungswerte Ihrer Wahl bis auf 24 V. Tragen Sie die abgelesenen Messwerte für jede gewählte Spannung in die Tabelle ein.

Erkenntnisfragen

- An welchem Widerstand ist die die Teilspannung am größten bzw. am kleinsten?
- Wie verhalten sich die Teilspannungen zu den zugehörigen Widerständen?
- Vergleichen Sie die Gesamtspannung mit den drei Teilspannungen. Fassen Sie die gewonnenen Kenntnisse zu einer Gleichung zusammen.

U_g =

Reihenschaltung

Versuch 3

Widerstandsverhalten bei der Reihenschaltung

In diesem Versuch sollen bei konstanter Spannung U drei unterschiedlich große Widerstände durch einen Ersatzwiderstand ersetzt werden.

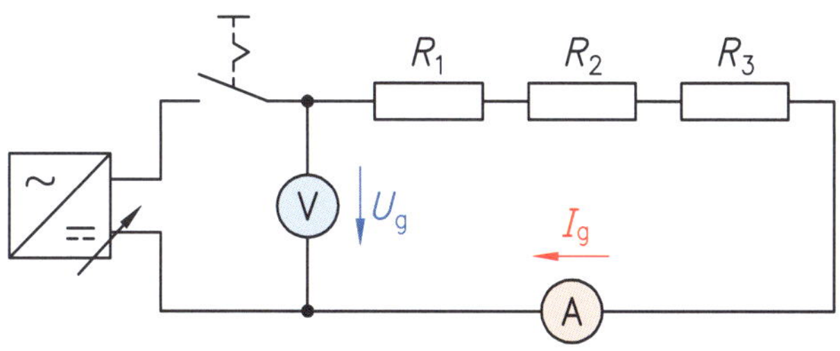

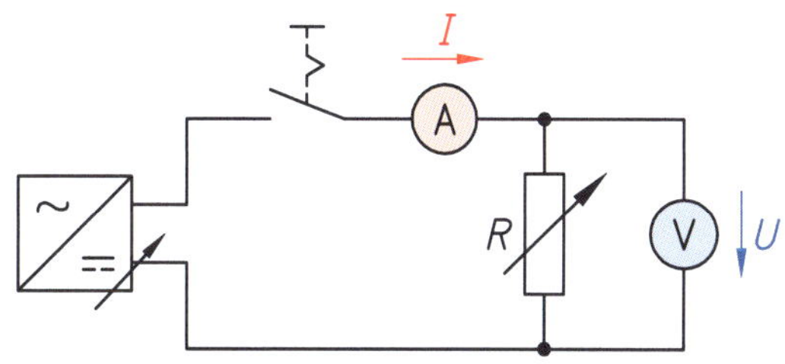

Nr.	I_g in A	$R_1 =$ Ω	$R_2 =$ Ω	$R_3 =$ Ω	$R_g =$ Ω
1					
2					
3					

Arbeitsauftrag

- Bauen Sie die Schaltung gemäß oben stehendem Versuchsaufbau mit drei Widerständen Ihrer Wahl im spannungslosen Zustand auf.
- Messen Sie mithilfe des Strommessgeräts (Amperemeters) die Stromstärke I_g. Tragen Sie den Wert in die Tabelle ein.
- Ersetzen Sie im spannungslosen Zustand die drei Widerstände R_1, R_2 und R_3 durch einen stufenlos verstellbaren Widerstand.
- Verändern Sie bei konstanter Quellenspannung den Ersatzwiderstand, bis die Werte für die Stromstärke in beiden Versuchen übereinstimmen. Tragen Sie den Messwert für den Ersatzwiderstand in die Tabelle ein.
- Führen Sie den Versuch mit drei anderen Widerständen noch einmal durch und tragen Sie die Werte in die Tabelle ein.

Erkenntnisfragen

- Wie groß muss der Ersatzwiderstand R_g sein?
- Wie sind die Batterien in einem tragbaren Radiogerät angeordnet? Warum sind sie so angeordnet?
- Welche Gesetzmäßigkeit besteht zwischen den Einzelwiderständen und dem Gesamtwiderstand?

R_g =

Parallelschaltung

Versuch 1

Spannungsverhalten bei der Parallelschaltung

In diesem Versuch werden zwei unterschiedlich große Widerstände an eine Spannungsquelle geschaltet.

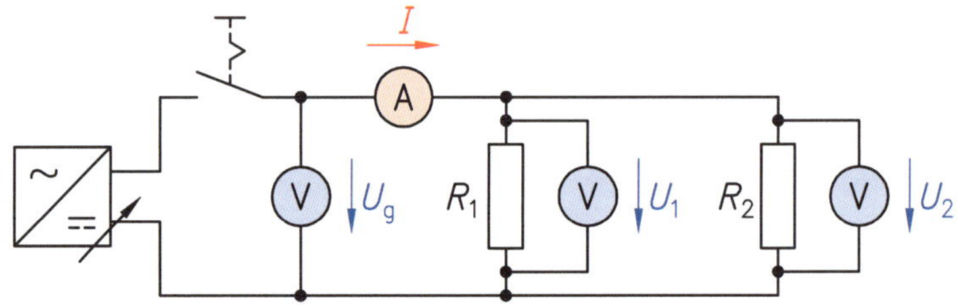

			$R_1 =$ Ω	$R_2 =$ Ω
Nr.	I in V	U_g in V	U_1 in V	U_2 in V
1				
2				
3				

Arbeitsauftrag

- Bauen Sie die Schaltung gemäß oben stehendem Versuchsaufbau mit zwei unterschiedlich großen Widerständen im spannungslosen Zustand auf.
- Stellen Sie die Quellenspannung U_g auf 10 V ein. Messen Sie mit dem Amperemeter die Stromstärke I sowie mit dem Voltmeter den Spannungsfall U_1 und U_2 an den einzelnen Widerständen.
- Tragen Sie die gemessenen Werte in die Tabelle ein.
- Verändern Sie in zwei weiteren Schritten die Quellenspannung U_g auf Spannungswerte Ihrer Wahl.
- Tragen Sie die Messwerte für jeden Schritt in die Tabelle ein.

Erkenntnisfragen

- An welchem Widerstand ist die größte bzw. die kleinste Teilspannung?
- Wie verhalten sich die Teilspannungen U_1 und U_2 zur Quellenspannung U_g?
- Fassen Sie die gewonnenen Kenntnisse zu einer Gleichung zusammen.

U_g =

Parallelschaltung

Versuch 2

Stromverhalten bei der Parallelschaltung

In diesem Versuch werden die Stromstärke I_a sowie die Teilströme I_1 und I_2 an unterschiedlichen Widerständen gemessen.

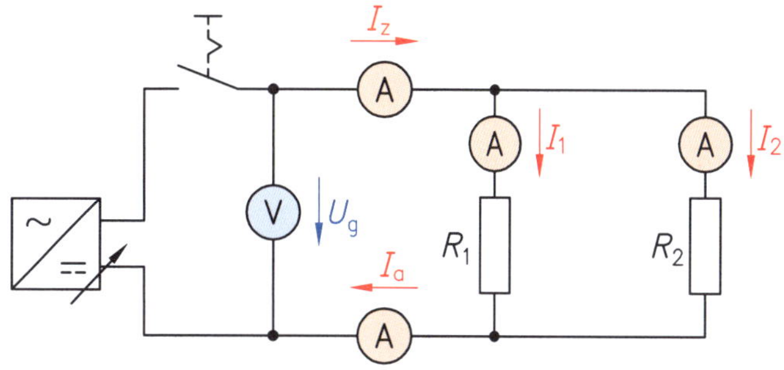

			$R_1 =$ Ω	$R_2 =$ Ω	
Nr.	U in V	I_z in A	I_1 in A	I_2 in A	I_a in A
1					
2					

Arbeitsauftrag

- Bauen Sie die Schaltung gemäß oben stehendem Versuchsaufbau im spannungslosen Zustand auf.
- Stellen Sie die Quellenspannung U_g auf 10 V ein. Messen Sie die Stromstärke I_z des zufließenden Stroms, die Teilströme I_1 und I_2 sowie die Stromstärke I_a des abfließenden Stroms.
- Tragen Sie die gemessenen Werte in die Tabelle ein.
- Verändern Sie in einem weiteren Schritt die Quellenspannung U_g auf einen Spannungswert Ihrer Wahl und wiederholen Sie die Messungen.
- Tragen Sie die Messwerte in die Tabelle ein.

Erkenntnisfragen

- Welches Verhältnis besteht zwischen dem zufließenden Strom I_z und den Teilströmen I_1 und I_2?
- Fassen Sie die gewonnenen Kenntnisse zu einer Gleichung zusammen.

$\boldsymbol{I_z} =$

- Untersuchen Sie den Zusammenhang zwischen den Teilströmen und dem abfließenden Strom I_a.
- Untersuchen Sie in einer Verhältnisgleichung, wie Einzelströme und zugehörige Widerstände sich zueinander verhalten. Ergänzen Sie die vorgegebene Gleichung.

$$\frac{\boldsymbol{I}}{\boldsymbol{I}} = \frac{\boldsymbol{R}}{\boldsymbol{R}}$$

Parallelschaltung

Versuch 3

Gesamtwiderstand bei Parallelschaltungen

In diesem Versuch wird der Ersatzwiderstand R_g gesucht, der den Widerständen R_1 und R_2 bei gleich bleibender Spannung U und Stromstärke I gleichwertig ist.

Versuchsaufbau 1

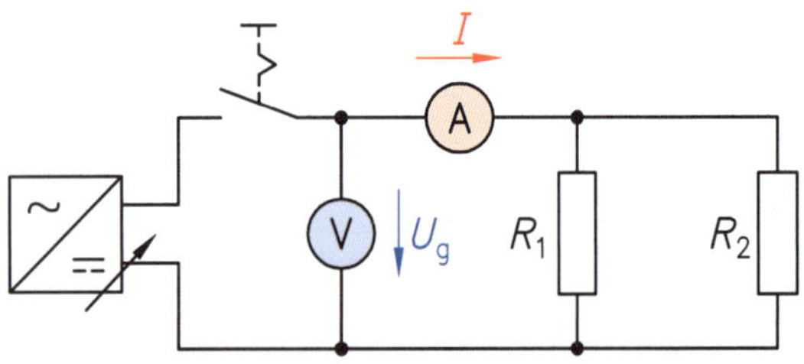

Versuchsaufbau 2

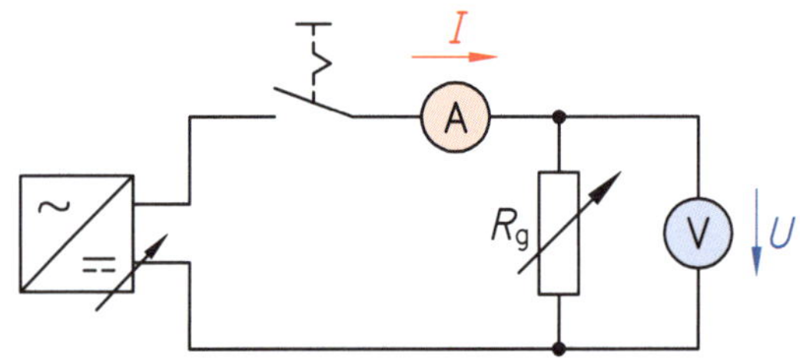

Nr.	I_g in A	U in V	R_1 = Ω	R_2 = Ω	R_g = Ω
1					
2					
3					

Arbeitsauftrag

- Bauen Sie die Schaltung gemäß oben stehendem Versuchsaufbau 1 im spannungslosen Zustand auf.
- Messen Sie die Stromstärke I bei einer Spannung U von 20 V. Tragen Sie die Werte in die Tabelle ein.
- Ersetzen Sie im spannungslosen Zustand die Widerstände R_1 und R_2 durch einen stufenlos verstellbaren Widerstand R_g gemäß Versuchsaufbau 2.
- Verändern Sie bei konstanter Spannung den Widerstand, bis der Wert für die Stromstärke mit der ersten Messung übereinstimmt. Tragen Sie den Messwert für den Ersatzwiderstand R_g in die Tabelle ein.
- Führen Sie den Versuch mit anderen Widerständen durch. Tragen Sie die Werte in die Tabelle ein.

Erkenntnisfragen

- Wie groß muss der Ersatzwiderstand R_g sein?
- Welche mathematische Gesetzmäßigkeit besteht zwischen den Einzelwiderständen und dem Gesamtwiderstand?
  Hinweis: Nehmen Sie die Gleichung $I_g = I_1 + I_2$, ersetzen Sie die Ströme durch die Beziehung Spannung zu Widerstand nach dem ohmschen Gesetz und dividieren Sie in einem weiteren Schritt die erhaltene Gleichung durch die Spannung U.

Elektrische Leistung

Die elektrische Leistung P eines Geräts im Gleichstromkreis lässt sich nach folgenden Formeln berechnen:

$$P = U \cdot I$$

$$P = I^2 \cdot R$$

$$P = \frac{U^2}{R}$$

P = Leistung in Watt
U = Spannung in Volt
I = Stromstärke in Ampere
R = Widerstand in Ohm

Beispiel

Auf einem Magnetventil steht die Angabe 5,3 W. Wie hoch ist die Stromstärke bei U = 24 V?

$P = U \cdot I$

$I = \frac{P}{U}$

$I = \frac{5{,}3\text{ W}}{24\text{ V}}$

$I = \underline{\underline{0{,}22\text{ A}}}$

Aufgaben

1. Bestimmen Sie den Widerstand einer Kontrolllampe mit einer Leistung von P = 10 W bei einer Spannung U von 24 V.
2. Auf dem Typenschild eines Elektromagnetventils stehen die Angaben U = 24 V und I = 0,32 A. Wie groß ist die Leistung P in Watt?
3. Ein Magnetventil mit einer Leistung von P = 15 W wird auf eine Spannungsquelle von U = 24 V geschaltet. Berechnen Sie die Stromstärke und den Widerstand.

Arbeit

Die elektrische Arbeit gibt an, wie lange eine elektrische Leistung erbracht wurde. Je größer die Einschaltdauer, desto größer die verrichtete Arbeit.

$$W = P \cdot t$$

W = Arbeit in Watt · Sekunde, Joule, Newton · Meter
P = Leistung in Watt
t = Zeit in Sekunden

1 W · s = 1 J = 1 N · m

Beispiel

Welche Arbeit verrichtet ein Magnetventil mit einer Leistung von 6,2 W bei einer Einschaltdauer von 15 Sekunden?

$W = P \cdot t$

$W = 6{,}2\text{ W} \cdot 15\text{ s}$

$W = \underline{\underline{93\text{ W} \cdot \text{s}}}$

Aufgaben

1. Wie groß ist die verrichtete elektrische Arbeit in N · m und kW · h eines Magnetventils mit einer Leistung von 15 W während eines achtstündigen Arbeitstags? Die Einschaltdauer beträgt in einer Stunde 16 Minuten.
2. Die Leistung einer Anlage beträgt 5,8 kW. Wie groß war die Einschaltdauer der Anlage, wenn am Stromzähler eine Arbeit von 974,4 kW · h abgelesen wird?

Leiterwiderstand

Versuch 1

Nr.	Leiterlänge	I in A	U in V	R in Ω
1	250 mm			
2	500 mm			
3	750 mm			
4	1 000 mm			

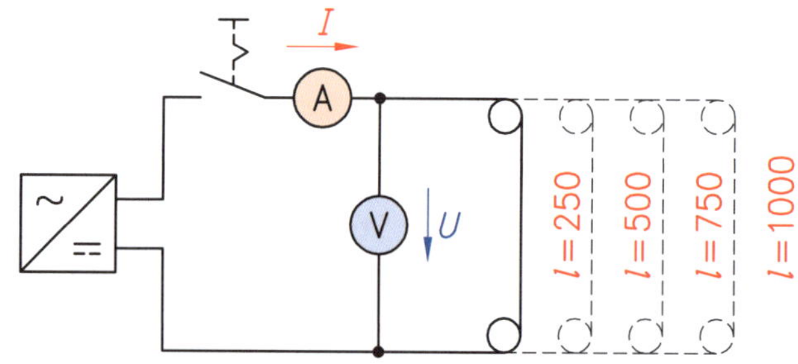

Arbeitsauftrag

- Bauen Sie die Schaltung gemäß oben stehendem Versuchsaufbau im spannungslosen Zustand auf.
- Schließen Sie in vier verschiedenen Versuchen jeweils einen Konstantandraht von 250 mm, 500 mm, 750 mm und 1 000 mm an ein Netzgerät mit konstanter Gleichspannung.
- Messen Sie jeweils die Stromstärke I und die Spannung U.
- Tragen Sie die Werte für die Spannung U und die Stromstärke I in die Tabelle ein.
- Berechnen Sie mithilfe des ohmschen Gesetzes die Widerstände der verschiedenen Konstantandrähte.

Versuch 2

Nr.	Leiter-Ø	I in A	U in V	R in Ω
1	0,25 mm			
2	0,50 mm			
3	0,75 mm			
4	1,00 mm			

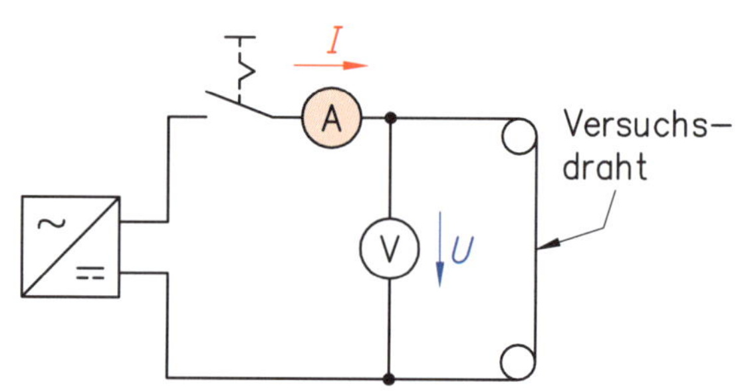

Arbeitsauftrag

- Bauen Sie die Schaltung gemäß oben stehendem Versuchsaufbau im spannungslosen Zustand auf.
- Schließen Sie in vier verschiedenen Versuchen jeweils einen 1 000 mm langen Konstantandraht von 0,25 mm, 0,50 mm, 0,75 mm und 1,00 mm an ein Netzgerät mit konstanter Gleichspannung.
- Messen Sie jeweils die Stromstärke I und die Spannung U.
- Tragen Sie die Werte für die Spannung U und die Stromstärke I in die Tabelle ein.
- Berechnen Sie mithilfe des ohmschen Gesetzes die Widerstände der verschiedenen Konstantandrähte.

Versuch 3

Nr.	Leiterwerkstoff	I in A	U in V	R in Ω
1	Kupfer			
2	Nickel			
3	Eisen			

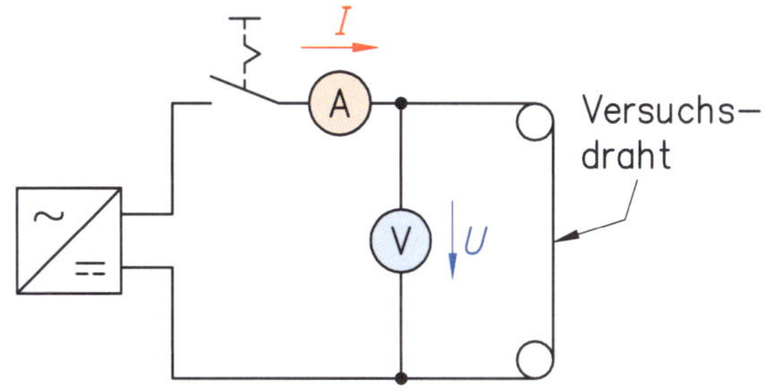

Arbeitsauftrag

- Bauen Sie die Schaltung gemäß oben stehendem Versuchsaufbau im spannungslosen Zustand auf.
- Schließen Sie in drei verschiedenen Versuchen jeweils einen Kupferdraht, einen Nickeldraht und einen Eisendraht an ein Netzgerät mit konstanter Gleichspannung. Die Drähte müssen dieselbe Länge und denselben Durchmesser aufweisen.
- Messen Sie jeweils die Stromstärke I und die Spannung U.
- Tragen Sie die Werte für die Spannung U und die Stromstärke I in die Tabelle ein.
- Berechnen Sie mithilfe des ohmschen Gesetzes die Widerstände der verschiedenen Drähte.

Versuch 4

Arbeitsauftrag

- Bauen Sie die Schaltung gemäß oben stehendem Versuchsaufbau im spannungslosen Zustand auf.
- Schließen Sie einen 1 000 mm langen Kupferdraht von 1,5 mm^2 Querschnitt an ein Netzgerät mit konstanter Gleichspannung.
- Messen Sie jeweils die Stromstärke I und die Spannung U.
- Erwärmen Sie den Kupferdraht mithilfe eines Bunsenbrenners oder einer Kerze und führen Sie die Messungen erneut durch.
- Berechnen Sie mithilfe des ohmschen Gesetzes den Widerstand des Kupferdrahts bei verschiedenen Temperaturen.

Erkenntnisfragen

Der elektrische Widerstand eines Leiters ist abhängig von:

a) ______________________ c) ______________________

b) ______________________ d) ______________________

Der spezifische Widerstand eines Leiterwerkstoffs bezieht sich auf einen Leiter von 1 m Länge und 1 mm^2 Querschnittsfläche, gemessen bei 20 °C.

$$\varrho = \frac{1}{\gamma}$$

ϱ = spezifischer Widerstand in $\frac{\Omega \cdot mm^2}{m}$

γ = elektrische Leitfähigkeit in $\frac{m}{\Omega \cdot mm^2}$

$$R = \frac{\varrho \cdot l}{A}$$

R = Widerstand in Ω

l = Leiterlänge in m

A = Leiterquerschnitt in mm^2

Übungsaufgaben: Elektrotechnik

1. Ein Relais wird mit einer Spannung U = 24 V Gleichstrom geschaltet. Sein Widerstand beträgt 6 Ω. Berechnen Sie die maximale Stromstärke.

2. Durch die Magnetspule eines 5/2-Wegemagnetventils fließt ein Strom von 0,19 A. Die Spannung beträgt 24 V Gleichstrom. Berechnen Sie den Widerstand der Spule.

3. Ein Netzgerät hat einen Widerstand von 4,8 Ω, die Stromstärke beträgt 5 A. Berechnen Sie die Spannung, an die das Netzgerät angeschlossen werden darf.

4. Der menschliche Körper hat ungefähr einen Widerstand von 1 000 Ω. Lebensgefährlich wird es für das menschliche Herz, wenn eine Stromstärke von etwa 50 mA vorhanden ist. Berechnen Sie, bei welcher Spannung für den Menschen Lebensgefahr besteht.

5. Zwei Widerstände R_1 = 100 Ω und R_2 = 80 Ω liegen in Reihe an einer Spannung U = 24 V. Wie groß ist der Gesamtstrom I?

6. Ein Relais mit den Anschlusswerten 12 V und 0,2 A soll an eine Spannungsquelle von 24 V angeschlossen werden. Berechnen Sie den erforderlichen Vorwiderstand R.

7. Drei gleiche Relais mit einem Widerstand von R = 8 Ω wurden an ein Netzgerät mit einer Quellenspannung von U = 24 V angeschlossen.
   a) Zeichnen Sie in einer Skizze die Anordnung der Widerstände in Reihe und berechnen Sie den Gesamtstrom I_g.
   b) Zeichnen Sie in einer Skizze die Anordnung der Widerstände in einer Parallelschaltung. Berechnen Sie jeweils den Strom I_g, den Widerstand R_g und die Teilströme zu den einzelnen Widerständen.

8. Drei Widerstände R_1 = 10 Ω, R_2 = 15 Ω und R_3 = 20 Ω in einer Parallelschaltung sind an ein Netzgerät mit einer Spannung von 12 V angeschlossen. Berechnen Sie den Gesamtwiderstand R_g, die Teilströme I_1, I_2 und I_3 und den Gesamtstrom I_g.

9. Drei Relais sollen durch ein Netzgerät (24 V, 18 A) parallel mit Spannung versorgt werden. Auf zweien der Relais ist die Angabe des Widerstands R = 10 Ω vermerkt, auf dem dritten steht keine Angabe. Wie groß darf der Widerstand des dritten Relais sein? Begründen Sie Ihre Antwort mithilfe der Berechnung des Gesamtwiderstands.

10. Berechnen Sie für die gezeichneten Schaltungen den Gesamtwiderstand R_g.

a)

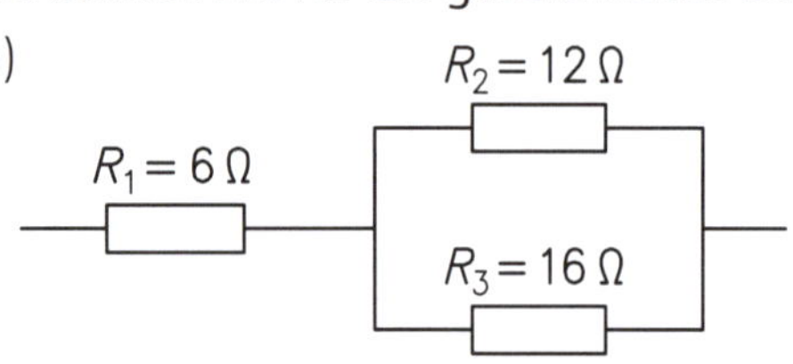

b)

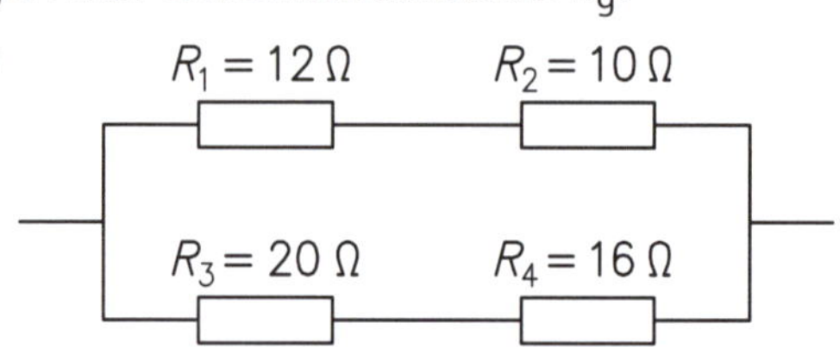

11. Wie groß ist der Widerstand eines Kupferdrahts von 30 m Länge, der einen Durchmesser von 1,38 mm hat?

12. Ein 80 m langes Hausanschlusskabel mit einzelnen Kupferdrähten, die jeweils einen Querschnitt von A = 2,5 mm² besitzen, soll aus Kostengründen durch Aluminiumdrähte ersetzt werden. Welchen Querschnitt müssen die einzelnen Aluminiumdrähte besitzen?

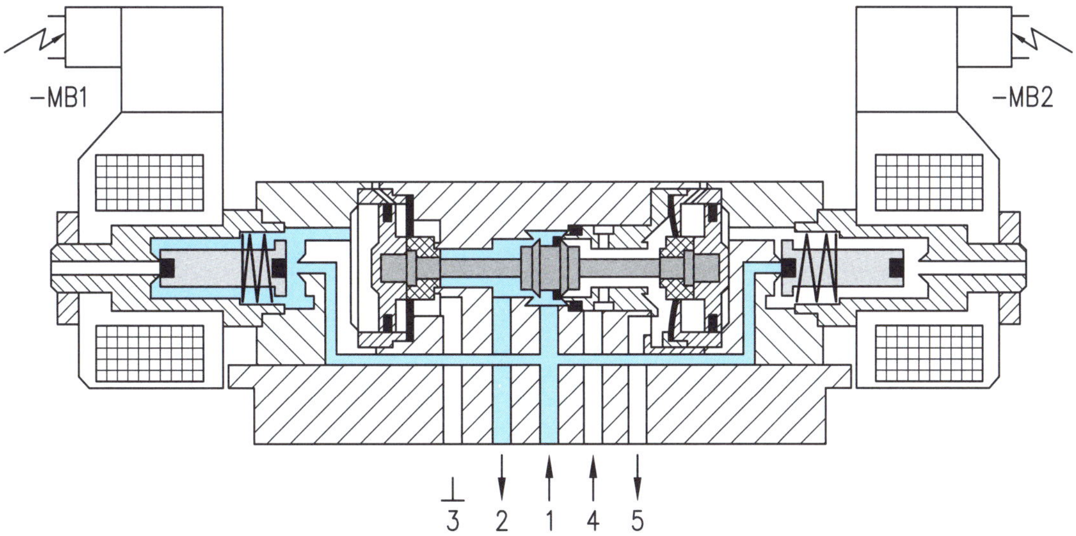

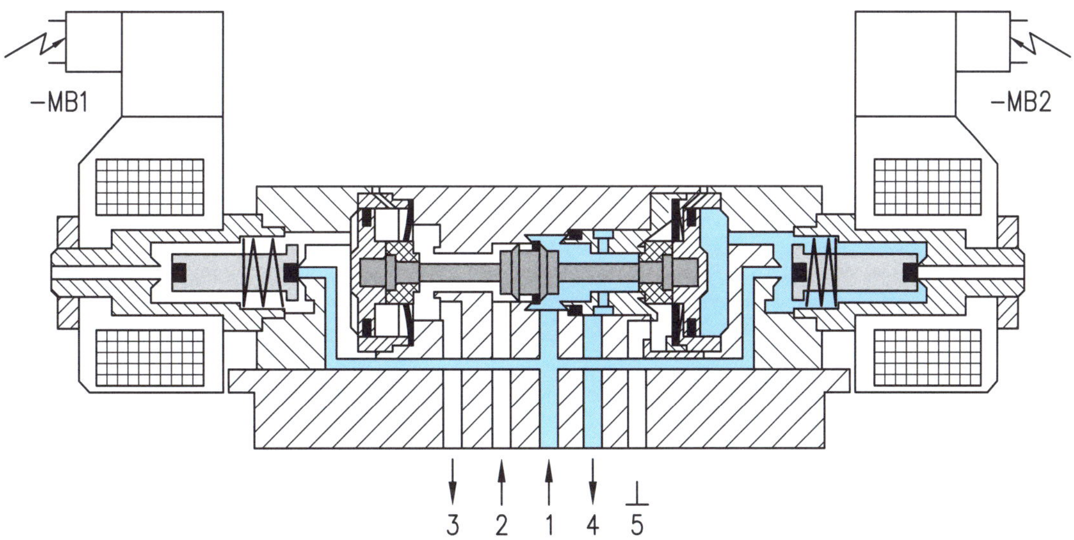

5/2-Wegeventil
beidseitig durch Elektromagnete und Vorsteuerventile betätigt

Zuteilstation

Problemstellung

In einer Montagestraße werden Waschmaschinen an verschiedenen Stationen montiert. Ein Transfersystem leitet die auf einheitlichen Werkstückträgern positionierten Geräte selbsttätig zum nächsten Montageplatz. Vor jeder Montagestation befindet sich ein Zwischenspeicher, der unterschiedlich lange Montagezeiten an den einzelnen Stationen ausgleicht. Durch eine elektropneumatisch betätigte Wippe in der Zuteilstation der Transferstraße gelangt nur ein einzelner Werkstückträger in die Montagestation. Durch Betätigung des Tasters −S1 bzw. −SJ1 wird ein Stromkreis zur Magnetspule eines 3/2-Wegeventils geschlossen. Der Durchfluss der Druckluft von Anschluss 1 nach Anschluss 2 wird freigegeben. Der Kolben des angeschlossenen einfach wirkenden Zylinders fährt aus und betätigt die Wippe. Der erste Werkstückträger rollt durch die Neigung des Rollengangs in die Montagestation. Nachdem der START-Taster freigegeben wird, fährt der Kolben des Zylinders in die Ausgangsposition zurück und ein weiterer Werkstückträger rückt nach.

Technologieschema

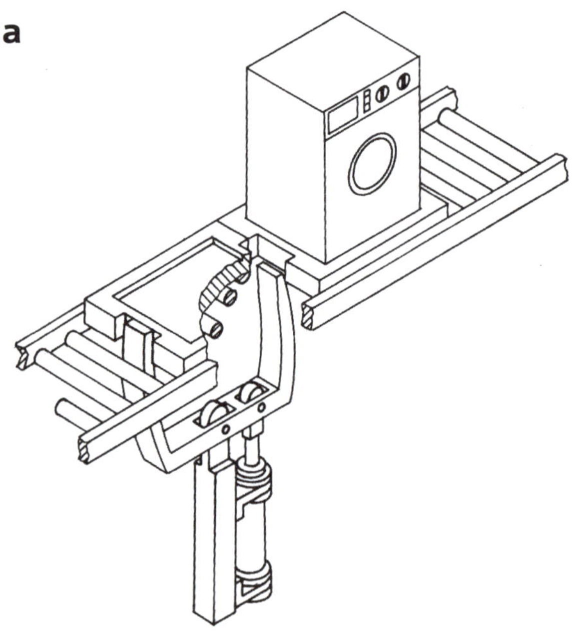

Pneumatischer Schaltplan

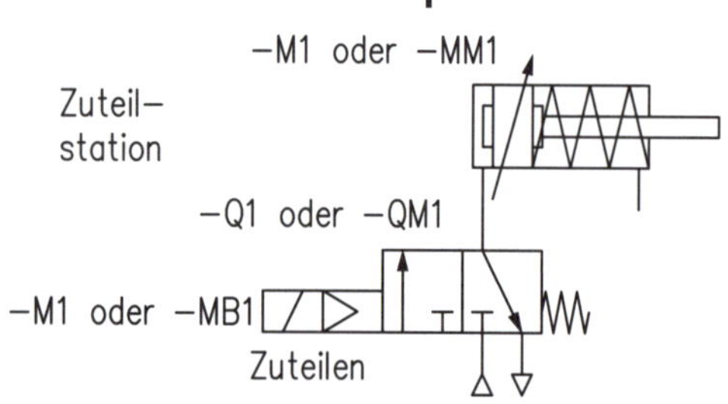

Referenzkennzeichnung Haupt- bzw. Haupt- und Unterklassen

Weg-Schritt-Diagramm

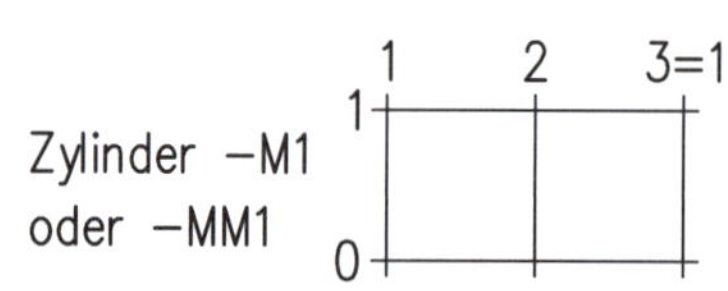

Arbeitsauftrag

- Vervollständigen Sie das Weg-Schritt-Diagramm durch die Funktions- und Signallinien.
- Erstellen Sie die Schalttabelle.
- Erstellen Sie den Stromlaufplan für das Vereinzeln der Werkstückträger.

Regeln für die Erstellung von Stromlaufplänen nach DIN EN 61082-1:2007-03

Ein Stromlaufplan soll die Wirkungsweise einer Anlage in möglichst einfacher Form erkennen lassen. Dazu werden die zusammenwirkenden elektrischen Betriebsmittel durch einfache Schaltzeichen in einer aufgelösten Darstellung angeordnet. Bei der aufgelösten Darstellung erfolgt die Anordnung der Betriebsmittel in der Reihenfolge des Energieflusses. Auf die räumliche Anordnung wird keine Rücksicht genommen.

Zwischen den waagerecht liegenden Spannungspotenzialen sind in senkrecht verlaufenden Stromwegen die Betriebsmittel angeordnet. Um Verwechslungen auszuschließen, sind die Betriebsmittel durch Kennbuchstaben und fortlaufende Nummerierung gekennzeichnet. Durch eine kreuzungsfreie Anordnung der einzelnen Stromwege ist der Stromlaufplan übersichtlich.

Alle Betriebsmittel werden im spannungslosen Zustand gezeichnet. Die Darstellung der Kontakte der verwendeten Schalter und Relais erfolgt ohne Einwirkung einer Betätigungskraft. Wird in Ruhelage ein Grenztaster durch einen Zylinder betätigt, ist dieser von der Regeldarstellung abweichende Betriebszustand durch einen Doppelpfeil zu kennzeichnen (siehe Arbeitsblätter **Elektropneumatik 3** und **Elektropneumatik 6**).

Eine getrennte Darstellung von Steuer- und Leistungsteil ist nur bei unterschiedlichen Spannungen erforderlich. In der Elektropneumatik arbeiten Steuer- und Leistungsteil mit einer für den Menschen ungefährlichen Schutzkleinspannung von 24 V. Eine zusammenhängende Darstellung von Steuer- und Leistungsteil ist deshalb zulässig.

Kennzeichnung der Aspekte DIN EN IEC 81346-1:2024-07

Aspekt	Kennzeichnung
Funktionsaspekt Produktaspekt Ortsaspekt Typaspekt	= (gleich) – (minus) + (plus) % (Prozent)

(siehe Seite **Grundlagen Steuerungstechnik 2**)

Logiksymbol

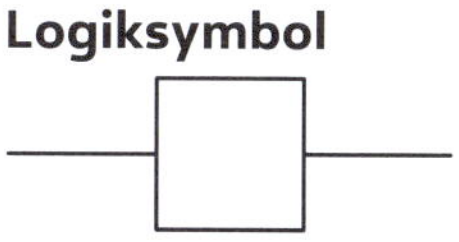

Schalttabelle

–S1 oder –SJ1	–M1 oder –MB1

Zusammenhang zwischen elektrischer Ansteuerung und pneumatischem Arbeitsteil

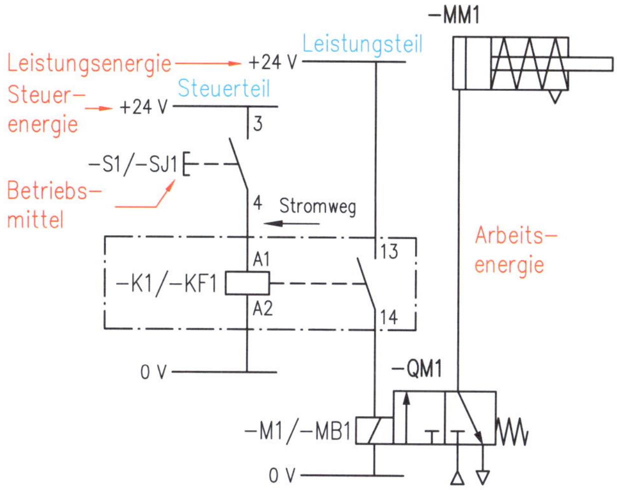

Stromlaufplan

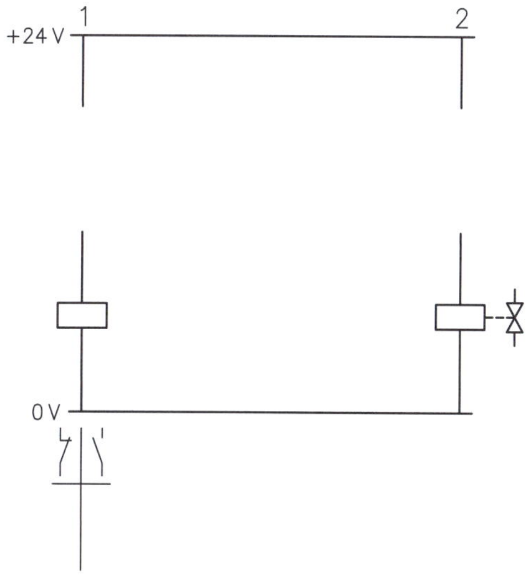

Schaltzeichen für Kontakte nach DIN EN 60617-7:1997-08

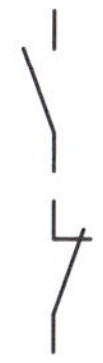

= ______________________

= ______________________

Kennbuchstaben für Betriebsmittel Eingangsklasse nach DIN EN IEC 81346-2:2020-10

K = ______________________

M = ______________________

S = ______________________

Ausheber

Problemstellung

Ein durch Spritzguss gefertigtes Werkstück aus thermoplastischem Kunststoff wird nach Beendigung des Spritzvorgangs aus der Form gestoßen. Nach Betätigung des Tasters –SJ1 fährt der Kolben eines einfach wirkender Zylinders aus und hebt das Werkstück von unten aus der Form. Das Ausheben darf erst dann erfolgen, wenn der Pressenstößel in seiner oberen Endlage den Sensor –BG1 betätigt. Nach Loslassen des Tasters –SJ1 soll der Kolben des Zylinders durch Federrückstellung in seine hintere Endlage zurückfahren.

Technologieschema

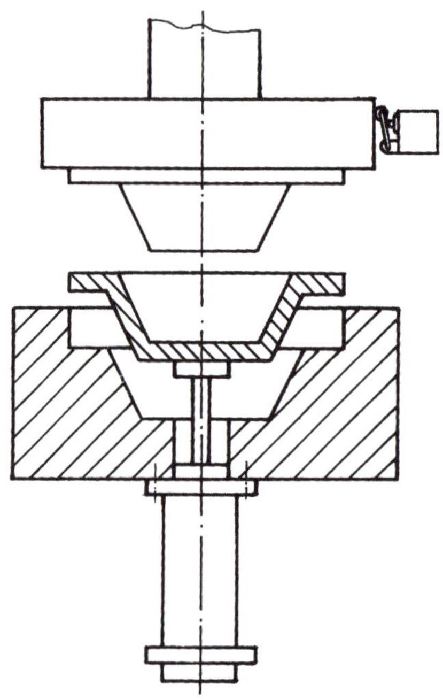

Pneumatischer Schaltplan

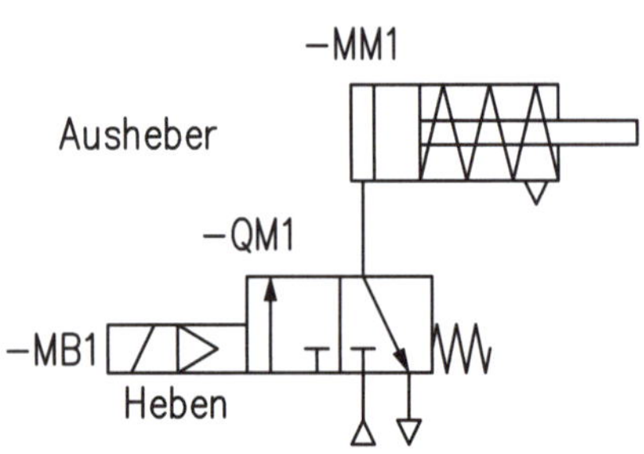

Weg-Schritt-Diagramm

Arbeitsauftrag

- Ergänzen Sie das Weg-Schritt-Diagramm. Benennen Sie die Schaltzeichen für Kontakte nach DIN EN 60617-7:1997-08. Ergänzen Sie die Relaisdarstellung. Schreiben Sie die Schalttabelle.
- Erstellen Sie den Stromlaufplan für den pneumatischen Ausheber. Überprüfen Sie Ihre Lösung durch den Aufbau der Steuerung.

Stromlaufplan

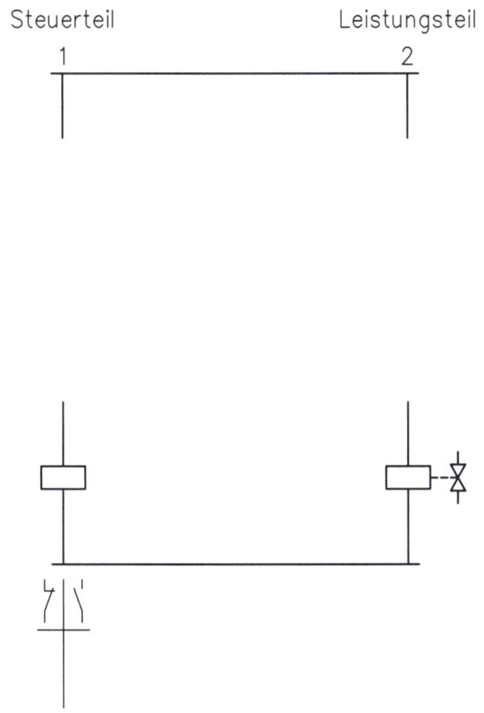

Logiksymbol

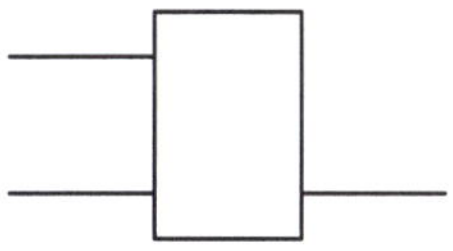

Schalttabelle

-SJ1	-BG1	-MB1

Schaltzeichen für Kontakte nach DIN EN 60617-7:1997-08

Relais

Ein Relais ist ein von einem entfernt liegenden Schaltort betätigter elektromagnetisch angetriebener Schalter mit mehreren gleichzeitig geschalteten Kontakten.

Ein Relais kann durch eine Kleinspannung erregt werden und an den Schaltkontakten höhere Spannungen schalten.

Kontaktbezeichnung durch Funktions- und Ordnungsziffern

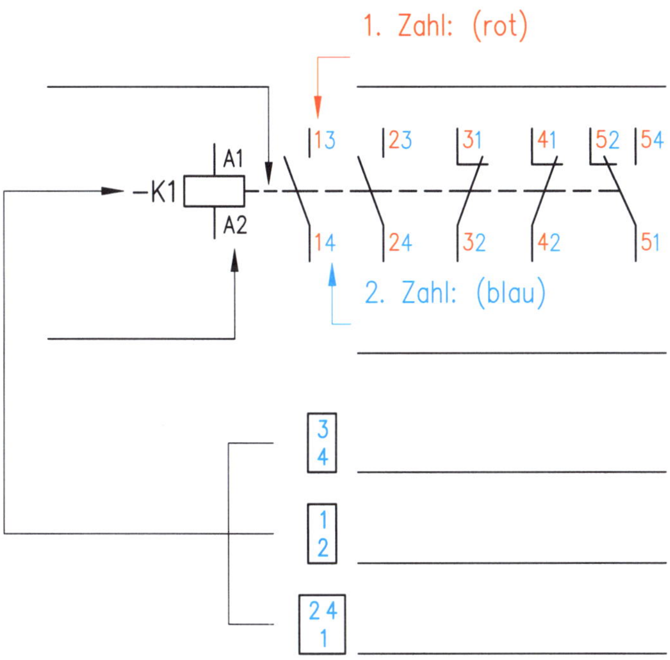

Kontaktbelegung

Zur besseren Übersicht im Stromlaufplan hat jedes Relais eine Schaltgliedertabelle oder einen Kontaktspiegel. Die Tabellen geben an, in welchem Stromweg ein Kontakt des Relais belegt ist.

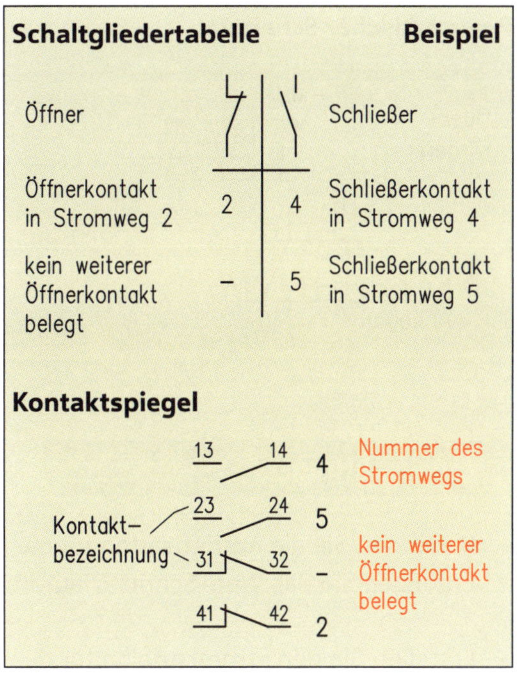

Querförderer I

Problemstellung

In einem Transfersystem werden auf Werkstückträgern positionierte Baueinheiten zu verschiedenen Montageplätzen gefahren. An einem taktunabhängigen Arbeitsplatz für die Handmontage befindet sich ein Zwischenspeicher. Die Zuführung der Werkstückträger zum Montageplatz erfolgt durch einen Querförderer. Ein einfach wirkender Zylinder hebt den Querförderer an und das durch einen Elektromotor angetriebene Transportband leitet den Werkstückträger auf die Querstrecke. Das Montagepersonal kann die Zuweisung durch Betätigung eines Handtasters –SJ1 oder eines Fußtasters –SJ2 einleiten.

Technologieschema

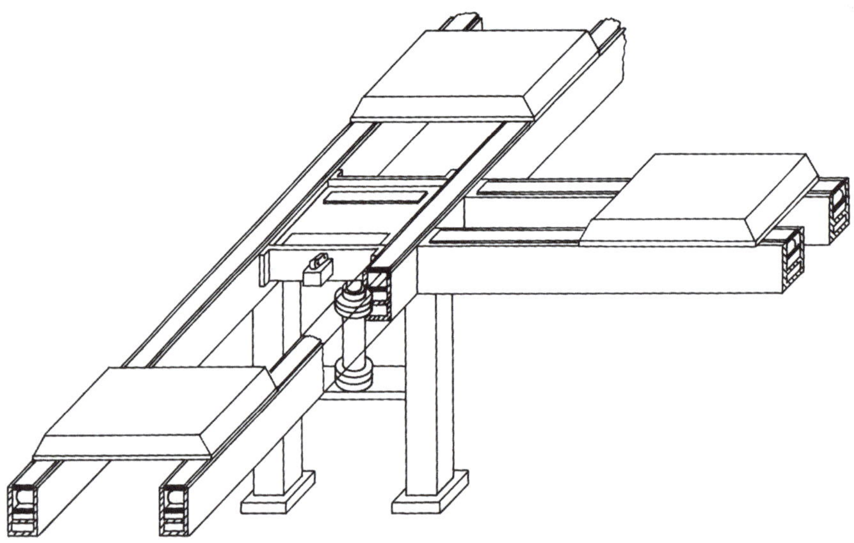

Pneumatischer Schaltplan

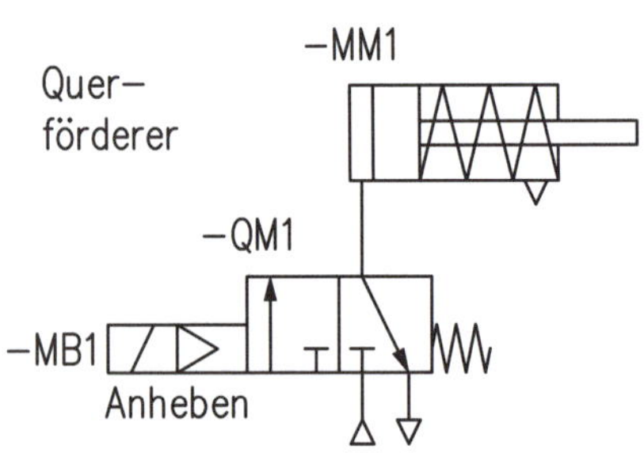

Weg-Schritt-Diagramm

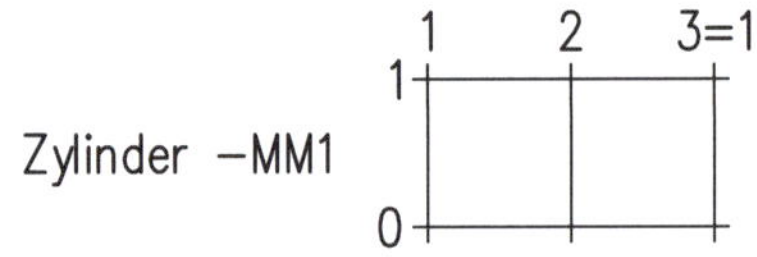

Arbeitsauftrag

- Benennen Sie die Antriebsarten für die Kontaktbetätigung. Schreiben Sie die Schalttabelle. Ergänzen Sie das Weg-Schritt-Diagramm.

- Erstellen Sie den Stromlaufplan für den Querförderer.

Stromlaufplan

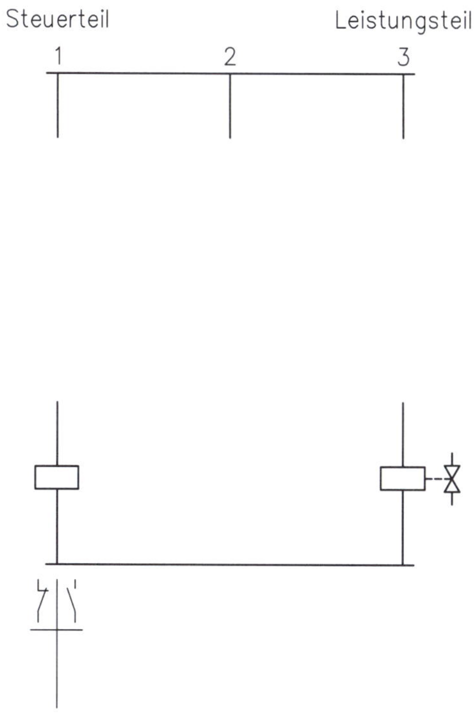

Schalttabelle

-SJ1	-SJ2	-MB1

Logiksymbol

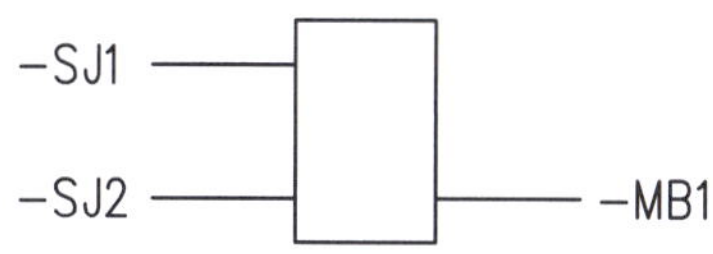

Schaltzeichen für Kontakte nach DIN EN 60617-7
Beispiel: Elektrischer Grenztaster mit mechanischer Betätigung

= ______________________

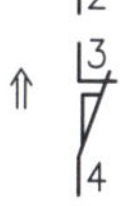

= ______________________

Die Kennzeichnung des betätigten Zustands eines Schalters erfolgt durch einen Doppelpfeil vor der Kontaktdarstellung.
Stromlaufpläne sind im spannungslosen Zustand zu zeichnen. Ist der Stromweg durch die Betätigung geschlossen, so bleiben durch den spannungslosen Zustand die Relaiskontakte in der Ausgangsposition. Der Schließerkontakt eines Relais wird weiterhin nicht betätigt dargestellt. Die Darstellung des betätigten Öffners bzw. Schließers ist nicht genormt.

Kennbuchstaben für Betriebsmittel (Eingangs - und Unterklasse) nach DIN EN IEC 81346-2:2020-10

BG = ______________________

PJ = ______________________

Antriebsarten für die Kontaktbetätigung DIN EN 60617-2, -7:1997-08

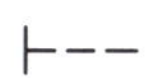 = ______________________

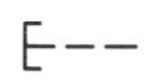 = ______________________

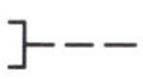 = ______________________

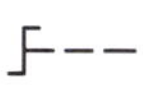 = ______________________

 = ______________________

 = ______________________

 = ______________________

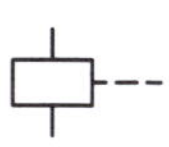 = ______________________

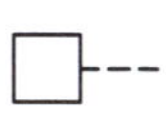 = ______________________

 = ______________________

 = ______________________

Querförderer II

Problemstellung

Ergänzen Sie die Aufgabe **Elektropneumatik 3** folgendermaßen: Der Hubzylinder kann nur ausfahren, wenn ein Signalgeber einen Werkzeugträger auf dem Querförderer meldet. Der Signalgeber ist als rollenbetätigter Sensor –BG1 im Transfersystem eingebaut. Der Sensor –BG1 wird beim Aufbau der Steuerung durch einen Handtaster mit Raste simuliert.

Stromlaufplan

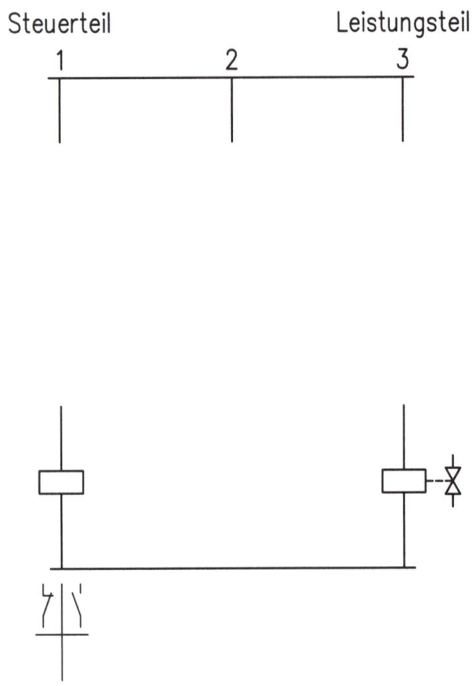

Schalttabelle

-SJ1	-SJ2	-BG1	-MB1

Weg-Schritt-Diagramm

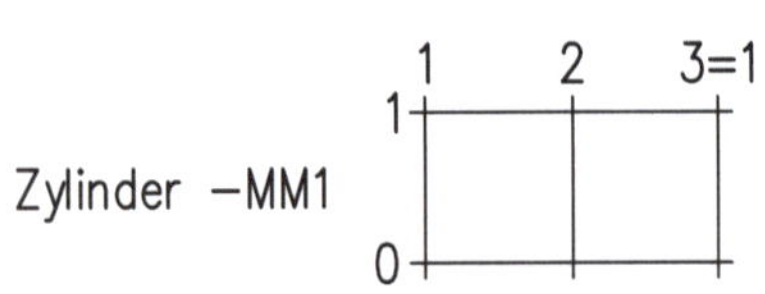

Logikplan

Arbeitsauftrag

- Schreiben Sie die Schalttabelle. Erstellen Sie den Logikplan. Ergänzen Sie das Weg-Schritt-Diagramm.
- Erstellen Sie den Stromlaufplan.

Elektrische Speicherung von Signalen (Selbsthaltung)

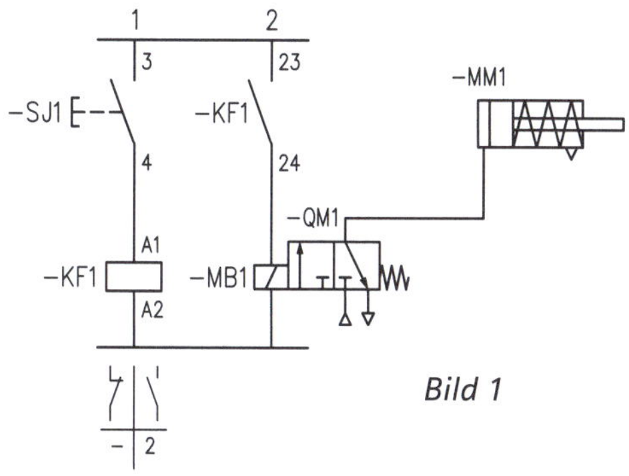

Bild 1

Magnetventile mit Federrückstellung können Signale nicht speichern. Ein Signalfluss und damit ein Steuervorgang wird nur für den Augenblick der Betätigung aufrechterhalten.

Durch die Betätigung des Tasters –SJ1 (Bild 1) wird der Stromweg 1 geschlossen und die Magnetspule des Relais –KF1 erregt. Der Anker des Relais zieht an und die Kontaktbahnen schließen. Über die belegten Schließerkontakte 23 und 24 des Relais schließt der Stromweg 2 und die Magnetspule –MB1 schaltet das 3/2-Wegeventil.

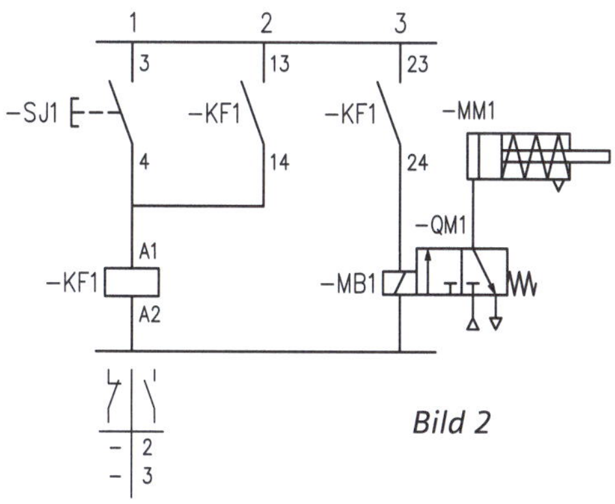

Bild 2

Das Loslassen des Tasters –SJ1 unterbricht den Stromweg 1. Das Magnetfeld der Spule im Relais –KF1 wird unterbrochen und der Anker durch Federn in die Ausgangslage gezogen. Dadurch öffnen die Kontaktbahnen das Relais. Stromweg 2 wird geöffnet und die Rückstellfeder schiebt das 3/2-Wegeventil in die Ausgangslage zurück.

Ein Relais enthält mehrere, als Schließer, Öffner oder Wechsler ausgelegte Kontaktbahnen (siehe Arbeitsblatt **Elektropneumatik 2**). Im Bild 2 wird über die Kontakte 13 und 14 des Relais –KF1 in einer Parallelschaltung zum Stromweg 1 die Anschlussklemme A1 mit Spannung versorgt. Der Stromweg 2 bleibt geschlossen, wenn der Taster –SJ1 den Stromweg 1 unterbricht. Das Relais hält sich selbst (Selbsthaltung).

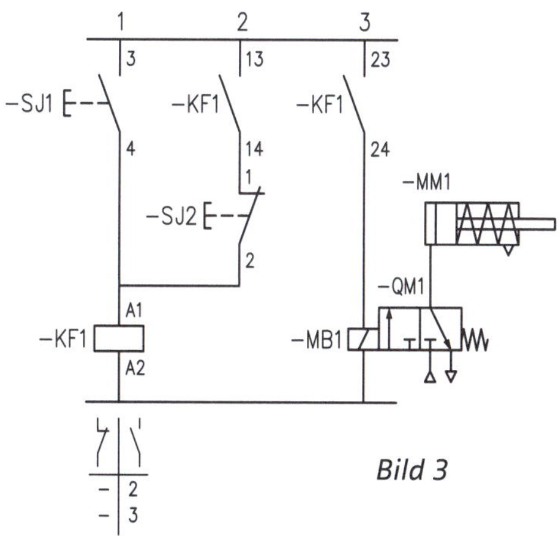

Bild 3

Um diese Selbsthaltung zu lösen, muss Öffner –SJ2 den Stromfluss unterbrechen. Nach Betätigung des Öffners (Bild 3) wird Stromweg 2 unterbrochen und das Magnetfeld der Spule im Relais –KF1 aufgehoben. Eine Selbsthaltung dieser Art heißt: „Dominierend EIN" (Dominierend SPEICHERN).

Schalttabelle und Logiksymbol „Dominierend EIN"

-SJ1	-SJ2	-MB1
0	0	0
0	1	-
1	0	1
1	1	1

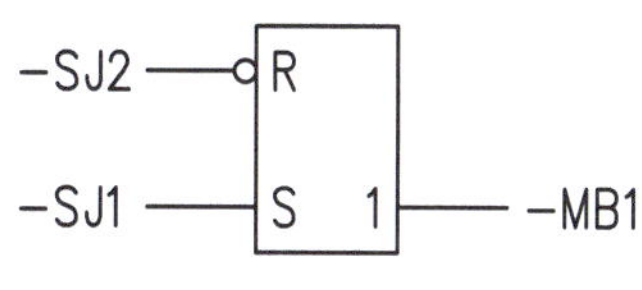

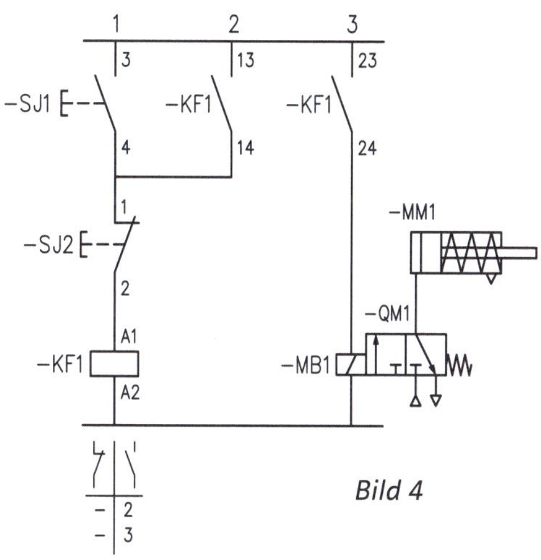

Bild 4

Arbeitsauftrag

- Beschreiben Sie die Funktionsweise der Betriebsmittel im Stromlaufplan Bild 4. Erstellen Sie die Schalttabelle.
- Welcher wesentliche Unterschied ergibt sich zur Signalspeicherung in Bild 3?
- Erläutern Sie die Begriffe „Dominierend EIN" und „Dominierend AUS".

Spannvorrichtung

Problemstellung

An einer automatischen Bügelsäge werden Profilstäbe von einem Pneumatikzylinder durch Druck auf den Taster -SJ1 gespannt. Nach Loslassen des Tasters -SJ1 darf der Zylinder den Spannvorgang nicht unterbrechen. Der Spannvorgang darf nur dann durch Druck auf den Taster -SJ2 beendet werden, wenn der Bügel der Säge nach oben gefahren Ist. Die obere Lage des Bügels wird durch den Sensor -BG1 abgefragt.

Technologieschema

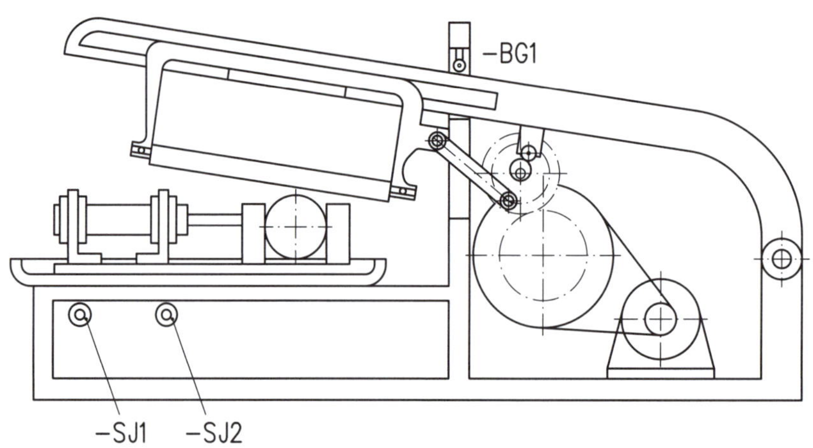

Pneumatischer Schaltplan

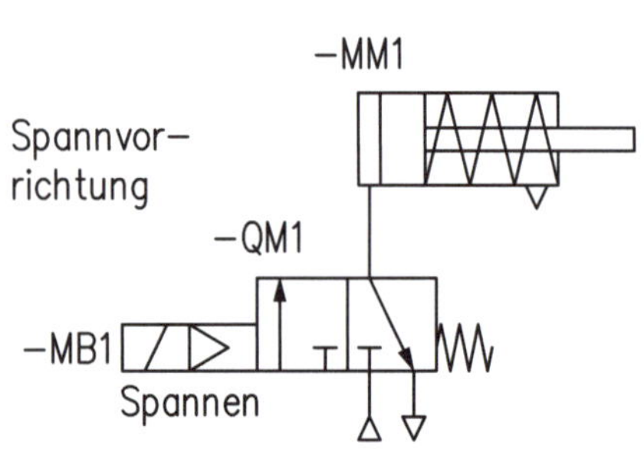

Weg-Schritt-Diagramm

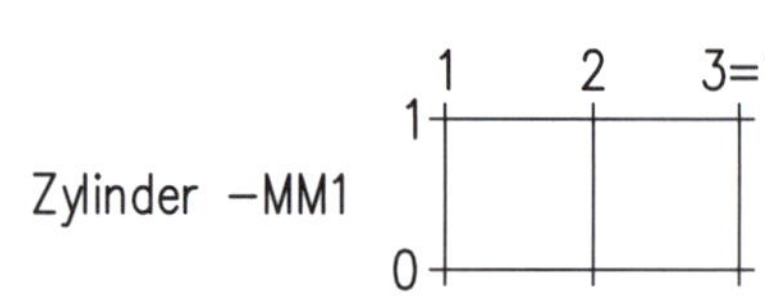

Arbeitsauftrag

- Schreiben Sie die Schalttabelle.
- Erstellen Sie den Stromlaufplan für die Spannvorrichtung. Der Sensor -BG1 wird beim Aufbau der Steuerung durch einen Taster mit mechanischer Verriegelung simuliert.

Stromlaufplan

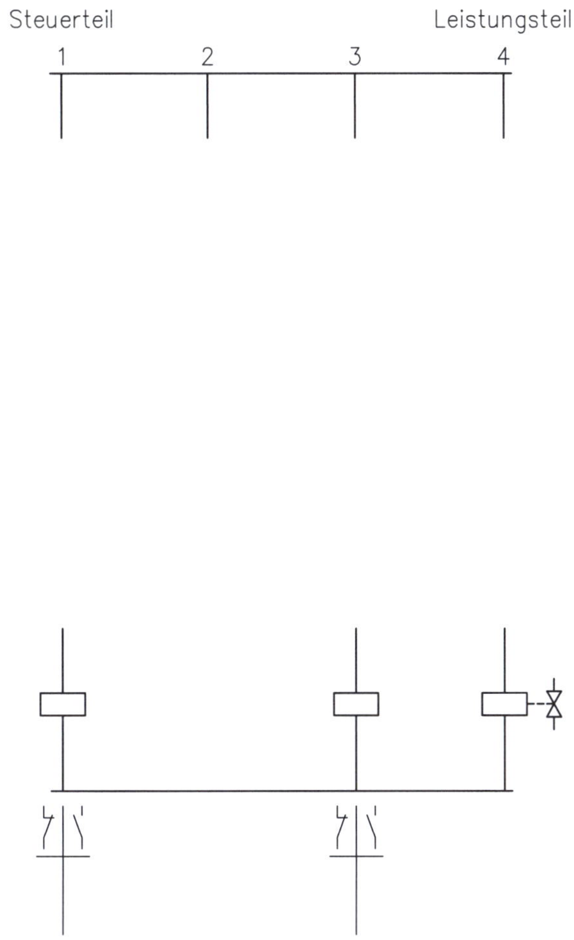

Schalttabelle

-SJ1	-SJ2	-BG1	-MB1

Logiksymbol

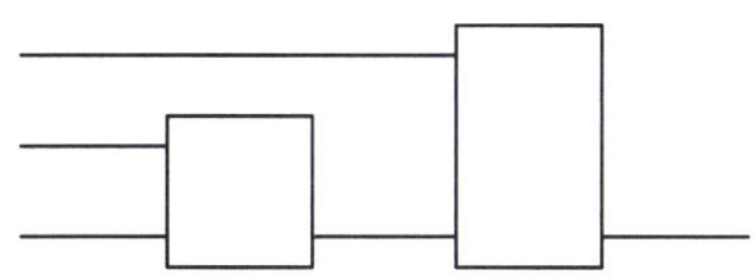

Logikzustände

Eine Schalttabelle gibt Aufschluss über die Beziehungen zwischen den möglichen Kombinationen der Logikzustände der binären Eingangssignale und dem geforderten Ausgangssignal.
Ein Schließer- oder Öffnerkontakt kann die beiden möglichen Betriebszustände **„GESCHLOSSEN“** oder **„GEÖFFNET“** annehmen. Diesen beiden Betriebszuständen sind Logikzustände zugeordnet:

GESCHLOSSEN	⟹	Strom fließt	⟹	Logikzustand „logisch 1“
GEÖFFNET	⟹	Strom fließt nicht	⟹	Logikzustand „logisch 0“

Logikzustände der Signalelemente
Schließer und Öffner am Beispiel eines elektrischen Sensors, mechanisch betätigt

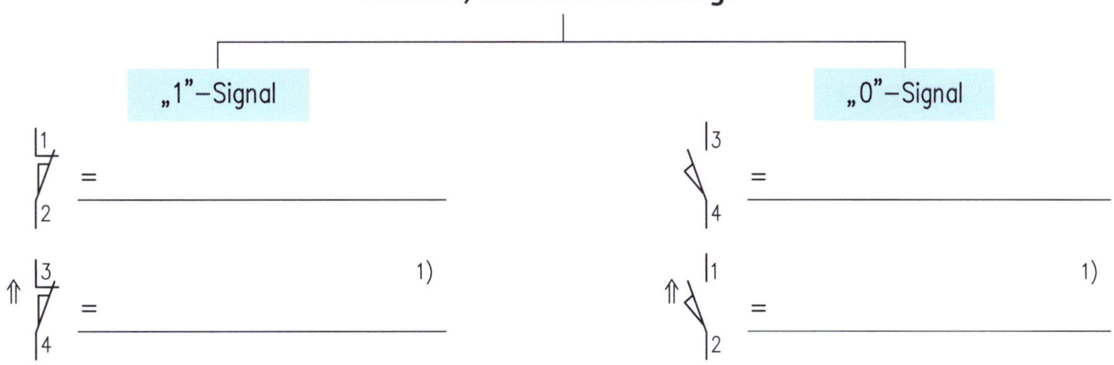

[1] Die Darstellung ist nicht genormt.

Vorschubeinheit

Problemstellung

Der Vorschub einer Kreissäge erfolgt durch einen doppelt wirkenden Zylinder. Der Zylinder wird von einem 5/2-Wegeventil mit Federrückstellung gesteuert. Der Start des Vorschubs erfolgt durch Druck auf den Taster –SJ1. Aus Sicherheitsgründen darf die Vorschubbewegung erst dann geschehen, wenn das Werkstück sicher gespannt ist. Die Überwachung des Spannvorgangs übernimmt an der Spannvorrichtung der Sensor –BG2. Die Steuerung der Spannvorrichtung ist nicht Bestandteil der Aufgabe. Ein unvorhergesehenes Lösen der Spannvorrichtung muss den Sägevorschub in jedem Fall beenden. Nach Beendigung der Sägearbeit wird durch die Vorschubeinheit der Sensor –BG1 betätigt. Die Säge fährt automatisch in die Ausgangslage zurück.

Technologieschema

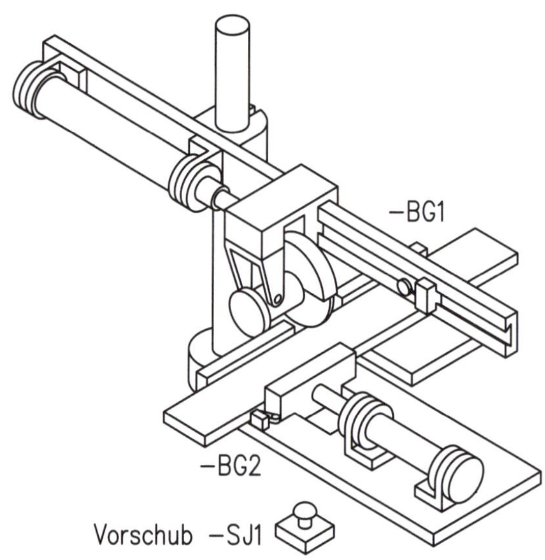

Pneumatischer Schaltplan

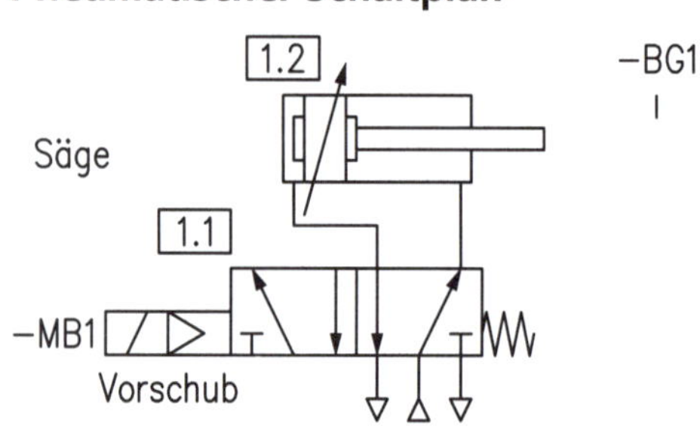

Weg-Schritt-Diagramm

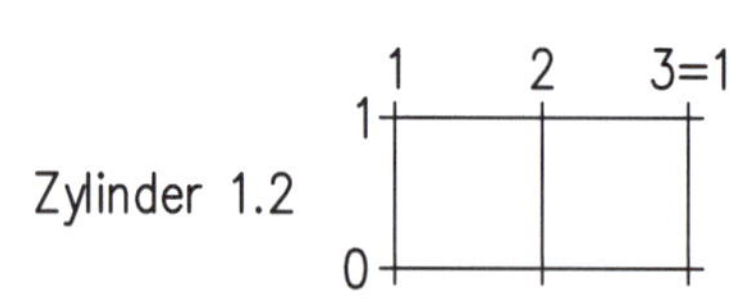

Arbeitsauftrag

- Ergänzen Sie das Weg-Schritt-Diagramm. Schreiben Sie die Schalttabelle.
- Erstellen Sie den Stromlaufplan für die Vorschubeinheit. Überprüfen Sie Ihre Lösung durch den Aufbau der Steuerung. Der Sensor –BG2 zur Überwachung des Spannvorgangs wird dabei durch einen Taster mit mechanischer Verriegelung simuliert.
- Überlegen Sie ob die Sensoren (Endschalter: 3/2-Wegeventil, mechanische Betätigung duch eine Rolle) funktionsgerecht an der Vorschubeinheit angebracht wurden.

Programmablaufplan (PAP) DIN 66001:1983-12

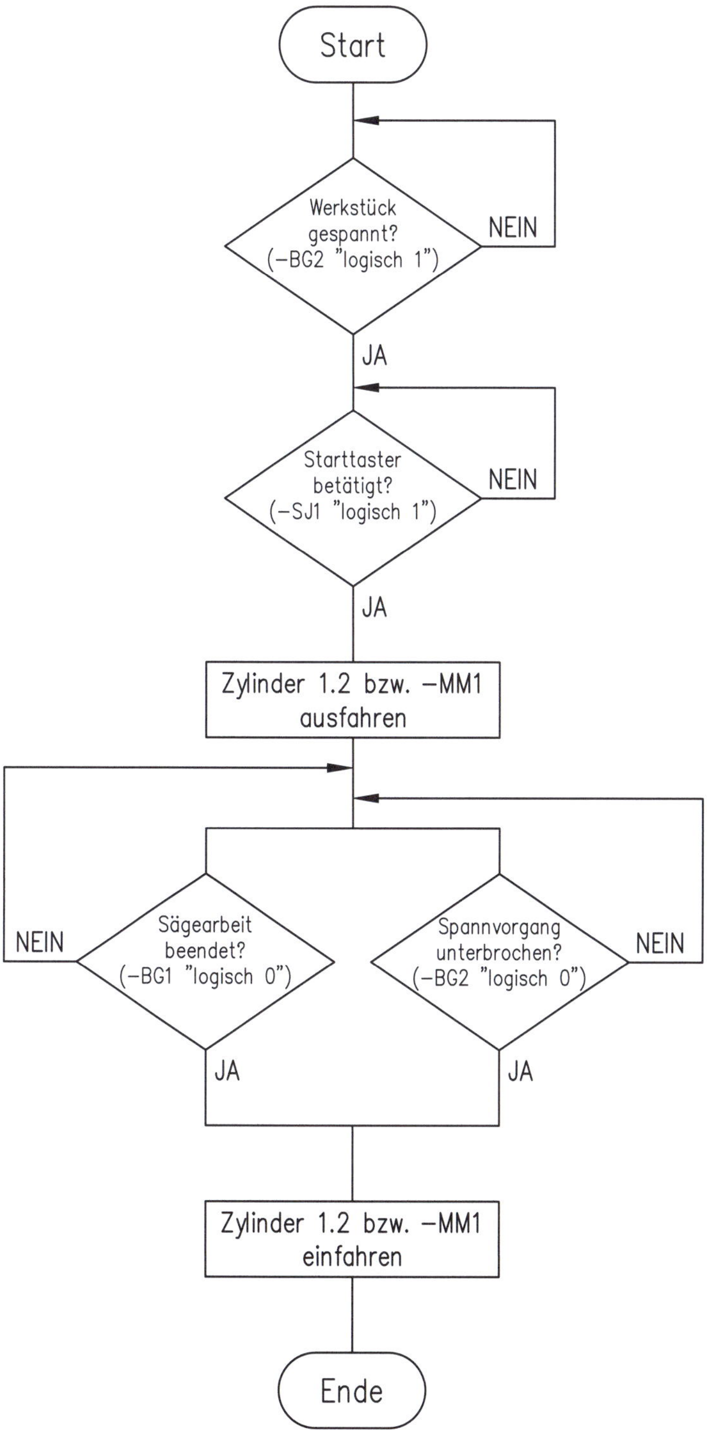

Programmablaufplan (PAP)

Ein Programmablaufplan stellt die Folge von Arbeitsschritten in einer Steuerung dar. Die Verbindungen zeigen dabei die Reihenfolge der Verarbeitung, vorzugsweise von oben nach unten, auf.

Zweck der Darstellung ist die eindeutige und anschauliche Darstellung von Aufgabenlösungen. Dazu wurden einheitliche Sinnbilder und deren Verknüpfung festgelegt.

Stromlaufplan

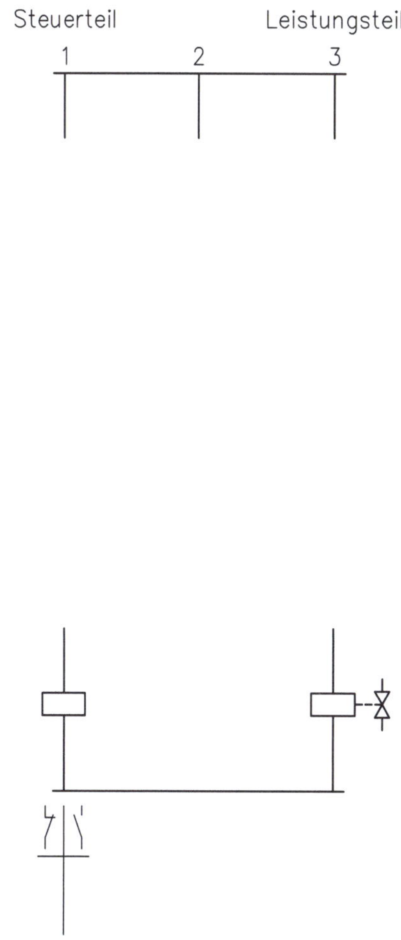

Schalttabelle

-SJ1	-BG1	-BG2	-MB1

Logikplan

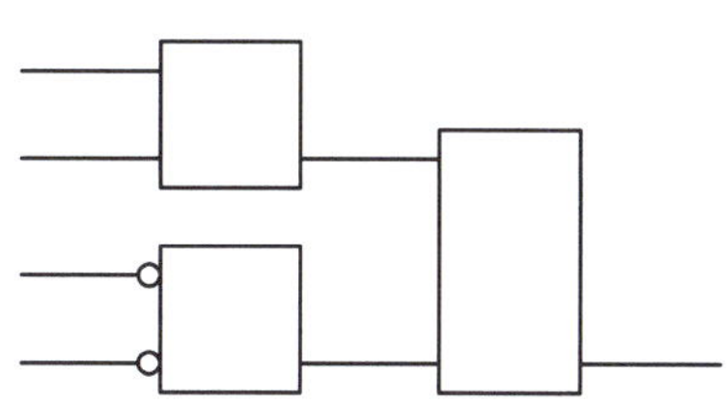

Ofentür

Problemstellung

Die Eingangstür eines befahrbaren Brennofens wird pneumatisch durch Druck auf den Taster –SJ1 geöffnet und nach dem Beschicken durch den Taster –SJ2 wieder geschlossen.

Technologieschema

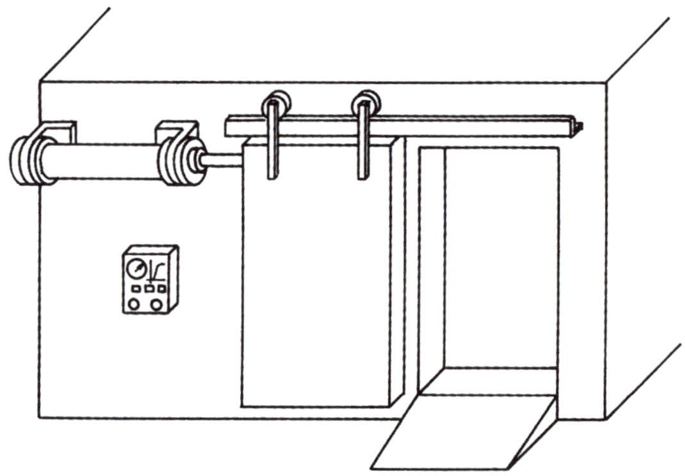

Pneumatischer Schaltplan

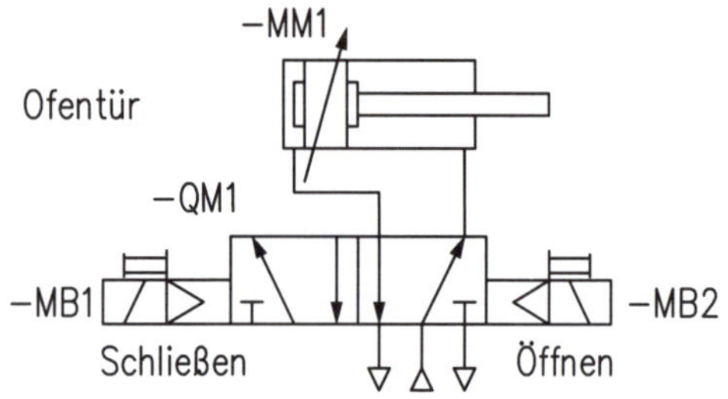

Weg-Schritt-Diagramm

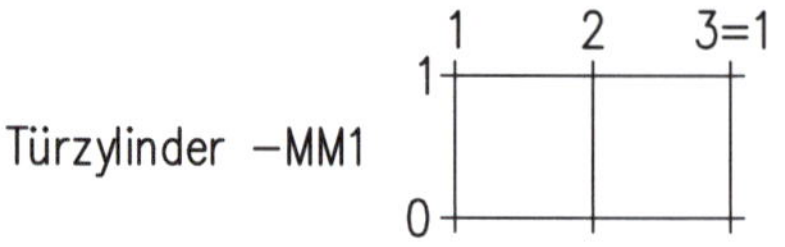

Arbeitsauftrag

- Vervollständigen Sie das Weg-Schritt-Diagramm. Schreiben Sie die Schalttabellen für das Öffnen und Schließen der Ofentür. Erstellen Sie den Programmablaufplan. Benutzen Sie dazu das Blatt **Elektropneumatik 7** als Hilfestellung.

- Erstellen Sie einen Stromlaufplan für die Ofentür. Überprüfen Sie Ihre Lösung durch den Aufbau der Steuerung.

Programmablaufplan (PAP) nach DIN 66001:1983-12

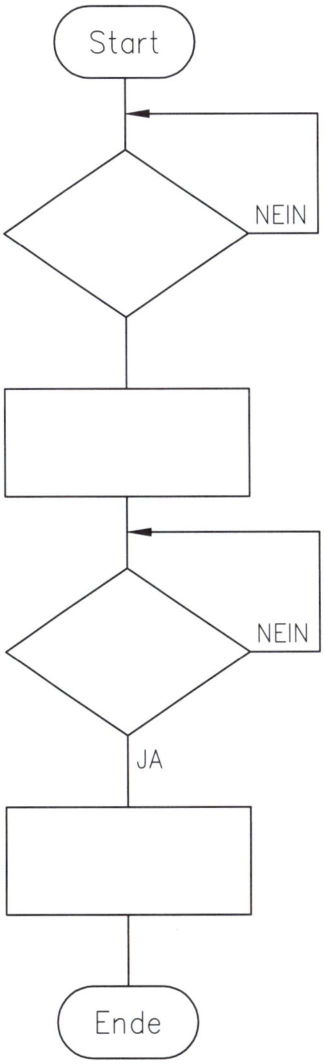

Stromlaufplan

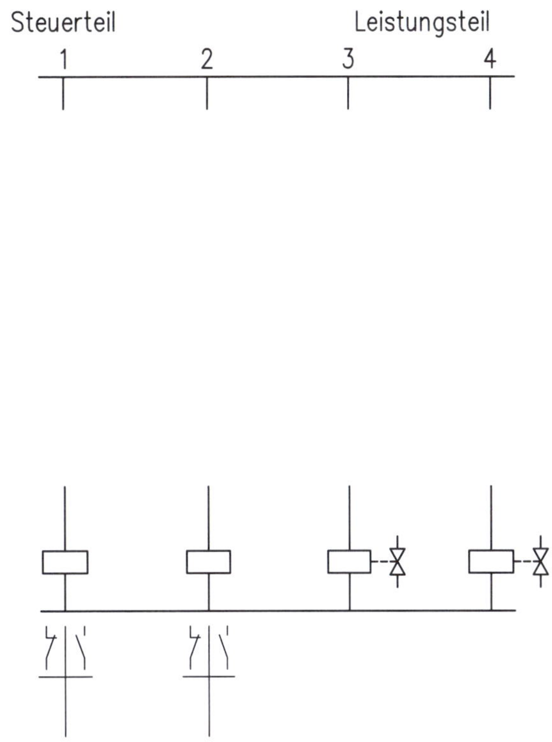

Logiksymbole

Schritt 1: Tür öffnen

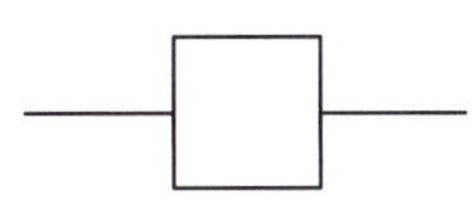

Schritt 2: Tür schließen

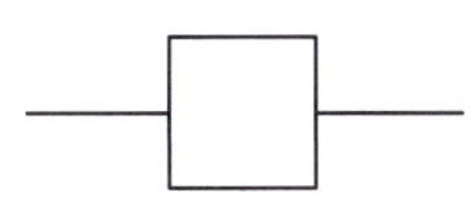

Sinnbilder im Programmablaufplan

Verarbeitungseinheiten

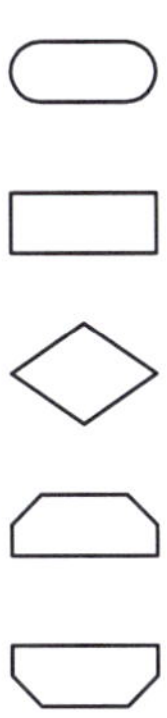

= ______________________________

= ______________________________

= ______________________________

= ______________________________

= ______________________________

Verbindungen

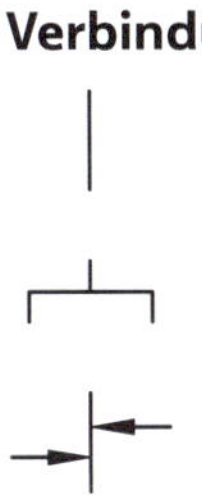

= ______________________________

= ______________________________

= ______________________________

Schalttabellen

Tür öffnen

-SJ1	-MB2

Tür schließen

-SJ2	-MB1

Klebevorrichtung

Problemstellung

Nach gleichzeitiger Betätigung der START-Taster –SJ1 und –SJ2 soll der Kolben eines doppelt wirkenden Zylinders ausfahren. Hat er seine vordere Endlage –BG2 erreicht, werden die zu verklebenden Werkstücke 10 Sekunden aufeinander gepresst. Nach Ablauf der Presszeit fährt er selbsttätig in die Ausgangsposition zurück. Ein Neustart der Anlage darf nur erfolgen, wenn sich der Kolben in der hinteren Endlage befindet. Für das Aus- und Einfahren des Kolbens wird je 1 Sekunde benötigt.

Technologieschema

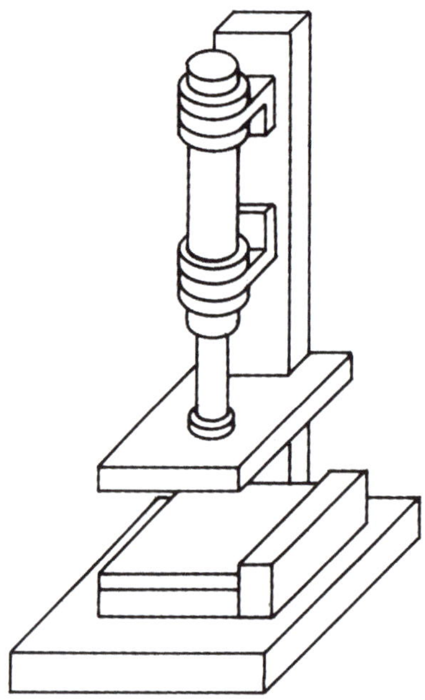

Pneumatischer Schaltplan

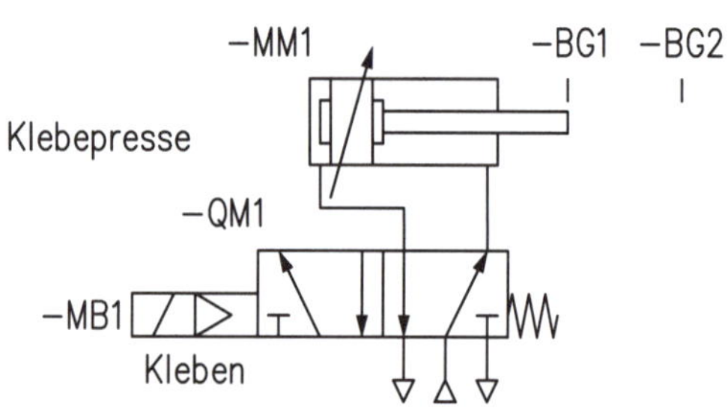

Weg-Schritt-Diagramm

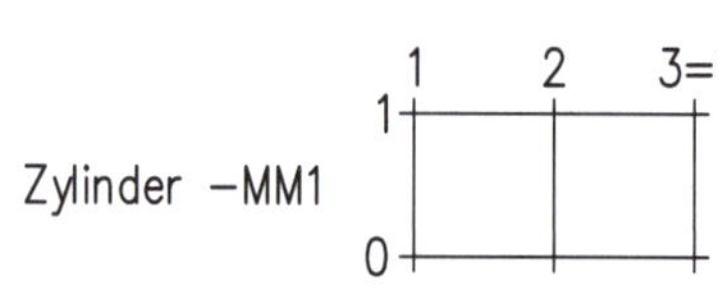

Arbeitsauftrag

- Benennen Sie die Schaltzeichen nach DIN EN 60617-7:1997-08. Ergänzen Sie das Funktionsdiagramm.
- Erstellen Sie den Stromlaufplan. Überprüfen Sie Ihre Lösung durch den Aufbau der Steuerung.
- Überlegen Sie: Was passiert, wenn der Sensor –BG2 während der ablaufenden 10 Sekunden wegen eines Defekts keinen Kontakt gibt?

Elektromechanischer Antrieb

Schaltzeichen für Relais und Kontakte DIN EN 60617-7:1997-08

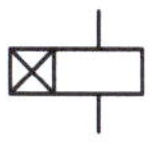
= Anzugverzögerung
Ansprechverzögerung

= Rückfallverzögerung
Abfallverzögerung

= ___

= ___

= ___

= ___

Ansprechverzögertes Verhalten eines Relais

(Anzugs- oder Einschaltverzögertes Relais)

Die Zeitdifferenz Δt vom Einschalten des Erregerstroms an der Magnetspule des Relais bis zum Schaltvorgang an den Kontaktbahnen wird als Ansprechverzögerungszeit (verzögerte Betätigung) bezeichnet.
Der Strom fließt über den Spulenanschluss A1 durch den einstellbaren Widerstand –RAC1 und lädt den Kondensator –CAA1. Ist am Kondensator die Schaltspannung erreicht, schaltet das Relais. Die Diode –RAA1 lässt den Strom nur über –RAC1 in Richtung Kondensator fließen.

Kontaktbahnen

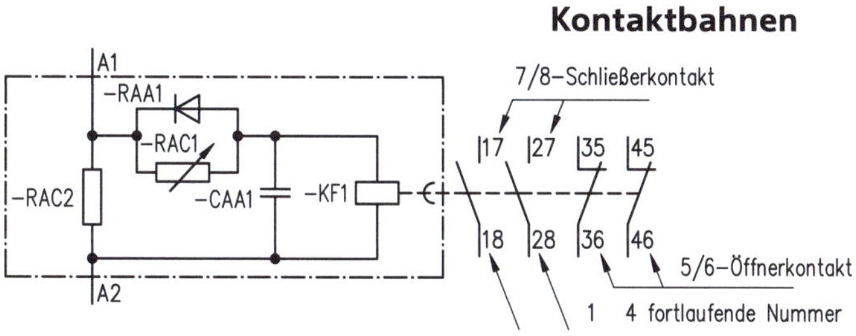

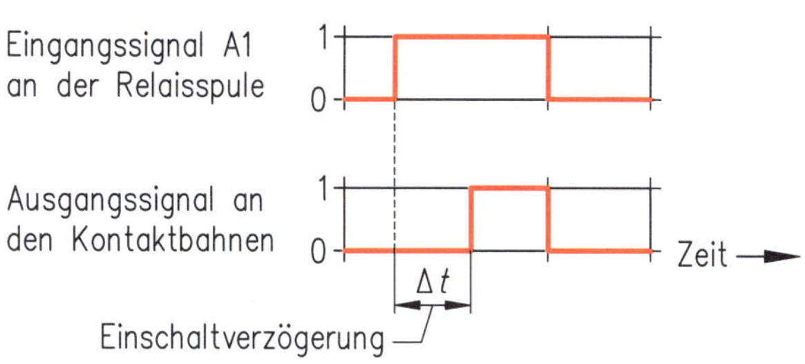

Stromlaufplan

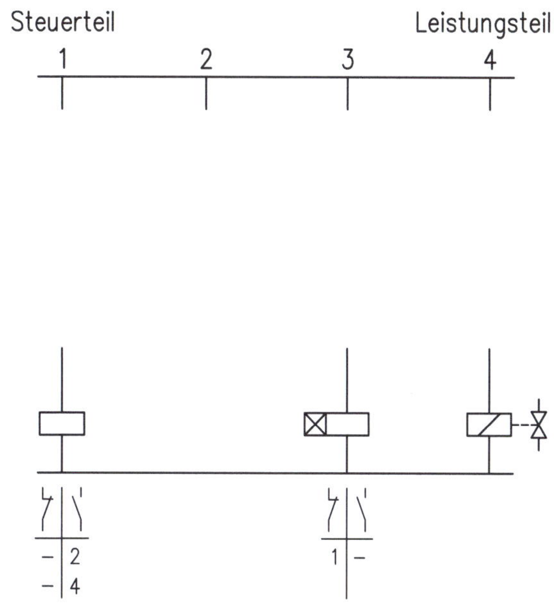

Funktionsdiagramm

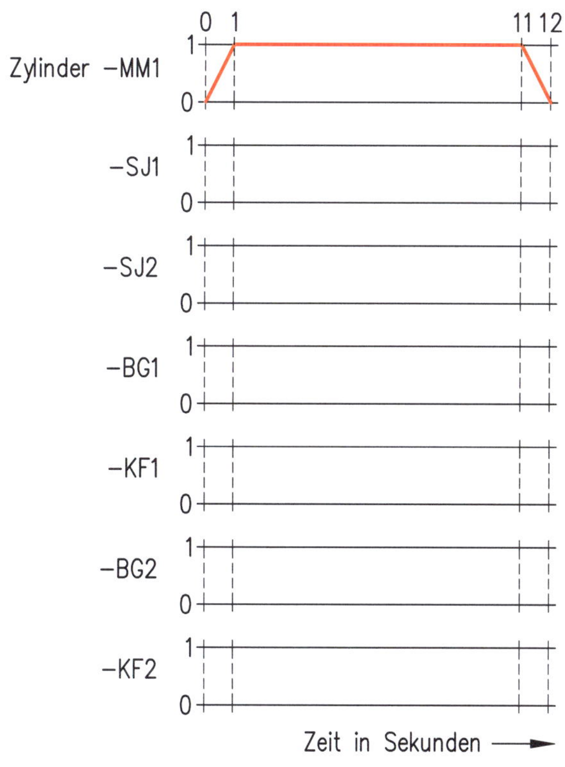

Logiksymbol

Ansprechverzögerung
(Anzugs- oder Einschaltverzögerung)

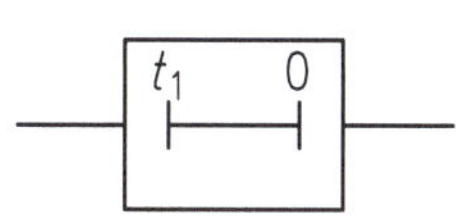

Verbindungstür

Problemstellung

Eine als Brandschutztür vorgesehene Verbindungstür zwischen den Hallen A und B ist durch einen doppelt wirkenden Zylinder zu öffnen. In jeder Halle befindet sich ein Schalter –SJ1 bzw. –SJ2, um die Tür zu öffnen. Nach dem Öffnen soll die Tür 15 Sekunden lang geöffnet bleiben und danach selbstständig schließen. Zum Aus- und Einfahren wird eine Zeit von je 1 Sekunde benötigt.

Technologieschema

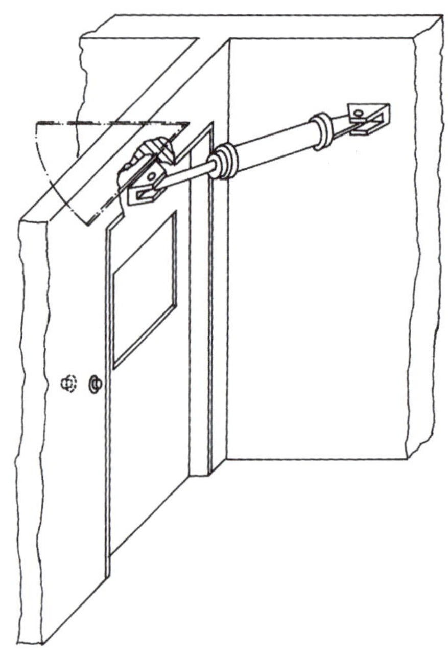

Pneumatischer Schaltplan

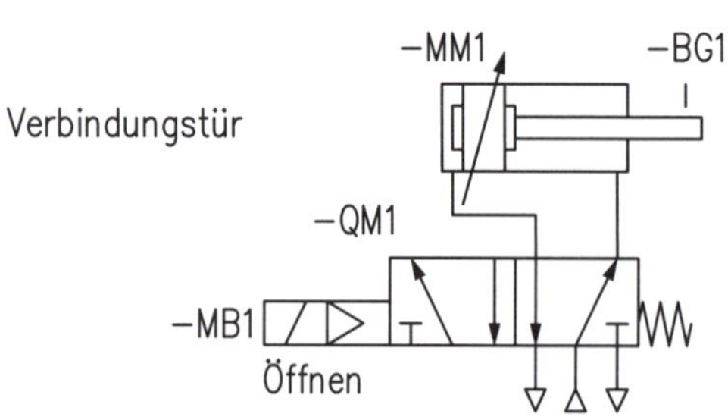

Weg-Schritt-Diagramm

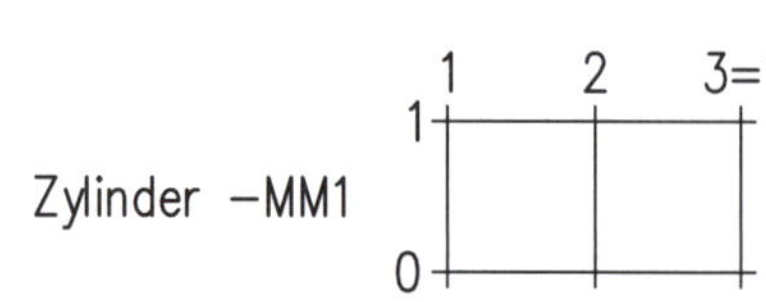

Arbeitsauftrag

- Vervollständigen Sie das Funktionsdiagramm.
- Vervollständigen Sie das Weg-Schritt-Diagramm für die Verbindungstür. Überprüfen Sie Ihre Lösung durch den Aufbau der Steuerung.
- Überlegen Sie: Welche Folgen hat der Einbau des Sensors –BG1 als Schließer?

Elektromechanischer Antrieb

Rückfallverzögertes Verhalten eines Relais
(Ab- oder ausschaltverzögertes Relais)

Nach dem Einschalten des Erregerstroms fließt der Strom über den Anschluss A1 in die Magnetspule und bildet dort ein Magnetfeld. Die Diode −RAA1 lässt den Strom in Richtung Kondensator −CAA1 ungehindert fließen. Der Anker wird angezogen und die Kontaktbahnen werden betätigt. Gleichzeitig wird durch den Strom der Kondensator −CAA1 geladen.

Nach Öffnen des Stromwegs entlädt der Kondensator −CAA1 über die Magnetspule und einen einstellbaren Widerstand −RAC1. Über den einstellbaren Widerstand wird die Entladungszeit des Kondensators beeinflusst. Der Strom aus dem Kondensator hält das Magnetfeld in der Spule aufrecht.

Die Zeitdifferenz Δt zwischen dem Löschen des Eingangssignals am Spuleneingang des Relais und dem Öffnen der Kontaktbahnen wird als Rückfallverzögerungszeit (verzögertes Abfallen) bezeichnet.

Kontaktbahnen

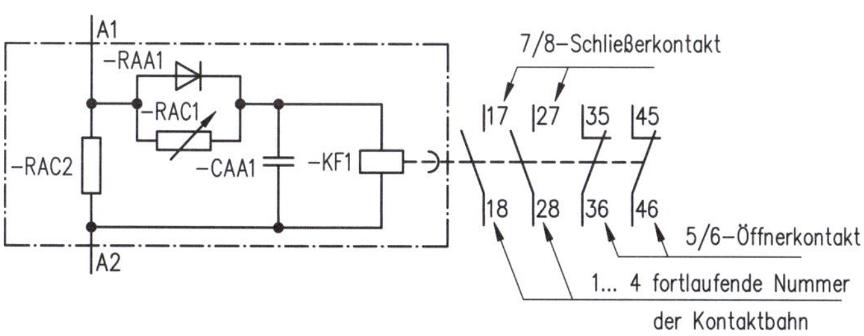

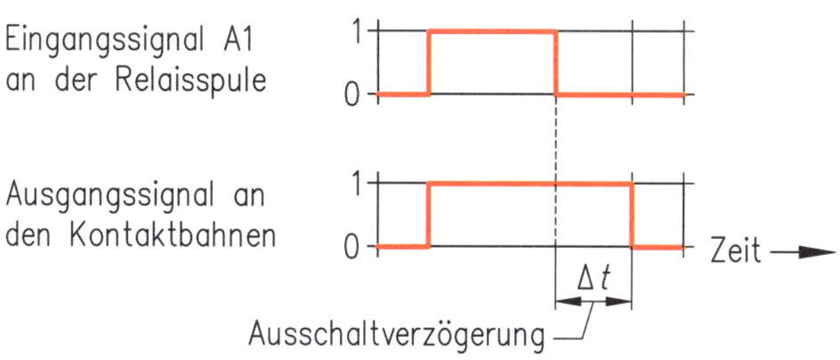

Stromlaufplan

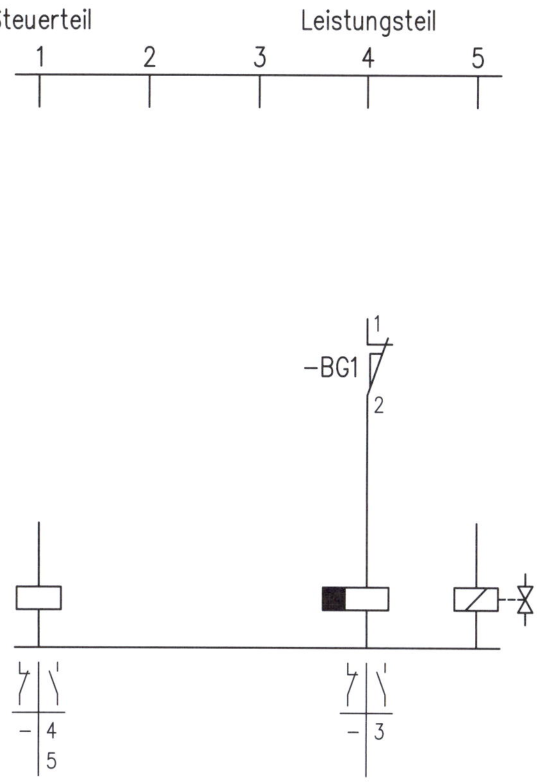

Funktionsdiagramm

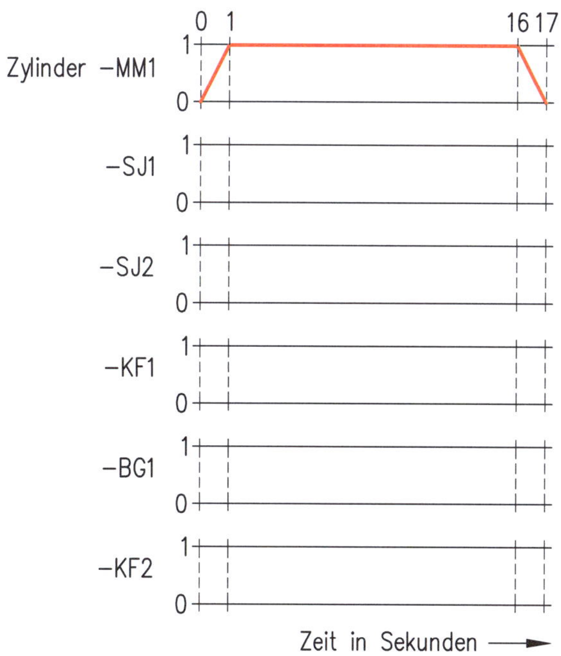

Logiksymbol Rückfallerzögerung
(Abfall- oder Ausschaltverzögerung)

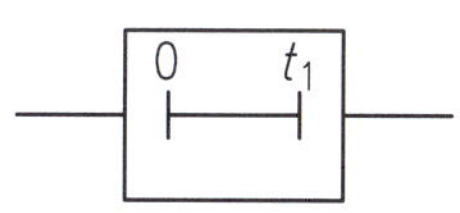

Werktor

Problemstellung

Das Tor einer Werkhalle soll pneumatisch betätigt werden. Zwei Taster, –SJ1 für „AUF“ und –SJ2 für „ZU“, befinden sich auf der Hofseite des Tors und zwei weitere, –SJ3 für „AUF“ und –SJ4 für „ZU“, innerhalb der Halle. Es soll möglich sein, das Tor von außen oder innen zu öffnen und auch wechselseitig wieder zu schließen. Die Schließgeschwindigkeit soll durch ein Drossel-Rückschlagventil einstellbar sein

Technologieschema

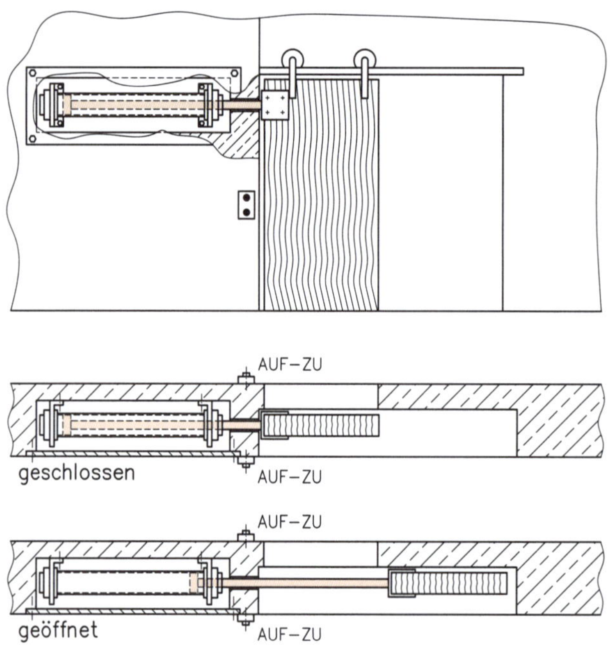

Pneumatischer Schaltplan

Alternative A

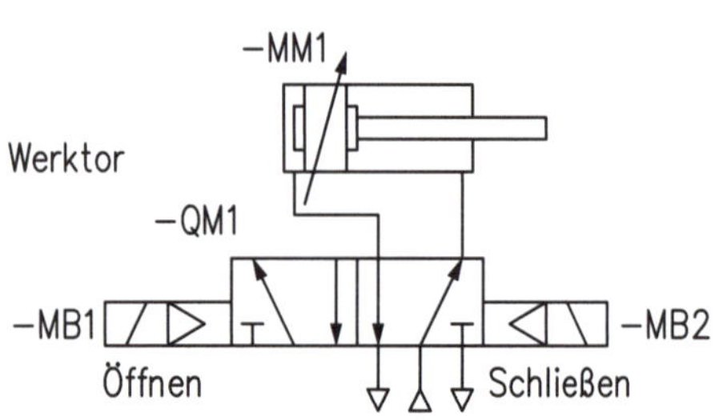

Alternative B

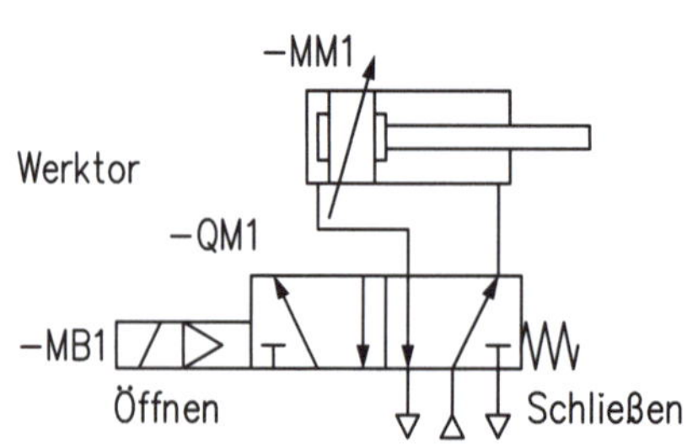

Weg-Schritt-Diagramm

Arbeitsauftrag

- Erstellen Sie den Stromlaufplan für den Einsatz eines 5/2-Wegeventils, beidseitig durch Elektromagnete betätigt.
- Welche Änderungen im Stromlaufplan müssen vorgenommen werden, wenn ein 5/2-Wegeventil mit Federrückstellung eingesetzt wird?

Stromlaufplan

Alternative A

5/2-Wegeventil, beidseitig durch Elektromagnete betätigt

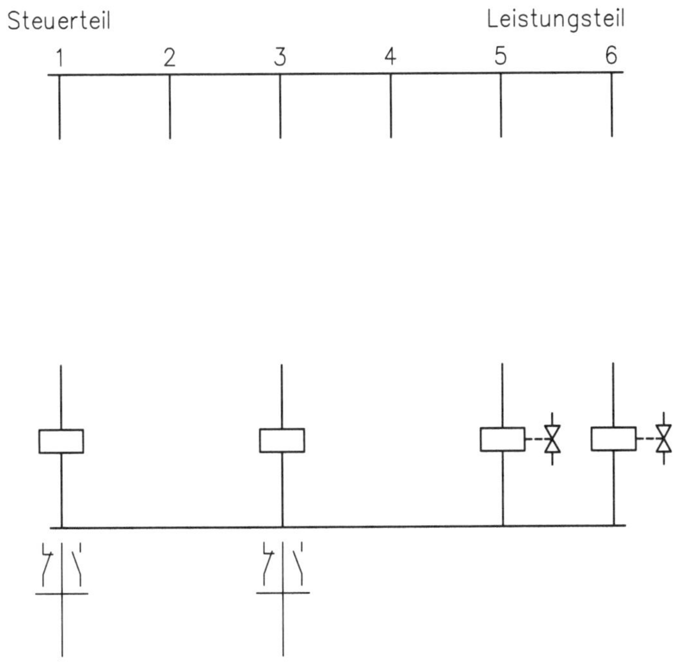

Logikplan

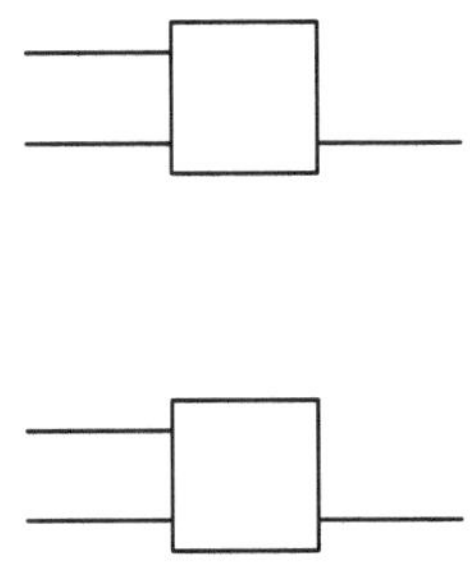

Alternative B

5/2-Wegeventil, einseitig durch einen Elektromagneten betätigt, mit Federrückstellung

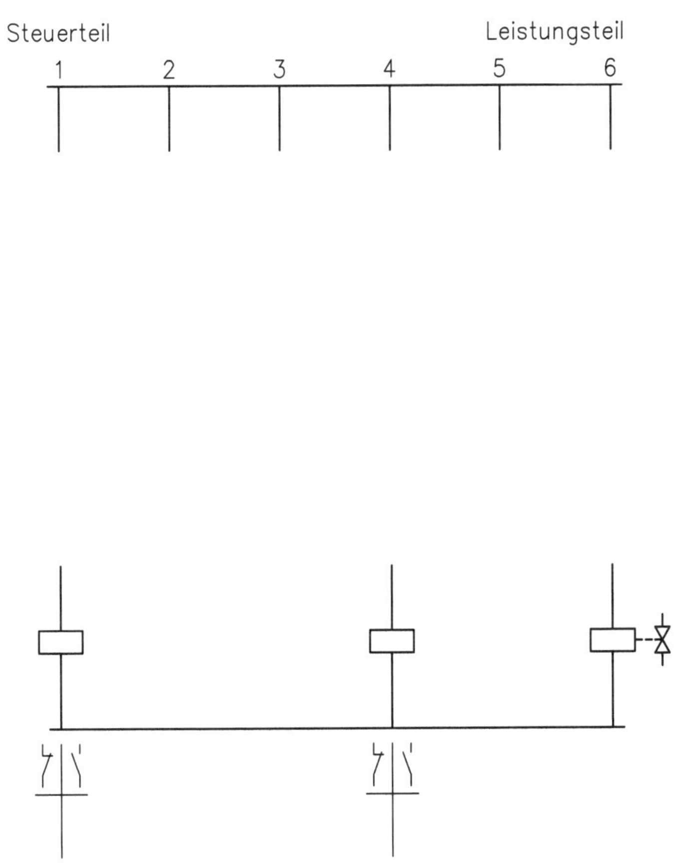

Logikplan

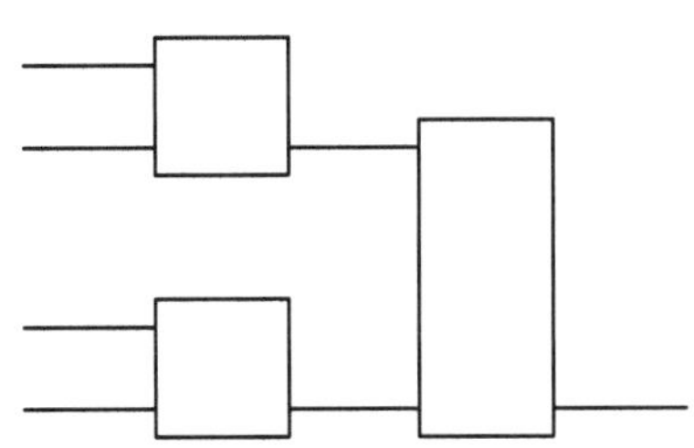

Belastungsprüfung

Problemstellung

In einem Möbelhaus sollen die Kunden von der Qualität der Polstermöbel überzeugt werden. Durch zwei Pneumatikzylinder wird die Polsterung eines Sessels in einem Prüfstand auf Haltbarkeit getestet. Der Kunde kann den selbsttätig ablaufenden Prüfvorgang durch Druck auf den Taster –SJ1 starten, wenn sich der zweite Zylinder, der Rückenlehnenzylinder, nach Beendigung eines Demonstrationszyklus in der hinteren Endlage befindet. Zuerst belastet der erste Zylinder das Sitzpolster. Danach fährt der Rückenlehnenzylinder gegen das Polster. Anschließend fahren nacheinander der Sitzpolsterzylinder und dann der Rückenlehnenzylinder in ihre Ausgangspositionen zurück.

Technologieschema

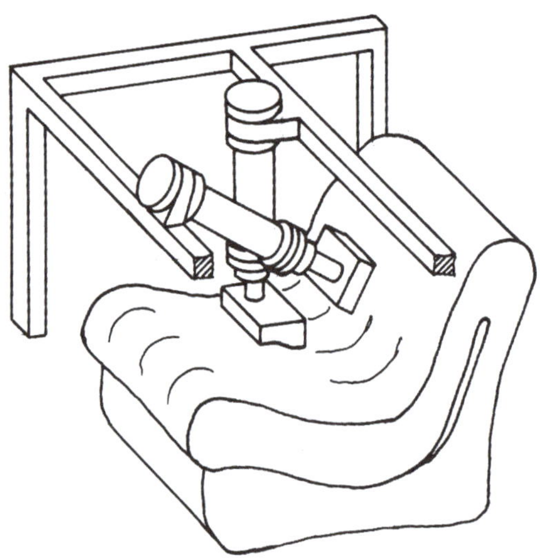

Pneumatischer Schaltplan

Arbeitsauftrag

- Vervollständigen Sie das Weg-Schritt-Diagramm. Ergänzen Sie den Logikplan.
- Ergänzen Sie den Logikplan.
- Erstellen Sie einen Stromlaufplan für die Belastungsprüfung. Überprüfen Sie Ihre Lösung durch den Aufbau der Steuerung.

Stromlaufplan

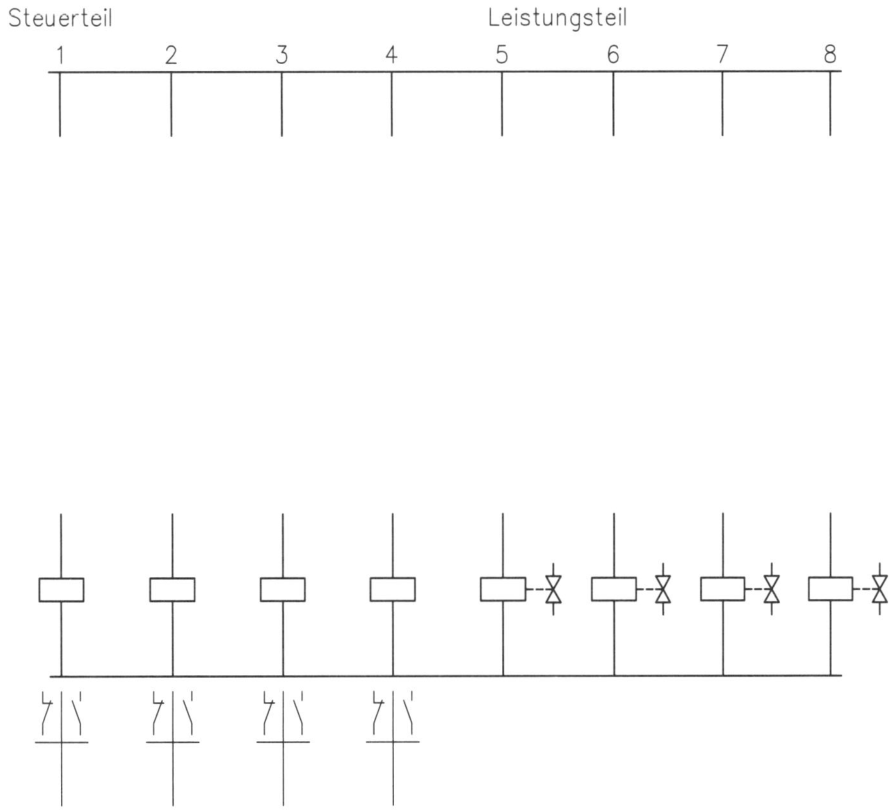

Weg-Schritt-Diagramm

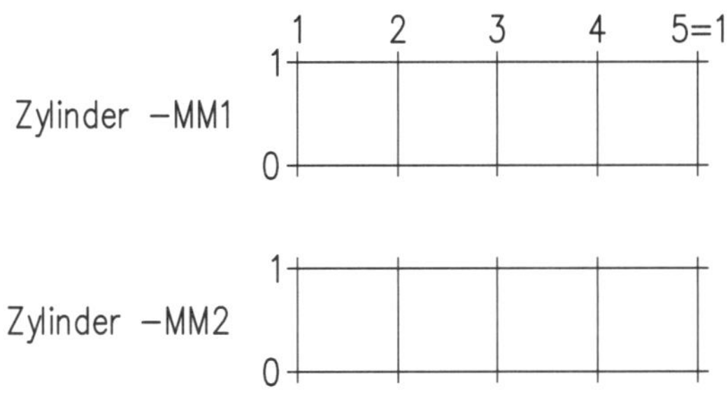

Logikplan

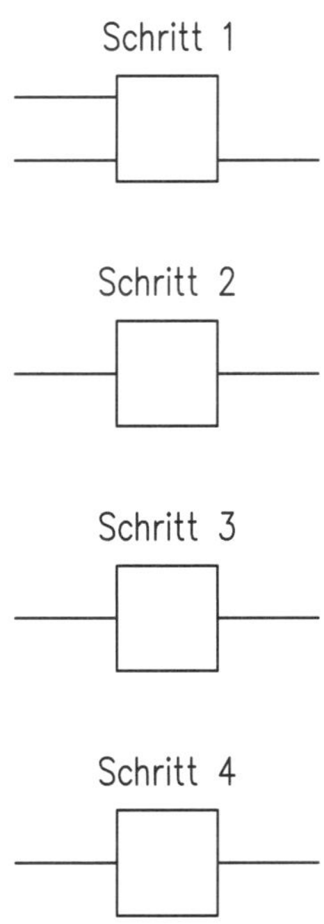

Zuführstation

Problemstellung

Über einen Rollengang laufen auf Werkstückträgern Bauteile in eine Zuführstation. Der Hubzylinder bewegt die Werkstückträger nach oben und der Verschiebezylinder drückt sie in den Materialspeicher. Der Hebevorgang läuft automatisch ab, wenn der Verschiebezylinder sich in der hinteren Endlage befindet, der Näherungssensor –BG6 einen Werkstückträger auf dem Hubzylinder meldet und der Näherungssensor –BG5 einen freien Magazinplatz signalisiert. Der Verschiebezylinder –MM2 darf erst in seine hintere Endlage fahren, wenn der Hubzylinder –MM1 seine Ausgangsposition erreicht hat.

Technologieschema

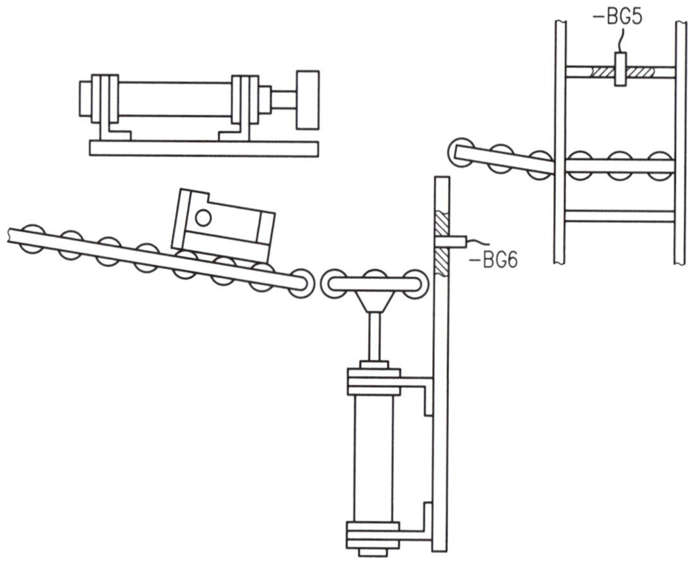

Pneumatischer Schaltplan

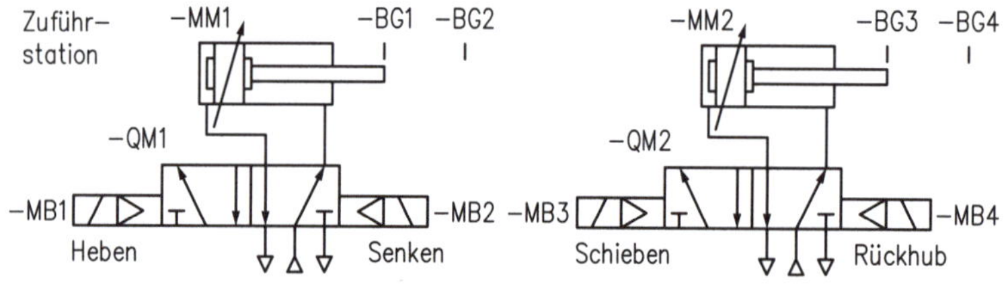

Weg-Schritt-Diagramm

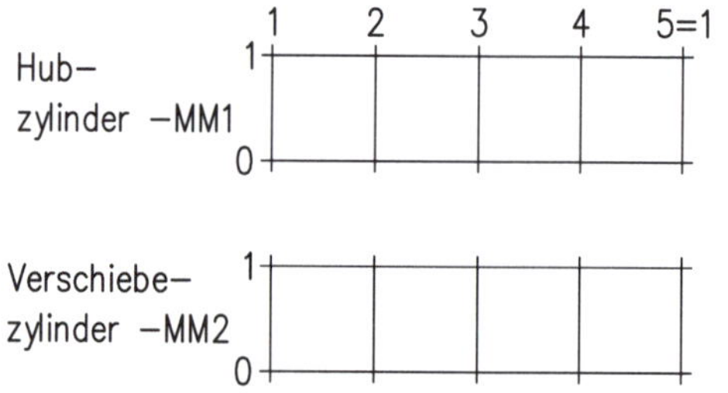

Arbeitsauftrag

- Vervollständigen Sie das Weg-Schritt-Diagramm. Ergänzen Sie den Logikplan.
- Erstellen Sie einen Stromlaufplan für die Zuführstation. Überprüfen Sie Ihre Lösung durch den Aufbau der Steuerung.

Stromlaufplan

Steuerteil

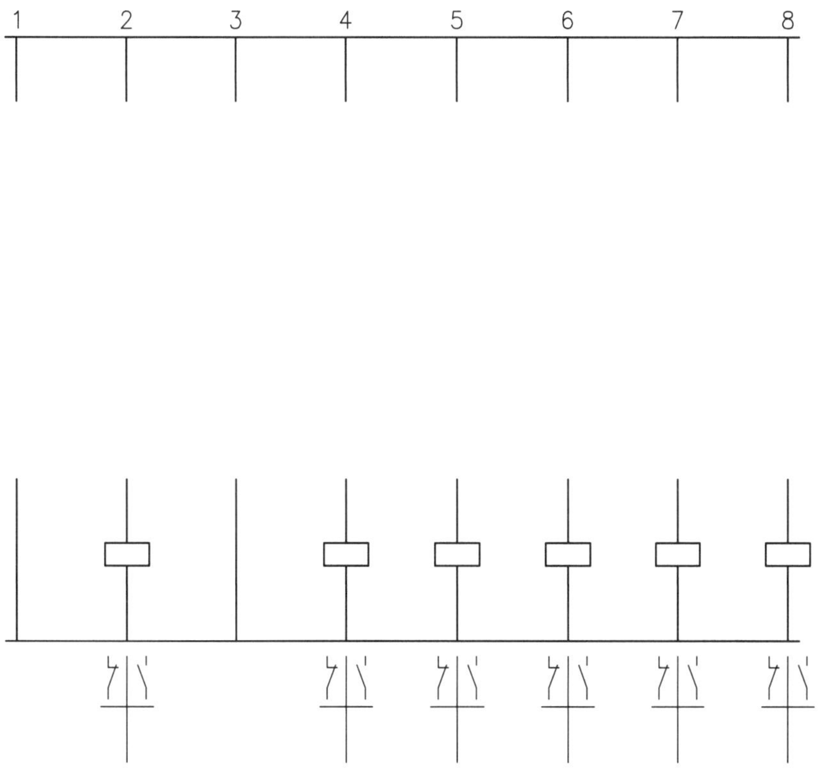

Logikplan

Schritt 1

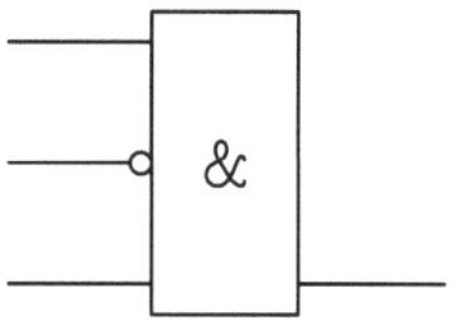

Schritt 2

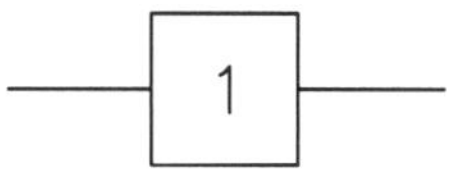

Schritt 3

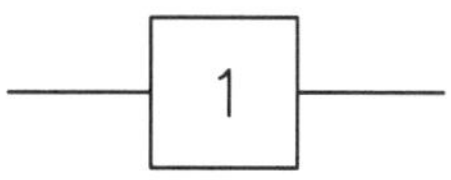

Schritt 4

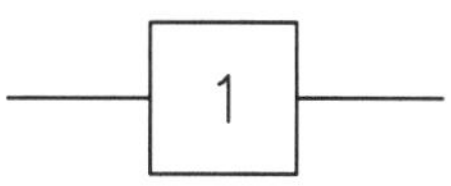

Leistungsteil

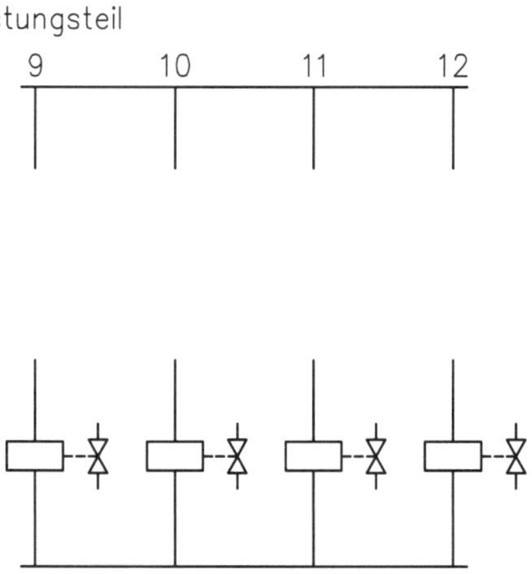

Anschluss von Drei-Draht-Näherungsschaltern

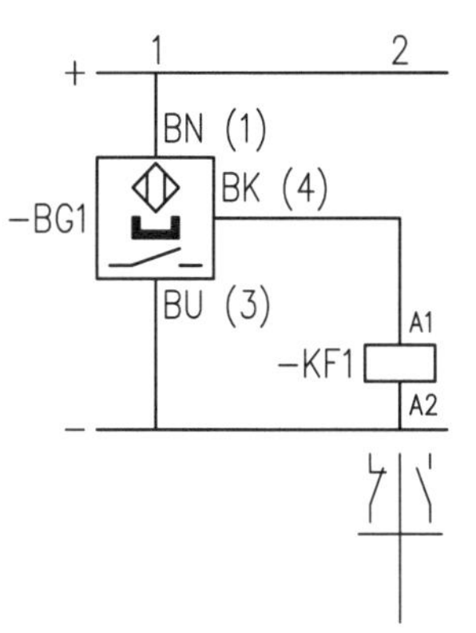

Schaltzeichen für Kontakte nach DIN EN 60617-7:1997-08

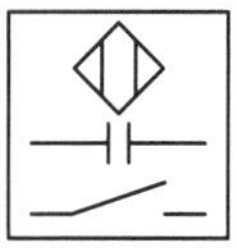

Näherungsempfindliche Einrichtung mit Angabe der Wirkungsart

Wirkungsarten

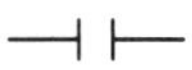 = ____________________

 = ____________________

 = ____________________

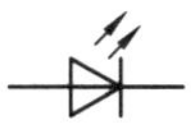 = ____________________

Kennbuchstaben für die Einteilung von Objekten DIN EN IEC 81346-2:2020-10 (Eingangsklasse)

B = ____________________

Prägestation

Problemstellung

In einer Prägevorrichtung sollen Werkstücke gekennzeichnet werden. Der Arbeitsvorgang kann durch Druck auf den START-Taster -SJ1 beginnen, wenn sich der Kolben des Verschiebezylinders in der hinteren Endlage befindet und das Magazin mit Werkstücken gefüllt ist, welches abgefragt wird durch den Sensor -BG5. Der Verschiebezylinder schiebt die Werkstücke aus dem Stapelmagazin gegen einen Anschlag und spannt sie. Der Prägezylinder bewegt den Prägestempel abwärts. Nach erfolgtem Prägevorgang fährt dieser Zylinder in die Ausgangslage zurück. Anschließend gibt der Verschiebezylinder die Werkstücke frei, die dann von Hand entnommen werden. Die Endlagen des Kolbens des Prägezylinders werden durch die Sensoren -BG3 und -BG4 berührungslos abgefragt.

Technologieschema

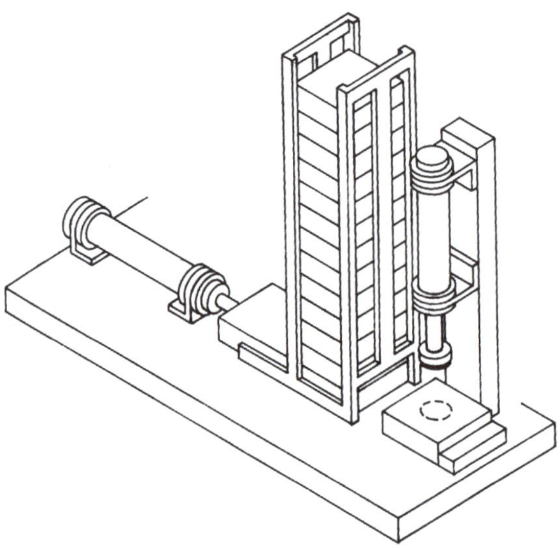

Pneumatischer Schaltplan

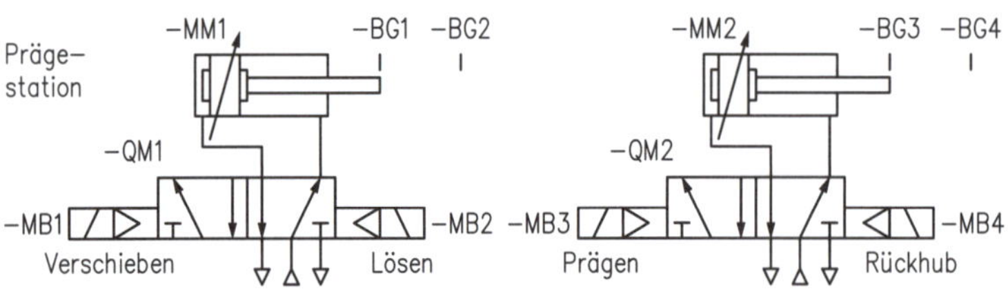

Weg-Schritt-Diagramm

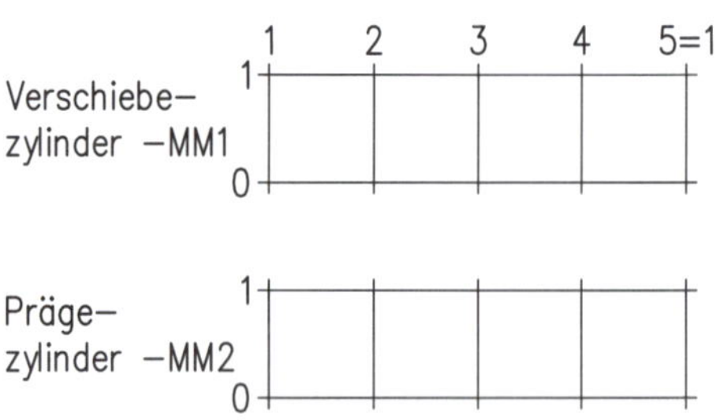

Arbeitsauftrag

- Vervollständigen Sie das Weg-Schritt-Diagramm. Ergänzen Sie den Logikplan.
- Erstellen Sie einen Stromlaufplan für die Prägevorrichtung. Überprüfen Sie Ihre Lösung durch den Aufbau der Steuerung.

Stromlaufplan

Steuerteil

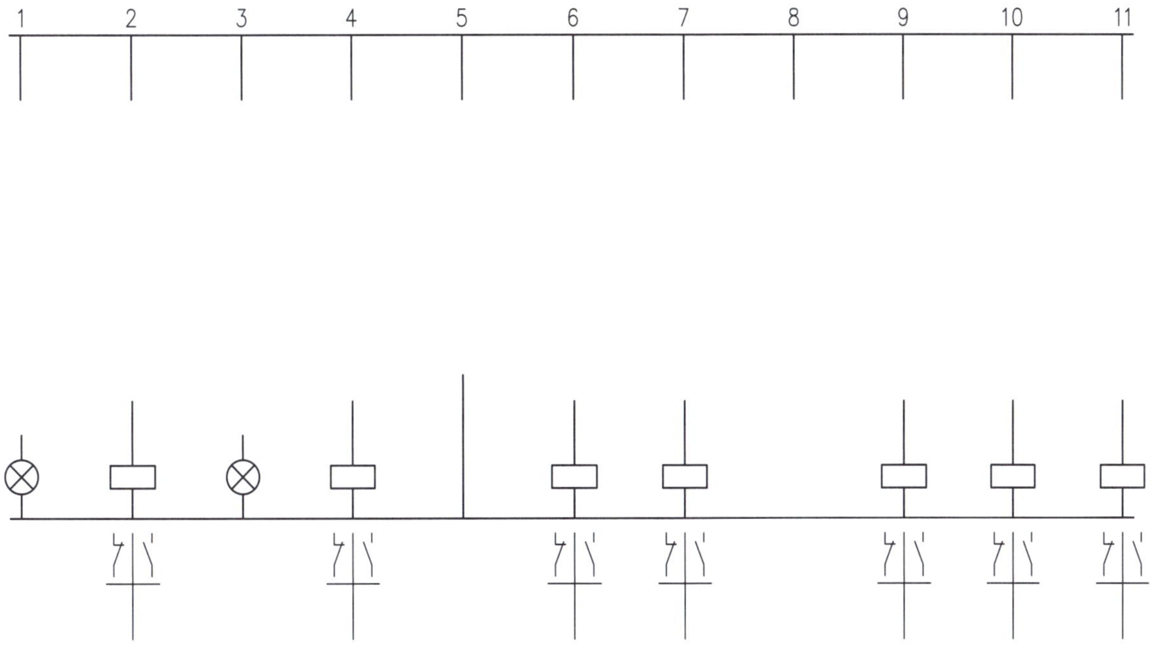

Leistungsteil

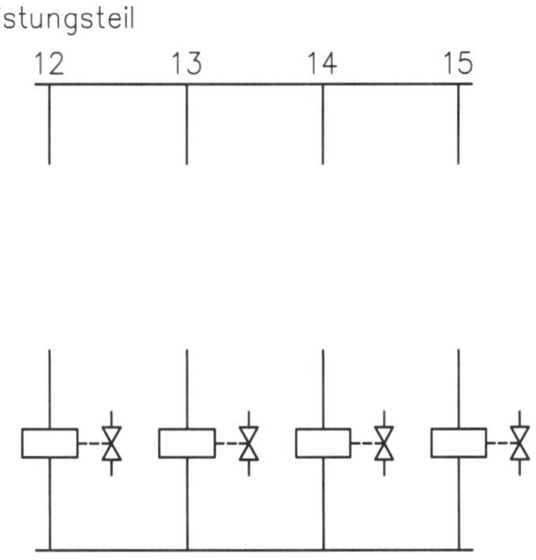

Logikplan

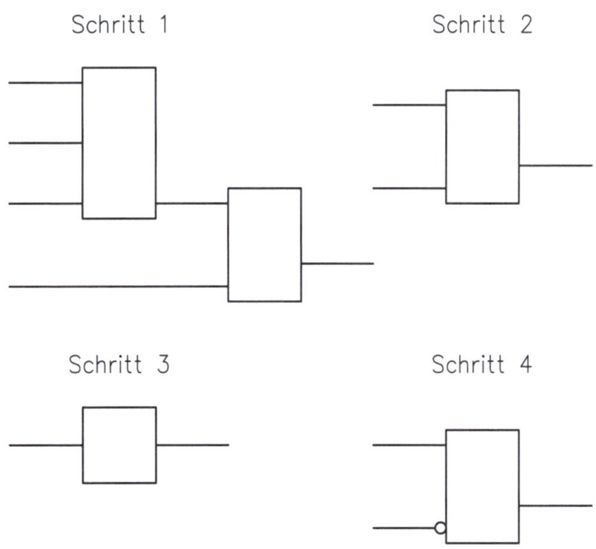

Näherungsschalter

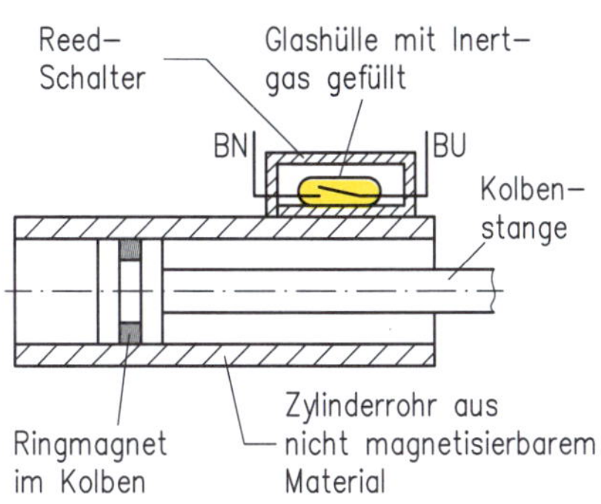

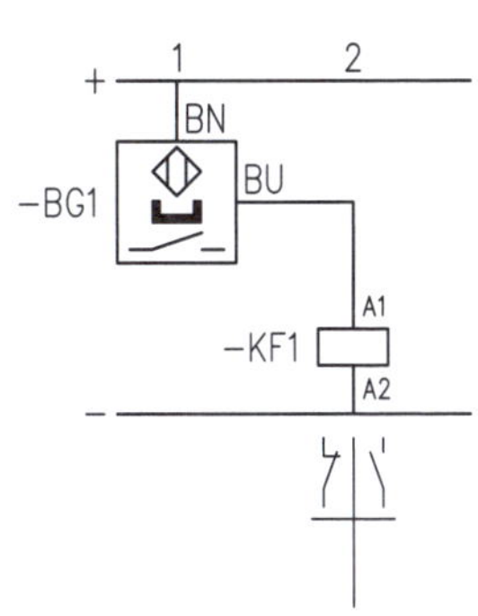

Anschluss von Reed-Schaltern (Zwei-Draht-Sensor)

Ein Minusanschluss ist bei einem Reed-Schalter als Zwei-Draht-Näherungssensor nur erforderlich, wenn eine Leuchtdiode als Schaltkontrolle angeschlossen werden soll.

Handhabungsgerät

Problemstellung

Eine Greiferzange nimmt Rohlinge von einer Palette, die von unten zugeführt wird. Zuerst spannt der Greifer die Werkstücke. Dann fährt der Verschiebezylinder die Spannzange über ein Förderband. Ist dieser Zylinder ausgefahren, öffnet sich der Greifer durch Einfahren des Zylinders und lässt die Rohlinge los. Anschließend fährt der Verschiebezylinder die Spannzange zurück. Das Handhabungsgerät soll für die Betriebsarten „Einzelbetrieb“ und „Dauerbetrieb“ umschaltbar sein. Die Betriebsart „Dauerbetrieb“ wird durch den Taster −SJ2 eingeschaltet und durch den Taster −SJ3 ausgeschaltet. Der Start zu einem einzelnen Programmzyklus erfolgt durch den Taster −SJ1.

Technologieschema

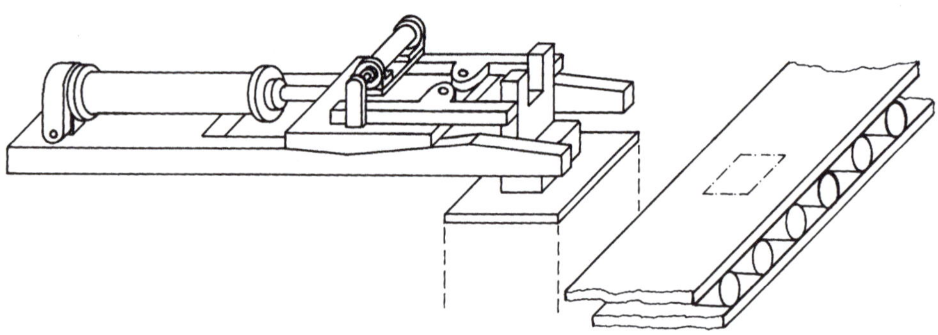

Pneumatischer Schaltplan

Alternative A

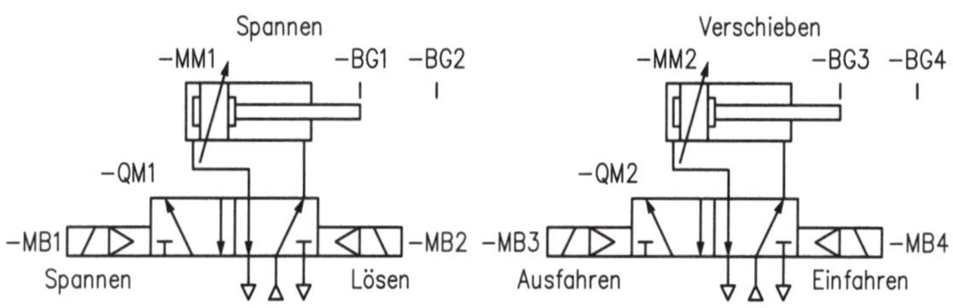

Alternative B

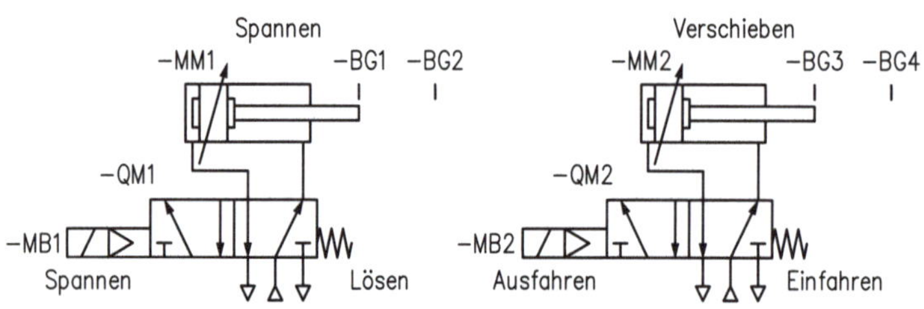

Weg-Schritt-Diagramm

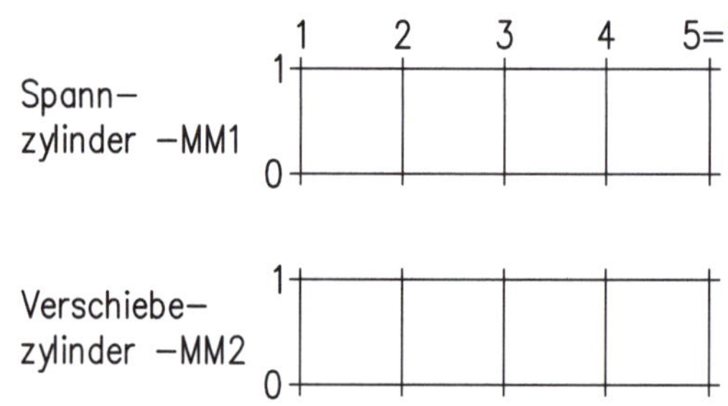

Arbeitsauftrag

- Vervollständigen Sie das Weg-Schritt-Diagramm. Überlegen Sie: Ist ein störungsfreier Betrieb des Handhabungsgeräts möglich oder ist der Einbau weiterer Sensoren erforderlich?
- Erstellen Sie den Stromlaufplan für die beiden Alternativen. Überprüfen Sie Ihre Lösung durch den Aufbau der Steuerung.

Stromlaufplan

Alternative A

5/2-Wegeventile, beidseitig durch Elektromagnete betätigt

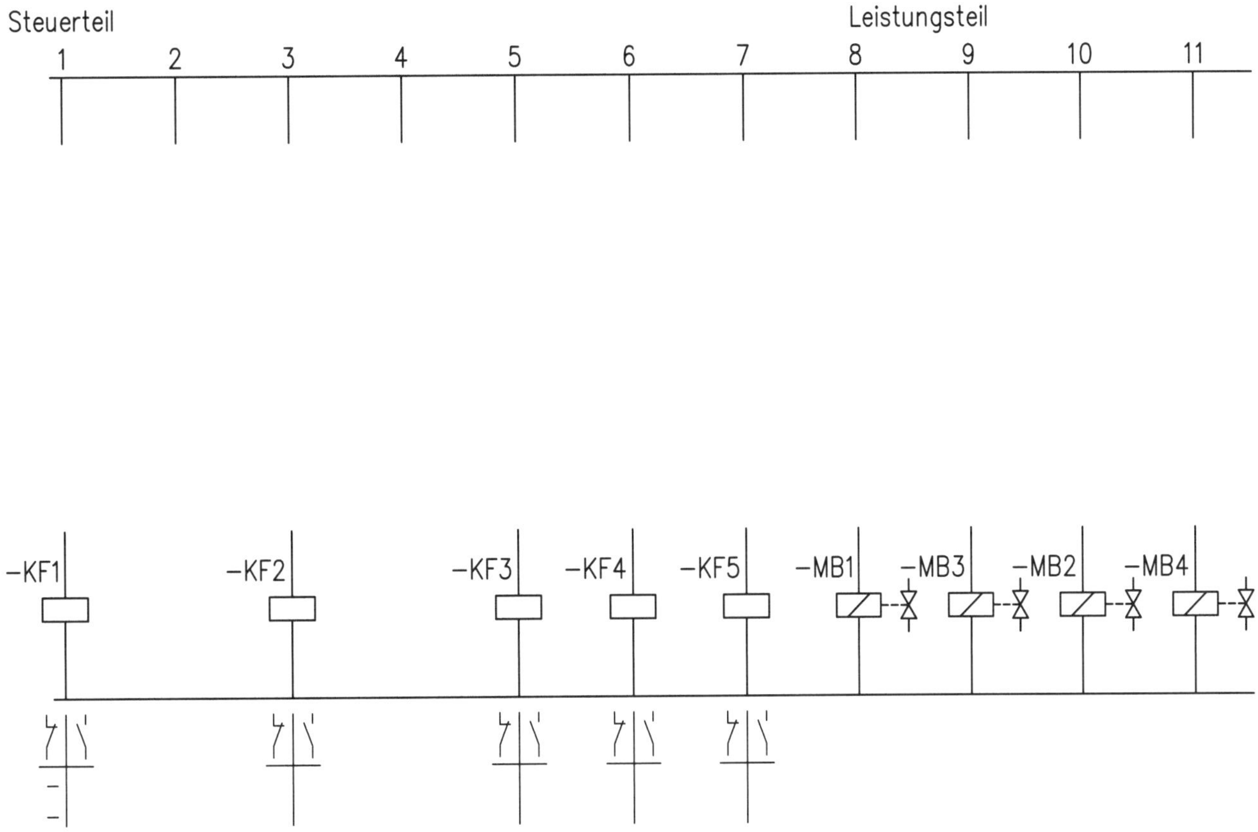

Alternative B

5/2-Wegeventile, einseitig durch einen Elektromagneten betätigt, mit Federrückstellung

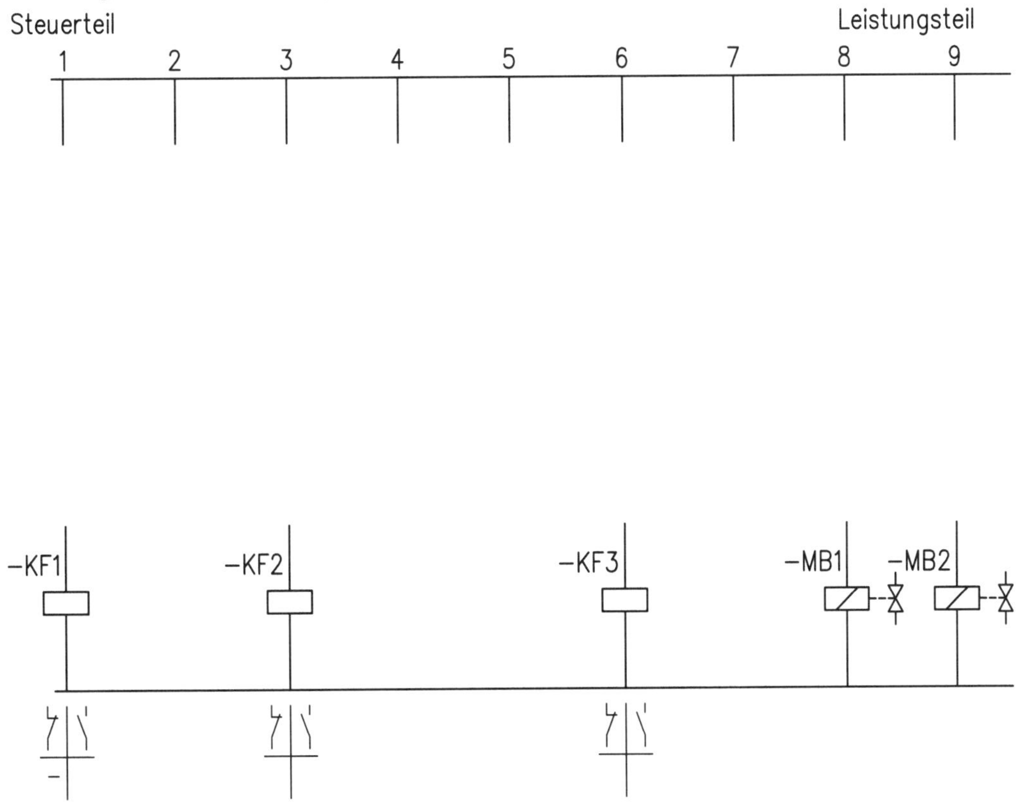

Fräsmaschine

Problemstellung

An einer Fräsmaschine sollen Nuten in ein Werkstück gefräst werden. Der Spannzylinder –MM1 spannt nach Druck auf den Taster „SPANNEN" das Werkstück. Ist ein Spanndruck von 4 bar erreicht, gibt ein Drucksensor die nächsten Arbeitsschritte frei. Nach Betätigung des Handtasters –SJ2 „START" schiebt der Zustellzylinder –MM2 die Antriebseinheit auf die eingestellte Nuttiefe. Danach startet Zylinder –MM3 den Vorschub. Ist der Fräsvorgang beendet, zieht der Zustellzylinder –MM2 die Antriebseinheit zurück. Danach fährt die Vorschubeinheit in die hintere Endlage. Durch Druck auf den Taster –SJ3 wird der Spannvorgang beendet, wenn der Zylinder –MM3 in der hinteren Endlage ist. Nebenbedingung: Sinkt der Spanndruck unter 4 bar, fahren Antriebs- und Vorschubeinheit in ihre hinteren Endlagen.

Technologieschema

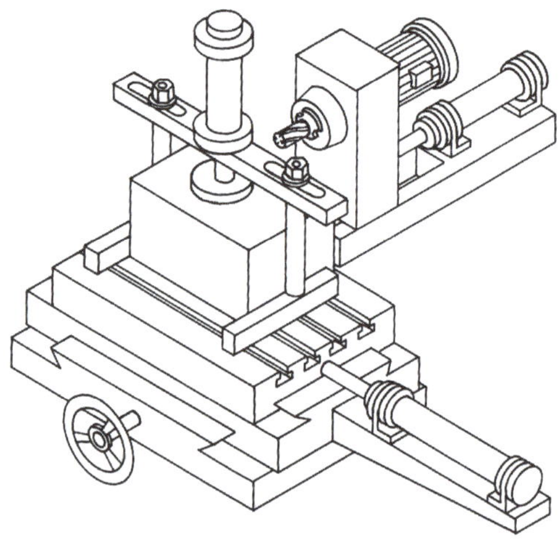

Weg-Schritt-Diagramm

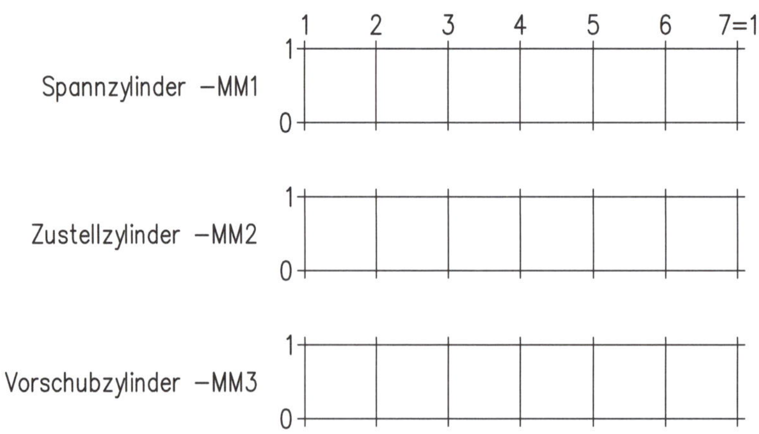

Arbeitsauftrag

- Vervollständigen Sie das Weg-Schritt-Diagramm. Erstellen Sie den GRAFCET nach EN 60848:2002-12.
- Erstellen Sie einen Stromlaufplan für die Steuerung. Überprüfen Sie Ihre Lösung durch den Aufbau der Steuerung.

Pneumatischer Schaltplan

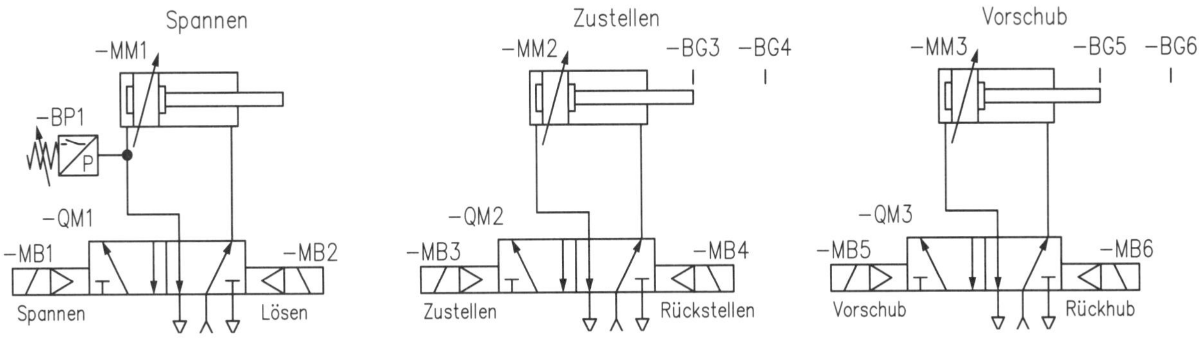

Stromlaufplan

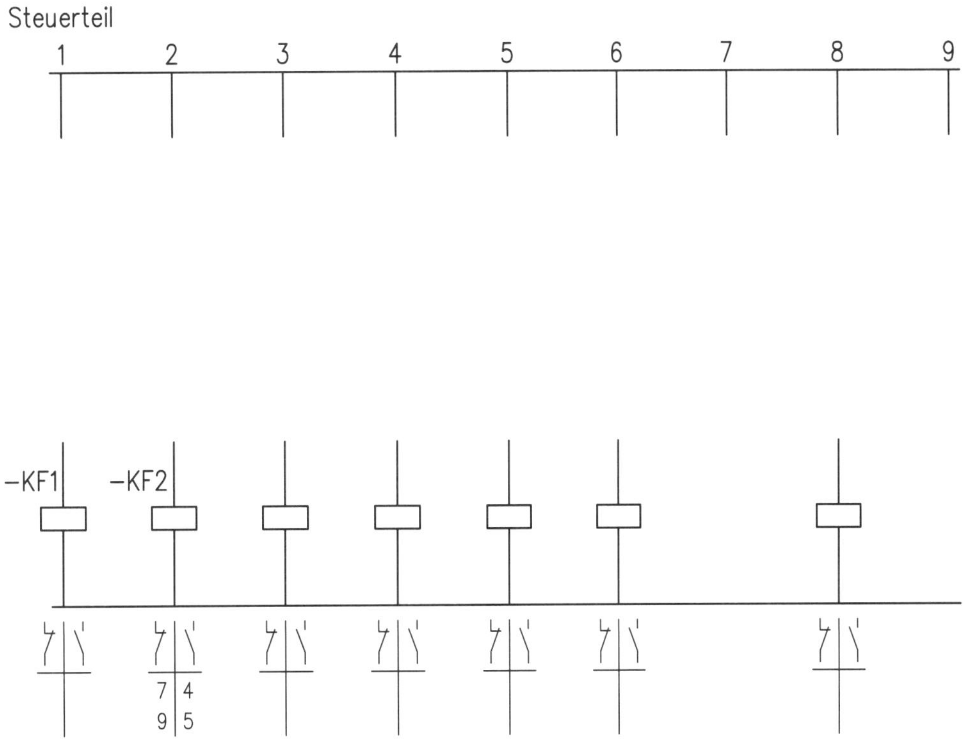

Antriebsarten durch äußere Kräfte betätigt, DIN EN 60617-2:1997-08
DIN ISO 1219-1:2019-01

= ______________________

Betätigung durch gespeicherte mechanische Energie.
Informationen die die gespeicherte Energie beschreiben, dürfen eingezeichnet werden, so die Einheitenzeichen nach DIN 1304-1:1994-03, siehe auch DIN ISO 1219-1:2019-01, Druckschalter: Ausgangssignal schaltend, einstellbar.

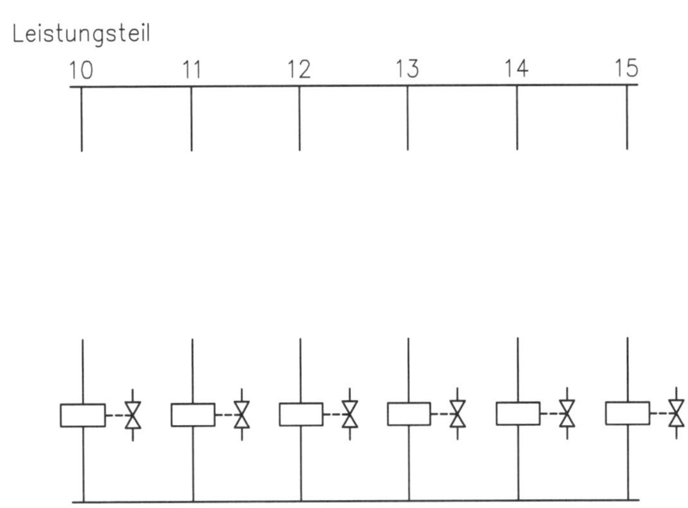

Sensoren

Sensoren sind Signalwandler, die ein Signal beliebiger Art (z. B. Druck, Temperatur, Licht) in elektrische Signale umformen. Die Umformung kann in ein analoges, digitales oder binäres Signal erfolgen.

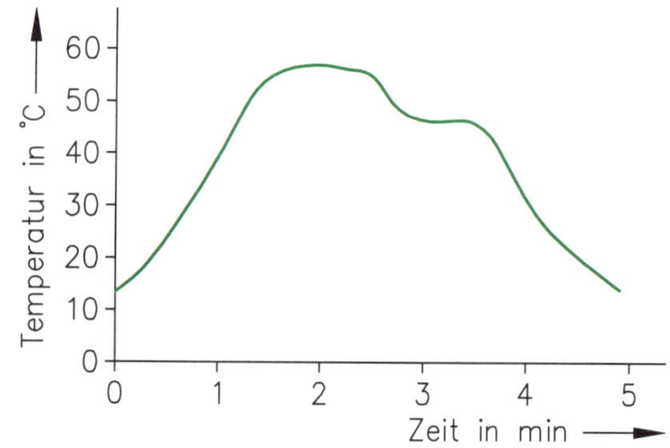

Prozesssignal

Analoge Sensoren

Analoge Sensoren messen physikalische Größen (z. B. Temperatur) und wandeln diese mithilfe eines physikalischen Effekts in eine entsprechende (analoge) elektrische Größe um. Man nutzt die physikalischen Wirkungsgesetze für die Messzwecke aus. Wärme, Licht, Länge, Kräfte oder Bewegungen können mit geeigneten Messeinheiten elektrische Spannungen erzeugen oder Widerstandsänderungen bewirken. Das Ausgangssignal wird je nach Bauart aus dem Spannungsbereich 0 bis 10 V oder einer Stromstärke von 0 bis 20 mA wiedergegeben.

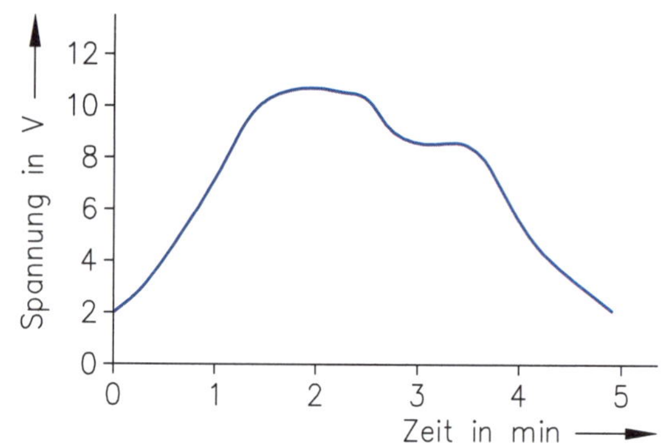

Analoges Messsignal

Digitale Sensoren

Bei digitalen Signalgebern wird ein stetiger Messwert in eine abgestufte Zahlenfolge übertragen. Ein analoges (stufenloses) Signal wird dabei in einzelne Zahlenfolgen übersetzt (digitalisiert).
Wegmesssysteme und Drehwinkelgeber sind die in der Industrie am häufigsten eingesetzten digitalen Sensoren. Ein großes Einsatzgebiet sind CNC-gesteuerte Werkzeugmaschinen.

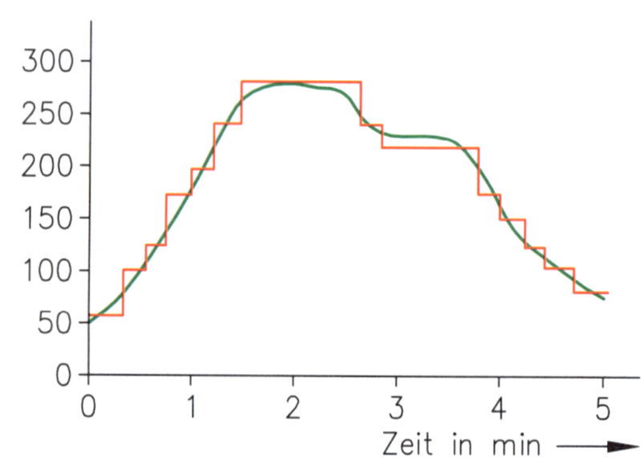

Digitales Messsignal

Binäre Sensoren

Binäre Sensoren wandeln einen physikalischen Messwert in ein binäres Signal um. Entsprechend einer variablen oder fest eingestellten Schaltschwelle schalten sie ihren Ausgang in die Zustände „EIN“ oder „AUS“. Bei einer Temperaturüberwachung des Brennofens aus **Elektropneumatik 8** soll eine Kontrollleuchte während des Aufheizvorgangs leuchten. Der eingesetzte Sensor besteht aus zwei aufeinandergewalzten Metallstreifen mit unterschiedlicher Wärmeausdehnung. Dieser Bimetallkontakt verbiegt sich bei Temperaturänderung und öffnet bei Erreichen einer bestimmten Temperatur den elektrischen Stromkreis. Sinkt die Temperatur, so schließt der Bimetallstreifen den Stromkreis wieder.

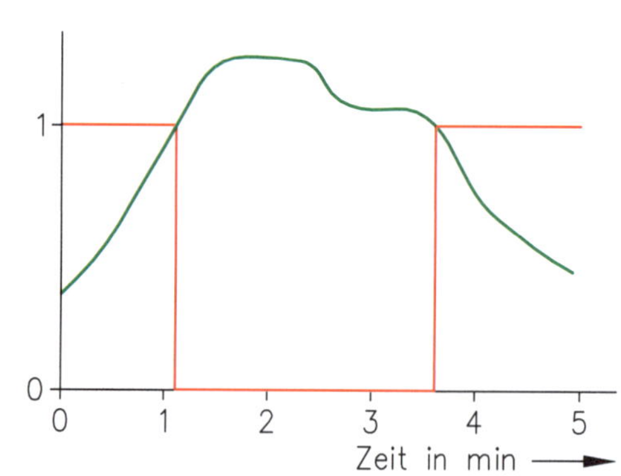

Binäres Messsignal

Wichtige Kriterien für den technischen Einsatz der Sensoren sind: Genauigkeit, Langlebigkeit, Reaktionsgeschwindigkeit, Wartungsfreiheit, Verschleißfestigkeit und Ansprechempfindlichkeit.

Anschlussarten

Sensoren werden für die unterschiedlichen Spannungsarten angeboten. Es werden Gleichstrom (DC = direkt current) für 12 bis 240 V, Wechselstrom (AC = alternating current) für 24 bis 240 V und Allstromausführungen (UC = universal current) für 20 bis 250 V hergestellt.
Die Frequenz kann zwischen 45 und 65 Hz gewählt werden. In der Steuerungstechnik europäischer Länder werden in der Hauptsache Gleichstromausführungen mit einem Spannungsbereich von 10 bis 30 V oder 10 bis 55 V eingesetzt.

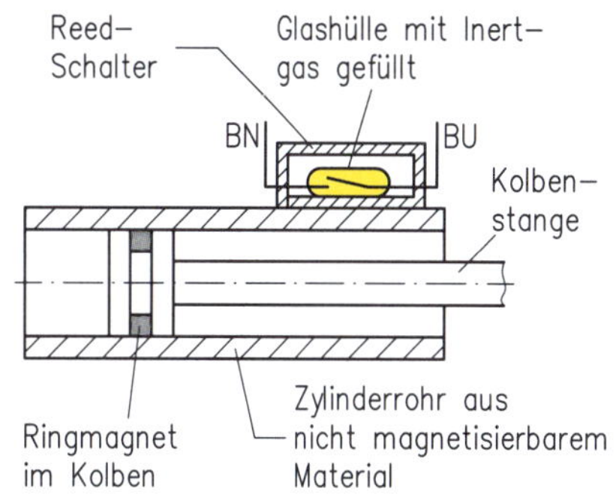

Anschlussmöglichkeiten

Zwei-Draht-Technik

Die Gleichspannungs-Zweidrahtschalter werden in Reihe mit der Last betrieben und benötigen daher nur zwei Anschlussleitungen. Sie sind in beliebiger Polarität anzuschließen.

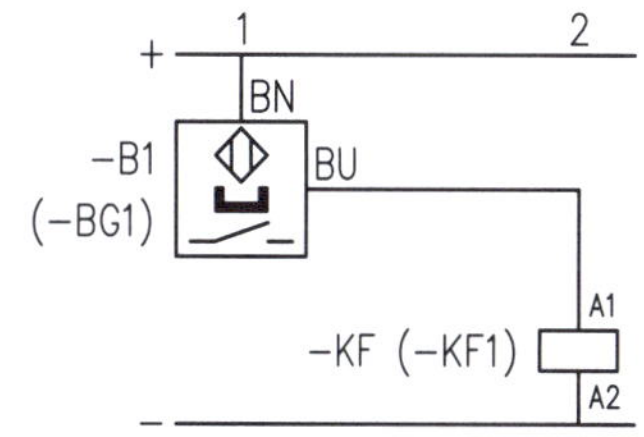

Reed-Schalter als Zwei-Draht-Sensor

Drei-Draht-Technik

Drei-Draht-Näherungsschalter haben zwei Leitungen für die Spannungsversorgung (braun ist + und blau ist –) und eine dritte Leitung (schwarz) für den Signalausgang.

Bezeichnung	Farbe	Kennzeichen
positive Versorgungsspannung	braun (brown)	BN
negative Versorgungsspannung	blau (blue)	BU
Schaltausgang	schwarz (black)	BK

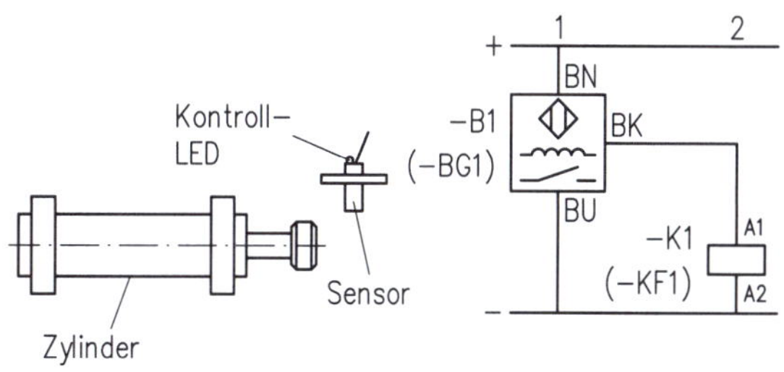

Induktiver Sensor als Drei-Draht-Sensor

Wirkrichtung

Plusschaltende Sensoren (PNP)

Bei Näherungsschaltern (PNP-Sensoren) wird die Last (hier Relais –K1) mit dem Schaltausgang und 0 V DC verbunden. Mit einer Änderung des Signals schaltet der Transistor durch. Der Strom fließt von +24 V DC durch den Transistor über die Last zu 0 V DC. Das bedeutet, bei einem anzuschließenden Relais wird der Anschluss –K1 mit dem Sensorausgang BK und der Anschluss A2 mit 0 V DC verbunden .

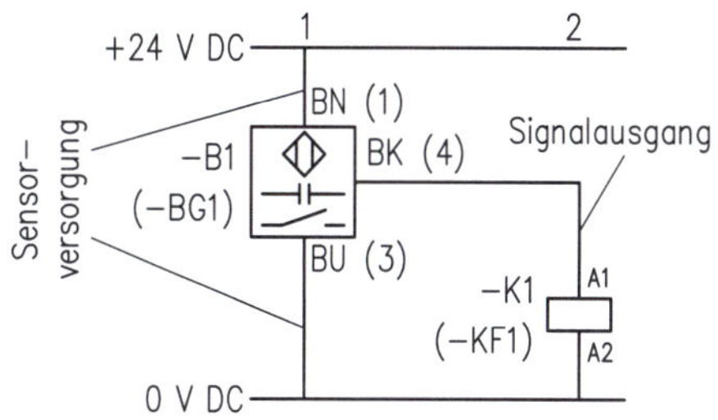

PNP-Sensor

Negativschaltende Sensoren (NPN)

Bei NPN-Sensoren wird die Last (Relais –K1) mit dem Schaltausgang und +24 V DC verbunden. Findet am Sensor ein Signalwechsel statt, so schaltet der Transistor durch und der Strom fließt von +24 V DC über die Last durch den Transistor zu 0 V DC. Der Stromkreis ist geschlossen. Das bedeutet, der Anschluss A1 des Relais –K1 muss mit dem Sensorausgang BK und der Anschluss A2 mit +24 V DC verbunden werden.

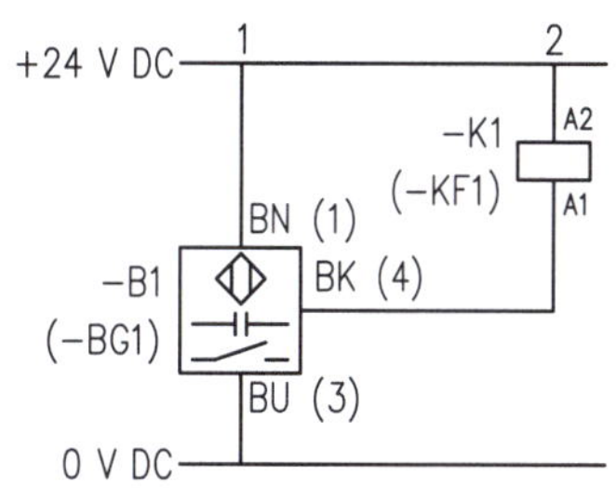

NPN-Sensor

Wirkprinzip der Sensoren

Kapazitive Sensoren

Wird an zwei Platten, die durch ein Dielektrikum (isolierende Substanz) getrennt sind, eine Spannung angelegt, so sammeln sich auf den Platten elektrische Ladungen. Eine Anordnung, die Ladung speichert, heißt Kondensator. Die gespeicherte Ladungsmenge bezeichnet man als Kapazität. Das aktive Element eines kapazitiven Sensors besteht aus einer scheibenförmigen Sensorelektrode und einer becherförmigen Abschirmung. Diese bilden einen Kondensator. Nähert sich ein Gegenstand der Sensorfläche, vergrößert sich die Kapazität. Die Ausgangsspannung ist abhängig von der wirksamen Kapazität zwischen Sensorelektrode und Abschirmbecher. Der Oszillator beginnt bei Kapazitätszunahme zu schwingen. Diese Anschwingungen kann die Auswerteeinheit erkennen und in ein Schaltsignal umwandeln.

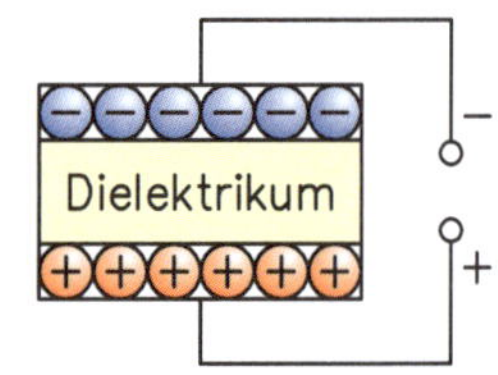

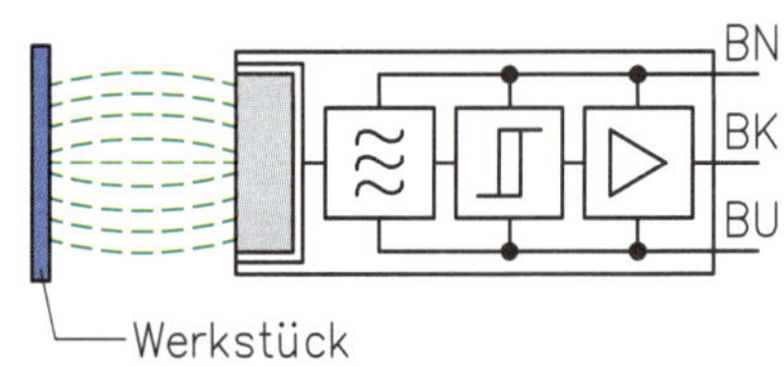

Induktive Sensoren

Aktives Element eines induktiven Sensors ist eine Spule mit Ferritkern. Die vom Strom durchflossene Spule erzeugt ein Magnetfeld, welches an der Stirnfläche des Sensors austritt. Nähert sich dieser aktiven Fläche ein metallischer Gegenstand, wird das Magnetfeld deformiert. Dem Schwingkreis wird dabei Energie entzogen und die Schwingung gedämpft. Die Dämpfung wird von der Auswerteeinheit erkannt und in ein Schaltsignal umgesetzt.

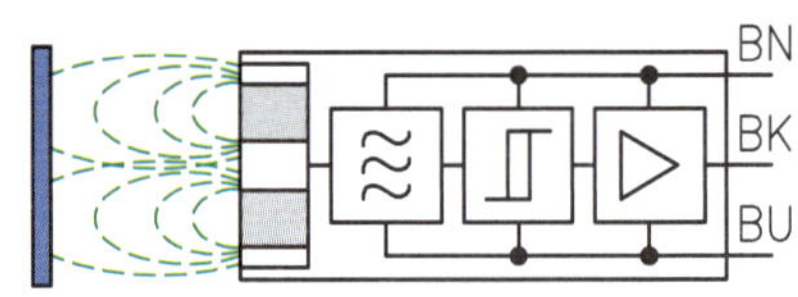

Optische Sensoren

Optische Sensoren bestehen aus einem Lichtsender (LED) und einem Lichtempfänger (Fotodiode). Der Sender S strahlt Licht aus und die Auswerteeinheit E wertet die Intensität des empfangenen Lichts aus.

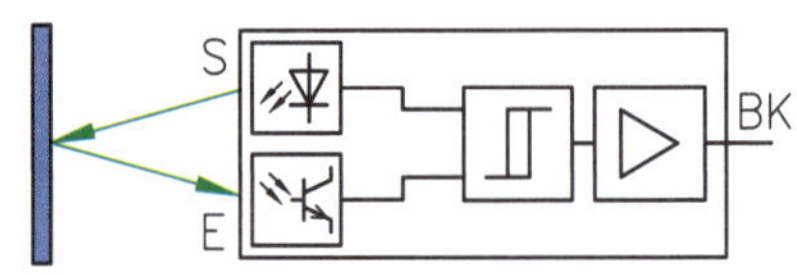

Betriebsarten Optischer Sensoren

Einweg-Lichtschranke

Licht wird vom Sender S ausgestrahlt und gelangt in den Empfänger E. Bei Unterbrechung der Lichtstrecke durch ein Objekt erfolgt eine Änderung des Schaltausgangs. Spiegelnde Elemente werden von Einweg-Lichtschranken erfasst, jedoch keine transparenten Elemente.

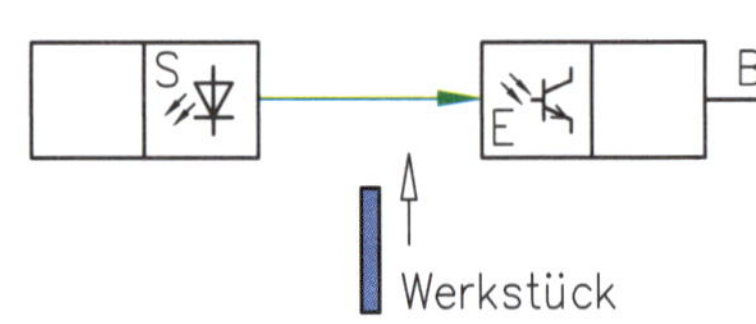

Reflexions-Lichttaster

Lichtsender und -empfänger befinden sich in einem Gehäuse. Das ankommende Objekt wirft einen Teil des ausgesandten Lichts in Abhängigkeit von Farbe, Oberflächenstruktur und Auftreffwinkel zurück. Beim Überschreiten einer festgelegten Empfangsamplitude wird das Ausgangssignal geschaltet.

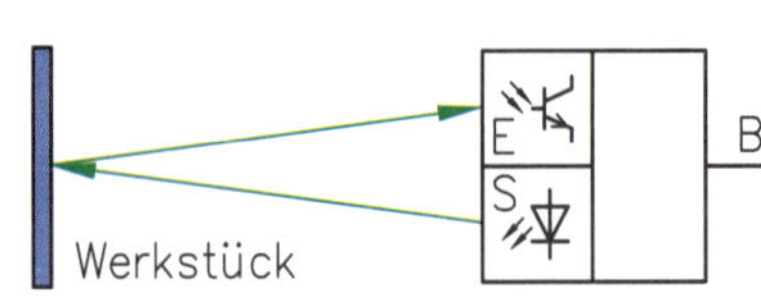

Reflexions-Lichtschranke

Bei Reflexions-Lichtschranken wird Licht vom Sender S ausgestrahlt und vom Reflektor in den Empfänger E zurückgeworfen. Sender und Empfänger befinden sich in einem Gehäuse. Bei Unterbrechung der Lichtstrecke erfolgt eine Änderung des Schaltausgangs.

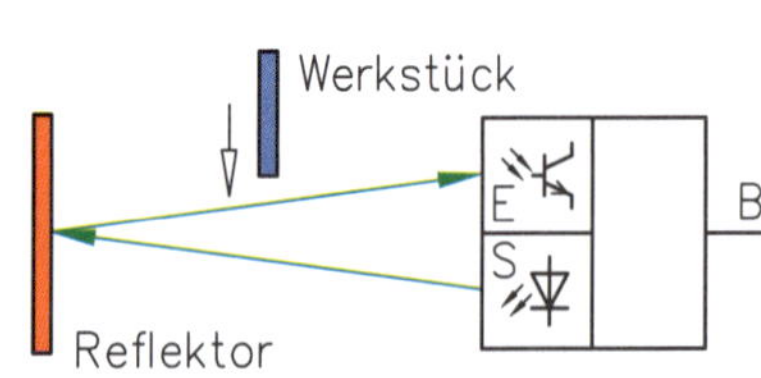

Wirkprinzip	Wirkungsweise	reagiert auf	Schaltabstand	Verwendung	Symbol
induktiv	Spulen mit Fe-Kern erzeugen ein elektromagnetisches Wechselfeld, das durch metallische Objekte beeinflusst wird.	elektrisch leitfähige Materialien Grafit	0,8 bis 250 mm (je nach Durchmesser des Sensors)	Abfrage und Erfassung von Kolbenstangen, Werkstückträgern, Objekten, Dickenmessung	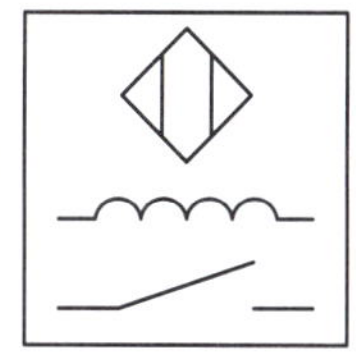
galvanisch	Der elektrische Widerstand zwischen Elektroden hängt von der Konzentration der Ionen in der Flüssigkeit bzw. dem Gas ab.	Flüssigkeiten Gase	direkt	Rauchmelder	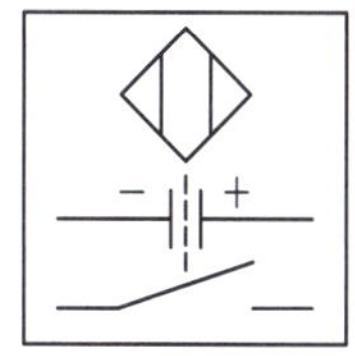
thermo-elektrisch	Zunehmende elektrische Leitfähigkeit von Silizium-Kristallen bei steigender Temperatur. Thermoelemente wandeln Wärmeenergie in elektrische Spannung um.	Wärme Wärmestrahlung	0 bis 1 300 °C	Glühofensteuerung, Prüfstände, flüssige glühende Metalle	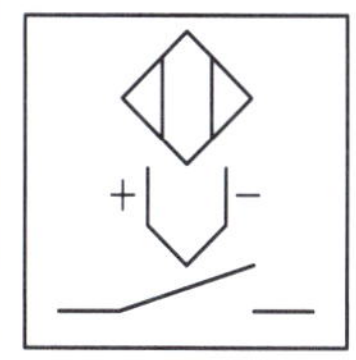
magnetisch-induktiv	Annäherung eines Permanentmagneten ändert den Strom in der Sensorspule	Magnetfelder magnetische Objekte	direkt auf den Zylindermantel bis 60 mm Entfernung	Kolbensteuerung, Füllstanderfassung mit Schwimmern	
optisch	Durch Objekte hervorgerufene Helligkeitsänderung zwischen Sender und Empfänger führt zu einer Spannungsänderung im Sensor	verschiedene lichtundurchlässige und lichtreflektierende Materialien, z. B. metallische Oberflächen, helle Farben	1 bis 100 m	Lichtschranken aller Art Problem bei hochtransparenten Objekten	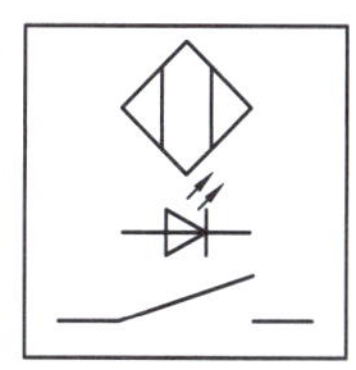
piezo-elektrisch	Quarzkristalle erzeugen unter Druck eine elektrische Ladung.	Druck, Kraft	direkt	Drucksensor Kraftsensor, z. B. Zerspanungskräfte, Beschleunigungssensor	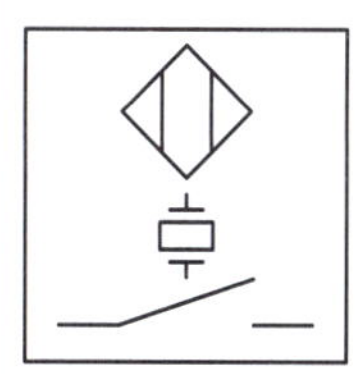
Ultraschall	Ausgestrahlter Schallimpuls wird vom Objekt reflektiert und erreicht nach entfernungsabhängiger Zeit den Sensor.	alle schallreflektierende oder -absorbierende Materialien	0,1 bis 15 m	Überwachung von Flächen, Objekten und Füllständen Einparkhilfen	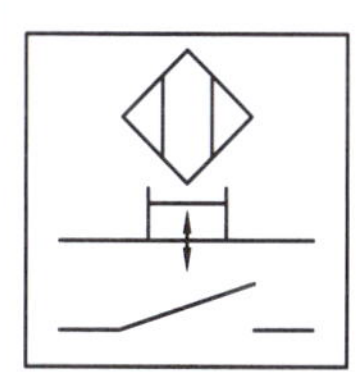
kapazitiv	Objekt im Feld des Kondensators ändert dessen Kapazität und damit seine Stromaufnahme.	elektrisch leitende und nicht leitende feste, pulverförmige und flüssige Stoffe	0,5 bis 60 mm	Füllstände von Flüssigkeiten, Schüttgütern Erfassung nichtmetallischer Werkstoffe, z. B. Kunststoff, Glas, Keramik, Holz	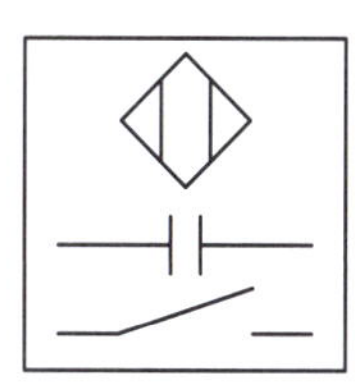

Bohr- und Reibstation

Problemstellung

Verbindungsstücke aus dem Werkstoff EN-GJL-250 sollen in einer halbautomatischen Fertigungsstation mit einer Bohrung ⌀17,8 mm und anschließend mit dem Passungsmaß ⌀18 H7 versehen werden. Die Werkstücke werden von Hand gespannt.
Der Fertigungsvorgang kann beginnen, wenn das Werkstück vorhanden ist (Sensor –BG7) und durch das Betätigen der START-Taster –SJ1 und –SJ2. Dies kann aber erst geschehen, wenn der Zylinder –MM2 sich in seiner Ausgangsposition befindet. Der Bohrvorgang beginnt durch das Ausfahren des Zylinders –MM1. Ist der Bohrzylinder zurückgefahren, kann der Verschiebezylinder –MM2 das Werkstück zur Reibstation bringen. Nach dem Reiben (Zylinder –MM3) fährt der Verschiebezylinder –MM2 zurück. Durch den Taster –SJ3 wird der Strom zur Fertigungsstation unterbrochen, der Zyklus ist beendet und das Werkstück kann entnommen werden.
Nebenbedingung: Die Ein- und Ausfahrgeschwindigkeiten der Zylinder sollen einstellbar sein.

Technologieschema

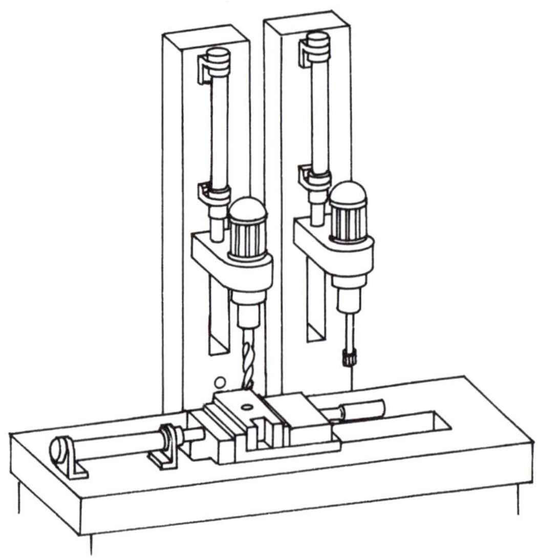

Weg-Schritt-Diagramm

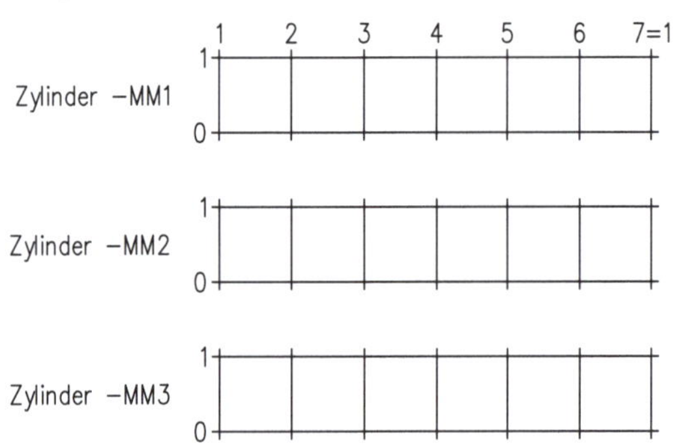

Pneumatischer Schaltplan

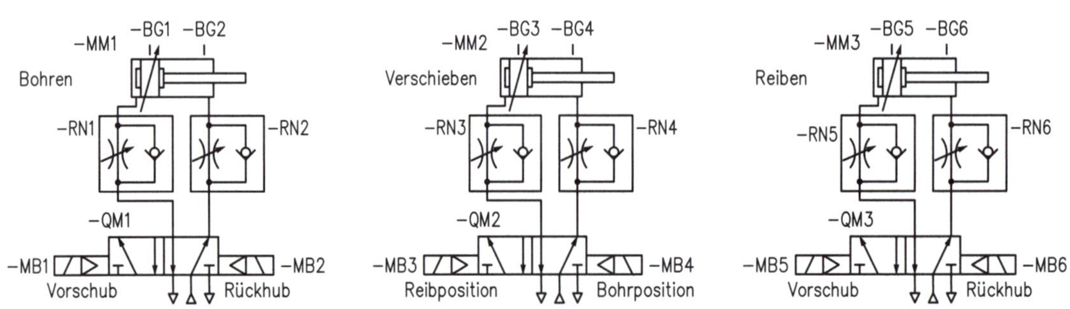

Arbeitsauftrag

- Vervollständigen Sie das Weg-Schritt-Diagramm.
- Erstellen Sie den Stromlaufplan unter Berücksichtigung des GRAFCET.
- Überprüfen Sie Ihre Lösung durch den Aufbau der Steuerung.

Elektrische Verwirklichung des Schritts *n*

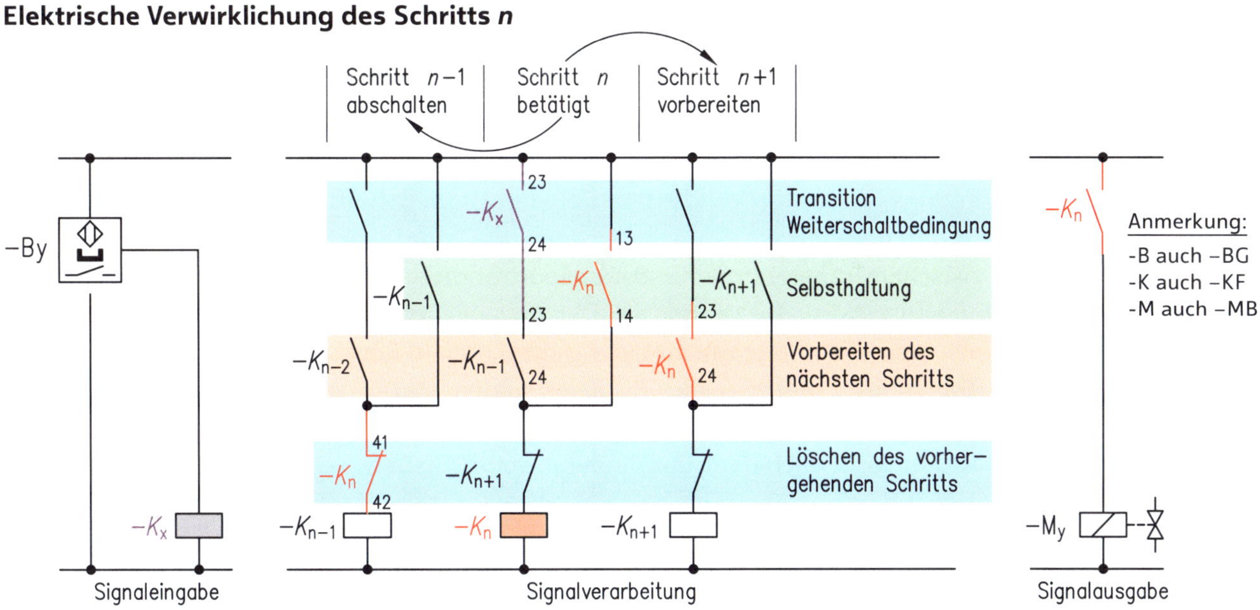

GRAFCET

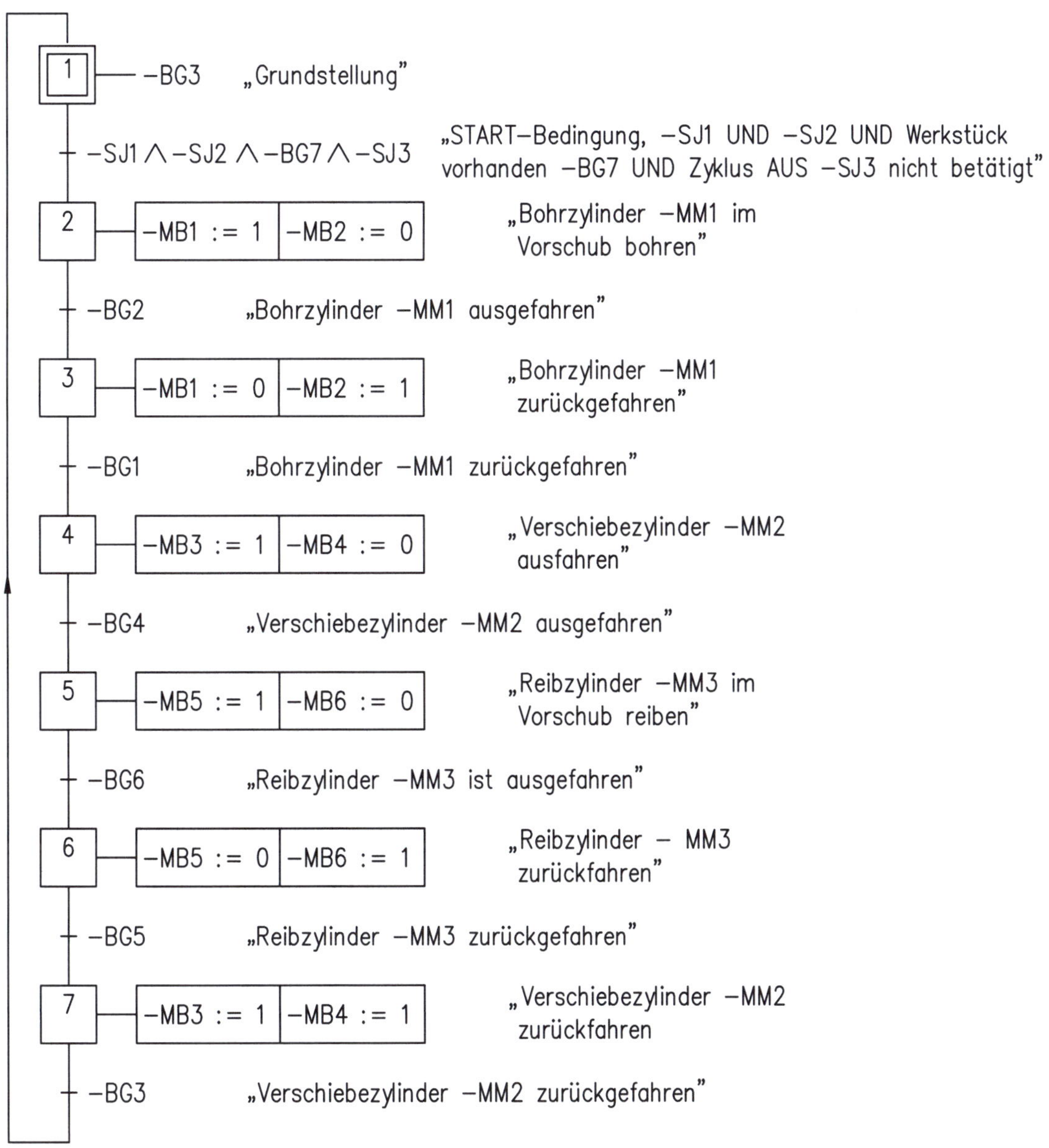

Übungsaufgabe: Transportroboter

Problemstellung

Am Ende einer Fertigungsstraße werden die bearbeiteten Getriebehälften vom Transfersystem der Fertigungsstraße durch fahrerlose Transportsysteme zur Montagestraße gefahren. Um den Höhenunterschied zwischen Transferstraße und Transportroboter auszugleichen, senkt der Hubzylinder den ankommenden Werkstückträger ab. Der Absenkvorgang startet selbsttätig, wenn der Sensor –BG5 einen Werkstückträger meldet, der Hubzylinder in Ruhestellung steht und an der Übergabestelle ein Transportroboter (Sensor –BG6) vorhanden ist. Der Verschiebezylinder befördert den Werkstückträger auf das Transportsystem. Der Verschiebezylinder fährt in seine Ruhestellung und anschließend fährt auch der Hubzylinder in seine Ausgangsstellung.

Technologieschema

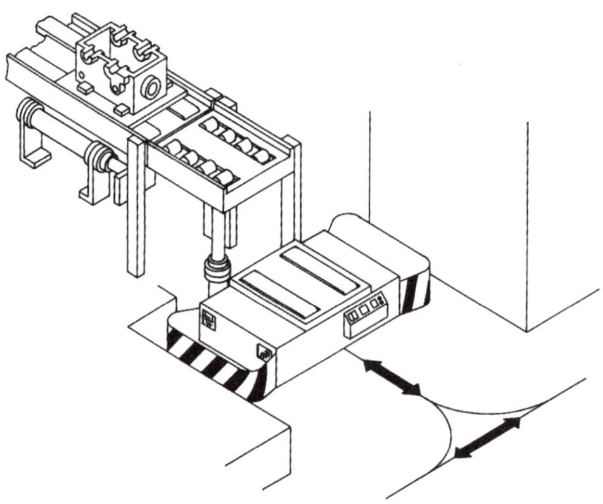

Pneumatischer Schaltplan

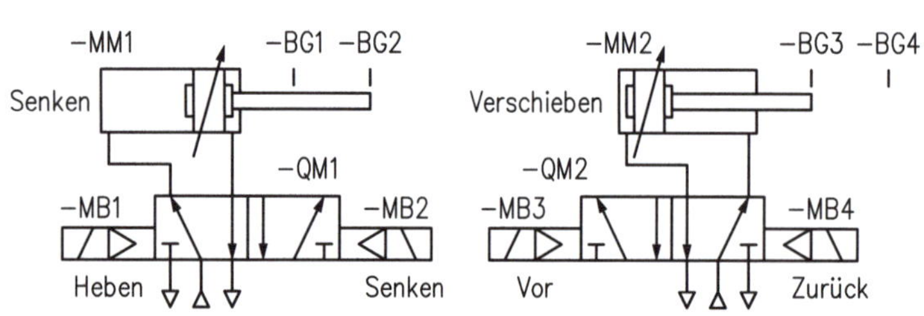

Weg-Schritt-Diagramm

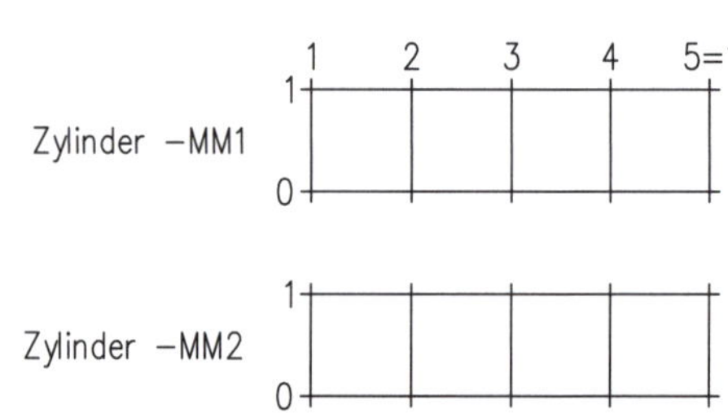

Arbeitsauftrag

- Vervollständigen Sie das Weg-Schritt-Diagramm. Erstellen Sie den GRAFCET und den Logikplan.
- Erstellen Sie einen Stromlaufplan für die Steuerung. Überprüfen Sie Ihre Lösung durch den Aufbau der Steuerung.

Gesamtaufgabe: Nieteinrichtung

Problemstellung

In einer Montagefabrik werden Bleche aus Aluminium am Rand durch ⊏-Profile mit Aluminiumnieten verbunden. Die Niete werden von Hand in die Bohrlöcher gesteckt. Anschließend werden die zu nietenden Teile gegen einen Anschlag geschoben (abgefragt durch den Sensor –BG5), sofern der Niederhalter nach oben gefahren ist (Der Niederhaltezylinder befindet sich in seiner hinteren Endlage, abgefragt durch den Sensor –BG1.).
Der eigentliche Nietablauf beginnt, wenn das Schutzgitter geschlossen ist (Sensor –BG6) und der START-Taster –SJ1 oder das Fußpedal –SH1 betätigt wurde. Der Niederhalterzylinder drückt die beiden Teile aufeinander. Dann formt der Nietzylinder den Schließkopf, fährt wieder in seine hintere Endlage zurück und anschließend löst der Niederhalterzylinder die vernieteten Teile.

Technologieschema

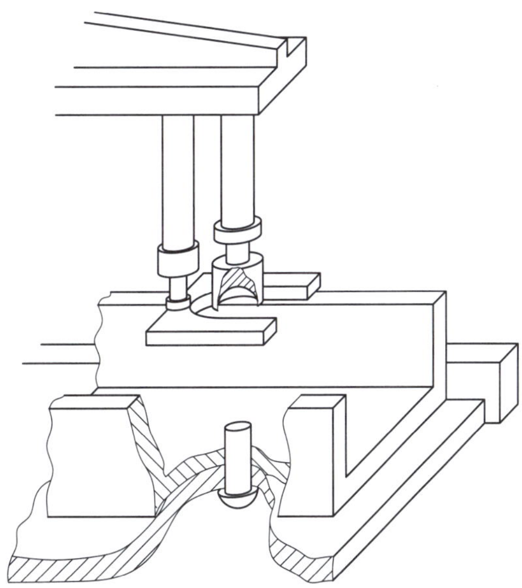

Pneumatischer Schaltplan

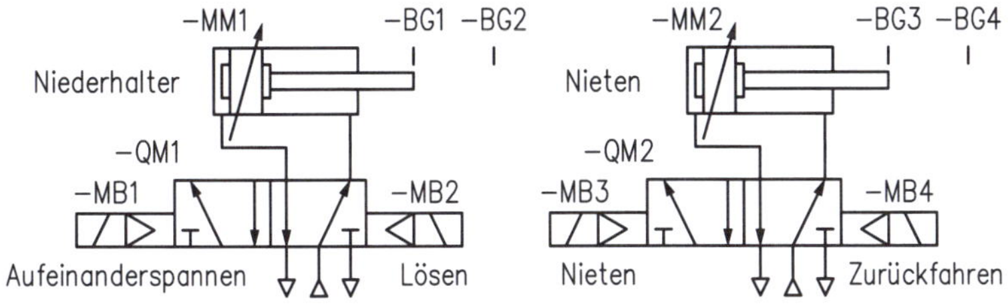

Weg-Schritt-Diagramm

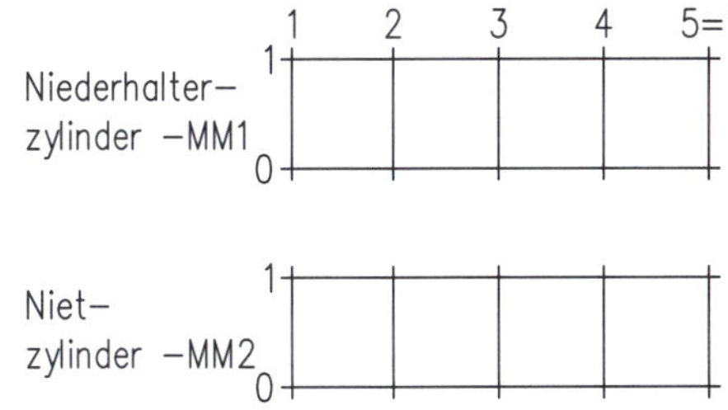

Arbeitsauftrag

1. Erstellen Sie für die Startbedingung den Logikplan.
2. Schreiben Sie für die Sensoren eine Zuordnungsliste.
3. Erstellen Sie für die ganze Steuerung ein Weg-Schritt-Diagramm.
4. Schreiben Sie für die Steuerung den GRAFCET.
5. Stellen Sie fest, ob der unten stehende elektrische Schaltplan für die Steuerung geeignet ist. Falls nicht, korrigieren Sie ihn. Geben Sie die evtl. Fehler und ihre Beseitigung im Fehlerprotokoll an.

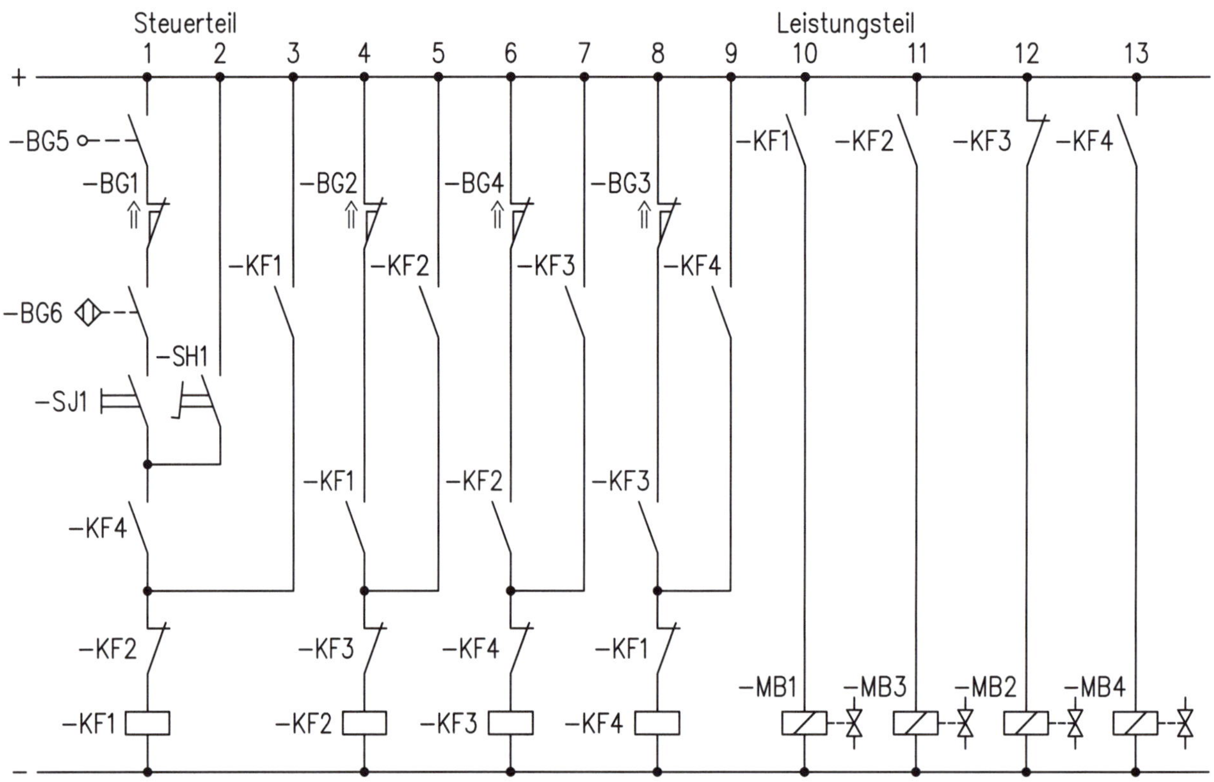

Fehlerprotokoll

Fehler	Beschreibung des Fehlers/Beseitigung der Störung
1	Beschreibung:
	Beseitigung:
2	Beschreibung:
	Beseitigung:
3	Beschreibung:
	Beseitigung:
4	Beschreibung:
	Beseitigung:
5	Beschreibung:
	Beseitigung:

6. In der Nieteinrichtung sollen Bleche mit ⊏-Profilen am Rand verstärkt werden. Für den Werkstoff der Bleche steht in der Stückliste folgende Bezeichnung: AlMg2Mn0,8 und für die Profile AlZn4,5Mg1. Erklären Sie diese Bezeichnungen.

7. Für die Niete stehen Ihnen drei Sorten zur Verfügung:

a) Stahlniete	Werkstoffbezeichnung	S185
b) Kupferniete	Werkstoffbezeichnung	CuZn40
c) Aluminiumniete	Werkstoffbezeichnung	AlMg5

Erklären Sie die drei Werkstoffbezeichnungen.

8. Sie müssen eine der oben genannten Nietsorten auswählen. Aus welchem Werkstoff sollen Ihrer Meinung nach die ausgewählten Niete bestehen? Begründen Sie Ihre Antwort.

9. Nach der Stückliste wurde ein ⊏-Profil mit den Abmessungen 50 x 30 x 4 x 4 ausgewählt. Erläutern Sie die Angaben der Abmessungen.

9.1 Das Aluminiumblech hat eine Dicke von 4 mm. Der Nietdurchmesser beträgt 8 mm. Da das Bohrloch mit Nietwerkstoff gefüllt werden muss, ist die Klemmlänge mit 1,1 zu multiplizieren. Das Schließkopfende der Niete zum Formen des Halbrundkopfs soll 1,3-mal so lang sein wie der Rohnietdurchmesser.
Wie groß muss die Nietschaftlänge sein?

9.2 Die Niete haben Normlängen von 10, 12, 14, 16, 18, 20, 22, 25, 28, 30, 32, 35, 38, 40 mm. Welche Normlänge ist auszuwählen?

10. Während des Einsatzes der Nieteinrichtung hat sich der Niederhalterzylinder verdreht und konnte dadurch nicht ganz ausfahren bzw. der Nietzylinder schlug auf den Niederhalter.
Nennen Sie zwei Möglichkeiten, um das Verdrehen des Zylinderkolbens zu verhindern.

a) ______________________________

b) ______________________________

11. Die Wirkungen des elektrischen Stroms auf den menschlichen Körper sind nicht nur von der Größe der Stromstärke, sondern auch von der Dauer der Stromeinwirkung abhängig.
Bis zu welcher Stromstärke bei beliebig langer Einwirkungsdauer sind beim Menschen keine Reaktionen zu erkennen?

12. Ein Mensch hat einen Körperwiderstand von etwa 1 000 Ω. Durch Unachtsamkeit berührt ein Monteur ein Stromkabel mit 230 V.
Welcher Strom fließt durch seinen Körper, wenn seine Schuhe nicht isoliert sind?

12.1 Ist eine Spannung von 230 V gefährlich für einen Menschen?

12.2 Welche Spannungen sind im Allgemeinen für den Menschen nicht gefährlich?

13. Welche Spannung U in kV ist vorhanden, wenn ein Strom von 5 A durch einen Menschen fließt (Körperwiderstand des Menschen 1 000 Ω)?

14. Zu welchen körperlichen Auswirkungen kommt es, wenn ein Elektromonteur von einem Strom (Stromstärke 5 A) durchflossen wird?

____

____

15. In einer elektrischen Anlage ist das Berühren von spannungsführenden Teilen mit nassen Händen besonders gefährlich. Kreuzen Sie die richtige Antwort an:

- ☐ A Weil das Wasser chemisch zersetzt und dadurch die Hände verätzt werden.
- ☐ B Weil man durch das Wasser den Elektroschlag zu spät bemerkt.
- ☐ C Weil der Übergangswiderstand zum Körper erheblich herabgesetzt wird.
- ☐ D Weil das Wasser sofort verdampft und die Haut verbrennt.
- ☐ E Weil durch das Wasser die isolierende Fettschicht aufgelöst wird und sich dadurch der Übergangswiderstand erhöht.

16. Erklären Sie die Funktion eines Schließers, Öffners und Wechslers.
Geben Sie die Sinnbilder und die Anschlussbezeichnungen an.

17. Mithilfe von Grenztastern werden die Endlagen von Zylinderkolben oder Weichen sowie Positionen von Werkzeugschlitten und anderen Maschinenteilen erfasst, um das Weiterschalten der Anlage auszulösen. In der Elektropneumatik werden neben berührenden Grenztastern auch berührungsfreie Taster (Sensoren) eingesetzt.
Unten stehend sind vier Schaltzeichen für berührungsfreie Sensoren dargestellt.

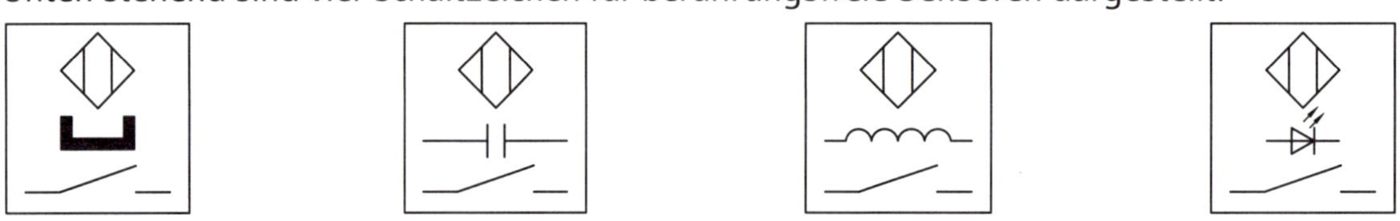

1	2	3	4
magnetischer Sensor	kapazitiver Sensor	induktiver Sensor	optischer Sensor

17.1 Welche der vier Sensoren reagieren auf Metalle? Nr. ☐☐☐

17.2 Welche der vier Sensoren reagieren nicht auf Aluminium? Nr. ☐☐☐

17.3 Welcher der vier Sensoren kann Flüssigkeiten erfassen? Nr. ☐☐☐

17.4 Welche Stoffe kann ein optischer Sensor erfassen? ______________________

____

18. Die Magnetspule eines 5/2-Wegeventils wird mit einer Spannung von 12 V Gleichstrom versorgt. Der Widerstand der Spule beträgt 60 Ω.
Wie groß ist die Leistungsaufnahme der Spule in Watt?
Rechnung:

Speicherprogrammierbare Steuerungen (SPS)

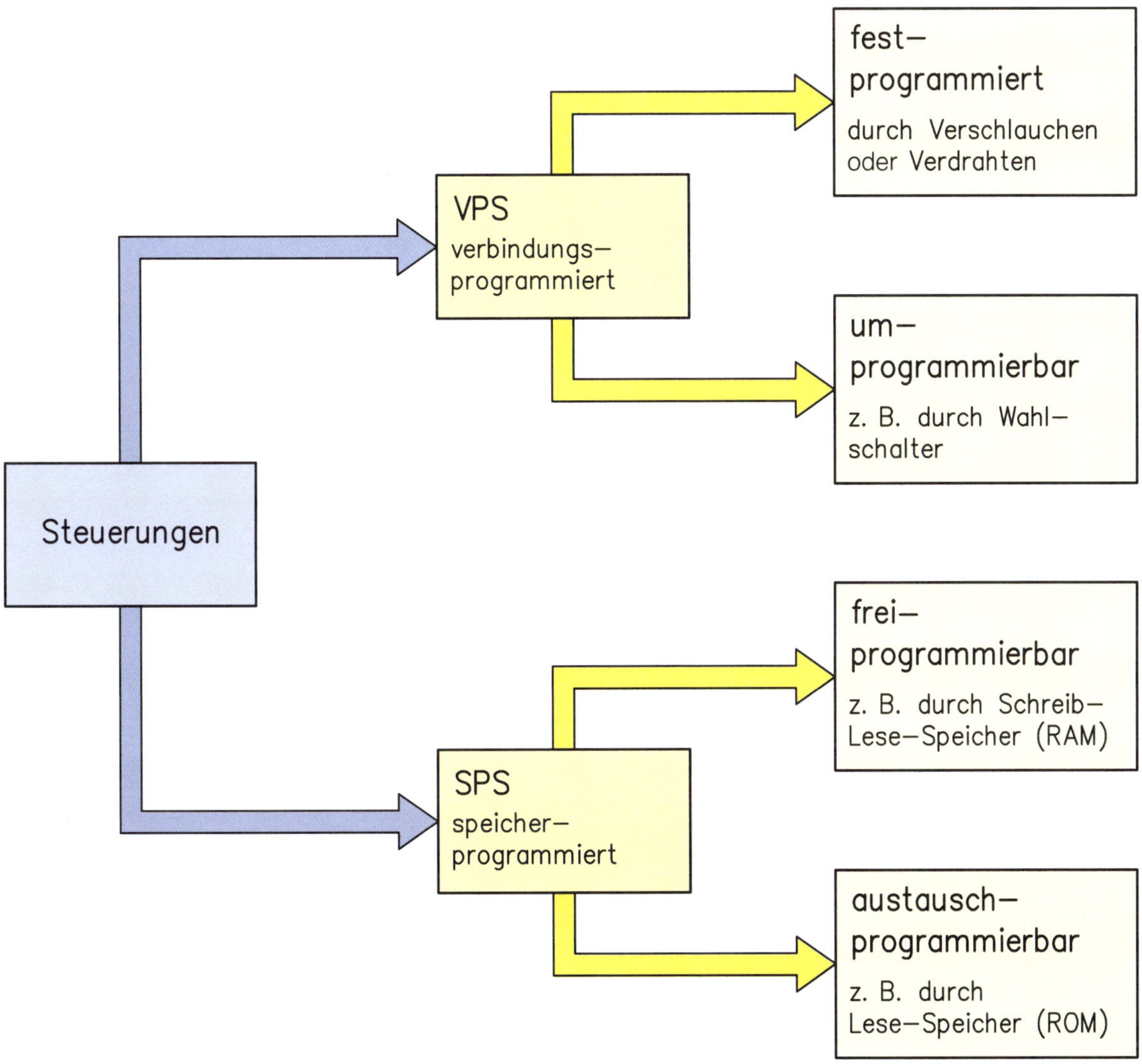

SPS-Programmiersprachen

Das Verlegen von Leitungen für die Steuerenergie ist ein wesentlicher Punkt bei der Realisierung von Steuerungen. Bei pneumatischen Steuerungen erfolgt der Aufbau der Steuerungslogik durch den Einsatz von Verknüpfungselementen (Zweidruck- und Wechselventile), bei elektropneumatischen Steuerungen durch den Einsatz der verschiedenen Relais. Steuerungen, die durch Verdrahten oder Verschlauchen hergestellt werden, nennt man „Verbindungsprogrammierte Steuerungen“ (VPS). Ist eine Änderung der Steuerungslogik oder des Arbeitsablaufs erforderlich, so muss die Anpassung durch Umverdrahten geändert werden.

Mit dem Einzug der Mikroprozessor-Technik kommen verstärkt elektronische Steuerungen zum Einsatz. Bei diesen „Speicherprogrammierbaren Steuerungen“ (SPS) ist die Steuerungslogik in einem vom Anwender geschriebenen Programm enthalten, das von einem eingebauten Mikroprozessor Befehl für Befehl abgearbeitet wird.

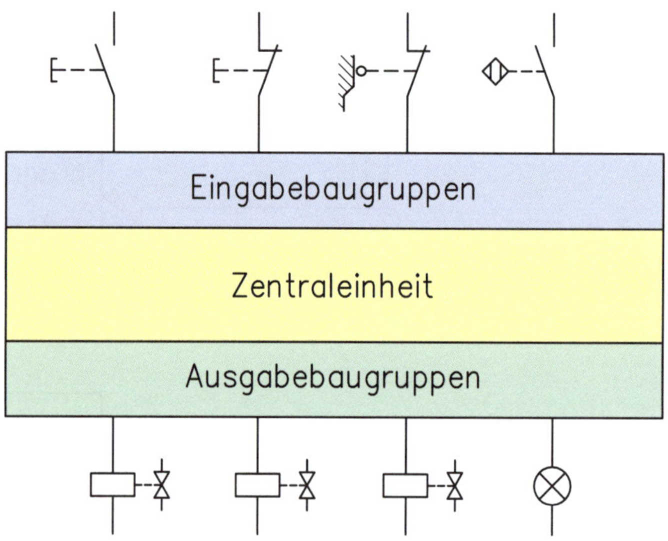

Bei einer Änderung des Arbeitsablaufs ist das Umverdrahten der Leitungen nun nicht mehr erforderlich. Bei einer SPS braucht lediglich das Steuerprogramm geändert zu werden.
Zu den wesentlichen Vorzügen einer SPS gehört die Möglichkeit zum direkten Anschluss von Befehlsgebern und Magnetventilen.

SPS-Programmiersprachen

Die Programmierung erfolgt durch ein Programmiergerät. Nach Abschluss der Programmierung wird das Anwenderprogramm in die Maschinensprache der Steuerung übersetzt (kompiliert) und in den Programmspeicher der SPS übertragen.

In der DIN EN 61131-3:2014-06 stehen verbindliche Grundlagen für eine einheitliche, Hersteller übergreifende SPS-Programmierung. Die Norm beschreibt fünf Programmiersprachen, die einzeln oder miteinander verbunden benutzbar sind. Das Programmieren einer SPS wird vereinheitlicht und erleichtert.

SPS-Programmiersprachen (DIN EN 61131-3:2014-06)

- **Verbale Sprachen**
  - Sprache AWL (Anweisungsliste)
  - Sprache ST (strukturierter Text)
- **Grafische Sprachen**
  - Sprache AS (Ablaufsprache)
  - Sprache FBS (Funktionsbaustein-Sprache)
  - Sprache KOP (Kontaktplan)

Sprache AWL (Anweisungsliste)

Die SPS benötigt zur Bearbeitung einer Steuerungsaufgabe ein Steuerprogramm. Dieses besteht aus einer Folge von einzelnen Steueranweisungen. Eine Steueranweisung ist eine in einer beliebigen Programmiersprache abgefasste Arbeitsvorschrift. Die Anweisungsliste ist eine zeilenorientierte Textsprache. In einer Zeile erfolgt die Beschreibung einer Steueranweisung. Die einzelnen Zeilen der Sprache AWL bestehen aus folgenden Elementen:

Steueranweisung

Marke	Operator	Operand	Kommentar
Die Angabe einer Sprungmarke ist nur dann erforderlich, wenn diese Zeile innerhalb eines Programmdurchlaufs von anderen Programmzeilen angesprungen wird.	Der Operator beschreibt die in der Steueranweisung auszuführende Operation. Er wird in einer verkürzten Schreibweise angegeben.	Er definiert die Ein- oder Ausgangsvariable, die vom Operator bearbeitet werden soll.	Der Kommentar ist ein Hilfsmittel zur Programmerklärung. Es ist nur ein Kommentar pro Zeile zugelassen. Er wird durch Klammer und Stern begrenzt.

Beispiel

einer Steueranweisung in der Sprache AWL (Anweisungsliste)

Farbstoff_rot	LD	% I 0.5	(*Farbauswahl rot*)
	Operator	Operand	

Operator

Kurzzeichen	Bedeutung
LD	Lädt den Signalwert des Operanden
AND	Boolesche UND-Verknüpfung
OR	Boolesche ODER-Verknüpfung
ST	Speichert das Verknüpfungsergebnis in den Operanden
S	Setzt den Operanden auf „logisch 1"
R	Setzt den Operanden auf „logisch 0"
N	Modifizierer: wird an das Kurzzeichen angefügt und negiert den aktuellen Wert

Operand

Kurzzeichen	Bedeutung
% I	Eingangsvariable
% Q	Ausgangsvariable
% M	Merker
	Direkte (hierarchische) SPS-Adressen müssen mit einem % beginnen. Symbolische Variable entsprechen SPS-Adressen, denen in der Zuordnungsliste Namen zugewiesen wurden.

Die Angabe der Operatoren und Operanden erfolgt in einer verkürzten Schreibweise.

Sprache KOP (Kontaktplan)

Bei der Sprache KOP (Kontaktplan) erfolgt die SPS-Programmierung durch einzelne, in Stromschienen eingebundene Netzwerke.

Linke Stromschiene mit angebundener horizontaler Verbindung. Die linke Stromschiene im Kontaktplan besitzt den Signalzustand „logisch 1".

Rechte Stromschiene mit angebundener horizontaler Verbindung.

Zwischen der rechten und der linken Stromschiene erfolgt der Aufbau von Netzwerken durch die symbolische Darstellung von Kontakten und Spulen.

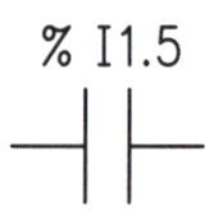

Schließer
Das „logisch 1"-Signal wird dann von der linken zur rechten Verbindung weitergeleitet, wenn die benannte Eingangsvariable den Signalzustand „1" hat.

Öffner
Das „logisch 1"-Signal wird dann von der linken zur rechten Verbindung weitergeleitet, wenn die benannte Eingangsvariable den Signalzustand „0" hat.

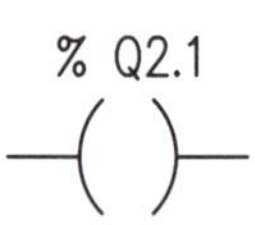

Spule
Der Wert der Ausgangsvariablen wird „1", wenn am linken Spuleneingang das „logisch 1"-Signal anliegt.

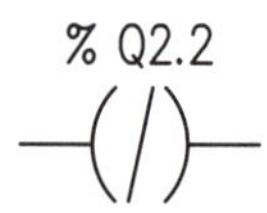

Negative Spule
Der Wert der Ausgangsvariablen wird „0", wenn am linken Spuleneingang das „logisch 1"-Signal anliegt.

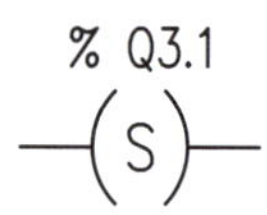

Setze Spule
Der Wert der Ausgangsvariablen wird speichernd auf „1" gesetzt, wenn am linken Spuleneingang das „logisch 1"-Signal anliegt.

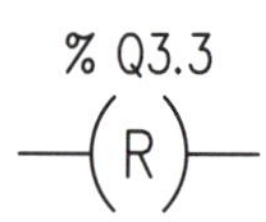

Rücksetze Spule
Der Wert der Ausgangsvariablen wird auf „0" gesetzt, wenn am linken Spuleneingang das „logisch 1"-Signal anliegt.

Die Darstellung von Zeit- und Zählerbausteinen im Kontaktplan erfolgt durch die Einbindung der Funktionsbaustein-Sprache.

Beispiel

einer Programmierung in der Sprache KOP (Kontaktplan)

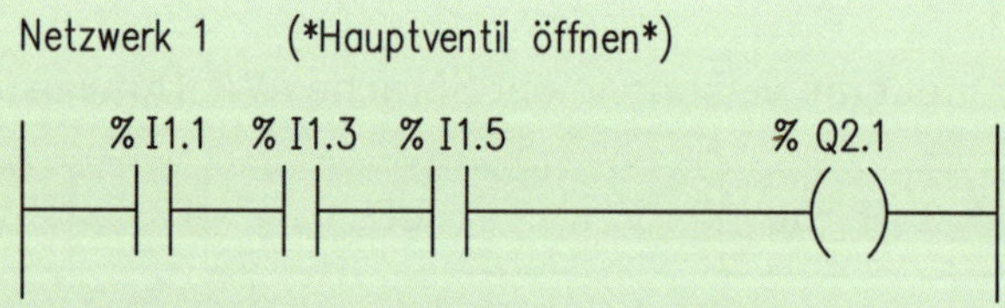

Sprache FBS (Funktionsbaustein-Sprache)

Die Funktionsbausteinsprache ist die grafische Darstellung von Steueranweisungen in Netzwerken. Die Netzwerke sind aus einzelnen Elementen aufgebaut. Die einzelnen Elemente werden zur Darstellung des Signalflusses durch Linien miteinander verbunden. Die Anordnung der Eingangsvariablen erfolgt auf der linken Seite der Elemente, die Angabe der Ausgangsvariablen auf der rechten Seite der Elemente. Die wesentlichen Elemente der Funktionsbausteinsprache sind:

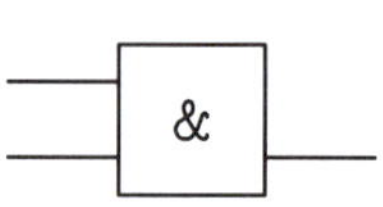

UND-Bedingung
Das Ergebnis der Ausgangsvariablen wird dann „logisch 1", wenn alle Eingangsvariablen gleichzeitig den Wert „logisch 1" haben.

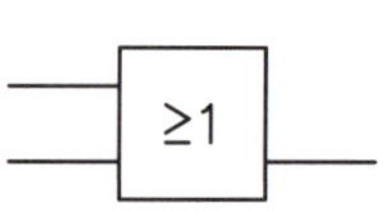

ODER-Bedingung
Das Ergebnis der Ausgangsvariablen wird dann „logisch 1", wenn einer Eingangsvariablen der Wert „logisch 1" zugewiesen wird.

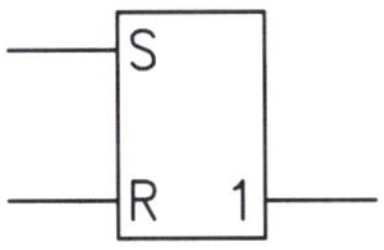

Signalspeicherung
Die Ausgangsvariable wird dann „logisch 1“ gesetzt, wenn die Eingangsvariable am Eingang S den Wert „logisch 1“ hat. Die Ausgangsvariable wird dann „logisch 0“ gesetzt, wenn die Eingangsvariable am Eingang R den Wert „logisch 1“ hat.

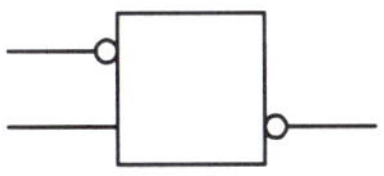

Negation
Das Ergebnis der an einer Verknüpfung beteiligten Variablen wird durch einen Kreis negiert.

Beispiel

eines Netzwerks in der Funktionsbaustein-Sprache

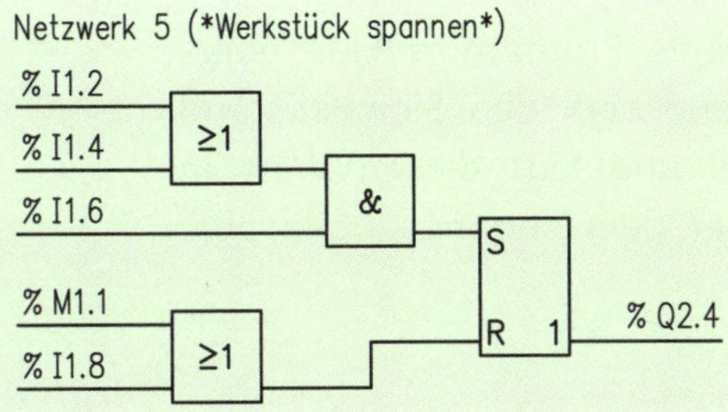

Sprache AS (Ablaufsprache)

Die Ablaufsprache ist die Umsetzung der Funktionsplandarstellung nach DIN EN 60848:2002-12 (siehe **GRAFCET-Grundlagen 3**) in eine SPS-Programmiersprache. Die Ablaufsprache besteht aus den Grundelementen: Schritte, Transitionen (Übergänge) und gerichtete Verbindungen. Schritte und Transitionen sind abwechselnd gereiht und stellen den Ablauf einer Steuerungsaufgabe in einer Kettenstruktur dar.

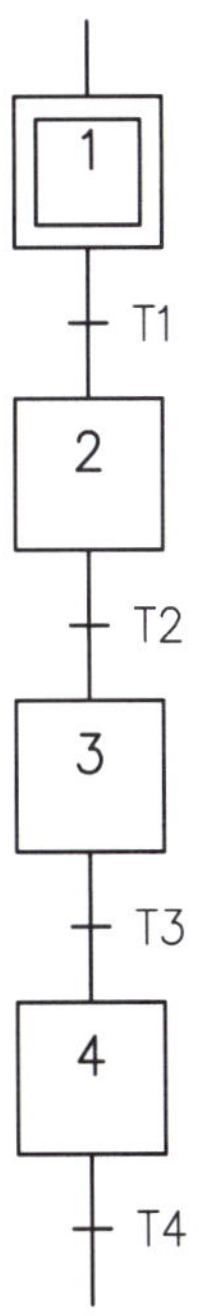

Der erste Schritt einer Kette ist als Anfangsschritt angelegt. Der Übergang zum nachfolgenden Schritt wird nur dann ausgeführt, wenn die festgelegten Transitionsbedingungen (im nebenstehenden Beispiel T1) erfüllt sind. Innerhalb dieser Schrittkette kann immer nur ein Schritt aktiv sein. Ein Ablauf vom vorhergehenden Schritt zum nachfolgenden Schritt findet nur dann statt, wenn der vorhergehende Schritt aktiv ist und die zugehörige Übergangsbedingung wahr (TRUE) ist.

Ist die Übergangsbedingung nach einem aktiven Schritt erfüllt, wird der nachfolgende Schritt aktiv und der vorhergehende Schritt deaktiv.
Die Transitionsbedingungen sind in einer, in der DIN EN 61131-3:2014-06 festgelegten Programmiersprache, z. B. Sprache KOP, zu schreiben.

Innerhalb der einzelnen Schritte werden die Regeln (boolesche Rechenregeln und Gesetze) festgelegt, nach denen die zugeordneten Aktivitäten des Schritts ablaufen sollen.

Ist die Transitionsbedingung hier z. B. T4 erfüllt, erfolgt selbstständig der Rücksprung zum Anfangsschritt.

Transitionsbedingungen und Aktivitäten der einzelnen Schritte sind in getrennten Netzwerken zu programmieren.

Beispiel

Programmierung von Transitionen und Schritten in den verschiedenen Ablaufsprachen

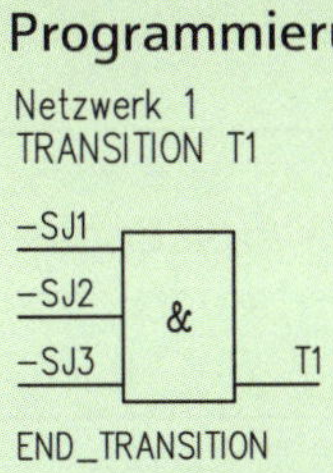

Transitionsbedingung T1: dargestellt in FBS durch symbolische SPS-Adressen

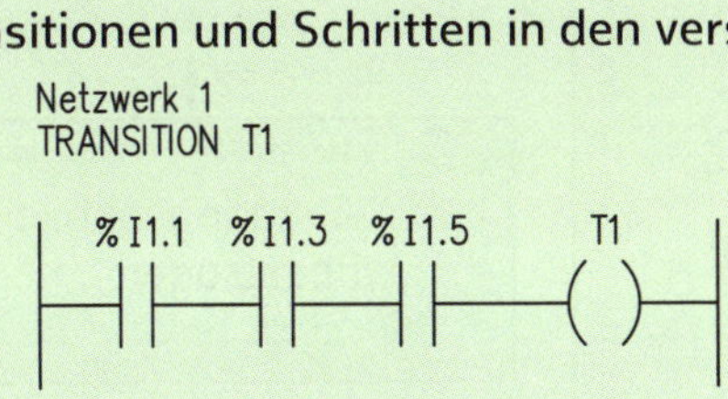

Transitionsbedingung T1: dargestellt in KOP durch direkte SPS-Adressen

```
STEP_S2
LD          % I 2.5
AND         % I 2.6
ANDN        % Q 2.1
ST          % Q 4.1
END_STEP
```

Aktivitäten im Schritt 2: dargestellt in AWL in direkten SPS-Adressen

Arbeitsweise einer SPS

Nach dem Laden des Betriebssystems werden alle Speicher, Merker, Zähler und Zeitglieder durch die SPS auf Null gesetzt.

Zu Beginn eines Programmzyklus überprüft das Steuerwerk den Signalzustand der Eingänge und legt diesen Wert in einem Speicher, dem Eingangsabbild, ab.

Der Adressenzähler wählt die Speicheradresse der ersten Anweisung des Steuerprogramms. Die Steueranweisung wird gelesen. Der Taktgeber bewegt den Adressenzähler zur Speicheradresse der nächsten Steueranweisung. Entsprechend der Steueranweisung erfolgt eine Verknüpfung der Operanden. Die SPS arbeitet sequentiell, d. h. alle Steueranweisungen werden nacheinander gelesen und bearbeitet. Erfolgt die Anweisung Programmende, überspringt der Adressenzähler die freien Speicherplätze und beginnt erneut bei der ersten Steueranweisung.

Steht in der Steueranweisung eine Zuweisung zu einem Ausgang, wird der aus Operation und Eingangsabbild resultierende Signalzustand „1“ oder „0“ in einem weiteren Speicher, dem Ausgangsabbild, hinterlegt. Erfolgt eine Zuweisung zu einem Merker, wird das Ergebnis der Verknüpfung für weitere Zugriffe im Arbeitsspeicher abgelegt.

Die Übertragung der Signalzustände des Ausgangsabbilds an die Ausgänge erfolgt am Ende eines Programmzyklus.

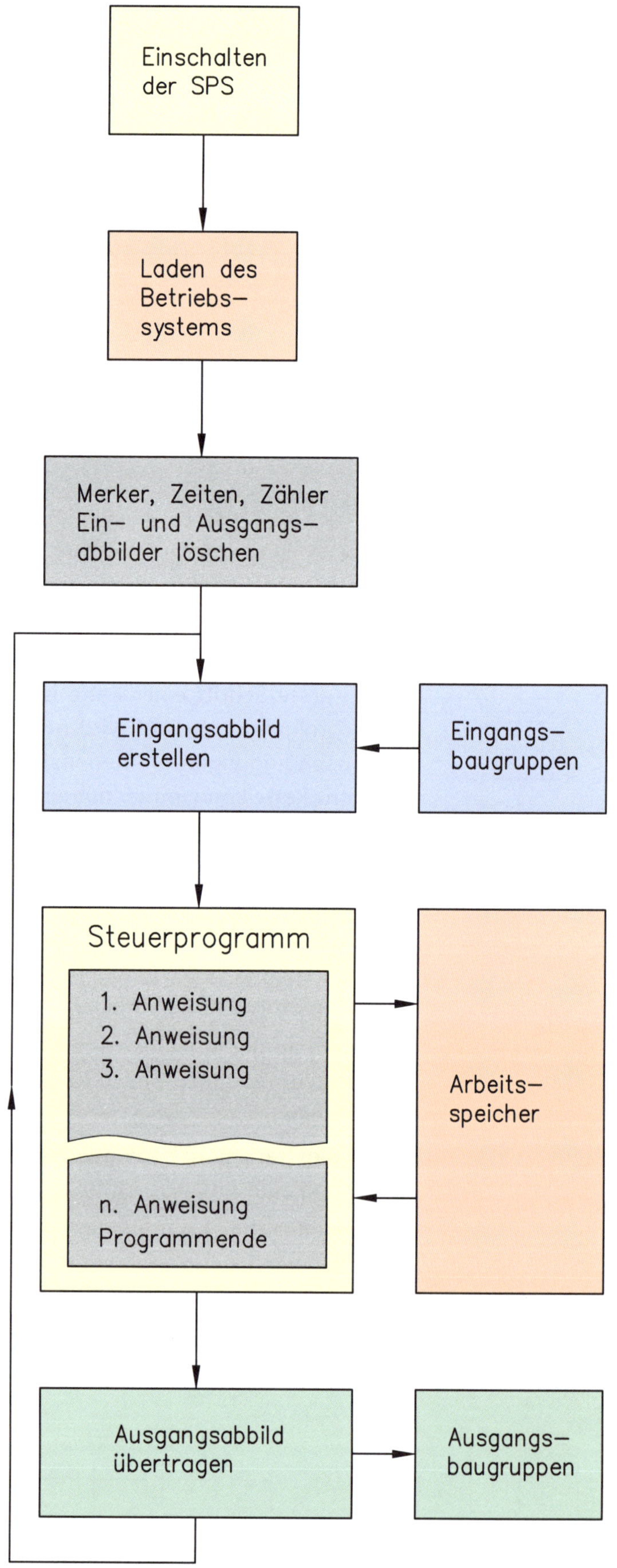

Blockschaltbild einer SPS

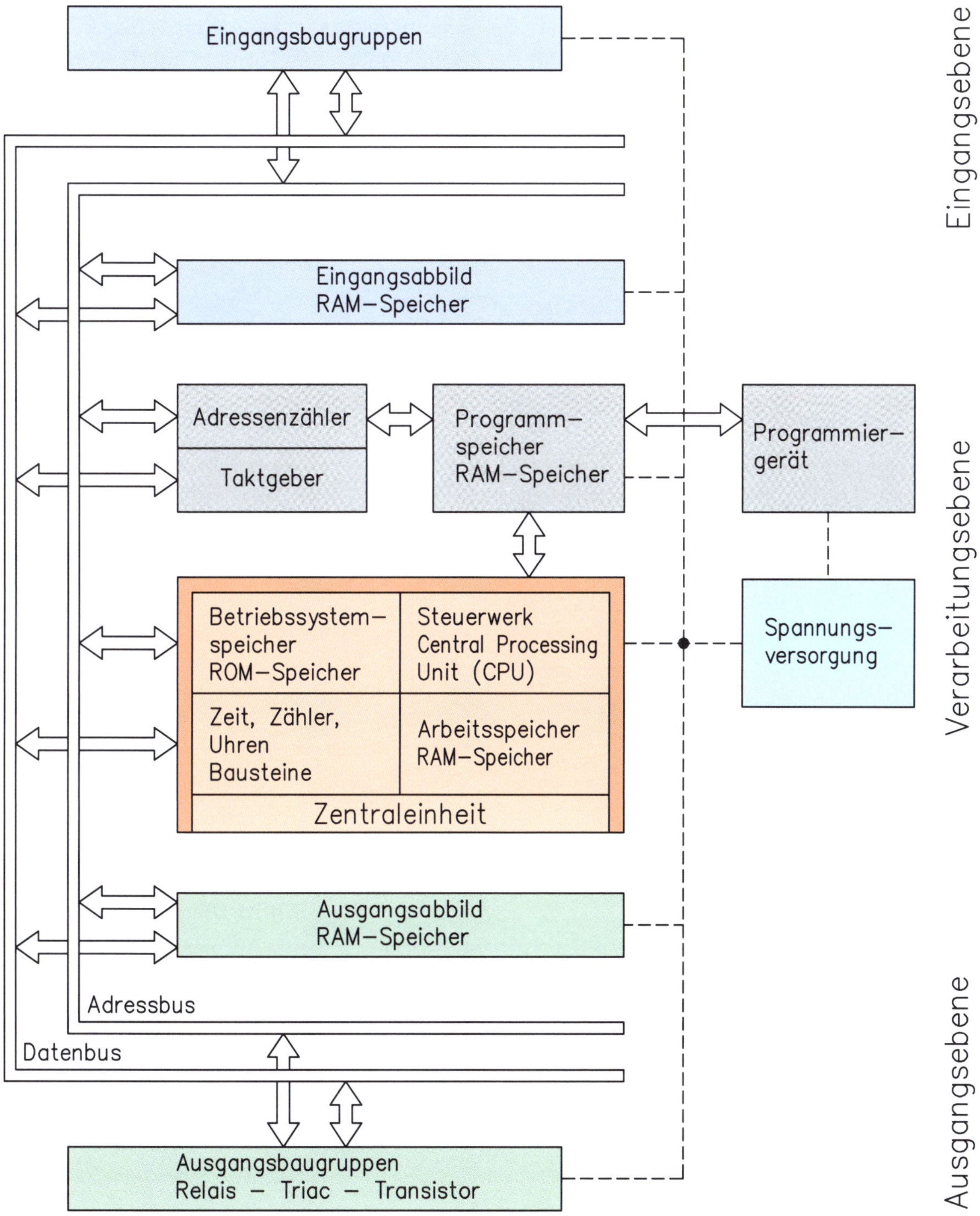

Montagepresse

Problemstellung

An einem Montageplatz werden mithilfe eines doppelt wirkenden Zylinders Laufbuchsen aus Kunststoff in ein Werkstück gepresst. Der Einpressvorgang kann durch Druck auf den START-Taster –SJ1 ausgelöst werden, wenn der Kontaktgeber des Montagebands –BG2 einen Werkstückträger unter der Montagepresse meldet. Nach Beendigung des Einpressvorgangs fährt durch Betätigung des Näherungssensors –BG1 die Presse in die Ausgangslage zurück.

Technologieschema

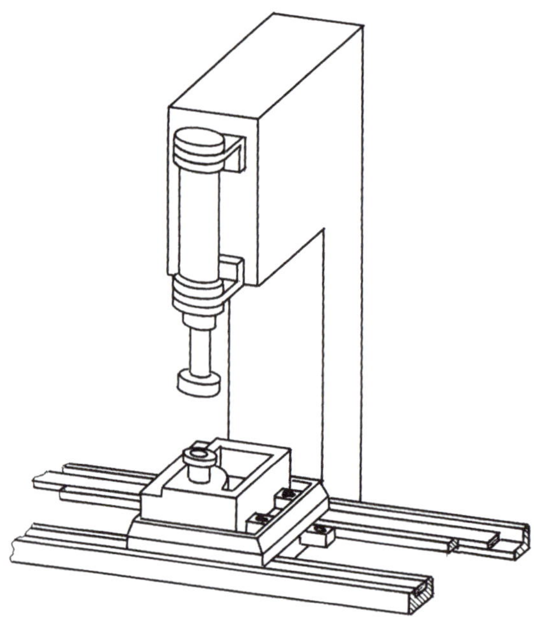

Pneumatischer Schaltplan

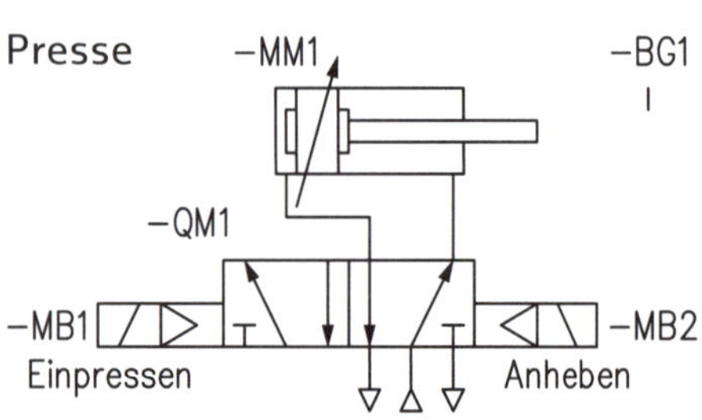

Weg-Schritt-Diagramm

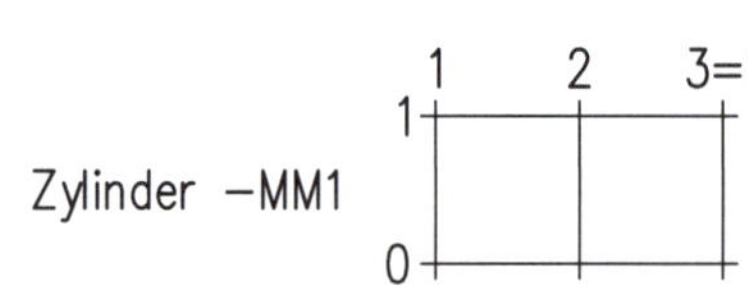

Arbeitsauftrag

- Vervollständigen Sie das Weg-Schritt-Diagramm, erläutern Sie die grafischen Symbole für den GRAFCET und schreiben Sie die Schalttabelle.
- Erstellen Sie die SPS-Programme in den Sprachen FBS (Funktionsbaustein-Sprache), Sprache AWL (Anweisungsliste) und Sprache KOP (Kontaktplan).

GRAFCET

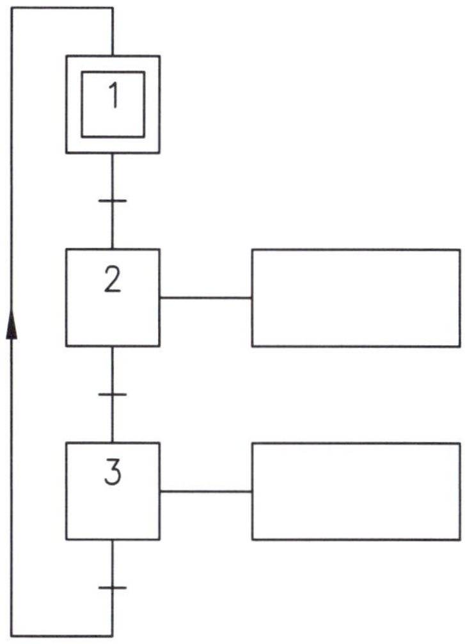

Struktur Wirkungsteil

Funktionspläne für Ablaufsteuerungen Grafische Symbole nach GRAFCET

= ______________________

= ______________________

= ______________________

= ______________________

Der Stern in der oberen Symbolmitte ist durch die Schrittbezeichnung zu ersetzen.

Zuordnungsliste

Bauteil	Operand	Kommentar
-SJ1		Taster „START“
-BG1		Sensor Kolben ausgefahren
-BG2		Sensor Werkstückträger
-MB1		Zylinder ausfahren, einpressen
-MB2		Zylinder einfahren, anheben

Schalttabelle

Einpressen

-SJ1	-BG2	-MB1

Anheben

-BG1	-MB2

Sprache FBS (Funktionsbaustein-Sprache)

Netzwerk 1: Einpressen

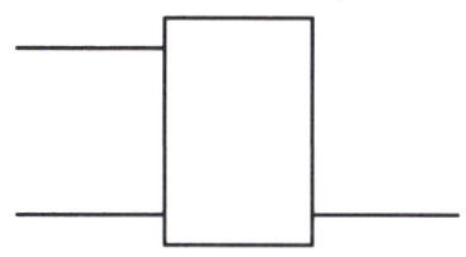

Netzwerk 2: Anheben

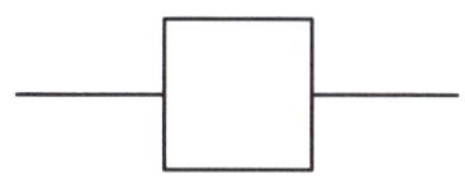

Sprache AWL (Anweisungsliste)

Lfd. Nr.	Speicher Adresse	Steueranweisung
1		
2		
3		
4		
5		

Sprache KOP (Kontaktplan)

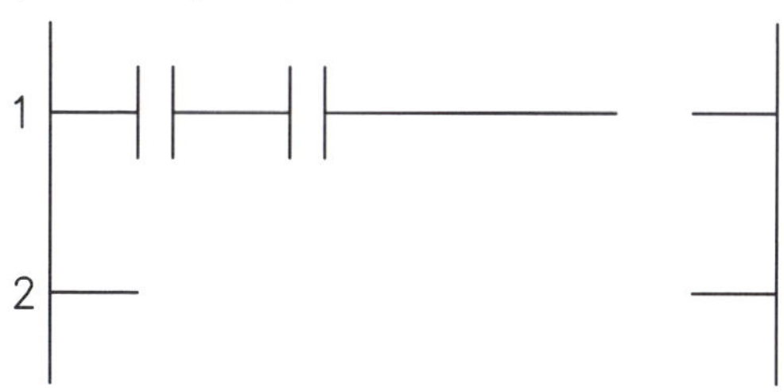

Furnierpresse

Problemstellung

An einer 3 m langen Furnierpresse befanden sich zwei Taster –SJ1 und –SJ2, die jeweils das Herunterfahren des Stempels ermöglichten. Aus Sicherheitsgründen wurde zwischen den beiden vorhandenen Tastern ein dritter Taster –SJ3 eingebaut. Danach soll die Presse erst herunterfahren können, wenn zwei der drei Taster gleichzeitig gedrückt sind. Das Hochfahren soll geschehen, wenn einer der gedrückten Taster losgelassen wird.

Technologieschema

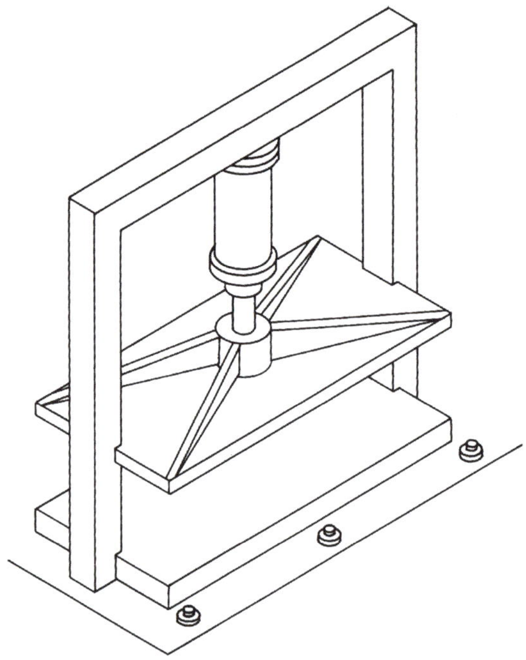

Pneumatischer Schaltplan

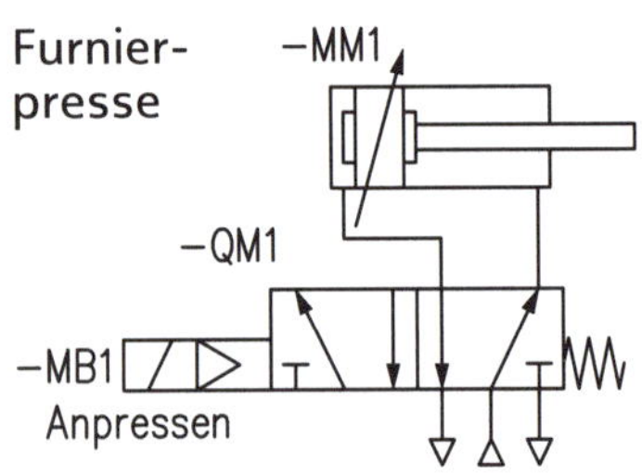

Weg-Schritt-Diagramm

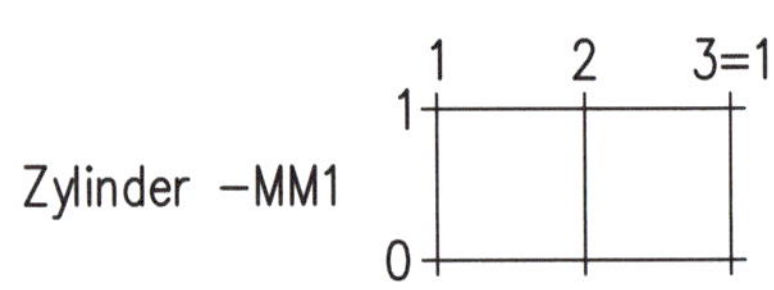

Arbeitsauftrag

- Ergänzen Sie den GRAFCET.
- Schreiben Sie die Schalttabelle für das Ausfahren des Zylinders.
- Ergänzen Sie die Zuordnungsliste.
- Schreiben Sie ein SPS-Anwenderprogramm in den Programmiersprachen AWL (Anweisungsliste), KOP (Kontaktplan) und FBS (Funktionsbaustein-Sprache).

GRAFCET

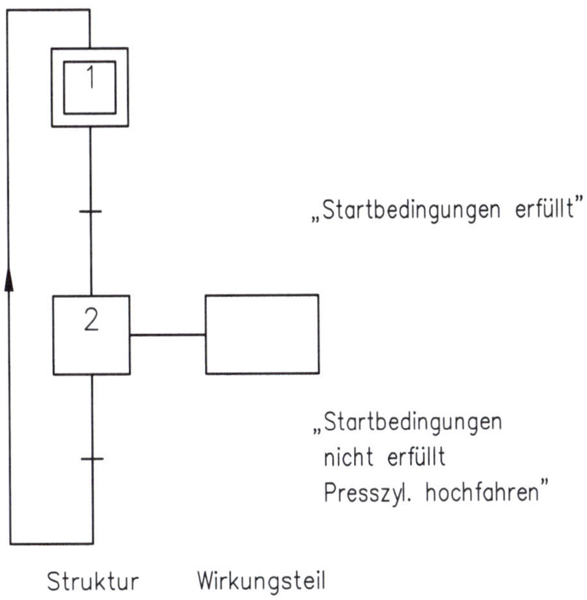

Zuordnungsliste

Bauteil	Operand	Kommentar
-SJ1		Taster „START" links
-SJ2		Taster „START" rechts
-SJ3		Taster „START" Mitte
-MB1		Zylinder ausfahren, pressen

Sprache FBS (Funktionsbaustein-Sprache)

Netzwerk 1: Pressen

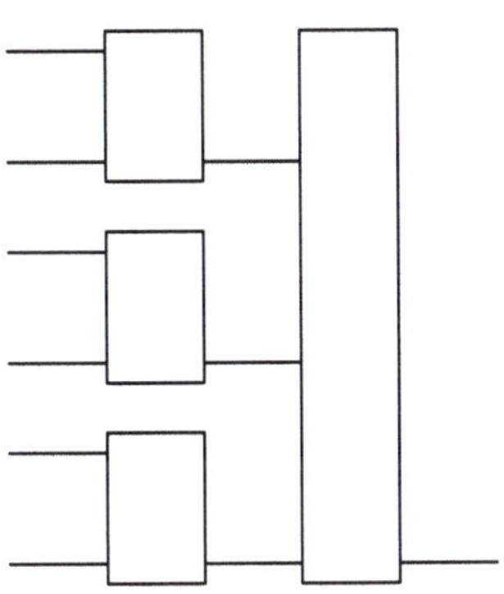

Sprache KOP (Kontaktplan)

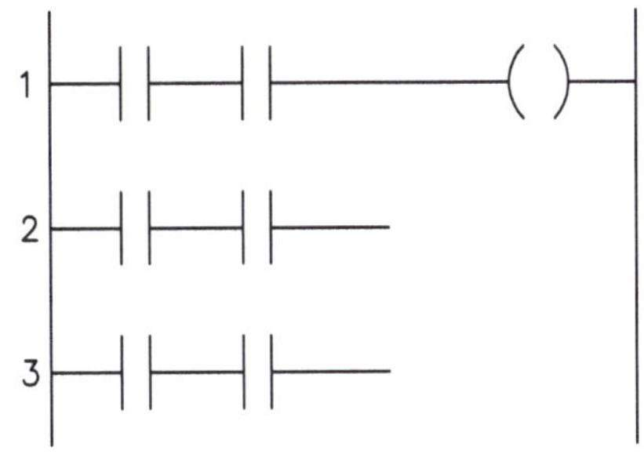

Schalttabelle

	-SJ1	-SJ2	-SJ3	-MB1
1				
2				
3				
4				
5				
6				
7				
8				

Sprache AWL (Anweisungsliste)

Lfd. Nr.	Speicher Adresse	Steueranweisung
1		
2		
3		
4		
5		
6		
7		
8		
9		
10		
11		
12		

Rundtisch

Problemstellung

An einem Rundtisch befinden sich drei Taster –SJ1, –SJ2 und –SJ3. Wenn zwei von ihnen betätigt werden, fährt ein Stempel herunter. Der Rückhub erfolgt über den Näherungssensor –BG1 automatisch.

Technologieschema

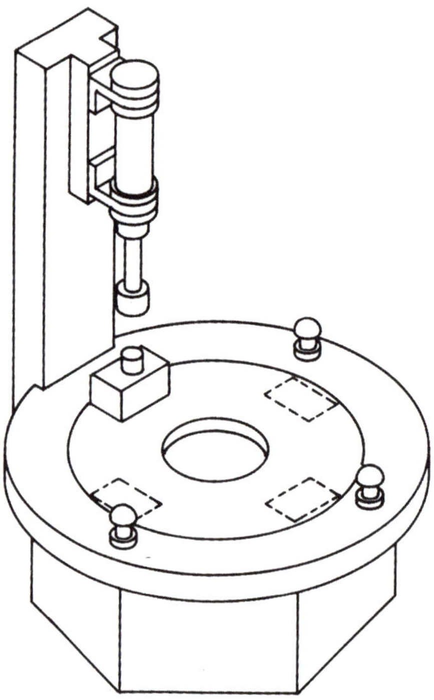

Pneumatischer Schaltplan

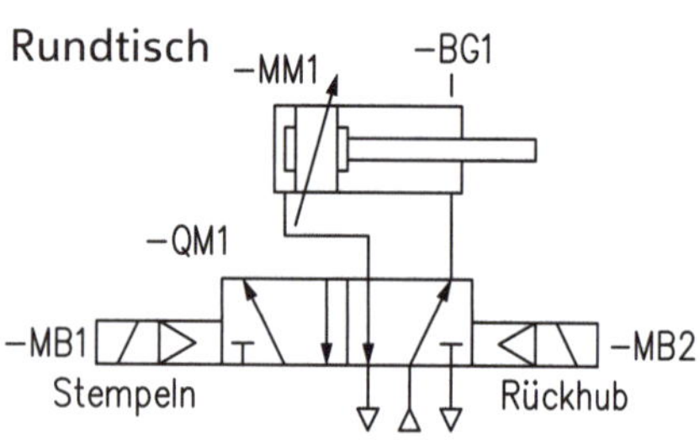

Weg-Schritt-Diagramm

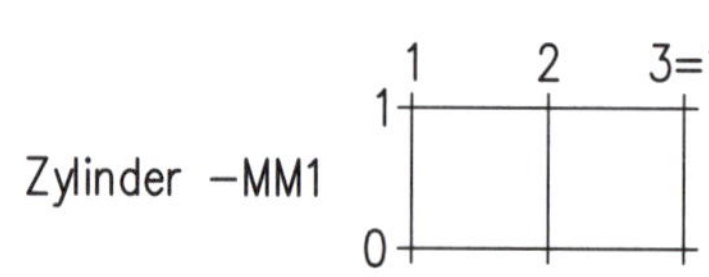

Arbeitsauftrag

- Ergänzen Sie den GRAFCET.
- Erstellen Sie die Schalttabellen für das Ausfahren und den Rückhub des Zylinders.
- Überlegen Sie, welche Zeilen der Schalttabellen für die Programmierung der SPS erforderlich sind.
- Schreiben Sie ein SPS-Anwenderprogramm in den Programmiersprachen AWL (Anweisungsliste), KOP (Kontaktplan) und FBS (Funktionsbaustein-Sprache).

GRAFCET

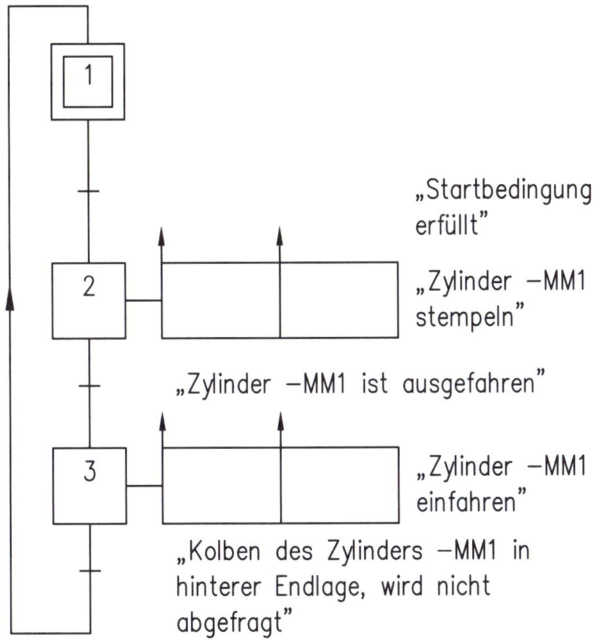

Sprache FBS (Funktionsbaustein-Sprache)

Netzwerk 1: Stempeln

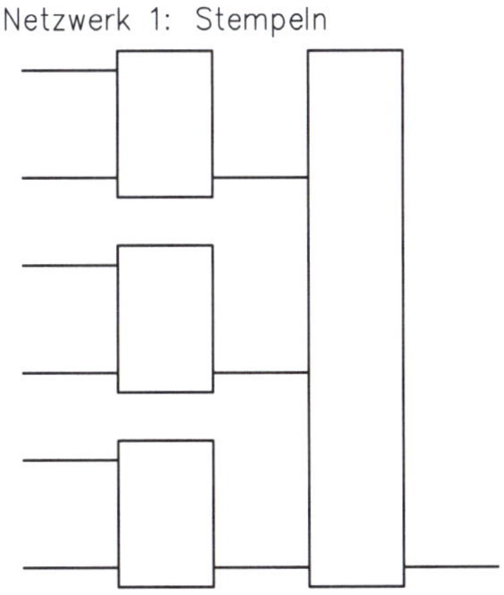

Netzwerk 2: Rückhub

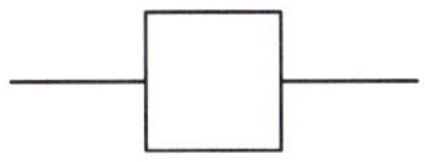

Sprache KOP (Kontaktplan)

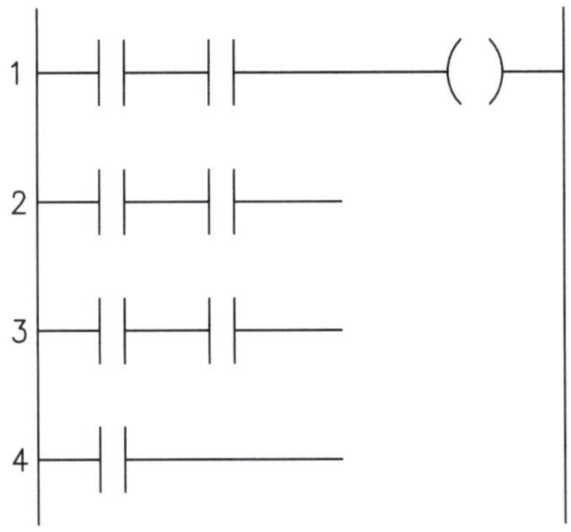

Schalttabelle

Stempeln

–SJ1	–SJ2	–SJ3	–MB1

Rückhub

–BG1	–MB2

Zuordnungsliste

Bauteil	Operand	Kommentar
–SJ1		Taster „START" links
–SJ2		Taster „START" Mitte
–SJ3		Taster „START" rechts
–BG1		Sensor Kolben ausgefahren
–MB1		Zylinder ausfahren, stempeln
–MB2		Zylinder einfahren, Rückhub

Sprache AWL (Anweisungsliste)

Lfd. Nr.	Speicher Adresse	Steueranweisung
1		
2		
3		
4		
5		
6		
7		
8		
9		
10		
11		
12		
13		

Rollengang

Problemstellung

Über einen Rollengang werden Behälter verteilt. In Ruhestellung laufen sie auf den Rollengang I. Sollen sie auf den Rollengang II gelangen, kann das Bedienungspersonal entweder einen Handtaster -SJ1 oder einen Fußtaster -SH1 betätigen. Das Verschieben der Weiche zum Rollengang II darf nur dann erfolgen, wenn sich auf dem Schwenkarm ein Behälter befindet. Dies wird vom Sensor -BG1 abgefragt. Das Zurückfahren der Weiche soll automatisch erfolgen, wenn sich kein Behälter mehr auf dem Schwenkarm befindet.

Technologieschema

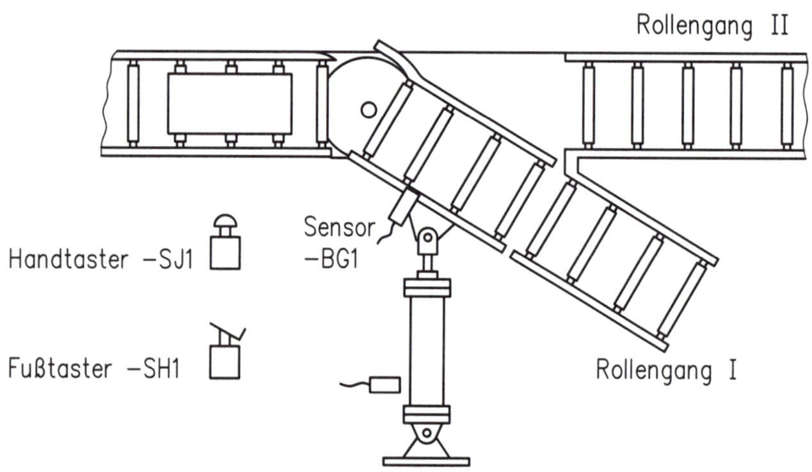

Pneumatischer Schaltplan

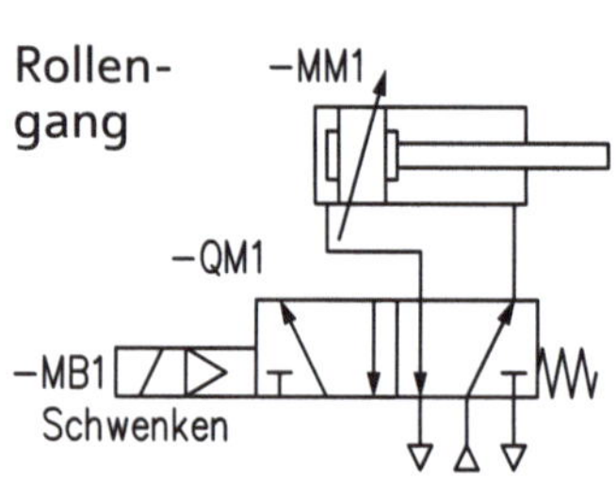

Weg-Schritt-Diagramm

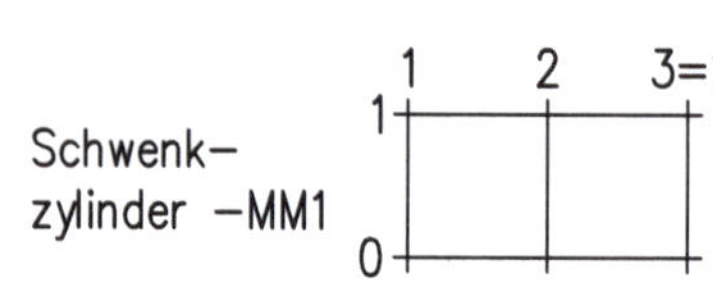

Arbeitsauftrag

- Überlegen Sie, ob mit dem Sensor -BG1 das automatische Zurückschwenken, nachdem die Behälter den Schwenkarm verlassen haben, möglich ist. Wenn nein, überlegen Sie, wo der Einbau eines weiteren Sensors sinnvoll ist.

- Ergänzen Sie den GRAFCET und schreiben Sie ein SPS-Anwenderprogramm in der Sprache FBS (Funktionsbaustein-Sprache), der Sprache AWL (Anweisungsliste) und der Sprache KOP (Kontaktplan).

GRAFCET

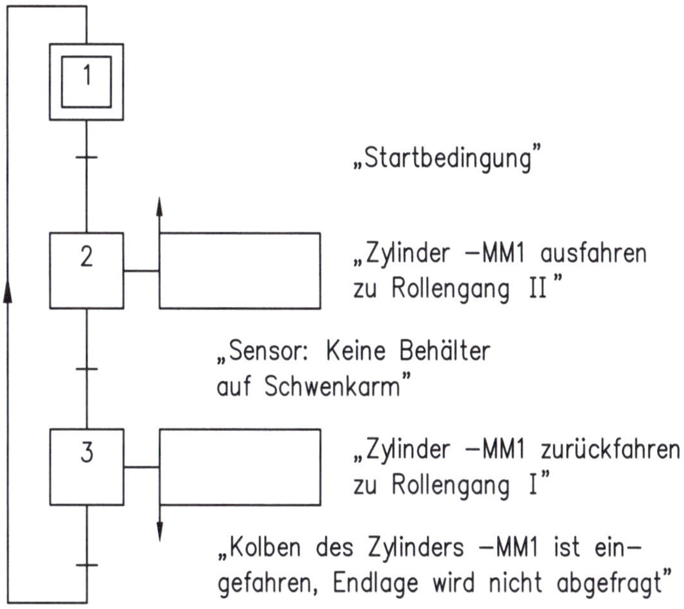

Sprache KOP (Kontaktplan)

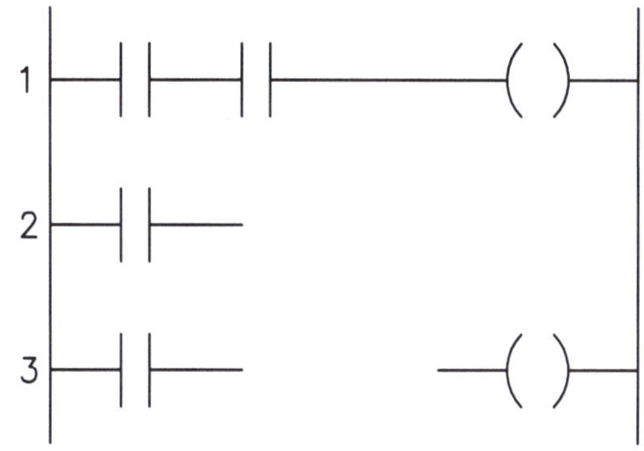

Zuordnungsliste

Bauteil	Operand	Kommentar
-SJ1		Handtaster „Schwenken"
-SH1		Fußtaster schwenken
-BG1		Sensor Behälter
-MB1		Zylinder ausfahren

Sprache AWL (Anweisungsliste)

Lfd. Nr.	Speicher Adresse	Steueranweisung
1		
2		
3		
4		
5		
6		
7		
8		
9		

Sprache FBS (Funktionsbaustein-Sprache)

Netzwerk 1: Schwenken

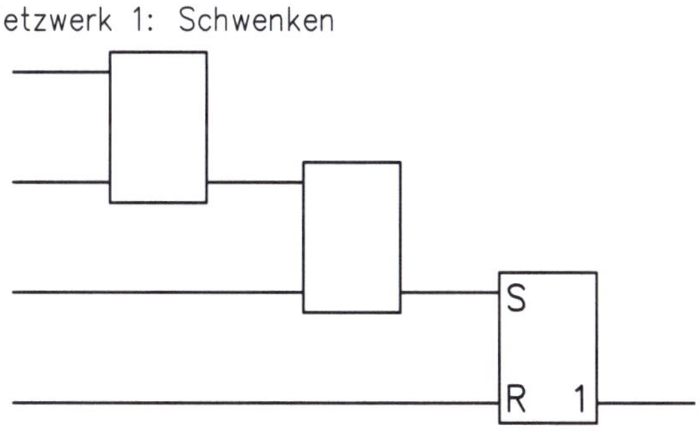

Werktor

Problemstellung

Das elektropneumatisch betätigte Tor einer Werkhalle soll durch eine SPS gesteuert werden. Zwei Drucktaster, –SJ1 für „AUF“ bzw. –SJ2 für „ZU“, befinden sich auf der Hofseite des Tors und zwei weitere, –SJ3 für „AUF“ und –SJ4 für „ZU“, innerhalb der Halle. Es soll möglich sein, das Tor von außen oder von innen zu öffnen und auch wechselseitig wieder zu schließen. Die Schließgeschwindigkeit soll pneumatisch beeinflusst werden.

Technologieschema

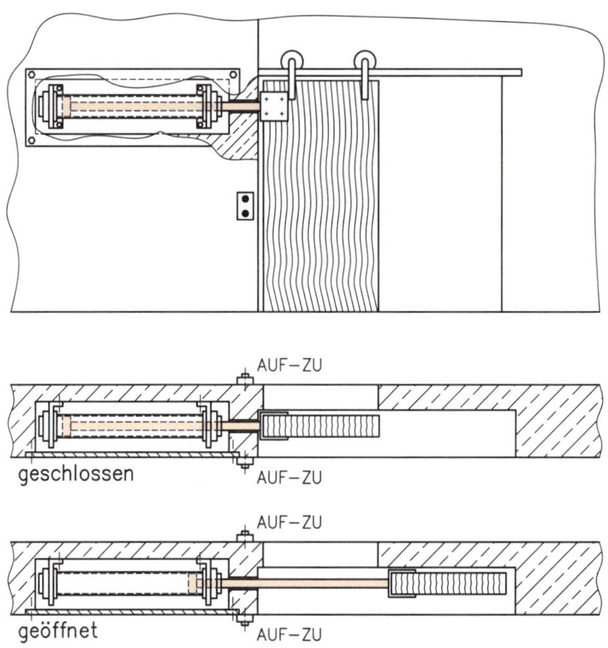

Pneumatischer Schaltplan

Alternative A

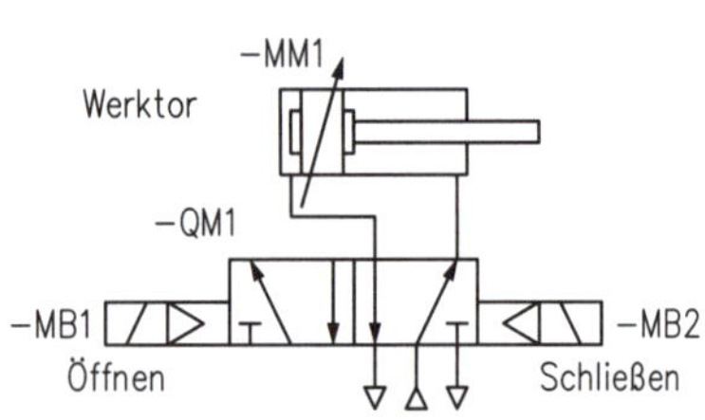

Alternative B

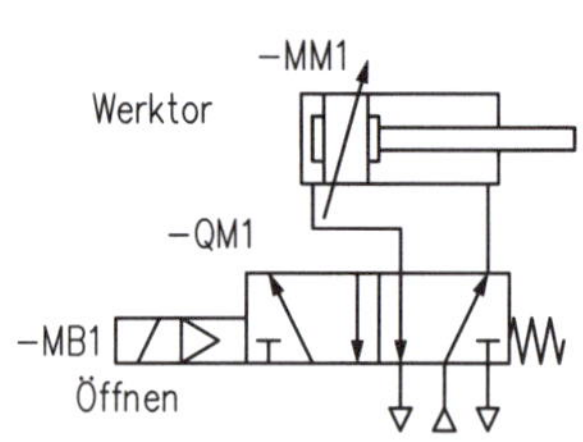

Weg-Schritt-Diagramm

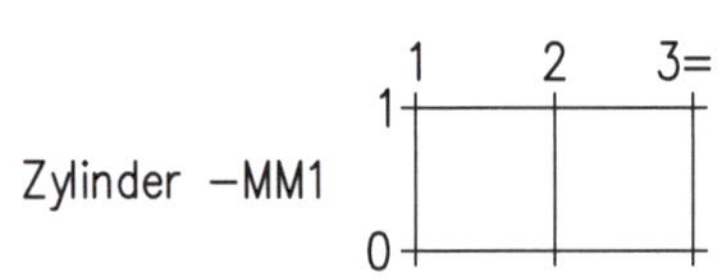

Arbeitsauftrag

Bei der Lösung dieser Steuerungsaufgabe wird ein bistabiles 5/2-Wegeventil, beidseitig durch Magnetspulen betätigt, und ein monostabiles 5/2-Wegeventil, einseitig durch Elektromagneten betätigt, im Einsatz gegenübergestellt.

- Ergänzen Sie den GRAFCET.
- Erstellen Sie jeweils für beide Ventile ein SPS-Anwenderprogramm in der Programmiersprache AWL (Anweisungsliste) und der Sprache FBS (Funktionsbaustein-Sprache).

Zuordnungsliste

Bauteil	Operand	Kommentar

Bauteil	Operand	Kommentar

Alternative A
5/2-Wegeventil,
beidseitig durch Elektromagnete betätigt,
bistabil

GRAFCET

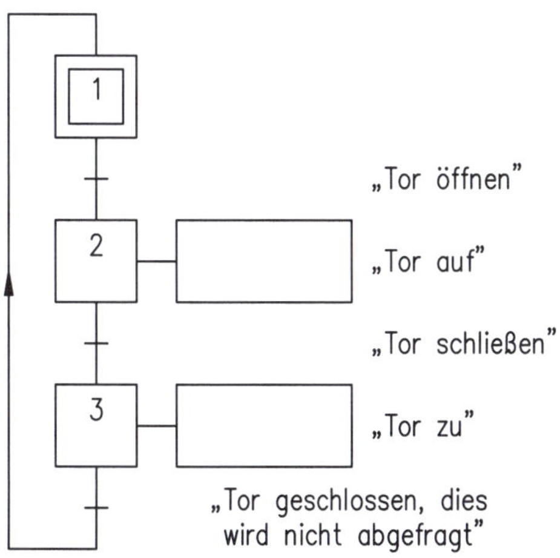

Sprache FBS
(Funktionsbaustein-Sprache)

Netzwerk 1: Öffnen

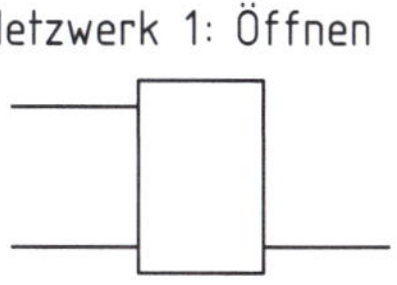

Netzwerk 2: Schließen

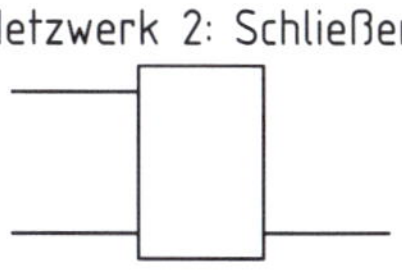

Sprache AWL (Anweisungsliste)

Lfd. Nr.	Speicher Adresse	Steueranweisung
1		
2		
3		
4		
5		
6		
7		

Alternative B
5/2-Wegeventil,
einseitig durch Elektromagneten betätigt,
mit Federrückstellung, monostabil

GRAFCET

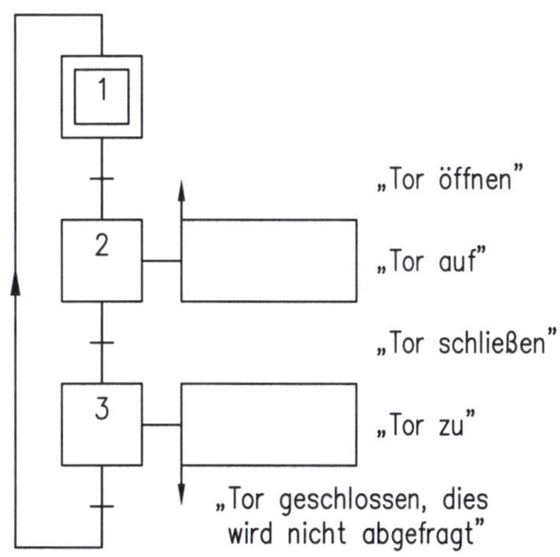

Sprache FBS
(Funktionsbaustein-Sprache)

Netzwerk 1: Öffnen und Schließen

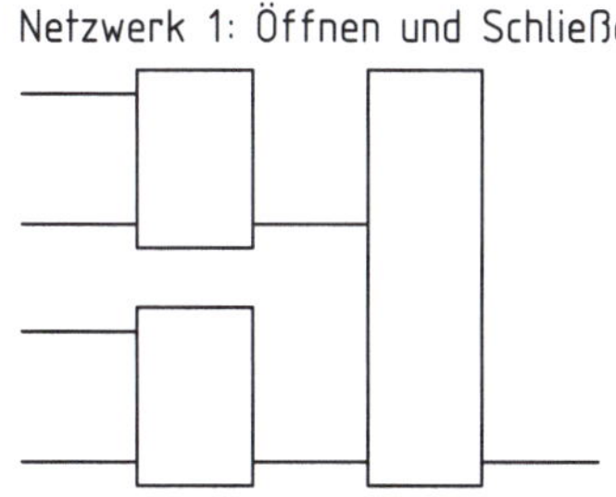

Sprache AWL (Anweisungsliste)

Lfd. Nr.	Speicher Adresse	Steueranweisung
1		
2		
3		
4		
5		
6		
7		

Abfüllstation I

Problemstellung

Unterschiedlich hohe Behälter laufen über eine Förderanlage taktgeführt zu einer Abfüllstation. An der Station sollen nur die großen und die kleinen Behälter gefüllt werden, die mittelgroßen Behälter nicht. Die Größe der Behälter wird über die drei Sensoren –BG1, –BG2 und –BG3 abgenommen. Wenn die großen bzw. die kleinen Behälter von den Sensoren erkannt werden, soll der Kolben eines pneumatisch betätigten Zylinders einfahren und das Silo öffnen. Der Füllvorgang soll durch Drücken des Tasters –SJ1 vom Bedienungspersonal beendet werden.

Technologieschema

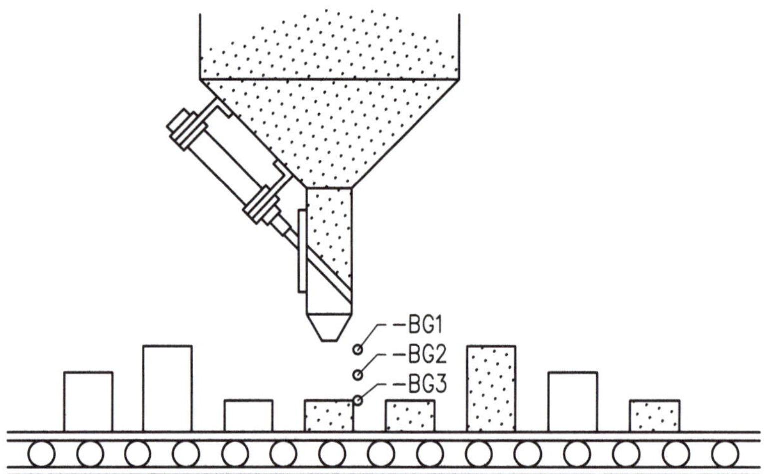

Pneumatischer Schaltplan

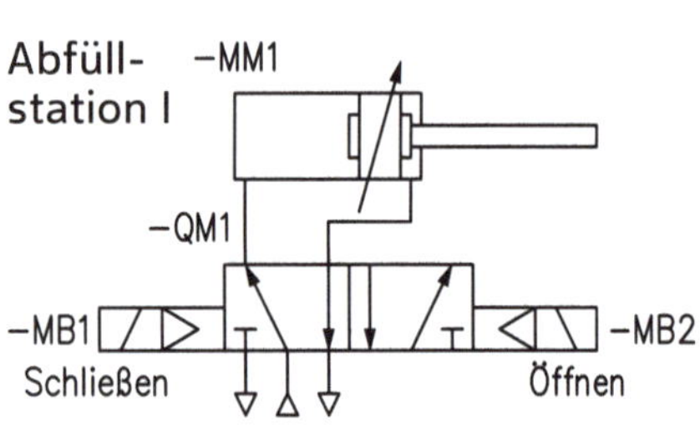

Weg-Schritt-Diagramm

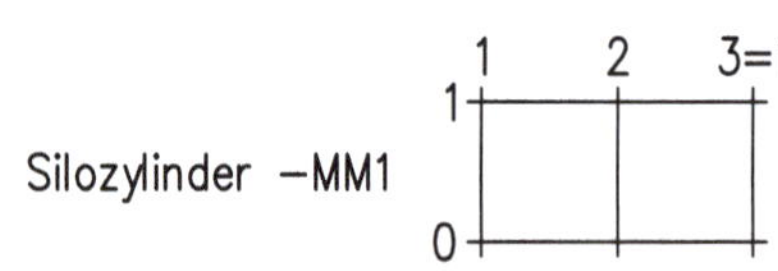

Arbeitsauftrag

- Erstellen Sie die vollständigen Schalttabellen für das Öffnen und das Schließen des Silos.
- Schreiben Sie die Zuordnungsliste.
- Erstellen Sie den GRAFCET.
- Benutzen Sie zur Lösung der folgenden Aufträge Merker zur Speicherung der Behältergröße.
- Schreiben Sie ein SPS-Anwenderprogramm in der Sprache FBS (Funktionsbaustein-Sprache), der Sprache AWL (Anweisungsliste) und der Sprache KOP (Kontaktplan).

Zuordnungsliste

Bauteil	Operand	Kommentar

Schalttabelle

Öffnen

-BG1	-BG2	-BG3	-MB2

Schließen

-SJ1	-MB1

Sprache FBS (Funktionsbaustein-Sprache)

Netzwerk 1: Kleine Behälter

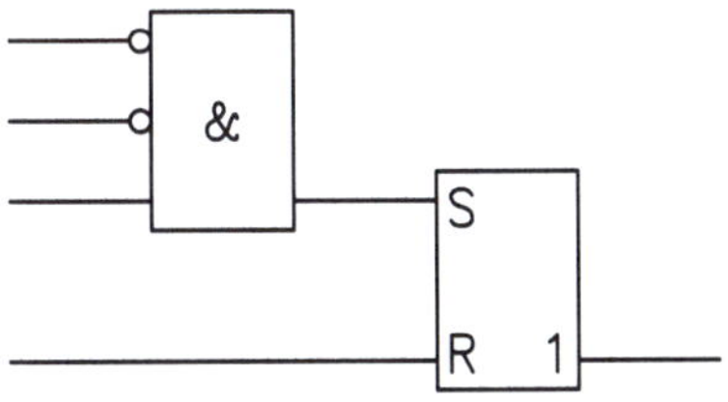

Netzwerk 2: Große Behälter

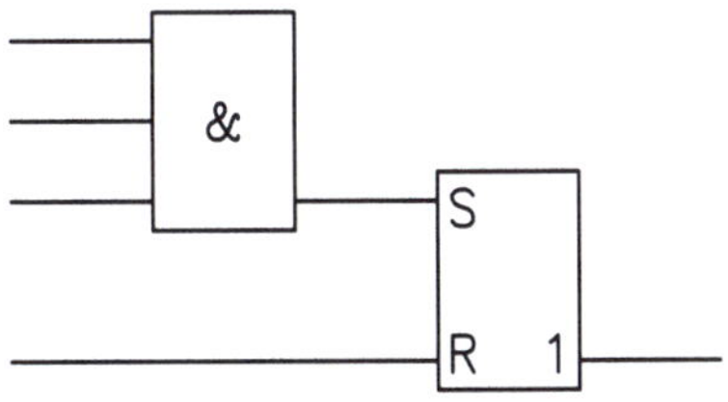

Netzwerk 3: Silo öffnen

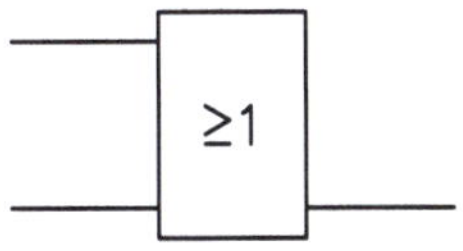

Netzwerk 4: Silo schließen

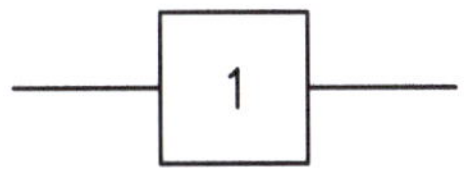

Sprache KOP (Kontaktplan)

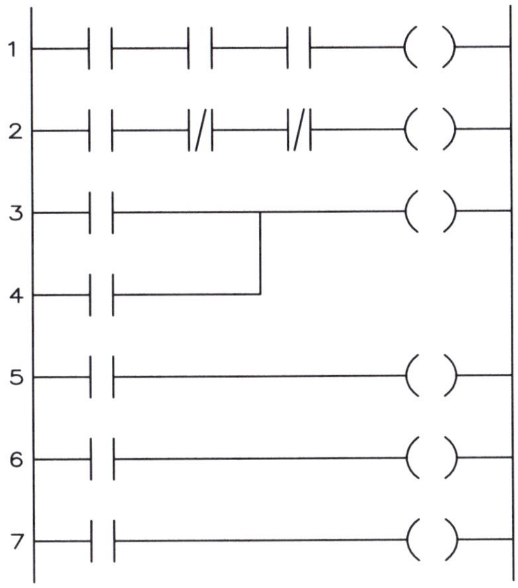

Sprache AWL (Anweisungsliste)

Lfd. Nr.	Speicher Adresse	Steueranweisung
1		
2		
3		
4		
5		
6		
7		
8		
9		
10		
11		
12		
13		
14		
15		
16		
17		
18		

Bohrmaschine

Problemstellung

Der Vorschub einer Bohrmaschine erfolgt pneumatisch mit einem doppelt wirkenden Zylinder. An der Maschine befindet sich ein Wahlschalter –SJ3 für die Betriebsarten „Vorschub“ und „Einrichten“.

In der Betriebsart „Vorschub“ kann mit dem Taster –SJ1 der Bohrvorschub eingeleitet werden, wenn der Elektromotor für die Schnittbewegung läuft (erfasst durch den Sensor –BG1), das Schutzgitter geschlossen ist (Sensor –BG2), das Kühlschmiermittel läuft (Sensor –BG3), ein Werkstück vorhanden ist (Sensor –BG4) und der Bohrer nicht abgebrochen ist (Sensor –BG5). Wenn das Werkstück durchbohrt ist (Sensor –BG6), soll die Bohrspindel in die Ausgangslage zurückfahren.

Ist die Betriebsart „Einrichten“ gewählt, so fährt bei Betätigung des Tasters –SJ1 der Bohrer kurz über das Werkstück. Diese Position wird durch Sensor –BG7 abgefragt. Dabei dürfen der Motor und das Kühlschmiermittel nicht laufen. Das Schutzgitter befindet sich oben. Durch Betätigung des Tasters –SJ2 fährt die Bohrspindel in die Ausgangslage zurück.

Technologieschema

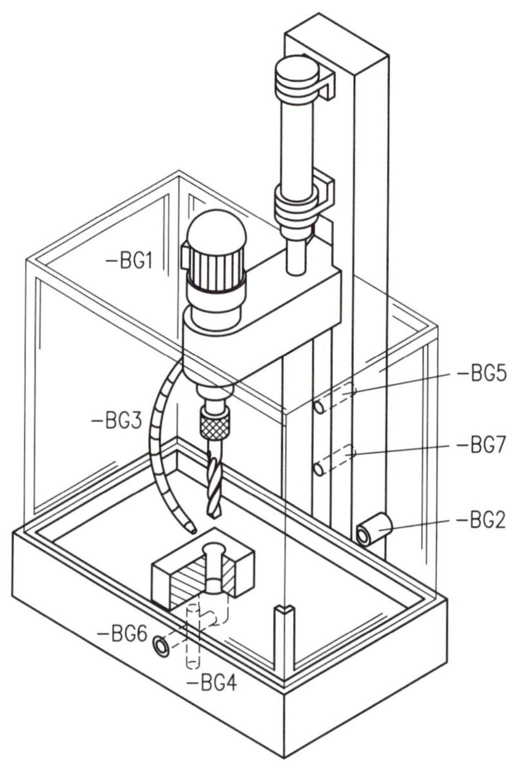

Pneumatischer Schaltplan

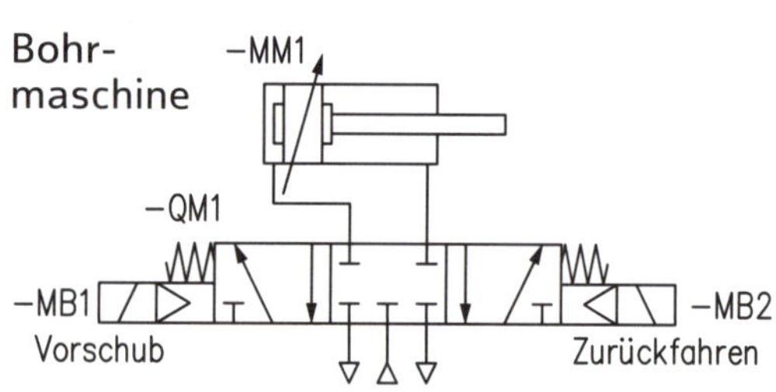

Arbeitsauftrag

- Erstellen Sie einen GRAFCET.
- Ergänzen Sie die Zuordnungsliste.
- Schreiben Sie ein SPS-Anwenderprogramm in der Sprache AWL (Anweisungsliste) und der Sprache FBS (Funktionsbaustein-Sprache) für die Betriebsarten „Vorschub“ und „Einrichten“.
- Überlegen Sie, was geschieht, wenn während des Einrichtevorgangs der Wahlschalter auf die Betriebsart „Vorschub“ geschaltet wird.
- Überlegen Sie, welche Bedingungen an der Bohrmaschine zur besseren Sicherheit noch abgefragt werden müssen. Vervollständigen Sie Funktionsplan und Anweisungsliste.

Sprache FBS (Funktionsbaustein-Sprache)

Betriebsartenwahl

Netzwerk 1:
Vorschub

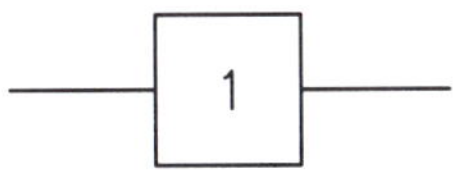

Netzwerk 2:
Einrichten

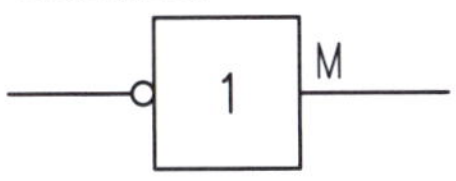

Betriebsart Vorschub

Netzwerk 3:
Grundstellung

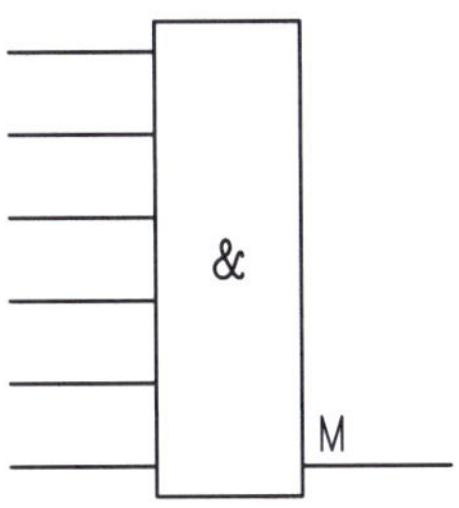

Netzwerk 4:
Bohrspindel ausfahren

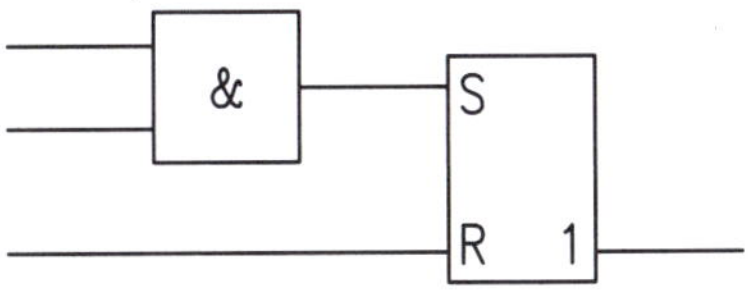

Netzwerk 5:
Werkstück durchbohrt

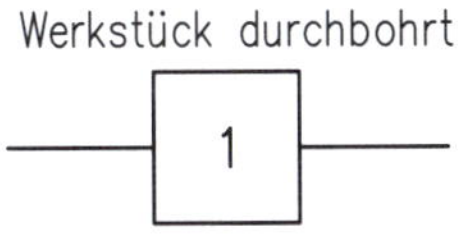

Netzwerk 6:
Bohrspindel zurückfahren

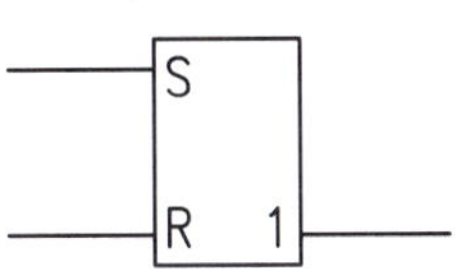

Betriebsart Einrichten

Netzwerk 7:
Grundstellung

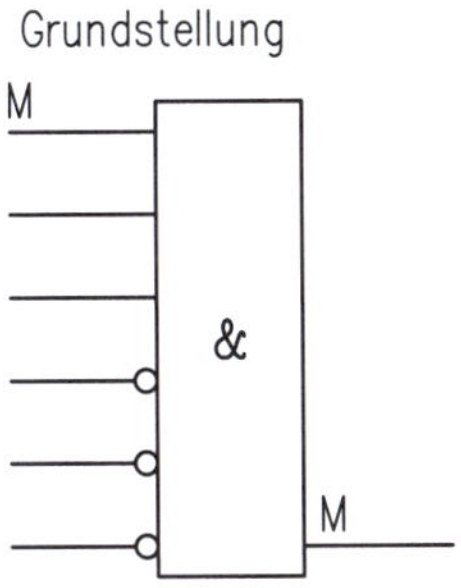

Netzwerk 8:
Bohrspindel ausfahren

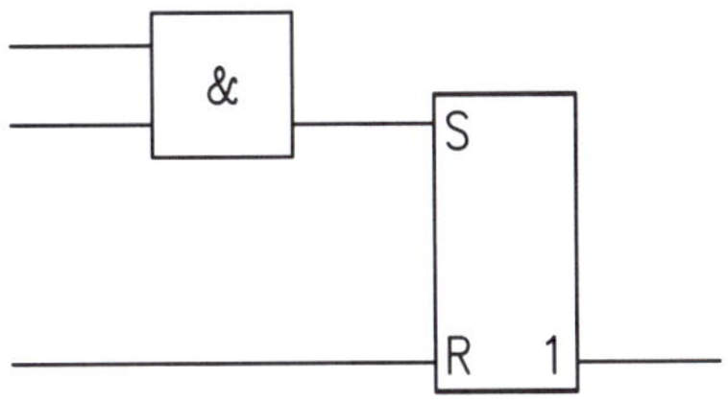

Netzwerk 9:
Bohrspindel zurückfahren

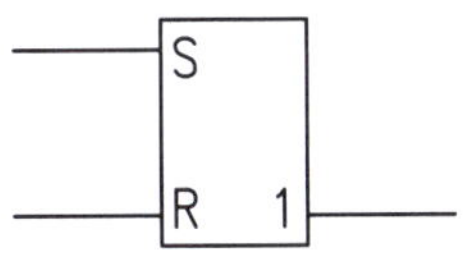

Zuordnungsliste

Bauteil	Operand	Kommentar
–BG1		Motor läuft
–BG2		Schutzgitter geschlossen
–BG3		Kühlschmiermittel EIN
–BG4		Werkstück vorhanden
–BG5		Bohrer nicht abgebrochen
–BG6		Werkstück durchbohrt
–BG7		Abstand Einrichten
–SJ1		Vorschub EIN
–SJ2		Bohrspindel zurück
–SJ3		Wahlschalter Einrichten (0) Vorschub (1)
–MB1		Bohrspindel einfahren
–MB2		Bohrspindel ausfahren

Sprache AWL (Anweisungsliste)

Lfd. Nr.	Speicher Adresse	Steueranweisung	Lfd. Nr.	Speicher Adresse	Steueranweisung
1			25		
2			26		
3			27		
4			28		
5			29		
6			30		
7			31		
8			32		
9			33		
10			34		
11			35		
12			36		
13			37		
14			38		
15			39		
16			40		
17			41		
18			42		
19			43		
20			44		
21			45		
22			46		
23			47		
24			48		

Abfüllstation II

Problemstellung

In der in **SPS-Technik 9** dargestellten Abfüllstation wurden verschieden hohe Behälter gefüllt. Dabei wurde angenommen, dass der Füllvorgang durch den Bediener zu beenden ist. Bei einer Umstellung der Anlage auf einen automatischen Füllvorgang bleibt das Füllventil bei den großen Behältern 20 Sekunden und bei den kleinen Behältern 5 Sekunden geöffnet.

Technologieschema

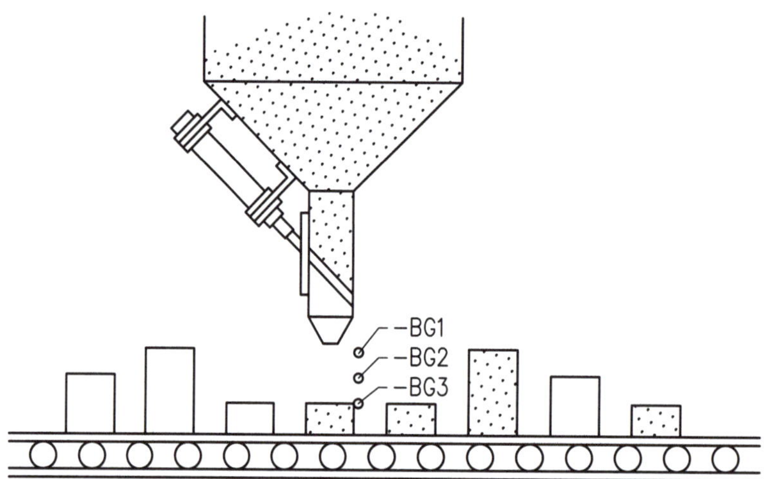

Pneumatischer Schaltplan

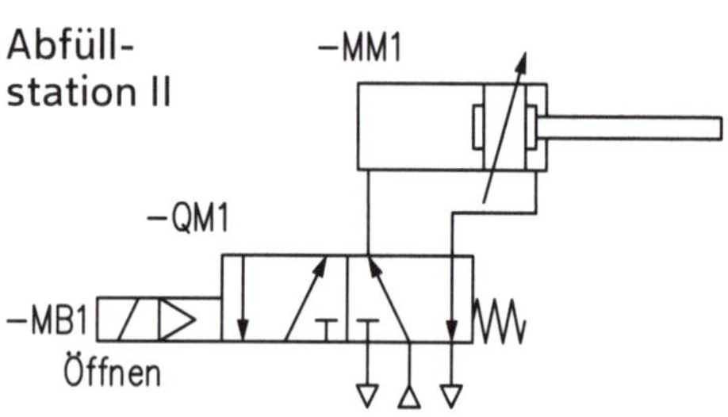

Weg-Schritt-Diagramm

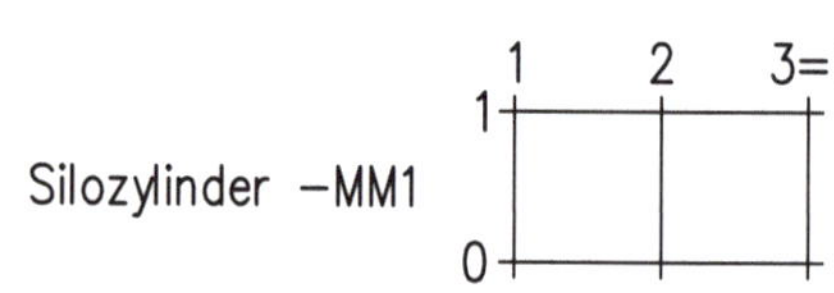

Arbeitsauftrag

- Schreiben Sie ein SPS-Anwenderprogramm in der Sprache FBS (Funktionsbaustein-Sprache), der Sprache AWL (Anweisungsliste) und der Sprache KOP (Kontaktplan).
- Verwenden Sie SR-Speicherglieder und Merker bei der Programmierung.

Zuordnungsliste

Bauteil	Operand	Kommentar
-BG1		
-BG2		
-BG3		
-MB1		

Sprache FBS (Funktionsbaustein-Sprache)

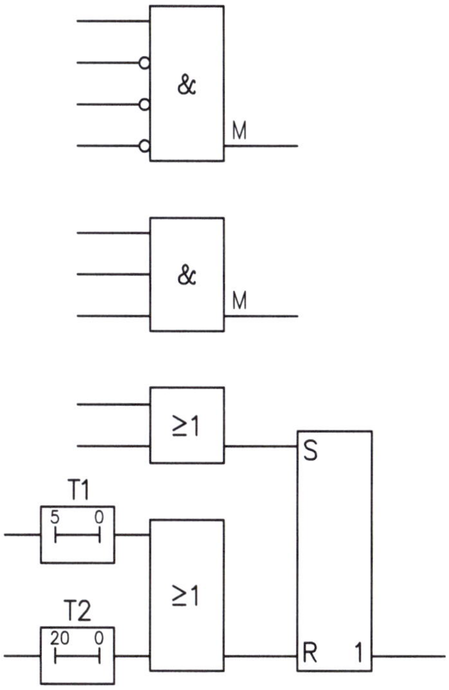

Sprache KOP (Kontaktplan)

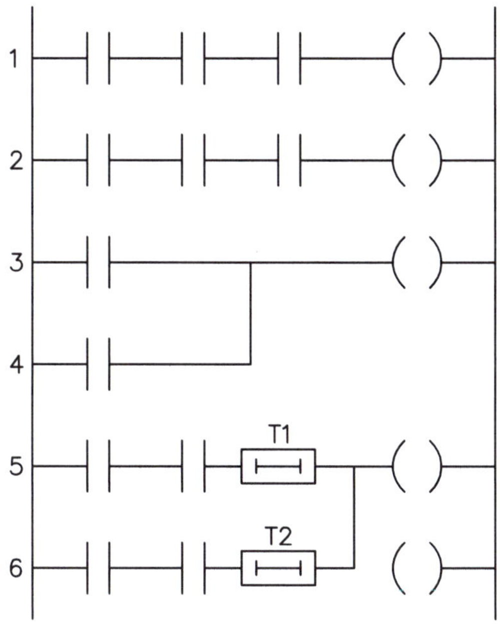

Sprache AWL (Anweisungsliste)

Lfd. Nr.	Speicher Adresse	Steueranweisung
1		
2		
3		
4		
5		
6		
7		
8		
9		
10		
11		
12		
13		
14		
15		
16		
17		
18		
19		
20		
21		
22		
23		
24		
25		

Farbmischstation

Problemstellung

In einem Mischbehälter wird aus flüssigem Farbgrundstoff und einem festen Pulver Farbe gemischt. Es stehen die Farbpulver ROT, GRÜN und BLAU zur Verfügung. Nach Druck auf den Auswahlknopf für Rot –SJ1, für Grün –SJ2 oder für Blau –SJ3 läuft der Mischvorgang automatisch ab. Das Mischungsverhältnis von Farbgrundstoff zu Farbpulver beträgt 3 : 1. Durch die verschiedenen Öffnungszeiten der Ventile werden die Mischungsverhältnisse eingehalten. Nach Druck auf den Auswahlknopf öffnet das Hauptventil –MM1 und lässt den Farbgrundstoff einlaufen. Nach 8 Sekunden öffnet das Ventil des ausgewählten Farbpulvers für 8 Sekunden. Nach einer Gesamtlaufzeit von 24 Sekunden schließt das Hauptventil –MM1.

Der Einfüllvorgang darf erst beginnen, wenn die Heizung –BG6 eingeschaltet ist, beide Rührwerke in Betrieb sind, (abgefragt durch die Sensoren –BG3 und –BG4) und das Ablaufventil –MM5 geschlossen ist (abgefragt durch Sensor –BG5). Der Sicherheitssensor –BG1 verhindert ein Überlaufen und schließt dann alle geöffneten Ventile gleichzeitig. Nach einer Mischzeit von 30 Sekunden öffnet das Ablaufventil und die Farbe fließt ab. Eine neue Farbauswahl ist erst möglich, wenn der Behälter leer ist (abgefragt durch den Sensor –BG2).
Für die Ein- und Ablassventile stehen pneumatische Antriebe zur Verfügung. Die Ansteuerung erfolgt durch 5/2-Wegeventile, einseitig durch Elektromagnet betätigt, mit Federrückstellung.

Technologieschema

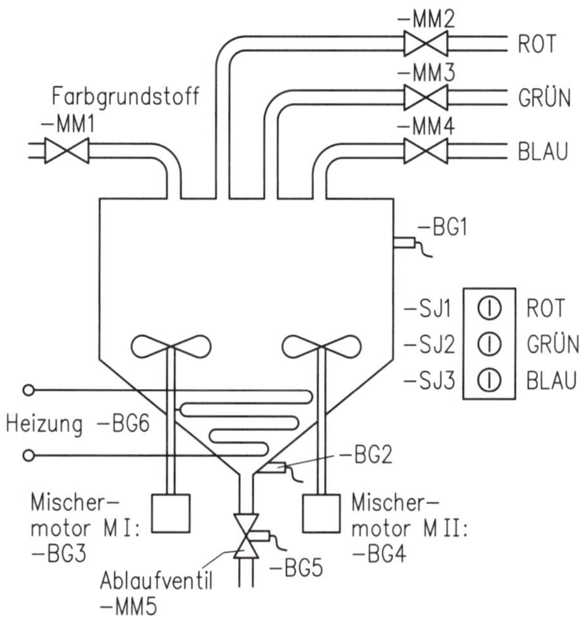

Pneumatischer Schaltplan
Farbmischstation

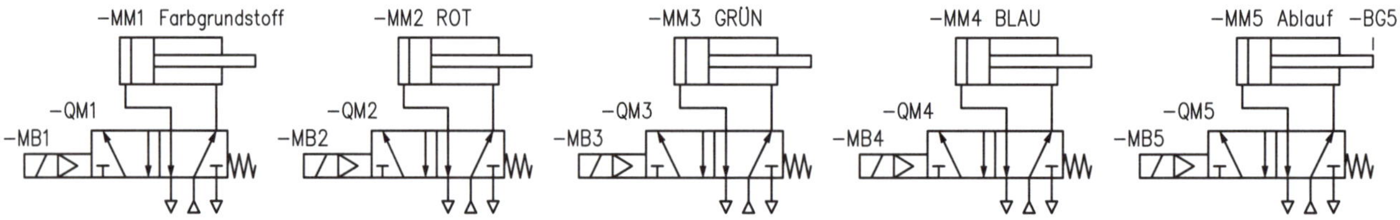

Arbeitsauftrag

- Vervollständigen Sie den GRAFCET. Ergänzen Sie die Zuordnungsliste.
- Schreiben Sie ein SPS-Anwenderprogramm in der Sprache FBS (Funktionsbaustein-Sprache), der Sprache AWL (Anweisungsliste) und der Sprache KOP (Kontaktplan).

GRAFCET

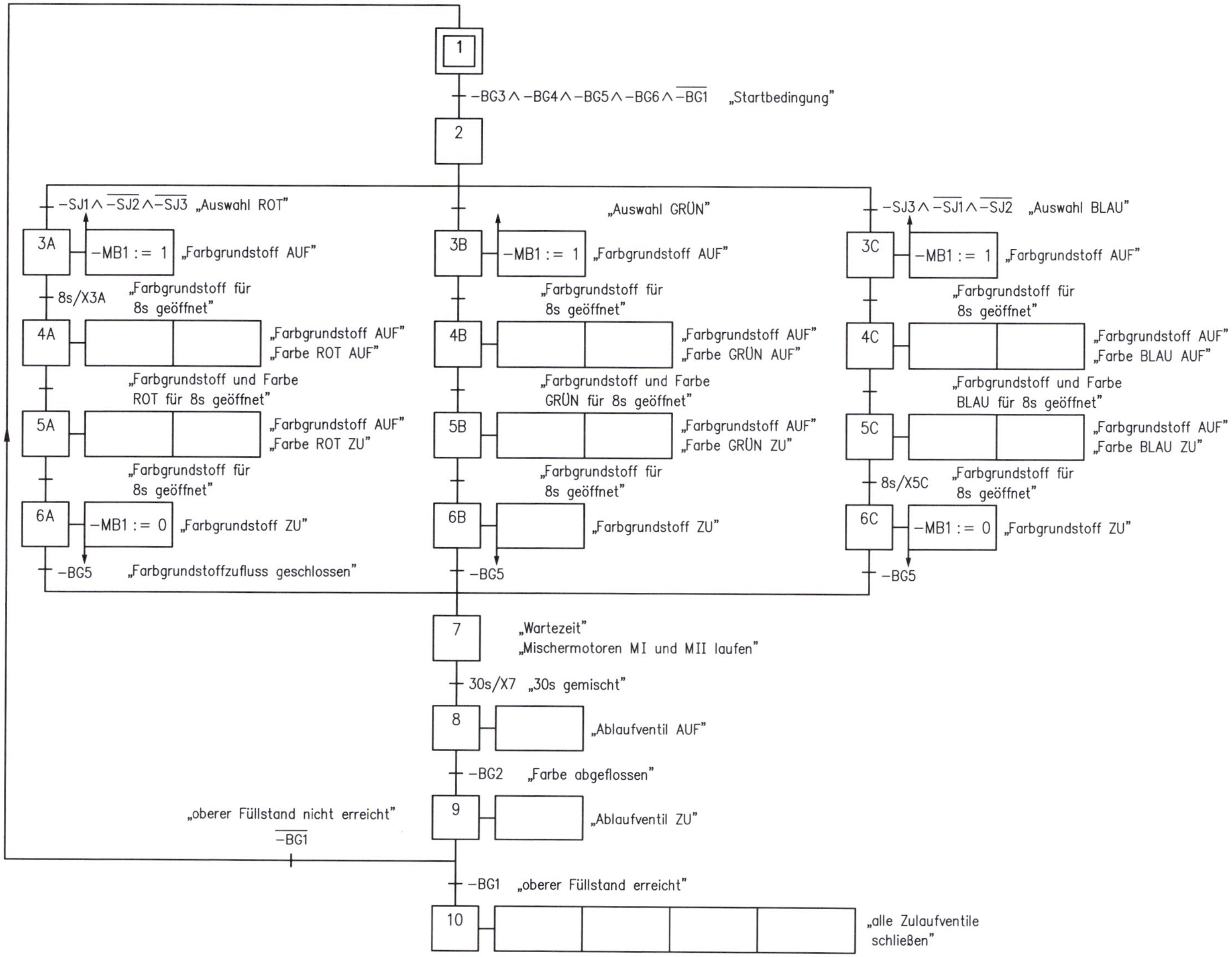

Zuordnungsliste

Bauteil	Operand	Kommentar
−SJ1		Farbauswahl ROT
−SJ2		Farbauswahl GRÜN
−SJ3		Farbauswahl BLAU
−BG1		Behälter VOLL (1)
−BG2		Behälter LEER (0)
−BG3		Sensor für Mischermotor M I
−BG4		Sensor für Mischermotor M II
−BG5		Sensor Ablaufventil geschlossen
−BG6		Heizung EIN
−MM1		Farbgrundstoffventil AUF
−MM2		Farbventil ROT AUF
−MM3		Farbventil GRÜN AUF
−MM4		Farbventil BLAU AUF
−MM5		Ablaufventil AUF

Sprache FBS (Funktionsbaustein-Sprache)

Netzwerk 1:
Betriebsbereitschaft

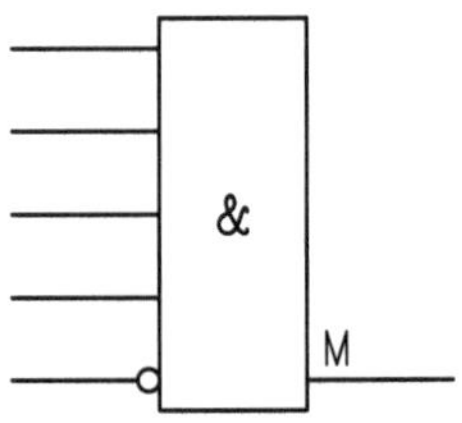

Netzwerk 2:
ROT

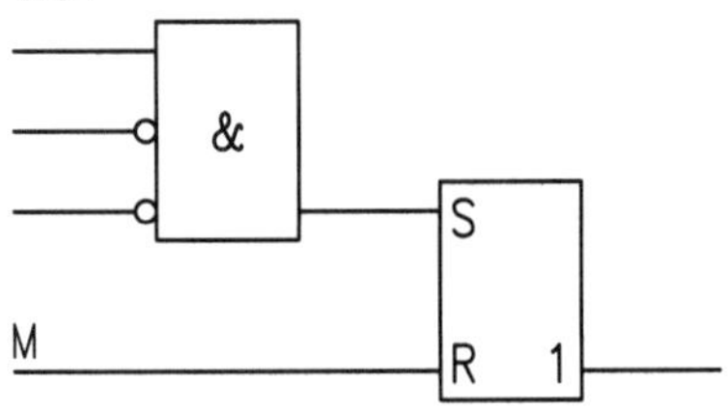

Netzwerk 3:
GRÜN

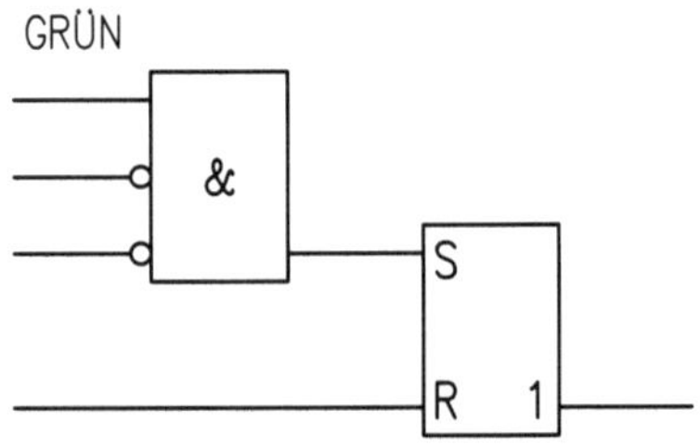

Netzwerk 4:
BLAU

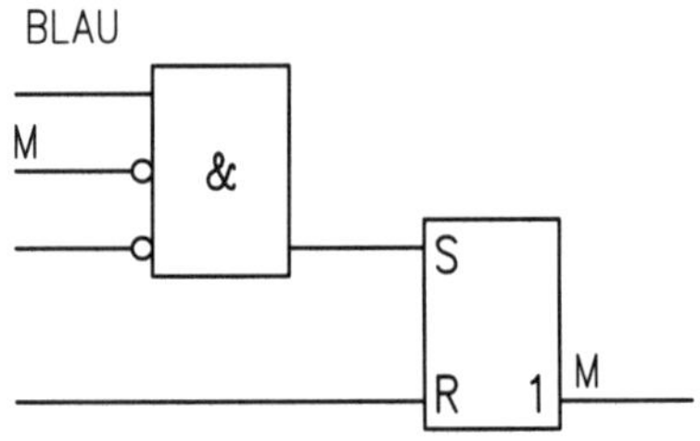

Netzwerk 5:
Farbgrundstoff einfüllen

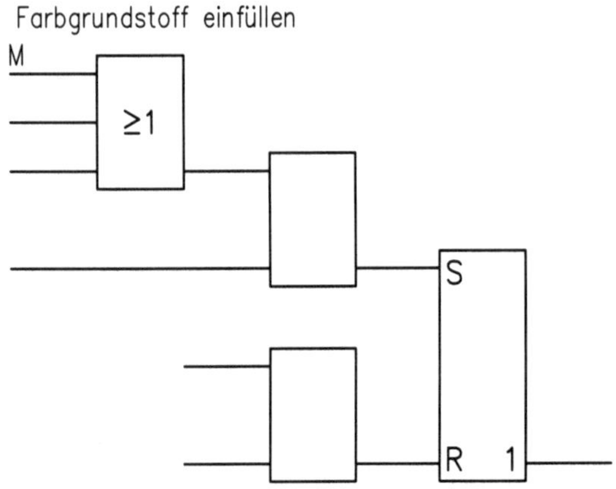

Netzwerk 6:
Einfüllzeit Farbgrundstoff

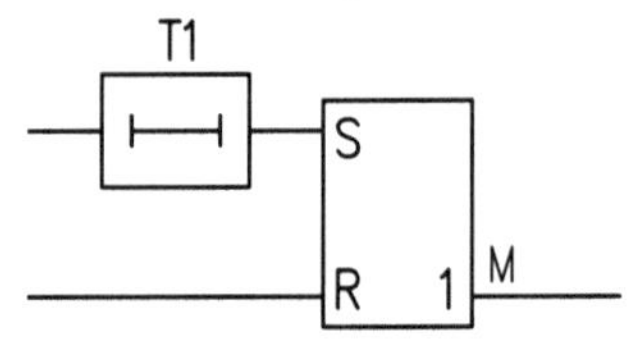

Netzwerk 7:
ROT

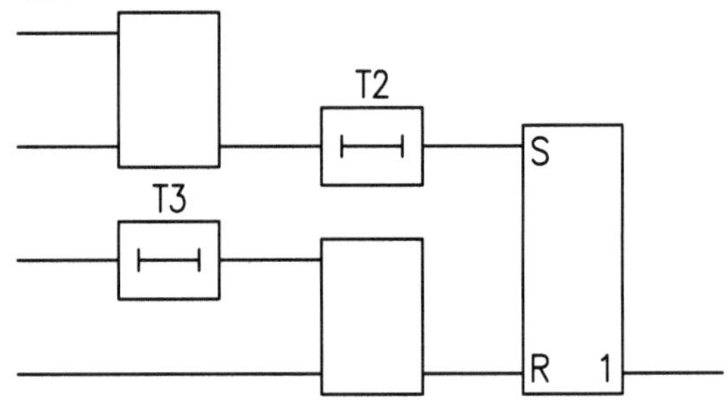

Netzwerk 8:
GRÜN

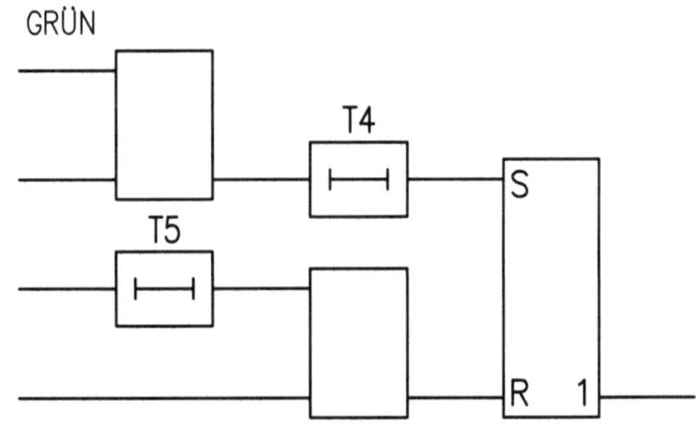

Netzwerk 9:
BLAU

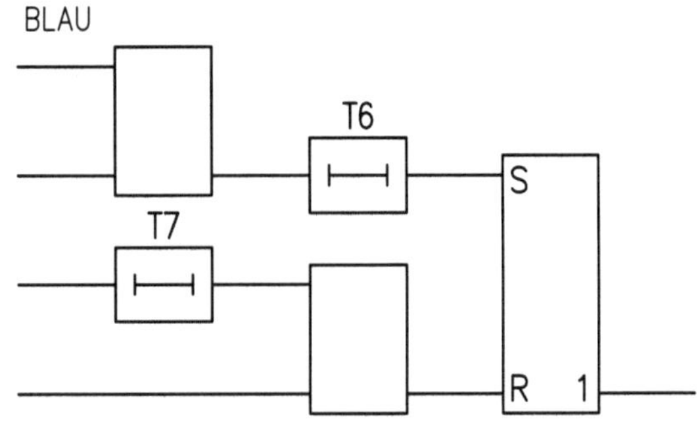

Netzwerk 10:
Mischzeit und entleeren

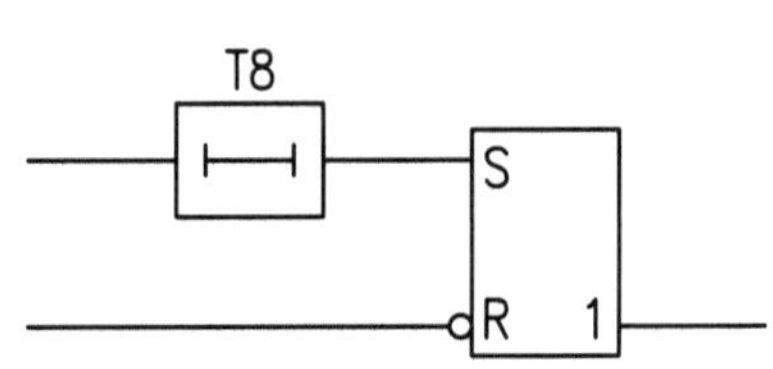

Sprache AWL (Anweisungsliste)

Lfd. Nr.	Speicher Adresse	Steuer-anweisung	Lfd. Nr.	Speicher Adresse	Steuer-anweisung	Lfd. Nr.	Speicher Adresse	Steuer-anweisung
1			35			69		
2			36			70		
3			37			71		
4			38			72		
5			39			73		
6			40			74		
7			41			75		
8			42			76		
9			43			77		
10			44			78		
11			45			79		
12			46			80		
13			47			81		
14			48			82		
15			49			83		
16			50			84		
17			51			85		
18			52			86		
19			53			87		
20			54			88		
21			55			89		
22			56			90		
23			57			91		
24			58			92		
25			59			93		
26			60			94		
27			61			95		
28			62			96		
29			63			97		
30			64			98		
31			65			99		
32			66			100		
33			67			101		
34			68			102		

Weiche

Problemstellung

Hinter der Abfüllstation 1 sollen die unterschiedlich hohen Behälter folgendermaßen verteilt werden: die kleinen Behälter auf den Rollengang I, die großen auf den Rollengang III und die mittelgroßen zur Abfüllstation 2 auf den Rollengang II. Vor der Weiche A wird die Behältergröße durch Sensoren abgefragt. Die Laufzeit der Behälter von der Weiche A zur Weiche B beträgt 15 Sekunden. Melden die Sensoren einen mittelgroßen Behälter, so schaltet Weiche B nach der Laufzeit selbsttätig um. Nachdem die Behälter den nachfolgenden Rollengang erreicht haben, schwenken die Weichen in ihre Ausgangslage zurück.

Technologieschema

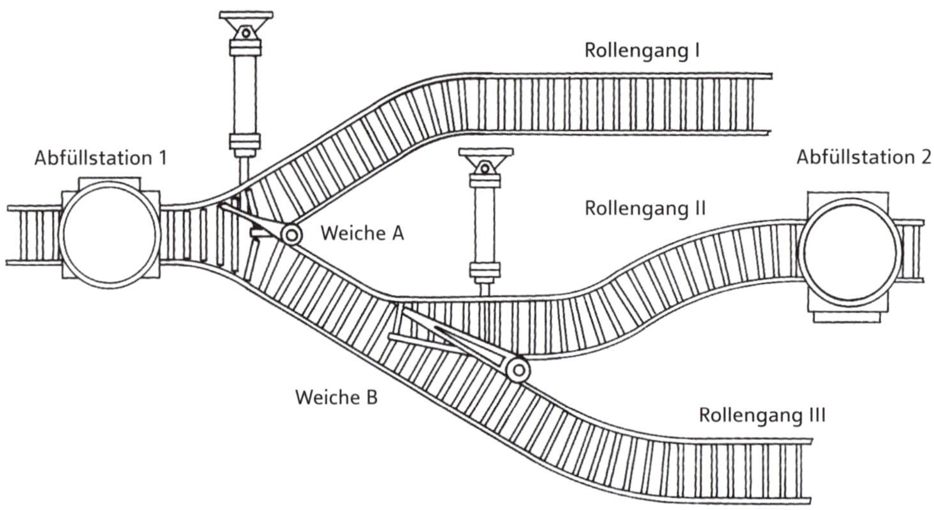

Pneumatischer Schaltplan

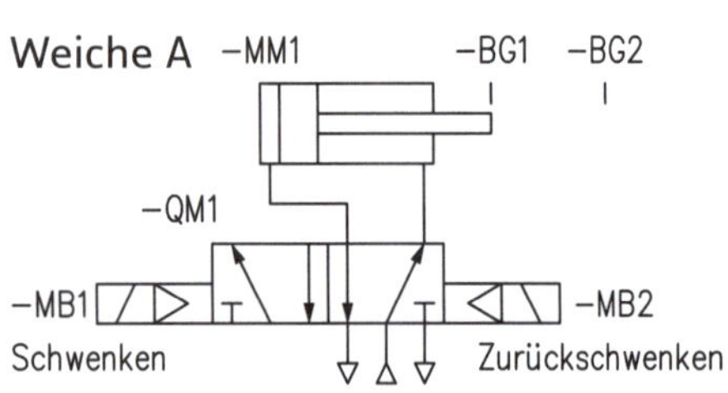

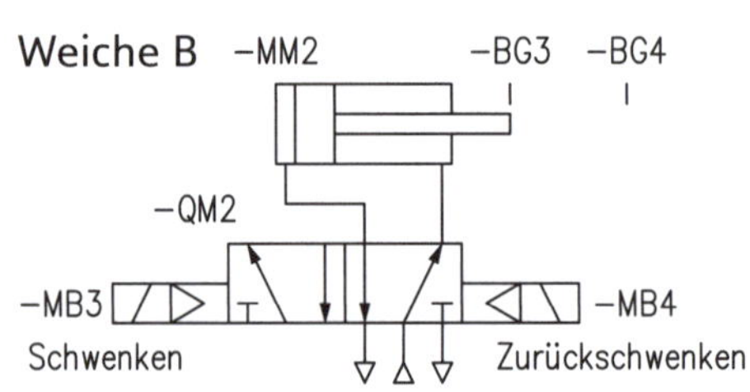

Arbeitsauftrag

- Überlegen Sie, wie viele Sensoren vor der Weiche A zum Erkennen der Behältergröße notwendig sind.
- Wie sind die Sensoren -BG4 und -BG5 anzuordnen, um die Weichen nach Passieren der Behälter in den Ausgangszustand zurückzustellen?
- Vervollständigen Sie die Zuordnungsliste.
- Schreiben Sie ein SPS-Anwenderprogramm in der Sprache FBS (Funktionsbaustein-Sprache) und der Sprache AWL (Anweisungsliste).

Sprache AWL (Anweisungsliste)

Lfd. Nr.	Speicher Adresse	Steueranweisung
1		
2		
3		
4		
5		
6		
7		
8		
9		
10		
11		
12		
13		
14		
15		
16		
17		
18		
19		
20		
21		
22		
23		
24		
25		
26		
27		
28		
29		
30		
31		
32		
33		
34		

Zuordnungsliste

Bauteil	Operand	Kommentar
-BG1		Zylinder -MM1 eingefahren
-BG2		Zylinder -MM1 ausgefahren
-BG3		Zylinder -MM2 eingefahren
-BG4		Zylinder -MM2 ausgefahren
-BG5		Sensor Behältergröße
-BG6		Sensor Behältergröße
-BG7		Sensor Behältergröße
-BG8		Sensor Weiche A
-BG9		Sensor Weiche B
-MB1		Zylinder -MM1 ausfahren
-MB2		Zylinder -MM1 einfahren
-MB3		Zylinder -MM2 ausfahren
-MB4		Zylinder -MM2 einfahren

Sprache FBS (Funktionsbaustein-Sprache)

Netzwerk 1:
Kleine Behälter

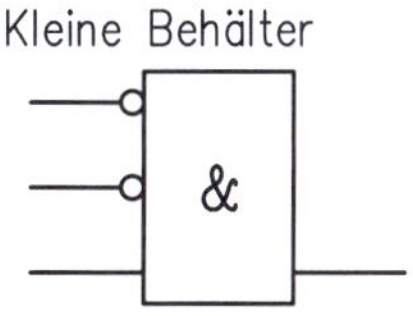

Netzwerk 2:
Mittelgroße Behälter

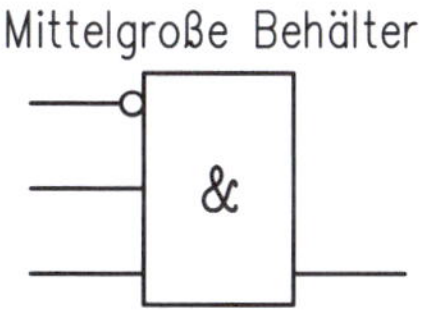

Netzwerk 3:
Große Behälter

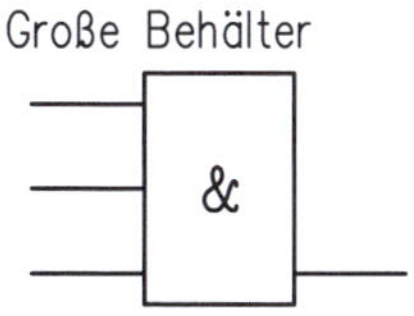

Netzwerk 4:
Schwenken der Weiche A

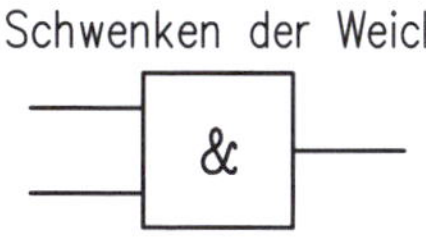

Netzwerk 5:
Zurückschwenken der Weiche A

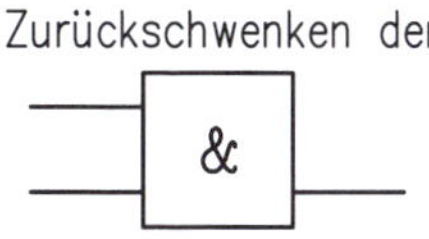

Netzwerk 6:
Merker für Zeitelement T1

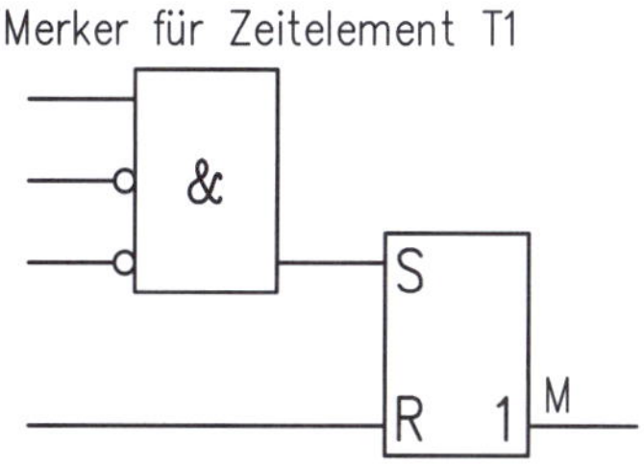

Netzwerk 7:
Schwenken der Weiche B

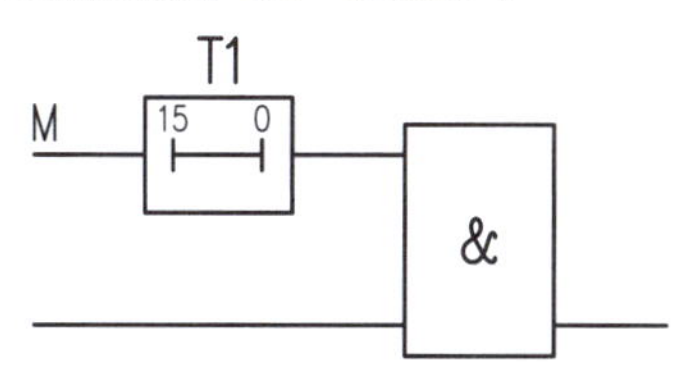

Netzwerk 8:
Zurückschwenken der Weiche B

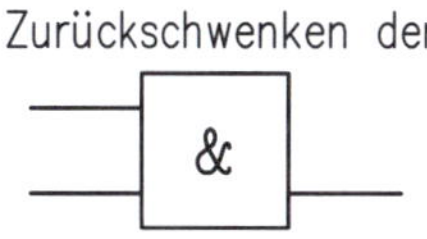

Schweißeinrichtung

Problemstellung

An der Station einer automatischen Verpackungsmaschine werden Plastikbehälter mit Schrauben für den Verkauf in Baumärkten zugeschweißt. Eine taktgebundene Förderstraße führt die Verpackungseinheiten unter die Schweißeinrichtung. Der Schweißvorgang beginnt durch gleichzeitiges Ausfahren der Zylinder –MM1 und –MM2, wenn der Sensor –BG7 das Anhalten der Förderstraße meldet und der Sensor –BG8 eine gefüllte Verpackungseinheit erkannt hat. Der Schweißvorgang dauert 10 Sekunden. Danach fahren beide Zylinder gleichzeitig in ihre Ausgangslage zurück.

Falls der Sensor –BG8 eine leere oder nicht ausreichend gefüllte Verpackung erkennt, wird diese vom Zylinder –MM3 aus der Förderstraße auf den Rollengang 2 geschoben. Die Anzahl der fehlerhaft gefüllten Verpackungen wird gezählt und kann bei Bedarf abgefragt werden. Nach Abfrage des Zählerstands kann durch Betätigung des Tasters –SJ1 der Zähler auf Null gesetzt werden.

Technologieschema

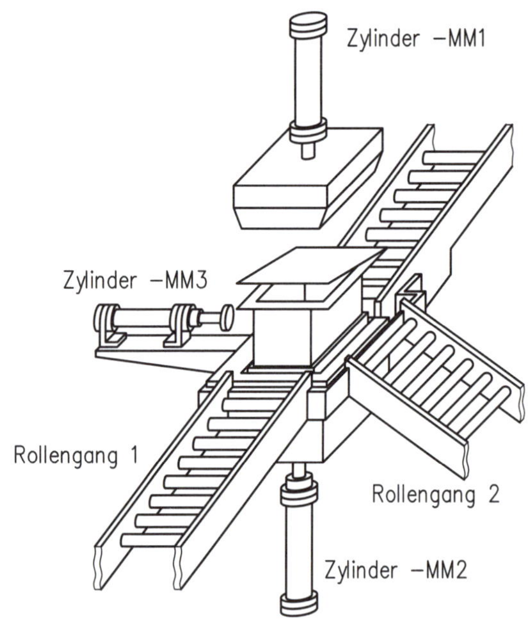

Pneumatischer Schaltplan

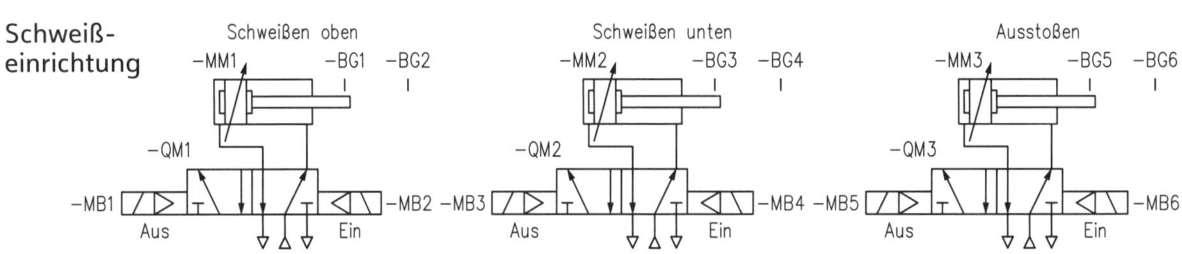

Arbeitsauftrag

– Schreiben Sie für die Steuerung die Zuordnungsliste.

– Schreiben Sie ein SPS-Anwenderprogramm in der Sprache FBS (Funktionsbaustein-Sprache) und in der Sprache AWL (Anweisungsliste).

– Beschreiben Sie, durch welche Funktionenfolgen oder Funktionstasten die Abfrage des Zählerstands bei Ihrer SPS möglich ist.

Zuordnungsliste

Bauteil	Operand	Kommentar
-BG1		
-BG2		
-BG3		
-BG4		
-BG5		
-BG6		
-BG7		
-BG8		
-SJ1		
-MB1		
-MB2		
-MB3		
-MB4		
-MB5		
-MB6		

Sprache FBS (Funktionsbaustein-Sprache)

Netzwerk 1:
Grundstellung

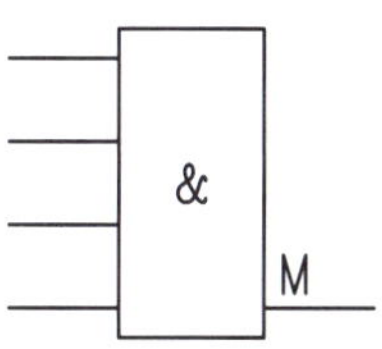

Netzwerk 2:
Zylinder –MM1 ausfahren

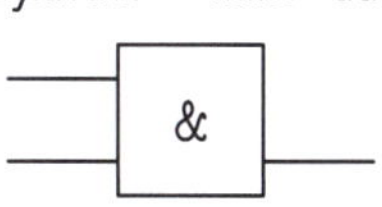

Netzwerk 3:
Zylinder –MM2 ausfahren

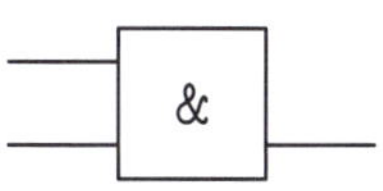

Netzwerk 4:
Schweißzeit

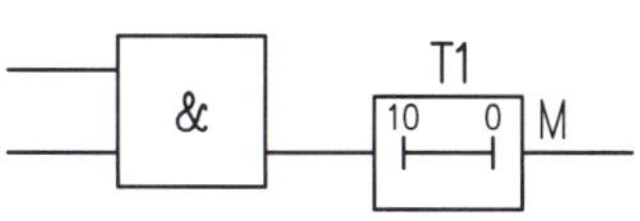

Netzwerk 5:
Zylinder –MM1 einfahren

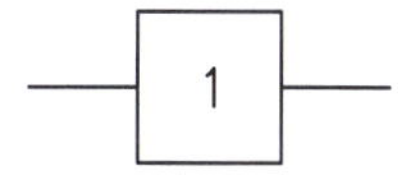

Netzwerk 6:
Zylinder –MM2 einfahren

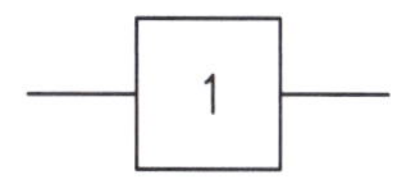

Netzwerk 7:
Leere Verpackung ausschieben,
Zylinder –MM3 ausfahren

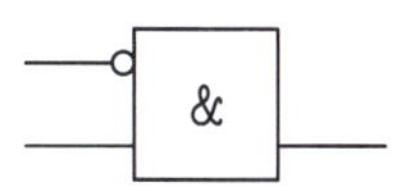

Netzwerk 8:
Zylinder –MM4 einfahren

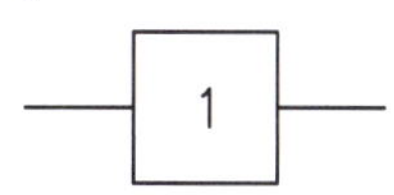

Netzwerk 9:
Leere Verpackungen zählen

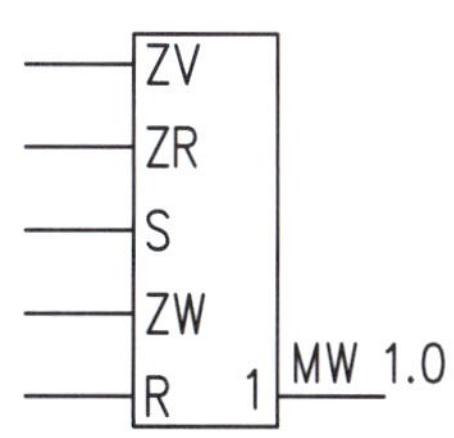

Zählerbausteine sind in der SPS-Programmierung nur in der Funktionsbaustein-Sprache und der Anweisungsliste darstellbar. Je nach Hersteller unterscheiden sich die Funktionssymbole der Zählerbausteine geringfügig voneinander. Die einzelnen Ein- und Ausgänge des Funktionssymbols haben dabei folgende Bedeutung:

ZR-Eingang: Bei einem Wechsel vom binären Signalzustand „0“ auf „1“ wird der aktuelle Zählerstand um 1 vermindert (Rückwärtszähler).

ZV-Eingang: Bei einem Wechsel vom binären Signalzustand „0“ auf „1“ wird der aktuelle Zählerstand um 1 erhöht (Vorwärtszähler).

S-Eingang: Bei einem Wechsel vom binären Signalzustand „0“ auf „1“ wird der aktuelle Zählerstand auf den programmierten Zählwert ZW gesetzt.

ZW-Eingang: konstanter Zählwert, der bei Betätigung des S-Eingangs in den Arbeitsspeicher der SPS übernommen wird

R-Eingang: Ein Signalwechsel von „0“ auf „1“ setzt den aktuellen Zählerstand auf Null.

Q-Ausgang: Der binäre Ausgang führt bei einem Zählerstand ungleich Null je nach Hersteller den Wert „0“ oder „1“.

Tauchbad

Problemstellung

In einem Tauchbad werden Werkstücke vor der Endmontage entfettet. Nach Betätigung des START-Tasters -SJ1 beginnt ein Arbeitszyklus, der fünfmal zu durchlaufen ist. Der Tauchzylinder senkt den gefüllten Materialkorb in das Reinigungsbad. Er verbleibt dort zum Lösen des Fetts 10 Sekunden, wird dann herausgehoben und bleibt zum Abtropfen 5 Sekunden stehen. Nach Beendigung des Entfettungsvorgangs bleibt der Zylinder in der oberen Ruhelage stehen.

Technologieschema

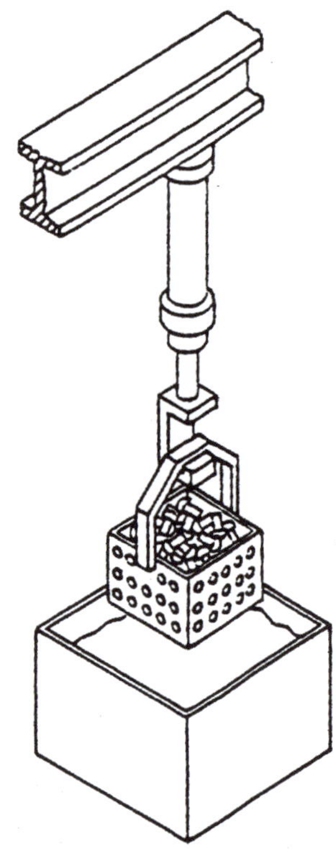

Pneumatischer Schaltplan

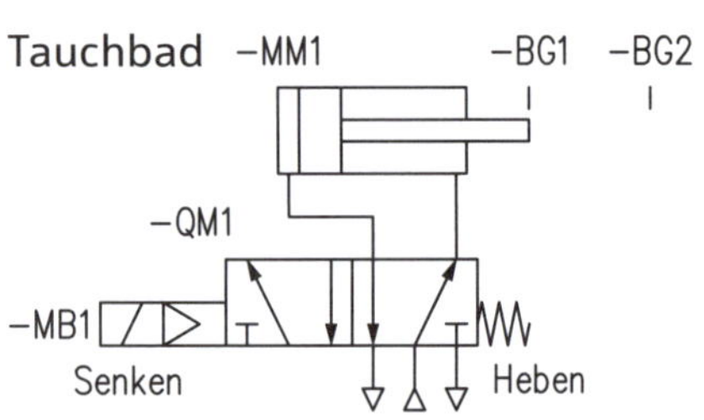

Weg-Schritt-Diagramm

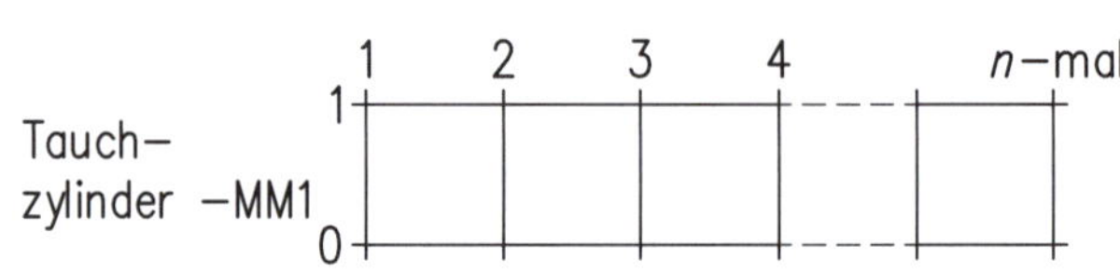

Arbeitsauftrag

- Ergänzen Sie die Zuordnungsliste.
- Schreiben Sie ein SPS-Anwenderprogramm in der Sprache FBS (Funktionsbaustein-Sprache), der Sprache AWL (Anweisungsliste) und der Sprache KOP (Kontaktplan).
- Überlegen Sie: Wie sind die SPS-Programme zu ändern, wenn der Zylinder den Materialkorb zu Beginn des Entfettungsvorgangs ohne Wartezeit absenken soll?

Zuordnungsliste

Bauteil	Operand	Kommentar
-BG1		
-BG2		
-SJ1		
-MB1		

Sprache AWL (Anweisungsliste)

Lfd. Nr.	Speicher Adresse	Steueranweisung
1		
2		
3		
4		
5		
6		
7		
8		
9		
10		
11		
12		
13		
14		
15		
16		
17		

Sprache FBS (Funktionsbaustein-Sprache)

Netzwerk 1:
Zähler setzen

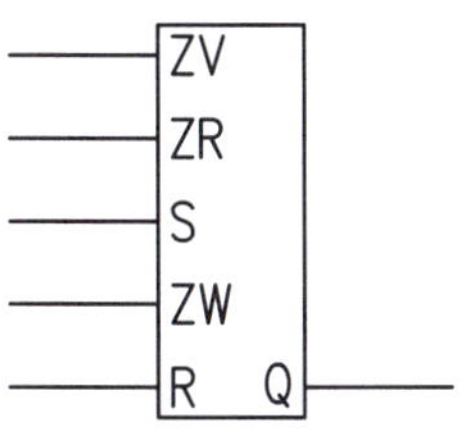

Netzwerk 2:
Zylinderbewegung, Absenken und Anheben

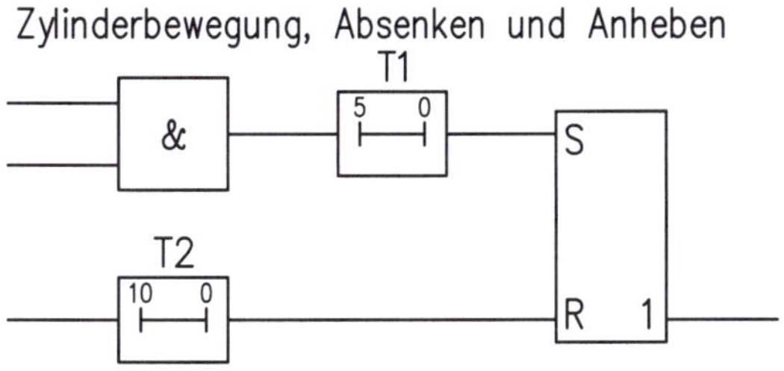

Sprache KOP (Kontaktplan)

Handhabungsgerät

Problemstellung

Eine Greiferzange nimmt Rohlinge von einer Palette, die von unten zugeführt wird. Zylinder –MM1 spannt die Werkstücke. Dann fährt Zylinder –MM2 über ein Förderband. Ist Zylinder –MM2 ausgefahren, wird die Zange durch Einfahren des Zylinders –MM1 geöffnet. Anschließend fährt Zylinder –MM2 zurück. Das Handhabungsgerät soll für die Betriebsarten „Einzelbetrieb“ und „Dauerbetrieb“ ausgelegt sein. Der Einzelstart erfolgt durch den Taster –SJ1. Der Dauerbetrieb wird durch Taster –SJ2 eingeschaltet und lässt sich durch Betätigung des Tasters –SJ3 ausschalten. Der Sensor –BG5 fragt ab, ob auf der Palette ein Werkstück vorhanden ist.

Technologieschema

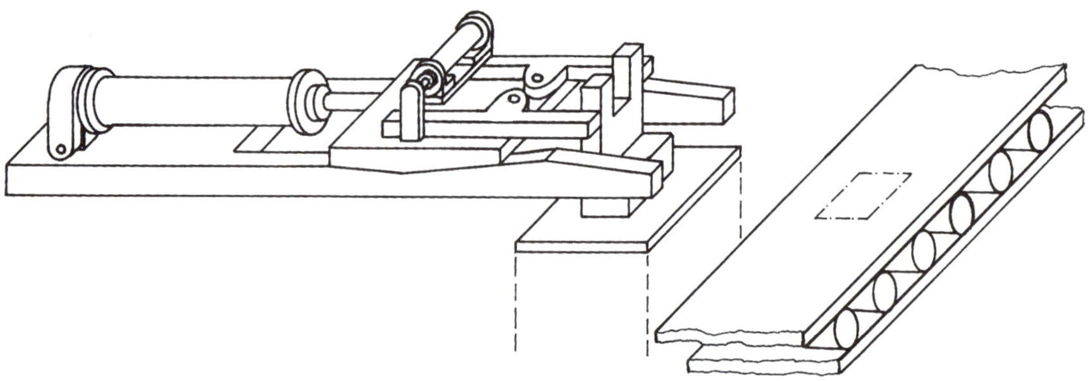

Pneumatischer Schaltplan

Alternative A (bistabil)

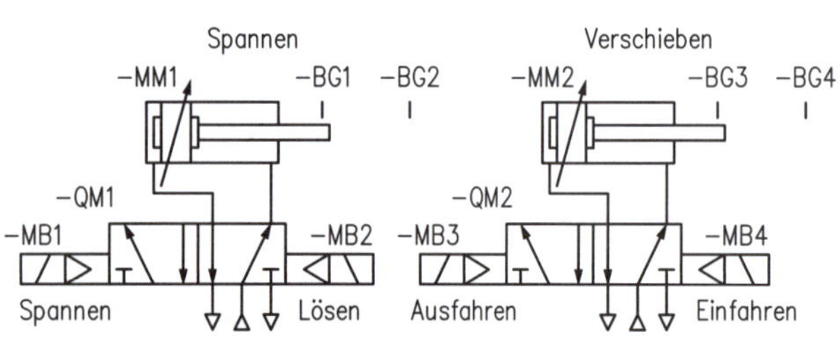

Alternative B (monostabil)

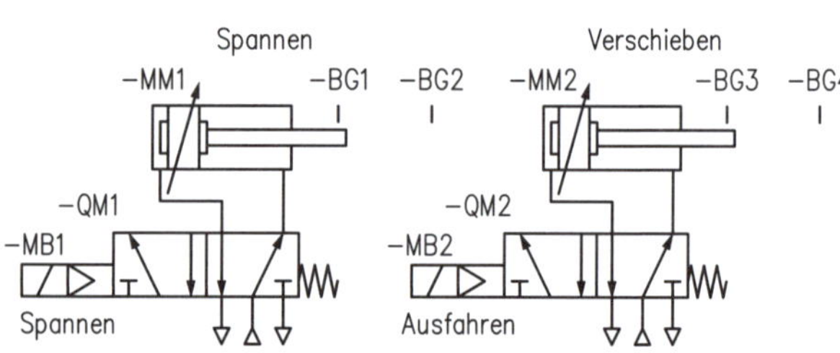

Arbeitsauftrag

- Vervollständigen Sie den GRAFCET. Beachten Sie die geforderten Grund- und Übergangsbedingungen. Schreiben Sie die Zuordnungstabelle.
- Schreiben Sie ein SPS-Anwenderprogramm in der Sprache FBS (Funktionsbaustein-Sprache) und der Sprache AWL (Anweisungsliste).

GRAFCET

Alternative A
Bistabile 5/2-Wegeventile

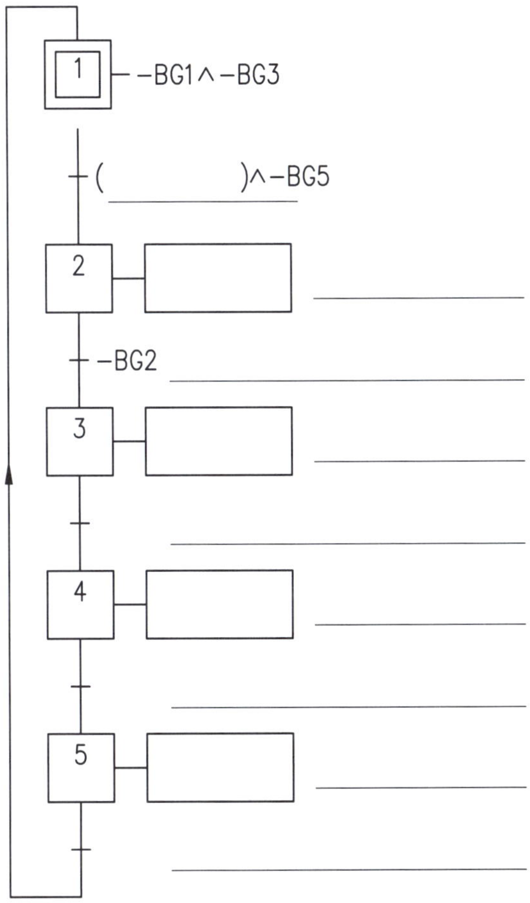

Alternative B
Monostabile 5/2-Wegeventile

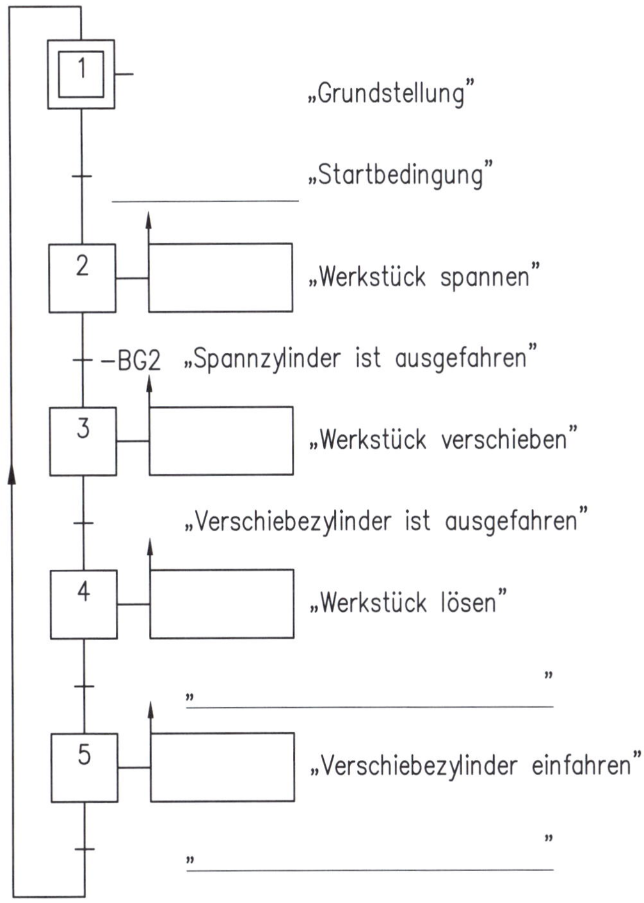

Beispiel

Programmierbeispiel für den Schritt n einer Ablaufkette

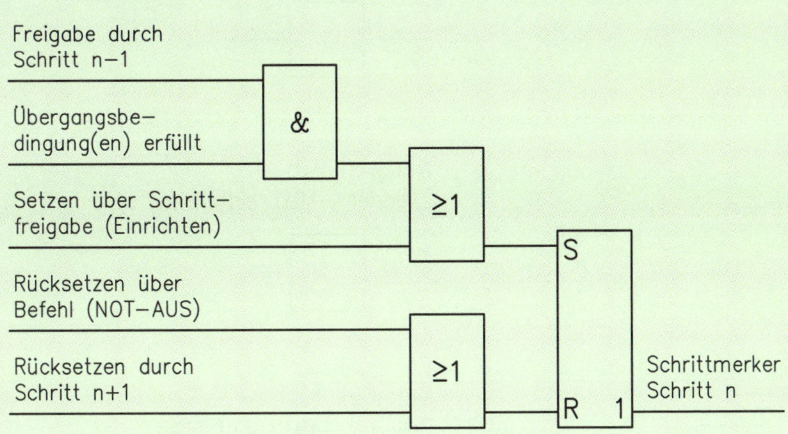

Alternative A (bistabil)

Zuordnungsliste

Bauteil	Operand	Kommentar
-BG1		
-BG2		
-BG3		
-BG4		
-SJ1		
-SJ2		
-SJ3		
-BG5		
-MB1		
-MB2		
-MB3		
-MB4		

Sprache FBS (Funktionsbaustein-Sprache)

Netzwerk 1:
Grundstellung

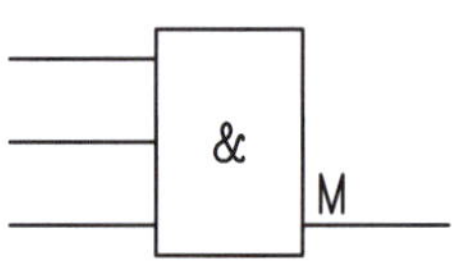

Betriebsartenwahl

Netzwerk 2:
Dauerbetrieb

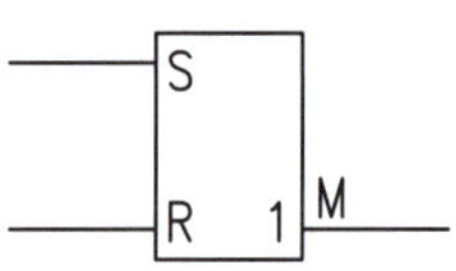

Netzwerk 3:
Einzelbetrieb

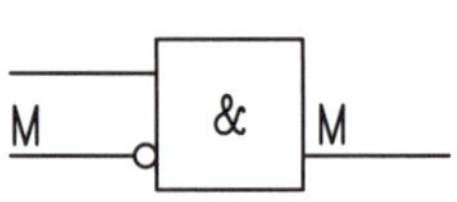

Ablaufkette

Netzwerk 4:
Schritt 1 – Spannen

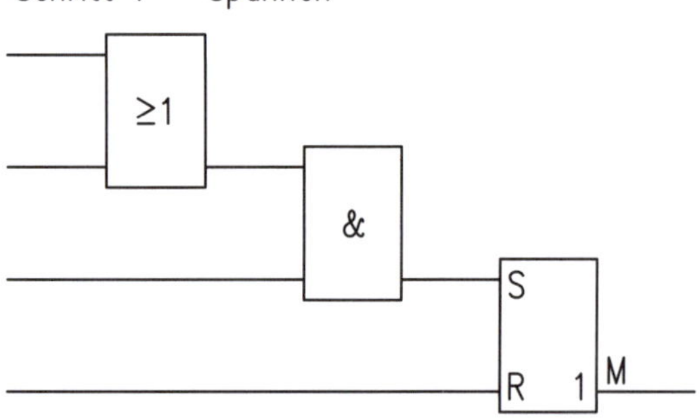

Netzwerk 5:
Schritt 2 – Verschieben

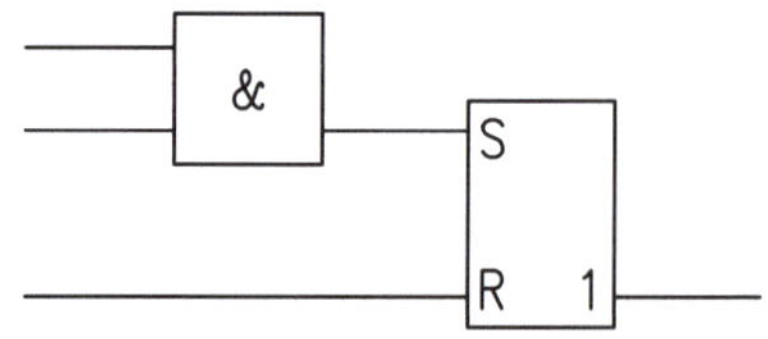

Netzwerk 6:
Schritt 3 – Lösen

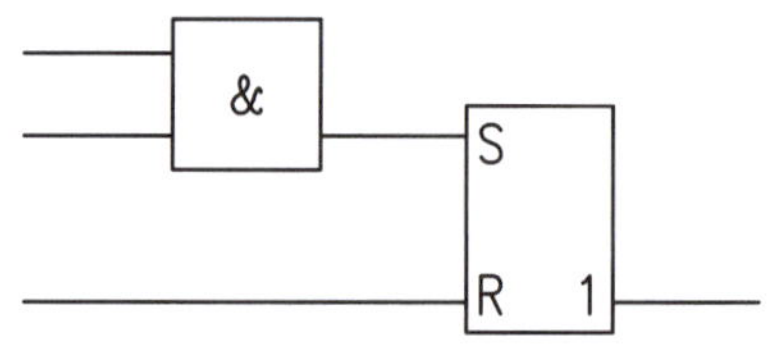

Netzwerk 7:
Schritt 4 – Rückhub

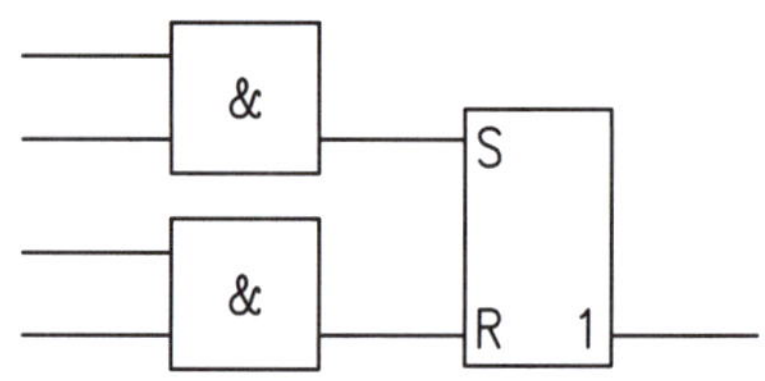

Befehlsausgabe

Netzwerk 8:
Zylinder –MM1 ausfahren

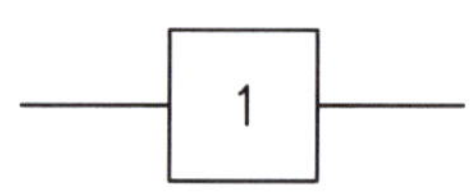

Netzwerk 9:
Zylinder –MM2 ausfahren

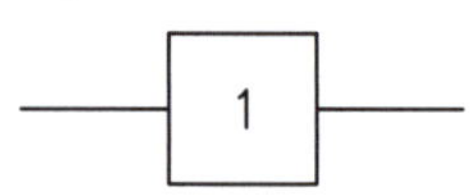

Netzwerk 10:
Zylinder –MM1 einfahren

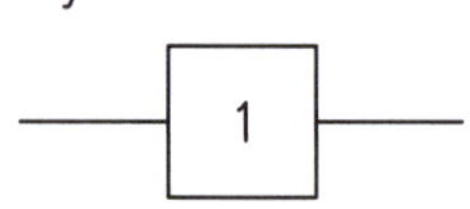

Netzwerk 11:
Zylinder –MM2 einfahren

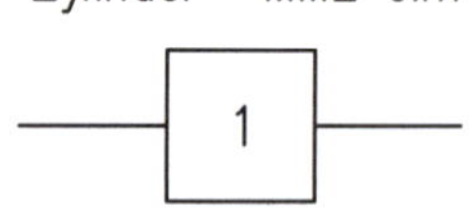

Alternative A (bistabil)

Sprache AWL (Anweisungsliste)

Lfd. Nr.	Speicher Adresse	Steueranweisung
1		
2		
3		
4		
5		
6		
7		
8		
9		
10		
11		
12		
13		
14		
15		
16		
17		
18		
19		
20		
21		
22		
23		
24		
25		
26		
27		
28		
29		
30		

Lfd. Nr.	Speicher Adresse	Steueranweisung
31		
32		
33		
34		
35		
36		
37		
38		
39		
40		
41		
42		
43		
44		
45		
46		
47		
48		
49		
50		
51		
52		
53		
54		
55		
56		
57		
58		
59		
60		

Alternative B (monostabil)

Zuordnungsliste

Bauteil	Operand	Kommentar
–BG1		
–BG2		
–BG3		
–BG4		
–SJ1		
–SJ2		
–SJ3		
–BG5		
–MB1		
–MB2		

Sprache FBS (Funktionsbaustein-Sprache)

Netzwerk 1:
Grundstellung

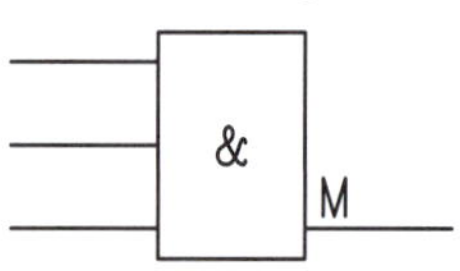

Betriebsartenwahl

Netzwerk 2:
Dauerbetrieb

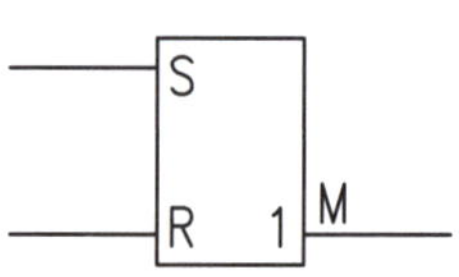

Netzwerk 3:
Einzelbetrieb

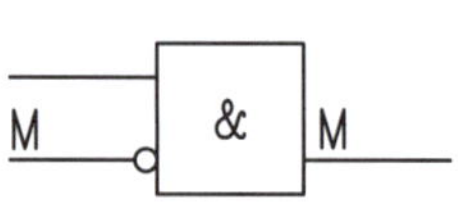

Ablaufkette

Netzwerk 4:
Schritt 1 – Spannen

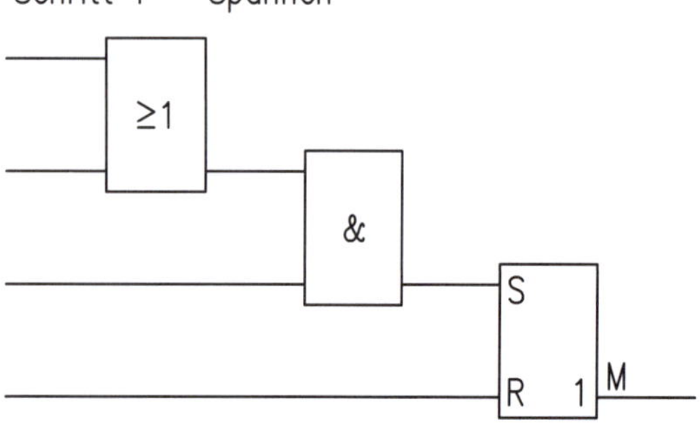

Netzwerk 5:
Schritt 2 – Verschieben

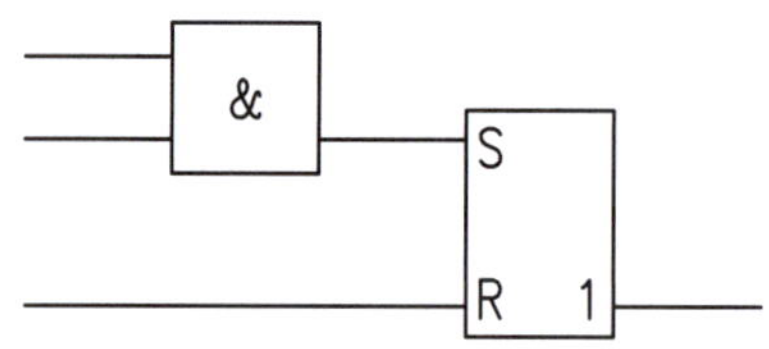

Netzwerk 6:
Schritt 3 – Öffnen

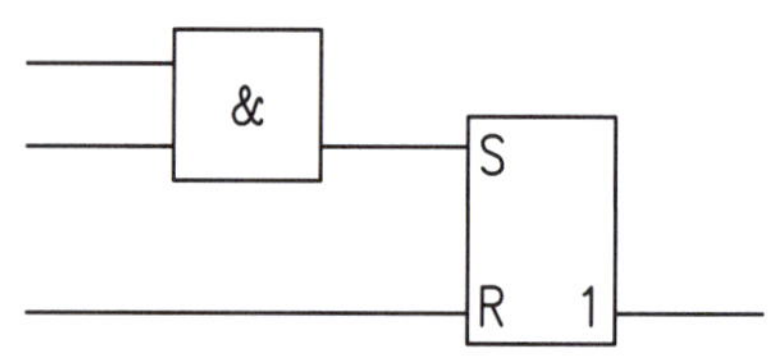

Netzwerk 7:
Schritt 4 – Rückhub

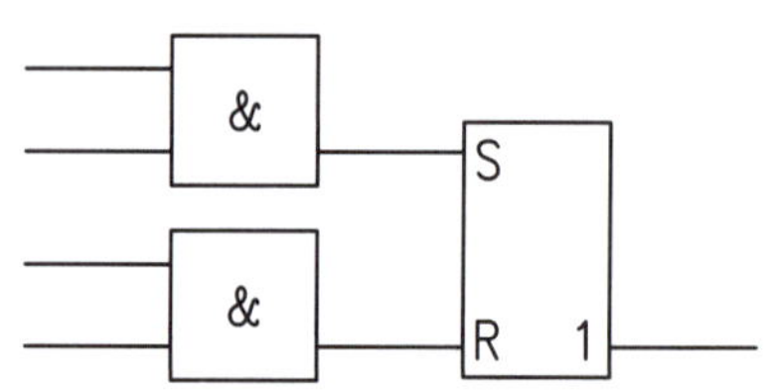

Befehlsausgabe

Netzwerk 8:
Zylinder –MM1

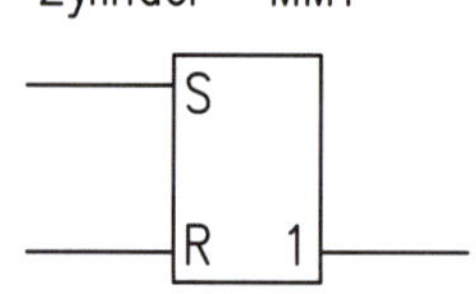

Netzwerk 9:
Zylinder –MM2

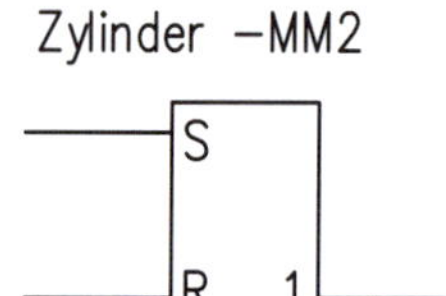

Alternative B (monostabil)

Sprache AWL (Anweisungsliste)

Lfd. Nr.	Speicher Adresse	Steueranweisung	Lfd. Nr.	Speicher Adresse	Steueranweisung
1			31		
2			32		
3			33		
4			34		
5			35		
6			36		
7			37		
8			38		
9			39		
10			40		
11			41		
12			42		
13			43		
14			44		
15			45		
16			46		
17			47		
18			48		
19			49		
20			50		
21			51		
22			52		
23			53		
24			54		
25			55		
26			56		
27			57		
28			58		
29			59		
30			60		

Montagestation

Problemstellung

In der Station einer Montagestraße sollen zwei Werkstücke durch Verstiften in ihrer Lage gesichert werden. Zylinder −MM1 spannt die Werkstücke. Die beiden Zylinder −MM2 und −MM3 pressen die Zylinderstifte nacheinander ein. Der Arbeitszyklus beginnt durch Betätigung des START-Tasters −SJ1, wenn die beiden Sensoren −BG7 und −BG8 vorhandene Stifte signalisieren. Fehlt einer der beiden Zylinderstifte, leuchtet eine Signallampe −PF1 auf und die Anlage lässt sich nicht starten.

Technologieschema

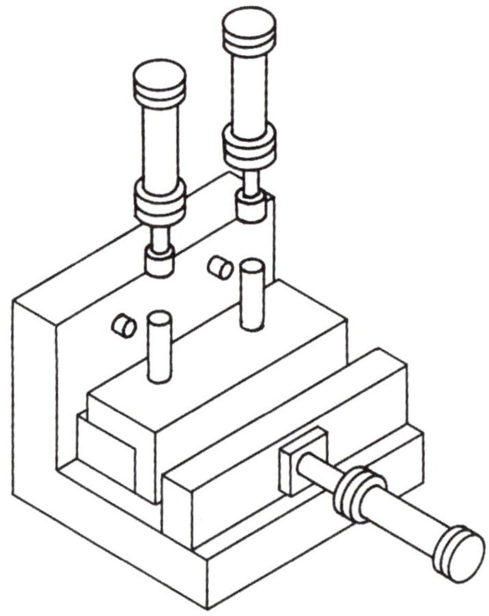

Pneumatischer Schaltplan

Montagestation

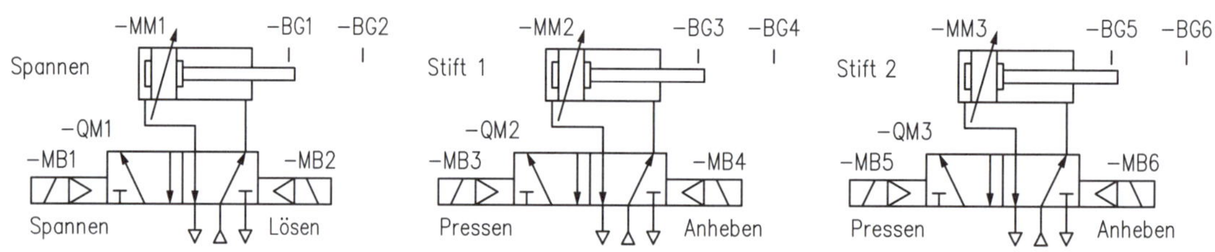

Weg-Schritt-Diagramm

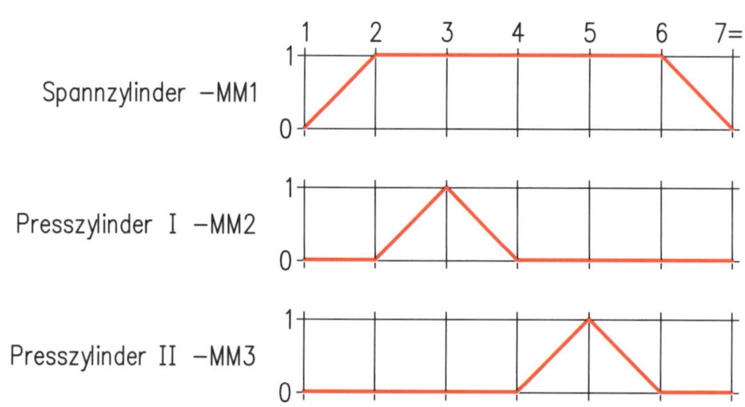

Arbeitsauftrag

- Ergänzen Sie die Zuordnungsliste.
- Vervollständigen Sie das Weg-Schritt-Diagramm.
- Schreiben Sie ein SPS-Anwenderprogramm in der Sprache FBS (Funktionsbaustein-Sprache) und der Sprache AWL (Anweisungsliste). Beachten Sie den GRAFCET.

Zuordnungsliste

Bauteil	Operand	Kommentar	Bauteil	Operand	Kommentar
-BG1		Sensor: Zyl. -MM1 hinten	-BG8		
-BG2		Sensor: Zyl. -MM1 vorn	-MB1		
-BG3		Sensor: Zyl. -MM2 hinten	-MB2		
-BG4			-MB3		Zyl. -MM2 ausfahren
-BG5			-MB4		Zyl. -MM2 einfahren
-BG6			-MB5		
-SJ1			-MB6		
-BG7			-PF1		

GRAFCET

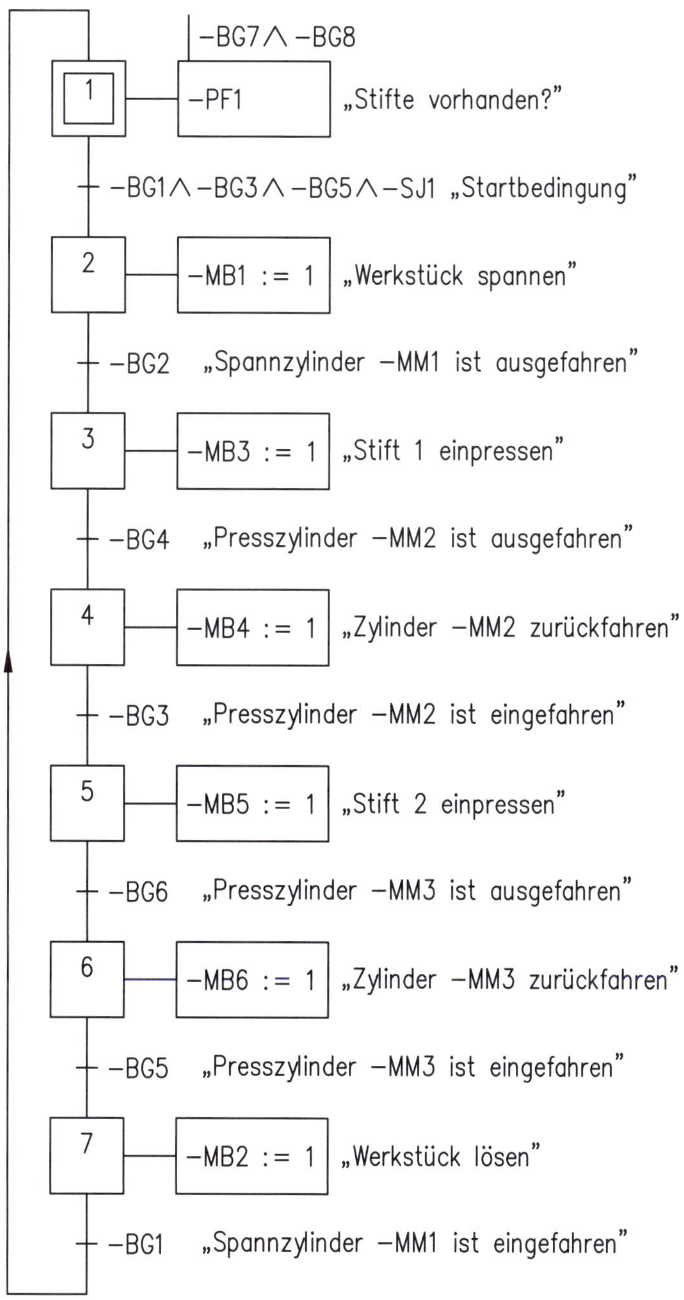

Sprache FBS (Funktionsbaustein-Sprache)

Netzwerk 1:
Grundstellung

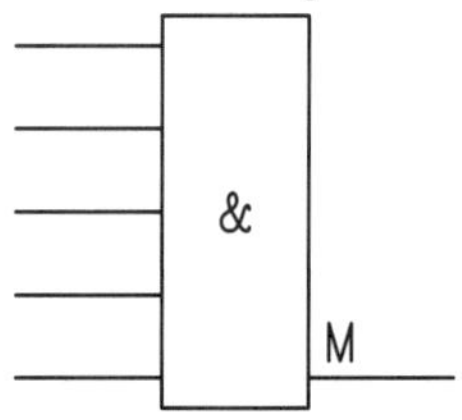

Netzwerk 2:
Spannen

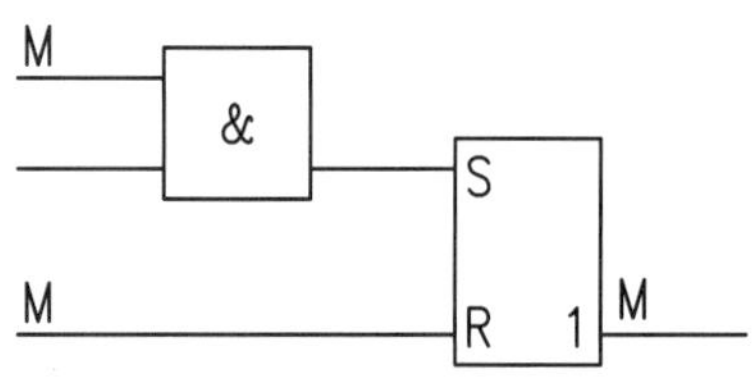

Netzwerk 3:
Verstiften Stift 1

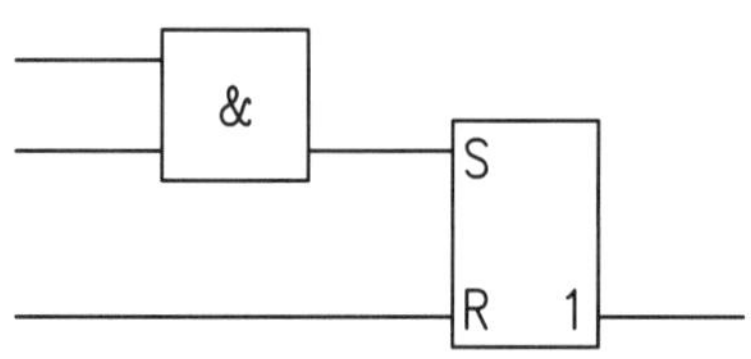

Netzwerk 4:
Rückhub Zylinder –MM2

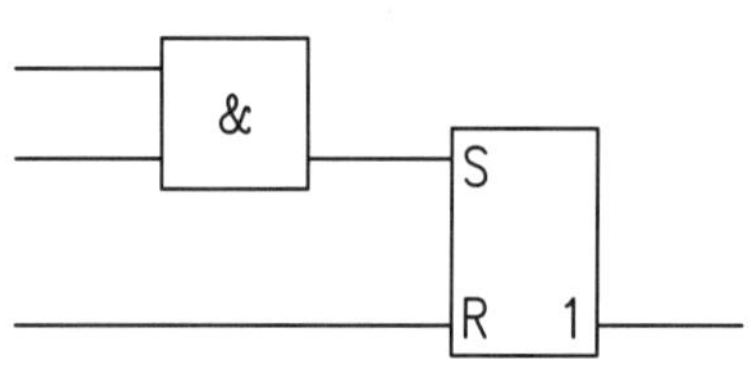

Netzwerk 5:
Verstiften Stift 2

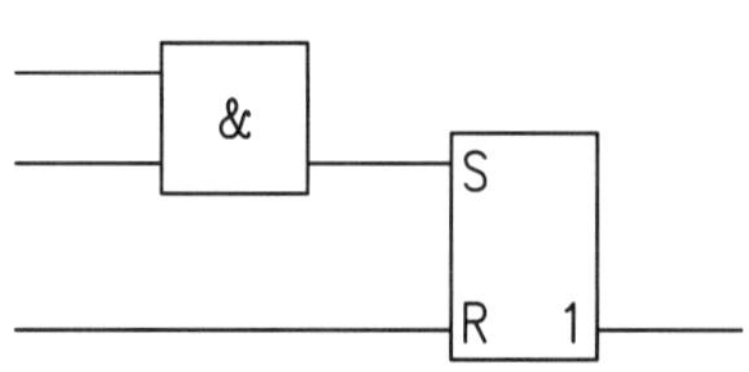

Netzwerk 6:
Rückhub Zylinder –MM3

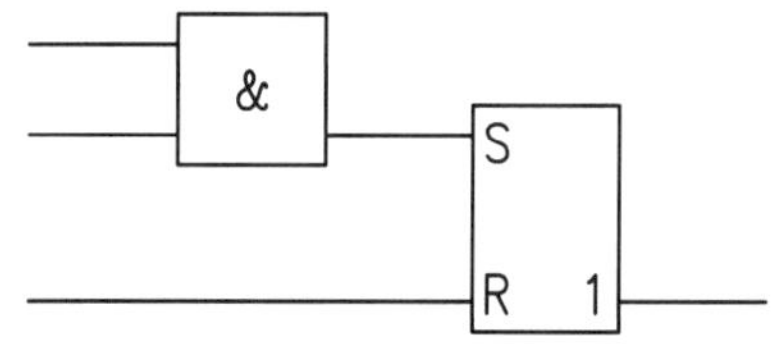

Netzwerk 7:
Lösen

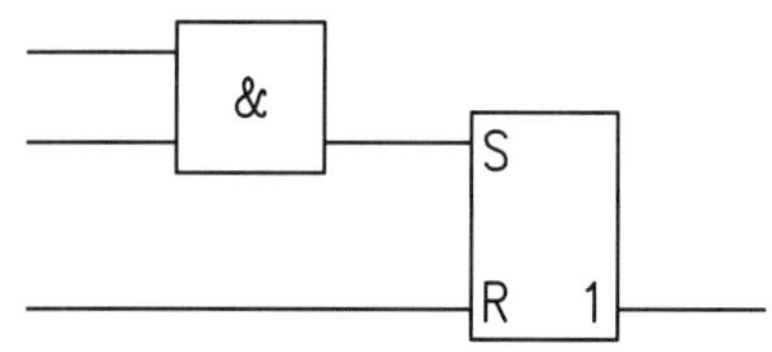

Netzwerk 8:
Zylinder –MM1 ausfahren

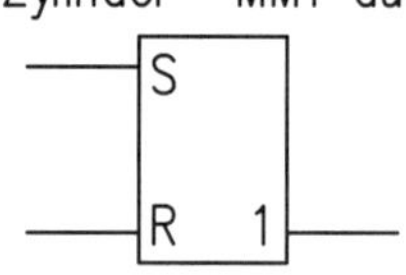

Netzwerk 9:
Zylinder –MM2 ausfahren

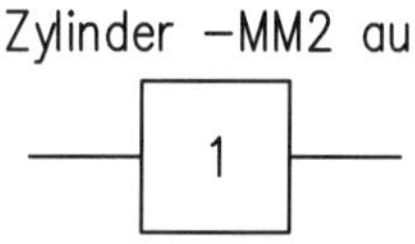

Netzwerk 10:
Zylinder –MM2 einfahren

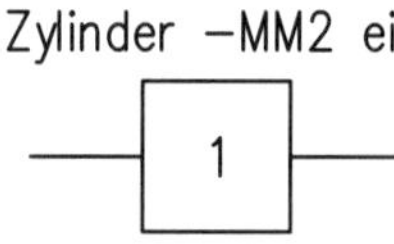

Netzwerk 11:
Zylinder –MM3 ausfahren

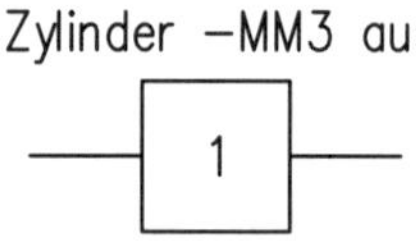

Netzwerk 12:
Zylinder –MM3 einfahren

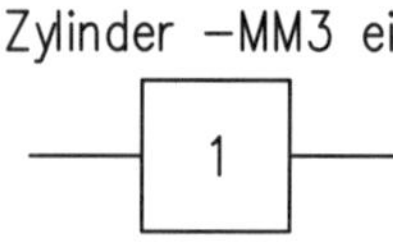

Netzwerk 13:
Zylinder –MM1 einfahren

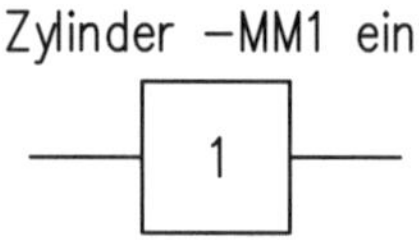

Netzwerk 14:
Meldungen

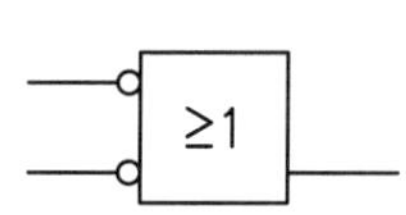

Zuordnungsliste

Bauteil	Operand	Kommentar	Bauteil	Operand	Kommentar
-BG1		Sensor: Zyl. -MM1 hinten	-BG8		
-BG2		Sensor: Zyl. -MM1 vorn	-MB1		
-BG3		Sensor: Zyl. -MM2 hinten	-MB2		
-BG4			-MB3		Zyl. -MM2 ausfahren
-BG5			-MB4		Zyl. -MM2 einfahren
-BG6			-MB5		
-SJ1			-MB6		
-BB7			-PF1		

Sprache AWL (Anweisungsliste)

Lfd. Nr.	Speicher Adresse	Steueranweisung	Lfd. Nr.	Speicher Adresse	Steueranweisung
1			31		
2			32		
3			33		
4			34		
5			35		
6			36		
7			37		
8			38		
9			39		
10			40		
11			41		
12			42		
13			43		
14			44		
15			45		
16			46		
17			47		
18			48		
19			49		
20			50		
21			51		
22			52		
23			53		
24			54		
25			55		
26			56		
27			57		
28			58		
29			59		
30			60		

Zinnbad

Problemstellung

In einem Zinnbad werden Kleinteile verzinnt. Für den Start der Anlage sind folgende Betriebsarten vorgesehen: AUTOMATIK EIN (Taster -SJ1) bzw. AUS (Taster -SJ2) und HANDBETRIEB (Taster -SJ3). Wenn die Anlage sich in Ruhestellung befindet und die Nebenbedingungen (Betriebstemperatur Sensor -BG9 und Füllhöhe Sensor -BG10) erfüllt sind und die Automatik EIN oder der Handbetrieb START betätigt ist und der Sensor -BG11 einen Materialkorb meldet, läuft der Arbeitszyklus folgendermaßen ab:
Zylinder -MM1 hängt den Materialkorb ein, Zylinder -MM2 hebt ihn an und Zylinder -MM3 fährt den Korb über das Zinnbad. Vor dem Absenken des Korbs öffnet Zylinder -MM4 das Zinnbad und entfernt dabei die Oxidschicht auf dem Bad. Danach taucht der Zylinder -MM2 den Korb 10 Sekunden lang in das Zinnbad. Nach dem Anheben durch Zylinder -MM2 bleibt der Korb 10 Sekunden über dem Zinnbad stehen, damit überschüssiges Zinn abtropfen kann. Zylinder -MM3 fährt den Korb über das Transportband. Im gleichen Schritt deckt Zylinder -MM4 das Zinnbad ab. Nach dem Absenken (Zylinder -MM2) und Aushängen (Zylinder -MM1) wird der Korb auf dem Transportband weiterbefördert.

Technologieschema

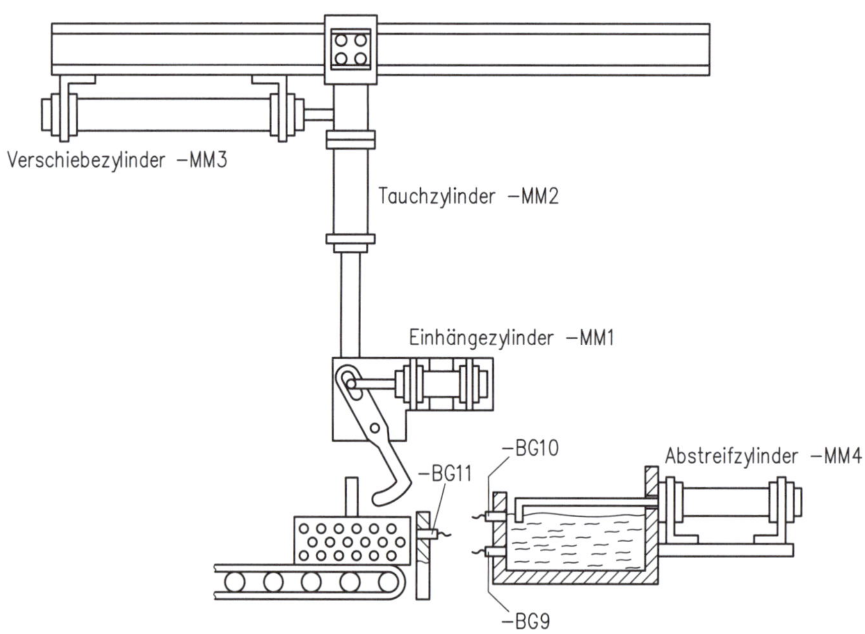

Arbeitsauftrag

- Vervollständigen Sie das Weg-Schritt-Diagramm durch die Signallinien.
- Schreiben Sie ein SPS-Anwenderprogramm in der Sprache FBS (Funktionsbaustein-Sprache) und der Sprache AWL (Anweisungsliste). Beachten Sie den GRAFCET.

Weg-Schritt-Diagramm

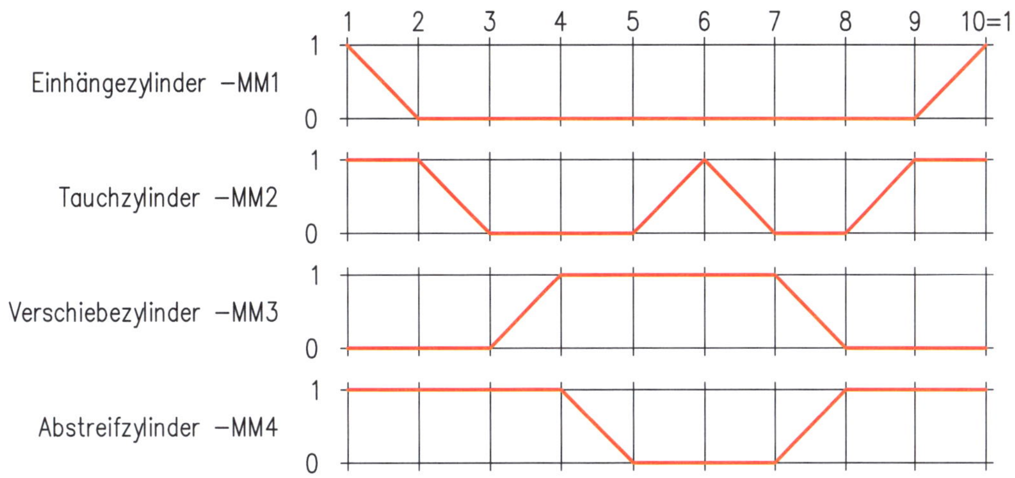

Pneumatischer Schaltplan

Zinnbad

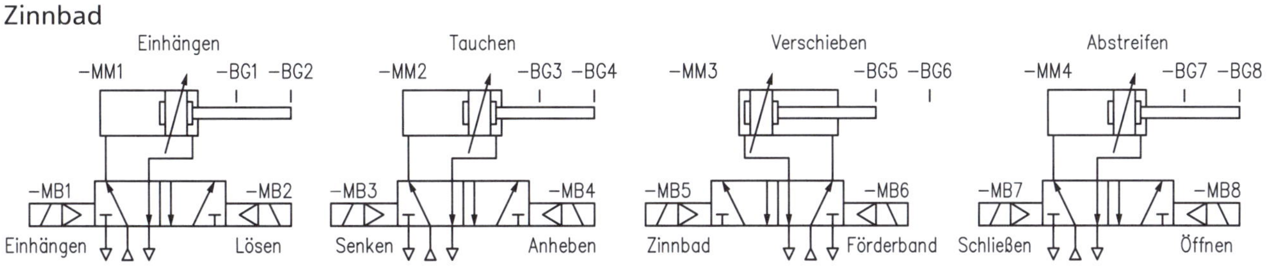

Bedienerfeld der Anlage

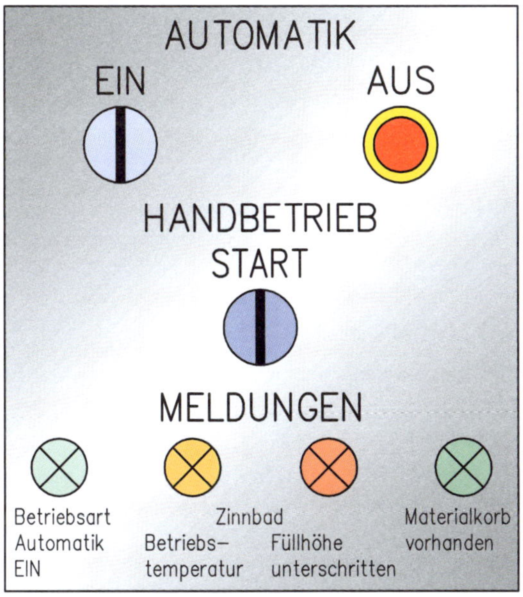

Die Anlage ist mit nebenstehendem Bedienerfeld ausgerüstet.

Betriebsarten:
Taster –SJ1 für Automatikbetrieb EIN
Taster –SJ2 für Automatikbetrieb AUS
Taster –SJ3 für den Handbetrieb START

Meldungen:

Kontrolllampe –PF1	meldet Automatik EIN.
Kontrolllampe –PF2	meldet das Erreichen der erforderlichen Betriebstemperatur des Zinns (abgefragt durch Sensor –BG9).
Kontrolllampe –PF3	zeigt an, ob die Füllhöhe des Zinnbads unterschritten ist (abgefragt durch den Sensor –BG10).
Kontrolllampe –PF4	zeigt an, ob ein Materialkorb vorhanden ist. Dies meldet der Sensor –BG11 nur beim Automatikbetrieb AUS.

GRAFCET

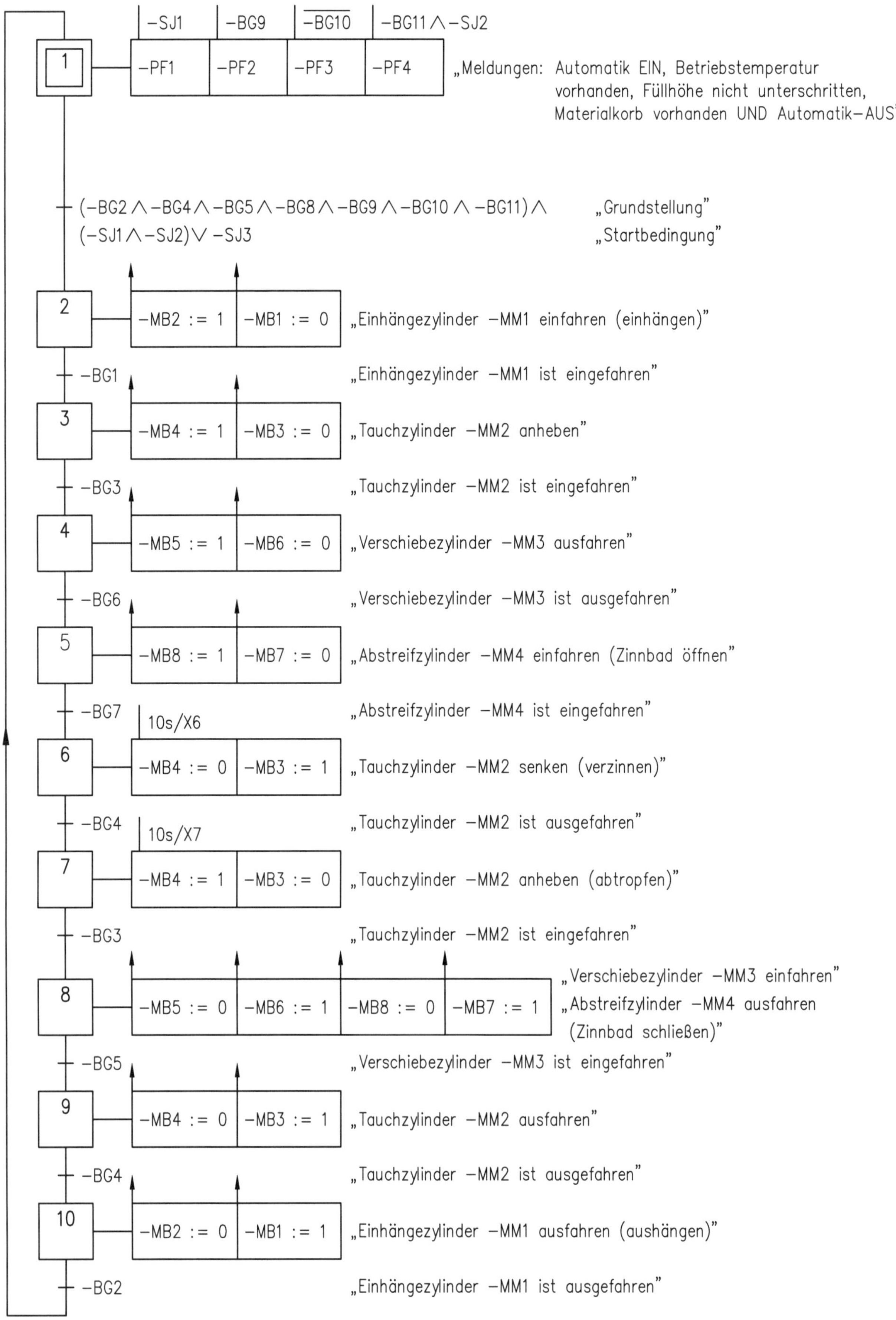

–SJ1
–BG9
–BG10
–BG11 ∧ –SJ2
1
–PF1
–PF2
–PF3
–PF4
„Meldungen: Automatik EIN, Betriebstemperatur vorhanden, Füllhöhe nicht unterschritten, Materialkorb vorhanden UND Automatik-AUS"
(–BG2 ∧ –BG4 ∧ –BG5 ∧ –BG8 ∧ –BG9 ∧ –BG10 ∧ –BG11) ∧
(–SJ1 ∧ –SJ2) ∨ –SJ3
„Grundstellung"
„Startbedingung"
2
–MB2 := 1
–MB1 := 0
„Einhängezylinder –MM1 einfahren (einhängen)"
–BG1
„Einhängezylinder –MM1 ist eingefahren"
3
–MB4 := 1
–MB3 := 0
„Tauchzylinder –MM2 anheben"
–BG3
„Tauchzylinder –MM2 ist eingefahren"
4
–MB5 := 1
–MB6 := 0
„Verschiebezylinder –MM3 ausfahren"
–BG6
„Verschiebezylinder –MM3 ist ausgefahren"
5
–MB8 := 1
–MB7 := 0
„Abstreifzylinder –MM4 einfahren (Zinnbad öffnen"
–BG7
10s/X6
„Abstreifzylinder –MM4 ist eingefahren"
6
–MB4 := 0
–MB3 := 1
„Tauchzylinder –MM2 senken (verzinnen)"
–BG4
10s/X7
„Tauchzylinder –MM2 ist ausgefahren"
7
–MB4 := 1
–MB3 := 0
„Tauchzylinder –MM2 anheben (abtropfen)"
–BG3
„Tauchzylinder –MM2 ist eingefahren"
8
–MB5 := 0
–MB6 := 1
–MB8 := 0
–MB7 := 1
„Verschiebezylinder –MM3 einfahren"
„Abstreifzylinder –MM4 ausfahren (Zinnbad schließen)"
–BG5
„Verschiebezylinder –MM3 ist eingefahren"
9
–MB4 := 0
–MB3 := 1
„Tauchzylinder –MM2 ausfahren"
–BG4
„Tauchzylinder –MM2 ist ausgefahren"
10
–MB2 := 0
–MB1 := 1
„Einhängezylinder –MM1 ausfahren (aushängen)"
–BG2
„Einhängezylinder –MM1 ist ausgefahren"

Zuordnungsliste

Bauteil	Operand	Kommentar
-BG1		Sensor Einhängezylinder: Materialkorb eingehangen
-BG2		Sensor Einhängezylinder: Materialkorb ausgehangen
-BG3		Sensor Hubzylinder eingefahren: Korb angehoben
-BG4		Sensor Hubzylinder ausgefahren: Korb unten
-BG5		Sensor Schubzylinder: über Transportband
-BG6		Sensor Schubzylinder: über Tauchbad
-BG7		Sensor Tauchbad: geöffnet
-BG8		Sensor Tauchbad: geschlossen
-SJ1		Automatik „EIN“
-SJ2		Automatik „AUS“
-SJ3		Handbetrieb „EIN“
-BG9		Sensor Betriebstemperatur Zinnbad
-BG10		Sensor Füllhöhe Zinnbad
-BG11		Sensor Materialkorb
-PF1		Kontrolllampe Automatikbetrieb
-PF2		Kontrolllampe Betriebstemperatur
-PF3		Kontrolllampe Mindestfüllhöhe
-PF4		Melder Materialkorb
-MB1		Zylinder -MM1 ausfahren
-MB2		Zylinder -MM1 einfahren
-MB3		Zylinder -MM2 ausfahren
-MB4		Zylinder -MM2 einfahren
-MB5		Zylinder -MM3 ausfahren
-MB6		Zylinder -MM3 einfahren
-MB7		Zylinder -MM4 ausfahren
-MB8		Zylinder -MM4 einfahren

Sprache FBS (Funktionsbaustein-Sprache)

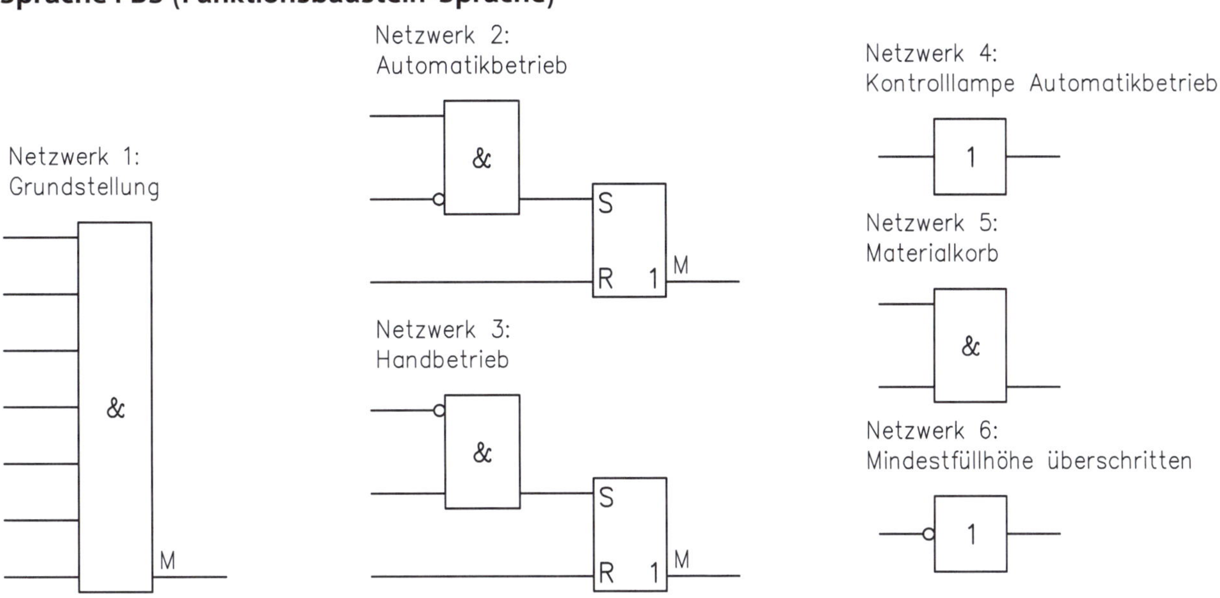

Netzwerk 7: Betriebstemperatur erreicht

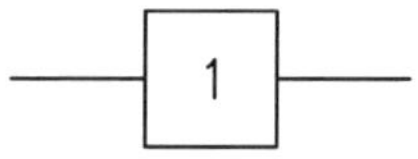

Netzwerk 8: Einhängen

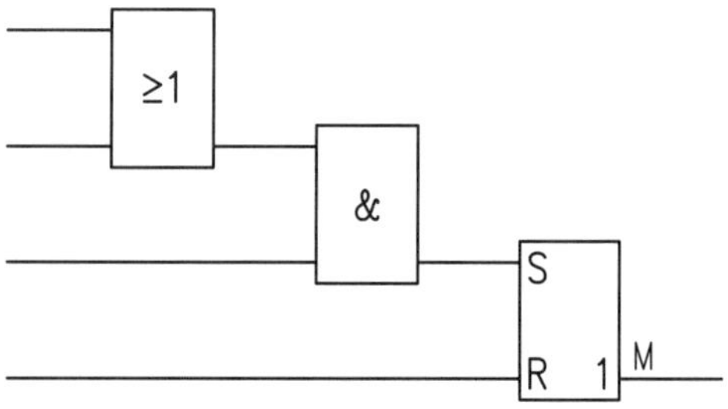

Netzwerk 9: Anheben

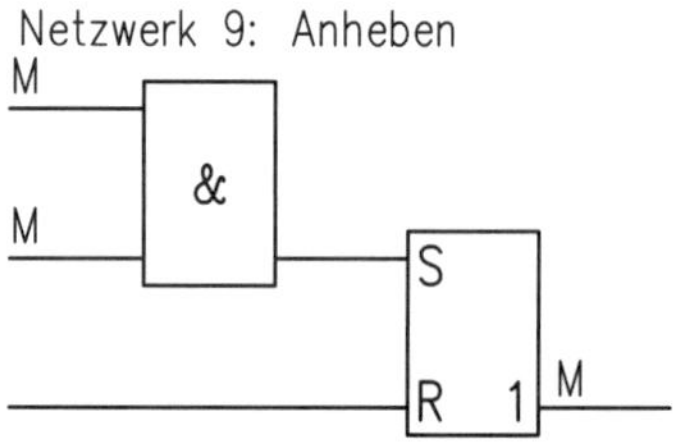

Netzwerk 10: Verschieben

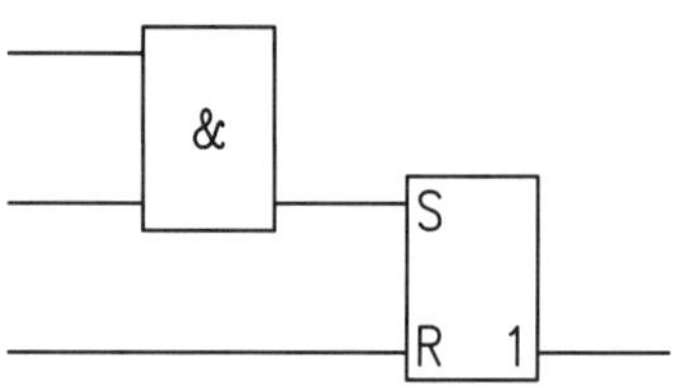

Netzwerk 11: Tauchbad öffnen

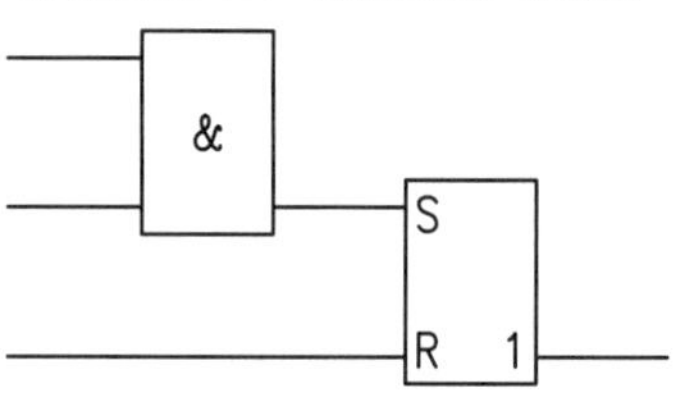

Netzwerk 12: Verzinnen

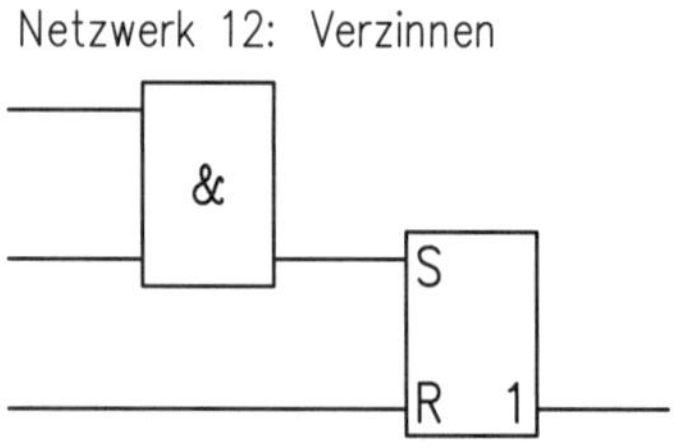

Netzwerk 13: Anheben (abtropfen)

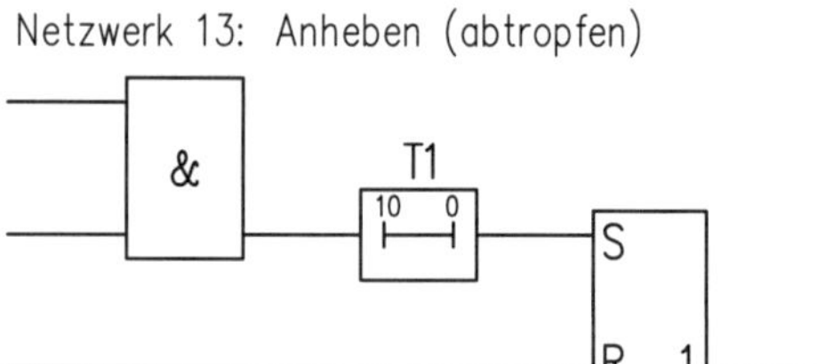

Netzwerk 14: Verschieben

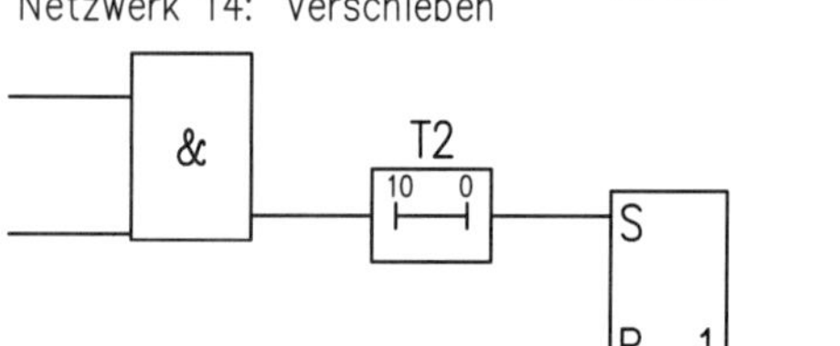

Netzwerk 15: Absetzen auf Band

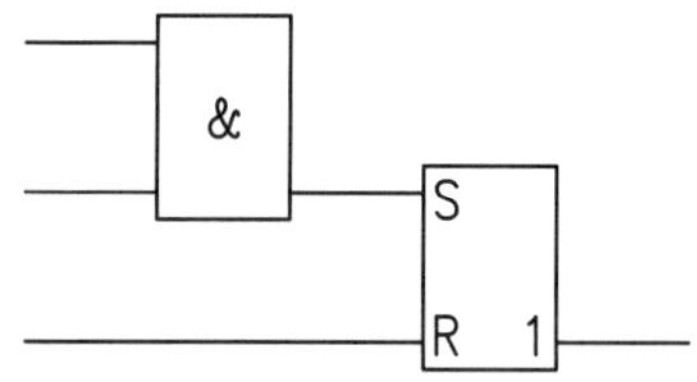

Netzwerk 16: Aushängen

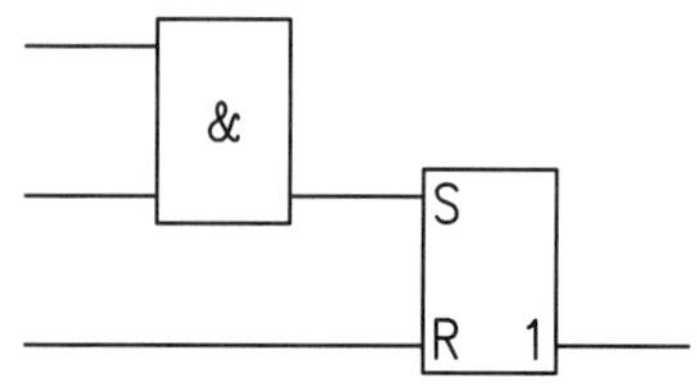

Netzwerk 17: Zylinder −MM1 einfahren

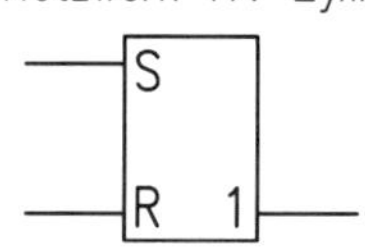

Netzwerk 18: Zylinder −MM2 einfahren

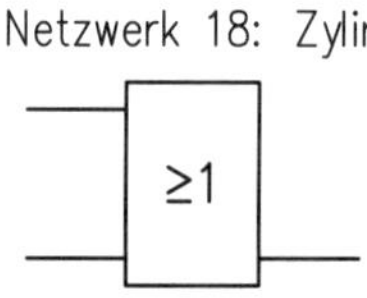

Netzwerk 19: Zylinder −MM3 ausfahren

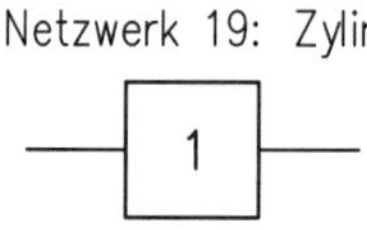

Netzwerk 20: Zylinder −MM4 einfahren

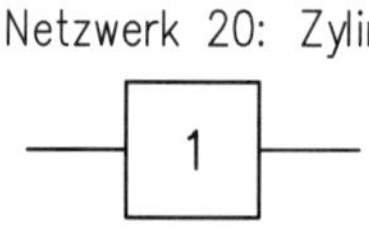

Netzwerk 21: Zylinder −MM2 ausfahren

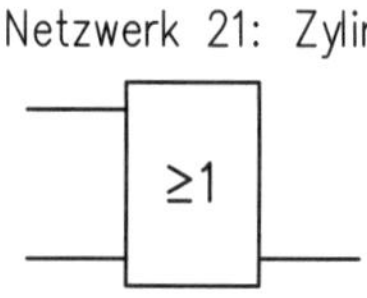

Netzwerk 22: Zylinder −MM4 ausfahren

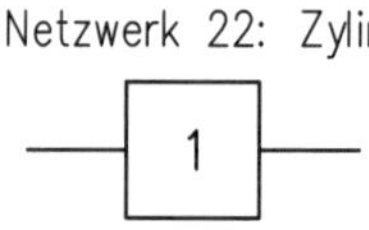

Netzwerk 23: Zylinder −MM3 einfahren

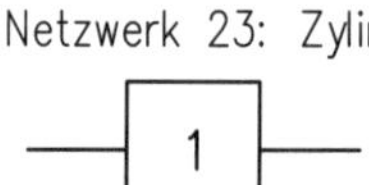

Netzwerk 24: Zylinder −MM1 ausfahren

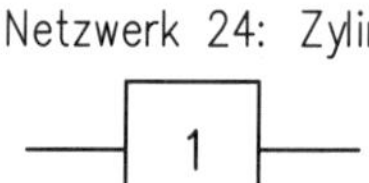

Sprache AWL (Anweisungsliste)

Lfd. Nr.	Speicher Adresse	Steuer-anweisung	Lfd. Nr.	Speicher Adresse	Steuer-anweisung	Lfd. Nr.	Speicher Adresse	Steuer-anweisung
1			36			71		
2			37			72		
3			38			73		
4			39			74		
5			40			75		
6			41			76		
7			42			77		
8			43			78		
9			44			79		
10			45			80		
11			46			81		
12			47			82		
13			48			83		
14			49			84		
15			50			85		
16			51			86		
17			52			87		
18			53			88		
19			54			89		
20			55			90		
21			56			91		
22			57			92		
23			58			93		
24			59			94		
25			60			95		
26			61			96		
27			62			97		
28			63			98		
29			64			99		
30			65			100		
31			66			101		
32			67			102		
33			68			103		
34			69			104		
35			70			105		

Doppelschiebetür

Problemstellung

Die Türen einer zweiflügeligen Schiebetür, als Verbindung zwischen den Hallen A und B, sollen durch Druck auf die Taster –SJ1 von Halle A oder –SJ3 von Halle B zu öffnen sein. Die Türen öffnen nacheinander: Zylinder –MM1 öffnet die linke Tür, danach öffnet Zylinder –MM2 die rechte Tür. Durch Druck auf die Taster –SJ2 oder –SJ4 schließen die Türen gleichzeitig. Befinden sich während des Schließvorgangs im Bereich der Reflexionslichtschranke –BG5 Gegenstände oder Personen, so wird der Schließvorgang abgebrochen. Beide Tore öffnen erneut. Die SPS startet einen weiteren Versuch zum Schließen der Türen nach 15 Sekunden selbstständig.

Technologieschema

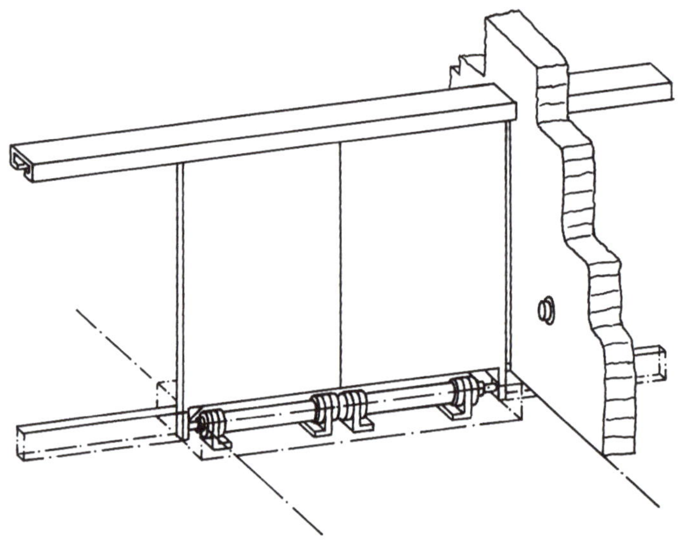

Pneumatischer Schaltplan

Doppel-
schiebetür

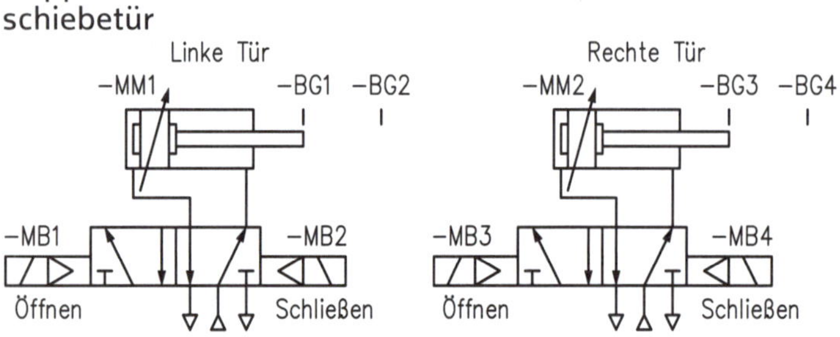

Weg-Schritt-Diagramm

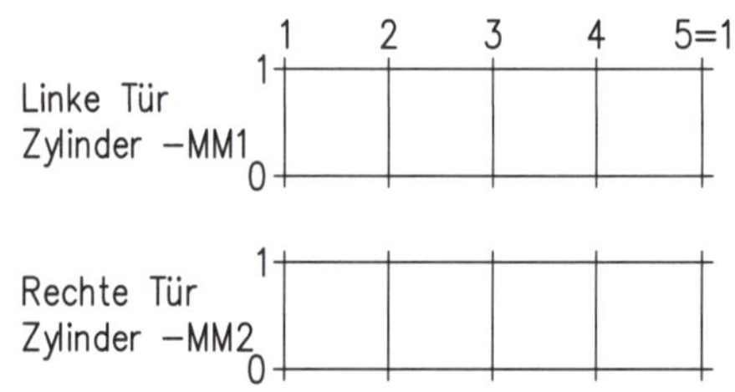

Arbeitsauftrag

- Vervollständigen Sie das Weg-Schritt-Diagramm.
- Erstellen Sie je ein Steuerprogramm in der Sprache AWL (Anweisungsliste) und der Sprache FBS (Funktionsbaustein-Sprache).

Zuordnungsliste

Bauteil	Operand
-SJ1	
-SJ2	
-SJ3	
-SJ4	
-BG1	
-BG2	
-BG3	

Bauteil	Operand
-BG4	
-BG5	
-MB1	
-MB2	
-MB3	
-MB4	

GRAFCET

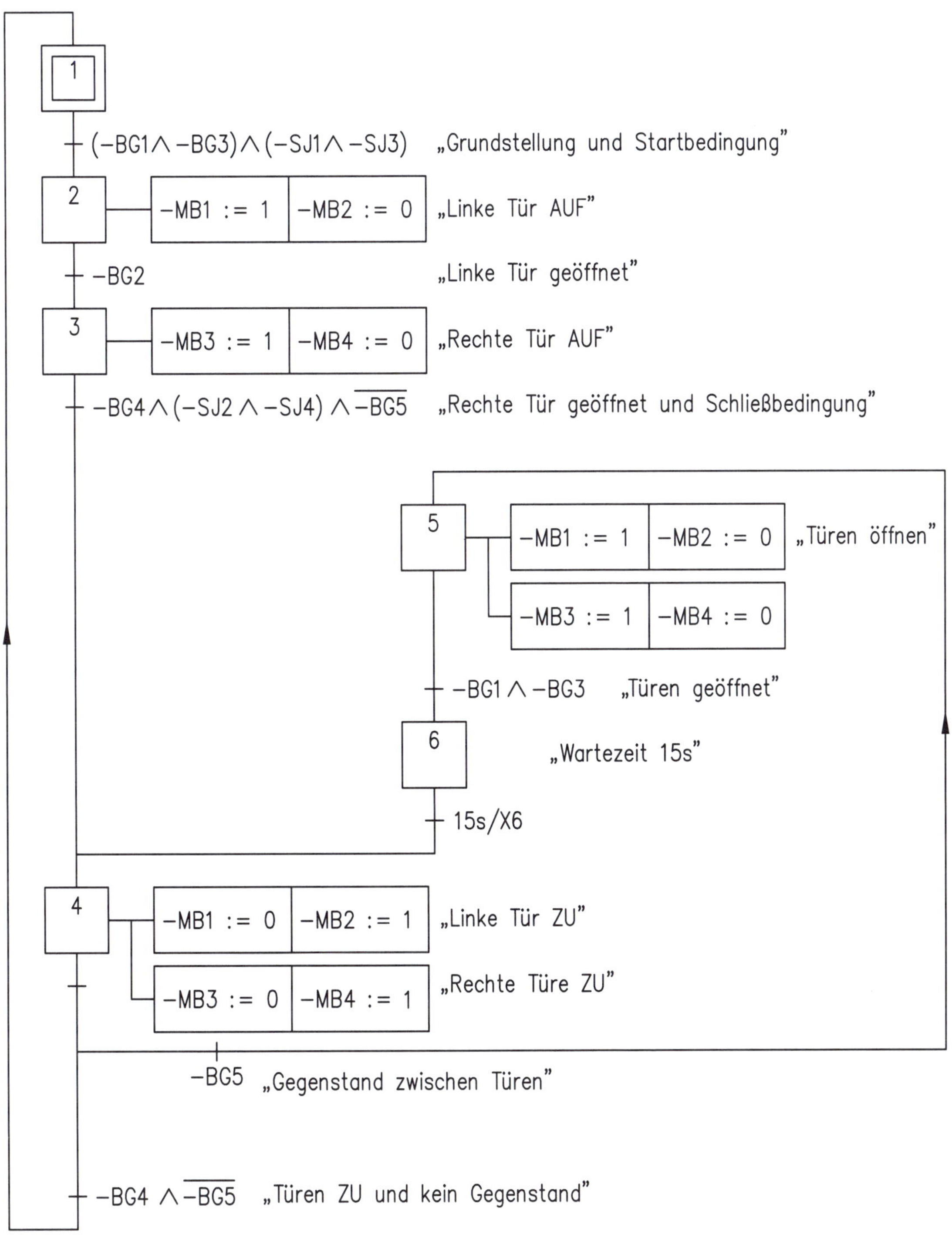

Sprache FBS (Funktionsbaustein-Sprache)

Netzwerk 1: Grundeinstellung

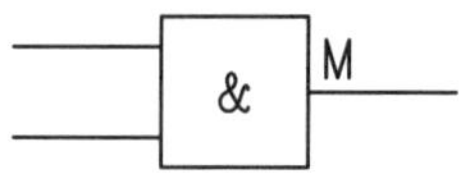

Netzwerk 2: Türen öffnen

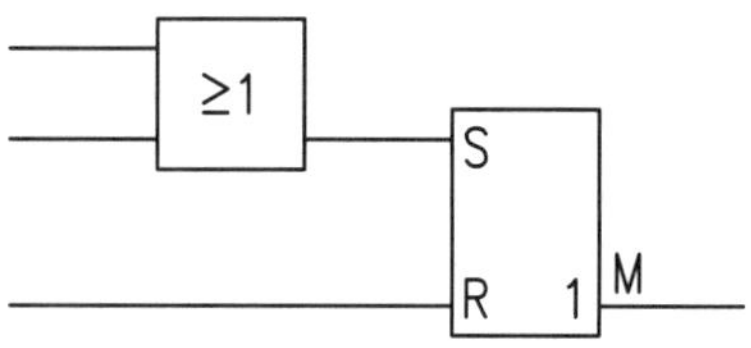

Netzwerk 3: Türen schließen

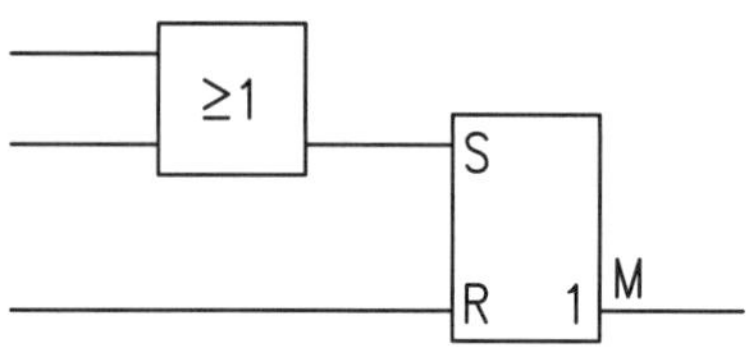

Netzwerk 4: Linke Tür öffnen

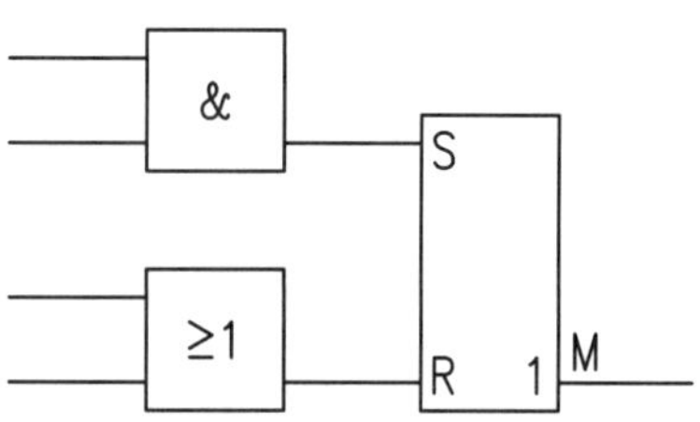

Netzwerk 5: Rechte Tür öffnen

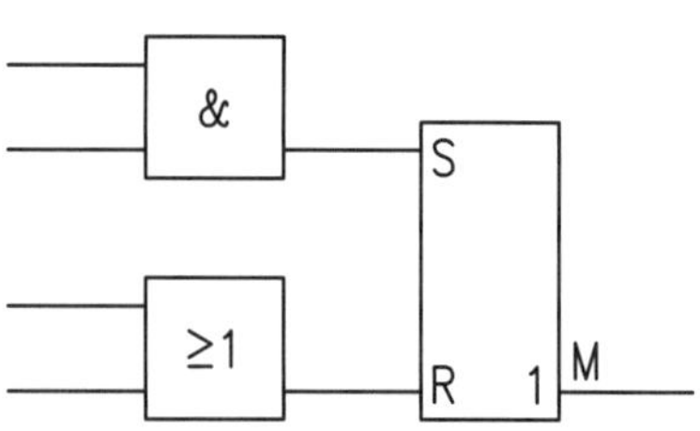

Netzwerk 6: Türen schließen

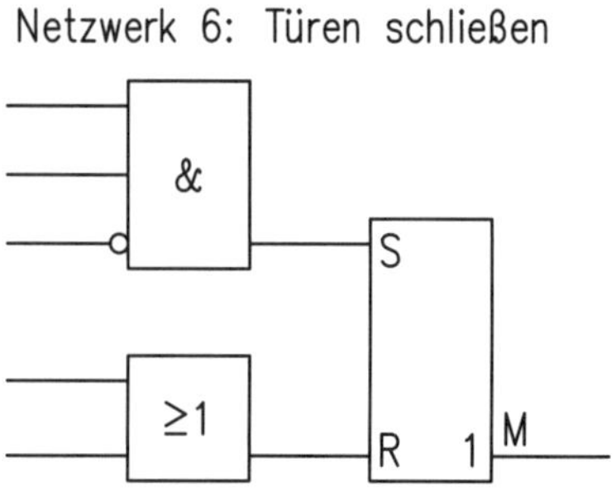

Netzwerk 7:
Tür öffnen durch Lichtschranke (Sicherheitssensor)

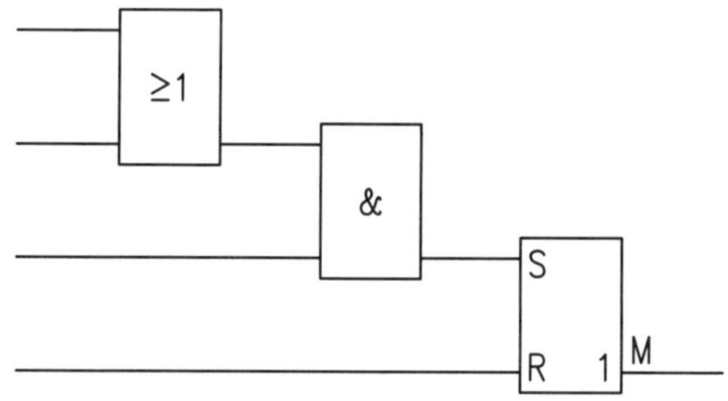

Netzwerk 8:
Verzögerungszeit
Automatisches Schließen

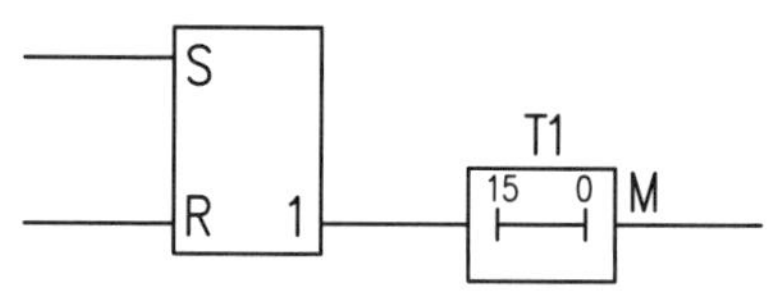

Netzwerk 9:
Zylinder –MM1 ausfahren

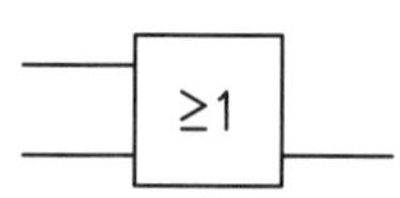

Netzwerk 10:
Zylinder –MM2 ausfahren

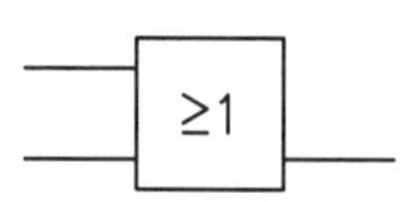

Netzwerk 11:
Zylinder –MM2 einfahren

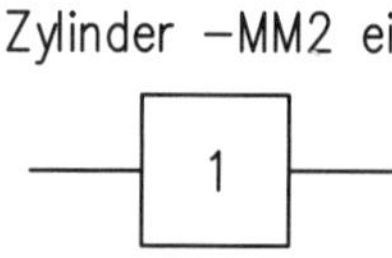

Netzwerk 12:
Zylinder –MM1 einfahren

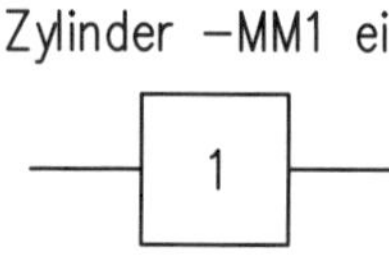

Sprache AWL (Anweisungsliste)

Lfd. Nr.	Speicher Adresse	Steueranweisung	Lfd. Nr.	Speicher Adresse	Steueranweisung
1			31		
2			32		
3			33		
4			34		
5			35		
6			36		
7			37		
8			38		
9			39		
10			40		
11			41		
12			42		
13			43		
14			44		
15			45		
16			46		
17			47		
18			48		
19			49		
20			50		
21			51		
22			52		
23			53		
24			54		
25			55		
26			56		
27			57		
28			58		
29			59		
30			60		

Übungsaufgabe: Fräsmaschine

Problemstellung

Die Steuerung des Arbeitsablaufs einer Fräsmaschine soll von einer SPS übernommen werden. Nach Druck auf den Taster -SJ1 „SPANNEN" wird von dem Zylinder -MM1 das Werkstück gespannt. Der Fräsvorgang wird nach Betätigung des START-Tasters -SJ3 begonnen, wenn der Spanndruck von 4 bar erreicht ist. Der Spanndruck wird durch den PE-Wandler -BP1 erfasst. Zylinder -MM2 schiebt die Antriebseinheit auf die geforderte Nuttiefe. Danach startet Zylinder -MM3 den Vorschub. Ist der Fräsvorgang beendet, zieht Zylinder -MM2 die Antriebseinheit zurück. Danach fährt der Vorschubzylinder in seine Ausgangslage. Durch Druck auf den Taster -SJ2 „LÖSEN" kann der Spannvorgang beendet werden, wenn Zylinder -MM3 sich in seiner hinteren Endlage befindet. Sinkt der Spanndruck unter 4 bar, fahren die Antriebs- und Vorschubeinheit gleichzeitig in ihre Ausgangslagen zurück.

Technologieschema

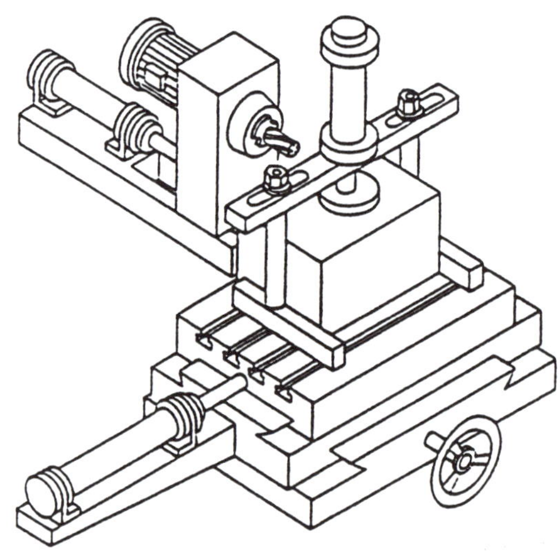

Weg-Schritt-Diagramm

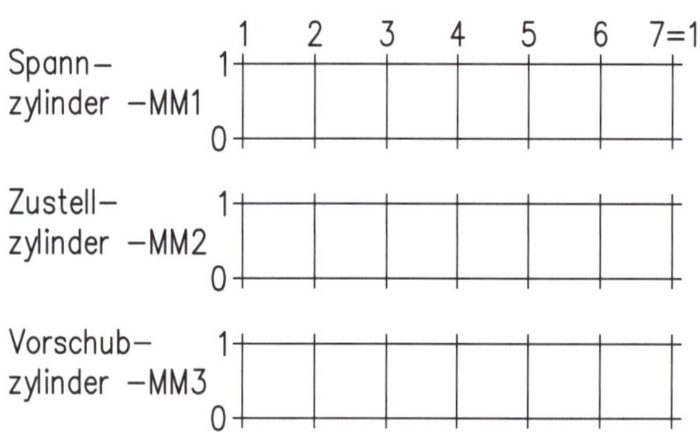

Pneumatischer Schaltplan

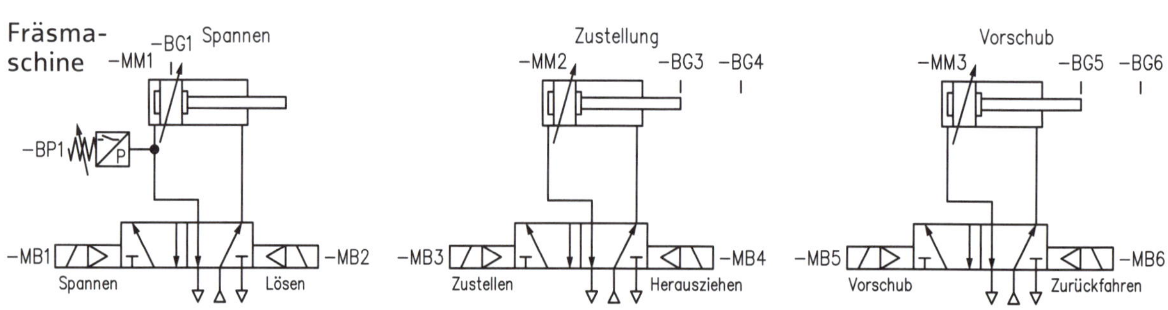

Arbeitsauftrag

- Erstellen Sie für die Steuerung das Weg-Schritt-Diagramm, die Zuordnungsliste und den GRAFCET.
- Erstellen Sie ein SPS-Anwenderprogramm in der Sprache AWL (Anweisungsliste) und der Sprache FBS (Funktionsbaustein-Sprache).

Übungsaufgabe: Entnahmestation

Problemstellung

An der letzten Station eines Rundschalttischs werden die fertigen Bauelemente von einem Montageroboter entnommen und auf die Werkstückträger eines Transfersystems übertragen. Die Anlage arbeitet selbsttätig, wenn der Sensor –BG7 auf dem Transportband einen positionierten freien Werkstückträger meldet, ein Arbeitstakt des Tischs abgeschlossen ist, gemeldet durch den Sensor –BG8, und sich alle Zylinder des Montageroboters in der Ausgangslage befinden. Zylinder –MM1 senkt die Hubeinheit. Im nächsten Schritt wird das Werkstück durch das Ausfahren des Zangengreifers (Zylinder –MM2) gespannt. Zylinder –MM1 hebt das Werkstück an. Anschließend fährt Zylinder –MM3 über das Transportband. Zylinder –MM1 senkt ab und Zylinder –MM2 gibt durch Einfahren das Werkstück frei. Zylinder –MM1 und danach Zylinder –MM3 fahren den Roboter in seine Ausgangslage zurück.

Technologieschema

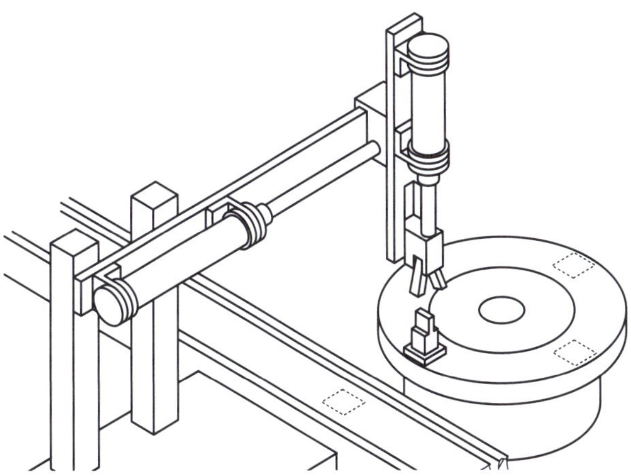

Zangengreifer

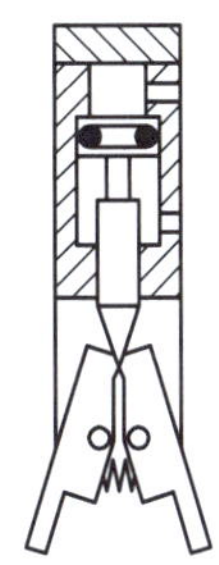

Weg-Schritt-Diagramm

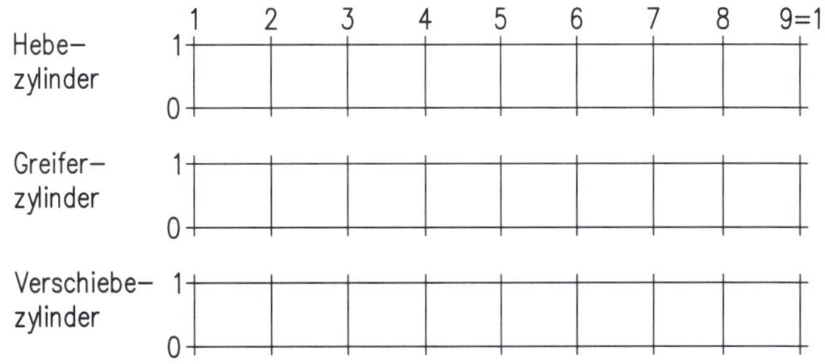

Pneumatischer Schaltplan

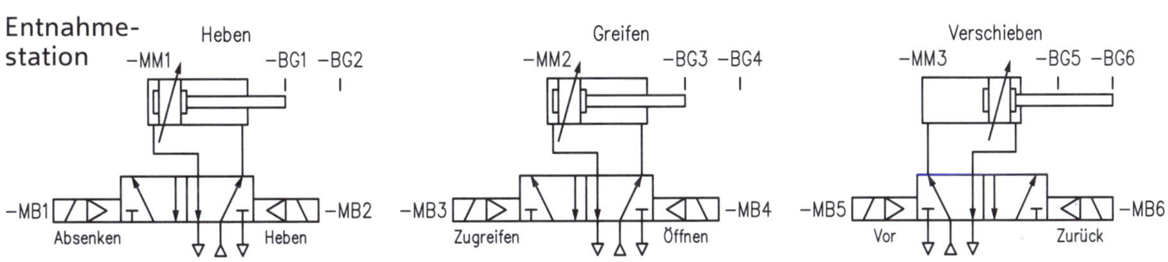

Arbeitsauftrag

- Erstellen Sie für die Steuerung das Weg-Schritt-Diagramm, den GRAFCET und die Zuordnungsliste.
- Erstellen Sie ein SPS-Anwenderprogramm in der Sprache AWL (Anweisungsliste) und der Sprache FBS (Funktionsbaustein-Sprache).

Übungsaufgabe: Umwandlung in unterschiedliche Steuerungstechnologien

Hubeinheit

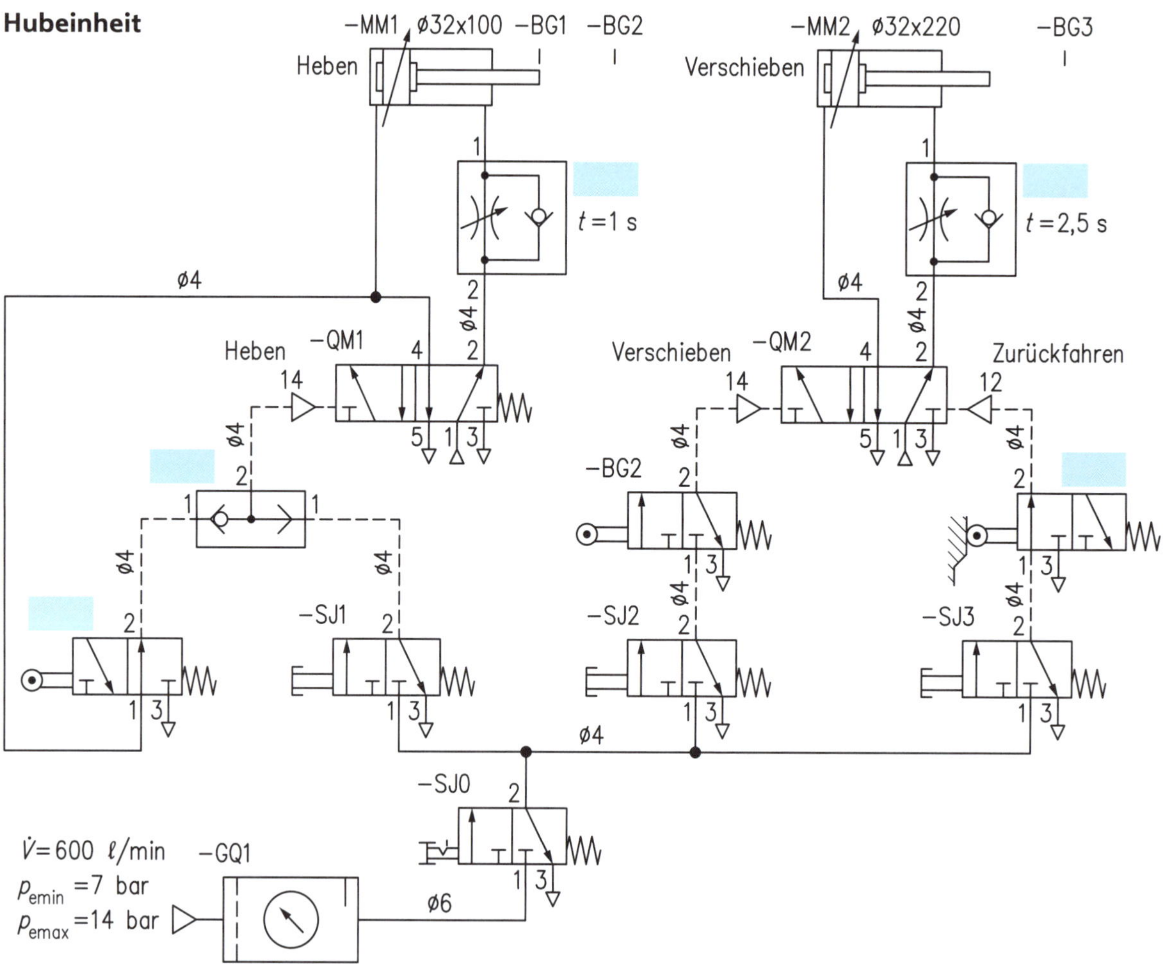

Aufgaben

Bearbeiten Sie die Aufgaben zum oben stehenden Schaltplan:

1. Vervollständigen Sie die Kennzeichnung der Bauelemente nach DIN EN IEC 81346-2:2020-10.
2. Erstellen Sie ein Weg-Schritt-Diagramm der Steuerung und zeichnen Sie die Signallinien ein.
3. Zeichnen Sie einen Logikplan der Steuerung.
4. Die vorgegebene Steuerung soll auf elektropneumatische Bauelemente umgebaut werden. Erstellen Sie einen Stromlaufplan unter Beachtung der folgenden Vorgaben:
   - Die Endlagen der Kolben sind durch magnetisch betätigte Sensoren abzufragen.
   - Ventil –QM1 ist durch ein federrückgestelltes 5/2-Wege-Magnetventil zu ersetzen.
   - Ventil –QM2 ist durch ein 5/2-Wegeventil mit beidseitigen Magnetspulen zu ersetzen.
5. Beschreiben Sie die beiden unterschiedlichen Möglichkeiten der elektrischen Signalspeicherung und wählen Sie die unter Sicherheitsgesichtspunkten geeignete Form aus.
6. Erstellen Sie den GRAFCET.
7. Schreiben Sie eine Zuordnungsliste.
8. Erstellen Sie ein Steuerprogramm der Sprache FBS (Funktionsbaustein-Sprache).

Systemtechnik II

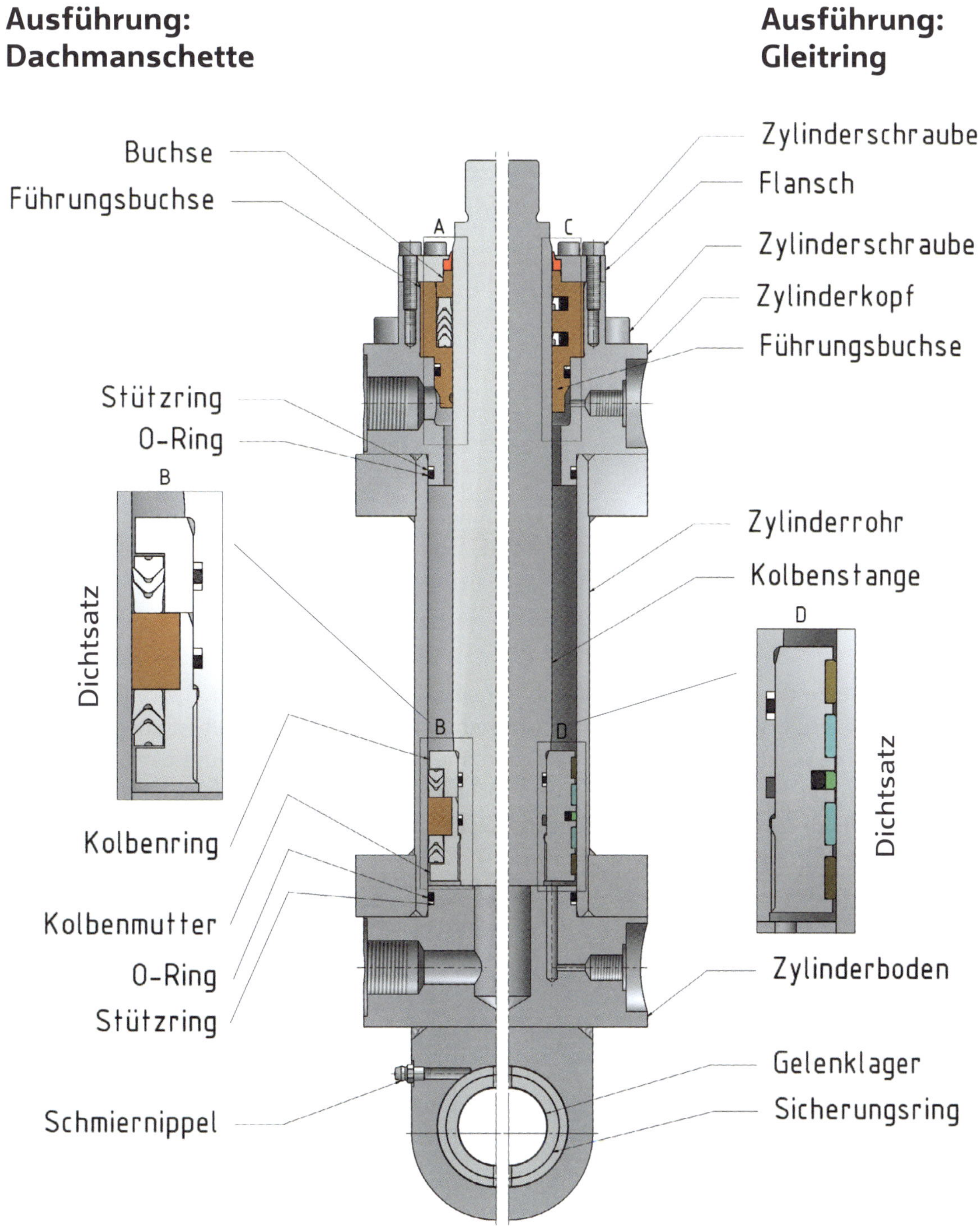

Hydraulische Grundlagen

In hydraulischen Steuerungen werden zur Übertragung von Bewegungen und Kräften Flüssigkeiten eingesetzt.
Die physikalischen Gesetzmäßigkeiten der Übertragungsmedien Luft und Flüssigkeit weichen in wesentlichen Punkten voneinander ab. So lässt sich im Gegensatz zum Übertragungsmedium Luft eine Flüssigkeit nur sehr gering komprimieren (zusammendrücken). Eine einfache Speicherung der Energie in Druckbehältern, wie sie in der Pneumatik üblich ist, lässt sich in hydraulischen Steuerungen nicht durchführen. Die physikalischen Gesetzmäßigkeiten in Hydraulikanlagen werden unter dem Begriff Hydromechanik zusammengefasst. Die Hydromechanik gliedert sich in zwei Teilbereiche.

Hydromechanik
Mechanik der Flüssigkeiten

Hydrostatik
Lehre der Gleichgewichtszustände ruhender Flüssigkeiten

Kraftwirkung durch:
Kraft · Fläche
z. B. – hydrostatischer Druck
– Druck durch äußere Kräfte
– Druckübersetzer
– hydraulische Presse

Hydrodynamik
Lehre von den Gesetzmäßigkeiten strömender Flüssigkeiten

Kraftwirkung durch:
Masse · Beschleunigung
z. B. – Volumenstrom
– Durchflussgesetz

Die physikalischen Gesetze der Hydraulik lassen sich anhand der Grundform eines Hydrauliksystems, bestehend aus Pumpe, Leitungssystem und Zylinder erklären. Da das Übertragungsmedium nicht unbegrenzt aus einem Druckbehälter entnommen werden kann, muss eine Pumpe die Flüssigkeit in das Leitungssystem einspeisen. Die Flüssigkeit wird so lange drucklos weitergeschoben, bis sich ihr ein Widerstand entgegensetzt. Durch die nachströmende Flüssigkeit steigt der Druck in den Leitungen an, bis der Widerstand überwunden wird und der Kolben ausfährt.

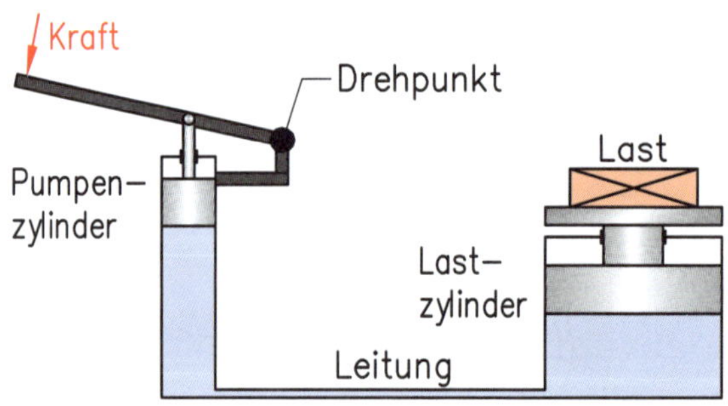

Die Hydraulikflüssigkeit wird also so lange drucklos durch die Leitung gefördert, bis sich der strömenden Flüssigkeit ein Widerstand entgegensetzt. Der Widerstand kann durch eine Engstelle im Leitungssystem, durch die innere Reibung der Flüssigkeitsmoleküle oder durch eine Last am Zylinder hervorgerufen werden. Die durch die Pumpe in das Leitungssystem verdrängte Flüssigkeit lässt den Druck ansteigen.

Hydrostatik

Hydrostatischer Druck

In einem offenen, mit einer Flüssigkeit gefüllten Behälter ist der Druck p_{abs} an einem beliebigen Messpunkt von der Dichte ϱ, der Flüssigkeit, der Höhe h der Flüssigkeitssäule über dem Messpunkt, der örtlichen Fallbeschleunigung g und dem auf der Säule ruhenden Luftdruck p_{amb} abhängig.

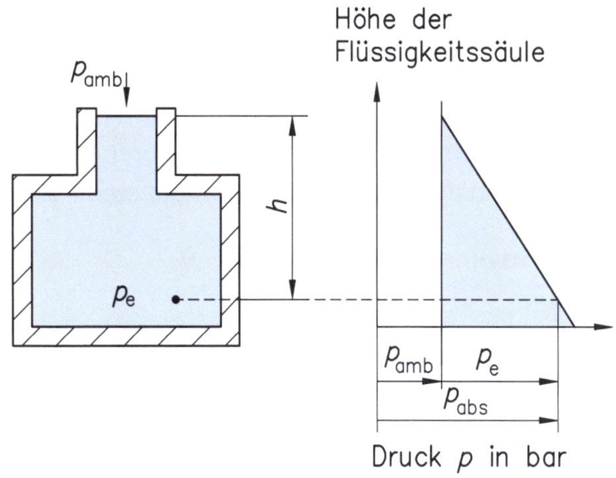

$$\boldsymbol{p_e = \varrho \cdot h \cdot g}$$

$$\boldsymbol{p_{abs} = \varrho \cdot h \cdot g + p_{amb}}$$

p_e = Betriebsdruck an einem Messpunkt in MPa, bar
p_{abs} = absoluter Luftdruck in MPa, bar
p_{amb} = atmosphärischer Luftdruck in MPa, bar
ϱ = Dichte der Flüssigkeit in g/cm^3 oder kg/dm^3
h = Höhe der Flüssigkeitssäule in cm oder dm
g = örtliche Fallbeschleunigung in m/s^2

Der hydrostatische Druck übt auf den Boden eines Behälters eine Kraft aus. Diese Kraft ist von der Gefäßform und dem eingefüllten Volumen der Flüssigkeit unabhängig. In unterschiedlich geformten Behältern mit gleicher Bodenfläche A ist bei gleicher Füllhöhe h auch die auf den Gefäßboden wirkende Kraft F gleich groß.

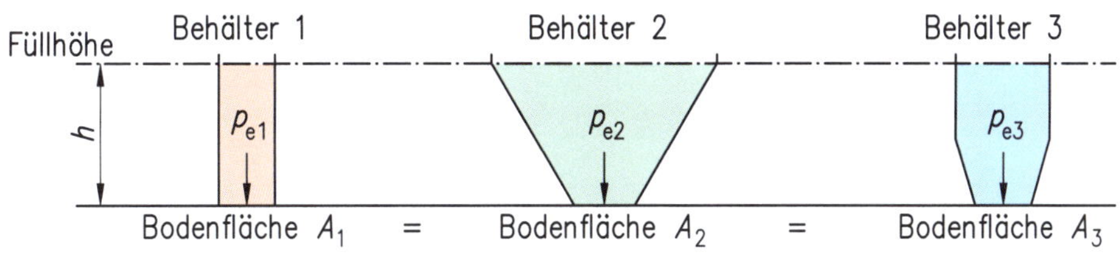

$p_{e1} = p_{e2} = p_{e3}$ $\quad A_1 = A_2 = A_3$ $\quad F_1 = F_2 = F_3$

Beispiel

Gegeben: Der Öltank einer Hydraulikanlage ist bis zu einer Höhe von 80 cm mit Öl gefüllt. Der Tankboden hat die Abmessungen 90 cm · 60 cm. Das Öl hat eine Dichte $\varrho = 0{,}9\ g/cm^3$.

Gesucht: a) Wie groß ist der Druck p_e in bar am Boden des Behälters?
b) Mit welcher Kraft F in N wird der Boden des Behälters beansprucht?

Lösung: a) $p_e = \varrho \cdot h \cdot g$

$$p_e = \frac{0{,}9\ g \cdot 80\ cm \cdot 9{,}81\ m}{cm^3 \cdot s^2}$$

$$p_e = 706{,}3 \frac{g \cdot cm \cdot m}{cm^3 \cdot s^2}$$

$$p_e = \underline{\underline{0{,}070\ 63\ bar}}$$

Umrechnung:

$$706{,}3 \frac{g \cdot m}{s^2 \cdot cm^2}$$

$$= 0{,}706\ 3 \frac{kg \cdot m}{s^2} \cdot \frac{1}{cm^2}$$

$$= 0{,}706\ 3 \frac{N}{cm^2}$$

$$= 0{,}070\ 63\ bar$$

b) $F = p_e \cdot A$

$$F = 0{,}706\ 3 \frac{N}{cm^2} \cdot 90\ cm \cdot 60\ cm$$

$$F = \underline{\underline{3\ 814{,}02\ N}}$$

Druck durch äußere Kräfte (Gesetz von Pascal)

Der Druck in einem geschlossenen System, zum Beispiel einem mit Flüssigkeit gefüllten Zylinder, steigt durch die Einwirkung einer äußeren Kraft *F* an. Die Höhe des Drucks wird bestimmt durch die äußere Kraft *F* und die Kolbenfläche *A*. Der Druck breitet sich im System nach allen Richtungen gleichmäßig aus und ist somit an allen Stellen des Systems gleich groß.

Druck in einem Zylinder

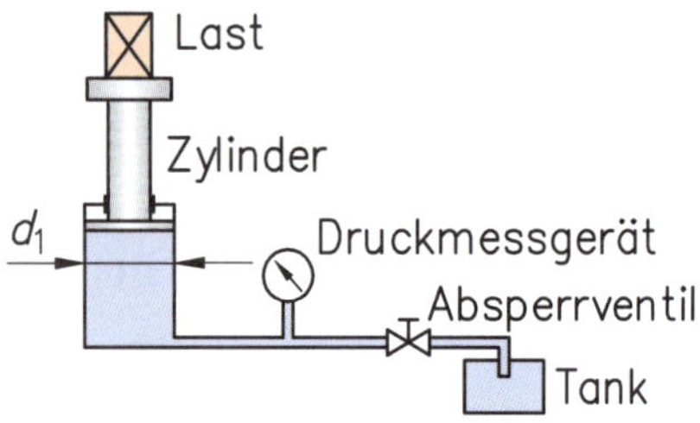

$$p_e = \frac{F}{A}$$

F = einwirkende äußere Kraft in N
A = Kolbenfläche in cm^2
p_e = Druck in MPa, N/cm^2, bar

$1\ Pa = 1\ \frac{N}{m^2} = 1\ \frac{kg}{m \cdot s^2}$
$1\ bar = 100\,000\ \frac{N}{m^2}$
$1\ bar = 10\ \frac{N}{cm^2}$
$1\ bar = 10^5\ Pa$
$1\ bar = 0{,}1\ MPa$
$1\ MPa = 1\ \frac{N}{mm^2} = 10\ bar$

Die abgeleitete SI-Einheit für den Druck ist das Pascal (Pa).

Beispiel

Gegeben: Ein Zylinder mit einem Durchmesser von d_1 = 15 cm soll eine Masse von 1 800 kg auf Höhe halten.

Gesucht: Wie hoch steigt der Druck im System (Druck p_e in bar und MPa)?

Lösung:

$A_1 = \frac{d_1^2 \cdot \pi}{4}$

$A_1 = \frac{15\ cm \cdot 15\ cm \cdot 3{,}14}{4}$

$A_1 = \underline{176{,}63\ cm^2}$

$p_e = \frac{F}{A_1}$

$p_e = \frac{18\,000\ N}{176{,}63\ cm^2}$

$p_e = 101{,}9\ \frac{N}{cm^2}$

$p_e = \underline{\underline{10{,}19\ bar}}$

$A_1 = \underline{176{,}63\ cm^2}$

$A_1 = \underline{17\,663\ mm^2}$

$p_e = \frac{F}{A_1}$

$p_e = \frac{18\,000\ N}{17\,663\ mm^2}$

$p_e = 1{,}019\ \frac{N}{mm^2}$

$p_e = \underline{\underline{1{,}019\ MPa}}$

Aufgaben

1. 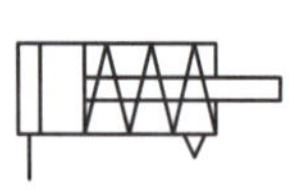

In einen einfach wirkenden Zylinder strömt ein Ölstrom mit einem Druck von p_e = 25 MPa (250 bar). Der Zylinderdurchmesser d_1 beträgt 180 mm.
Berechnen Sie die Kraft in N, mit der die Feder zusammengedrückt wird.

2. 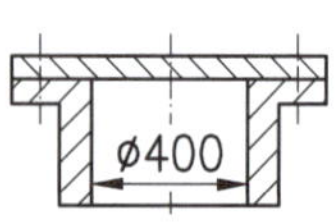

Ein Druckbehälter wird durch einen Deckel mithilfe von Schrauben verschlossen. Der Systemdruck im Behälter beträgt p_e = 13 MPa (130 bar). Berechnen Sie die Gesamtkraft, mit der die Schrauben belastet werden.

3. 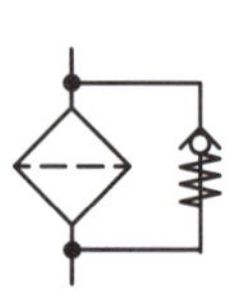

Steigt durch Verschmutzung des Filters der Staudruck in der Rücklaufleitung auf p_e = 2 MPa (20 bar), so soll sich das Rückschlagventil öffnen.
Wie groß muss bei einem Leitungsdurchmesser d = 25 mm die Federkraft sein?

4. 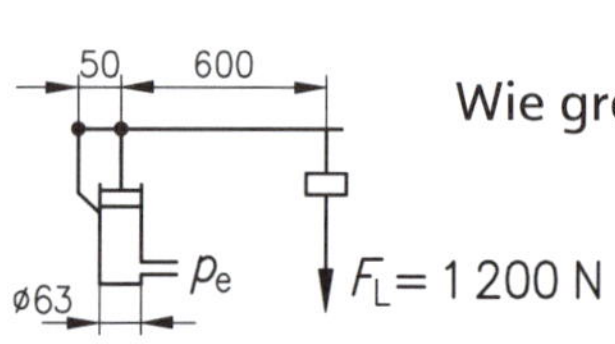

Wie groß ist der Druck p_e in MPa (bar) im nebenstehenden Zylinder?

Druckübersetzer

In einem Druckübersetzer sind zwei unterschiedlich große Kolben mit einer Kolbenstange verbunden. Erfolgt durch ein Übertragungsmedium eine Beaufschlagung der großen Kolbenfläche A_1 mit dem Druck p_{e1}, wird die Kolbenkraft F_1 wirksam. Durch die Kolbenstange wirkt die Kraft F_1 auf die kleine Kolbenfläche A_2 und erzeugt im Übertragungsmedium einen Druck p_{e2}.

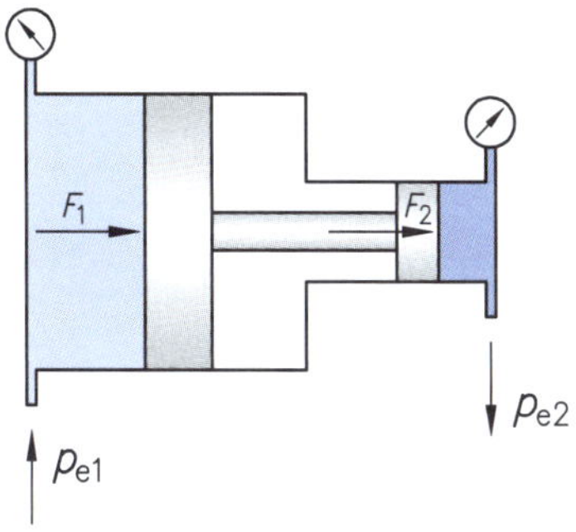

$$F_1 = F_2$$

$$p_{e1} \cdot A_1 = p_{e2} \cdot A_2$$

$$\frac{p_{e1}}{p_{e2}} = \frac{A_2}{A_1}$$

p_e = Betriebsdruck in MPa oder bar
A = Kolbenfläche in cm^2
F = Kolbenkraft in N

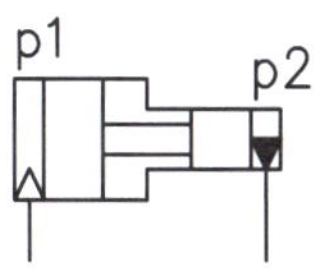

Grafisches Symbol entsprechend DIN ISO 1219-1:2019-01; Druckübersetzer, einfach wirkend, der einen pneumatischen Druck p1 in einen höheren hydraulischen Druck p2 umwandelt

Beispiel

Gegeben: Druckübersetzer mit den Kolbendurchmessern d_1 = 190 mm und d_2 = 130 mm; der zugeführte Druck p_{e1} beträgt 8 MPa.

Gesucht: Druck p_{e2} in MPa

Lösung: $p_{e1} \cdot A_1 = p_{e2} \cdot A_2$

$$p_{e2} = \frac{p_{e1} \cdot A_1}{A_2}$$

$$p_{e2} = \frac{8\ \text{MPa} \cdot 190\ \text{mm} \cdot 190\ \text{mm} \cdot 4 \cdot \pi}{130\ \text{mm} \cdot 130\ \text{mm} \cdot 4 \cdot \pi}$$

$$p_{e2} = \underline{\underline{17{,}089\ \text{MPa}}}$$

Aufgaben

1.

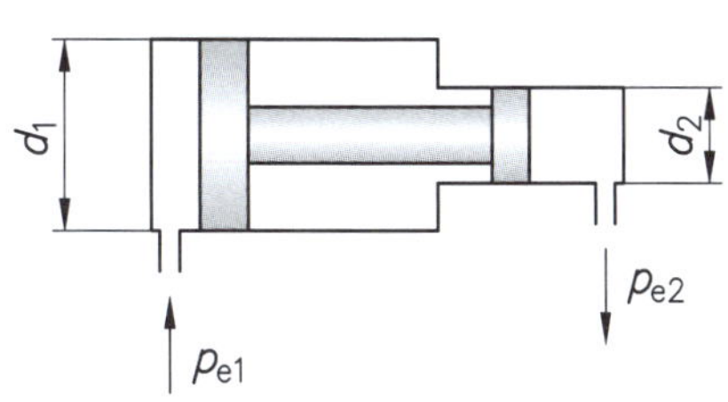

Mithilfe eines Druckübersetzers soll der Druck von p_{e1} = 4 MPa (40 bar) auf einen Druck p_{e2} = 27 MPa (270 bar) erhöht werden (Durchmesser d_1 = 320 mm). Wie groß muss der Durchmesser d_2 sein? Der Wirkungsgrad wird nicht berücksichtigt.

2.

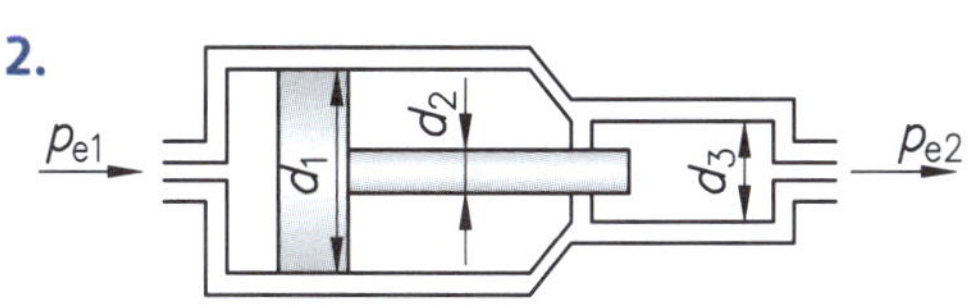

Ein Druckübersetzer hat folgende Abmessungen: Durchmesser d_1 = 350 mm; Durchmesser d_2 = 40 mm; Durchmesser d_3 = 150 mm. Der Druck p_{e1} beträgt 2 MPa (20 bar). Wie groß ist der Druck p_{e2} in MPa und bar bei einem Wirkungsgrad η = 0,9?

3. Ein Druckübersetzer wandelt einen pneumatischen Leitungsdruck von p_{e1} = 0,7 MPa (7 bar) in hydraulischen Druck um. Wie groß ist bei einem Wirkungsgrad η = 0,85 der hydraulische Druck p_{e2}, wenn die Kolbendurchmesser d_1 = 220 mm und d_2 = 80 mm betragen?

Hydraulische Presse

Die Hydraulik eignet sich durch die physikalischen Eigenschaften der Druckmedien zur Kraftübersetzung. Durch die Kraft F_1 lässt sich über einen Druckkolben mit einer kleinen Kolbenfläche A_1 ein Druck erzeugen. Bei gegebener Druckkraft F_1 gilt: Je kleiner die Kolbenfläche, umso größer ist der Druck p_e im System. Der durch den Druckkolben erzeugte Druck p_e ist in einem geschlossenen System nach allen Seiten gleich groß (Gesetz von Pascal). Der erzeugte Druck wirkt auf den Lastkolben mit der größeren Kolbenfläche A_2 und kann dort eine Last mit der Gewichtskraft F_2 heben. Der durch den Druckkolben erzeugte Druck p_e ist nach allen Seiten des Systems gleich groß.

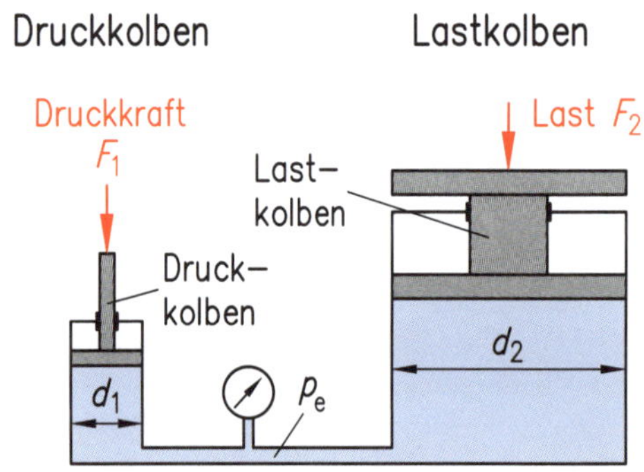

Druckkolben $p_e = \frac{F_1}{A_1}$

Lastkolben $p_e = \frac{F_2}{A_2}$

$$p_{e\,\text{Druckkolben}} = p_{e\,\text{Lastkolben}}$$

$$\frac{F_1}{A_1} = \frac{F_2}{A_2}$$

$$\frac{F_1}{F_2} = \frac{A_1}{A_2}$$

p_e = Druck im System in N/cm², bar, MPa
F_1 = Kraft auf den Druckkolben in N
F_2 = Kraft auf den Lastkolben in N
A_1 = Kolbenfläche Druckkolben in cm²
A_2 = Kolbenfläche Lastkolben in cm²

Beispiel

Gegeben: Kolbendurchmesser des Druckkolbens d_1 = 20 mm; Kolbendurchmesser des Lastkolbens d_2 = 300 mm; Kraft F_1 auf den Druckkolben = 150 N

Gesucht: Kraft F_2 am Lastkolben in N

Lösung:

$$\frac{F_1}{F_2} = \frac{A_1}{A_2}$$

$$F_2 = \frac{A_2 \cdot F_1}{A_1}$$

$$F_2 = \frac{706{,}50\ \text{cm}^2 \cdot 150\ \text{N}}{3{,}14\ \text{cm}^2}$$

$$F_2 = \underline{\underline{33\,750\ \text{N}}}$$

$$A_1 = \frac{d_1^2 \cdot \pi}{4}$$

$$A_1 = \frac{2\ \text{cm} \cdot 2\ \text{cm} \cdot 3{,}14}{4}$$

$$A_1 = \underline{3{,}14\ \text{cm}^2}$$

$$A_2 = \frac{d_2^2 \cdot \pi}{4}$$

$$A_2 = \frac{30\ \text{cm} \cdot 30\ \text{cm} \cdot 3{,}14}{4}$$

$$A_2 = \underline{706{,}50\ \text{cm}^2}$$

Das durch einen Hub des Druckkolbens verdrängte Volumen V_1 ist dem zugeführten Volumen V_2 im Lastkolben gleich. Ebenso ist die an beiden Kolben verrichtete Arbeit $W = F \cdot s$ gleich groß.

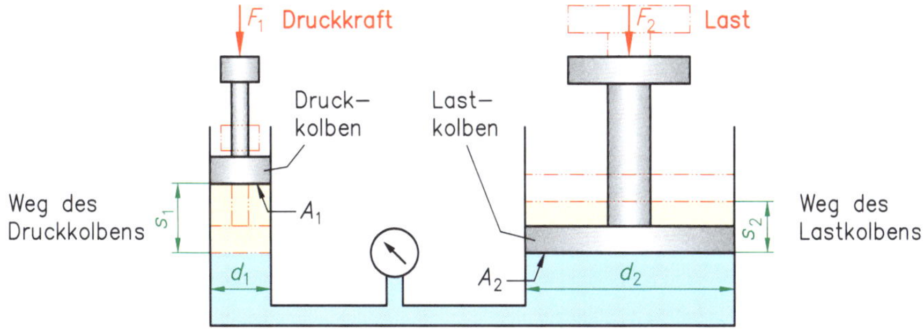

Für das verdrängte Volumen V gilt:

$$V_{Druckkolben} = V_{Lastkolben}$$
$$V_1 = V_2$$
$$A_1 \cdot s_1 = A_2 \cdot s_2$$
$$\frac{A_1}{A_2} = \frac{s_2}{s_1}$$

Für die verrichtete Arbeit W gilt:

$$W_{Druckkolben} = W_{Lastkolben}$$
$$W_1 = W_2$$
$$F_1 \cdot s_1 = F_2 \cdot s_2$$
$$\frac{F_1}{F_2} = \frac{s_2}{s_1}$$

V = verdrängtes Volumen in cm^3
A_1 = Kolbenfläche Druckkolben in cm^2
A_2 = Kolbenfläche Lastkolben in cm^2
s_1 = Weg des Druckkolbens in mm
s_2 = Weg des Lastkolbens in mm
W = verrichtete Arbeit in N · m
F_1 = Kraft auf den Druckkolben in N
F_2 = Kraft auf den Lastkolben in N

Beispiel

Gegeben: Durchmesser des Druckkolbens $d_1 = 20$ mm; Durchmesser des Lastkolbens $d_2 = 300$ mm; Kraft F_1 auf den Druckkolben = 150 N, $F_2 = 33750$ N; Weg des Druckkolbens $s_1 = 50$ mm

Gesucht: a) Berechnen Sie die Anzahl der erforderlichen Hübe n, um eine Last auf die Höhe $s_L = 60$ mm anzuheben.
b) Wie groß ist die dabei geleistete Hubarbeit in N · m?

Lösung a)

$A_1 \cdot s_1 = A_2 \cdot s_2$

$s_2 = \frac{A_1 \cdot s_1}{A_2}$

$s_2 = \frac{3{,}14\ cm^2 \cdot 50\ mm}{706{,}5\ cm^2}$

$s_2 = \underline{0{,}222\ mm}$

$n = \frac{s_L}{s_2}$

$n = \frac{60\ mm}{0{,}222\ mm}$

$n = \underline{\underline{270}}$

$A_1 = \frac{d_1^2 \cdot \pi}{4}$

$A_1 = \frac{2\ cm \cdot 2\ cm \cdot 3{,}14}{4}$

$A_1 = \underline{3{,}14\ cm^2}$

$A_2 = \frac{d_2^2 \cdot \pi}{4}$

$A_2 = \frac{30\ cm \cdot 30\ cm \cdot 3{,}14}{4}$

$A_2 = \underline{706{,}50\ cm^2}$

Lösung b)

$W_D = F_1 \cdot s_1 \cdot n$

$W_D = 150\ N \cdot 0{,}05\ m \cdot 270$

$W_D = \underline{\underline{2\,025\ N \cdot m}}$

$W_L = F_2 \cdot s_L$

$W_L = 33\,750\ N \cdot 0{,}06\ m$

$W_L = \underline{\underline{2\,025\ N \cdot m}}$

Aufgaben

1. Mit einer hydraulischen Presse wird eine Last von 75 kN angehoben. Der Druckkolben der Presse hat einen Durchmesser von 25 mm und wird mit einer Kraft von $F_1 = 250$ N belastet. Berechnen Sie:
   a) den erforderlichen Durchmesser des Lastkolbens in mm,
   b) den Weg s_2 des Lastkolbens, wenn der Druckkolben einen Weg $s_1 = 450$ mm zurücklegt.
2. Die durch einen Druckkolben einer hydraulischen Presse verrichtete Arbeit W_D beträgt 27,5 N · m. Der Druckkolben legt dabei einen Weg von $s_1 = 110$ mm zurück.
   a) Wie groß ist die Masse in kg, die durch den Lastkolben um 1,1 mm angehoben wird?
   b) Wie groß ist der erforderliche Durchmesser des Lastkolbens, wenn der Druckkolben einen Durchmesser von 20 mm hat?
   c) Wie groß ist der Druck p_e in MPa und bar in der Presse?

Aufgaben I Hydraulische Presse

1. Ein Fass für Hydrauliköl hat einen Durchmesser von 700 mm und ist bis zu einer Höhe von 620 mm mit Öl, Dichte ϱ = 0,86 g/cm³, gefüllt. Berechnen Sie den Druck p_e am Fassboden und die auf den Fassboden wirkende Kraft F in N.

2.

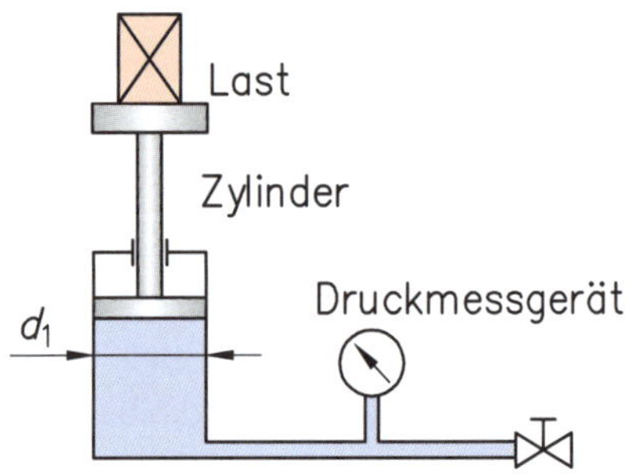

Berechnen Sie die fehlenden Werte:

Aufgabe	a	b	c	d	e
Druck p_e in MPa (bar)	4 (40)		4 (40)		10 (100)
Kolbendurchmesser d_1 in mm					80
Kolbenfläche A_1 in cm²	4,317	63,58		31,57	
Last F in N		44 510	49 060	18 942	

3.

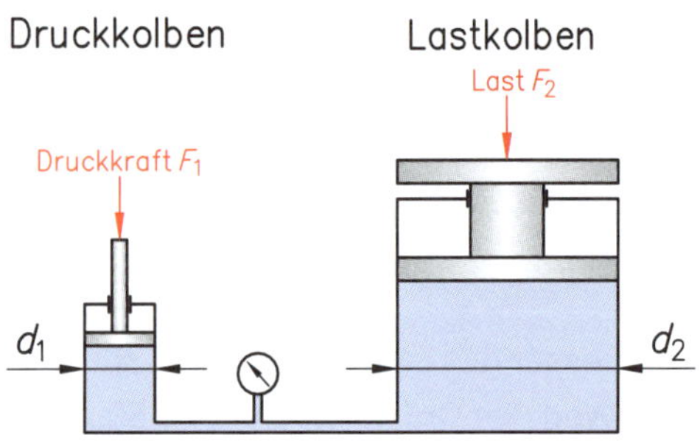

Auf den Druckkolben einer hydraulischen Presse mit 25 mm Kolbendurchmesser wirkt eine Kraft von 1,5 kN. Wie groß ist die Kraft, die am Lastkolben mit 300 mm Kolbendurchmesser wirksam wird?

4. Durch einen Hub des Druckkolbens mit 20 mm Kolbendurchmesser wird ein Volumen von 47,3 cm³ verdrängt. Der Lastkolben hat einen Durchmesser von 300 mm.

a) Wie groß ist die am Lastkolben wirkende Kraft F_2, wenn der Druckkolben mit 800 N belastet wird?

b) Berechnen Sie die erforderliche Anzahl der Hübe n, um die Last 200 mm zu heben.

5.

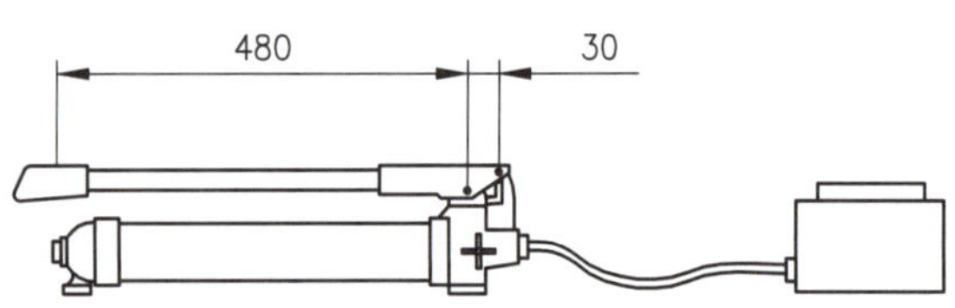

Eine Drehmaschine (Masse m = 3 500 kg) wird mithilfe einer hydraulischen Handpumpe und eines angeschlossenen Kurzhubzylinders (Kolbenfläche A_2 = 14,4 cm²) auf einem Fundament justiert. Der Kolbendurchmesser d_1 der Handpumpe beträgt 12,7 mm.

Das Fördervolumen pro Hub ist mit 2,61 cm³ angegeben.

a) Wie groß ist die maximale Druckkraft der Handpumpe, wenn der Pumpenhebel mit einer Handkraft von 65 N betätigt wird?

b) Wie hoch steigt der Druck im Kurzhubzylinder bei einer Handkraft F_H von 65 N?

c) Um wie viel mm wird die Maschine bei einem Hub der Handpumpe angehoben?

d) Reicht die Handkraft am Pumpenhebel aus, um die Maschine zu heben?

e) Welche Maßnahmen sind erforderlich, um die Maschine zu heben?

6.

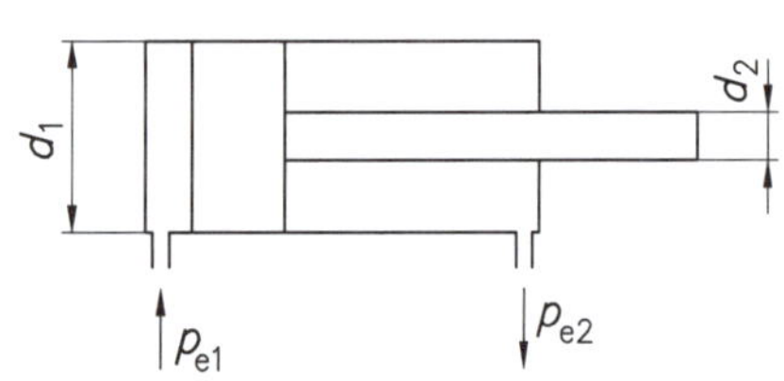

Der Druck in einer Hydraulikanlage wird durch ein Druckbegrenzungsventil auf 15 MPa (150 bar) begrenzt. Der angeschlossene Zylinder hat einen Kolbendurchmesser d_1 = 80 mm. Der Durchmesser der Kolbenstange d_2 beträgt 40 mm. Wie hoch steigt der Druck p_{e2}, wenn der Ölablauf der Kolbenstangenseite verschlossen ist?

Aufgaben II Hydraulische Presse

1. Berechnen Sie die fehlenden Werte:

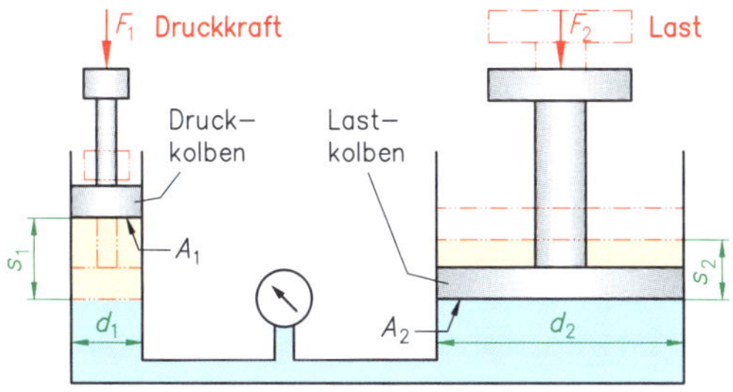

	a	b	c	d	e
Druckkraft F_1 in N	100		200	250	125
Last F_2 in kN		13,07		25,00	12,50
Druckkolbendurchmesser d_1 in mm	10	15		20	
Lastkolbendurchmesser d_2 in mm	180	140	200		400
Weg s_1 des Arbeitskolbens in mm	70		60		50
Weg s_2 des Lastkolbens in mm		1,15	0,94	1,10	

2. 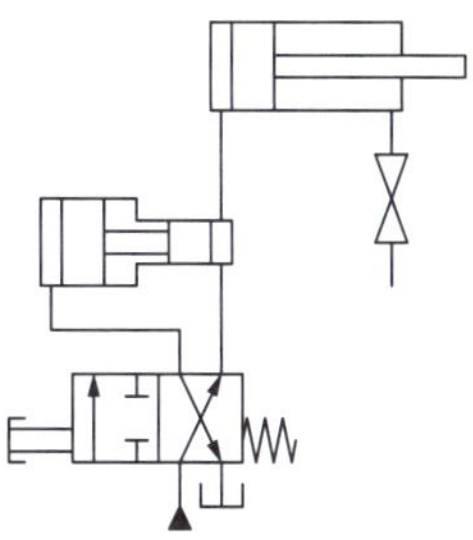

Um die Sicherheit einer Zylinderbaureihe mit dem Nenndruck 250 bar zu garantieren, wird jeder Zylinder mit einem Prüfdruck von 400 bar abgedrückt. Die angeschlossene Hydraulikpumpe ist für einen maximalen Betriebsdruck p_{e1} = 150 bar abgesichert. Ein Druckübersetzer erzeugt gemäß nebenstehendem Schaltplan den erforderlichen Druck. Der große Kolben hat einen Durchmesser d_1 = 210 mm. Berechnen Sie den erforderlichen Durchmesser d_2 des kleinen Kolbens in mm.

3. In die oben stehende Prüfanlage wird bei einer Wartung ein Druckübersetzer mit den Kolbendurchmessern d_1 = 280 mm und d_2 = 160 mm eingebaut. Der Betriebsdruck beträgt p_{e1} = 15 MPa (150 bar).

a) Wie hoch steigt der Prüfdruck im Zylinder?

b) Auf welchen Wert muss das Druckbegrenzungsventil eingestellt werden, um den Prüfdruck von 40 MPa (400 bar) zu erhalten?

4. 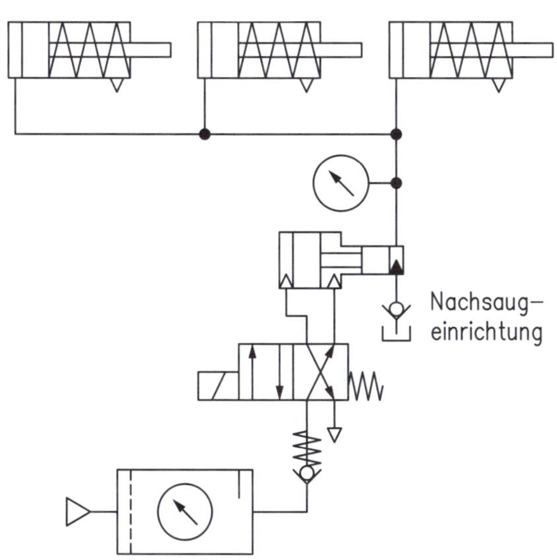

Die erforderliche Spannkraft in einer Fertigungszelle beträgt 117 kN. Sie wird durch drei einfach wirkende Zylinder mit einem Kolbendurchmesser von 36 mm erzeugt. Die Kraft der Rückstellfeder beträgt je Zylinder 1 000 N. Die zur Verfügung stehende Druckluft hat einen Betriebsdruck von p_e = 0,6 MPa. Ein pneumatisch-hydraulischer Druckübersetzer sichert den erforderlichen Druck. Berechnen Sie:

a) den erforderlichen Druck im hydraulischen Teil der Anlage,

b) das Übersetzungsverhältnis des Druckübersetzers,

c) den Durchmesser d_2 des kleinen Kolbens, wenn der Durchmesser d_1 = 250 mm beträgt.

5. Der erforderliche Spanndruck von 63 MPa (630 bar) soll durch einen hydraulisch-hydraulischen Druckübersetzer erzeugt werden. Die angeschlossene Pumpe ist mit einem Druckbegrenzungsventil p_e = 3 MPa (30 bar) abgesichert.

a) Wie groß ist das erforderliche Übersetzungsverhältnis des Druckübersetzers?

b) Bestimmen Sie den Durchmesser d_1 des großen Kolbens, wenn der kleine Kolben einen Durchmesser von d_2 = 25 mm hat.

Hydrodynamik

Volumenstrom

Die Wirkung eines einfachen Hydrauliksystems (s. Seite **Systemtechnik II/1**) ist durch das verdrängte Volumen eines Kolbenhubs einer Pumpe begrenzt. Um den Kolben eines Hydraulikzylinders über diesen bestimmten Kolbenweg hinaus ausfahren zu lassen, ist ein ununterbrochener Volumenstrom des Übertragungsmediums erforderlich.

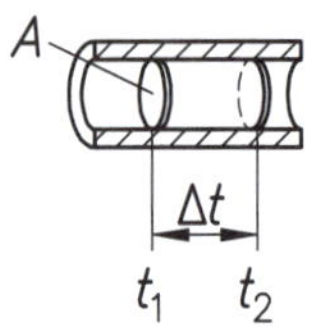

$$\dot{V} = \frac{V}{\Delta t}$$

$$V = A \cdot s$$

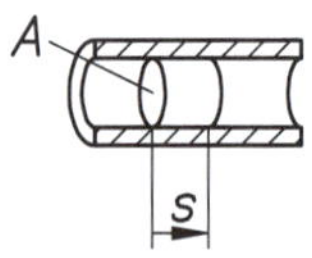

$$\dot{V} = \frac{A \cdot s}{t}$$

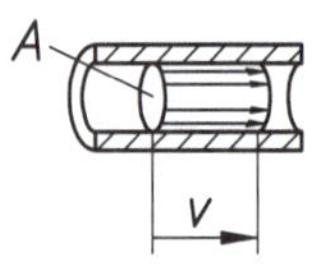

$$\dot{V} = A \cdot v$$

In der Norm DIN 1304-1:1994-3 sind für den Volumenstrom die Formelzeichen $\dot{V}$ oder q_V festgelegt. In älteren Lehr- und Tabellenbüchern wird er auch mit Q oder q bezeichnet.

Der Volumenstrom $\dot{V}$ ist die Volumenmenge V, die in einer Zeitdifferenz Δt einen Querschnitt durchströmt.

Das durchströmende Volumen V entspricht der Querschnittsfläche A multipliziert mit dem zurückgelegten Weg s.

Dividiert man den zurückgelegten Weg s durch die dafür benötigte Zeit t, so erhält man die Strömungsgeschwindigkeit v.

Der Volumenstrom $\dot{V}$ ist gleich dem Rohrleitungsquerschnitt A multipliziert mit der Strömungsgeschwindigkeit v.

Der Volumenstrom, der durch ein Rohr mit Querschnittsveränderungen fließt, ist an jeder Stelle des Rohrs gleich groß. Die Durchströmungsgeschwindigkeiten verändern sich.

Durchflussgesetz

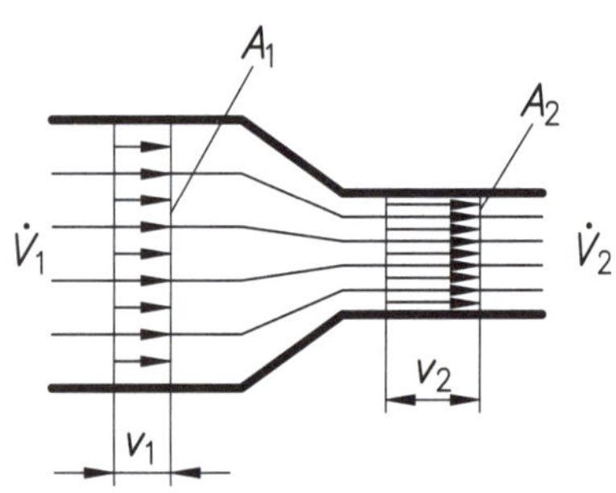

$$\dot{V}_1 = A_1 \cdot v_1 \qquad \dot{V}_2 = A_2 \cdot v_2$$
$$\dot{V}_1 = \dot{V}_2$$
$$A_1 \cdot v_1 = A_2 \cdot v_2$$

$\dot{V}_1$ = Volumenstrom vor der Querschnittsänderung in l/min
$\dot{V}_2$ = Volumenstrom nach der Querschnittsänderung in l/min
A_1 = Querschnittfläche 1 in cm^2
A_2 = Querschnittfläche 2 in cm^2
v_1 = Strömungsgeschwindigkeit im Querschnitt 1 in m/s
v_2 = Strömungsgeschwindigkeit im Querschnitt 2 in m/s

Beispiel

Gegeben:
Die Geschwindigkeit einer Flüssigkeit in einem Rohr mit einem Querschnitt von 25 cm^2 beträgt 2 m/s.

Gesucht:
Wie groß ist die Geschwindigkeit v_2 in m/s an einer Querschnittsverengung auf 10 cm^2?

Lösung:

$$A_1 \cdot v_1 = A_2 \cdot v_2$$

$$v_2 = \frac{A_1 \cdot v_1}{A_2}$$

$$v_2 = \frac{25\ cm^2 \cdot 2\ m}{s \cdot 10\ cm^2}$$

$$v_2 = 5\ \frac{m}{s}$$

Aufgaben Volumenstrom

1. Berechnen Sie die fehlenden Werte:

	a	b	c	d	e	f
Strömungsgeschwindigkeit v in m/s	4	3,5	2,5		2,5	
Förderstrom, Volumenstrom $\dot{V}_{2\,\text{Pumpe}}$ in l/min		148,5		229,6	30,2	47,8
Leitungsinnendurchmesser d in mm	10		40	57		26

2. Bestimmen Sie aus der unten stehenden Tabelle den erforderlichen Zylinder, um bei einem Betriebsdruck p_e = 12 MPa (120 bar) eine Kraft von 60 000 N zu übertragen.

3. Die Passfedernuten in Scheibenkupplungen sollen an einer Räummaschine mit hydraulischem Antrieb gefertigt werden. Die benötigte Schnittkraft beträgt 22 500 N. Der Betriebsdruck p_e ist auf 50 bar eingestellt. Für die Vorschubbewegung ist eine Hublänge von 1 250 mm erforderlich. Die angeschlossene Hydraulikpumpe liefert einen Förderstrom (Volumenstrom) $\dot{V}_2$ = 25 l/min.
   a) Bestimmen Sie den erforderlichen Zylinder aus der unten stehenden Tabelle.
   b) Berechnen Sie für den gewählten Zylinder die Vorschub- und Rückhubgeschwindigkeit in m/min.
   c) Berechnen Sie die für den Vorschub und Rückhub benötigten Zeiten in Sekunden.

4. Eine hydraulisch betätigte Hebebühne für eine Höchstlast von 45 000 N ist mit einem Zugankerzylinder ausgestattet. Die Hydraulikpumpe liefert einen Förderstrom $\dot{V}_2$ = 20 l/min, der maximale Betriebsdruck beträgt 5 MPa (50 bar).
   a) Bestimmen Sie den erforderlichen Zylinder aus der unten stehenden Tabelle.
   b) Berechnen Sie für den gewählten Zylinder die Hub- und Senkgeschwindigkeit in m/min.
   c) Ermitteln Sie die für die Hub- und Senkbewegung benötigte Zeit bei 1 500 mm die Hubhöhe.
   d) Berechnen Sie die bei maximaler Belastung auf jeden der vier Zuganker wirkende Zugkraft.
   e) Wie groß ist die Zugspannung in einem Zuganker bei maximaler Belastung der Hebebühne?

5. Der Spannzylinder in einer Fertigungszelle fährt mit einer Geschwindigkeit von 6,6 m/min aus. Die zu erzeugende Spannkraft F beträgt 19 000 N, der Spanndruck p_e ist auf 8 MPa (80 bar) begrenzt.
   a) Bestimmen Sie den erforderlichen Zylinder aus der unten stehenden Tabelle.
   b) Wie groß ist der erforderliche Förderstrom $\dot{V}_2$, um die geforderte Kolbengeschwindigkeit beim Ausfahren zu erreichen?
   c) Die Strömungsgeschwindigkeit in der Druckleitung darf 4 m/s nicht überschreiten. Bestimmen Sie den erforderlichen Rohrquerschnitt.
   d) Wie viel Zeit wird für den Spannvorgang und für das Lösen der Spanneinheit benötigt, wenn ein Kolbenhub von 160 mm erforderlich ist?

Hydraulikzylinder: Abmessungen

Hublängen in mm	25, 50, 80, 100, 160, 200, 250, 300, 400, 500, 600, 800, 1 000, 1 250, 1 500, 2 000						
Zylinderdurchmesser d_1 in mm	50	63	80	100	125	160	200
Kolbenstangendurchmesser d_2 in mm	32	40	50	63	80	100	125
Kolbenfläche A_1 in cm²	19,6	31,2	50,3	78,5	123	201	314
Kolbenringfläche A_2 in cm²	11,6	18,6	30,6	47,4	72,4	122	191
Flächenverhältnis φ	1,69	1,68	1,64	1,66	1,69	1,64	1,69
Zugankergewindedurchmesser	M10	M12	M16	M20	M24	M30	M36

Hydraulische Energie

In der Hydraulik wird die Druckflüssigkeit genutzt, um Arbeit zu verrichten. Dazu wird elektrische Energie im Elektromotor in mechanische Energie, dann in der Pumpe in hydraulische Energie und schließlich im Zylinder wieder in mechanische Energie umgewandelt. Das Prinzip eines hydraulischen Antriebs ist im folgenden Blockschaltbild dargestellt:

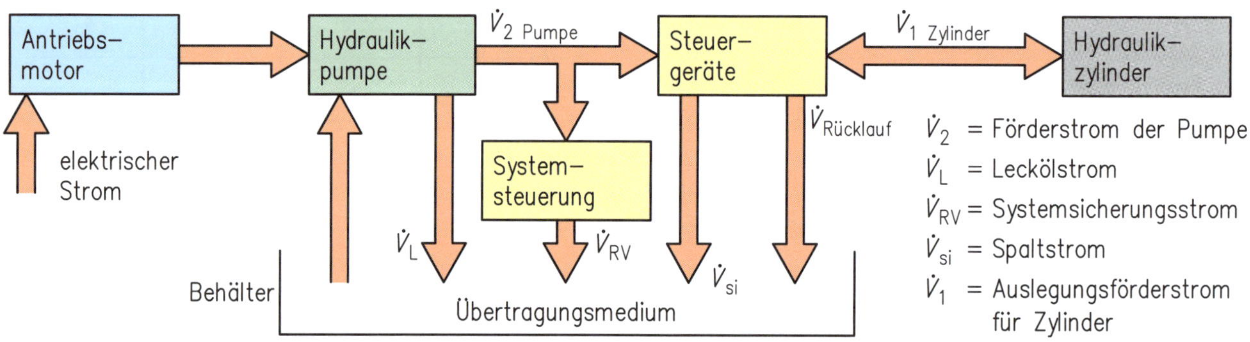

Blockschaltbild: Prinzip eines hydraulischen Antriebs

Hydraulische Leistung

Mithilfe eines Flussbilds lässt sich der Verlauf der Leistungsumwandlung in einer Hydraulikanlage darstellen. Die Breite der verschiedenen Ströme ist ein ungefähres Maß für die Leistungsmenge.

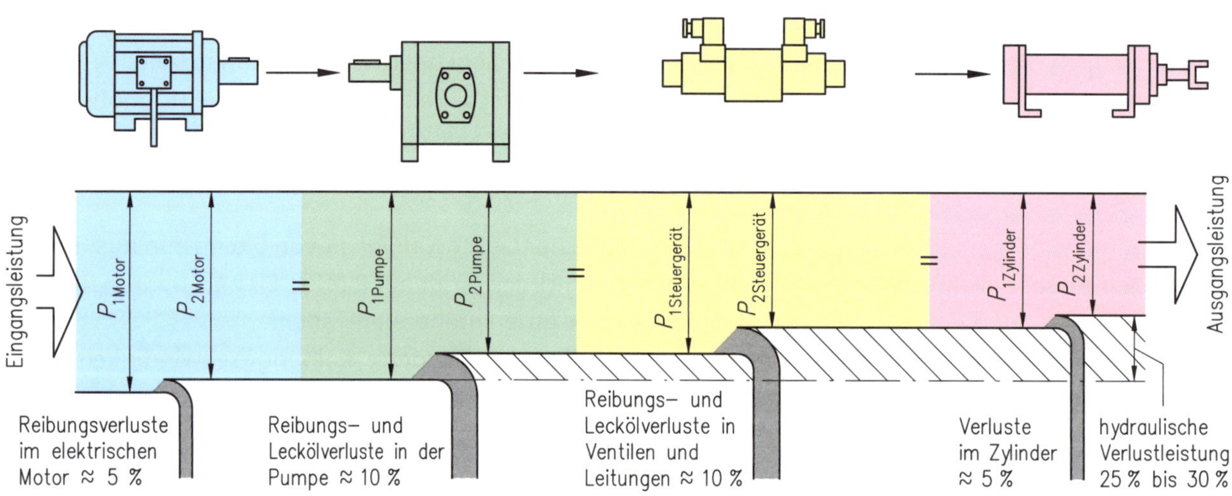

Sankey-Diagramm: Eingangs- und Ausgangsleistung

Elektrische Leistung	Mechanische Leistung	Hydraulische Leistung	Mechanische Leistung
$P = U \cdot I$	$P = M \cdot 2 \cdot \pi \cdot n$	$P = \dot{V} \cdot p_e$	$P = \frac{F \cdot s}{t}$

Index 1 = Anfangszustand, zugeführt
Index 2 = Endzustand, abgegeben
P = Leistung in W, N · m/s
U = Spannung in V

I = Stromstärke in A
M = Drehmoment in N · m
n = Drehfrequenz in min^{-1}
$\dot{V}$ = Förderstrom in l/min, l/s

p_e = Betriebsdruck in MPa, bar
F = Kolbenkraft in N
s = Kolbenhub in m
t = Ausfahrzeit in s

Hydraulikpumpen

Die Wirkung eines einfachen Hydrauliksystems ist durch das verdrängte Volumen des Kolbenhubs einer Pumpe begrenzt. Um einen Hydraulikzylinder mit einem längeren Kolbenweg ausfahren zu lassen, ist ein ununterbrochener Förderstrom erforderlich, der von Pumpen erzeugt wird. Diese formen mechanische Energie in hydraulische Energie um.

Hydraulikpumpen sind Baueinheiten zur Energieumformung. Die Flüssigkeit dient als Energieträger. Sie arbeiten nach dem Prinzip der Volumenverdrängung. An der Saugseite der Pumpe entsteht durch Volumenvergrößerung des Saugraums ein Unterdruck, der die Flüssigkeit aus einem Vorratsbehälter (Tank) ansaugt. Ist der Saugraum gefüllt, so wird er gegenüber dem Tank abgeschlossen und die Flüssigkeit zur Druckseite gefördert. Das Volumen des Druckraums ist kleiner, sodass die Flüssigkeit in die Druckleitung fließen kann.

Das Herstellen des Unterdrucks, das Verschließen gegenüber dem Tank und das Verdrängen des Mediums in die Druckleitung wird durch unterschiedliche Konstruktionen erreicht.

Die Flüssigkeit wird durch die Pumpe drucklos in ein offenes Kreislaufsystem befördert. Die Hydraulikpumpe erzeugt keinen Druck, sondern fördert einen Flüssigkeitsstrom gegen äußere Widerstände wie die Reibung der Flüssigkeit im Leitungssystem, die innere Reibung der Flüssigkeit und die äußere Krafteinwirkung auf die Zylinder. Dadurch steigt der Druck im System an.

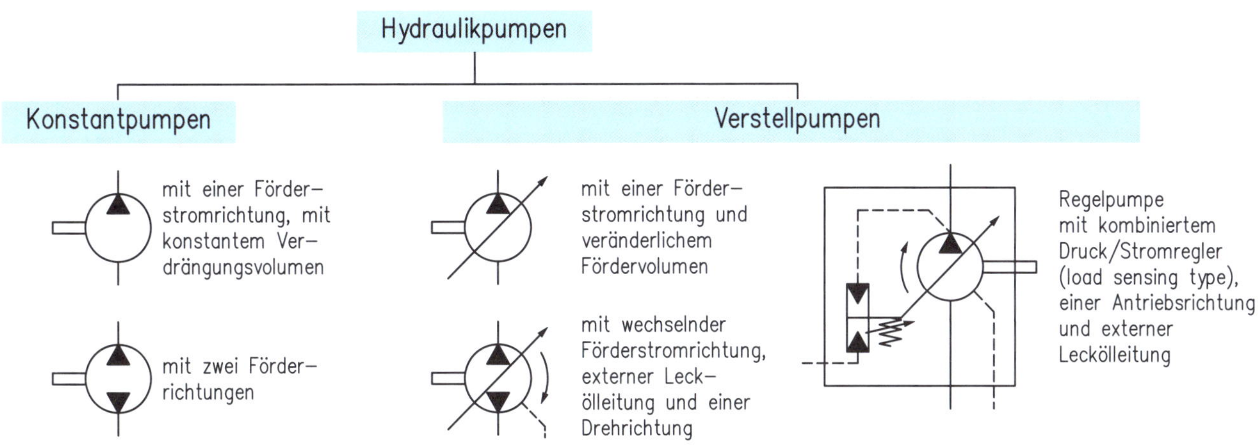

Das Fördervolumen V, auch Schluckvolumen genannt, ist eine für Hydraulikpumpen bedeutende Kenngröße. Sie gibt an, welches Ölvolumen bei einer Umdrehung gefördert wird. Bei Konstantpumpen ist eine Veränderung des Fördervolumens nicht möglich. Bei Verstellpumpen ist der Einsatz mechanischer, hydraulischer oder elektrischer Verstelleinrichtungen möglich. Druckgeregelte Pumpen sind mit einem Druckregler ausgestattet. Der Druckregler hält innerhalb eines Regelbereichs den Druck in einem Hydrauliksystem, auch bei verändertem erforderlichen Förderstrom, konstant. Die Pumpe liefert nur den Förderstrom, der von den Verbrauchern gefordert wird.

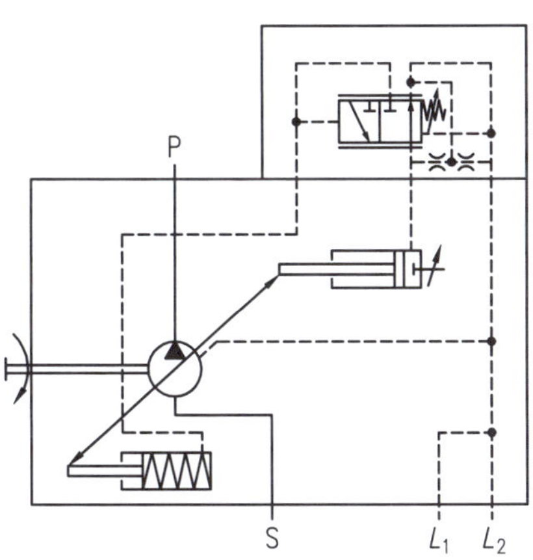

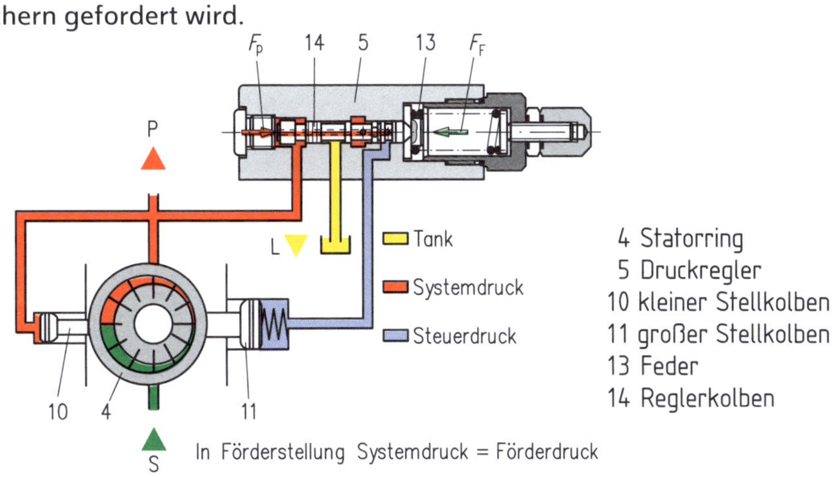

Druckregler einer Flügelzellenpumpe

Zahnradpumpe

Zwei ineinandergreifende Zahnräder bilden die Grundlage der Zahnradpumpe. Durch die Drehbewegung öffnen sich die Zahnlücken der beiden Zahnräder und vergrößert dadurch den Saugraum. Die Zahnlücken füllen sich mit dem angesaugten Betriebsmedium. An der Gehäusewandung schließen die Zahnlücken das Medium gegen den Saugraum ab und fördern es zur Druckseite. Das Volumen des Druckraums wird durch die sich schließenden Zahnpaare verringert. Das Medium wird in die Leitung verdrängt.

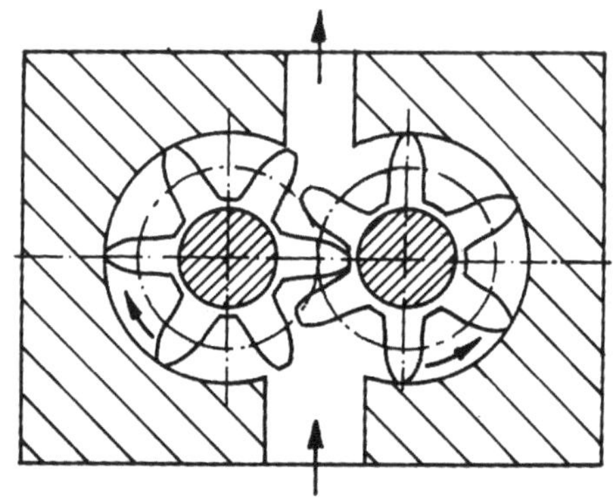

Zahnradpumpe, außen verzahnt

Flügelzellenpumpe

In einem sich drehenden Rotor sind in radialen Schlitzen Flügel angeordnet, die durch die Fliehkraft gegen einen Laufring gedrückt werden. Rotor und Laufring besitzen keinen gemeinsamen Mittelpunkt, sie sind außermittig gelagert. Dadurch erfolgt zwischen den an der Saugöffnung vorbeigleitenden Flügeln eine Volumenvergrößerung im Saugraum. Es entsteht ein Unterdruck und die Flügelzwischenräume füllen sich mit dem Betriebsmedium. Im Druckraum führt die exzentrische Lagerung zu einer Volumenverringerung und das Medium wird in das Leitungssystem verdrängt. Das Fördervolumen der Pumpe wird durch die Veränderung des Außenmittigkeitsmaßes *e* beeinflusst.

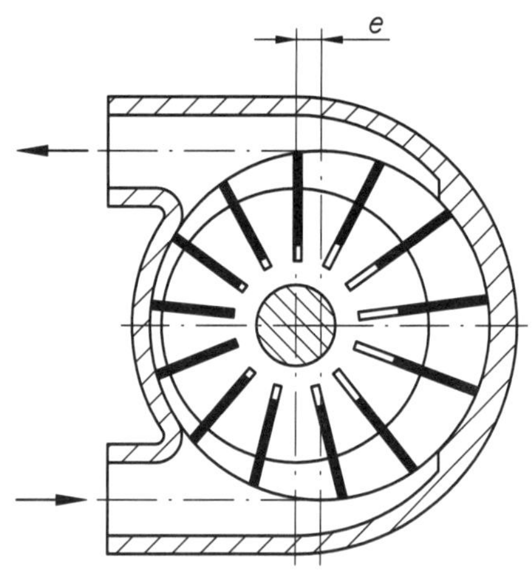

Flügelzellenpumpe, innere Beaufschlagung

Axialkolbenpumpe

In einer rotierenden Zylindertrommel sind in axialer Richtung Kolben angeordnet. An der Saugseite gleiten die Zylinder durch ihre Längsbewegungen zum Trommelausgang und erreichen dadurch eine Volumenvergrößerung des Saugraums. An der Druckseite gleiten die Kolben in die Zylindertrommel und verringern das Volumen. Die axiale Bewegung der Kolben wird durch verschiedene Konstruktionen erreicht.

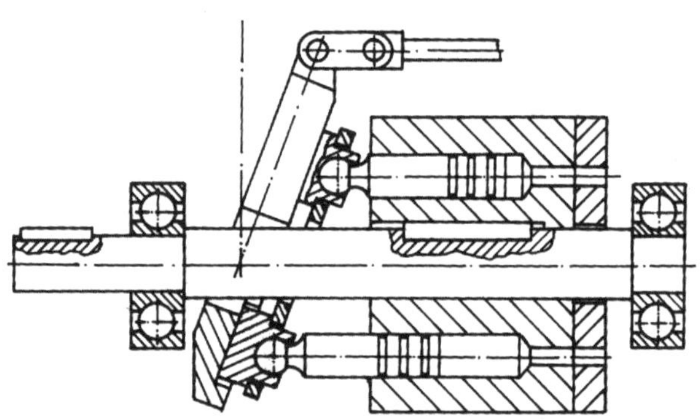

Axialkolbenpumpe mit Schrägscheibe

Schrägscheibenpumpe
Beim Schrägscheibenprinzip bewirkt eine schräg gestellte Schwenkscheibe auf der Antriebsachse die Längsbewegung der Kolben.

Schrägachsenpumpe
Die Zylindertrommel ist über einen Mittelzapfen aus der Achse der Antriebswelle geschwenkt. Die Größe des Schwenkwinkels bestimmt die Größe des Hubs und damit die Größe des verdrängten Volumens. Die Ölzufuhr bzw. -abfuhr efolgt über eine Steuerscheibe.

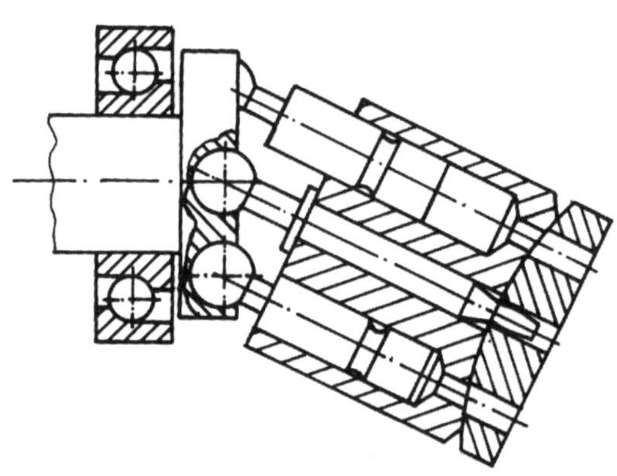

Axialkolbenpumpe mit Schwenktrommel

Kenngrößen

Die Konstruktionsmerkmale der unterschiedlichen Pumpen, wie Zahnrad- oder Schrägscheibenpumpen, ergeben unterschiedliche Berechnungsweisen für den Förderstrom, bzw. den Volumenstrom in einer vorgegebenen Zeit $\dot{V}$. Er dient als Kenngröße für die Pumpe.

Verdrängungsvolumen

Zahnradpumpe

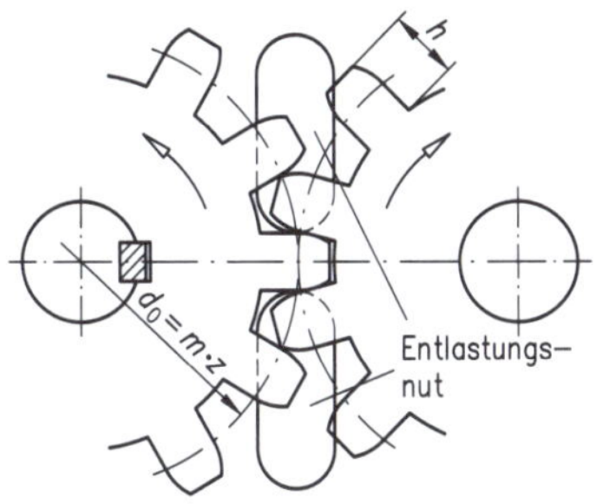

$$V = m \cdot z \cdot b \cdot h \cdot \pi$$
$$V = 2 \cdot \pi \cdot d_0 \cdot m \cdot b$$

V = Verdrängungsvolumen, Fördervolumen bei einer Umdrehung in cm^3, dm^3
m = Modul im mm
z = Zähnezahl
b = Zahnbreite in mm
h = Zahnhöhe in mm
d_0 = Teilkreisdurchmesser des angetriebenen Rads in mm

Schrägscheibenpumpe

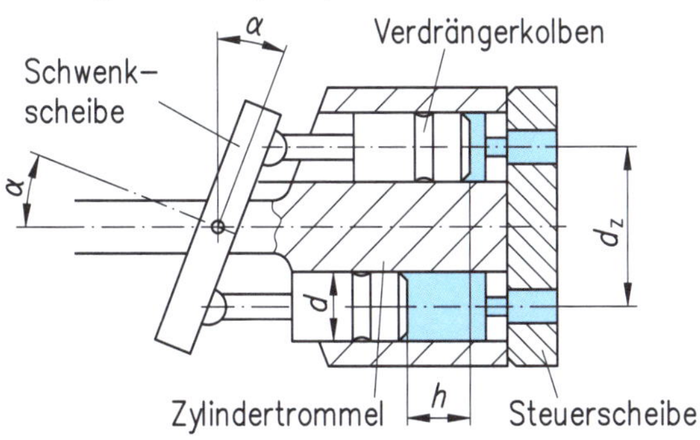

$$V = z \cdot d_z \cdot \tan \alpha \cdot A$$

V = Verdrängungsvolumen, Fördervolumen bei einer Umdrehung in cm^3, dm^3
z = Anzahl der Verdrängerkolben
d_z = Teilkreisdurchmesser der Zylindertrommel in mm
α = Schwenkwinkel
A = Kolbenfläche in mm^2

Förderstrom $\dot{V}$

Der theoretisch berechnete Förderstrom $\dot{V}$ ergibt sich aus dem Fördervolumen V multipliziert mit der Antriebsdrehzahl n der Pumpe.
Ein Teil des angesaugten Förderstroms $\dot{V}_1$ strömt innerhalb der Pumpe als Quetschöl durch Entlastungsnuten, duch vorhandenes Spiel oder als erforderliches Schmier- oder Kühlöl in den Saugraum zurück.

$$\dot{V}_1 = V \cdot n$$

$\dot{V}_1$ = berechneter Förderstrom (Volumenstrom) in dm^3/h auch l/s, l/h, m^3/s, m^3/h
V = Förder-/Verdrängungsvolumen bei einer Pumpenumdrehung in dm^3, cm^3
n = Drehfrequenz des Antriebsmotors in min^{-1}

Leckölstromverlust $\dot{V}_L$

Die Menge des Leckölstroms $\dot{V}_L$ ist von der Größe des Spiels und von der Höhe des erzeugten Drucks abhängig. Der bei normalem Betrieb zu erwartende Förderstrom $\dot{V}_2$ ist um den Leckölstrom $\dot{V}_L$ geringer als der berechnete Förderstrom $\dot{V}_1$.

$$\dot{V}_2 = \dot{V}_1 - \dot{V}_L$$

$$\eta_{vol} = \frac{\dot{V}_2}{\dot{V}_1}$$

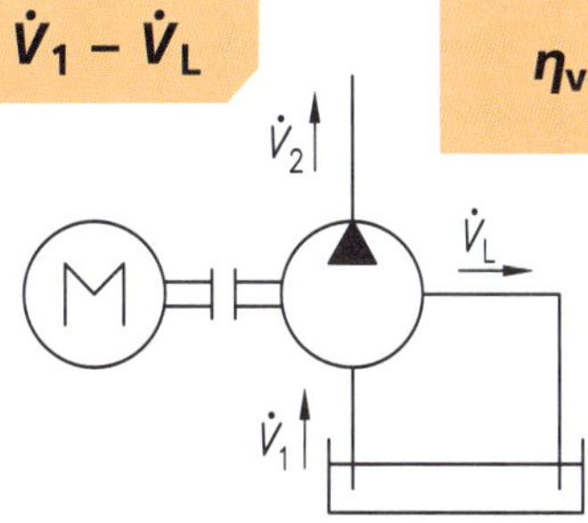

Volumetrischer Wirkungsgrad η_{vol}

Das Verhältnis des zu erwartenden Förderstroms $\dot{V}_2$ zum geometrischen Förderstrom $\dot{V}_1$ wird als volumetrischer Wirkungsgrad η_{vol} bezeichnet.
Er ist eine Kenngröße für die inneren und äußeren Leckölverluste.

$\dot{V}_2$ = Förderstrom (Normalförderstrom, Volumenstrom) bei üblichem Betrieb in dm^3/h
$\dot{V}_1$ = Eingangsstrom (angesaugter Volumenstrom) in dm^3/h
$\dot{V}_L$ = Leckölstrom der Pumpe in dm^3/h
η_{vol} = volumetrischer Wirkungsgrad

Index 1 gilt für Eingangsgrößen.
Index 2 gilt für Ausgangsgrößen.

Mechanisches Verlustmoment M_V

Um eine Drehbewegung an der Welle einer Pumpe zu erzeugen, ist ein Eingangsdrehmoment M_1 erforderlich. Bei allen Bewegungen der einzelnen Bauelemente in einer Pumpe tritt Reibung auf. Die Reibung setzt den drehenden Teilen einen Widerstand, die Reibungskraft F_R entgegen. Das Verlustmoment (Reibmoment) M_V ist dem zugeführten Drehmoment $M_{2\,Motor} = M_{1\,Pumpe}$ entgegengerichtet.

$$M_1 = M_2 + M_V$$
$$M_V = F_R \cdot \frac{d}{2}$$

M_1 = Eingangsdrehmoment der Pumpe in N · m
M_2 = abgegebenes Drehmoment der Pumpe in N · m
M_V = Verlustmoment in N · m
F_R = Reibungskraft in N
d = Durchmesser der Antriebswelle in m

Pumpenleistungsbedarf P_1

Über den Antriebsmotor wird der Pumpe die mechanische Leistung P_1 (Pumpenleistungsbedarf) zugeführt. Die an das Hydrauliksystem abgegebene Förderleistung P_2 (Nutzleistung) ist wegen der Leckverluste und der mechanischen Verluste der Pumpe geringer. Das Verhältnis der Förderleistung P_2 zum Leistungsbedarf P_2 der Pumpe ergibt den Pumpenwirkungsgrad η.

$$P_2 = \dot{V}_2 \cdot p_e$$
$$P_1 = \frac{\dot{V}_2 \cdot p_e}{\eta}$$
$$P_1 = M_1 \cdot 2 \cdot \pi \cdot n$$

P_1 = Pumpenleistungsbedarf, die vom Antriebsmotor in die Pumpe übertragene Leistung in N · m/s, W
P_2 = Pumpen-Förderleistung in N · m/s, W
P_V = Verlustleistung in N · m/s, W

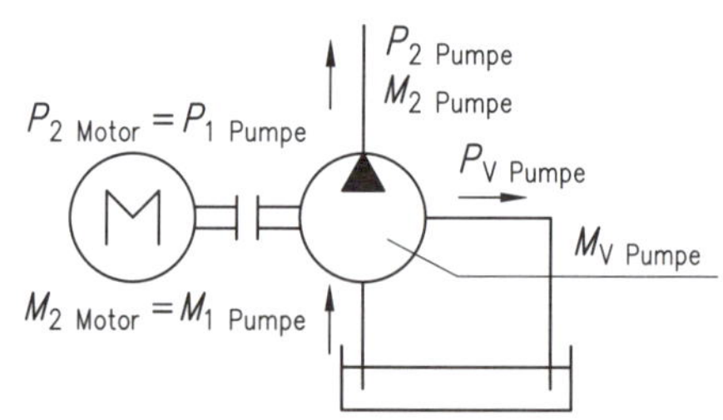

Wirkungsgrade η

Das vom Antriebsmotor zugeführte Drehmoment $M_{1\,Pumpe}$ muss um das durch die Reibungskraft hervorgerufene Verlustmoment M_v größer sein als das berechnete Drehmoment M_2. Das Verhältnis des theoretisch erforderlichen Drehmoments $M_{2\,Pumpe}$ zum zugeführten Drehmoment des Antriebsmotors $M_{2\,Motor} = M_{1\,Pumpe}$ ist der mechanische Wirkungsgrad η_m.

Der Pumpenwirkungsgrad η ist auch das Produkt aus dem volumetrischen Wirkungsgrad η_{vol} und dem mechanischen Wirkungsgrad η_m. Druckverluste in der Pumpe werden häufig den mechanischen Verlusten zugeordnet.

$$\eta = \frac{P_2}{P_1}$$
$$\eta_m = \frac{M_2}{M_1}$$
$$\eta = \eta_m \cdot \eta_{vol}$$

η = Pumpenwirkungsgrad

Die verschiedenen Wirkungsgrade einer Pumpe lassen sich in Wirkungsgradkennlinien darstellen. Die nebenstehende Abbildung zeigt den volumetrischen Wirkungsgrad η_{vol} und den mechanischen Wirkungsgrad η_m sowie den Pumpenwirkungsgrad η in Abhängigkeit von verschiedenen Betriebsdrücken einer Pumpe bei konstanter Drehzahl und konstanter Temperatur.

η = Gesamtwirkungsgrad
η_m = mechanischer Wirkungsgrad
η_{vol} = volumetrischer Wirkungsgrad

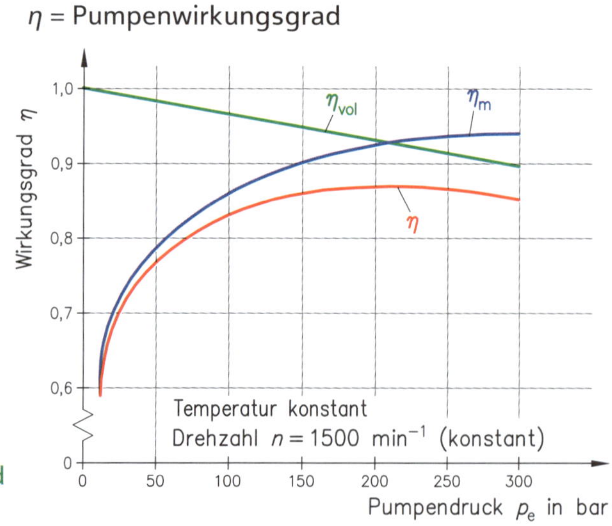

Wirkungsgradkennlinien in Abhängigkeit vom Systemdruck

Beispiel

Gegeben: Auf einem Prüfstand wurden für eine Zahnradpumpe mit einem Fördervolumen (Verdrängungsvolumen) von $V = 8{,}5\ \text{cm}^3$ bei einer Antriebsdrehzahl von $n = 1\,450\ \text{min}^{-1}$ folgende Werte ermittelt:
$\dot{V}_2 = 8{,}9\ \text{l/min}$; $p_e = 175\ \text{bar}$, $M_1 = 21\ \text{N} \cdot \text{m}$

Gesucht: a) η b) η_{vol} c) Verlustmoment M_V in N · m

Lösung:

a) $P_1 = M_1 \cdot 2 \cdot \pi \cdot n$

$$P_1 = \frac{21\ \text{N} \cdot \text{m} \cdot 2 \cdot 3{,}14 \cdot 1\,450\ \text{min}}{\text{min} \cdot 60\ \text{s}}$$

$$P_1 = 3187{,}1\ \frac{\text{N} \cdot \text{m}}{\text{s}}$$

$$P_2 = \dot{V}_2 \cdot p_e$$

$$P_2 = \frac{8{,}9\ \text{dm}^3 \cdot 175\ \text{N} \cdot \text{min} \cdot 1\,000\ \text{cm}^3 \cdot \text{m}}{60\ \text{s} \cdot \text{min} \cdot \text{cm}^2 \cdot \text{dm}^3 \cdot 100\ \text{cm}}$$

$$P_2 = 2595{,}8\ \frac{\text{N} \cdot \text{m}}{\text{s}}$$

$$\eta = \frac{P_2}{P_1}$$

$$\eta = \frac{2595{,}8\ \text{N} \cdot \text{m} \cdot \text{s}}{3187{,}1\ \text{N} \cdot \text{m} \cdot \text{s}}$$

$$\eta = \underline{\underline{0{,}814}}$$

b) $\dot{V}_1 = V \cdot n$

$$\dot{V}_1 = \frac{8{,}5\ \text{cm}^3 \cdot 1450 \cdot \text{dm}^3}{1\,000\ \text{cm}^3 \cdot \text{min}}$$

$$\dot{V}_1 = 9{,}425\ \frac{\text{l}}{\text{min}}$$

$$\eta_{vol} = \frac{\dot{V}_2}{\dot{V}_1}$$

$$\eta_{vol} = \frac{8{,}9\ \text{l} \cdot \text{min}}{9{,}425\ \text{l} \cdot \text{min}}$$

$$\eta_{vol} = \underline{\underline{0{,}944}}$$

c) $\eta = \eta_m \cdot \eta_{vol}$

$$\eta_m = \frac{\eta}{\eta_{vol}}$$

$$\eta_m = \frac{0{,}814}{0{,}944}$$

$$\eta_m = \underline{0{,}862}$$

$$\eta_m = \frac{M_2}{M_1}$$

$$M_2 = \eta_m \cdot M_1$$

$$M_2 = 0{,}862 \cdot 21\ \text{N} \cdot \text{m}$$

$$M_2 = \underline{18{,}1\ \text{N} \cdot \text{m}}$$

$$M_1 = M_2 + M_V$$

$$M_V = M_2 - M_{th}$$

$$M_V = 21\ \text{N} \cdot \text{m} - 18{,}1\ \text{N} \cdot \text{m}$$

$$M_V = \underline{\underline{2{,}9\ \text{N} \cdot \text{m}}}$$

Aufgabe

Zur Ermittlung eines Wirkungsgradkennfelds wurden die folgenden Daten von einer Zahnradpumpe $V = 3{,}5\ \text{cm}^3$ bei einer Antriebsdrehzahl von $n = 1\,450\ \text{min}^{-1}$ ermittelt. Berechnen Sie die Wirkungsgrade η_{vol}, η_m, und η der Pumpe, die Pumpen-Förderleistung P_2 und stellen Sie die Werte in einem Kennfeld dar.

Druck p_e in bar	10	25	50	75	100	125	150	175	200	210	250
Förderstrom $\dot{V}_2$ in l/min	4,85	4,8	4,75	4,7	4,65	4,6	4,5	4,4	4,3	4,2	3,9
Pumpen-Leistungsbedarf P_1 in kW	0,32	0,45	0,66	0,88	1,09	1,30	1,52	1,73	1,94	2,03	2,37
Pumpen-Förderleistung P_2 in kW											
Volumetrischer Wirkungsgrad η_{vol}											
Mechanischer Wirkungsgrad η_m											
Pumpenwirkungsgrad η											

Hydraulikzylinder

Hydraulikzylinder wandeln hydraulische Energie in mechanische Energie um. Sie erzeugen eine geradlinige Bewegung. Für die vielfältigen Aufgaben der Hydraulik wurden unterschiedliche Zylindertypen geschaffen.

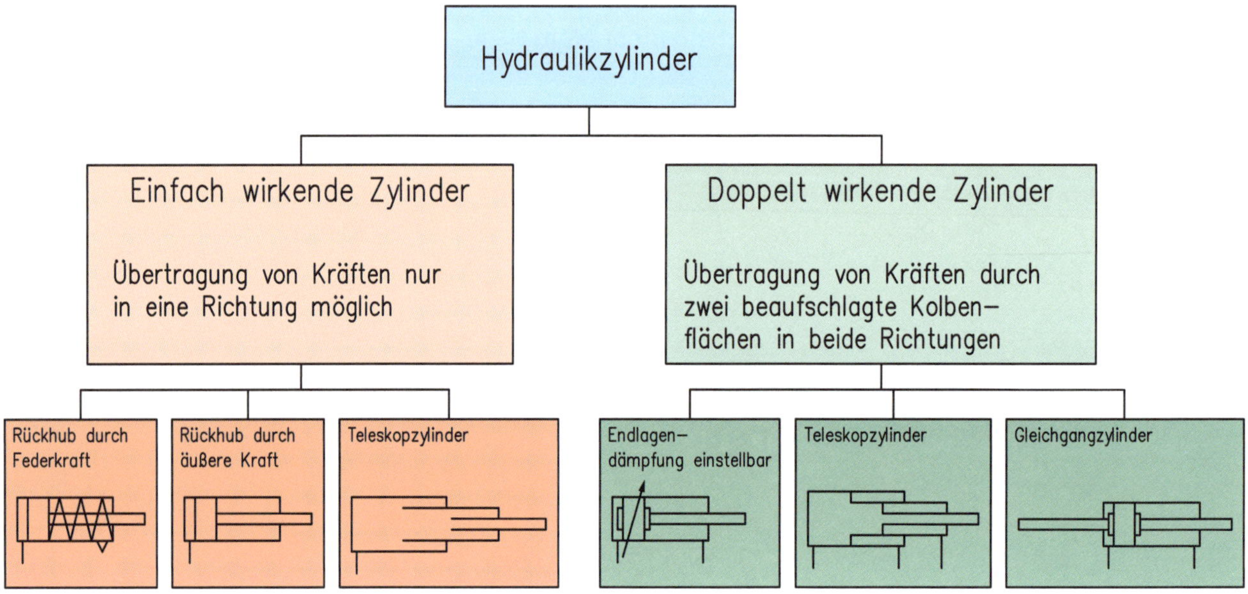

Um den großen Kräften auf die Zylinderwandung standzuhalten, wird als Zylinderrohr nahtloses, kaltverfestigtes Stahlrohr eingesetzt. Die Kolbenstangen sind zumeist oberflächengehärtet. Zylinderrohr und Kolbenstange erhalten zur Verringerung der Reibung eine Oberflächenrauheit < 1,5 µm. Das Zylinderrohr wird mit Zylinderkopf und Zylinderboden verschweißt oder durch Zuganker aus Rundstahl mit hoher Streckgrenze zusammengeschraubt. Bei Hydraulikzylindern ist der Aufwand für die Abdichtung der einzelnen Räume, bedingt durch die hohen Drücke, sehr hoch.

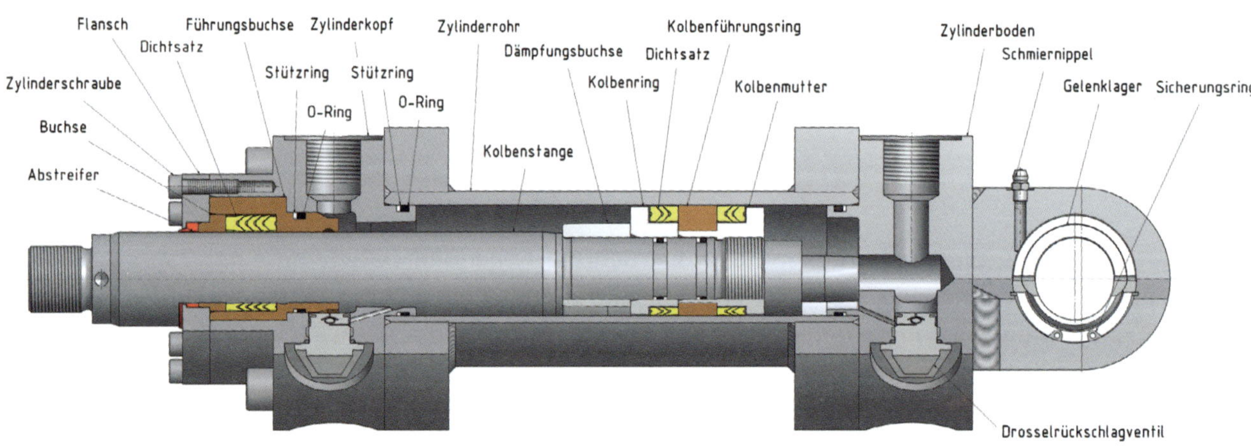

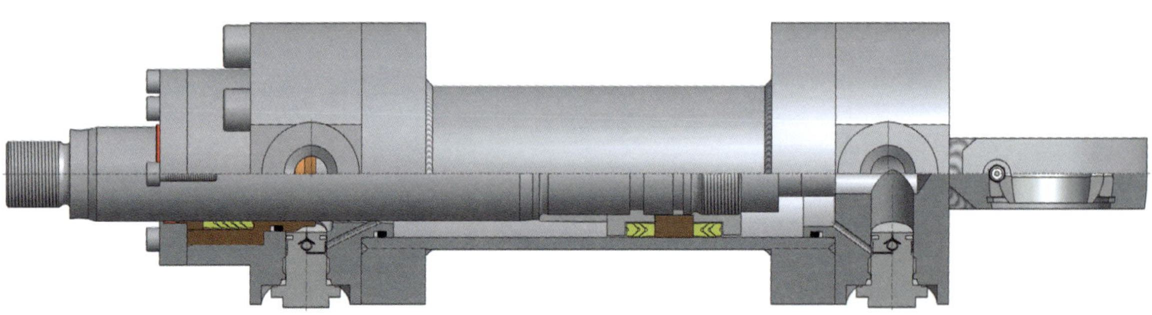

Endlagendämpfung

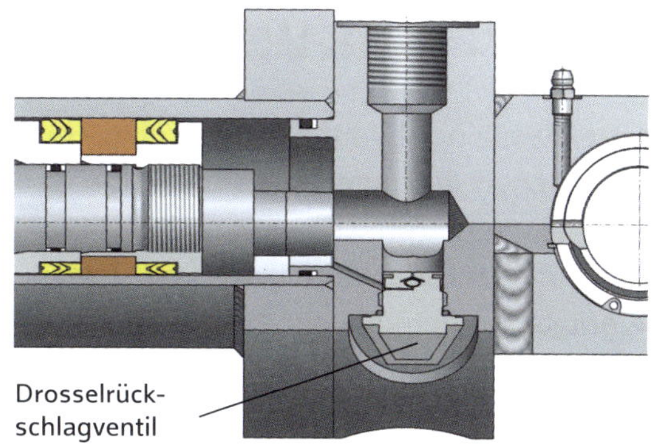

Um das Ausfahren eines Kolbens aus einem Zylinder zu ermöglichen, strömt das Betriebsmedium in den Kolbenraum. Durch den sich aufbauenden Druck wird der äußere Widerstand überwunden und der Kolben fährt aus. An der Kolbenstangenseite wird das im Zylinder befindliche Medium zum Stellelement zurückgeleitet. Damit der Kolben nicht mit voller Geschwindigkeit gegen den Zylinderkopf oder beim Einfahren gegen den Zylinderboden fährt, ist eine Endlagendämpfung erforderlich. Ein Dämpfungsstück verschließt, kurz bevor der Kolben seine Endlage erreicht, die große Abflussöffnung. Das Medium wird nun gezwungen, seinen Weg über eine kleinere Bohrung mit einer einstellbaren Drossel zu nehmen. Der Kolben fährt gegen ein Flüssigkeitspolster und wird dadurch in seinen Endlagen gedämpft.

Kolbengeschwindigkeit

Der durch die Pumpe in den Zylinder verdrängte Förderstrom $\dot{V}_2$ (Normalförderstrom $\dot{V}_n$), bewirkt eine Bewegung des Kolbens. Die Geschwindigkeit v, mit der sich der Kolben bewegt, ist abhängig von der wirksamen Kolbenfläche A und der Größe des Förderstroms ($\dot{V}_{2\,\text{Pumpe}} = \dot{V}_{1\,\text{Zylinder}}$).

$$v = \frac{\dot{V}_{2\,\text{Pumpe}}}{A}$$

v = Kolbengeschwindigkeit in m/s
$\dot{V}_2$ = Förderstrom in l/min
A = wirksame Kolbenfläche in cm^2

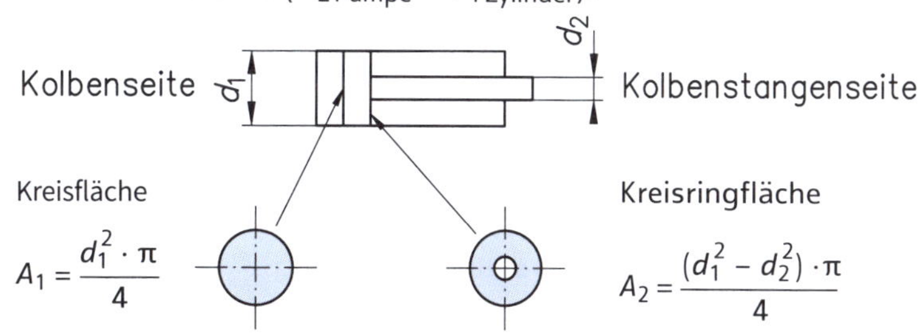

Wirkungsgrad

Der Wirkungsgrad η eines neuen Zylinders wird nur durch die Reibung bestimmt, da durch die neuen Dichtungen fast keine Leckölverluste auftreten. Mit zunehmender Betriebsdauer jedoch wird der Gesamtwirkungsgrad durch Leckölströme $\dot{V}_L$ geringer.

Beispiel

Gegeben: Der Druck in einer Hydraulikanlage ist durch ein Druckbegrenzungsventil auf 10 MPa (100 bar) begrenzt. Als Arbeitselement ist ein Zylinder mit $d_1 = 80$ mm und $d_2 = 35$ mm angeschlossen. Die Pumpe liefert einen Förderstrom $\dot{V}_2 = 20$ l/min. Der Wirkungsgrad des Zylinders η beträgt 0,85. Der Gegendruck an der Abflussseite wird nicht berücksichtigt.

Gesucht: a) Die maximale Druckkraft F_1 des ausfahrenden Zylinders; b) die maximale Zugkraft F_2 des einfahrenden Zylinders; c) die Kolbengeschwindigkeit v_a beim Ausfahren und v_e beim Einfahren.

Lösung:

a) $A_1 = \frac{d_1^2 \cdot \pi}{4}$

$A_1 = \frac{8\text{ cm} \cdot 8\text{ cm} \cdot 3{,}14}{4}$

$A_1 = \underline{50{,}24\text{ cm}^2}$

$F_1 = p_e \cdot A_1 \cdot \eta$

$F_1 = \frac{1\,000\text{ N} \cdot 50{,}24\text{ cm}^2 \cdot 0{,}85}{\text{cm}^2}$

$F_1 = \underline{\underline{42\,704\text{ N}}}$

b) $A_2 = \frac{(d_1^2 - d_2^2) \cdot \pi}{4}$

$A_2 = \frac{(8^2\text{ cm}^2 - 3{,}5^2\text{ cm}^2) \cdot 3{,}14}{4}$

$A_2 = \underline{40{,}63\text{ cm}^2}$

$F_2 = p_e \cdot A_2 \cdot \eta$

$F_2 = \frac{1\,000\text{ N} \cdot 40{,}63\text{ cm}^2 \cdot 0{,}85}{\text{cm}^2}$

$F_2 = \underline{\underline{34\,535{,}5\text{ N}}}$

c) $v_a = \frac{\dot{V}_{2\,\text{Pumpe}}}{A_1}$

$v_a = \frac{20\text{ dm}^3}{\text{min} \cdot 0{,}5024\text{ dm}^2}$

$v_a = 39{,}81$ dm/min

$v_a = \underline{\underline{3{,}981\text{ m/min}}}$

$v_e = \frac{\dot{V}_2}{A_2}$

$v_e = \frac{20\text{ dm}^3}{\text{min} \cdot 0{,}4063\text{ dm}^2}$

$v_e = 49{,}23$ dm/min

$v_e = \underline{\underline{4{,}923\text{ m/min}}}$

Hydraulikventile

Innerhalb einer hydraulischen Anlage übernimmt eine Flüssigkeit die Energieübertragung. Um die verschiedenen Aufgaben zu erfüllen, müssen die Volumenströme in Teilsysteme geleitet, abgesperrt oder der Volumenstrom selber beeinflusst werden.
Entsprechend der Arbeitsanforderungen erfolgt durch die verschiedenen Ventilarten eine gezielte Beeinflussung der Volumenströme und des Drucks.

Wegeventile

Die Gruppe der Wegeventile beeinflusst die Bewegungsabläufe der Arbeitselemente wie Start und Stopp sowie Bewegungsrichtung Vorwärts oder Rückwärts.

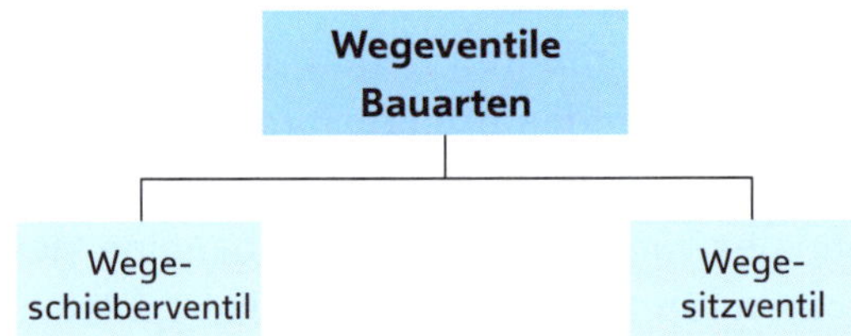

Druckdifferenz

Ein wesentliches Kriterium für die Auswahl eines Wegeventils ist der Druckabfall zwischen dem Ventileingangs- und dem Ventilausgangsdruck. Die Druckdifferenz Δp entsteht durch die Reibung der Hydraulikflüssigkeit an den Gehäusewandungen, durch Reibung der Flüssigkeitsmoleküle aneinander und durch turbulente Strömungen an den Steuerkanten. Der Druckabfall bedeutet Leistungsverlust. Dadurch verschlechtert sich der Wirkungsgrad der gesamten Steuerung.

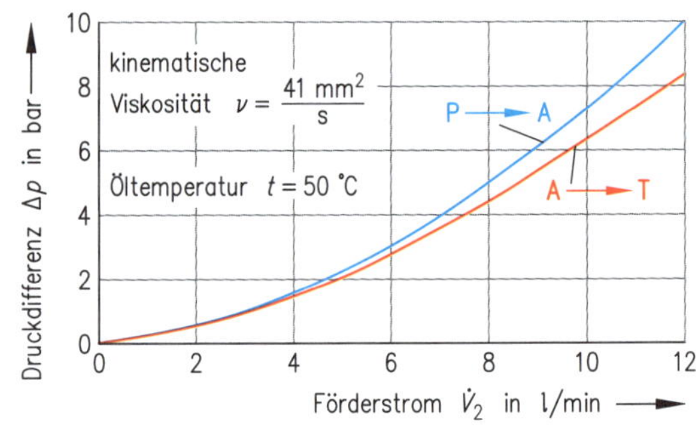

Δp-$\dot{V}_2$-Kennlinie eines 3/2-Wege-Einbauventils

Bezeichnungen der Wegeventile

Die Bezeichnung der Wegeventile erfolgt durch die Anzahl der Anschlüsse und Schaltstellungen.

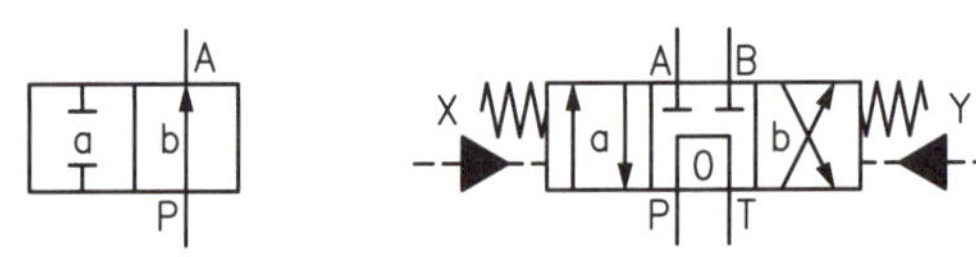

2/2-Wegeventil 4/3-Wegeventil

Bezeichnung der Ventilanschlüsse

Anschlussbezeichnungen:

A, B = Arbeitsleitungsanschlüsse
P = Druckölanschluss
X, Y, Z = Steuerleitungsanschlüsse
L = Leckölanschluss
S = Saugleitungsanschluss
T = Tankanschluss

Schaltstellungen:

a, b = Ventilstellung durch Betätigung oder Rückstellfeder
0 = Ruhestellung z. B. durch Federzentrierung

Wegeschieberventile

In einer Gehäusebohrung ist ein Schieberkolben beweglich angeordnet. Je nach Anzahl der zu steuernden Wege werden Ringkanäle konzentrisch um eine Bohrung angeordnet. Die Kanten des Steuerkolbens trennen oder verbinden die Ringkanäle je nach gewählter Kolbenstellung. Wegeschieberventile sind die am häufigsten eingesetzten Ventilarten.

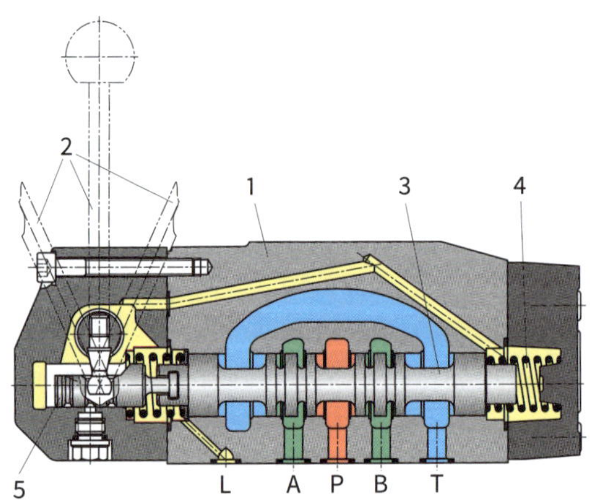

1 = Gehäuse; 2 = Handhebel; 3 = Steuerkolben
4 = Rückstellfeder; 5 = Betätigungsbolzen

Ventilbauart – Schieberprinzip

Wegesitzventile

Bei ihnen verschließen Sitzkolben in der Form von Kugeln, Kegeln oder Tellern die Bohrungen im Gehäuse. Diese Konstruktion der Dichtkörper bewirkt bei steigenden Arbeitsdrücken eine zunehmende Dichtheit.

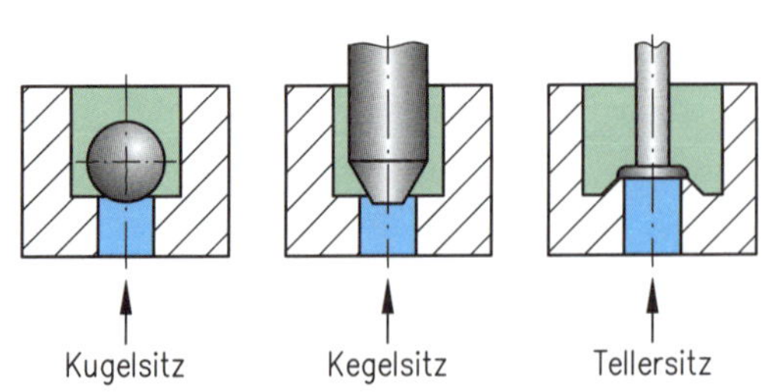

Ventilbauart – Sitzprinzip

Wegeventil-Kennlinien

Zu den wichtigen Ventil-Kenngrößen gehören die Nenngröße, die Durchfluss-Sinnbilder, die Bauart und die Durchfluss-Kennlinie. Die Durchfluss-Kennlinie gibt den Druckabfall Δp an Drosselstellen im Ventil, bezogen auf den Nenndurchfluss des zu erwartenden Förderstroms $\dot{V}_{2\,\text{Steuerventil}}$ an.

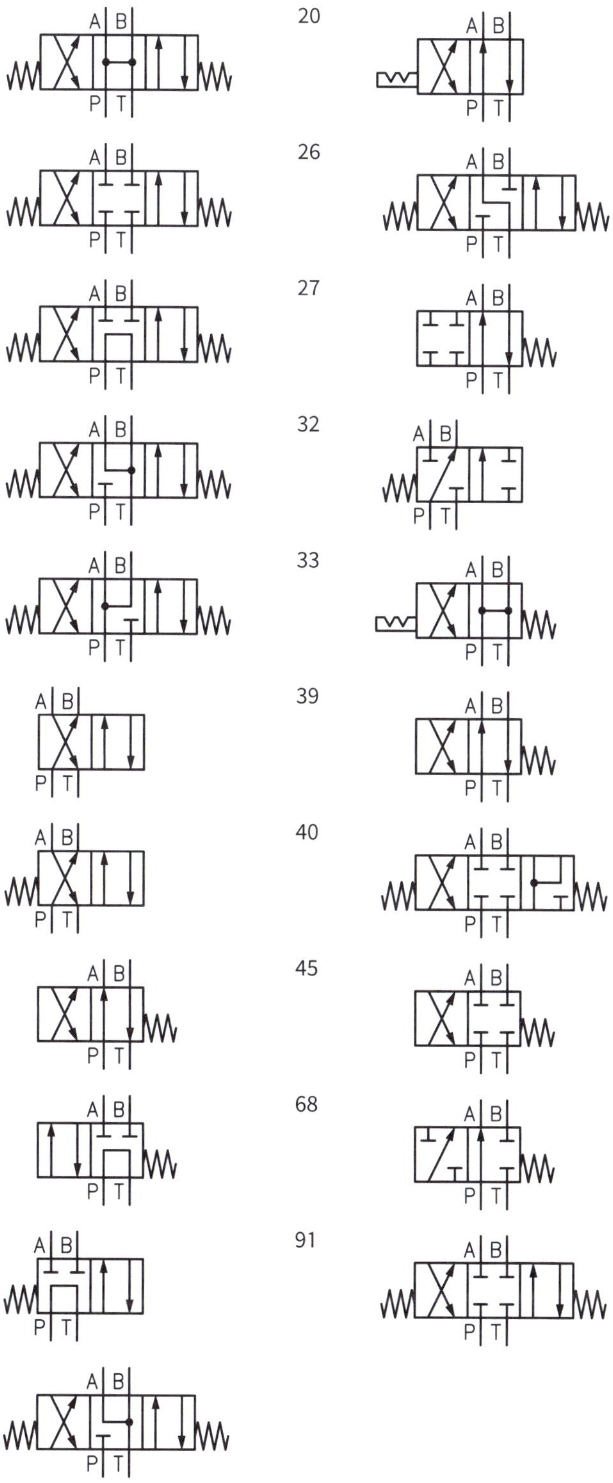

Symbol Nr.	Durchströmrichtung 				
	PA	PB	AT	BT	PT
00	1	1	1	1	
01	2	2	2	2	
02	7	9	8	6	5
04	2	2	1	1	
05	2	2	1	1	
08	4	4	5	4	
10	4	4	5	4	
12	4	4	5	4	
14	7			6	5
16	2			2	
18	2	2	2	2	
20	4	4	5	4	
26	2	2	2	2	
27	4			4	
32	2	2			
33		1	1		
39	1	5	4	5	
40	2	2	2		
45		2	2		
68	2	2			
71		4	4	4	
91	5	5	4	2	

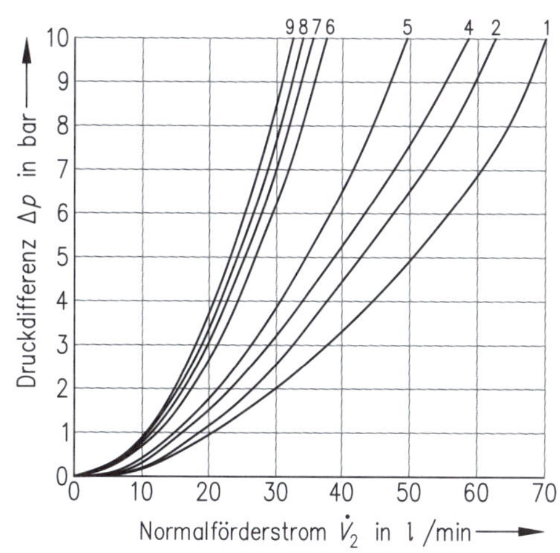

Δp-$\dot{V}_2$-Kennlinie von Wegeventilen

Sperrventile

Sperrventile sperren den Volumenstrom in einer Richtung und geben ihn in entgegengesetzter Flussrichtung gedrosselt oder unbeeinflusst frei. Als Doppelrückschlagventile (Wechselventile) erfüllen sie die logischen Funktionen UND und ODER. Sperrventile können ihre Funktion nur erfüllen, wenn eine leckölfreie Abdichtung vorhanden ist. Deshalb sind in Sperrventilen die Schließelemente Kegel, Kugel oder Teller im Einsatz.

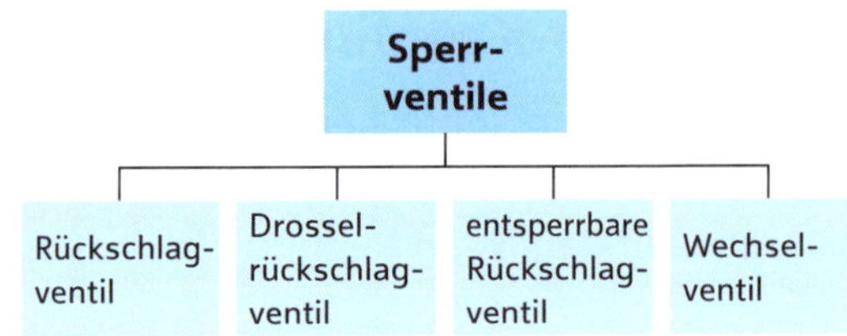

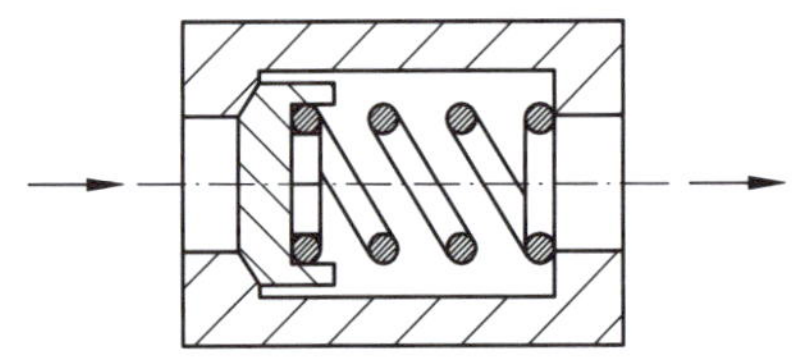

Rückschlagventil

Druckventile

Unter dem Begriff Druckventile sind alle Ventile zusammengefasst, die den Druck in einem System oder in Teilsystemen der Hydraulikanlage beeinflussen.

Druckbegrenzungsventile
Sie erfüllen einen Sicherheitsaspekt in einem hydraulischen System. Durch die Begrenzung des vorgegebenen Drucks schützen sie die Bauelemente des Systems vor Überlastungen.

Druckzuschaltventile
Sie geben den Volumenstrom zu einem Teilsystem bei Erreichen eines Einstelldrucks frei.

Druckabschaltventile
Sie sperren den Volumenstrom zu einem Teilsystem bei Erreichen eines fest eingestellten Einstelldrucks.

Druckreduzierventile
Sie halten den Druck im nachfolgenden System vermindert konstant, unabhängig vom Volumenstrom.

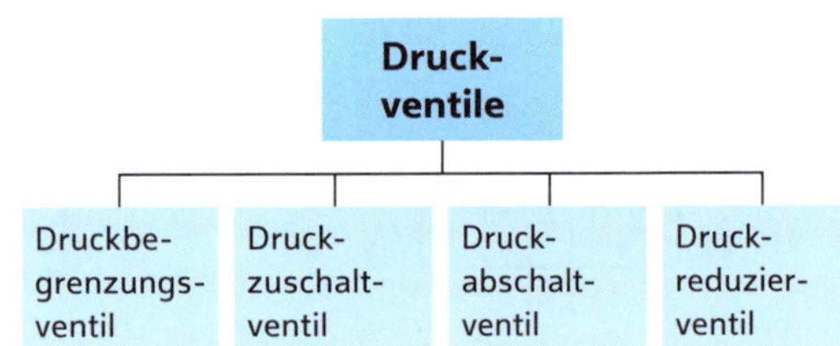

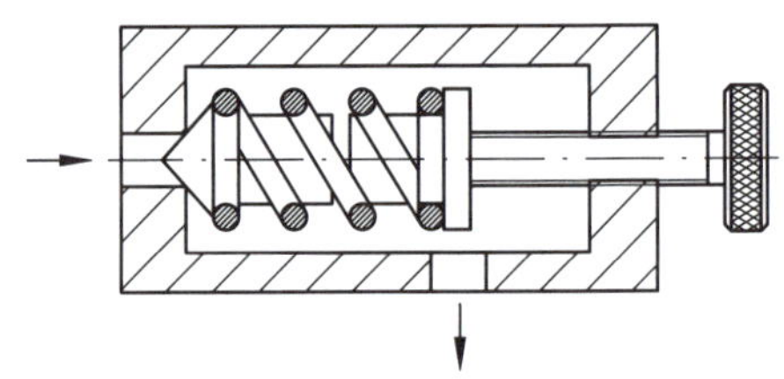

Druckbegrenzungsventil

Stromventile

Die Bewegungsgeschwindigkeiten der Arbeitselemente in hydraulischen Systemen sind stufenlos beeinflussbar. Stromventile steuern oder regeln je nach Konstruktionsprinzip den Volumenstrom. Sie können unabhängig oder abhängig von ihrer Druckdifferenz und von der Viskosität der Flüssigkeit sein. Die Durchflussmenge ist nur abhängig vom Drosselquerschnitt.

Drosselventile
Sie beeinflussen den Volumenstrom durch den einstellbaren Drosselquerschnitt.

Stromregelventile
Bei ihnen wird die Durchflussmenge ebenfalls durch einen einstellbaren Drosselquerschnitt beeinflusst. Eine Druckwaage im Ventil hält die Durchflussmenge unabhängig von der Druckdifferenz konstant.

Stromteilventile
Sie teilen den zufließenden Volumenstrom in zwei oder mehrere Ströme auf.

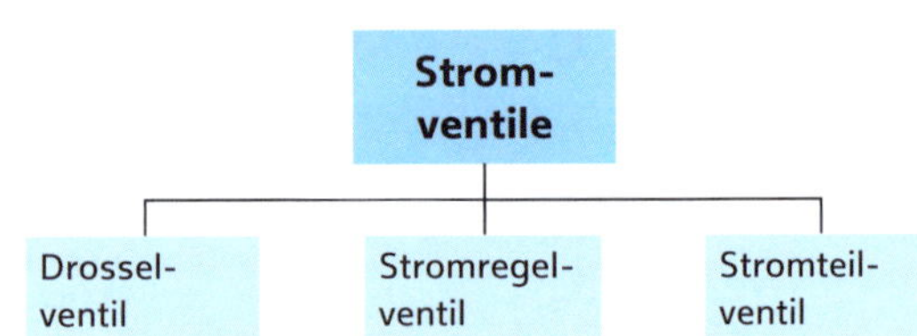

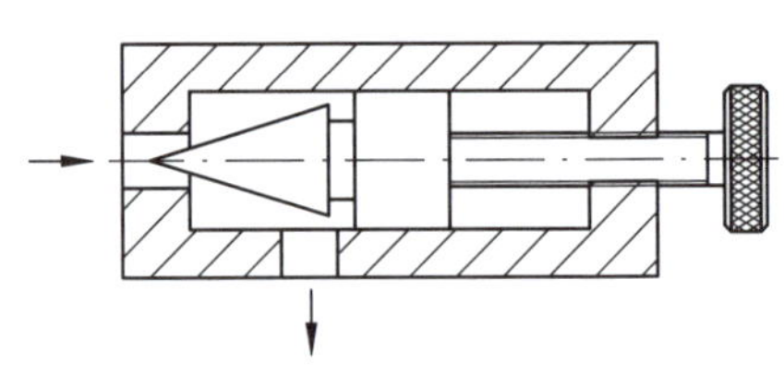

Drosselventil

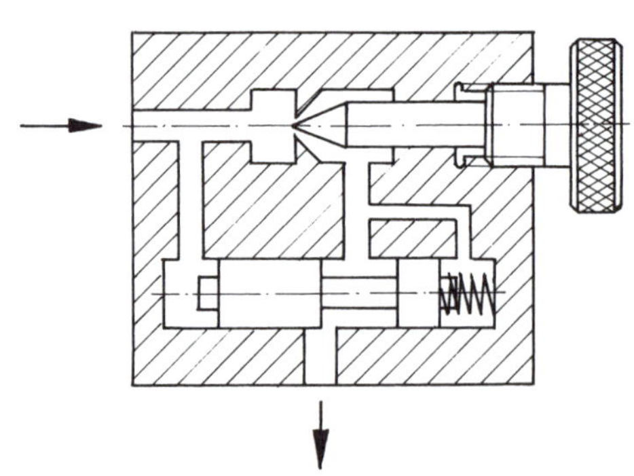

Zwei-Wege-Stromregelventil

Einteilung der Hydraulikflüssigkeiten

Hydrauliköl

Aufgabe	Anforderung	Kenngröße
Energieübertragung Kraftübertragung Drehmomentübertragung Signalübertragung Druckübertragung Druckschwankung ausgleichen Bewegungen herstellen gleichmäßig positionsgenau kein Anfahrruck kein Ruckgleiten Wärmeabfuhr Korrosions- und Verschleißschutz Abtransport von Verunreinigungen, Wasser und Luft	Oberflächenschutz oxidationshemmend rostverhütend verschleißmindernd Temperaturbeständigkeit geringe Viskositätsänderung bei hohen Temperaturen geringe Temperaturerhöhung durch Reibung schwer entflammbar chemisch nicht aggressiv keine gesundheitliche Schädigung umweltfreundlich keine Schaumbildung geringe Kompressibilität kostengünstig alterungsbeständig filtrierbar	kinematische Viskosität ν bei 40 °C in mm^2/s Dichte ϱ bei 20 °C in g/cm^3, kg/dm^3 spezifische Wärme c bei 20 °C in kJ/kg · K Kompressionsmodul E bei 50 °C in bar, GPa Wärmeleitfähigkeit λ bei 20 °C in W/m · K Betriebstemperatur in °C optimale maximale Flammpunkt in °C Zündtemperatur in °C Pourpoint[1] in °C Stockpunkt[2] in °C Wasseraufnahme in %, g/m^3 Volumenausdehnungskoeffizient α_v in 1/K Kavitationsneigung[3]

Gesundheitsschutz beim Umgang mit Hydraulikflüssigkeiten

- Hautkontakt mit Druckflüssigkeiten vermeiden,
- mit Öl verschmutzte Arbeitskleidung wechseln, um einen direkten Hautkontakt zu vermeiden,
- keine ölverschmierten Putzlappen in die Hosentaschen stecken,
- Sprühnebel, Dämpfe und Aerosole nicht einatmen,
- geeignete Schutzhandschuhe (Typ Nitrilkautschuk) tragen,
- Schutzbrille (Korbbrille) beim Umfüllen der Flüssigkeit aufsetzen,
- vor einem möglichen Hautkontakt Hautschutz und Hautpflegemittel verwenden,
- Nahrungsmittel und Getränkte fern halten,
- normale hygienische Maßnahmen anwenden, z. B. gründliches Waschen der Hände nach der Arbeit.

Verletzungen der Haut durch Hydraulikflüssigkeiten sind gefährlich, besonders wenn sie durch hohe Drücke bei Leckagen hervorgerufen werden. Es ist umgehend ärztliche Hilfe erforderlich.

1) Pourpoint: Temperaturpunkt, bei der das Hydrauliköl bei Abkühlung gerade noch fließt
2) Stockpunkt: Temperaturpunkt, bei der das flüssige Medium erstarrt
3) Kavitation: Bildung und Auflösung von dampfgefüllten Hohlräumen

Viskosität

Als Viskosität[1] bezeichnet man die Zähflüssigkeit oder Zähigkeit von Flüssigkeiten und Gasen.
Die Viskosität ist das Maß für die innere Reibung der Flüssigkeiten und Gasen, wenn ihre Moleküle gegeneinander bewegen. Sie ist einer der wichtigsten Kennwerte der Druckflüssigkeiten. Sie wird von der Temperatur beeinflusst.
Nimmt die Temperatur ab, so steigt die Viskosität an (große innere Reibung; *hoher Zahlenwert, dickflüssig*), steigt die Temperatur, so nimmt die Viskosität ab (kleine innere Reibung; *kleiner Zahlenwert, dünnflüssig*).

Definition: Befindet sich zwischen zwei Platten (eine besitzt eine Größe von 1 m²) eine 1 m dicke Flüssigkeitsschicht, so hat die Flüssigkeit eine Viskosität von 1 Pa · s, wenn die 1 m² große Platte mit der Geschwindigkeit von 1 m/s durch eine Zugkraft von 1 N auf ihr bewegt wird.

Dynamische Viskosität η

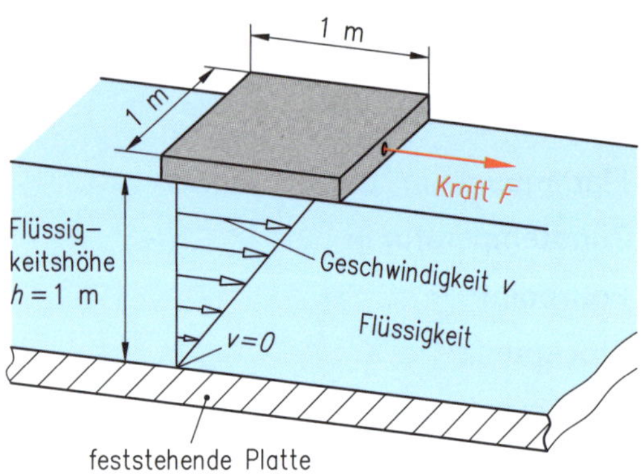

$$\eta = \frac{F \cdot h}{A \cdot v}$$

F = Kraft in N
h = Höhe der Flüssigkeit in mm
A = Fläche in m²
v = Geschwindigkeit in m/s

Einheitenbetrachtung $\frac{N \cdot m}{m^2 \cdot \frac{m}{s}} = \frac{N \cdot s}{m^2} = Pa \cdot s$

$$\eta = \nu \cdot \varrho$$

η = dynamische Viskosität in N · m²/s
ν = kinematische Viskosität in m²/s
ϱ = Dichte in kg/m³

Kinematische Viskosität ν

In der Hydraulik wird oft die Größe der kinematischen Viskosität verwendet. Sie ist das Viskositäts-Dichte-Verhältnis (dynamische Viskosität geteilt durch die Dichte der Flüssigkeit).

$$\nu = \frac{\eta}{\varrho}$$

ν = kinematische Viskosität in m²/s, mm²/s
η = dynamische Viskosität in N · m²/s, Pa · s
ϱ = Dichte in g/cm³, kg/m³

Einheitenbetrachtung $\frac{Pa \cdot s}{\frac{kg}{m^2}} = \frac{\frac{N \cdot s}{m^2}}{\frac{kg}{m^3}} = \frac{N \cdot s \cdot m^3}{m^2 \cdot kg} = \frac{\frac{kg \cdot m}{s^2} \cdot s \cdot m^3}{m^2 \cdot kg} = \frac{m^2}{s}$

Dichte ϱ

Die Dichte nimmt bei der Temperaturerhöhung ab und mit Erhöhung des Drucks zu.

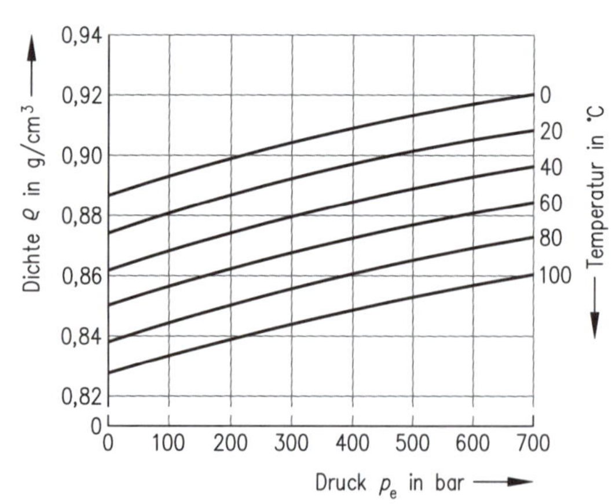

Dichte-Druck-Verhalten in Abhängigkeit von Temperatur (Hydrauliköl HLP 46 VG 100, nach Herstellerangaben)

[1] Der Name „Viskosität“ geht auf den zähflüssigen Saft der Mistelbeere (Viscum) zurück. Der Saft ist klebrig, kann als Leim benutzt werden und wurde zum Fangen von Vögeln benutzt. Viskos hat die Bedeutung „zäh wie Vogelleim“.

Arten der Druckflüssigkeiten

Druckflüssigkeiten in der Hydraulik

Hydraulikflüssigkeit auf Basis von Mineralölen H, HL, HLP, HVLP	Hydraulikflüssigkeit für Lebensmittel- und Futterindustrie NSF H1, NSF H2	schwerentflammbare Hydraulikflüssigkeit HFA, HFB, HFC, HFD	biologisch schnell abbaubare Hydraulikflüssigkeit HETG[1], HEPG, HEES, HEPR	Wasser

Bezeichnungen auf Basis von Mineralölen

H	Hydrauliköl ohne Wirkzusatzstoffe (kaum Anwendung)
HL	Hydrauliköl mit Wirkstoffen zur Verbesserung des Korrosionsschutzes und der Alterungsbeständigkeit Drücke bis 200 bar, übliche Temperaturbedingungen
HLP	wie HL, aber mit Zusätzen zur Erhöhung des Korrosionsschutzes, der Alterungsbeständigkeit und der Verminderung von Verschleiß Eignung für höchste Drücke über 200 bar
HVLP	mit Wirkstoffen zur Erhöhung des Korrosionsschutzes, der Alterungsbeständigkeit, der Verminderung von Fressverschleiß im Mischreibungsbereich sowie Verbesserung des Viskositäts-Temperatur-Verhaltens
HLP-D	Öle mit reinigenden Eigenschaften, verhindern Verklebungen in Ventilen und Steuerelementen. Sie finden Verwendung in Anlagen, bei denen Verunreinigungen oder Wasser eindringen kann.

Viskositätsklassen

Die Viskositätsklassen ermöglichen eine Übersicht und erleichtern die Auswahl der Öle. Die Viskositätsklassen VG[2] sind auf die Temperatur von 40 °C bezogen. Je größer die Viskosität ist, desto dickflüssiger ist das Öl, je niedriger die Viskosität, desto dünnflüssiger ist es.

Niedrigviskose Öle VG 2 ... VG 100

Anwendung als Kriechöl, Rostlöser, Hydrauliköl, in Verdichtern und Vakuumpumpen, Getrieben, Lagern und Ketten

Eignung: VG 22 in arktischen Verhältnissen
VG 32 in winterlichen Verhältnissen Mitteleuropas
VG 46 in sommerlichen Verhältnissen Mitteleuropas oder in geschlossenen Räumen
VG 68 in tropischen Verhältnissen bzw. in sehr warmen Räumen
VG 100 bei übergroßem Wärmeaufkommen

Mittelviskose Öle VG 150 ... VG 460

Diese Öle finden Anwendung als Getriebe- und Kettenöle.

Hochviskose Öle VG 680 ... VG 1 500

Diese Haftöle (Fette) werden in langsam laufenden Getriebe, Ketten oder Antrieben eingesetzt.

[1] HE Hydraulic Environmental [2] VG viscosity group

Die Wahl der richtigen Viskosität ist für die einwandfreie Funktion der Hydraulikanlagen wichtig.

In der Norm sind 18 verschiedene Viskositätsklassen (bei 40 °C) festgelegt. Die Grenzwerte sind z. B. bei der Wahl unterschiedlicher Pumpentypen einzuhalten.

Das Ansaugvermögen der Pumpe entscheidet über die obere noch zulässige Viskositätsgrenze (Starttemperatur) und die Schmierfähigkeit entscheidet über die minimal zulässigen Betriebsviskosität mit.

VG-Klasse	Kinematische Viskosität ν in mm^2/s bei 40 °C	Kinematische Viskositätsgrenzen in mm^2/s bei 40 °C	
		Minimum	Maximum
2	2,2	1,98	2,42
3	3,2	2,88	3,52
5	4,6	4,14	5,06
7	6,8	6,12	7,48
10	10	9	11
15	15	13,5	16,5
22	22	19,8	24,2
32	32	28,8	35,2
46	46	41,4	50,6
68	68	61,2	74,8
100	100	90	110
150	150	135	165
220	220	198	242
320	320	288	352
460	460	414	506
690	690	612	748
1 000	1 000	900	1 100
1 500	1 500	1 350	1 650

Viskosität-Temperatur-Verhalten

Die Viskosität der Druckflüssigkeiten ist immer von der Temperatur abhängig, d. h., bei Anstieg der Wärme wird die Flüssigkeit dünnflüssiger und bei Kälte wird sie dickflüssiger. Die Viskosität ist außerdem von der Qualität des Öls abhängig. Das Viskosität-Temperatur-Verhalten ist nicht linear zur Temperatur. Jedes Öl hat ein spezielles Verhalten bei unterschiedlichen Temperaturen. Das VT-Verhalten wird vom Ölhersteller in Diagrammen dargestellt, um zu zeigen, wie das jeweilige Öl sich bei Erwärmung verhält. Außerdem werden oft die Start- sowie die Grenzviskositäten aufgezeigt.

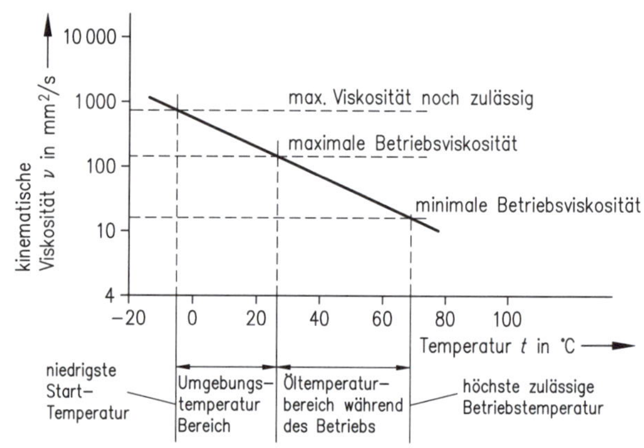

Viskosität-Temperatur-Verhalten Öl- bzw. Umgebungstemperatur

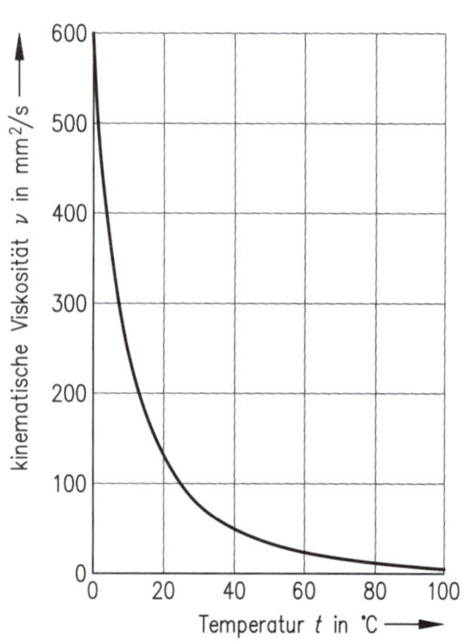

Änderung der kinematische Viskosität mit der Temperatur für Hydrauliköl HL 46, p_o = 1 bar Diagramme nach Ubbelohde und Walter (lineare Teilung)

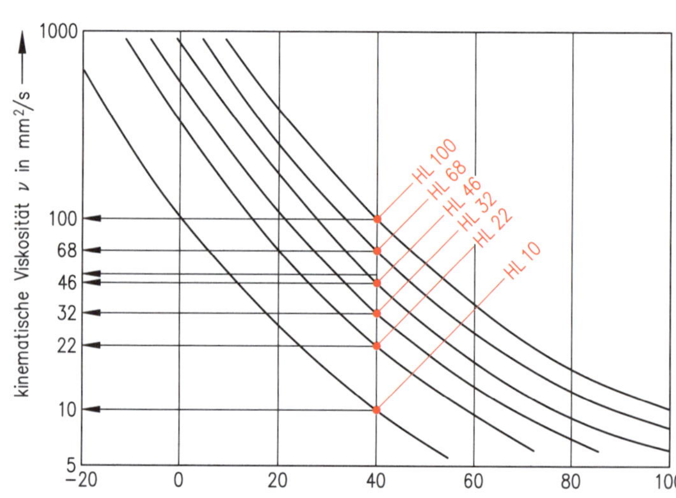

Viskosität-Temperatur-Kennlinien (halblogarithmische Teilung)

Viskosität-Temperatur-Druck-Verhalten

Die Abhängigkeit der Viskosität vom Druck ist gering. Die Viskosität nimmt bei höheren Drücken zu und zwar umso mehr, je kälter das Öl ist. Sie verdoppelt sich bei etwa 400 bar. Die Druckerhöhung verursacht, dass das Öl dickflüssiger wird. Die Temperatur aber nimmt zu, was wiederum das Öl dünnflüssiger werden lässt. Das Viskosität-Druck-Verhalten wird also von der Öltemperatur beeinflusst.

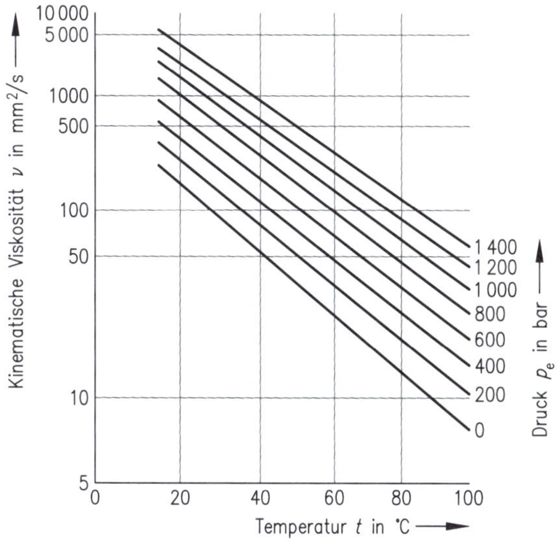

Viskosität-Temperatur-Druckverhalten

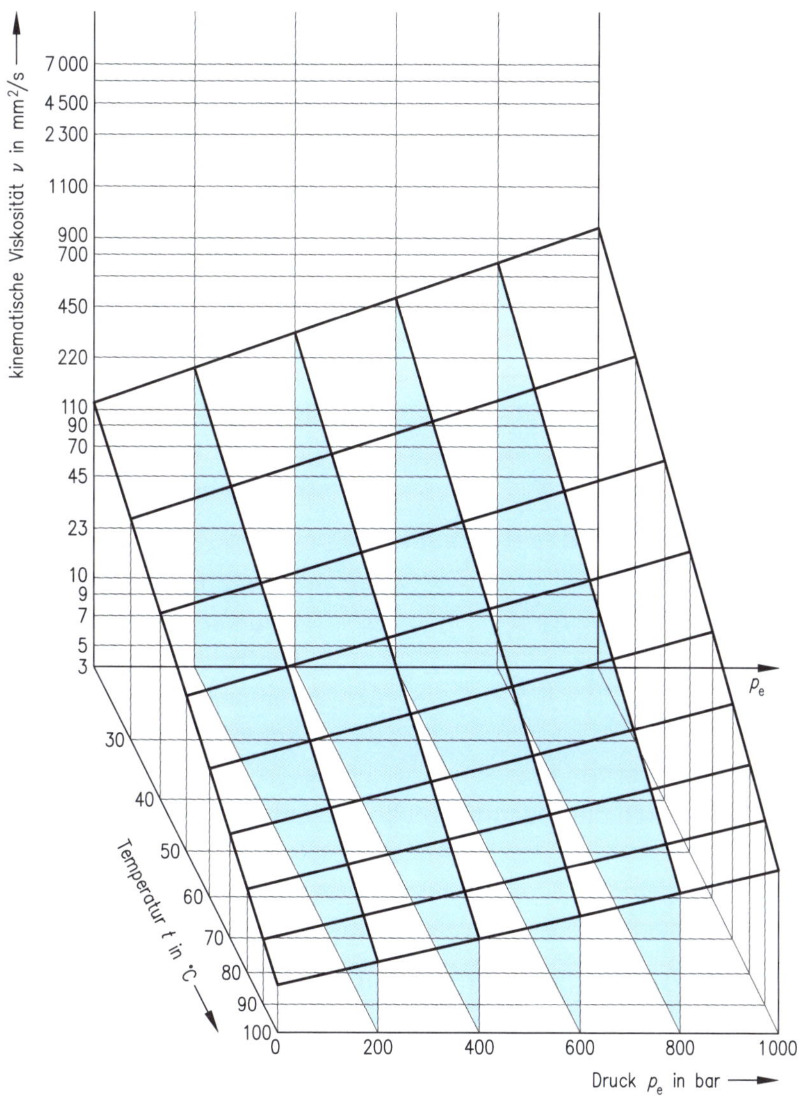

V-T-D-Kennlinien Hydraulik HLP 46

Verformung von Rohren bzw. Hydraulikschläuchen

Ausgangslage

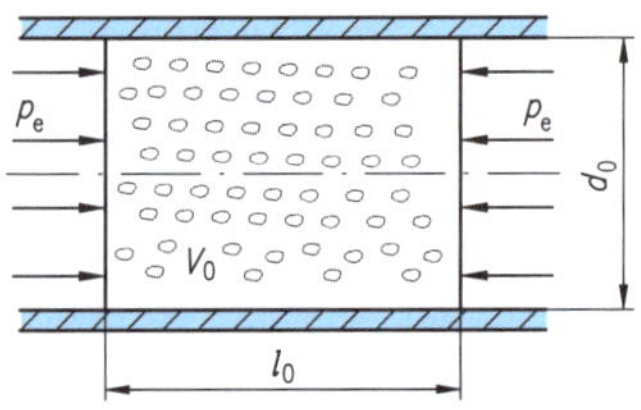

$$V_0 = l_0 \cdot d_0^2 \cdot \frac{\pi}{4}$$

Anfangsgößen

l_0 = Anfangslänge in mm
d_0 = Innendurchmesser in mm
V_0 = Anfangsvolumen in mm^2
bei: $p_{abs} = 1$ bar bzw. $p_e = 0$ bar, $t_0 = 2$ °C

Ausdehnung bei Rohren und Schläuchen durch Erhöhung des Innendrucks

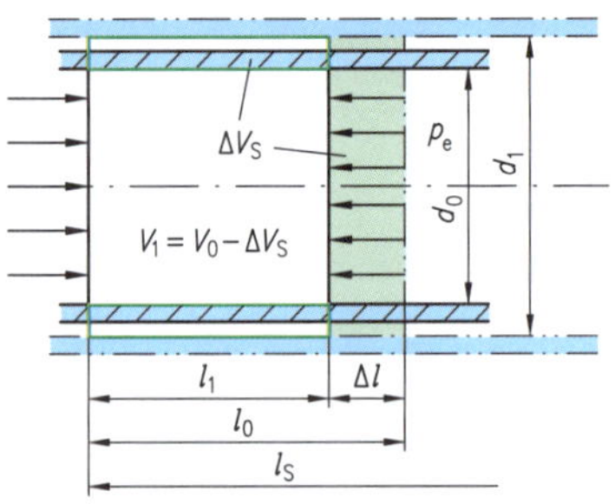

$$\Delta V_s = V_{sp} \cdot l_s \cdot \Delta p_e$$

ΔV_s = Volumenzunahme der Schlauchleitung in m^3
V_{sp} = spezifische Volumenzunahme in $cm^3/m \cdot bar$ (DN 20 = $0{,}05\ cm^3/m \cdot bar$)
l_s = Schlauchlänge in m
Δp_e = Druckanstieg in bar

Volumenänderung des Hydrauliköls durch Druckerhöhung

Kompression – Verdichtung (ohne Lufteinschlüsse, starre Rohrwandung)

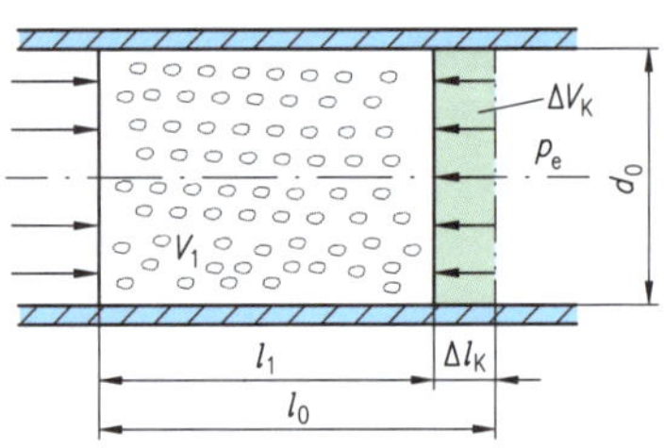

$$\Delta V_K = V_0 \cdot \beta \cdot \Delta p_e$$

ΔV_K = Kompressionsvolumen in cm^3
V_0 = Anfangsvolumen in cm^3 bei $p_e = 0$ bar und $t = 20$ °C
β = Kompressionsfaktor in 1/bar Hydrauliköl $\beta \approx 70 \cdot 10^{-6}$ 1/bar
Δp_e = Druckanstieg in bar
Faustformel: je 100 bar ≈ 0,7 % Kompression

Volumenänderung bei Hydraulikölen durch Temperaturerhöhung

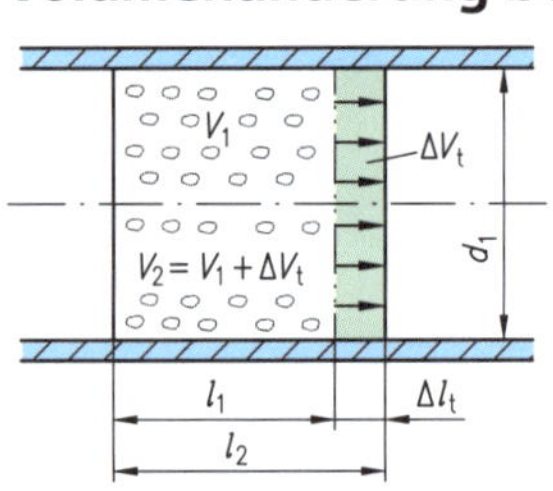

$$\Delta V_t = V_1 \cdot \alpha_v \cdot \Delta t$$

ΔV_t = Volumenänderung bei Temperaturdifferenz in cm^3
V_1 = gesamtes Ölvolumen in cm^3
α_v = Volumenänderungskoeffizient in 1/°C oder 1/K Hydrauliköl $\alpha_v = 0{,}0007$ 1/K bei 20 °C
Δt = Temperaturdifferenz in °C oder K
Faustformel: Temperaturerhöhung von je 15 °C bewirkt Volumenerhöhung von ≈ 1 %

Druckzunahme bei Temperaturerhöhung des Hydrauliköls

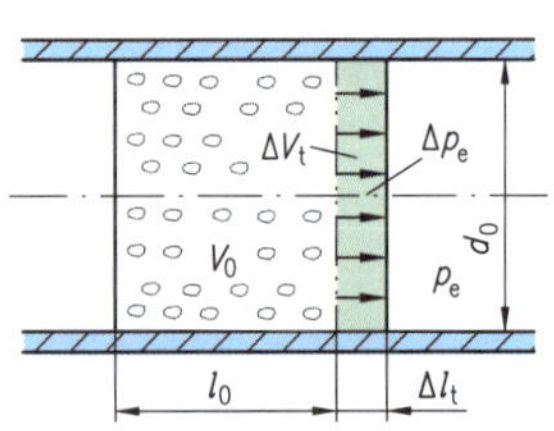

$$\Delta p_e = \frac{\alpha_v \cdot \Delta t}{\beta}$$

Δp_e = Druckerhöhung in bar
α_v = Volumenänderungskoeffizient in 1/K
Δt = Temperaturdifferenz in K
β = Kompressibilitätsfaktor in 1/bar

Die Temperaturerhöhung geschieht durch die gesamte anfallende Verlustleistung, verursacht durch:

- Reibung,
- Länge und Querschnitt der Leitungen,
- Rauigkeit der Rohrwandungen,
- Anzahl der Rohrbiegungen und Verengungen,
- Strömungsgeschwindigkeit,
- Viskosität der Flüssigkeit.

Durch die Verformung der Schläuche kann bei Reparaturen und gleichzeitigem Stillstand der Pumpe ein Ölstrahl zu schweren Verletzungen führen. Durch ein winziges Loch in den Leitungen oder Verschraubungen entlädt sich der Ölstrahl mit der Wucht eines Pistolenschusses. Die Verletzungen führen zu aufwendigen Operationen, oftmals zu Amputationen und im schlimmsten Fall zum Tod.

Filter im offenen Hydraulikkreislauf

Filteraufgaben

- Verunreinigungen des Hydrauliköls verhindern, d. h. Fremdkörper herausfiltern,
- den Verschleiß der Anlagenkomponenten verringern,
- Lebensdauer der Aggregate erhöhen und
- Verstopfen von Dichtspalten und Bohrungen vermeiden.

Filterauswahl

Bei der Auswahl der Filter müssen Filterfeinheit, die Schmutzaufnahmekapazität und der Differenzdruck am Filter berücksichtigt werden.
Weitere Punkte sind:
- die Art der Druckflüssigkeit und seine Viskosität,
- der maximal durchfließende Volumenstrom,
- die geforderte Reinheitsklasse (Filterfeinheit),
- der Temperaturbereich,
- der Betriebsdruck (Druckfilter bzw. Niederdruckfilter),
- der vorgesehene Einbauort bzw. der Verwendungszweck.

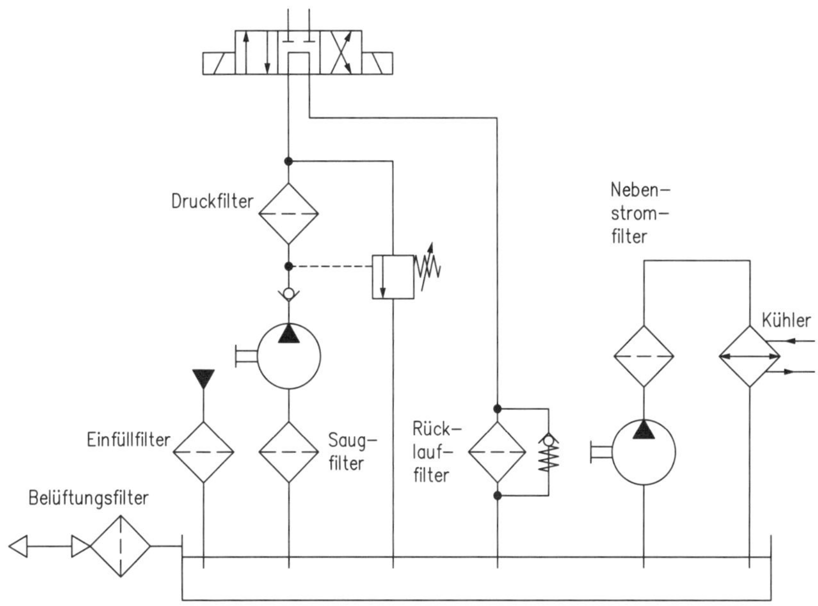

Anordnung der Filter im offenen Kreislauf

Filtereinbauort

Saugfilter

Saugfilter schützen die nachfolgenden Pumpen. Druckverluste sind wegen Ansaugproblemen und Kavitation zu beachten. Meist wird eine Filterfeinheit von 100 bis 125 µm bevorzugt, da die Wartung des Filters durch seinen Einbau unter Öl schwierig ist.

Druckfilter

Druckfilter befinden sich im Ölkreislauf hinter der Pumpe, um besonders schmutzempfindliche Bauteile wie Servoventile, Regelungseinrichtungen oder Motoren zu schützen. Sie müssen auf den maximalen Druck der Anlage ausgelegt sein. Dadurch sind sie teuer, müssen aber nur nach der Größe des Volumenstroms ausgelegt werden.

Rücklauffilter

Rücklauffilter werden in die Rücklaufleitung des Ölstroms eingebaut. Diese Anordnung wird am häufigsten verwirklicht. Die Filter müssen nur dem Druck in den Rücklaufleitungen standhalten, haben eine große Filterfläche und eine hohe Filterfeinheit. Damit werden die meisten Schmutzpartikel aus der Druckflüssigkeit herausgefiltert. Dies ist eine preiswerte Anordnung, sollte aber mit einer Verschmutzungsanzeige ausgerüstet werden, die den Druckunterschied zwischen Roh- und Reinseite anzeigt, um so ein Bersten des Filters zu vermeiden.

Nebenstromfilter

Nebenstromfilter filtern eine Teilmenge des gesamten Volumenstroms auch bei abgeschaltetem Hauptsystem. Die Filter werden nicht durch Druckschwankungen belastet und haben eine große Lebensdauer, die durch hohe Investitionskosten erkauft wird.

Belüftungsfilter

Die Belüftungsfilter haben die Aufgabe, die in den Behälter ein- und ausströmende Luft zu filtern.

Filterfeinheit

Verunreinigungen der Druckflüssigkeit durch Staub, Abrieb von Metallen oder Dichtungsmaterial, aber auch klebrige Bestandteile aus gealterten Additiv-Komponenten, Oxidationsprodukte sowie Wasser erfordern eine Filtrierung. Die Auswirkung sieht man an einem größeren Verschleiß bei Pumpen, Ventilen, Motoren, Dichtungen usw. Die Steuerkanten der Ventile können verkleben und Bohrungen verstopfen. Auch neues, frisches Öl hat oft nicht die erforderliche Reinheitsklasse.

Das Hydrauliköl sollte so fein wie nötig, nicht so fein wie möglich gefiltert werden. Die Ölreinheit bzw. die Filterfeinheit wird meist von den Hydraulikkomponenten-Herstellern vorgegeben. Um eine optimale Filtration zu erreichen, sind der Beta-Wert (β-Wert), die Schmutzaufnahmekapazität und der Differenzdruck des Filters zu beachten.

Filtrationsquotient β Beta-Wert$_{(code)}$ ($\beta_{x(c)}$ ISO 16889 AMD:2018-11)

Der $\beta_{x(c)}$-Wert zeigt die Wirksamkeit eines Filters auf. Er ist das Verhältnis, das sich aus der Partikelanzahl vor und nach dem Filter in einem bestimmten Ölvolumen ergibt. Die Partikel, die nicht beim ersten Durchströmen vom Filter zurückgehalten werden, gelangen wieder in den Ölkreislauf und können beim nächsten Durchströmen des Filters zurückgehalten werden (Multipass bzw. Mehrfachdurchgangs-Test).

$$\beta_{x(c)} = \frac{\text{Partikelzahl vor dem Filter}}{\text{Partikelzahl nach dem Filter}}$$

Beispiel

$\beta_{10(c)} = 200$

$\beta_{10(c)} = \frac{1\,000}{5} = 200$

bedeutet, dass von 1 000 Partikeln mit einer Größe von 10 µm nur 5 Partikel den Filter passieren dürfen. 995 Partikel werden von dem Filter zurückgehalten.

Filtrationsgrad ε

Filtrationsgrad, auch Abscheidegrad oder Rückhalterate genannt, ist ein Maß für die Effektivität des Filters (Filterwirkungsgrad). Er zeigt das Verhältnis der zurückgehaltenen Schmutzpartikel zu den zugeführten Schmutzpartikeln.

Beispiel

$$\varepsilon = \frac{\beta_{x(c)} - 1}{\beta_{x(c)}} \cdot 100\,\% = \frac{\beta_{10(c)} - 1}{\beta_{10(c)}} \cdot 100\,\% = \frac{200 - 1}{200} \cdot 100\,\% = 99{,}5\,\%$$

Der Filtrationsgrad von 99,5 % gibt an, wie viele Partikel von der Größe 10 µm bei einmaligem Durchströmen abgeschieden werden.

Filtrationsquotient $\beta_{10(c)}$	Filtrationsgrad ε Abscheidegrad in %
1	0
1,5	33,3
2	50
10	90
25	96

Filtrationsquotient $\beta_{10(c)}$	Filtrationsgrad ε Abscheidegrad in %
75	98,67
100	99
200	99,5
1 000	99,9
10 000	99,99

Differenzdruck des Filters

Der Differenzdruck Δp entsteht zwischen Eingang- und Ausgangseite eines Filters.

Steigt der Differenzdruck Δp über den zulässigen maximalen Differenzwert, so kommt es zur Zerstörung des Filterelements. Ein eingebautes Umgehungsventil öffnet daher bei zu hoher Druckdifferenz. Es werden zusätzlich optische oder digitale Verschmutzungsanzeiger mit Kontaktschalter oder auch Druckmessgeräte zur Überwachung eingebaut.

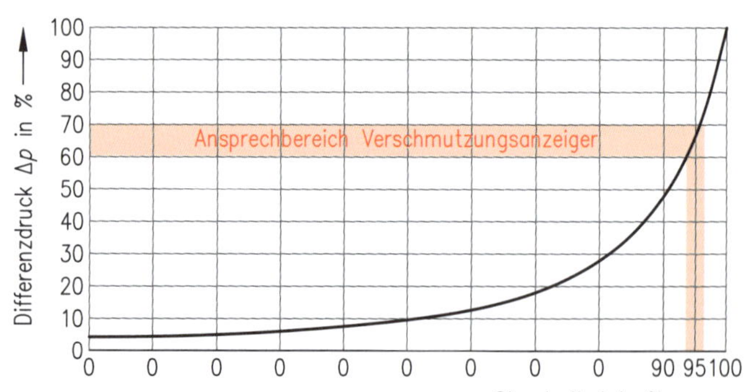

Typischer Verlauf der Verschmutzung eines Filterelements über der Standzeit

Reinheit des Hydrauliköls

Die Ölreinheit wird mithilfe eines elektronischen Partikelzählers bestimmt. Dabei werden in 100 ml Öl die festen Partikel mit der Größe kleiner als 4 µm, kleiner als 6 µm und kleiner als 14 µm gezählt und die Anzahl einer Ordnungszahl zugeordnet, die dann der ISO-Reinheitsklasse entspricht.
(ISO 4406:2017-08)
Bei diesem Prüfverfahren werden nur feste Partikel berücksichtigt. Klebrige Bestandteile, gealterte Additiv-Komponenten, Oxidationsprodukte sowie Wasser werden nicht erfasst.

Beispiel

In 100 ml Hydrauliköl werden 700 000 Partikel < 4 µm,
200 000 Partikel < 6 µm und
10 000 Partikel < 14 µm gezählt.

Ordnungszahl festlegen:
700 000 Partikel liegen zwischen 500 000 und 1 000 000 ⇒ Ordnungszahl ist 20
200 000 Partikel liegen zwischen 130 000 und 250 000 ⇒ Ordnungszahl ist 18
10 000 Partikel liegen zwischen 8 000 und 16 000 ⇒ Ordnungszahl ist 14

Das Hydrauliköl hat die Reinheitsklasse ISO 20/18/14.

Anzahl der Partikel in 100 ml		Ordnungszahl Partikelgröße (Code-Nr.)		
mehr als	weniger als	> 4 µm	> 6 µm	> 14 µm
8 000 000	10 000 000	24	24	24
4 000 000	8 000 000	23	23	23
2 000 000	4 000 000	22	22	22
1 000 000	2 000 000	21	21	21
500 000	1 000 000	20	20	20
250 000	500 000	19	19	19
130 000	250 000	18	18	18
64 000	130 000	17	17	17
32 000	64 000	16	16	16
16 000	32 000	15	15	15
8 000	16 000	14	14	14
4 000	8 000	13	13	13
2 000	4 000	12	12	12
1 000	2 000	11	11	11
500	1 000	10	10	10
250	500	9	9	9
130	250	8	8	8
64	130	7	7	7
32	64	6	6	6
16	32	5	5	5

20 / 18 / 14

Empfohlene Reinheitsklassen für Hydraulikanwendungen

Hydraulik-komponenten	Reinheitsklasse ISO 4406 4 µm / 6 µm / 14 µm
Getriebepumpe	19 / 17 / 15
Zylinder	20 / 18 / 15
Ventile	20 / 18 / 15
Logikventile	20 / 18 / 15
Regelventile	19 / 17 / 14
Standard Hydraulik < 100 bar	19 / 17 / 14
Proportionalventile	18 / 16 / 13
Kolbenpumpe	17 / 15 / 13
Servoventile < 210 bar	16 / 14 / 11
Servoventile > 210 bar	15 / 13 / 10

Die erforderlichen Reinheitsklassen sind vom Systemdruck abhängig. Je höher der Druck, desto geringer darf die Verschmutzung des Öls sein.

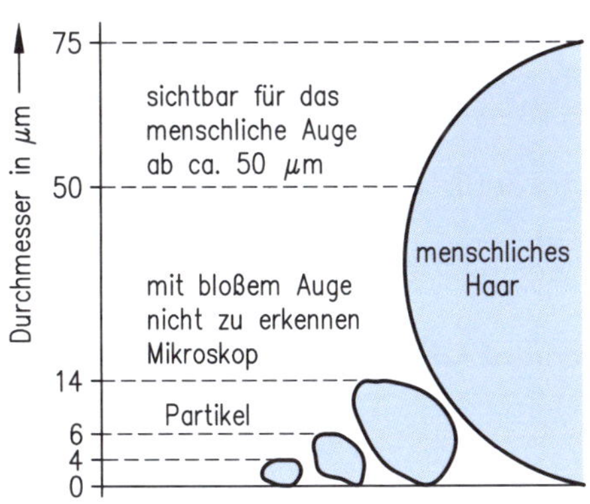

Größenvergleich

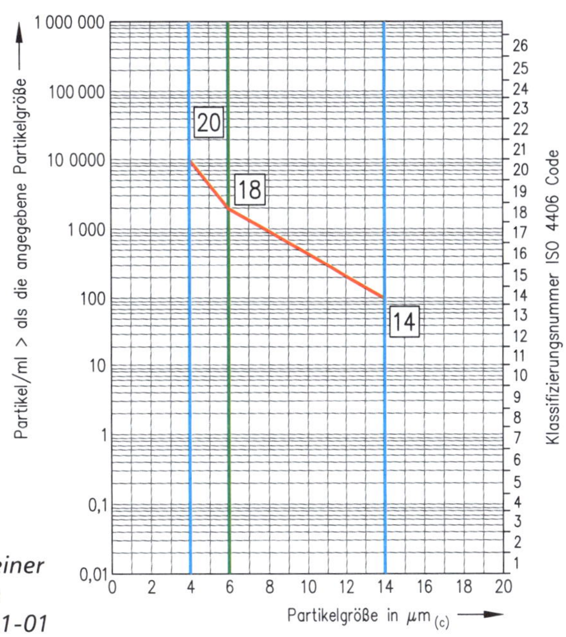

Auswertung einer Ölprobe nach ISO 4406:2021-01

Übungsaufgaben

Hydraulikflüssigkeiten

1. Die verschiedenen in hydraulischen Systemen eingesetzten Druckflüssigkeiten, werden in fünf Gruppen eingeteilt.
Wodurch unterscheiden sich die Gruppen?

2. Nennen Sie die verschiedenen Aufgaben der Druckflüssigkeiten.

3. Die Viskosität ist eine wichtige Kenngröße der Hydraulikflüssigkeiten.
Über welche wesentliche Eigenschaft gibt der Begriff Viskosität Auskunft?

4. Welchen Einfluss hat der Einsatz einer Druckflüssigkeit mit ungeeigneter Viskosität auf das Hydrauliksystem?

5. Welche Folgen hat eine zu hohe Temperatur des Hydrauliköls?

6. Der Druck in einer Hydraulikanlage ist auf 450 bar begrenzt.
Die maximale Betriebstemperatur beträgt 50 °C.
a) Bestimmen Sie aus dem nebenstehenden Diagramm die Kompressibilität.
b) Nennen Sie den Hauptgrund für die Kompressibilität einer Druckflüssigkeit.

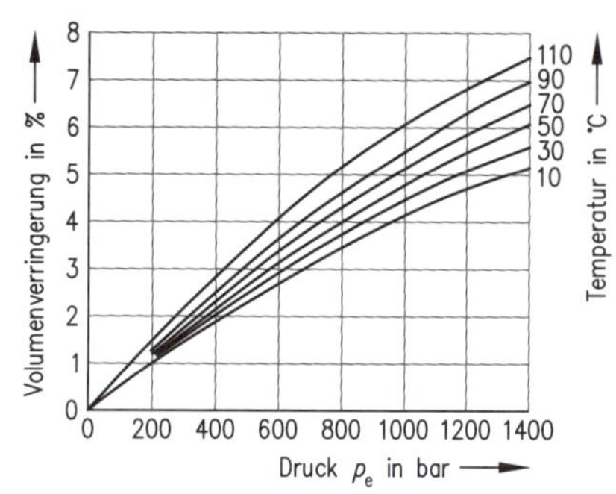

7. Für eine bestehende Hydraulikanlage ist ein Öl der Gruppe ISO HL 32 ausgewählt. Die Öltemperatur steigt während des Betriebes von + 10 °C auf + 60 °C an.
Wie ändert sich die Viskosität des Öls bei der Änderung der Betriebstemperatur?

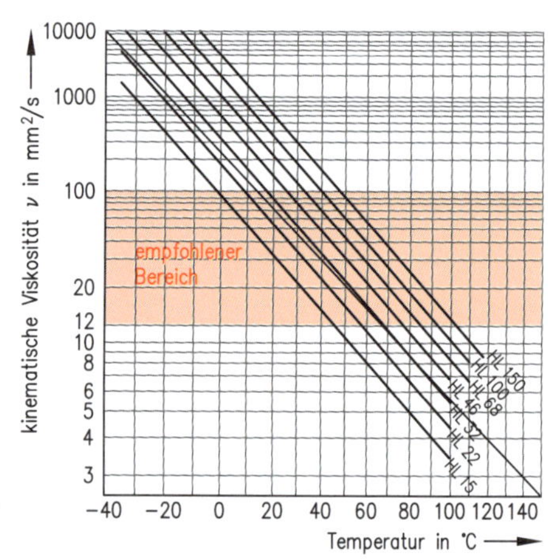

8. Zu jedem Hydrauliksystem gehört ein Ölbehälter.
Welche Aufgaben übernimmt der Ölbehälter im Hydraulikkreislauf?

9. Ein Ölbehälter ist mit 500 l Hydraulikflüssigkeit gefüllt. In den Leitungen der Anlage befinden sich weitere 60 l Hydraulikflüssigkeit. Während des Betriebs steigt die Betriebstemperatur von + 10 °C auf + 50 °C an.
Berechnen Sie die Volumenänderung ΔV_t bei $\alpha_v = 0{,}000\,93\ K^{-1}$.

10. Weshalb ist der Einbau von Filtern in einem Hydrauliksystem erforderlich?

11. An welchen Orten werden sinnvollerweise Filter eingebaut und welche Aufgaben erfüllen sie?

12. Das Rückhaltevermögen eines Hydraulikfilters gegenüber Verschmutzungen wird durch den Filtrationsquotienten $\beta_{10(c)}$ gekennzeichnet.
Erklären Sie die Bezeichnung $\beta_{10(c)} = 100$.

13. Welche Bedeutung haben die Reinheitsklassen für die Reinheit des Hydrauliköls.

Gesamtbeispiel: Ständerfräsmaschine

Problemstellung

In einem Arbeitsgang erfolgt die Fertigung der Gleitbahnen von Werkzeugmaschinenbetten durch eine Ständerfräsmaschine mit hydraulischem Vorschub und hydraulisch betätigtem Spannfutter. Die Maschinenbetten werden mit einem Maschinenschraubstock gespannt (Schließgeschwindigkeit der Spannbacken 3 m/min und Spannkraft 18 kN). Die erforderliche Vorschubkraft beträgt 12 kN bei einer Vorschubgeschwindigkeit $v_f = 130$ mm/min. Der Eilgang und die Rückfahrgeschwindigkeiten betragen 6 m/min. Der Wirkungsgrad der Zylinder beträgt 0,8. Der volumetrische Wirkungsgrad η_{vol} beträgt 0,9. Der Druck p_e im System darf 5 MPa (50 bar) nicht übersteigen.
Für diese Anlage sind die erforderlichen Zylinder, der Förderstrom der Pumpe, die elektrische Antriebsleistung sowie die Durchmesser der Druckleitungen ($v = 4$ m/s) und der Rückleitung ($v = 1{,}5$ m/s) zum Tank zu bestimmen (Steuergeräte werden vernachlässigt).

Technologieschema

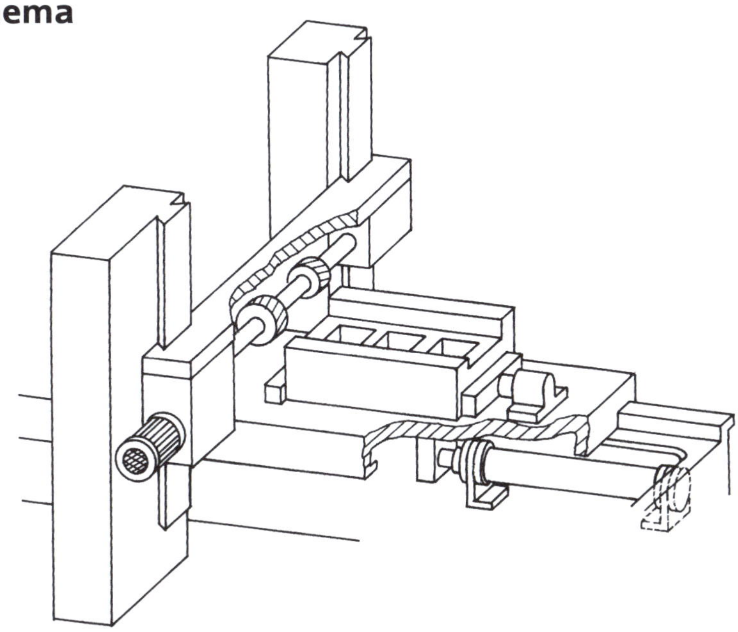

Berechnung der erforderlichen Hydraulikzylinder

Spannzylinder

$$F_1 = A_1 \cdot p_e \cdot \eta$$

$$A_1 = \frac{F_1}{p_e \cdot \eta}$$

$$A_1 = \frac{18\,000 \text{ N} \cdot \text{cm}^2}{500 \text{ N} \cdot 0{,}8}$$

$$A_1 = \underline{45 \text{ cm}^2}$$

Vorschubzylinder

$$F_1 = A_1 \cdot p_e \cdot \eta$$

$$A_1 = \frac{F_1}{p_e \cdot \eta}$$

$$A_1 = \frac{12\,000 \text{ N} \cdot \text{cm}^2}{500 \text{ N} \cdot 0{,}8}$$

$$A_1 = \underline{30 \text{ cm}^2}$$

gewählt aus Tabelle „Hydraulikzylinder: Abmessungen" (**Systemtechnik II/7**)

Spannzylinder

Zylinderdurchmesser $d_1 = 80$ mm
Kolbenstangendurchmesser $d_2 = 50$ mm

Vorschubzylinder

Zylinderdurchmesser $d_1 = 63$ mm
Kolbenstangendurchmesser $d_2 = 40$ mm

Berechnung der erforderlichen Förderströme für die Zylinderbewegungen

Spannzylinder: Spannen

$\dot{V}_{1\,Sp} = A_1 \cdot v$

$$\dot{V}_{1\,Sp} = \frac{50{,}3\ cm^2 \cdot 30\ dm \cdot dm^2}{min \cdot 100\ cm^2}$$

$\dot{V}_{1\,Sp} = \underline{\underline{15{,}09\ l/min}}$

Spannzylinder: Öffnen

$\dot{V}_{1\,ö} = A_2 \cdot v$

$$\dot{V}_{1\,ö} = \frac{30{,}6\ cm^2 \cdot 60\ dm \cdot dm^2}{min \cdot 100\ cm^2}$$

$\dot{V}_{1\,ö} = \underline{\underline{18{,}36\ l/min}}$

Vorschubzylinder: Eilgang vor

$\dot{V}_{1\,E} = A_1 \cdot v$

$$\dot{V}_{1\,E} = \frac{31{,}2\ cm^2 \cdot 60\ dm \cdot dm^2}{min \cdot 100\ cm^2}$$

$\dot{V}_{1\,E} = \underline{\underline{18{,}72\ l/min}}$

Vorschubzylinder: Rücklauf

$\dot{V}_{1\,R} = A_2 \cdot v$

$$\dot{V}_{1\,R} = \frac{18{,}6\ cm^2 \cdot 60\ dm \cdot dm^2}{min \cdot 100\ cm^2}$$

$\dot{V}_{1\,R} = \underline{\underline{11{,}16\ l/min}}$

Vorschubzylinder: Vorschub

$\dot{V}_{1\,v} = A_1 \cdot v$

$$\dot{V}_{1\,v} = \frac{31{,}2\ cm^2 \cdot 1{,}3\ dm \cdot dm^2}{min \cdot 100\ cm^2}$$

$\dot{V}_{1\,v} = \underline{\underline{0{,}406\ l/min}}$

$\dot{V}_{2\,Pumpe} = \dot{V}_{1\,Zylinder}$

Berechnungen des Pumpenförderstroms

Die einzelnen Arbeitsbewegungen der Anlage laufen zeitlich nacheinander ab. Deshalb dient der größte Förderstrom als Berechnungsgrundlage.

$$\eta_{vol} = \frac{\dot{V}_{1\,E}}{\dot{V}_{2\,Pumpe}} \qquad \dot{V}_{2\,Pumpe} = \dot{V}_{1\,Zylinder}$$

$$\dot{V}_2 = \frac{\dot{V}_1}{\eta_{vol}} = \frac{\dot{V}_{1\,E}}{\eta_{vol}}$$

$$\dot{V}_2 = \frac{18{,}72\ l}{min \cdot 0{,}9}$$

$\dot{V}_2 = \underline{\underline{20{,}8\ l/min}}$

Aus Datenblättern der Pumpenhersteller wurde eine Zahnradpumpe mit einem Förderstrom $\dot{V}_2 = 24\ l/min$ gewählt.

Berechnung der Rohrleitungen

Druckleitung

$\dot{V}_2 = A \cdot v$

$$A = \frac{\dot{V}_2}{v}$$

$$A = \frac{24{,}0\ dm^3 \cdot s \cdot min \cdot m}{min \cdot 4\ m \cdot 60\ s \cdot 10\ dm}$$

$A = 0{,}01\ dm^2 = 100\ mm^2$

$$A = \frac{d^2 \cdot \pi}{4}$$

$$d = \sqrt{\frac{4 \cdot A}{\pi}}$$

$$d = \sqrt{\frac{4 \cdot 100\ mm^2}{3{,}14}}$$

$d = \underline{\underline{11{,}29\ mm}}$

Berechnung der Motorantriebsleistung

$P_1 = \dot{V}_2 \cdot p_e \qquad$ hier: $P_{1\,Motor} = P_{2\,Motor}$

$$P_1 = \frac{24\ l \cdot 50 \cdot 10^5\ N \cdot min \cdot m^3}{min \cdot 60\ s \cdot 10^3\ l \cdot m^2}$$

$$P_1 = 2000\ \frac{N \cdot m}{s}$$

$P_1 = \underline{\underline{2\ kW}}$

Umrechnungsfaktoren

$1\ bar = 10^5\ \frac{N}{m^2}$
$1\ bar = 10\ \frac{N}{cm^2}$
$1\ MPa = 1\ \frac{N}{mm^2}$
$1\ m^3 = 10^3\ l$
$1\ min = 60\ s$
$1\ dm^2 = 100\ cm^2$
$1\ cm^2 = 100\ mm^2$

Umrechnung $\frac{l \cdot bar}{min}$ in kW

$$1\ \frac{l \cdot bar}{min} = 1\ \frac{\cancel{l} \cdot bar}{min} \cdot \frac{dm^3}{\cancel{l}}$$

$$= 1 \cdot \frac{\cancel{dm^3} \cdot bar}{min} \cdot \frac{100\ cm^3}{\cancel{dm^3}}$$

$$= \frac{1000\ cm^{\cancel{3}\,1} \cdot \cancel{bar}}{min} \cdot \frac{10\ N}{cm^{\cancel{2}} \cdot \cancel{bar}}$$

$$= \frac{10000\ cm \cdot N}{\cancel{min}} \cdot \frac{\cancel{min}}{60\ s}$$

$$= \frac{10\cancel{000}\ \cancel{cm} \cdot N}{6\cancel{0}\ s} \cdot \frac{1\ m}{1\cancel{00}\ \cancel{cm}}$$

$$= \frac{10\ N \cdot m}{6\ s} = \frac{10}{6}\ W$$

$$= \frac{1\cancel{0}}{6}\ \cancel{W} \cdot \frac{1\ kW}{1\,00\cancel{0}\ \cancel{W}} = \frac{1}{600}\ kW$$

Rückleitung

$\dot{V}_2 = A \cdot v$

$$A = \frac{\dot{V}_2}{v}$$

$$A = \frac{24{,}0\ dm^3 \cdot s \cdot min \cdot m}{min \cdot 1{,}5\ m \cdot 60\ s \cdot 10\ dm}$$

$A = 0{,}0266\ dm^2 = 266\ mm^2$

$$A = \frac{d^2 \cdot \pi}{4}$$

$$d = \sqrt{\frac{4 \cdot A}{\pi}}$$

$$d = \sqrt{\frac{4 \cdot 266\ mm^2}{3{,}14}}$$

$d = \underline{\underline{18{,}41\ mm}}$

Übungsaufgaben

Hydromechanik I

1. Der berechnete Förderstrom $\dot{V}_1$ einer Pumpe ist mit 76 l/min angegeben. Berechnen Sie den zu erwartenden Förderstrom $\dot{V}_2$, wenn der Wirkungsgrad η_{vol} der Pumpe 0,94 beträgt.

2. Die Kolbenpumpe liefert einen erwarteten Förderstrom von $\dot{V}_2 = 30$ l/min bei einem Druck von 400 bar. Berechnen Sie die Pumpen-Förderleistung $\dot{V}_{2\,\text{Pumpe}}$ der Pumpe bei Nenndruck.

3. Das Verdrängervolumen (Fördervolumen) einer Kolbenpumpe ist mit $V = 32$ cm^3 angegeben. Der angeschlossene Antriebsmotor hat eine Drehfrequenz von $n = 1\,450$ min^{-1}. Berechnen Sie den geometrischen Förderstrom $\dot{V}_{1\,\text{Pumpe}}$, den zu erwartenden Förderstrom $\dot{V}_{2\,\text{Pumpe}}$ bei einem Wirkungsgrad von $\eta_{vol} = 0{,}95$ und der Pumpenantriebsleistung P_1 bei einem Druck $p_e = 400$ bar.

4. Auf dem Typenschild einer regelbaren Kolbenpumpe der Nenngröße NG 8 steht: Fördervolumen $V = 8{,}6$ cm^3. Der angeschlossene Antriebsmotor hat eine Drehfrequenz von $n = 1\,450$ min^{-1}. Bei einer Überprüfung der Pumpe auf dem Prüfstand wurden folgende Werte gemessen:

Druck in bar	10	100	150	175	200	210	220	230	240	250
Förderstrom $\dot{V}_2$ in l/m	12,3	12,2	12,1	12,0	11,8	11,4	10,4	9,4	7,4	1,7

a) Erstellen Sie die $\dot{V}_2$-p_e-Kennlinie der Pumpe.
b) Berechnen Sie den Wirkungsgrad η_{vol} bei $p_e = 100$ bar und 200 bar.

5. Eine Kolbenpumpe hat in der Zylindertrommel neun Kolben mit einem Kolbendurchmesser $d = 16{,}82$ mm bei einem Kolbenhub $h = 8$ mm. Die Pumpe wird von einem Antriebsmotor mit einer Drehfrequenz von 1 500 min^{-1} angetrieben.
a) Wie groß ist das Fördervolumen V in cm^3 pro Umdrehung der Pumpe?
b) Welcher Förderstrom $\dot{V}_2$ wird von der Pumpe verdrängt?
c) Wie groß ist die Pumpen-Förderleistung $P_{2\,\text{Pumpe}}$ bei einem Nenndruck von 40 MPa?

6. Der Zylinder einer hydraulisch betriebenen Presse muss zum Umformen eines Blechteils einen Weg von 450 mm zurücklegen. Die vom Zylinder ($d_1 = 177{,}8$ mm) zu erbringende Umformkraft beträgt 500 kN. Der Umformweg muss in fünf Sekunden zurückgelegt werden.
a) Welchen Druck zeigt das Manometer an, wenn die erforderliche Kraft erreicht ist?
b) Berechnen Sie den erwarteten Förderstrom $\dot{V}_{2\,\text{Pumpe}}$, damit der Kolben des Zylinders in der erforderlichen Zeit ausfahren kann.
c) Bestimmen Sie die zugeführte Pumpenleistung $P_{1\,\text{Pumpe}}$, wenn $\eta = 0{,}78$ beträgt.

7. Wie hoch ist der Nenndruck einer Pumpe mit dem Fördervolumen $V = 8$ cm^3 je Umdrehung, wenn die Pumpe von einem Elektromotor mit einem Pumpen-Leistungsbedarf von $P_{1\,\text{Pumpe}} = 1$ kW bei einer Drehfrequenz von $n = 1\,500$ min^{-1} angetrieben wird?

8. Ein Elektromotor erzeugt für eine Pumpe den Leistungsbedarf von 2 kW. Die Hydraulikpumpe hat eine Drehfrequenz von 1 450 min^{-1}. Bestimmen Sie den Förderstrom $\dot{V}_2$, wenn der Nenndruck der Pumpe 250 bar beträgt.

Übungsaufgaben

Hydromechanik II

1. Eine Zahnradpumpe mit einem Fördervolumen V = 25,9 cm³ wird durch einen Elektromotor mit einer Drehfrequenz von n = 1 450 min⁻¹ angetrieben. Zur Bestimmung einer Betriebskennlinie wurden auf einem Prüfstand folgende Werte ermittelt:

Druck p_e in bar	10	25	50	75	100	125	150	175	200	210	250
Förderstrom $\dot{V}_2$ in l/min	37,2	37,1	37,0	36,5	36,4	36,3	36,2	36,0	35,8	35,7	35,5
Volumetrischer Wirkungsgrad η_{vol}											
Förderleistung P_2 in kW											

a) Berechnen Sie die volumetrischen Wirkungsgrade η_{vol} der Pumpe für die verschiedenen Drücke.
b) Bestimmen Sie die Pumpenförderleistung P_2 in kW.
c) Zeichnen Sie aus den ermittelten Daten die Pumpenkennlinien in einem Diagramm.

2. Der Schlitten einer Flachschleifmaschine soll sich mit einer maximalen Geschwindigkeit von v = 40 m/min bewegen. Als Antrieb ist ein Differenzialzylinder mit einem Kolbendurchmesser d_1 = 127 mm und einem Kolbenstangendurchmesser d_2 = 88,9 mm vorgesehen.
Berechnen Sie:
a) den erwarteten Förderstrom $\dot{V}_2$ der Hydraulikpumpe;
b) den Pumpenleistungsbedarf P_1 in kW bei einem Systemdruck von p_e = 7 MPa (70 bar) und einem Gesamtwirkungsgrad η = 0,8.

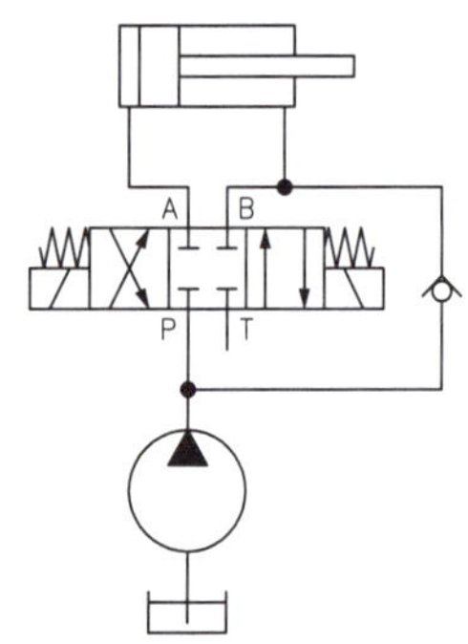

3. Die Vorschubeinheit einer Werkzeugmaschine wird durch eine Hydraulikpumpe mit einem Förderstrom $\dot{V}_2$ = 150 l/min bewegt. Der eingebaute Hydraulikzylinder (Kolbendurchmesser d_1 = 80 mm, Kolbenstangendurchmesser d_2 = 36 mm) muss eine Vorschubkraft von 25 000 N erzeugen. Die Strömungsgeschwindigkeit in der Druckleitung darf 5 m/s nicht übersteigen. Die Reibung in den Leitungen und im Zylinder wird nicht berücksichtigt.
a) Auf welchen Wert steigt der Druck im System an?
b) Wie groß ist die Rückzugskraft des Zylinders beim errechneten Systemdruck?
c) Welche Pumpenförderleistung P_2 ergibt sich bei Einhaltung des Systemdrucks?
d) Welchen Querschnitt muss die Rohrleitung haben, damit die Strömungsgeschwindigkeit nicht überschritten wird?
e) Wie groß ist die maximale Kolbengeschwindigkeit?
f) Wie groß ist der Pumpenleistungsbedarf P_1, wenn die Pumpe einen Wirkungsgrad η von 0,78 besitzt?

4. Der Zylinder einer Schrottpresse bewegt sich mit einer Geschwindigkeit von 0,4 cm/s. Um eine Fahrzeugkarosserie zu einem Block zu pressen, ist eine Kraft von 600 kN erforderlich. Die angeschlossene Pumpe ist für einen Druck von 20 MPa (200 bar) abgesichert.
a) Wie groß muss der Kolbendurchmesser des Hydraulikzylinders sein, um die erforderliche Kraft zu erzeugen? (Zylinderauswahl: **Systemtechnik II/7**)
b) Welcher Förderstrom $\dot{V}_2$ ist erforderlich, um die geforderte Ausfahrgeschwindigkeit einzuhalten?
c) Wie groß muss der Durchmesser der Druckleitung sein, wenn die Strömungsgeschwindigkeit v = 5,5 m/s nicht übersteigen soll?
d) Wie groß ist die Pumpenförderleistung $P_{2\,Pumpe}$?
e) Welcher Pumpen-Leistungsbedarf muss vom Elektromotor bei einem Gesamtwirkungsgrad η = 0,74 aufgebracht werden?

Hydraulik

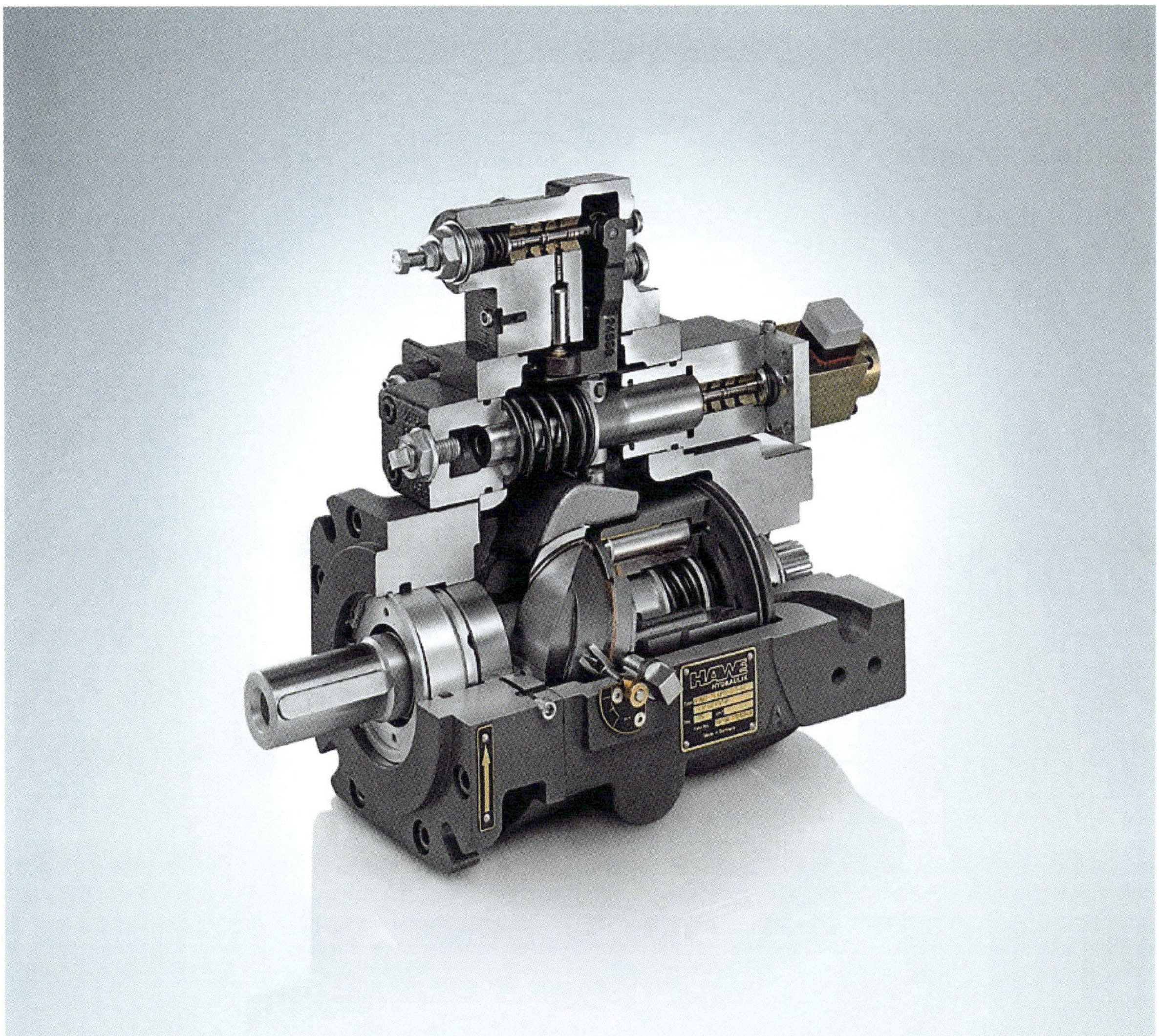

Schrägachsen-Verstellpumpe

Spanneinheit

Problemstellung

Für die weitere maschinelle Bearbeitung ist ein Drehteil in einen Maschinenschraubstock zu spannen. Die Innenmaße des Werkstücks sind bereits auf Fertigmaß gedreht. In der Fertigungszeichnung ist für die Innenbearbeitung eine Toleranz der Zylinderform von 0,05 mm angegeben. Die Spannkraft des Maschinenschraubstocks darf 2000 N nicht überschreiten, da eine zu große Kraft zu Formveränderungen führt. Der eingebaute Hydraulikzylinder hat einen Innendurchmesser von 25 mm. Der Wirkungsgrad des Zylinders ist mit $\eta = 0{,}85$ bekannt.

Technologieschema

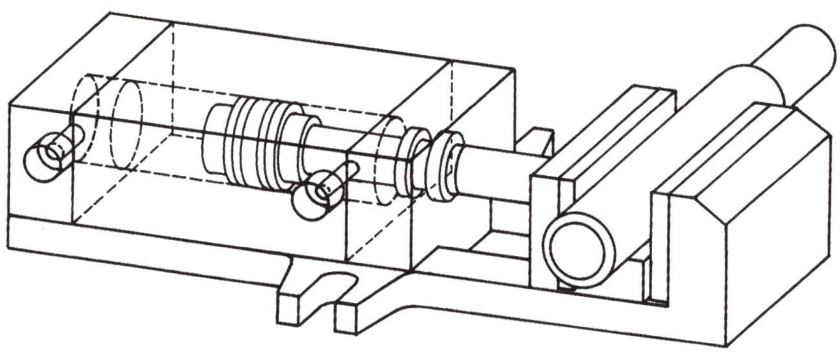

Arbeitsauftrag

- Berechnen Sie den einzustellenden Druck der Hydraulikanlage.
- Zeichnen Sie das grafische Symbol des Druckbegrenzungsventils nach DIN ISO 1219-1:2019-01.
- Vervollständigen Sie den vorgegebenen Schaltplan.
- Überprüfen Sie Ihren Schaltplan durch den Aufbau der Steuerung.
- Ermitteln Sie die Kennlinie des von Ihnen eingesetzten Druckbegrenzungsventils.

Druckbegrenzungsventil

Durch ein Druckbegrenzungsventil (DBV) wird der Systemdruck in einer Hydraulikanlage auf den eingestellten Wert begrenzt. Druckbegrenzungsventile sichern Bauelemente und Leitungen der Anlage vor Zerstörung durch zu großen Druck.

Bei einem direktgesteuerten DBV wird ein Dichtelement mit konstanter oder einstellbarer Federkraft gegen einen Sitz gedrückt. Fördert die Pumpe einen höheren Förderstrom, als die Verbraucher abnehmen, steigt der Druck im System. Der Betriebsdruck p_e beaufschlagt die Dichtfläche A des Kegels. Übersteigt die daraus resultierende Kraft F die Federkraft, so öffnet das Ventil. Durch den entstehenden Ringspalt wird der nicht benötigte Sicherheitsauslassstrom $\dot{V}_{RV}$ drucklos zum Tank zurückgeleitet; es bildet sich ein Gleichgewicht aus Druckkraft und Federkraft. Die hydraulische Energie wird in Wärmeenergie umgewandelt. Bei einem weiteren Druckanstieg durch den Förderstrom ist der bestehende Ringspalt zu klein, das Ventil muss sich weiter öffnen. Durch den zurückgelegten Weg des Dichtelements steigt die Federkraft. Das daraus resultierende Verhalten des DBV ist durch eine p_e-$\dot{V}_{RV}$ Kennlinie darzustellen.

Funktionsprinzip

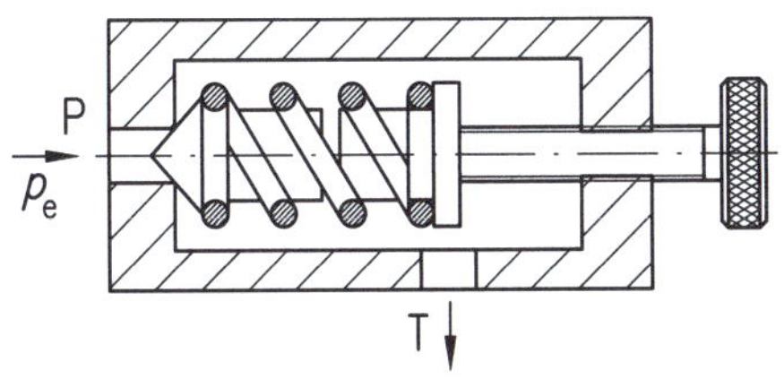

Symbol für ein DBV nach DIN ISO 1219-1:2019-01

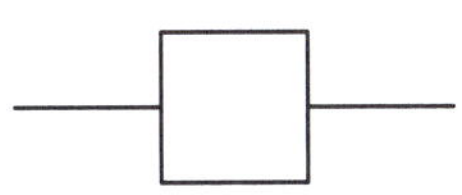

Schaltplan

Spanneinheit

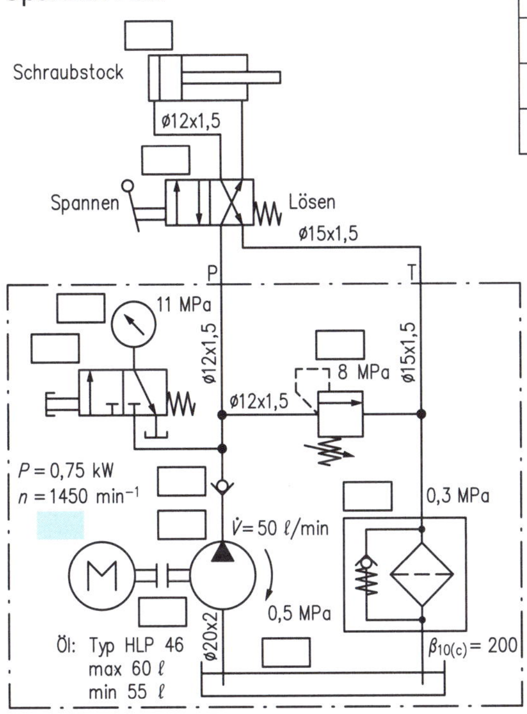

Messprotokoll

Messung	Druck p_e in bar	Sicherheitsauslassstrom $\dot{V}_{RV}$ in l/min
1		
2		
3		
4		
5		
6		
7		
8		
9		
10		

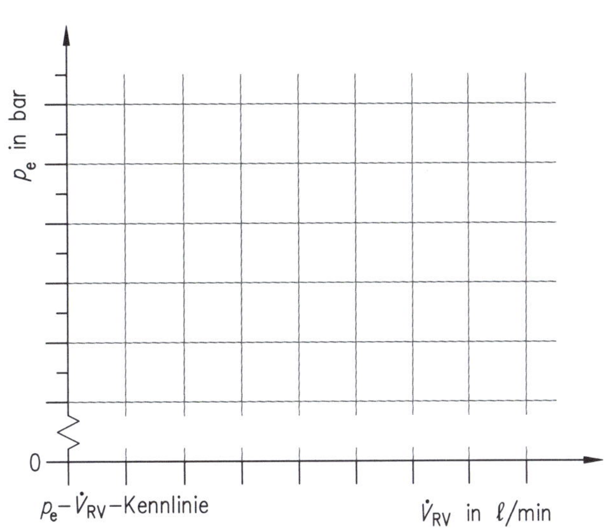

Räummaschine

Problemstellung

Die geforderte Vorschubgeschwindigkeit an einer Räummaschine beträgt 3 m/min bei einer erforderlichen Schnittkraft von 20 kN. Um Schnittkraft und Vorschubgeschwindigkeit zu erreichen, muss ein Förderstrom von $\dot{V}_2 = 20$ l/min und ein Betriebsdruck von $p_e = 5$ MPa (50 bar) eingehalten werden. Bei einer Überprüfung der Anlage stellt sich heraus, dass weder Vorschubgeschwindigkeit noch Schnittkraft die benötigten Werte erreichen. Zur Kontrolle ist die $\dot{V}_2$-p_e-Kennlinie der eingebauten Pumpe zu ermitteln, um diese mit den Katalogwerten einer neuen Pumpe zu vergleichen.

Technologieschema

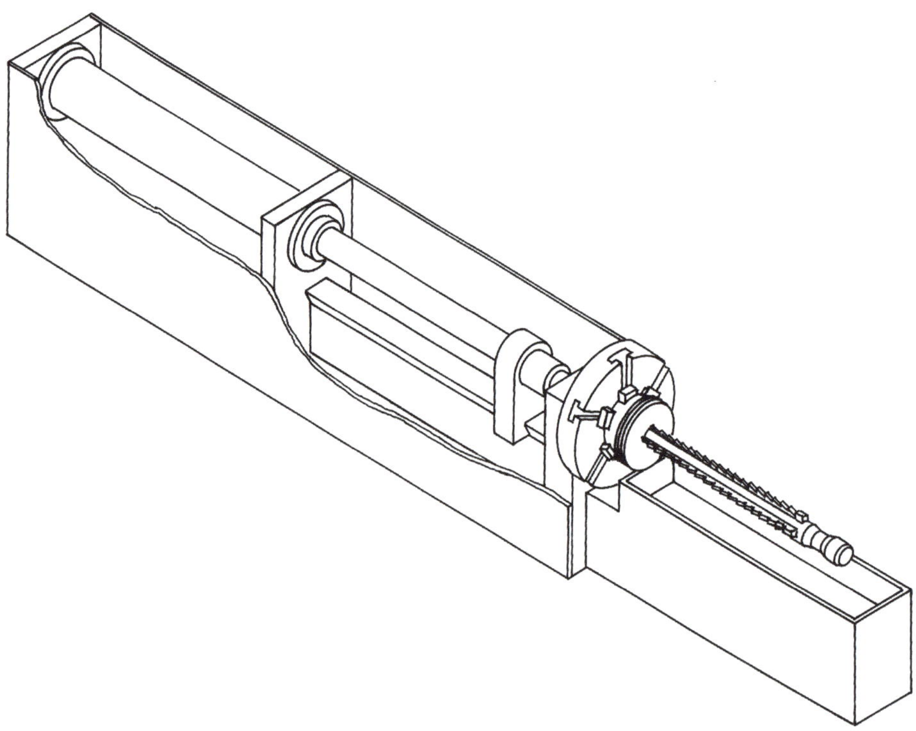

Arbeitsauftrag

- Bauen Sie die Versuchsschaltung gemäß nebenstehendem Schaltplan auf und ermitteln Sie die Kennlinie der Pumpe Ihres Versuchsstands.
- Vergleichen Sie die von Ihnen ermittelte Kennlinie mit der Pumpenkennlinie der Betriebsanleitung Ihres Versuchsstands.

Versuchsbeschreibung

Stellen Sie das Druckbegrenzungsventil auf $p_e = 6$ MPa (60 bar) ein.

Stellen Sie mithilfe des Absperrventil 1 den ersten im Messprotokoll angegebenen Druck $p_e = 10$ bar ein.

Schließen Sie das Absperrventil 2 am Ablauf des Messbehälters.

Messen Sie die Zeit, die benötigt wird, um das Volumen von 0,5 l Öl in den Behälter fließen zu lassen.

Öffnen Sie nach dem Messvorgang das Absperrventil 2 am Messbehälter und verschließen Sie es, nachdem das Öl in den Tank geflossen ist.
Führen Sie nun den Versuch für den nächsten angegebenen Wert p_e durch.

Versuchsaufbau Räummaschine

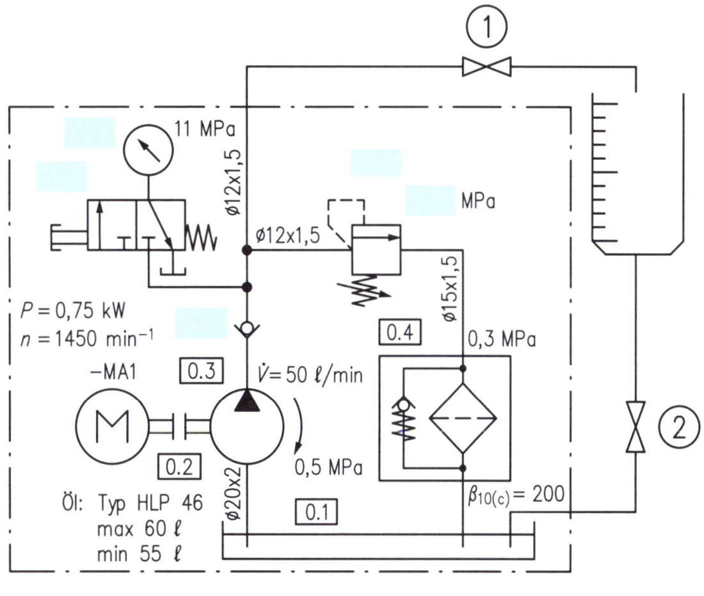

$\beta_{x(C)}$ = Filtrationsquotient (ISO 16889: 2022–01)

Messprotokoll

Druck p_e in bar	10	15	20	25	30	35	40	45	48	50	52	54	56
Volumen V in l	0,5	0,5	0,5	0,5	0,5	0,5	0,5	0,5	0,5	0,5	0,5	0,5	0,5
Zeit t in s													
Förderstrom $\dot{V}_2$ in l/min													

Berechnen Sie jeweils den Förderstrom $\dot{V}_{2\,Pumpe}$. Tragen Sie den für jeden Versuch berechneten Wert in das Diagramm ein. Verbinden Sie alle Punkte der Messreihe miteinander. Sie erhalten die $\dot{V}_2$-p_e-Kennlinie der Pumpe.

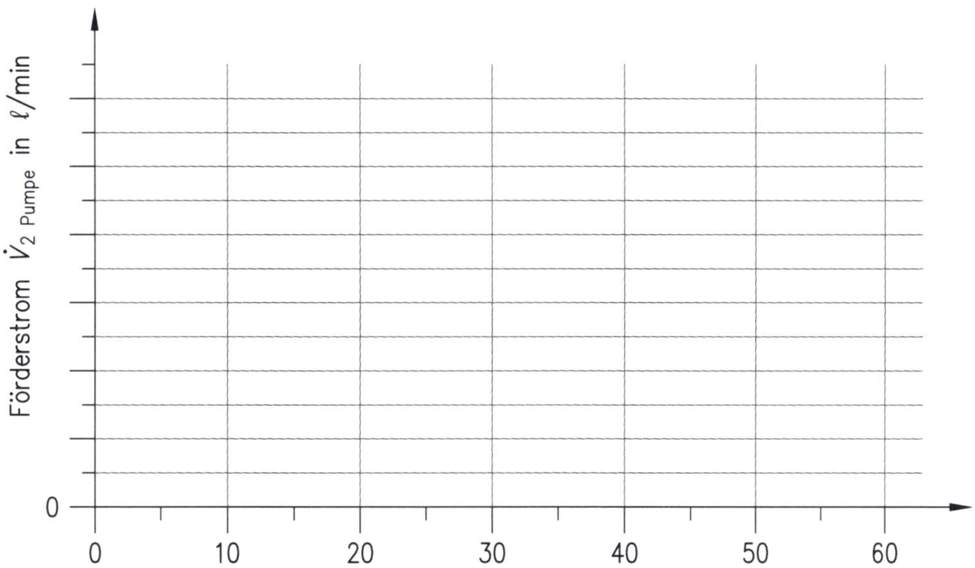

$\dot{V}_2 - p_e$–Kennlinie

Schließeinheit

Problemstellung

Das Werkzeug einer Spritzgießmaschine wird in einem 4-Säulen-Gestell durch einen Hydraulikzylinder geöffnet und geschlossen. Der Öffnungsweg beträgt 450 mm. Um die erforderlichen Nebenzeiten zum Schließen möglichst klein zu halten, soll der Hydraulikzylinder 400 mm im Eilgang fahren und die letzten 50 mm mit der wesentlich geringeren Schließgeschwindigkeit zurücklegen. Um eine hohe Schließgeschwindigkeit zu erreichen, ist die Steuerung als Differenzialschaltung, Umströmschaltung ausgelegt.
Im Folgenden wird nur die Schaltung des Differenzialzylinders zusammen mit seiner Umströmschaltung betrachtet.

Technologieschema

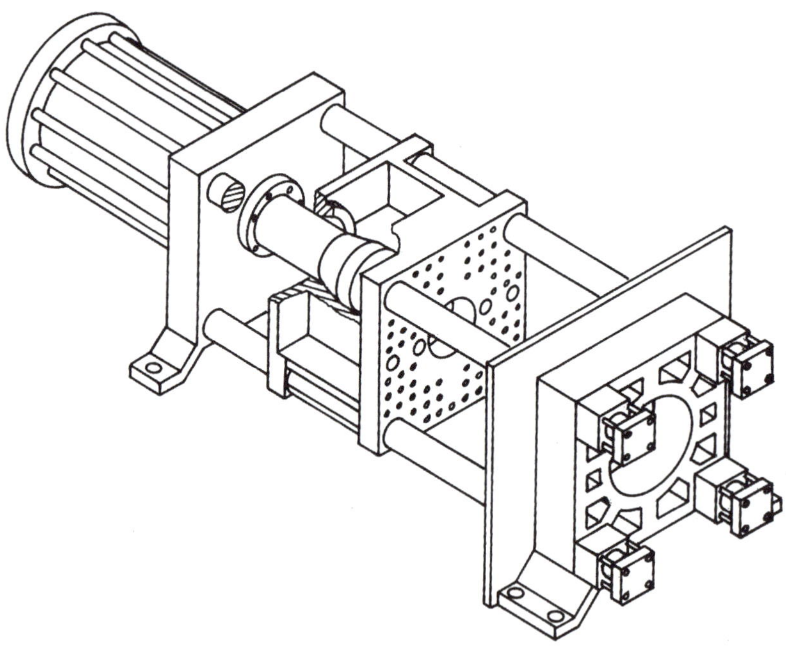

Arbeitsauftrag

- Berechnen Sie die verschiedenen Geschwindigkeiten v_1 des Eilgangs, v_2 des Schließens und v_3 des Rücklaufs des Hydraulikzylinders mit einem Kolbendurchmesser $d_1 = 160$ mm und einer Kolbenstange $d_2 = 110$ mm. Der Förderstrom $\dot{V}_2$ der angeschlossenen Pumpe beträgt 20 l/min.
  Berechnen Sie außerdem die zum Schließen des Werkzeugs benötigten Zeiten t_1 für den Eilgang, t_2 für den Schließgang und t_3 für das Zurückfahren des Kolbens.

- Zeichnen Sie einen Stromlaufplan für den elektrohydraulischen Schaltplan der Differenzialschaltung, um die drei Magnetspulen –MB1, –MB2 und –MB3 anzusteuern.

- Berechnen Sie für die Differenzialschaltung die Kolbenkraft, die Kolbenstangenkraft und die resultierende Kolbenringkraft (Kolbenfläche $A_1 = 400$ mm², Kolbenringfläche $A_2 = 200$ mm²) bei einem Betriebsdruck von $p_e = 80$ bar.

Differenzialzylinder

Um eine höhere Ausfahrgeschwindigkeit zu erreichen, kommt bei Hydraulikzylindern mit einseitiger Kolbenstange die Differenzialschaltung zur Anwendung. Der von der Pumpe verdrängte Förderstrom $\dot{V}_{2P}$ erzeugt auf beiden Kolbenflächen den gleichen Druck. Da die Fläche A_1 der Kolbenseite größer ist als die Fläche A_2 der Kolbenstangenseite, ergibt sich eine resultierende Kraft, die den Kolben ausfahren lässt. Der durch den ausfahrenden Kolben auf der Kolbenstangenseite verdrängte Förderstrom $\dot{V}_R$ wird durch die Differenzialschaltung in den Förderstrom $\dot{V}_{2P}$ der Pumpe eingezweigt. Dadurch wird eine größere Ausfahrgeschwindigkeit des Kolbens erreicht.

Funktionsprinzip

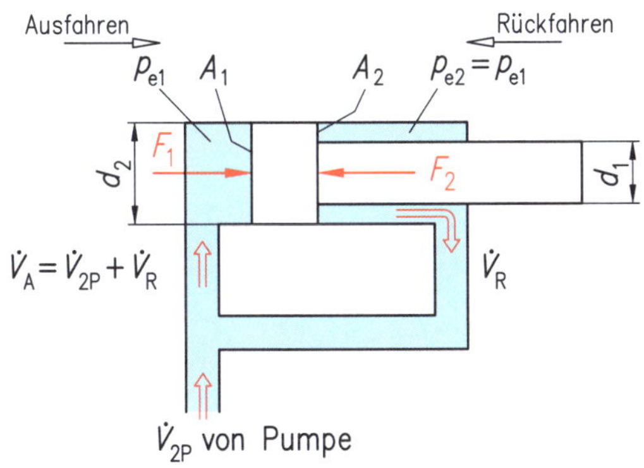

$\dot{V}_{2P}$ = von Pumpe geförderter Volumenstrom in l/min
$\dot{V}_A$ = Volumenstrom Ausfahren des Zylinders in l/min
$\dot{V}_R$ = Volumenstrom Rückfahren des Zylinders in l/min
A_1 = Kolbenfläche in mm
A_2 = Kolbenringfläche in mm
v_1 = v_A = Ausfahrgeschwindigkeit in mm/min
v_2 = v_R = Rückfahrgeschwindigkeit in mm/min
p_{e1} = Druck im Kolbenraum in bar, N/cm²
p_{e2} = Druck im Kolbenstangenraum in bar, N/cm²
F_1 = F_A = Ausfahrkraft in N
F_2 = F_R = Rückfahrkraft in N

Flächenverhältnis

$$\frac{A_1}{A_2} = \frac{2}{1}$$

$$A_1 = 2 \cdot A_2$$

Drücke

$$p_{e1} = p_{e2}$$

Kräfte

$$F_1 = A_1 \cdot p_{e1}$$
$$F_2 = A_2 \cdot p_{e2}$$

Geschwindigkeiten

$$v = \frac{\dot{V}}{A}$$

Hydraulikplan mit handbetätigten Wegeventilen durch Hebel mit Raste

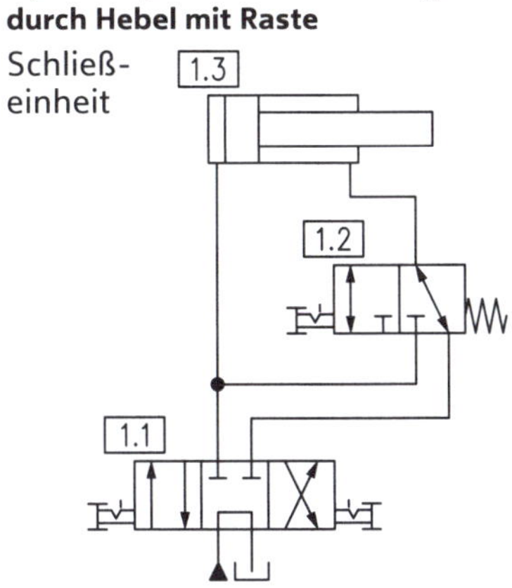

Hydraulikplan mit elektrisch betätigten Wegeventilen

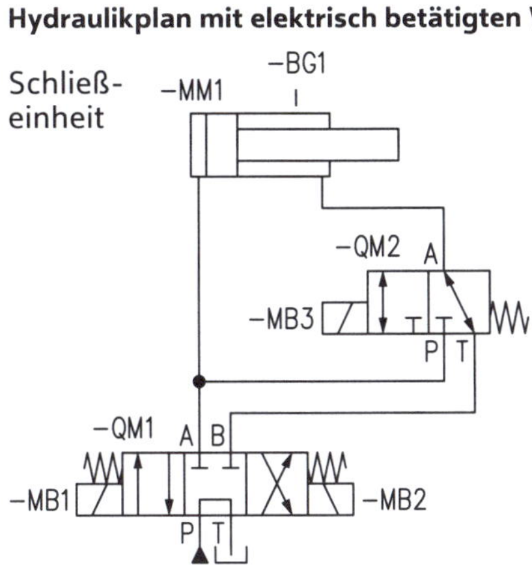

$$p_{e1} = \frac{F_1}{A_1}$$

$$p_{e2} = \frac{F_2}{A_2}$$

$$\frac{F_1}{A_1} = \frac{F_2}{A_2}$$

$$\frac{F_1}{2A_2} = \frac{F_2}{A_2}$$

$$\frac{F_1}{2} = F_2$$

$$F_1 = \underline{\underline{2F_2}}$$

$$v_A = \frac{\dot{V}_{2P}}{A_1} + \frac{\dot{V}_R}{A_2}$$

$$v_A = \frac{\dot{V}_{2P}}{A_1} + \frac{\frac{\dot{V}_{2P}}{2}}{\frac{A_1}{2}} \qquad \frac{A_1}{A_2} = \frac{2}{1}$$

$$v_A = \frac{\dot{V}_{2P}}{A_1} + \frac{\dot{V}_{2P}}{A_1}$$

$$v_A = 2 \cdot \frac{\dot{V}_{2P}}{A_1} \Rightarrow$$

$$v_R = \frac{\dot{V}_{2P}}{A_2}$$

$$v_R = \frac{\dot{V}_{2P}}{\frac{A_1}{2}} \qquad A_1 = 2 \cdot A_2$$

$$v_R = 2 \cdot \frac{\dot{V}_{2P}}{A_1} \Rightarrow$$

$$v_A = \underline{\underline{v_R}}$$

Lastenaufzug

Problemstellung

Das Magazin eines Fertigungsbetriebs befindet sich im Untergeschoss und ist mit der Warenausgabe durch einen Lastenaufzug mit einer zulässigen Höchstlast von 5000 N verbunden. Der Lastenaufzug befördert Magazinteile mit unterschiedlicher Masse in das Erdgeschoss. Ein Hydraulikzylinder mit Endlagendämpfung soll den Aufzug, unabhängig von der Belastung, immer mit der gleichen Geschwindigkeit anheben. Da keine Werkstücke oder Magazinteile durch den Aufzug in das Untergeschoss zu transportieren sind, kann die Einfahrgeschwindigkeit unbeeinflusst bleiben. Um diese Aufgabe zu lösen, stehen Ihnen ein verstellbares Drosselventil und ein Zwei-Wege-Stromregelventil zur Verfügung.

Technologieschema

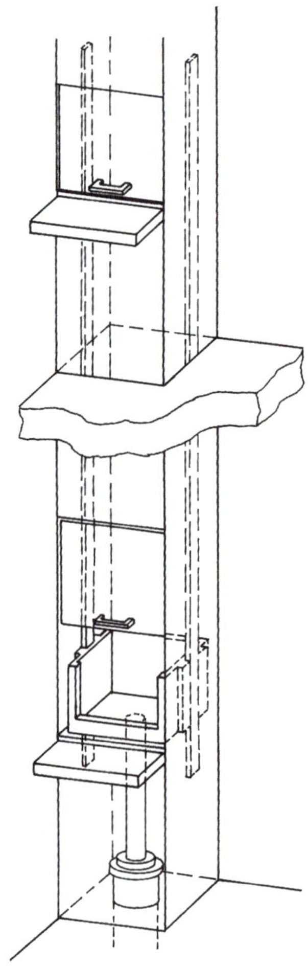

Arbeitsauftrag

- Bauen Sie den vorgegebenen Schaltplan an Ihrem Versuchsstand auf. Ergänzen Sie das vorgegebene freie Rechteck durch ein einstellbares Drosselventil.
- Bestimmen Sie in einer Messreihe die Ausfahrgeschwindigkeit des Hydraulikzylinders bei unterschiedlicher Belastung. Das Absperrventil simuliert die verschiedenen Belastungen.
- Ersetzen Sie das einstellbare Drosselventil durch ein Zwei-Wege-Stromregelventil. Bestimmen Sie nun in einer weiteren Messreihe ebenfalls die Ausfahrgeschwindigkeit des Hydraulikzylinders bei unterschiedlicher Belastung.
- Wählen Sie, unterstützt durch die beiden Messreihen, das für die Aufgabe geeignete Ventil aus. Zeichnen Sie an die vorgegebene Stelle das Schaltzeichen des von Ihnen ausgewählten Ventils.

Schaltplan

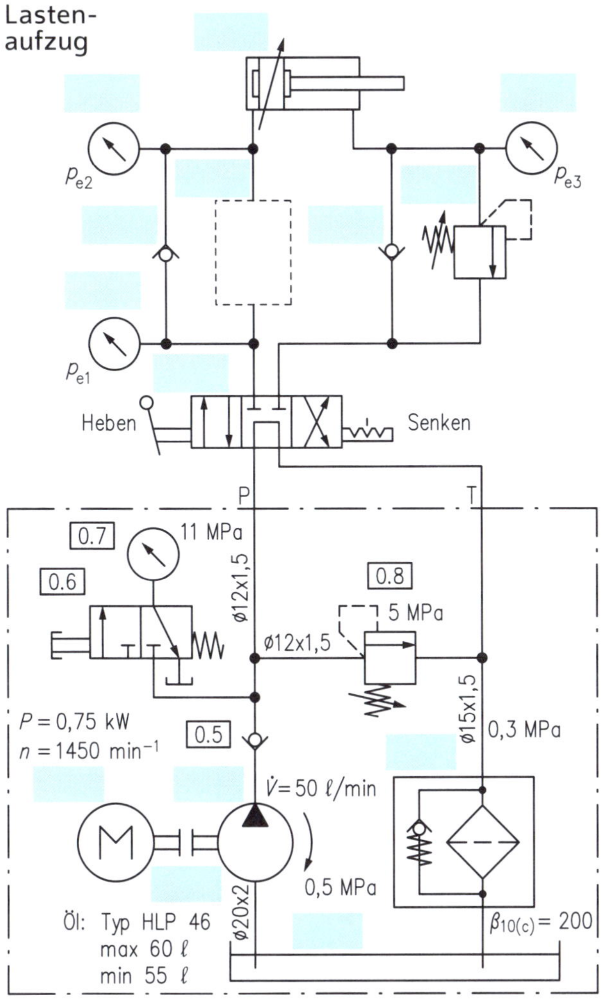

Versuchsbeschreibung

Ergänzen Sie an Stelle des leeren Rechtecks im Schaltplan ein Drosselventil. Bauen Sie dann die ganze Versuchsanlage gemäß oben stehendem Schaltplan auf.

Öffnen Sie das Druckbegrenzungsventil (DBV) im Rücklauf vollständig.

Stellen Sie mithilfe des Drosselventils eine Ausfahrgeschwindigkeit des Kolbens von 3 m/min, gleich 30 cm in 6 Sekunden ein.

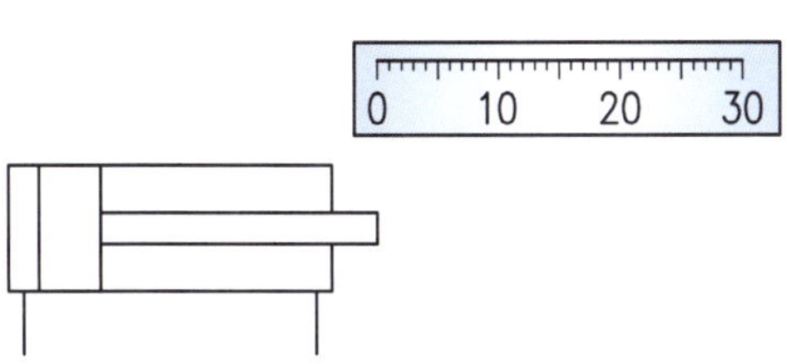

Messprotokoll Drosselventil

Messung	Druck p_{e1} in bar	Druck p_{e2} in bar	Druck p_{e3} in bar	Weg s in cm	Zeit t in s	Geschwindigkeit v in m/min
1				30	6	3
2			20	30		
3			30	30		
4			40	30		
5			50	30		
6			60	30		

Messprotokoll Zwei-Wege-Stromregelventil

Messung	Druck p_{e1} in bar	Druck p_{e2} in bar	Druck p_{e3} in bar	Weg s in cm	Zeit t in s	Geschwindigkeit v in m/min
1				30	6	3
2			20	30		
3			30	30		
4			40	30		
5			50	30		
6			60	30		

Tragen Sie die abgelesenen Werte p_{e1} und p_{e2} sowie die Ausfahrzeit des Kolbens in das Messprotokoll ein. Berechnen Sie die Kolbengeschwindigkeit v.

Stellen Sie mithilfe des Druckbegrenzungsventils (DBV) einen Wert von p_{e3} = 20 bar ein. Tragen Sie die abgelesenen Werte p_{e1} und p_{e2} sowie die Ausfahrzeit in das Messprotokoll ein. Führen Sie weitere vier Messungen durch, indem Sie das DBV zur Simulation einer höheren Belastung jeweils um 10 bar schließen. Tragen Sie die abgelesenen Werte in die Tabelle ein.

Tauschen Sie das Drosselventil gegen das Zwei-Wege-Stromregelventil aus, öffnen Sie das Druckbegrenzungsventil im Rücklauf ganz, stellen Sie die angegebene Ausfahrgeschwindigkeit v = 3 m/min ein und führen Sie die einzelnen Versuchsschritte erneut durch.

Vergleichen Sie in beiden Messreihen die Kolbengeschwindigkeiten und die jeweiligen Drücke.

Strangpresse

Problemstellung

In einer Strangpressanlage erfolgt die Fertigung von Halbzeugen aus Aluminium. Ein auf Knettemperatur erwärmter Rohling wird mithilfe eines Hydraulikzylinders durch eine Matrize gedrückt. Durch die Form der Matrize lassen sich unterschiedliche Profilformen herstellen. Die Zusammensetzung des umzuformenden Werkstoffs und die Form der Matrize bestimmen die Umformgeschwindigkeit, die durch die Ausfahrgeschwindigkeit des Kolbens einzustellen ist.

Technologieschema

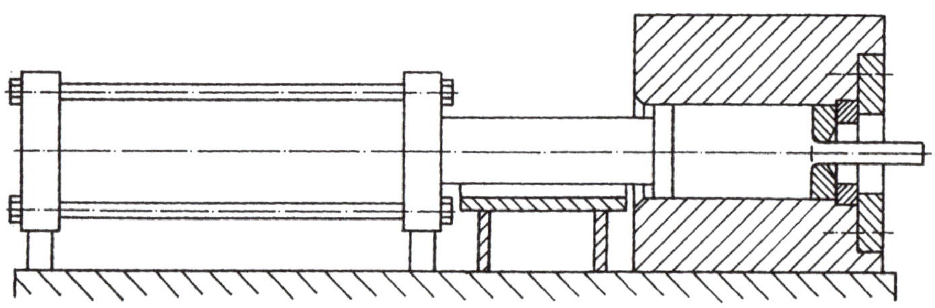

Arbeitsauftrag

- Bauen Sie nacheinander die in den vier Beispielen A bis D dargestellten Möglichkeiten der Geschwindigkeitssteuerung auf. Setzen Sie an der Stelle der gestrichelten Rechtecke Drosselrückschlagventile ein. Notieren Sie Ihre Beobachtungen bei der Beeinflussung der Kolbengeschwindigkeit.

- Verwenden Sie in einer zweiten Versuchsreihe anstelle des Drosselrückschlagventils je ein Zwei-Wege-Stromregelventil. Notieren Sie Ihre Beobachtungen.

- Ergänzen Sie den Schaltplan Primärsteuerung. Prüfen Sie bei verschiedenen Kolbengeschwindigkeiten die Kolbenbewegungen und tragen Sie die gewonnenen Erkenntnisse in das Messprotokoll ein.

- Ergänzen Sie den Schaltplan Sekundärsteuerung. Prüfen Sie bei verschiedenen Kolbengeschwindigkeiten die Kolbenbewegungen und tragen Sie die gewonnenen Erkenntnisse in das Messprotokoll ein.

Stromventile

Durch Stromventile lässt sich der Förderstrom $\dot{V}_{2\,\text{Pumpe}}$ und dadurch die Geschwindigkeit der Arbeitselemente beeinflussen. Als Stromventile kommen u. a. Drosseln, Drosselrückschlagventile und Zwei-Wege-Stromregelventile zum Einsatz.

Die Anordnung der Stromregelventile kann im Vorlauf (man spricht dann von einer Primärsteuerung) oder im Rücklauf (hier liegt dann eine Sekundärsteuerung vor) erfolgen.

A B C D

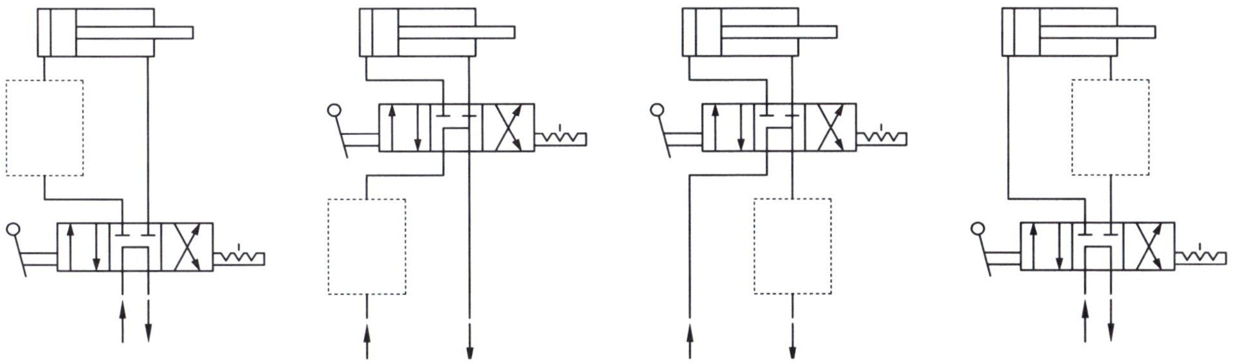

Schaltplan Primärsteuerung

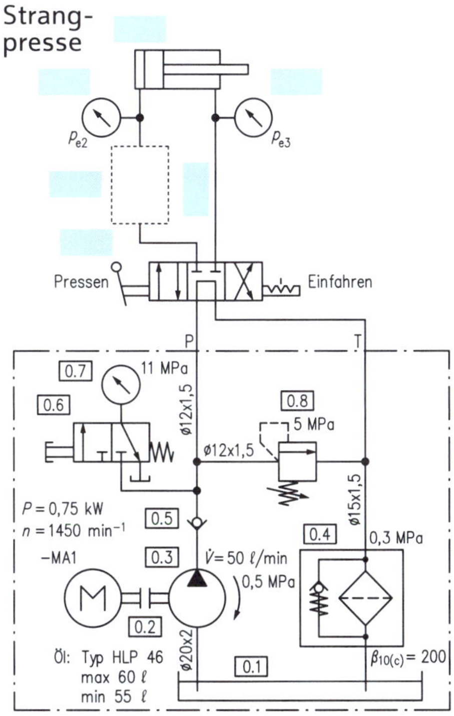

Schaltplan Sekundärsteuerung

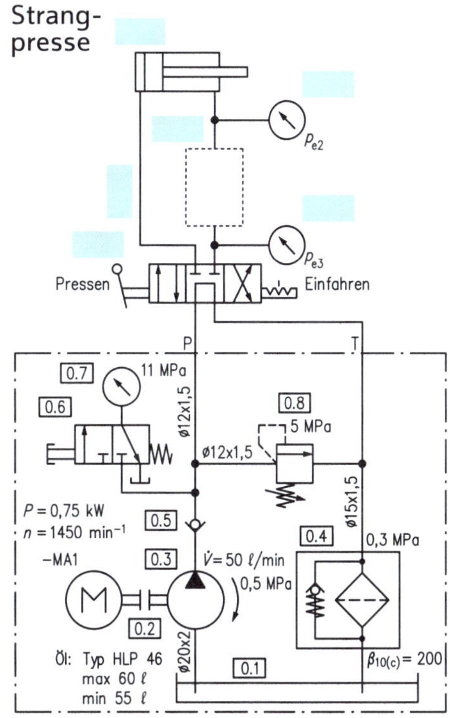

Messung	Druck p_{e1} in bar	Druck p_{e2} in bar	Druck p_{e3} in bar	Kolbenbewegung gleichmäßig/ruckartig	Anfahrbewegung gleichmäßig/ruckartig/sprunghaft
Primärsteuerung					
Sekundärsteuerung					
	Vorteile				Nachteile
Primärsteuerung					
Sekundärsteuerung					

Bohrstation

Problemstellung

Mithilfe eines Rundschalttischs erfolgt die Bearbeitung gegossener Werkstücke an verschiedenen Bearbeitungsstationen. An einer der Stationen ist der mit Hohlräumen versehene Rohling waagerecht zu durchbohren. Um einen gleichmäßigen Vorschub der Bohrmaschine zu erreichen, wird ein Hydraulikzylinder zum Antrieb der Vorschubeinheit eingesetzt. Die Veränderung der Größe des Vorschubs erfolgt durch ein Zwei-Wege-Stromregelventil im Zulauf des Zylinders. Bei geringen Vorschubgeschwindigkeiten kommt es jedoch durch Ruck-Gleiten (Stick-Slip-Effekt) zu häufigem Werkzeugbruch. Um eine einwandfrei arbeitende Vorschubeinheit zu erhalten, ist der Stick-Slip-Effekt zu beseitigen. Dafür stehen Ihnen ein Drosselrückschlagventil und ein einstellbares Druckbegrenzungsventil zur Verfügung.

Technologieschema

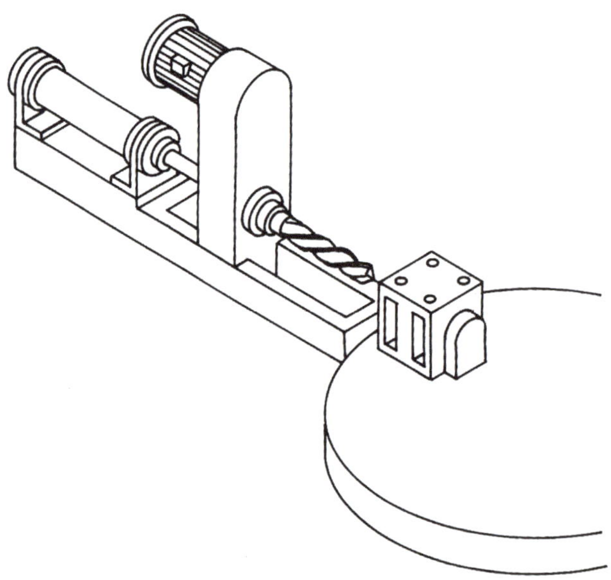

Arbeitsauftrag

- Bauen Sie zur Simulation der Vorschubeinheit den Schaltplan A auf. Öffnen Sie das Drosselrückschlagventil im Rücklauf vollständig. Stellen Sie mithilfe des Zwei-Wege-Stromregelventils die Kolbengeschwindigkeit von 0,5 m/min ein. Beobachten Sie die Kolbenbewegungen und notieren Sie Ihre Beobachtungen in dem Versuchsprotokoll.
- Führen Sie Ihre Versuchsreihe mit den Messungen 2 bis 6 fort und notieren Sie Ihre Beobachtungen.
- Tauschen Sie das Drosselrückschlagventil gegen ein Druckbegrenzungsventil gemäß Schaltplan B. Fahren Sie eine Versuchsreihe, Messungen 1 bis 6, mit der Kolbengeschwindigkeit $v = 0{,}5$ m/min und notieren Sie Ihre Beobachtungen in dem Versuchsprotokoll.
- Welches Ventil ist geeignet, um das Ruck-Gleiten vollständig zu beseitigen? Begründen Sie Ihre Antwort.

Schaltplan A

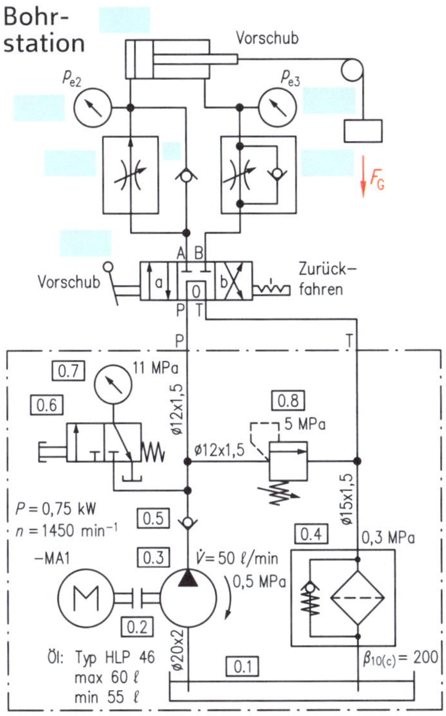

Schaltplan B

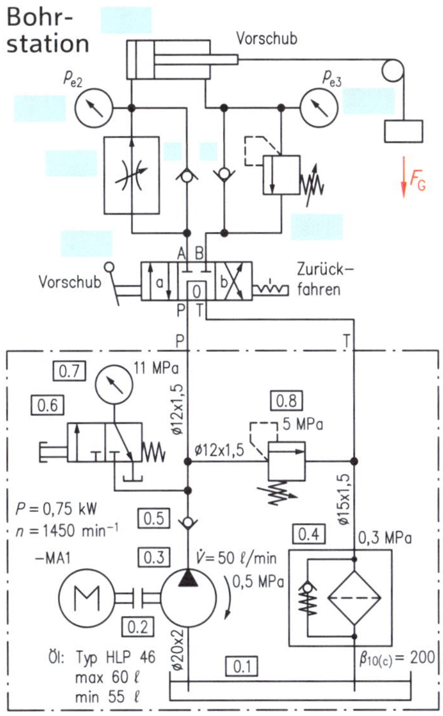

Versuchsprotokoll zum Schaltplan A: Drosselrückschlagventil

Messung	Druck p_{e2} in bar	Druck p_{e3} in bar	Einstellung des Drosselrückschlagventils	Zugkraft F in N	Kolbenbewegung gleichmäßig/ruckartig	Anfahrbewegung gleichmäßig/ruckartig/sprunghaft
1			Drosselrückschlagventil vollständig geöffnet	ohne		
2			Drosselrückschlagventil vollständig geöffnet			
3			Drosselrückschlagventil ca. 2/3 geöffnet	ohne		
4			Drosselrückschlagventil ca. 2/3 geöffnet			
5			Drosselrückschlagventil ca. 1/3 geöffnet	ohne		
6			Drosselrückschlagventil ca. 1/3 geöffnet			

Versuchsprotokoll zum Schaltplan B: Druckbegrenzungsventil

Messung	Druck p_{e2} in bar	Druck p_{e3} in bar	Zugkraft F in N	Kolbenbewegung gleichmäßig/ruckartig	Anfahrbewegung gleichmäßig/ruckartig/sprunghaft
1		10	ohne		
2		10			
3		15	ohne		
4		15			
5		20	ohne		
6		20			

Hebebühne

Problemstellung

Der Höhenausgleich zwischen der Laderampe einer Versandabteilung und den Ladeflächen der unterschiedlich hohen Lieferfahrzeuge erfolgt durch eine hydraulisch betriebene Hebebühne mit einer Tragkraft von 20 kN. Um die Sicherheit beim Verladen zu gewährleisten, darf die Hebebühne aus der jeweils eingestellten Arbeitshöhe nicht selbstständig absinken. Das Absenken ist durch ein geeignetes Sperrventil zu erreichen.

Technologieschema

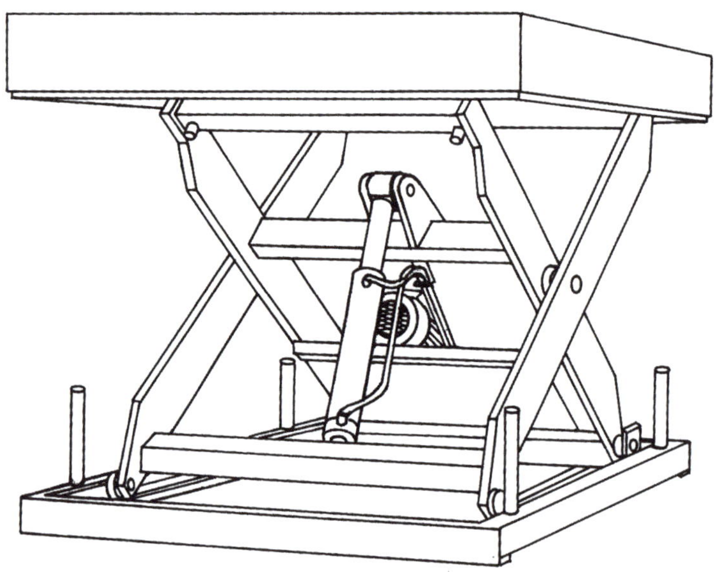

Arbeitsauftrag

- Wählen Sie aus Ihrem Tabellenbuch das Schaltzeichen eines geeigneten Sperrventils aus. Vervollständigen Sie den vorgegebenen Schaltplan.
- Begründen Sie die Notwendigkeit für den Einbau eines zusätzlichen Ventils.
- Berechnen Sie den erforderlichen Durchmesser des Zylinders bei einem maximalen Druck von $p_e = 5$ MPa (50 bar).
- Wie groß muss der erforderliche Förderstrom sein, wenn die Hebebühne mit einer Geschwindigkeit $v = 3$ m/min ausfährt?

Entsperrbares Rückschlagventil

Um einen belasteten Zylinder in seiner Position zu halten, genügt ein einfaches Wegeventil nicht. Leckagen an den Ventilen führen zum Absinken der Last. Damit die Last eine vorgegebene Position halten kann, werden entsperrbare Rückschlagventile eingesetzt.

Funktionsprinzip

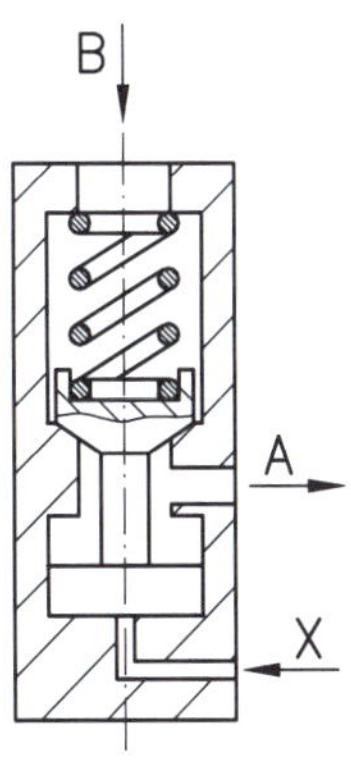

Zum Absenken der Last baut sich durch das einströmende Medium im Kolbenstangenraum ein Druck p_{e3} auf. Der Steuereingang X des entsperrbaren Rückschlagventils ist mit der Leitung zum Kolbenstangenraum verbunden. Ist ein genügend großer Steuerdruck aufgebaut, öffnet das Rückschlagventil und die Last kann absenken.

Schaltplan

Hebebühne

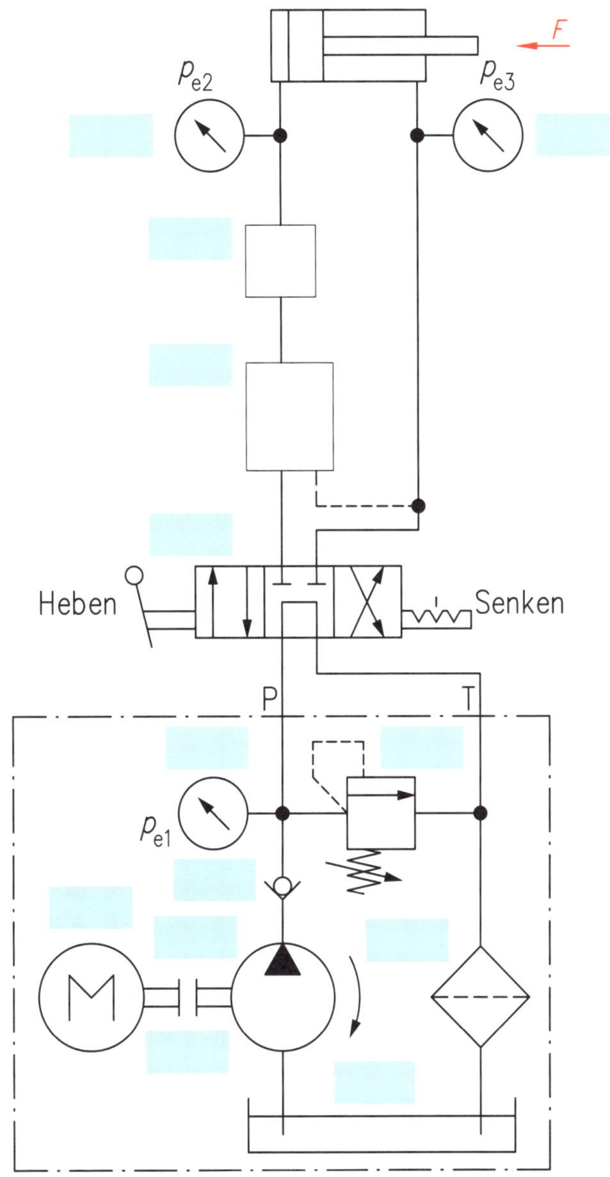

Arbeitsauftrag

1. Kennzeichnen Sie die Bauteile.
2. Vervollständigen Sie den Schaltplan durch ein entsperrbares Rückschlagventil. Bauen Sie die Steuerung auf und notieren Sie Ihre Beobachtungen im Versuchsprotokoll.
3. Ergänzen Sie Ihre Schaltung, indem Sie für das leere Quadrat nacheinander jeweils ein Drosselrückschlagventil, ein Druckbegrenzungsventil oder ein Zwei-Wege-Stromregelventil einbauen. Notieren Sie Ihre Beobachtungen jeweils im Versuchsprotokoll.

Versuchsprotokoll: entsperrbares Rückschlagventil

Messung	Druck p_{e2} in bar	Druck p_{e3} in bar	Gewähltes Zusatzventil	Senkbewegung gleichmäßig/ruckartig	Anfahrbewegung gleichmäßig/ruckartig/sprunghaft
1			ohne		
2					
3					
4					

Umformpresse

Problemstellung

In einem Gesenk werden aus Rohrteilen Kranräderrohlinge gefertigt. Das Obergesenk fährt dabei einen Weg von 300 mm im Eilgang. Der Umformweg beträgt 100 mm und wird in einer geringeren Umformgeschwindigkeit zurückgelegt. Da beim Umformvorgang eine hohe Umformkraft benötigt wird, kommt die bereits bekannte Differenzialschaltung nicht zum Einsatz. Die Umform-geschwindigkeit ist der Werkstoffzusammensetzung und der Umformtemperatur anzupassen. Die Geschwindigkeit des Rückhubs wird nicht beeinflusst. Der Anfahrsprung und das Ruck-Gleiten (Stick-Slip-Effekt) sind durch geeignete Ventilauswahl zu verhindern.

Technologieschema

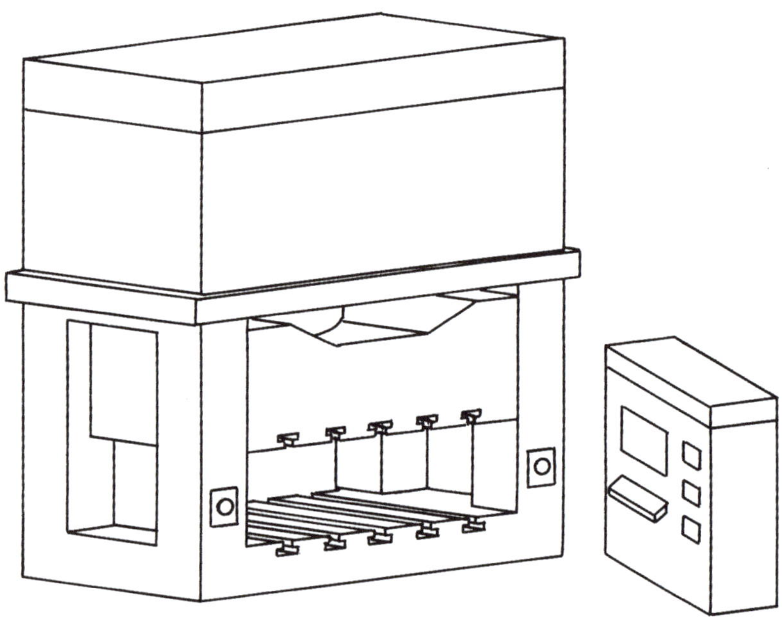

Arbeitsauftrag

- Vervollständigen Sie den Schaltplan A einer Eilgang-Vorschub-Schaltung mit der Geschwindigkeitsbeeinflussung im Primärkreislauf. Wählen Sie geeignete Ventile aus, um den Anfahrsprung und den Stick-Slip-Effekt zu verhindern.

- Vervollständigen Sie den Schaltplan B für eine Eilgang-Vorschub-Schaltung mit der Geschwindigkeitsbeeinflussung im Sekundärkreislauf.

Schaltplan A

Umformpresse

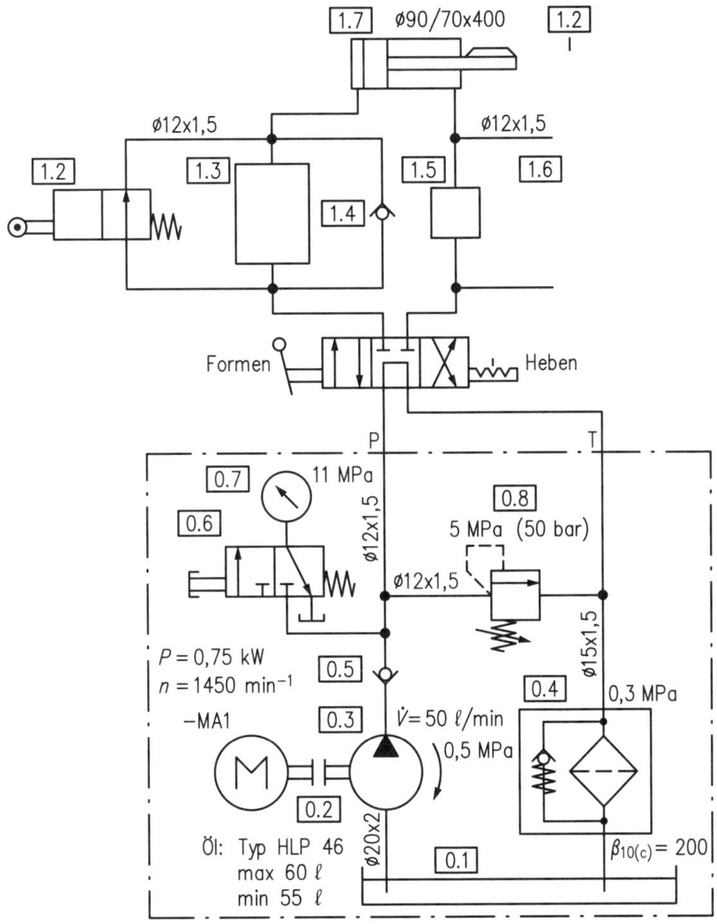

Schaltplan B

Umformpresse

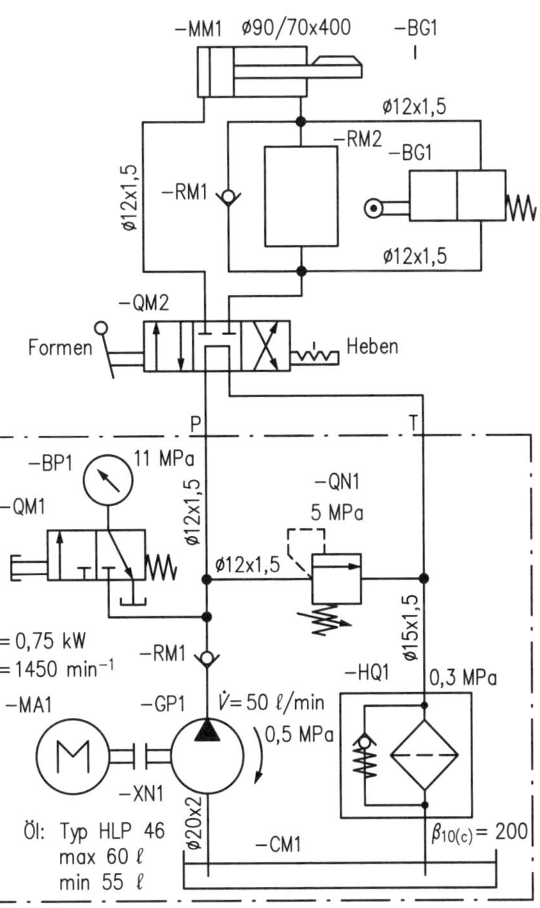

Montagepresse

Problemstellung

In einer Montagepresse werden Laufbuchsen in Achsenhalter gepresst. Nach Betätigung eines 4/3-Wegeventils fährt der Spannzylinder aus, spannt und zentriert dabei die gekröpften Achsenhalter. Anschließend fährt der Einpresszylinder bei einem Spanndruck von p_e = 3 MPa (30 bar) selbsttätig aus und presst die Laufbuchsen ein. Durch Umschalten des 4/3-Wegeventils fahren beide Zylinder gleichzeitig in die Endlage zurück.

Technologieschema

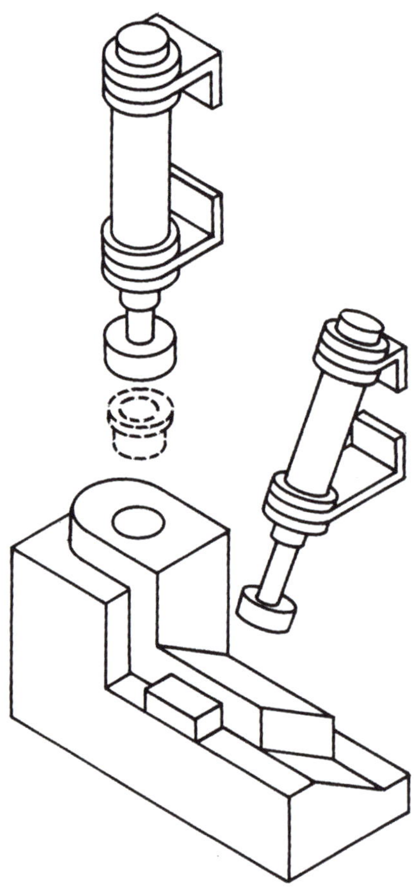

Arbeitsauftrag

- Vervollständigen Sie das Funktionsdiagramm der Montagepresse. Zeichnen Sie die Zustandsänderungen der Bauelemente und die Signallinien ein.
- Vervollständigen Sie den hydraulischen Schaltplan.
- Überprüfen Sie Ihre Lösung durch den Aufbau der Steuerung.

Funktionsdiagramm

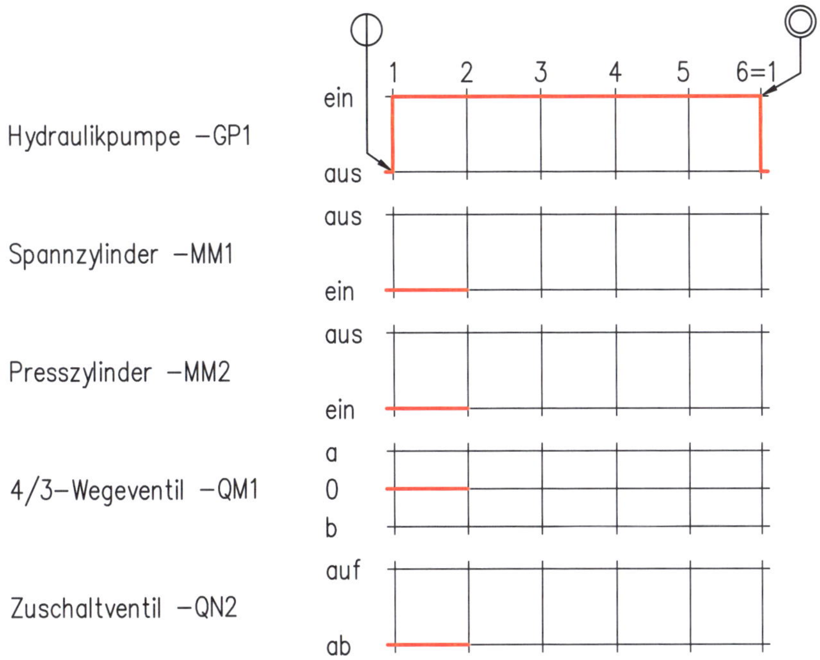

Schaltplan

Montagepresse

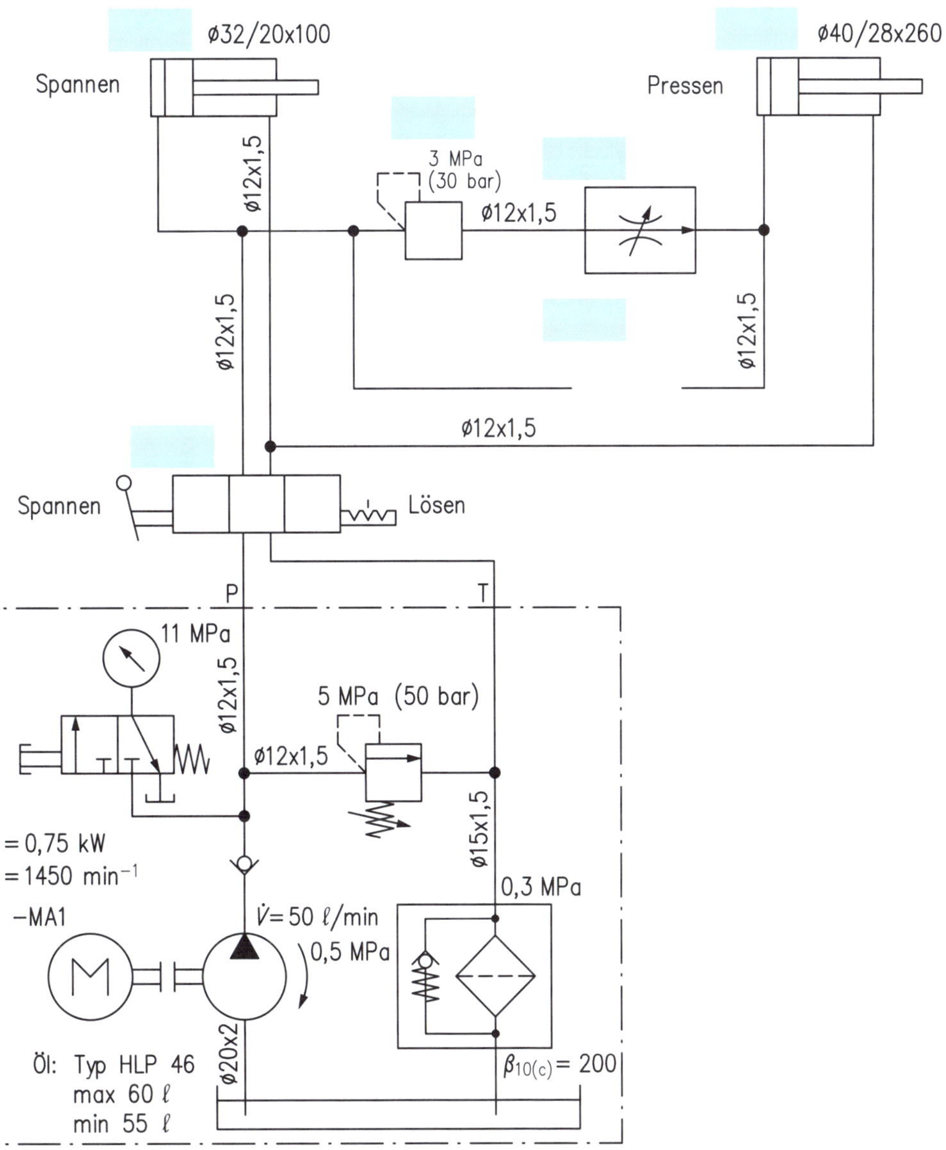

Montagestraße

Problemstellung

Der Antrieb einer Montagestraße für Elektrogroßgeräte erfolgt durch einen Hydromotor. An den einzelnen Montagestationen werden die Werkstückträger dem Transportsystem entnommen und fertige Teile zugeführt. Die Zahl der zu bewegenden Werkstückträger ist unterschiedlich. Das Transportband soll in zwei Transportrichtungen laufen. Die Geschwindigkeit des Transportbands ist in beide Bewegungsrichtungen einstellbar.

Technologieschema

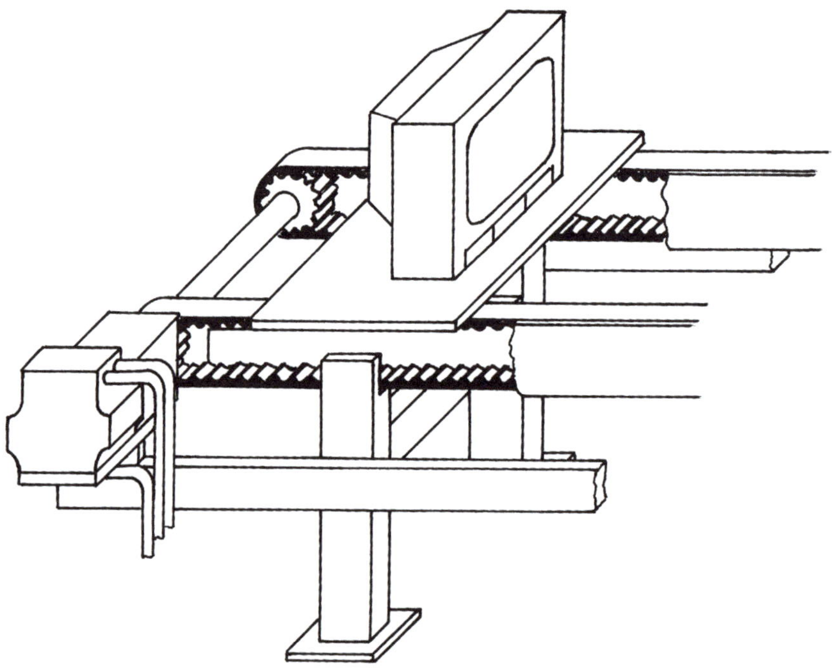

Arbeitsauftrag

- Vervollständigen Sie den vorgegebenen Schaltplan für die Steuerung des Hydraulikmotors. Bauen Sie die Steuerung an Ihrem Versuchsstand auf.
- Ermitteln Sie das Fördervolumen (Schluckvolumen) V während einer Umdrehung in l.
- Berechnen Sie das abgegebene Drehmoment M_2 und die Abtriebsleistung P_2 des Hydraulikmotors. Der Gesamtwirkungsgrad η_{mot} beträgt 0,8.

Hydromotor

In einem Hydromotor wird hydraulische Energie in mechanische Energie umgewandelt. Das von der Pumpe verdrängte Öl erzeugt in der Zylindertrommel an der Druckseite einen Druck auf die Kolben. Die aus Kolbenfläche A und Druck p_e resultierende Kraft F wird an der Schrägscheibe in die senkrecht zur schiefen Ebene wirkende Normalkraft F_N und die tangential wirkende Kraft F_T zerlegt. Durch die Kraft F_T gleitet der Kolben auf der Schrägscheibe. Da er in der Zylindertrommel kreisförmig geführt ist, wird aus der linearen Abwärtsbewegung eine rotierende Bewegung.

Funktionsprinzip

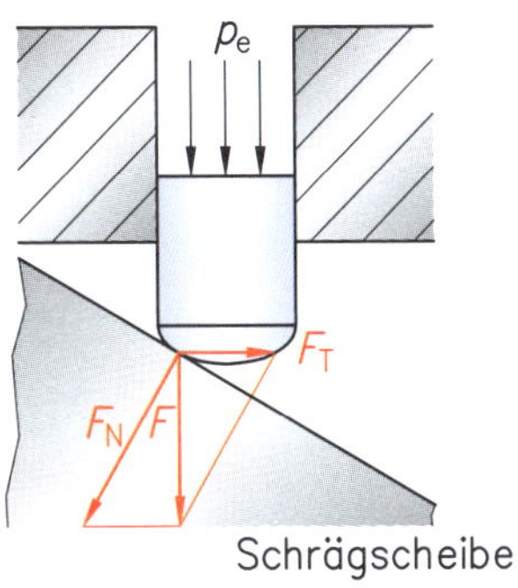

Aus der Kraft F_T und dem Abstand r des Kolbens zur Mittelachse ergibt sich ein Drehmoment M_T. In einem Hydromotor werden gleichzeitig mehrere Kolben mit Druck beaufschlagt. In der Aufwärtsbewegung der anderen Trommelhälfte verdrängen die Kolben das Öl drucklos zum Tank.

Anmerkung: Nachfolgende Formeln gelten für die Berechnung des Volumenstroms, der Abtriebsdrehzahl, des Abtriebsdrehmoments und der Abtriebsleistung bei Konstantmotoren.

Motorförderstrom $\dot{V}_2$

$$\dot{V}_{2\,Motor} = \frac{V \cdot n}{\eta_{vol}}$$

Motordrehzahl n_2

$$n_2 = \frac{\dot{V}_{2\,Motor} \cdot \eta_{vol}}{V}$$

Abtriebsdrehmoment M_2

$$M_{2\,Motor} = \frac{\Delta p \cdot V \cdot \eta_m}{2 \cdot \pi}$$

Abtriebsleistung P_2

$$P_2 = \Delta p \cdot \dot{V}_2 \cdot \eta_{mot}$$
$$P_2 = M_2 \cdot n \cdot \eta_{mot}$$

V = Fördervolumen pro Umdrehung in cm^3 oder dm^3
$\dot{V}_{2\,Motor}$ = Förderstrom am Motorauslass in l/min
n_2 = Motordrehzahl (Abtrieb) in min^{-1}
M_2 = Abtriebsdrehmoment in N · m
Δp = Druckdifferenz zwischen Ein- und Ausgang des Motors ($\Delta p = p_1 - p_2$) in MPa oder bar
P_2 = Abtriebsleistung in W oder kW
η_{vol} = volumetrischer Wirkungsgrad
η_m = mechanischer Wirkungsgrad
η_{mot} = Gesamtwirkungsgrad des Motors

Schaltplan

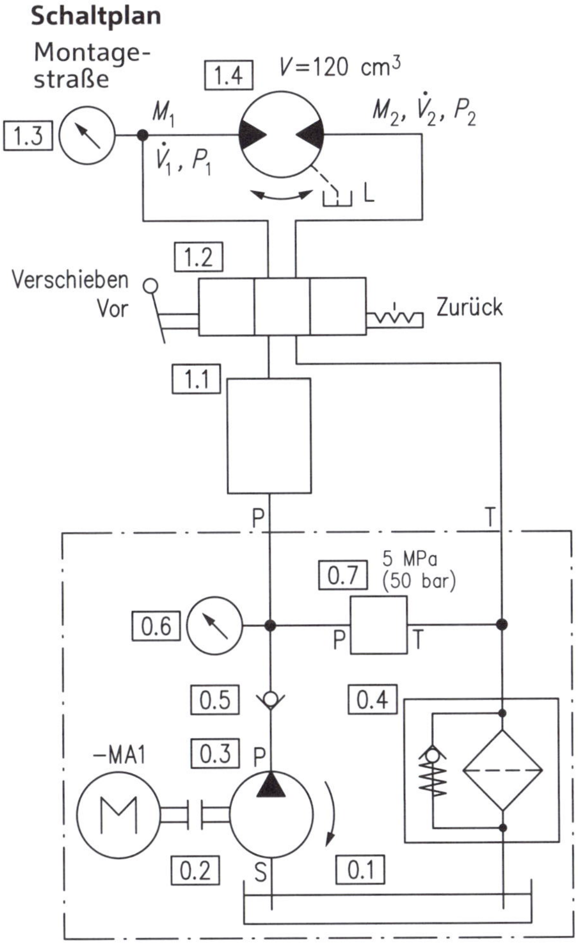

Versuchsdurchführung

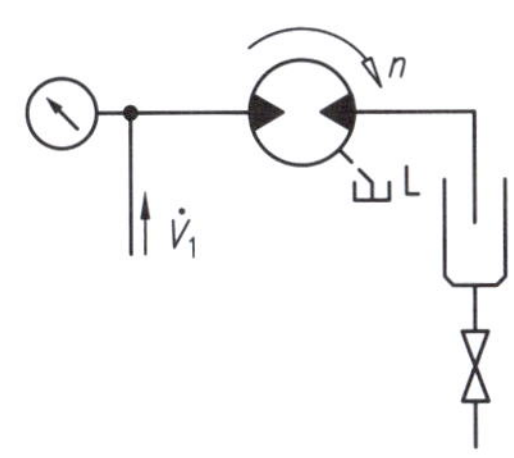

Stellen Sie mithilfe des Zwei-Wege-Stromregelventils eine Drehzahl von $n = 60\ min^{-1}$ ein.

Führen Sie drei Versuche zur Ermittlung des Fördervolumens V durch. Der Hydraulikmotor soll nacheinander 15, 30 oder 60 Umdrehungen ausführen. Lassen Sie das drucklose Öl in einen Messbehälter laufen.

Berechnen Sie das Fördervolumen V pro Umdrehung, tragen Sie den Wert in das Messprotokoll ein und bilden Sie den Mittelwert aus den drei Versuchen.

Messprotokoll

Anzahl der Umdrehungen	Gemessenes Volumen in cm^3	Fördervolumen V in cm^3/Umdrehung
15		
30		
60		

Gesamtaufgabe: Eilgang – Vorschub – Schaltung

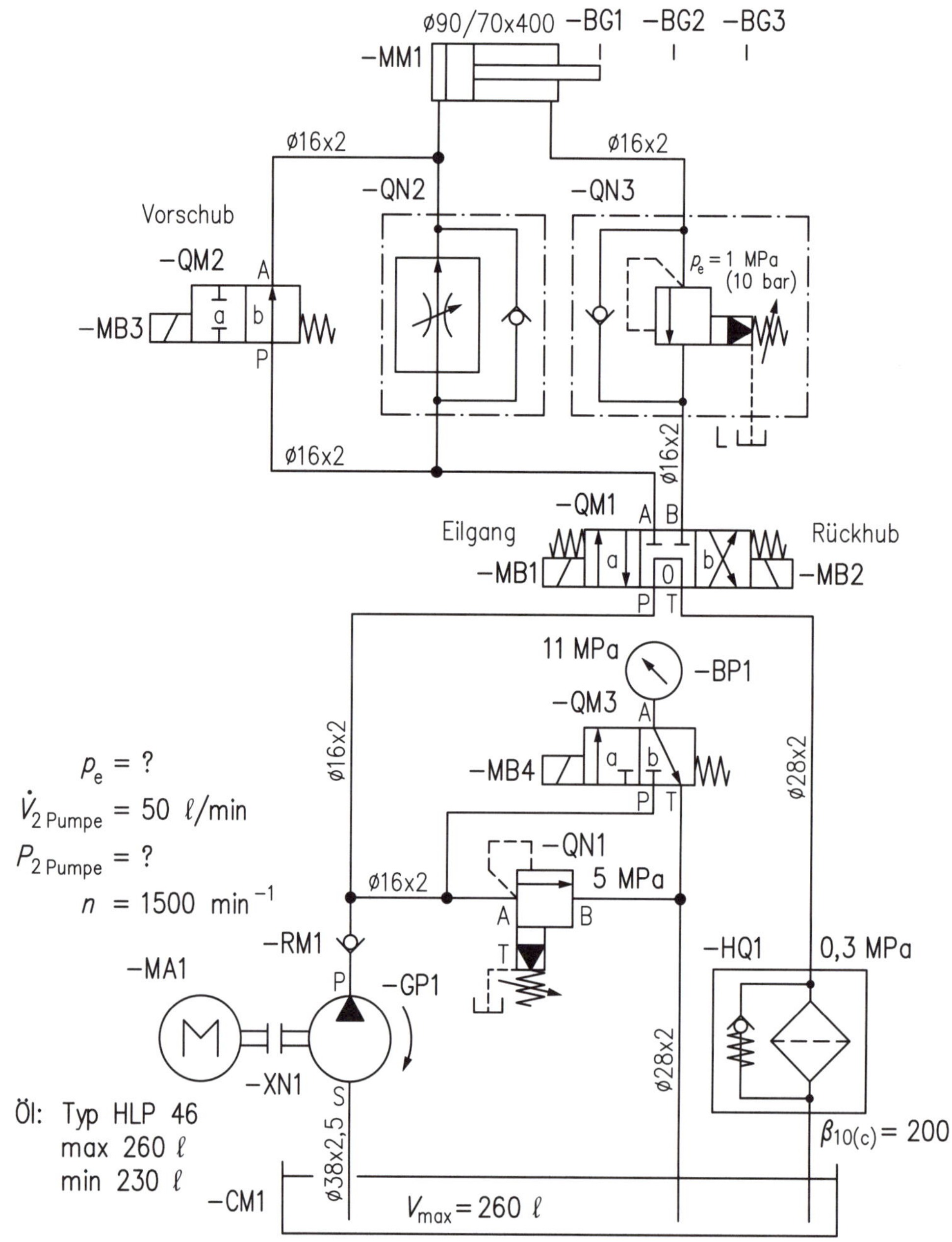

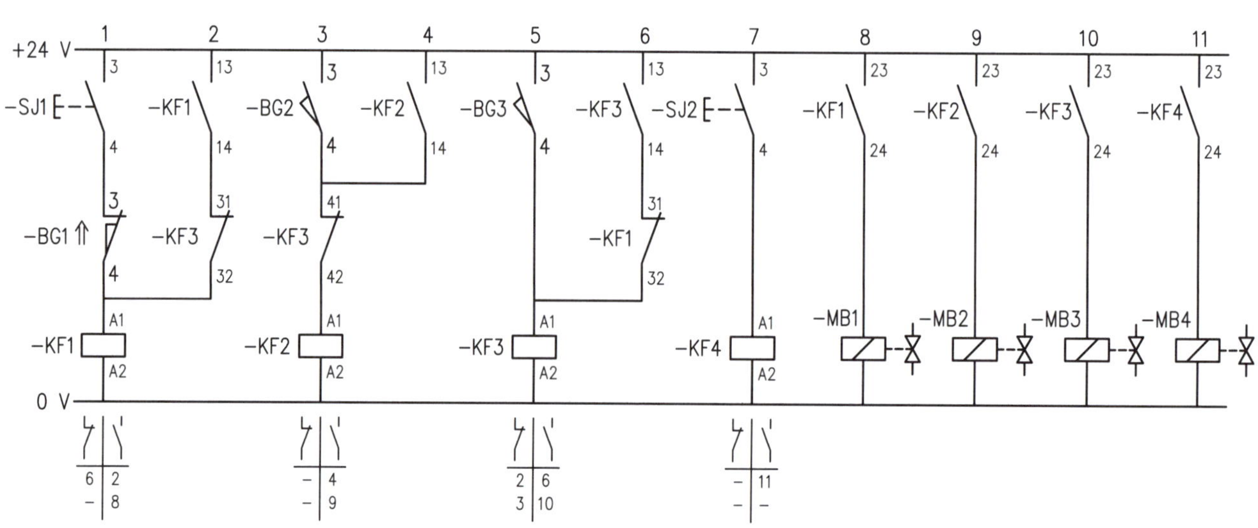

Beantworten Sie die Fragen zum nebenstehenden Schaltplan:

1. Vervollständigen Sie das Funktionsdiagramm.

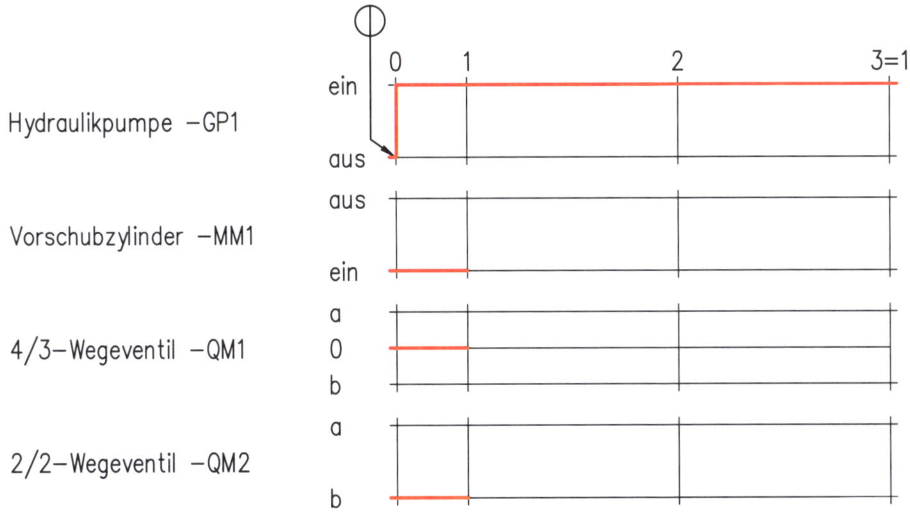

2. Welche Aufgabe erfüllt das Ventil –QN3 und welchen Einfluss hat es auf das System?

3. Der Zylinder soll eine Last von 45000 N bewegen. Der Wirkungsgrad des Zylinders beträgt 0,85. Berechnen Sie den erforderlichen Druck, um die angegebene Last zu bewegen.

4. Auf welchen Wert muss das Druckbegrenzungsventil –QN1 eingestellt werden? Der Wirkungsgrad vom Ausgang der Pumpe bis zum Zylinder beträgt 0,75.

5. Warum wurde Ventil –QN2 in die Steuerung eingebaut? Welche Aufgaben erfüllt es in Zusammenarbeit mit Ventil –QN3?

6. Berechnen Sie die maximale Ein- und Ausfahrgeschwindigkeit des Kolbens.

7. Die Strömungsgeschwindigkeit v in der Druckleitung soll 4,15 m/s nicht übersteigen. Berechnen Sie den erforderlichen Leitungsdurchmesser.

8. Berechnen Sie die abgegebene Förderleistung P_2 der Pumpe. Bestimmen Sie den Gesamtwirkungsgrad der Pumpe aus dem Diagramm auf Seite **Systemtechnik II/9** und berechnen Sie den Pumpenleistungsbedarf P_1.

9. Bestimmen Sie den Gesamtwirkungsgrad des Systems.

10. Durch Druck auf Taster –SJ1 fährt der Zylinder aus. Die Ausfahrbewegung kann nur eingeleitet werden, wenn der Zylinder die hintere Endlage erreicht hat. Dort wird der Sensor –BG1 betätigt. Welche Bedeutung haben für die Vorschubbewegung der Sensor –BG2 und das Ventil –QM2?

11. Beim Einschalten der Anlage steht Ventil –QM1 in der Umlaufstellung. Wie hoch steigt der Druck im System in dieser Stellung?

12. Welche Aufgabe erfüllt das Ventil –RM1 im System?

13. Durch Taster –SJ2 wird das Relais –KF4 geschaltet und damit die Magnetspule –MB4. Nennen Sie Gründe für den Einbau des Ventils –QM3.

14. Welche Aufgabe erfüllt die Baueinheit –HQ1? An welcher Stelle lässt sie sich noch einbauen?

15. Berechnen Sie die erforderlichen Leitungsdurchmesser für die Saug- und Rückleitung, wenn $v_{saug} = 0{,}7$ m/s und $v_{rück} = 0{,}25$ m/s nicht überschritten werden dürfen.

Normenverzeichnis

DIN 1304-1:1994-3	Formelzeichen Allgemeine Formelzeichen
DIN 43456-2:2000-05	Bezeichnungen der Klemmen für Hilfsstromkreise Teil 2: Leistungsschalter für Spannungen ≥ 52 kV
DIN 66000:1985-11	Informationsverarbeitung Mathematische Zeichen und Symbole der Schaltalgebra
DIN 66001:1983-12	Informationsverarbeitung Sinnbilder und ihre Anwendung
DIN EN 50013:1978-05	Industrielle Niederspannungsschaltgeräte Anschlussbezeichnung und Kennzahlen für bestimmte Befehlsgeräte
DIN EN 60529:2014-09 VDE 0470-1:2014-09	Schutzarten durch Gehäuse (IP-Code)
DIN EN 60617 -2:1997-08 -3:1997-08 -4:1997-08 -5:1997-08 -7:1997-08 -8:1997-08 -12:1999-04 -13:1994-01	Grafische Symbole für Schaltzeichen Teil 2: Symbolelemente, Kennzeichen und andere Schaltzeichen Teil 3: Schaltzeichen für Leiter und Verbinder Teil 4: Schaltzeichen für passive Bauelemente Teil 5: Schaltzeichen für Halbleiter und Elektronenröhren Teil 7: Schaltzeichen für Schalt- und Schutzeinrichtungen Teil 8: Schaltzeichen für Mess-, Melde- und Signaleinrichtungen Teil 12: Binäre Elemente Teil 13: Analoge Elemente
DIN EN 60848:2014-12	GRAFCET, Spezifikationssprache für Funktionspläne der Ablaufsteuerung
DIN EN 61082-1:2015-10 VDE 0040-1:2015-10	Dokumente der Elektrotechnik Teil 1: Regeln
DIN EN 61131-3:2014-06	Speicherprogrammierbare Steuerungen Teil 3: Programmiersprachen
DIN ISO 1219 -1:2019-01 -2:2019-01	Fluidtechnik, Grafische Symbole und Schaltpläne Teil 1: Grafische Symbole Teil 2: Schaltpläne
DIN ISO 11727:2003-10	Kennzeichnung der Anschlüsse und Betätigungseinrichtungen von Pneumatikventilen und anderen Pneumatikbauteilen
DIN EN ISO 4413:2011-04	Fluidtechnik – Allgemeine Regeln und sicherheitstechnische Anforderungen an Hydraulikanlagen und deren Bauteile
DIN EN ISO 4414:2011-04	Fluidtechnik – Allgemeine Regeln und sicherheitstechnische Anforderungen an Pneumatikanlagen und deren Bauteile
DIN EN ISO 13851:2019-11	Sicherheit von Maschinen
DIN EN ISO 17769 -1:2012-11 -2:2012-11	Flüssigkeitspumpen und -installation Teil 1: Allgemeine Begriffe, Definition, Größen, Formelzeichen, Einheiten Teil 2: Pumpensysteme, Flüssigkeitspumpen
DIN EN IEC 81346 -1:2024-07 -2:2020-10	Strukturierungsprinzipien und Referenzkennzeichnung Teil 1: Allgemeine Regeln Teil 2: Klassifizierung von Objekten und Kennbuchstaben von Klassen
DIN EN IEC 60445:2023-02 VDE 0197:2023-02	Grund- und Sicherheitsregeln für die Mensch-Maschine-Schnittstelle Kennzeichnung der Anschlüsse elektrischer Betriebsmittel
DIN EN IEC 60947-5-2: 2023-05 VDE 0660-208:2023-05	Niederspannungsschaltgeräte Teil 5–2: Steuergeräte und Schaltelemente – Näherungsschalter
DIN IEC 60050-351: 2014-09	Internationales Elektrotechnisches Wörterbuch Teil 351: Leittechnik

|ARBURG GmbH + Co KG, Loßburg: 33.1. |Bosch Rexroth AG, Lohr am Main: 226.4. |Di Gaspare, Michele (Bild und Technik Agentur für technische Grafik und Visualisierung), Bergheim: 37.1, 39.1, 40.2, 43.2, 47.1, 47.2, 47.5, 47.6, 92.1, 219.2, 226.1, 227.6, 230.2, 232.2, 232.3, 233.1, 233.2, 237.1, 238.1, 238.2. |DIN Media GmbH, Berlin / nachgezeichnet von Di Gaspare, Michele (Bild und Technik Agentur für technische Grafik und Visualisierung), Bergheim: 11.3, 11.6, 11.7, 11.9, 11.10, 11.12, 11.13, 24.1, 24.2, 24.3, 24.4, 40.1, 47.3, 47.4, 47.7, 47.8, 49.3, 49.4, 49.5, 49.7, 49.8, 49.9, 49.10, 49.11, 49.12, 49.13, 51.3, 51.4, 51.5, 51.6, 51.7, 51.8, 51.9, 55.2, 55.3, 55.4, 55.5, 55.6, 55.7, 55.8, 55.9, 57.2, 57.3, 57.4, 57.5, 57.6, 59.2, 59.3, 59.4, 59.5, 59.6, 59.7, 59.8, 59.9, 61.2, 61.4, 61.5, 61.6, 61.7, 61.8, 61.9, 61.10, 61.11, 61.12, 63.2, 63.3, 63.4, 63.5, 63.6, 63.8, 63.9, 63.10, 65.6, 77.2, 96.5, 96.6, 96.7, 111.3, 111.4, 113.1, 113.3, 113.5, 115.3, 123.3, 123.4, 123.5, 123.6, 125.2, 125.6, 127.5, 133.4, 133.5, 133.6, 133.7, 133.8, 139.4, 143.1, 143.2, 143.3, 143.4, 143.5, 143.6, 143.7, 143.8, 150.1, 150.2, 150.3, 150.4, 154.1, 154.2, 154.3, 154.4, 154.5, 154.6, 154.7, 154.9, 155.1, 159.3, 210.2, 210.4, 211.2, 227.1, 227.2, 227.3, 227.4, 227.5, 245.2. |HAWE Hydraulik SE, Aschheim/München: 243.1. |Montanhydraulik, Holzwickede: 207.1, 207.2, 207.3, 207.4, 224.2, 225.1. |von der Heide, Volker, Kamen: 7.1, 22.1, 27.1, 28.2, 36.1, 36.2, 36.3, 36.4, 36.5, 45.1, 48.1, 50.1, 52.1, 54.1, 56.1, 60.1, 62.1, 64.1, 66.1, 68.1, 70.1, 72.1, 74.1, 76.1, 78.1, 80.1, 82.1, 84.1, 86.1, 87.1, 89.1, 110.1, 112.1, 114.1, 122.1, 124.1, 126.1, 130.1, 134.1, 136.1, 138.1, 144.1, 146.1, 147.1, 158.1, 160.1, 162.1, 178.1, 182.1, 184.1, 190.1, 200.1, 204.1, 205.2, 220.1, 220.3, 220.4, 228.4, 239.1, 244.1, 246.1, 248.1, 250.1, 252.1, 254.1, 256.1, 258.1, 260.1, 262.1. |von der Heide, Volker, Kamen / nachgezeichnet von Di Gaspare, Michele (Bild und Technik Agentur für technische Grafik und Visualisierung), Bergheim: Titel, Titel, Titel, Titel, Titel, Titel, Titel, Titel, 9.1, 9.2, 9.3, 10.1, 10.2, 11.1, 21.1, 21.2, 21.3, 22.2, 22.3, 23.1, 23.2, 23.3, 26.2, 26.4, 26.5, 29.1, 29.6, 29.7, 34.1, 34.2, 35.1, 35.2, 37.2, 38.1, 38.2, 41.1, 43.1, 53.2, 53.3, 53.4, 53.5, 53.6, 53.7, 55.10, 58.1, 61.3, 63.7, 65.2, 65.5, 67.2, 67.3, 67.4, 67.5, 67.6, 67.7, 67.8, 67.9, 69.1, 71.3, 71.4, 73.2, 73.3, 75.2, 75.3, 77.3, 79.6, 79.7, 81.1, 83.2, 85.2, 85.3, 85.4, 90.1, 94.1, 95.1, 109.1, 109.2, 110.3, 112.3, 114.3, 116.2, 118.1, 118.3, 120.1, 120.3, 122.3, 124.3, 125.5, 125.7, 126.3, 127.2, 127.4, 128.1, 128.4, 131.2, 132.1, 132.2, 134.2, 135.4, 136.3, 138.2, 140.1, 140.2, 140.3, 140.4, 141.1, 142.1, 142.2, 142.3, 142.4, 142.5, 142.6, 142.7, 144.2, 146.3, 147.3, 151.1, 156.1, 157.1, 158.3, 160.3, 162.3, 164.1, 164.3, 166.1, 166.4, 168.1, 168.3, 170.1, 172.1, 172.3, 174.1, 180.1, 182.3, 190.3, 194.1, 195.1, 195.3, 200.3, 204.2, 205.1, 205.3, 208.1, 209.1, 209.2, 210.1, 210.3, 210.5, 211.3, 211.4, 212.1, 213.1, 214.1, 214.2, 214.3, 214.4, 215.1, 216.1, 216.2, 216.3, 216.4, 218.1, 218.2, 220.2, 221.1, 221.2, 222.2, 225.2, 226.5, 228.1, 228.2, 228.3, 230.1, 232.1, 234.1, 234.2, 234.3, 234.4, 234.5, 236.1, 237.2, 245.1, 245.4, 247.2, 249.1, 257.2, 261.1, 263.1, 265.1. |von der Heide, Volker, Kamen / unter Verwendung von Norm-Symbolen der DIN Media GmbH, Berlin und nachgezeichnet durch Di Gaspare, Michele (Bild und Technik Agentur für technische Grafik und Visualisierung), Bergheim: 11.2, 11.4, 11.5, 11.8, 11.11, 12.1, 12.2, 12.3, 14.1, 14.2, 15.1, 15.2, 19.1, 20.1, 20.2, 20.3, 24.5, 24.6, 24.7, 25.1, 25.2, 25.3, 25.4, 26.1, 26.3, 26.6, 26.7, 27.2, 27.3, 28.1, 29.2, 29.3, 29.4, 29.5, 30.1, 30.2, 30.3, 30.4, 31.1, 31.2, 31.3, 31.4, 32.1, 32.2, 32.3, 32.4, 34.3, 49.1, 49.2, 49.6, 51.1, 51.2, 53.1, 55.1, 57.1, 59.1, 61.1, 63.1, 65.1, 65.3, 65.4, 67.1, 69.2, 69.3, 69.4, 69.5, 71.1, 71.2, 73.1, 73.4, 75.1, 75.4, 77.1, 79.1, 79.2, 79.3, 79.4, 79.5, 81.2, 83.1, 83.3, 85.1, 90.2, 90.3, 91.1, 96.1, 96.2, 96.3, 96.4, 97.1, 98.1, 99.1, 100.1, 101.1, 102.1, 103.1, 104.1, 104.2, 106.1, 106.2, 107.1, 108.1, 108.2, 110.2, 111.1, 111.2, 112.2, 113.2, 113.4, 113.6, 114.2, 115.1, 115.2, 115.4, 116.1, 117.1, 117.2, 117.3, 117.4, 117.5, 118.2, 119.1, 119.2, 119.3, 119.4, 120.2, 121.1, 121.2, 121.3, 122.2, 123.1, 123.2, 124.2, 125.1, 125.3, 125.4, 126.2, 127.1, 127.3, 128.2, 128.3, 129.1, 129.2, 129.3, 129.4, 130.2, 130.3, 131.1, 131.3, 132.3, 133.1, 133.2, 133.3, 133.9, 134.3, 135.1, 135.2, 135.3, 135.5, 136.2, 136.4, 137.1, 137.2, 139.1, 139.2, 139.3, 141.2, 141.3, 141.4, 141.5, 144.3, 145.1, 145.2, 146.2, 147.2, 148.1, 152.1, 154.8, 155.2, 155.3, 155.4, 155.5, 158.2, 159.1, 159.2, 159.4, 160.2, 161.1, 161.2, 161.3, 162.2, 163.1, 163.2, 163.3, 164.2, 165.1, 165.2, 165.3, 166.2, 166.3, 167.1, 167.2, 167.3, 167.4, 168.2, 169.1, 169.2, 170.2, 171.1, 171.2, 171.3, 171.4, 171.5, 171.6, 171.7, 171.8, 171.9, 172.2, 173.1, 173.2, 174.2, 175.1, 176.1, 176.2, 176.3, 176.4, 176.5, 176.6, 176.7, 176.8, 176.9, 176.10, 178.2, 178.3, 179.1, 180.2, 181.1, 181.2, 181.3, 181.4, 181.5, 181.6, 181.7, 181.8, 181.9, 182.2, 183.1, 183.2, 184.2, 184.3, 185.1, 185.2, 185.3, 186.1, 186.2, 186.3, 186.4, 186.5, 186.6, 186.7, 186.8, 186.9, 186.10, 186.11, 188.1, 188.2, 188.3, 188.4, 188.5, 188.6, 188.7, 188.8, 188.9, 190.2, 191.1, 192.1, 192.2, 192.3, 192.4, 192.5, 192.6, 192.7, 192.8, 192.9, 192.10, 192.11, 192.12, 192.13, 192.14, 195.2, 196.1, 197.1, 198.1, 198.2, 198.3, 198.4, 198.5, 198.6, 198.7, 198.8, 198.9, 198.10, 198.11, 198.12, 198.13, 198.14, 198.15, 198.16, 198.17, 198.18, 200.2, 201.1, 202.1, 202.2, 202.3, 202.4, 202.5, 202.6, 202.7, 202.8, 202.9, 202.10, 202.11, 202.12, 204.3, 205.4, 206.1, 211.1, 215.2, 215.3, 219.1, 221.3, 222.1, 224.1, 226.2, 226.3, 235.1, 242.1, 245.3, 247.1, 249.2, 249.3, 251.1, 251.2, 253.1, 253.2, 253.3, 255.1, 255.2, 257.1, 259.1, 259.2, 261.2, 263.2, 263.3, 264.1, 264.2.